# 2021

国家知识产权局专利局专利文献部◎组织编写

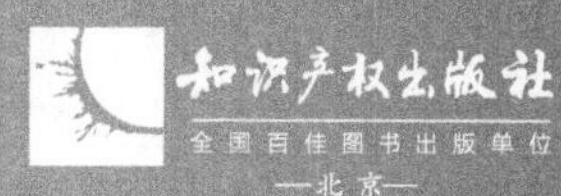

**图书在版编目（CIP）数据**

专利文献研究 .2021/国家知识产权局专利局专利文献部组织编写. —北京：知识产权出版社，2022.4

ISBN 978 -7 -5130 -8083 -5

Ⅰ.①专… Ⅱ.①国… Ⅲ.①专利—文集 Ⅳ.①G306 -53

中国版本图书馆 CIP 数据核字（2022）第 037274 号

**内容提要**

本书呈现了国家知识产权局专利局专利文献部组织编写的 2021 年优秀专利文献研究成果集，分为海洋工程装备及高技术船舶、航空航天装备、芯片技术三个专题，共 17 篇论文，旨在通过对专题的深入研究，传播、共享专利局各审查部门、各地审查协作中心的专利审查员、专利信息分析人员、专利布局研究人员的最新专利文献研究成果，以期共同推进我国专利文献专题研究的深度及广度。

**责任编辑**：卢海鹰　　**责任校对**：潘凤越

**执行编辑**：崔思琪　　**责任印制**：孙婷婷

**封面设计**：杨杨工作室·张冀

**专利文献研究（2021）**

国家知识产权局专利局专利文献部　组织编写

| | | | |
|---|---|---|---|
| **出版发行**： | 知识产权出版社有限责任公司 | **网　址**： | http：//www. ipph. cn |
| **社　址**： | 北京市海淀区气象路 50 号院 | **邮　编**： | 100081 |
| **责编电话**： | 010 -82000860 转 8730 | **责编邮箱**： | cuisiq@ 126. com |
| **发行电话**： | 010 -82000860 转 8101/8102 | **发行传真**： | 010 -82000893/82005070/82000270 |
| **印　刷**： | 北京建宏印刷有限公司 | **经　销**： | 新华书店、各大网上书店及相关专业书店 |
| **开　本**： | 787mm ×1092mm　1/16 | **印　张**： | 23. 5 |
| **版　次**： | 2022 年 4 月第 1 版 | **印　次**： | 2022 年 4 月第 1 次印刷 |
| **字　数**： | 490 千字 | **定　价**： | 118. 00 元 |

ISBN 978 -7 -5130 -8083 -5

# 《专利文献研究（2021）》编委会

# 出版说明

习近平总书记2020年11月30日在中央政治局第二十五次集体学习中指出："创新是引领发展的第一动力，保护知识产权就是保护创新。"2021年9月，党中央、国务院印发《知识产权强国建设纲要（2021—2035年）》（以下简称《纲要》）。《纲要》是以习近平同志为核心的党中央面向知识产权事业未来十五年发展作出的重大顶层设计，是新时代建设知识产权强国的宏伟蓝图，在我国知识产权事业发展史上具有重大里程碑意义。

《纲要》指出：要坚持改革驱动、质量引领，更好发挥知识产权制度激励创新的基本保障作用，为高质量发展提供源源不断的动力。当今，制造业已成为全球经济竞争的制高点，只有以创新驱动为核心，促进产业结构转型升级，增强我国制造业的核心竞争力，拓展制造业的市场占有率，才能切实推动供给侧结构性改革，助推我国经济由高速增长阶段转向高质量发展阶段。

《专利文献研究》系列丛书编写组自2017年起紧密围绕重点领域，邀请国家知识产权局专利局相关领域专利审查员开展专利技术综述撰写工作。《专利文献研究（2021）》收录了海洋工程装备及高技术船舶、航空航天装备、芯片技术3个技术领域的专利技术综述17篇。每篇专利技术综述均以作者检索到的特定技术领域的大量专利文献信息为依据，对该技术领域的发展路线、关键技术、重要专利申请人及发明人等信息进行分析整理，并在此基础上对该技术领域未来的发展趋势进行论述，旨在研究特定产业技术发展的最新态势和专利状况，助力国家经济发展与科技创新。

《纲要》旨在统筹推进知识产权强国建设，全面提升知识产权创造、运用、保护、管理和服务水平，充分发挥知识产权制度在社会主义现代化建设中的重要作用。在新冠肺炎疫情冲击下，知识产权在各个国家和地区的经济恢复中起到了重要的驱动作用。衷心希望本书的出版可以为相关领域的制造业从业者和专利工作者提供支持，能够成为助力制造业，将创造力转化为生产力的有力工具。

《专利文献研究（2021）》编辑部

2021年12月

# 目　录

## 海洋工程装备及高技术船舶



## 航空航天装备



## 芯片技术

HAIYANG GONGCHENG ZHUANGBEI JI
GAOJISHU CHUANBO

# 海洋工程装备及
# 高技术船舶

# LNG 船液货围护系统专利技术综述

杨倩❶　陈曲❷　徐诗❸　朱梦诗❹　吴辉❺

**摘　要**　LNG 船是指专门运输液化天然气的船舶，是当今世界船舶建造业中最具难度的船舶产品之一，其建造难度主要集中在液货围护系统上。本文从 LNG 船液货围护系统专利技术现状出发，对目前 LNG 船液货围护系统领域的专利申请情况进行了统计和分析，阐述了 LNG 船液货围护系统领域的专利申请发展趋势及技术发展脉络，并重点针对薄膜型及独立型液货围护系统及其重要申请人的专利申请情况进行梳理和分析，为我国自主设计建造 LNG 船提供指导方向。

**关键词**　LNG 船　液货围护　薄膜型　独立型

## 一、LNG 船液货围护系统概述

### （一）LNG 船液货围护系统研究需求

液化天然气船（以下简称“LNG 船”）作为运输 -163℃ 低温液化天然气的专用船舶，是国际公认的技术含量高、建造难度大、附加值高的船舶。[1] LNG 船液货围护系统是 LNG 船总体设计和建造过程中的关键技术。

目前 LNG 船液货围护系统的核心专利掌握在少数国家手中。我国面临着国外技术垄断、专利壁垒、关键性技术缺乏等“卡脖子”问题，要实现大型 LNG 船设计和建造的国产化以及自主化面临诸多挑战。

《中国制造 2025》中把高技术船舶作为十大重点发展领域之一加快推进，“十四五”规划将大型 LNG 船和深海油气生产平台研发应用列为制造业核心竞争力提升的重要内容。因而，对 LNG 船液货围护系统专利进行梳理研究，对推动我国实施制造强国战略及保证国家能源供应的安全性和可靠性具有实际意义和迫切需求。

### （二）LNG 船液货围护系统发展概况

液货围护系统是液化气体运输和散装化学品运输船上用以装载保护货物的围护系统，

❶❷❸❹❺ 作者单位：国家知识产权局专利局专利审查协作江苏中心，其中陈曲、徐诗等同于第一作者。

该围护系统应具有耐低温、耐压、绝热和耐腐蚀等的部分或全部性能。如图 1－1 所示，世界上主流 LNG 船液货围护系统大致分为薄膜型液货围护系统和独立型液货围护系统。

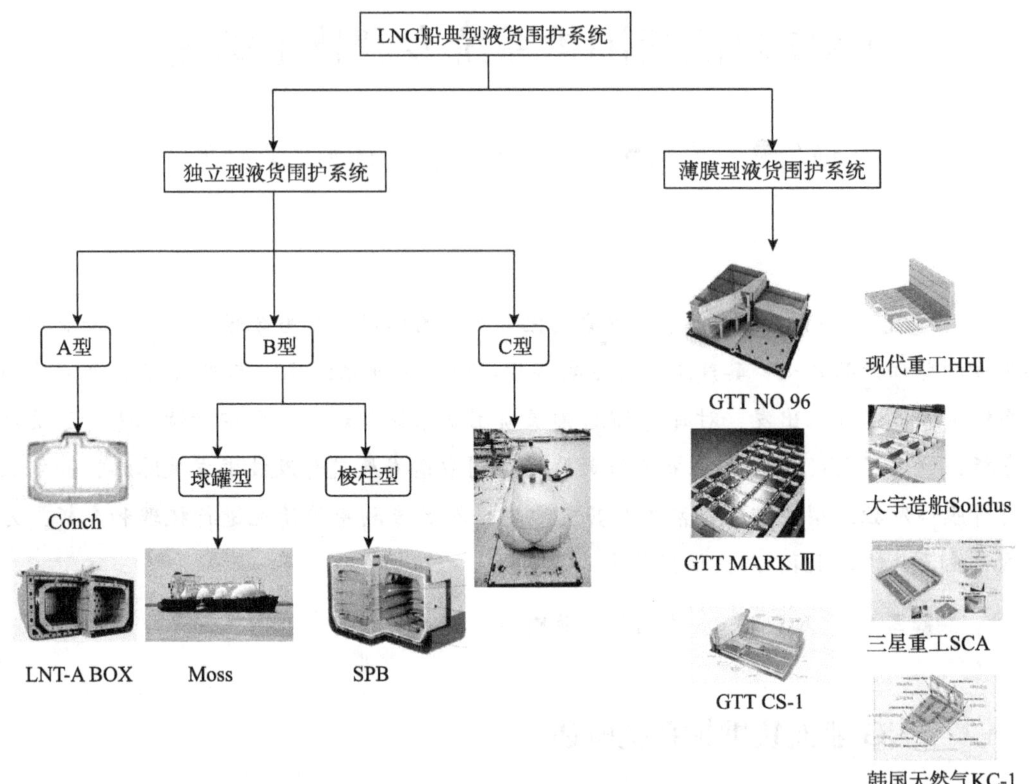


**图 1－1　世界上主流 LNG 船液货围护系统分类情况**

薄膜型液货围护系统为紧贴于双层船壳结构的非自支撑式液舱。典型的薄膜型液货围护系统包括法国气体运输技术公司（GTT）的 Mark Ⅲ型和 NO 96 型液货围护系统，以及韩国的 KC－1 型、Solidus、SCA 系统[2]。Mark Ⅲ型液货围护系统主屏壁直接与液体货物接触，由波纹型的不锈钢薄膜制成；次屏壁用于进一步防止液化天然气（LNG）液体泄漏，其由玻璃丝－铝箔－玻璃丝三层结构粘连制成。NO 96 型液货围护系统的结构与 Mark Ⅲ型的结构相同，也是由主屏壁、主绝热层、次屏壁和次绝热层组成。不同的是 NO 96 型液货围护系统的主、次屏壁均采用殷瓦钢（INVAR）。殷瓦钢是成分为 36% 镍、63.8% 铁、0.2% 碳的镍铁合金，这种合金材料的尺寸几乎不会随温度变化而改变。该合金材料的发现者于 1920 年获得诺贝尔物理学奖。目前殷瓦钢仅法、中两国能够制造。

独立型液货围护系统完全由自身支撑，并不构成船体的一部分，也不分担船体强度。该类型系统包括 A、B、C 型。A 型按照传统船体结构设计，在储存液化天然气时，需要围绕 A 型储罐设置完整的次屏壁，次屏壁被构造用以承受主屏壁的完全倒塌。B 型储罐自身壳体为主屏壁，并需要设置局部次屏壁系统，该局部次屏壁不需要支撑液化天然气货物的载荷，仅需要承担少量的货物泄漏。C 型一般为球型或者圆柱型压力容器，按照传统的压力容器标准设计[3]。

### （三）分析样本构成

1. LNG 船液货围护系统技术分解

由于 LNG 船液货围护系统的研发试错成本高，专利垄断性强，因此，专利申请具有高聚集度。基于此，本文以重要申请人为基础，选取分析样本。表 1－1 列出了本文分析样本中涉及的重要申请人及其公司代码。

**表 1－1　LNG 船液货围护系统涉及的重要申请人**

| | 申请人名称 | 公司代码 |
|---|---|---|
| 国外申请人 | 大宇造船海洋株式会社（以下简称“大宇造船”） | DEWO |
| | 现代重工业株式会社（以下简称“现代重工”） | HHIH |
| | 韩国 GAS 公社（以下简称“GAS 公社”） | KOAS |
| | 三星重工业有限公司（以下简称“三星重工”） | SMSU |
| | 日联海洋株式会社（石川岛播磨重工业株式会社，IHI） | ISHI |
| | 株式会社川崎造船/川崎重工业株式会社（以下简称“川崎重工”） | KAWA－N/KAWJ |
| | 三菱造船株式会社（以下简称“三菱造船”） | MITO |
| | GTT | GAZT |
| | 海螺国际甲烷有限公司（以下简称“海螺国际”） | CONM |
| | LNT 海运有限公司（以下简称“LNT 海运”） | LNTM－N |
| | 摩斯海运公司（以下简称“摩斯海运”） | MOSS－N |
| 国内申请人 | 沪东中华造船（集团）有限公司（以下简称“沪东中华”） | |
| | 上海船舶研究设计院（以下简称“上海船舶研”） | |

2. 检索策略

采用非压力容器的分类号（F17C 3）及船上用于流体散货的绝热封闭载荷处理装置的分类号（B63B 25/16）与“液货围护”和“船舶”等相关关键词进行检索，再用重要申请人进行筛选，对上述结果进行人工去噪，最后获得 1504 篇专利申请文件用于后续的数据分析（本文检索截止日期为 2021 年 4 月）。

## 二、LNG船液货围护系统专利技术现状

### （一）全球专利重要申请人分布

图2－1为LNG船液货围护系统重要申请人全球专利申请量的排名。LNG船液货围护系统申请量排名前三的重要申请人分别为三星重工（韩国）、GTT（法国）和大宇造船（韩国），申请量都突破了两百项。川崎重工（日本）、现代重工（韩国）、三菱造船（日本）、IHI（日本）紧随其后，分列第四至第七名。可以看出，法国、韩国、日本在LNG船液货围护系统领域占据了优势地位，是主要的技术来源国。

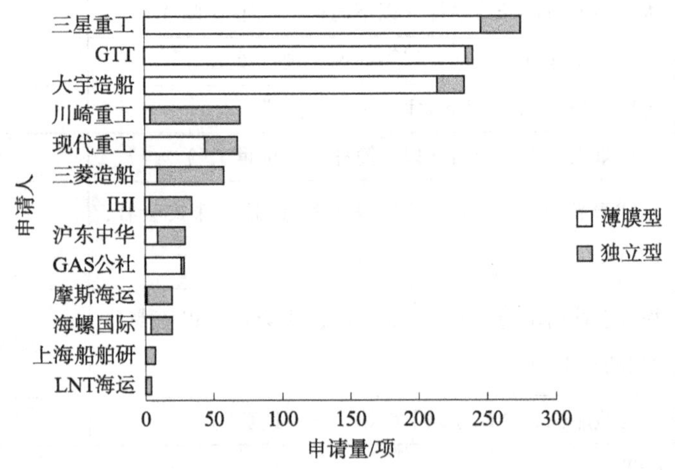


**图2－1　LNG船液货围护系统重要申请人全球专利申请量排名**

图2－1中还显示了各申请人两种主流液货围护系统的申请量占比。可以看出，上述主要技术来源国中，法国和韩国申请人明显侧重于薄膜型液货围护系统研发，而日本申请人则偏重于独立型液货围护系统研发。

中国对LNG船液货围护系统的研究起步较晚，申请量相对较少，沪东中华是国内液货围护系统研发的重要申请人，但其申请侧重点并不明显。

### （二）全球重要申请人申请量发展趋势

从图2－2中可以看出，LNG船液货围护系统相关专利始于1960年，可以分为以下发展阶段：

第一阶段：1960～1969年，为技术萌芽期。海螺国际和GTT分别提出了独立型液货围护系统和薄膜型液货围护系统的设计，但实际使用中各液货围护系统仍存在很多缺陷。

第二阶段：1970～1999年，为稳定发展期。摩斯海运显露头角，开发了独立Moss型液货围护系统；日本申请人开始关注LNG船液货围护系统领域，着重开发独立型液货围护系统；与此同时，GTT则继续对薄膜型液货围护系统进行改进研发及专利布局。

第三阶段：2000～2009 年，为发展变革期。韩国各造船巨头开始对薄膜型液货围护系统进行研发，提出了多种新的薄膜型液货围护系统概念，旨在打破 GTT 在薄膜型液货围护系统领域设置的专利屏障。

第四阶段：2010 年至今，为活跃发展期。三星重工、大宇造船、现代重工等逐步加大对薄膜型液货围护系统的研发力度，申请量剧增；而 GTT 显然关注到这一现象，积极进行专利布局，申请量也快速增长；LNT 海运、沪东中华等国内外公司也积极加入液货围护系统的研发中。

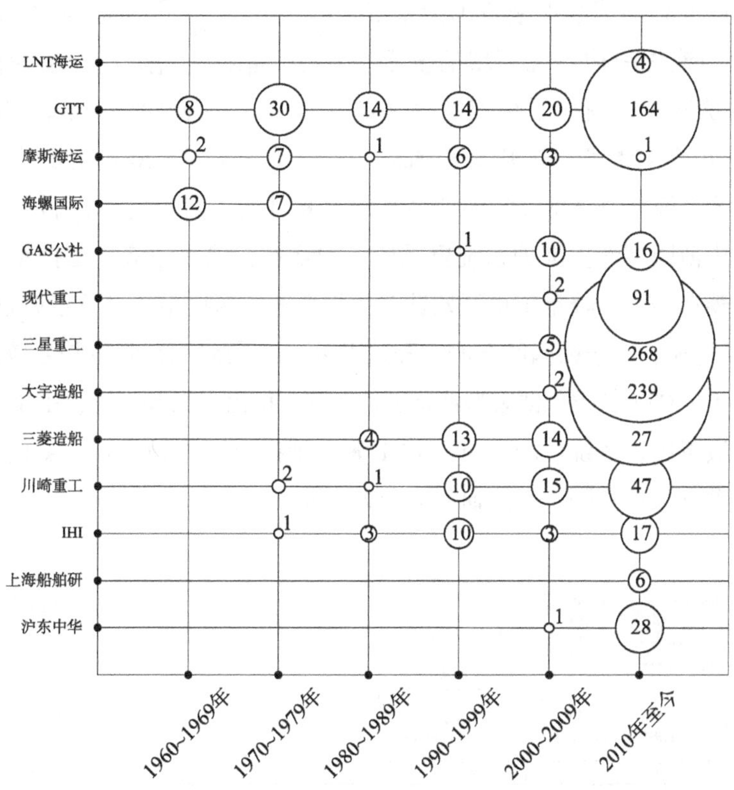


**图 2－2　LNG 船液货围护系统全球重要申请人专利申请量趋势**

注：图中数字表示申请量，单位为项。

## 三、LNG 船液货围护系统专利分析

图 3－1 为各类型 LNG 船液货围护系统的专利申请占比。可以看出，薄膜型液货围护系统占比远远高于独立型液货围护系统，达 73%，从侧面反映出薄膜型液货围护系统是 LNG 船液货围护技术中最为成熟和最被广泛采纳的。独立型液货围护系统中的 B 型位列第二，占据 19%，证明了其技术也较为成熟。上述数据和国际液化天然气进口国集团（GIIGNL）2018 年底的统计数据（在世界范围内的 LNG 船运营船队中，70% 应用了薄膜

型液货围护系统，23%应用了球罐型液货围护系统）[3]相呼应，进一步证明了LNG船液货围护系统专利申请市场导向性很高，重要申请人的专利布局较为敏锐。

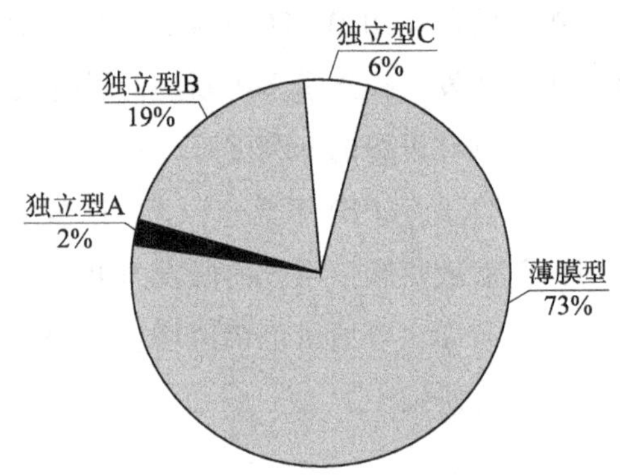


**图3－1　各类型LNG船液货围护系统的专利申请占比**

如图3－2所示，LNG船液货围护系统技术起源于20世纪60年代，海螺国际最先开发了Conch型独立型液货围护系统，GTT紧随其后，开发了不同系列的薄膜型液货围护系统，形成了在薄膜型液货围护系统领域的技术垄断。而针对薄膜型液货围护系统液货晃荡的缺陷，20世纪70年代摩斯海运开发了Moss型液货围护系统。20世纪80年代IHI研发了SPB型液货围护系统，独立型液货围护系统的发展进入了高峰期。20世纪90年代中期，由于实际应用中薄膜型液货围护系统更受船东的欢迎，独立型液货围护系统的发展进入了瓶颈期，三菱造船、川崎重工也开始针对薄膜型液货围护系统进行了改进。而从20世纪90年代末期开始，由于韩国的造船厂开始引进GTT薄膜型液货围护系统技术，韩国各大造船巨头也针对GTT各类型薄膜型液货围护系统，提出了如KC－1、HHI、SCA、Solidus等新型薄膜型液货围护系统。2012年，LNT海运则提出了一种LNT－A独立型液货围护系统，打破了独立型液货围护系统研发多年的沉寂。

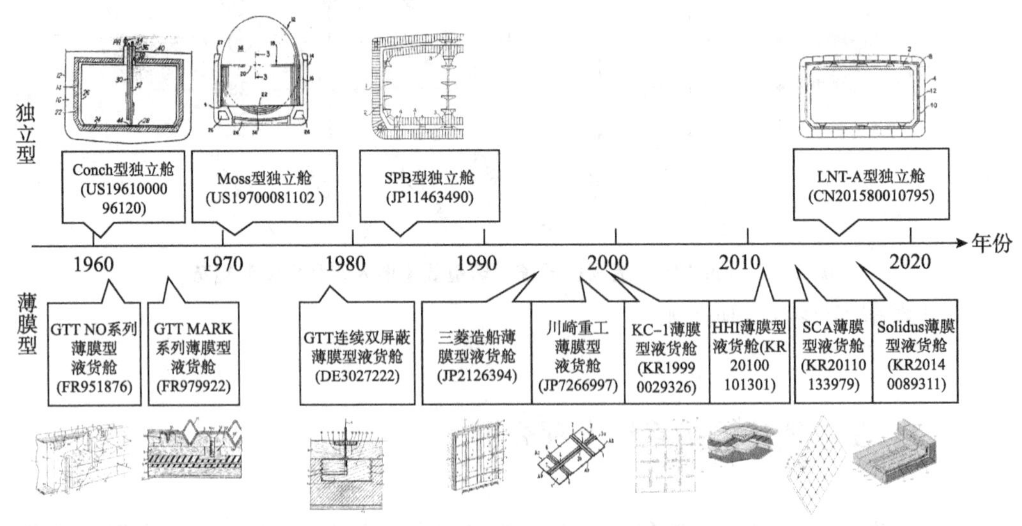


**图3－2　LNG船液货围护系统专利申请发展历史与重要专利**

下面，详细介绍LNG船液货围护系统各技术分支的发展情况。

### （一）薄膜型液货围护系统

薄膜型液货围护系统是紧贴于双层船壳结构的非自支撑式液舱，通常包括主次屏壁层结构和绝热结构，并且该系统需要直接在舱内进行安装。由于船舱自身的结构存在平面区域、角区域和特殊区域，因此，屏壁层结构、绝热结构、各区域的安装方式是薄膜型液货围护系统的技术重点。下文将舱内平面区域的安装称为平面安装，将罐的两个相邻容器壁相连接的边缘位置处的安装称为角安装，如图3-3所示。[3]

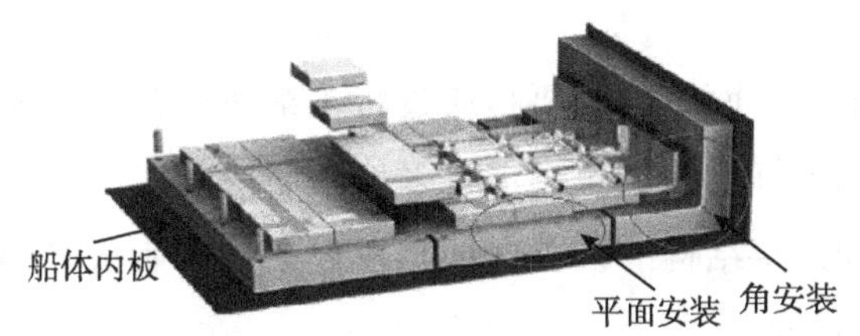


**图3-3 薄膜型液货围护系统舱内安装方式示意图**

GTT是全球薄膜型液货围护系统的重要技术来源和支撑，并通过不断的专利布局向世界各国造船厂商提供专利技术服务，因此下文以GTT的专利技术为主线对全球重要申请人的薄膜型液货围护系统专利技术进行分析。经分析，该公司的专利技术从绝热结构、屏壁结构的选材、设计，到舱内结构的平面区域、角区域、特殊区域的安装，再到整舱密封性的试验、检测等技术内容，其中舱内的结构安装，尤其平面安装、角安装是分析样本中占比最高的。在GTT的重点专利技术中，可以根据安装方式的整体特点，大体将该公司专利技术中涉及舱内结构的安装方式分为三种（见图3-4），这三种安装方式可以从实际产品上对应于GTT的Mark Ⅲ型、NO 96型以及韩国的KC-1型。另外，在上述三种安装方式中穿插与该安装方式相关的屏壁结构、绝热结构等重要专利技术的介绍，并横向将不同申请人涉及的相关专利技术一并予以介绍。

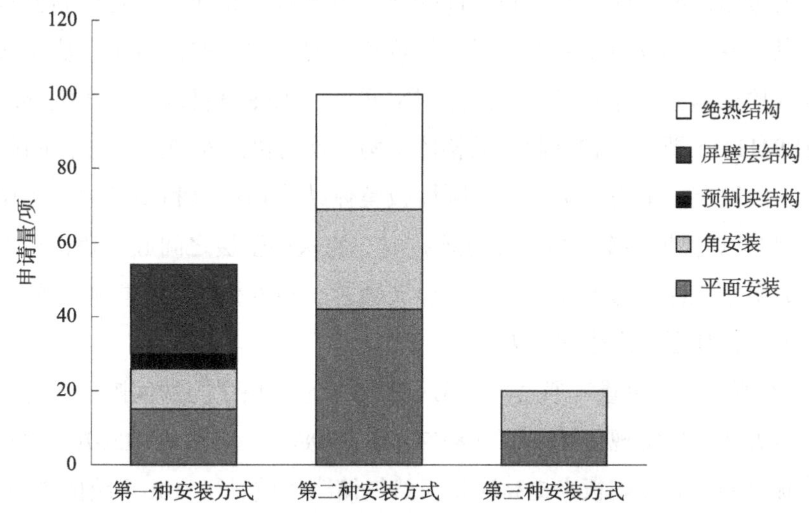


**图3-4 GTT薄膜型液货围护系统专利技术布局**

1. 第一种安装方式

GTT 薄膜型货舱内屏壁结构和绝热结构的安装方式可以分为多个系列，其中较早使用且具有代表性的安装方式为预制块式安装方式，在这里称为第一种安装方式。下面从平面安装、角安装、预制块结构及屏壁层结构四个方面对第一种安装方式进行专利分析。

（1）平面安装

第一种安装方式中的平面安装主要是通过将主绝热结构、次屏壁结构、次绝热结构整合为一块可在工厂加工好的预制块，再将多块预制块与主屏壁结构安装在舱体的承载面上，并通过一些辅助连接结构的设置保证相互连接的预制块之间屏壁结构、绝热结构的连续性，如图 3 -5 所示。

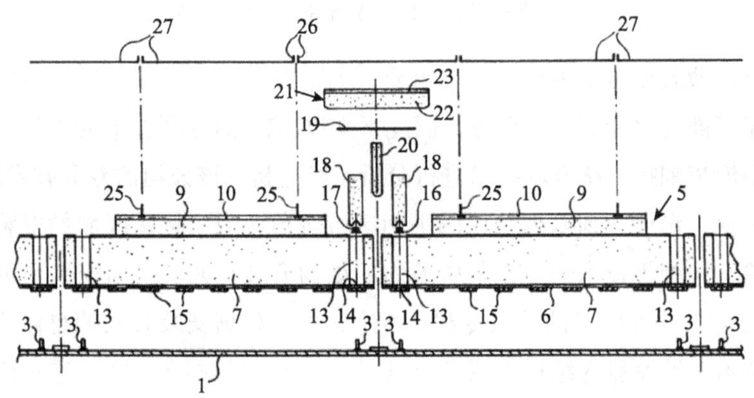


**图 3 -5　第一种安装方式平面安装示意图**

涉及这种安装方式的代表性专利技术有 FR9206136、FR9411165、CN99110530。出于专利布局的考虑，虽然这三篇专利文件的技术内容基本相同，但是权利要求保护的侧重点不同。其中专利 FR9206136 要求保护的重点是通过螺钉构件将预制块中次绝热结构固定在舱体支撑结构上，并将螺钉构件上部空间填入绝热填料以保证次绝热结构的连续性。专利 FR9411165 要求保护预制块的整体结构，预制块由外到内所包括的第一刚性板、次绝热层、次屏壁层、主绝热层、第二刚性板整体结构均在权利要求的内容中。而专利 CN99110530 则重点保护多个预制块相互连接时，在次屏壁层之间起搭桥作用的挠性带的具体设置，并限定挠性带为可变形的连续金属薄片，挠性带的设置能够有效减少货物移动和涌浪诱发船体变形而产生的应力。

如图 3 -6 所示，三星重工通过减少第一和第二绝热块之间的间隙，设计了绝热块阶梯形状的配合方式，以实现便捷安装（KR20110133980）。KR20110136767 通过在主屏壁和上部绝热板之间安装减震板来提高液化天然气储罐的质量（SCA 系统的创新之一）。

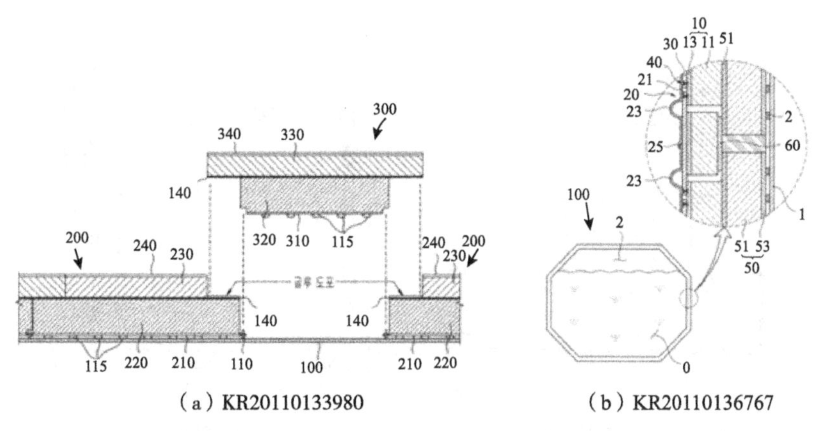

（a）KR20110133980　　（b）KR20110136767

**图 3－6　三星重工对平面安装结构的改进**

如图 3－7 所示，现代重工针对相邻预制块之间的间隙处理问题提出了多种解决方案，如先用胶粘剂片覆盖该间隙再粘接柔性屏壁层（KR20130004212）；采用泡沫塞填充该间隙（KR20130004213）；将形状与安装孔对应的硅胶黏合片附接到安装孔（KR20130063377）。

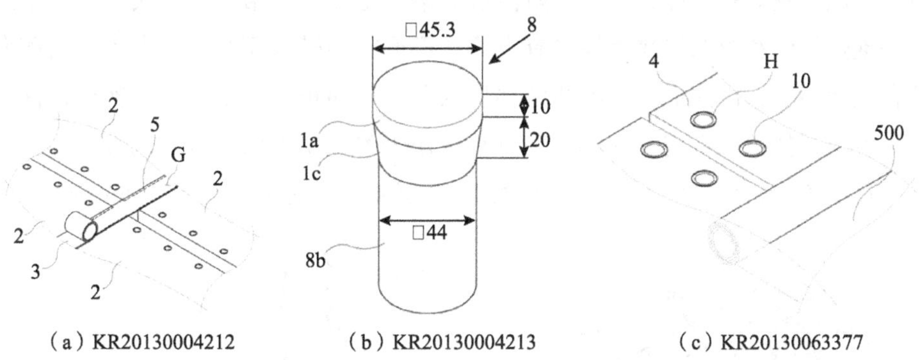

（a）KR20130004212　　（b）KR20130004213　　（c）KR20130063377

**图 3－7　现代重工对平面安装结构的改进**

（2）角安装

GTT 的角安装结构包括以下两种。

1）连接型角结构

如图 3－8 所示，专利 FR7211927 记载了在层中埋设方形角，角两侧设有梯形突起用于限位固定，角由管状元件承载，管状元件通过构件与船体连接，复合材料支撑形成次屏壁的片材。专利 FR9411165 为了连接罐的角部中靠近相交立体角的主屏壁和次屏壁，使用由若干金属片材的焊接组件组成的连接环，其中金属片材之间限定的横截面为正方形，该正方形的边的长度对应于预制块的主绝热屏壁的厚度。

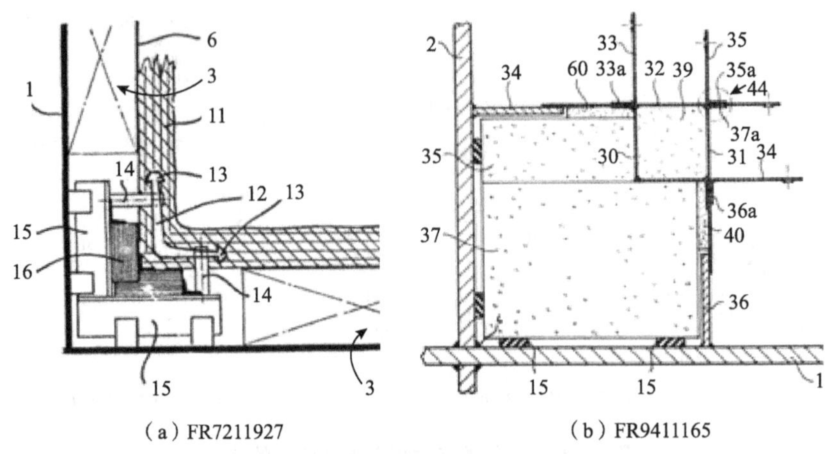

（a）FR7211927　　（b）FR9411165

**图3－8　连接型角结构**

2）预制型角结构

如图3－9所示，专利FR1353322设计了一种角部结构，包括：第一绝热板件和第二绝热板件、次屏壁的拐角件、主绝热阻挡层的第一绝热块和第二绝热块、主屏壁的拐角件，第一绝热板件和第二绝热板件具有直角梯形形状的横截面并且经由其斜的侧向边缘通过胶合彼此衔接，由此形成次绝热阻挡层的角；在拐角结构中：第一绝热板件和第二绝热板件各自包括被固定到其内部面并且承载用于绝热块的固定构件的金属片，并且次屏壁的拐角布置由金属制成。类似形成预组装的角结构的还有专利FR1556356。

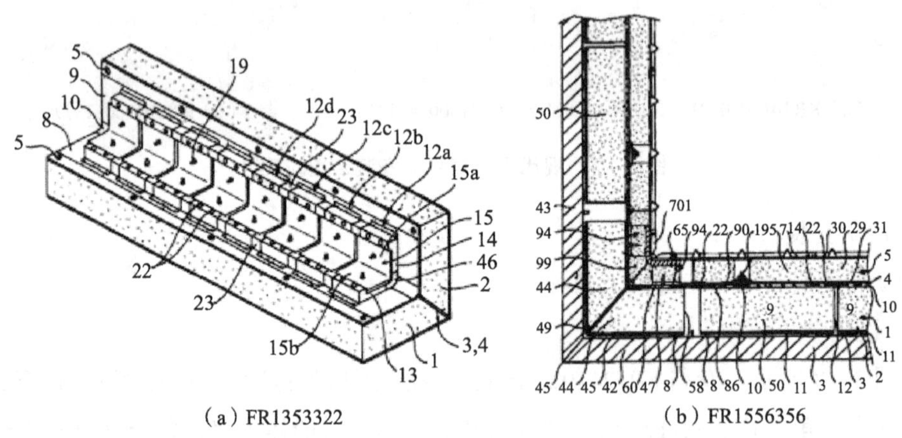

（a）FR1353322　　（b）FR1556356

**图3－9　预制型角结构**

如图3－10所示，三星重工设计了一种液化天然气货物的角板，通过在一个具有圆形弯曲的单个本体内形成液化天然气货物的角落区域，以防止由于船体变形或者热变形所造成的应力集中，并消除次屏壁破裂的可能性，通过允许将次屏壁成型为弯曲的形状，极大地提高了次屏壁的可构造性，并减轻了重量（KR20090053571、KR20120064066）。

KR20160014098 中拐角壁包括拐角绝热板，该拐角绝热板具有对应于液化气体货舱的拐角边缘的形状，拐角绝热板包括延伸单元，可以按压平面壁的一部分。此外，KR20170148102 针对角部的绝热板设计了角度控制构件。

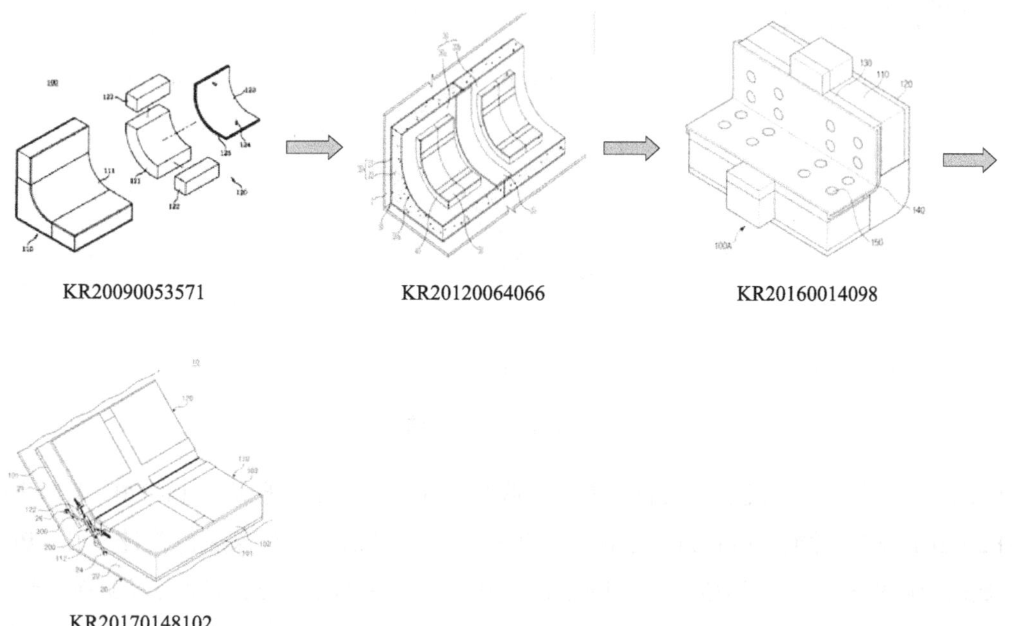


**图 3－10　三星重工对角安装结构的改进**

（3）预制块结构

如图 3－11 所示，GTT 在专利 FR9206136、FR9411165、FR9912118 中形成建造在运输船中的密封和绝热预制块。专利 FR0853288 提出一种借助胶合剂带把绝热块黏合在承载结构上的方法，以改善绝热块耐压缩或拉伸的强度。针对紫外线辐射、温度或湿度导致的黏性退化，专利 FR0605963 提出了一种具有保护膜的预制块，包括覆盖第一绝热层的防渗覆层、部分地覆盖防渗覆层的第二绝热层，还包括一薄膜，该薄膜覆盖住未被第二绝热层所覆盖的防渗覆层部分，薄膜包括至少一保护部分和至少一邻近于保护部分的渗出部分，保护部分和渗出部分能从防渗覆层单独地彼此脱离开来。

如图 3－12 所示，三星重工对于预制块结构的改进包括：通过将第一金属箔附接到绝热板的上侧并将第二金属箔安装在第一金属箔中来改善闭合力（KR20090054580）。通过黏合和焊接牢固地安装次屏壁，次屏壁能够密封扁平接头和绝热材料部分，且次屏壁由透光材料制成，以方便检查黏合状态（KR20100010541）。KR20100071436 将次屏壁由 Mark Ⅲ型的两层玻璃纤维布中间夹一层铝箔的三合一片材改为两层铝箔中间夹一层玻璃纤维布的结构，大大降低了次屏壁黏合过程中对胶水施工工艺的要求，改善了次屏壁的气密性（SCA 系统的创新之一）。设置可以在侧方向或高度方向隔开配置的多个下部绝热

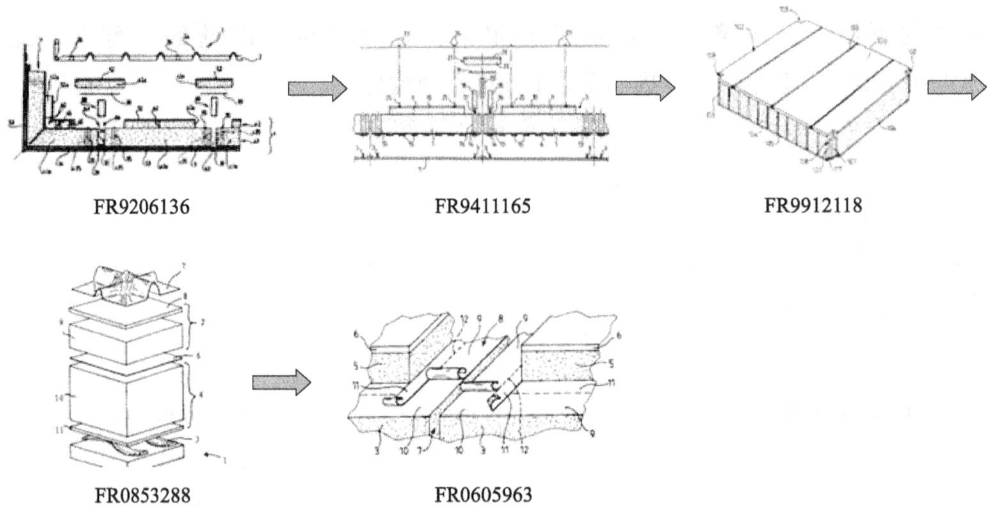


**图 3－11　GTT 对预制块结构的改进**

泡沫片，且在下部绝热泡沫片之间设置冲击吸收部件，以缓和收缩应力（KR20110136456）。KR20110136626 对绝热材料进行了改进，绝热构件包括由增强的聚氨酯泡沫（R－PUF）构成的分隔壁和第一绝热单元，分隔壁由绝热性低但强度大的高密度聚氨酯泡沫形成，第一绝热单元由密度低但绝热性优异的低密度聚氨酯泡沫形成。KR20160081785 提出包括三重绝热部分、主屏壁、冲击吸收部分、次屏壁以及紧固部分的绝热结构，其中三重绝热部分包括层压的上部绝热面板、真空绝热面板和下部绝热面板，能够提高整体的绝热性能。

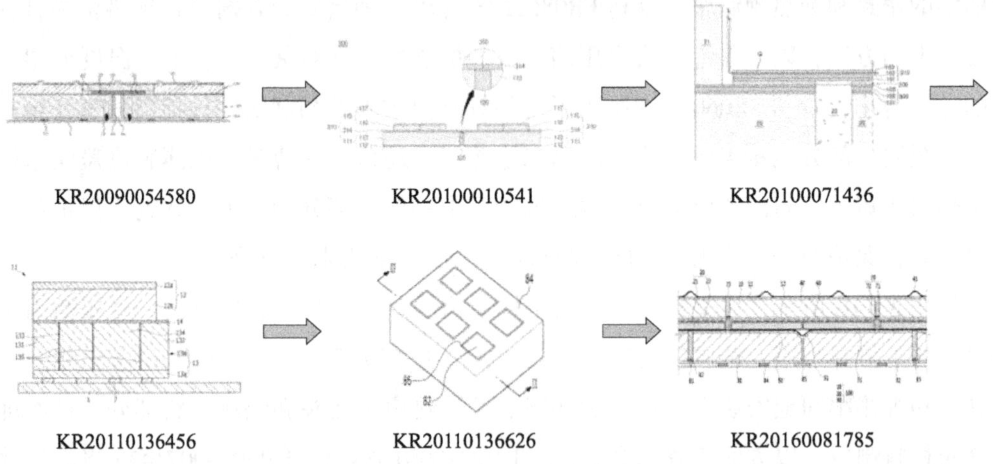


**图 3－12　三星重工对预制块结构的改进**

（4）屏壁层结构

1）主屏壁结构

如图3－13所示，为了使主屏壁可以承受更大的压力，GTT的专利CN200410084181在两个连续的与另一系列褶皱的褶皱交叉的交叉部之间设置至少一个在褶皱上的加强隆起部。在主屏壁褶皱下方设置加强件，以减少由罐冷却时的热收缩、船的梁的弯曲效应等因素引起的对主屏壁的应力，且中空的加强件允许气体循环穿过（FR0805567、FR1056555）。FR1557040、FR1860123设计了加强件的止挡或锁定装置。FR1850874、FR1857043针对不对称应力可能产生的变形，波纹部中的波状增强件的连续性，限制膜在节点的水平处扭转的风险，做了改进。在FR1856973中主屏壁包括主波纹，并且次屏壁包括朝向罐的内部突出的次波纹，主波纹和次波纹沿厚度方向叠加，主加强构件沿厚度方向插置在叠加的主波纹和次波纹之间，以便加强主波纹的强度。

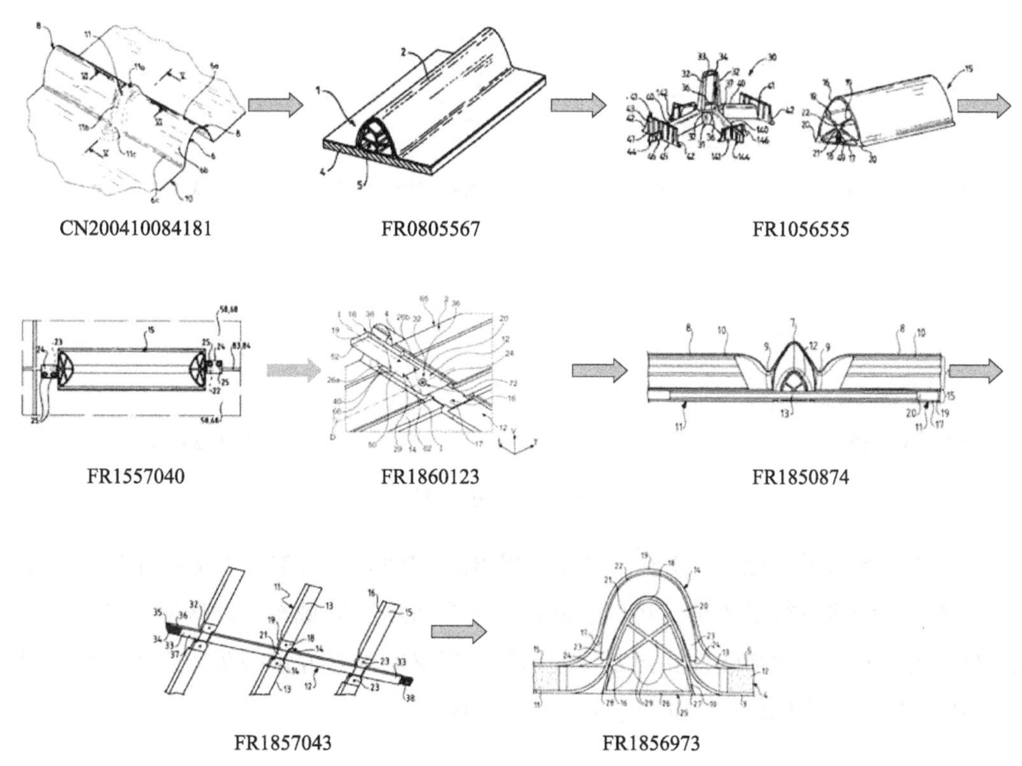


图3－13 GTT对主屏壁结构的改进

如图3－14所示，三星重工在主屏壁的波纹内部填充压力阻尼结构的有KR20080019481、KR20090122526、KR20110133979、KR20110136615、KR20110131987、KR20130115480、KR20130159830。其中KR20110131987的加强件还包括玻璃纤维层的绝热构件，通过仅去除一级屏障的波纹部分的变形区域可以简单地修复波纹部分。对于加强件的联接方式包括可滑动安装、螺钉安装和设置弹性耦合件（KR20110133979、

KR20110136615、KR20130115480）。KR20080036754 提出在波纹的交叉处设置可在纵向和横向膨胀的双向可膨胀件，以防止波纹变形。KR20110136444 在与液化天然气接触的主屏壁的表面上安装阻尼构件以提高液化天然气储罐的稳定性。KR20160020416 通过设置结合到主膜同时覆盖横向单元下部的辅助膜，使得即使主膜损坏，也能防止液化气体泄漏。

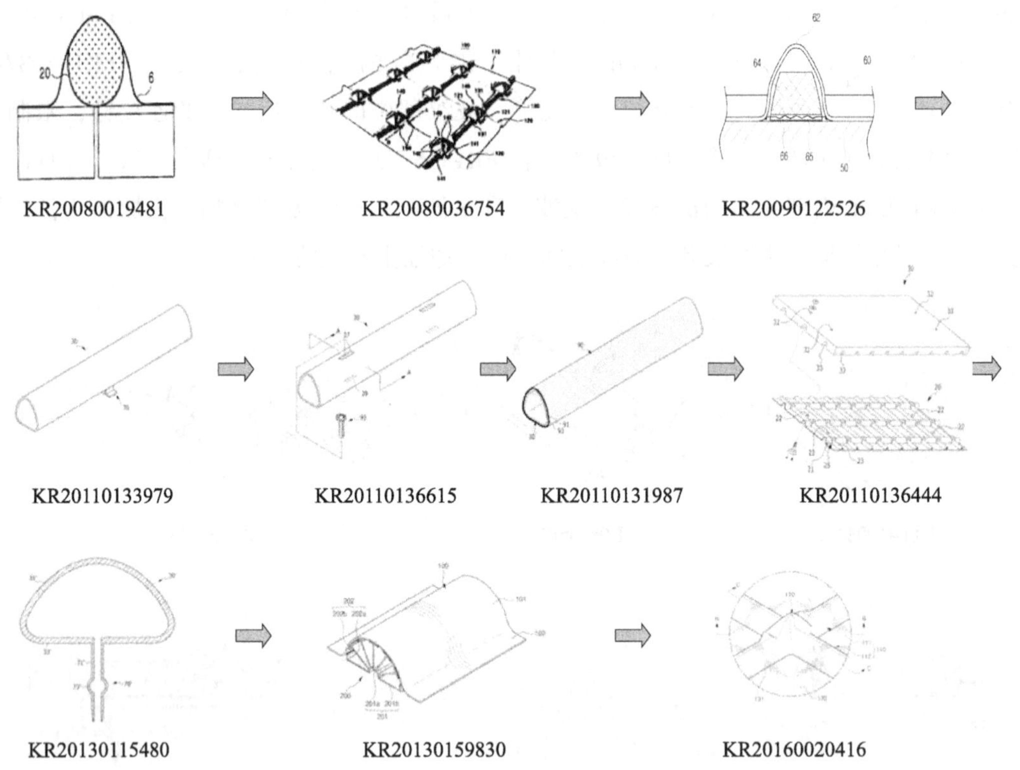


**图 3－14　三星重工对主屏壁结构的改进**

如图 3－15 所示，现代重工在三星重工提出的 KR20090122526 波纹加强件的基础上，对常规的楔形结构进行了改进，将加强件设置为具备中空区域与缓冲区域的结构，又将加强件设置为具备分散加强件和固定件的结构，后又将加强件进一步改进为类梯形结构（KR20120120342、KR20130004641、KR20130113860）。

2）屏壁材质

大宇造船针对 Mark Ⅲ型次屏壁由三层结构形成可能泄漏的问题，提出了将主屏壁和次屏壁均采用不锈钢材料制成，主屏壁和次屏壁两者上均形成有多个褶皱部，且主屏壁比次屏壁具有更多的褶皱部，以防止由温度变化引起的收缩和伸长而造成的损坏。大宇造船将该类液货围护系统命名为 Solidus 系统，在 Mark Ⅲ型的基础上对次屏壁层的材料进行改进，意在提高密封性能（CN201580036222）。

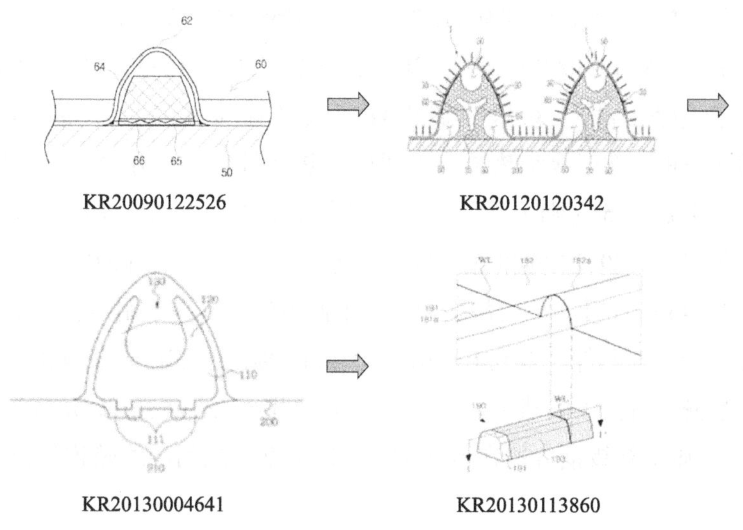


**图 3－15　现代重工对主屏壁结构的改进**

2. 第二种安装方式

第二种安装方式是不采用预制块形式制造主绝热结构、次屏壁结构、次绝热结构，而是将两层绝热结构、屏壁结构分别通过耦合器进行安装固定的方式。以下从平面安装、角安装、绝热结构三个方面对第二种安装方式进行专利分析。

（1）平面安装

图 3－16 为第二种安装方式平面安装示意图。舱内平面区域的安装采用初级耦合器和次级耦合器将两层绝热结构和两层屏壁结构安装在船舱的承载面上，两级耦合器均主要以螺杆的螺纹连接为主。此类安装方式中的两层绝热元件均通过内凹的角部结构设置耦合器连接件，因此安装后相邻的绝热元件之间没有空隙，无需第一种安装方式中的绝热填料。

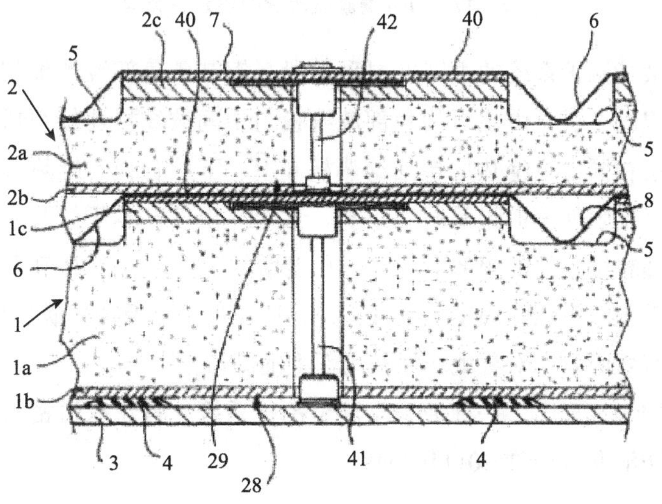


**图 3－16　第二种安装方式平面安装示意图**

涉及这类安装方式的代表专利有 FR8209508、FR0551565、CN00129029、CN200510124606、CN201280014712、CN201280029726。上述专利技术中虽然围护结构的安装方式均属于同一类型，但是在绝热结构、双耦合器设置形式及连接关系上不尽相同。其中专利 FR8209508 的保护重点在于次绝热结构由两层绝热元件构成，并限定了两层绝热元件的具体形式。专利 FR0551565 则主要保护了双耦合器中的次级耦合器在次屏壁层上的密封连接方式。专利 CN00129029 的侧重点在于各绝热元件中顶板、隔片、填料的设置方式。专利 CN200510124606 针对这种安装结构，为了使绝热元件易于制造，提出了带有中空一体形式承重结构的绝热元件。专利 CN201280014712 提出了使封闭盖板在 4 个绝热元件的相邻角部与绝热元件盖板表面平行，优化了绝热元件角部切口的设置。专利 CN201280029726 则对初级耦合器在承载结构与次屏壁层之间的绝热连接方式进行了细致的限定。

现代重工在专利 KR20100101301 中提出的 HHI 薄膜型液货围护系统也是双耦合器式围护系统，且现代重工以该申请为优先权提交多件专利申请分别从屏壁层结构、固定结构、绝热层结构等方面进行专利布局。图 3－17 示出了 HHI 液货围护系统的相关结构。

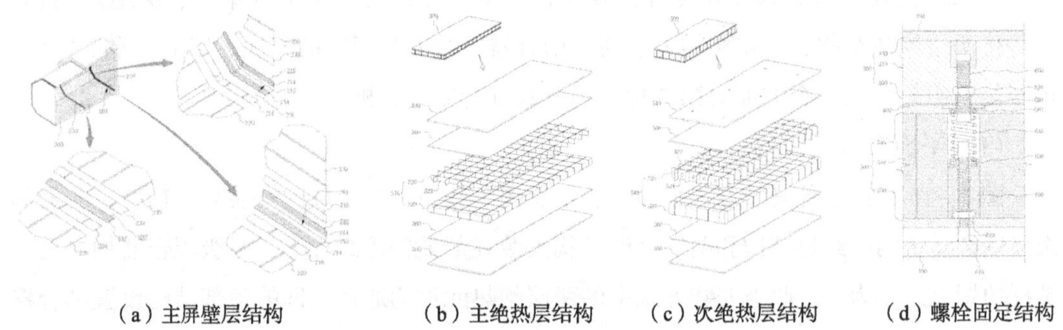

（a）主屏壁层结构　（b）主绝热层结构　（c）次绝热层结构　（d）螺栓固定结构

**图 3－17　HHI 薄膜型液货围护系统结构**

HHI 薄膜型液货围护系统的主屏壁层采用殷瓦钢制备角部波纹板与中间波纹板，采用不锈钢制备平坦的主板，由主板将角部波纹板与中间波纹板连接组成主屏壁。次屏壁层结构与主屏壁层相同，主绝热层包括绝热板和上、下胶合板。绝热板由网格状塑料增强件和填充在塑料增强件中的绝热材料组成。次绝热层的基本配置与主绝热层相同，进一步在网格状的塑料增强件的腹部形成多个孔以增加牢固性。在 HHI 薄膜型液货围护系统中，除了采用常规双头螺栓固定舱壁结构外，还通过设有弹簧的螺栓紧固装置来固定，该固定结构可以有效吸收不对称地作用在角部上的载荷。

此外，沪东中华也提出了一种薄膜型液货围护系统，搭建双道密封的超低温液化天然气储藏载体以防泄漏（CN202011194349）。

（2）角安装

常见的角安装如图 3－18 所示，GTT 在 CN1288842 中提出次绝热层通过联接件连接到船的支承结构上，主绝热层通过连杆连接，而主屏壁层和次屏壁层即殷瓦钢带通过锚固衬板焊接在船的横向隔板上，次屏壁层、主屏壁层和锚固板之间则通过一个十字形的金属梁进行连接以保持殷瓦钢带的连续性，提高密封效果，同时减少了屏壁层和船体之间的热桥，提高了绝热效果，类似的专利申请还有 DE2636647、DE3264987 等。GTT 还提出了一种角安装结构，包括位于次级绝热层的两个绝热块以及两者围成的角部绝缘组件，还包括位于主绝热层的两个绝热块及金属角支架，金属角支架通过焊接的方式将角结构的次屏壁层进行固定，同时，主绝热层上的绝热块通过锚固的方式与次屏壁层和次绝热层进行连接，防止液体泄漏（CN201780076568）。另外一种角安装结构包括一个十字形的金属第二级梁，其由殷瓦钢制成，用于连接次屏壁层，并通过锚固结构与船的支撑结构连接，还包括金属拐角构件，主屏壁层的端部以密封的方式焊接至金属拐角构件，金属拐角构件与次绝热层之间还设置有绝缘部件，绝缘部件通过保持构件连接至次绝热层上，其在制作工艺上有所简化，且能够抵抗较好的应力及变形（CN201980040158、FR1858431A）。

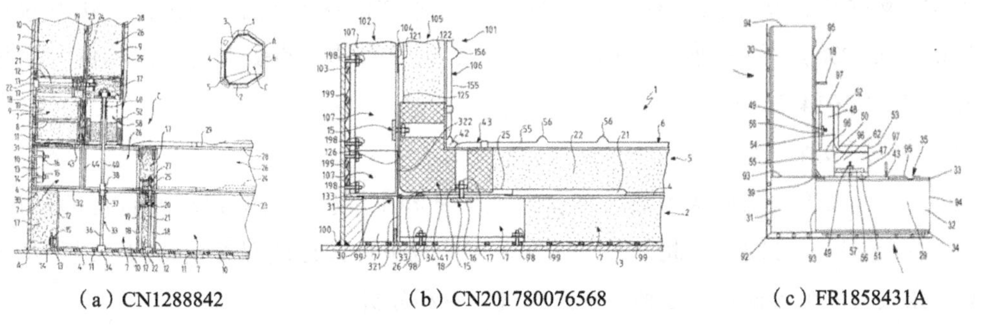

（a）CN1288842　（b）CN201780076568　（c）FR1858431A

**图 3－18　常见的角安装**

（3）绝热层结构

1）绝热材料

NO 96 型中的绝热材料通常使用的是珍珠岩，为了防止珍珠岩在制造绝热箱的时候产生粉末，GTT 选择的绝热材料为气凝胶型的纳米多孔材料，使得绝热层的生产简单化（US20050266375）。大宇造船选择了由纤维增强塑料材料制作的主次绝热层，该纤维增强塑料材料在满足现有的结构强度要求的同时，使通过结构部件的热损失最小化，并使真空绝热板的效果最大化（KR20120035478）。大宇造船还提出了选择发泡玻璃这种具有较低的热导率的材料作为绝热层材料进行绝热层的填充（KR20120050928），或者选择聚氨酯泡沫与发泡玻璃混合，以此来改善低温液体货舱的绝热性能和强度（KR20120052125）。现代重工提出了一种新型绝热材料，将聚氨酯泡沫保温材料和气凝胶面板交替地堆叠在胶合板之间，并且安装加强件以连接到胶合板；其后续又提出了一种新的构成绝热材料的泡沫组合物（KR20030092249、KR2019000036281）。

2）绝热结构

为了提高绝热层强度，绝热层中的承载构件可以设置为多个由直线臂连接的圆柱体，GTT 提出在上下两个胶合板及圆柱体之间填充绝热材料（US20050266375）。承载构件还可以选择在底板、盖板之间设置多个内部隔板及具有凹槽的增强元件，增强元件和内部隔板可以通过凹槽相连，提高内部隔板的抗弯阻力（CN200510054780）。为了保持载体元件的抵抗力以承受动态负荷，承载结构还可以在主绝热层和次绝热层中分别设置载体元件，且两层的载体元件上下间隔设置（FR1257608）。承载结构还可选择在底板、盖板之间设置支柱，以此提高支撑强度，在支柱上也可设置上下两个加强件，通过加强件的设置有效避免支柱的倾倒（WO2013FR50370）。GTT 还提出了在支柱的上下两侧设置脚结构，并在脚结构的外围设置防倾倒凸肋，以吸收施加在承重构件上的横向于它的纵向方向上的应力，并将应力传递给脚结构（CN201480062712）。此外，其对有效地减少绝热层的高度、提高空间利用也进行了研究（FR0411967）。

大宇造船对绝热层中的承载构件也做了进一步改进，如在绝热层中设置多个三角形或圆形的支撑柱，支撑柱具有弹性，且弹性支撑柱的两端具有比中心部分短的直径（KR20120032936）；为了进一步加强承载强度，将承载构件设置有蜂窝结构的复合加强结构（KR20110142364）。

3. 第三种安装方式

第三种安装方式是在次绝热层上层叠次屏壁和主屏壁，主绝热层是很薄的刚性板，其位于两层屏壁层之间，因此，第三种安装方式也被称为连续双屏壁结构。以下从平面安装、角安装两个方面对第三种安装方式进行专利分析。

GTT 早在 1979 年就针对该种液货围护系统在多国申请了专利（FR7919436、JP10142680、DE3027222、CA356875 等）。如图 3－19 所示，其包括两个连续的屏壁层，主、次屏壁层都由殷瓦钢制成，在主屏壁层与次屏壁层之间较薄的刚性胶合板作为主绝热层，主屏壁层、主绝热层、次屏壁层、次绝热层从上到下通过舌片实现焊接固定。角部通过十字交叉件支撑绝热材料，在十字交叉件外侧覆盖角铁用以焊接主、次屏壁层。

为打破 GTT 在 LNG 船液货围护系统上的专利垄断，韩国自主研发了 KC－1 型液货围护系统（见图 3－20），KC－1 型液货围护系统采用 GAS 公社自主研发的波纹式主、次屏壁层，将主绝热层简化为更薄的刚性间隔件，采用锚固结构实现绝热层与主、次屏壁层之间的固定，将角结构设计为交叉承重梁支撑并增加了可动部（KR19990029326）。

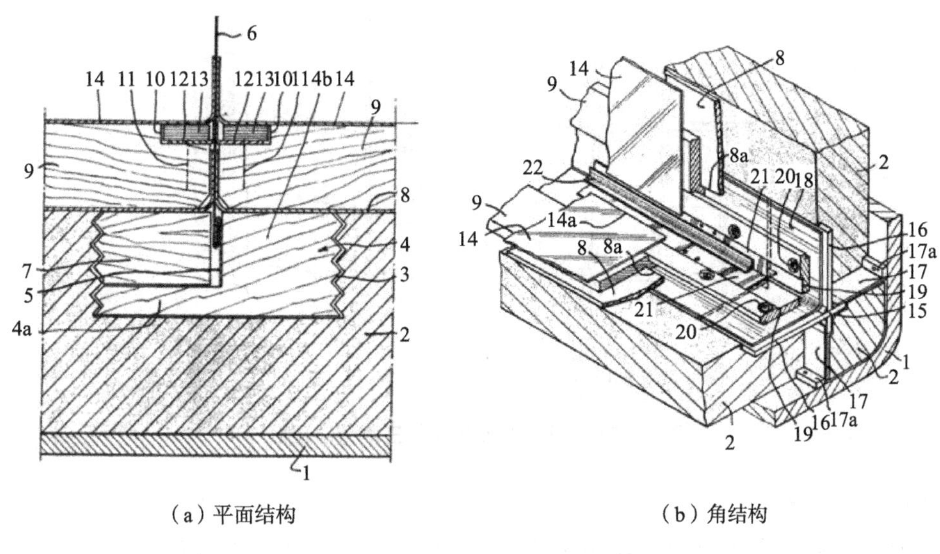


（a）平面结构　　　（b）角结构

**图 3－19　第三种安装方式示意图**

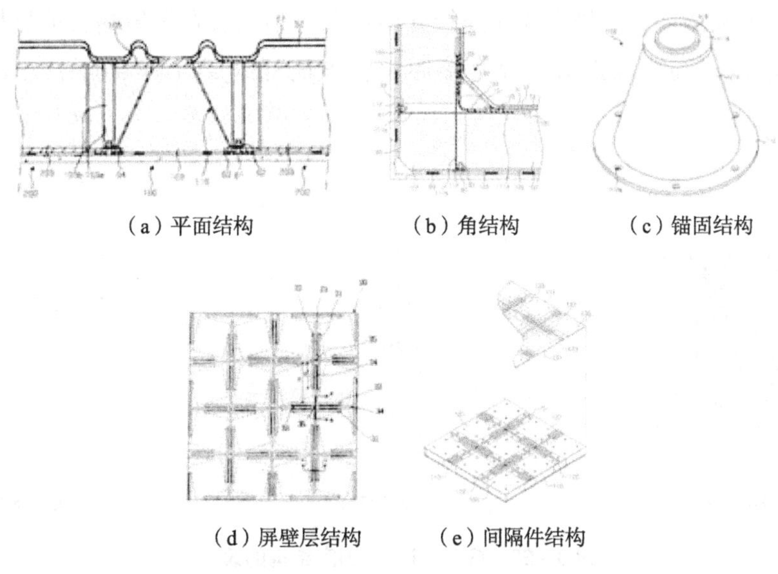

（a）平面结构　　（b）角结构　　（c）锚固结构

（d）屏壁层结构　　（e）间隔件结构

**图 3－20　KC－1 型液货围护系统相关结构**

GAS 公社基于川崎重工隔膜（JP7266997）、三菱造船隔膜（JP2126394）（见图 3－21）提出了将锚定处分别设置在水平波纹和垂直波纹的中间区域的屏壁部件，以减少锚定处的应力集中现象。GAS 公社在 KR20060084298 中主要保护锚固结构，其锚固结构为类锥形部件，锚固结构底部与绝热层固定螺栓相连，上部穿过绝热层上的开口直接与主、次屏壁层焊接。KR20060084299 对角部结构进行了保护。KR20140142504 详细介绍了刚性间隔件的具体结构，刚性间隔件可以由例如胶合板制成，包括平面部分间隔件和波纹部分间隔件，刚性间隔件仅设置在主屏壁层和次屏壁层的平面部分之间。

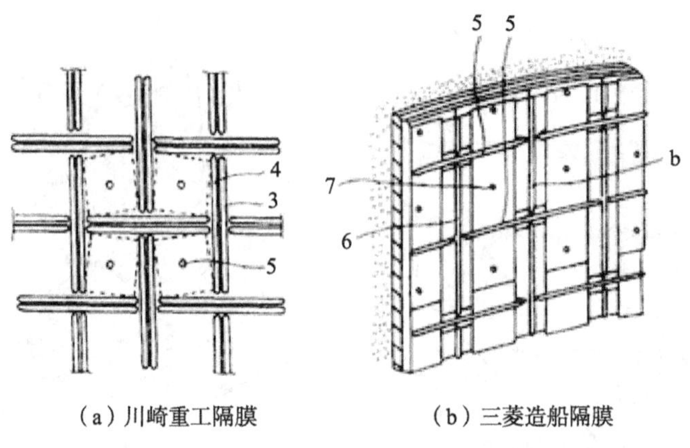


（a）川崎重工隔膜　　（b）三菱造船隔膜

**图 3-21　川崎重工隔膜与三菱造船隔膜**

（1）平面安装

在 FR7919436 公开的连续双屏壁结构中，两层屏壁层由一个舌片固定。如图 3-22 所示，GTT 后续针对该固定方式对舌片进行了一系列改进，如将舌片拆分为上、下两个，将舌片通过横向夹固定在凹槽中并在连接处增设角托架以及在主绝热层绝热材料上部设置玻璃纤维层以提高其强度，舌片直接固定在玻璃纤维层（FR8804679、FR9310721、FR9808897）。

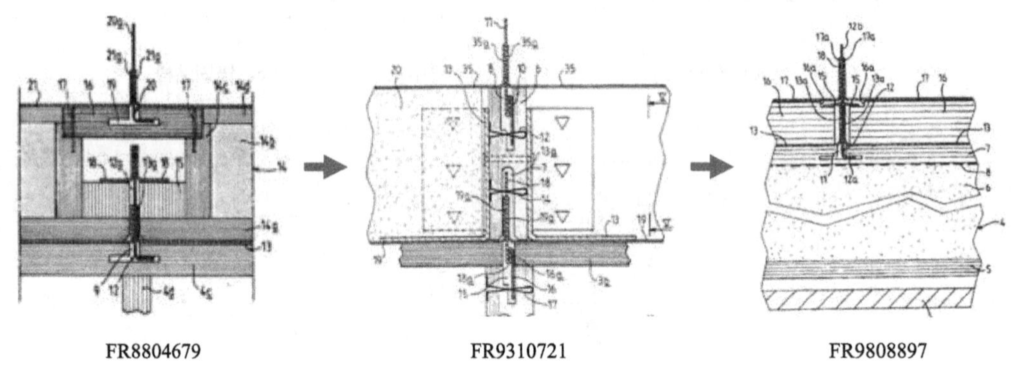


**图 3-22　GTT 对平面固定结构的改进**

如图 3-23 所示，KC-1 型液货围护系统采用锚固结构实现屏壁层与绝热层之间的固定，GAS 公社先将类锥型锚固结构（KR20060084298）改进为常规的杆形结构，绝热层上开设通孔供锚杆穿过（KR20140087473）；后又提出在主、次屏壁层之间充入氮气，氮气供应喷嘴设置在锚杆上部（KR20150174777）；然后提出将锚固结构的锚杆部分去掉，实现轻量化（KR20180130381）。GTT 在 FR1859592 中提出在锚杆纵向轴线的径向上压缩填充绝热元件。

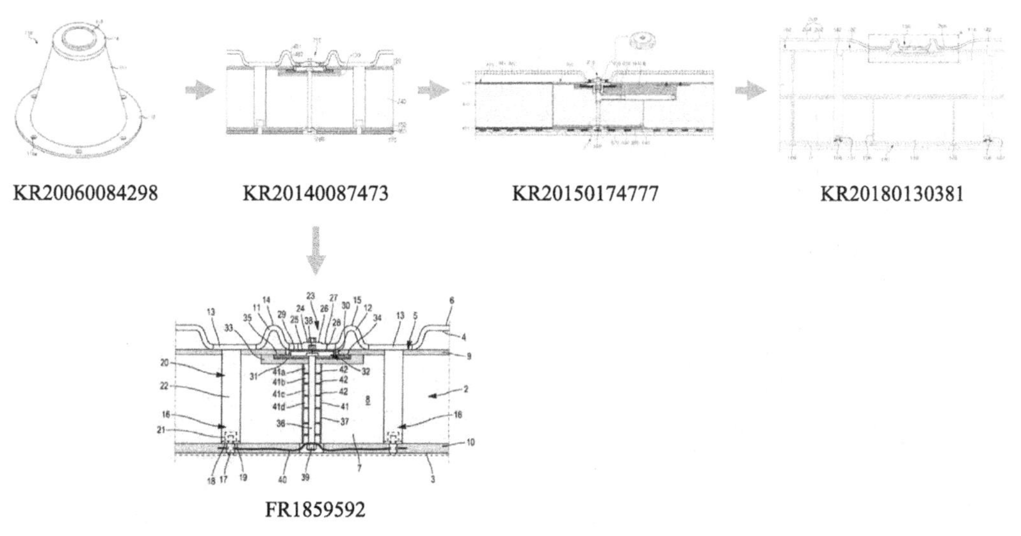


**图3－23　锚固结构的改进**

三星重工作为KC－1型液货围护系统的联合研发者，对连续双屏壁结构同样从多方面进行了改进。其在KR20140115036中提出一种新的屏壁波纹结构，其波纹以固定孔为中心对称形成。KR20150109003提出通过两个叠套的锚定插塞作为固定主、次屏壁层的锚固结构。在KR20160038858中三星重工同样提出向主、次屏壁之间充入惰性气体，充气孔位于锚杆底部。KR20160050873中进一步对锚结构进行了改进以允许主、次屏壁因热变形引起的移动。

（2）角安装

在上文提到的连续双屏壁结构（FR7919436）中，次屏壁层和主屏壁层直接焊接到角铁上，容易在受力时造成屏壁层撕裂。如图3－24所示，GTT后续对角结构进行了改进，采用在主绝热层外侧设置殷瓦钢连接带（FR9114320）；后续又将梯形支撑件设置在角部绝缘结构中使得角结构与船体角部之间存在空间（FR9310721）；以及将角结构设置为具备W形支撑梁的预制件（FR9808897）。GAS公社在KR20060084299中将W形角结构改进为十字形，并在角结构的外侧设置可动构件；而后又在KR20150012010中提出在十字形支撑梁上增加底板，使其抵抗应力集中的能力进一步提升。

GTT在GAS公社公开的角结构基础上，在支撑梁周围设置多种隔离封装元件以进一步提高角部件的绝热性能（FR1857325）。

综上，GTT对连续双屏壁结构的相关专利申请并不多且多集中于早期，研发力度并不大。而韩国研发的KC－1型液货围护系统在2007～2014年陆续获得世界主流船级社的原则性认证，并在2018年投入市场使用。在KC－1型液货围护系统提出后，GTT在2018年针对GAS公社申请的相关专利分别进行了进一步改进、研发，这也从侧面体现了GTT对KC－1型液货围护系统的认可。

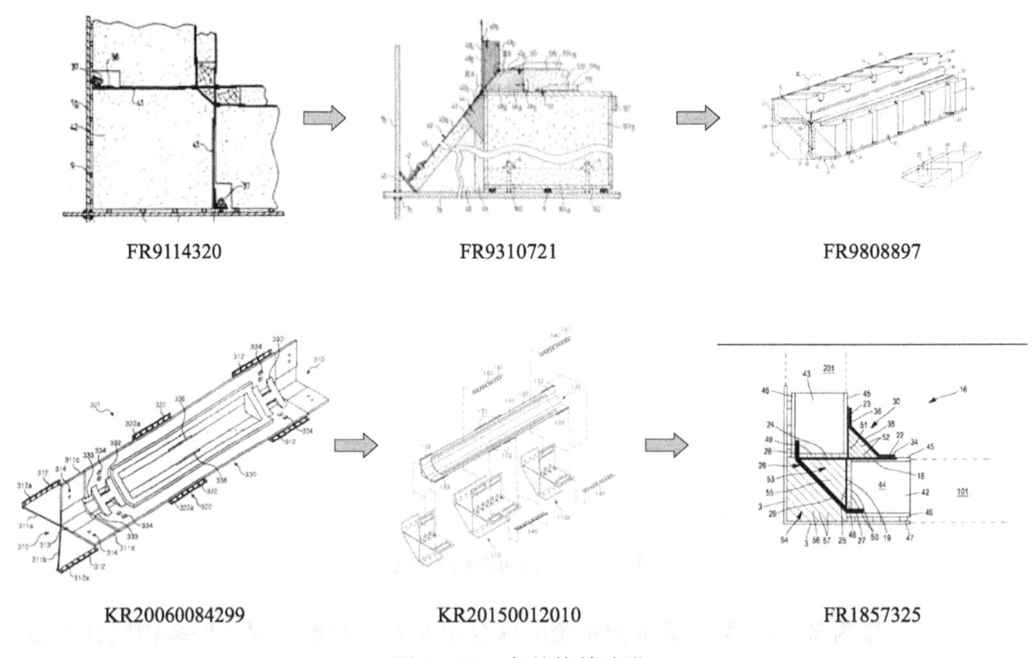


**图3－24 角结构的改进**

### （二）独立型液货围护系统

1. A 型液货围护系统

典型 A 型液货围护系统包括 Conch 型和 LNT－A 型。

（1）Conch 型

典型的 Conch 型液货围护系统在船上装有棱柱型铝合金独立液货舱、外包胶合板、巴尔沙轻木，后续绝热材料由巴尔沙轻木改为更便宜的玻璃纤维或聚氨酯泡沫。由于 Conch 型液货围护系统早已被市场淘汰，其相关专利申请不在此赘述。

（2）LNT－A 型

典型的 LNT－A 型液货围护系统中，中央货舱被空隙包围，船体内衬有低温屏壁层，技术改进点在于绝热层的改进，由于该液货围护系统中绝缘材料置于货舱之外，不需要承受液货产生的应力，因此可以做得更轻更薄，具有更高绝热性能且成本更低。并且由于该液货围护系统自支撑主屏壁和次屏壁分离地与船体隔舱连接，克服了传统 A 型液货围护系统中自支撑主屏壁和次屏壁之间力传递的缺陷（CN201280069950）。另外，其绝热层还可改进为多块独立的镶嵌成棋盘花纹的绝热板，从而便于安装加工（CN201680029209、CN201580010795）。

2. B 型液货围护系统

目前 B 型液货围护系统主要包括球罐型和棱柱型。

（1）球罐型

摩斯海运以及三菱造船、川崎重工的专利申请涉及了大量球罐型围护系统的改进发明。典型 Moss 球罐如图 3－25 所示，货舱安装在船体内，在其腰部受到裙板支承，从而与船体间隔开，货舱包含位于货舱下方空隙之内的滴盘。构成主屏壁的货舱被绝热层包围，与空隙一起防止货舱接触或冷却船体。

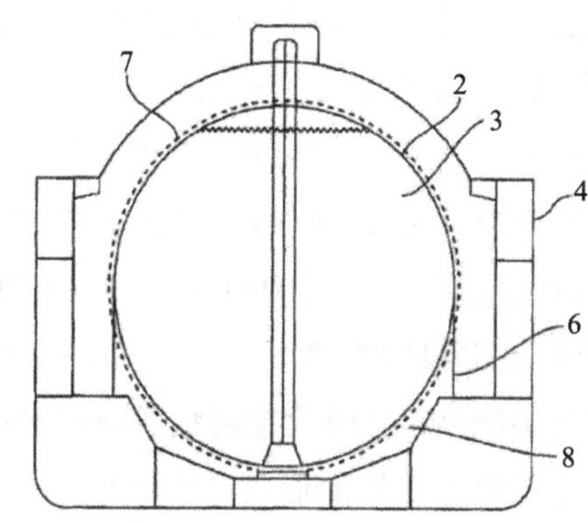


**图 3－25　典型 Moss 型液货围护系统**

1）支撑结构

球罐型支撑结构的设计重点集中在球形壳体与裙衬结构的连接，各公司根据 LNG 船的特点及安装要求不断对裙衬结构进行优化。

其中支撑结构所面临的最突出的问题是由于装载低温液化天然气，罐体内外温差极大，因此罐体收缩膨胀，使得支撑结构不稳定。而为了解决罐体热收缩的问题，摩斯海运将裙部设置有上下凸缘，中间具有锁定装置，避免罐体纵向或横向运动但允许罐体热收缩膨胀（DE2050759A）；三菱造船在罐体支撑裙部结构的不同位置焊接水平梁以加强裙衬，防止储罐收缩时罐体和支撑部接头的破裂（JP6915196）。

另外三菱造船提供一种铝制成的球形罐裙部，裙部采用凹凸结构装配连接，保证具有足够的强度以连接罐侧和船体侧结构构件，从而降低成本并提高可维护性（JP2002235499）；其还通过在与上甲板结合的支撑结构的下端部设置加强部来应对海上风浪，提高罐体支撑结构的疲劳强度（JP2003331478）；其还提出通过异种材料接头实现船体侧支撑结构和罐体侧支撑结构的连接，异种材料接头分为多段，异种材料接头与两侧支撑结构之间采用爆炸焊接（JP2005349354、JP2004256775）。

川崎重工提出在裙部的平行部分中设置狭缝以形成柔性结构，则热收缩可以被容易地吸收，从而可以增加裙边高度进而使得罐体长度增加，达到提高罐体容量的目的（JP14063094）。三菱造船提出的支撑结构焊接方式由于需要开设较多的焊接对准切开，会降低支撑结构强度。川崎重工提出，在各接头构件段两端开设凹槽，将凹槽对准并通过堆焊方式连接并使凹槽内充满熔敷金属，该设计可减少焊接开口的数量（JP2011138746）。进而，川崎重工又相继提出了多种焊接方案来提高异种接头上两种相异材料结合的牢固性，例如采用对顶摩擦焊接、搅拌摩擦焊接实现异种材料接头与两侧支撑构件的结合（JP2009547871、WO2011JP06508）。

2）绝热层

三菱造船提出在罐的主体部中设置绝热板作为对流抑制件，使得罐主体部的外周面被覆盖，阻挡了热气从外部进入储罐，抑制天然气的蒸发，从而无需增加绝热材料的厚度（JP2014142201）。其还在罐体保护罩上设置辐射热反射板，并且在辐射热反射板与罐外壁之间形成间隙，从而提高绝热效果（JP2017012099），以及在具有上下多个面板的绝热层组件中设置真空绝热材料面板，实现高耐热性能（JP2017020461）。

川崎重工对于绝热层的改进包括：其在JP04001273中提出用绝热绝缘块作为绝热材料；在JP2000138120中提出具备常温侧绝热层（厚度110mm）与低温侧绝热层（厚度115mm）的绝热结构，并在两层绝热层之间设置网状增强材料；在JP2005359375中提出通过对添加了针状单晶的泡沫材料进行发泡形成绝热材料，在针状单晶的泡沫基质中形成有大量的气泡；在JP2006335672中提出在模制芯材外侧密封包裹外层材料以构成绝热结构（见图3－26）。

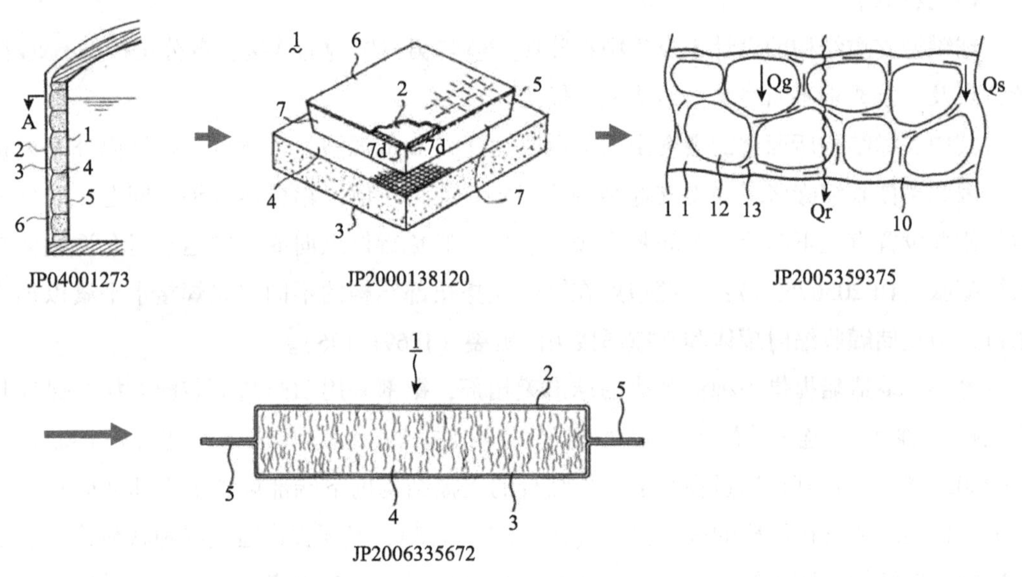


**图3－26　川崎重工对绝热结构的改进**

3）罐结构改进

球形罐体的自身结构特性导致其船体内部容积利用率低，因此，各公司重点对球罐外观进行了改进。如摩斯海运提出了两种对罐外形的改造，分别为在球体左右两侧间增加圆柱形中间部分的罐体（NO940316）和在球体底部和顶部中间增加圆柱形中间部分的罐体（NO961909）；三菱造船将圆球形货舱垂直方向上拉长，设计类似苹果形（JP24368087、JP2015080865）；川崎重工同样对球形罐的外形进行了改进，使其不再是正球形（JP2015079008），并通过约束罐体的半径及曲率等参数对球罐外形进行了进一步改进（JP2017544064）；现代重工提出在罐的上半部和罐的下半部之间安装圆柱形的罐膨胀部来增加球形罐的高度（KR20140077927）。这些罐体的变形提高了液舱容积效率，减小了船体尺寸和风阻，降低了重心位置并减少对船体结构的干扰（见图3－27）。

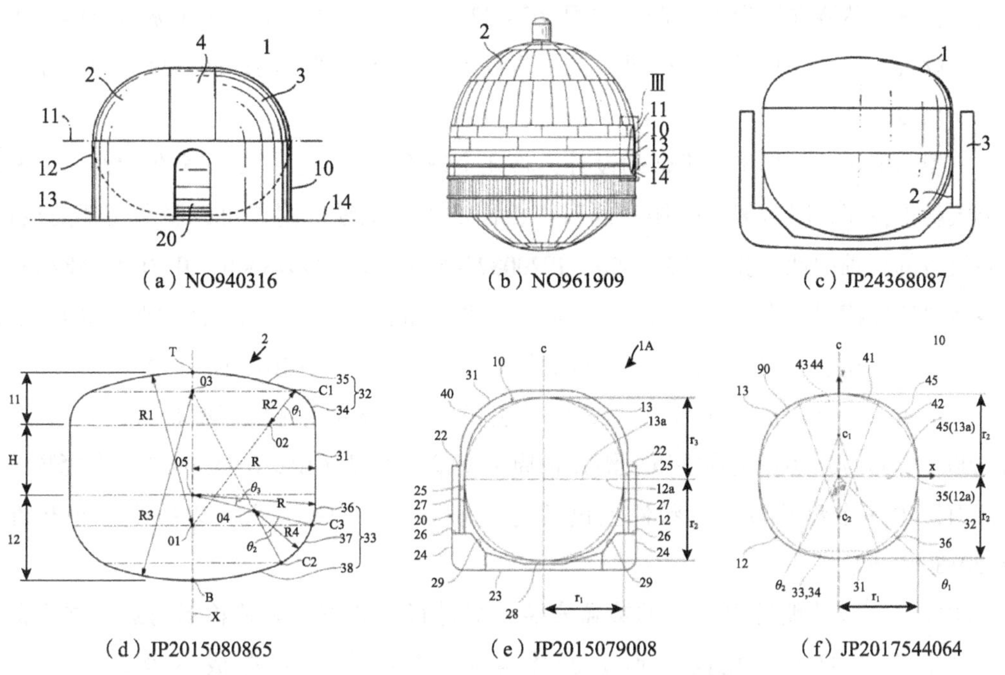

（a）NO940316 （b）NO961909 （c）JP24368087

（d）JP2015080865 （e）JP2015079008 （f）JP2017544064

**图3－27 各公司对球罐结构的改进**

现代重工研发的膨胀型球罐（KR20140077927）由于高度的增加使得重心上移，因此其在船上的稳定性变弱。针对这一问题，现代重工将罐体上半部的上部区域和罐体下半部的下部区域中的至少一个中形成具有预定尺寸的凹部，使球罐重心降低从而使箱膨胀部增高（KR20170079053）（见图3－28）。

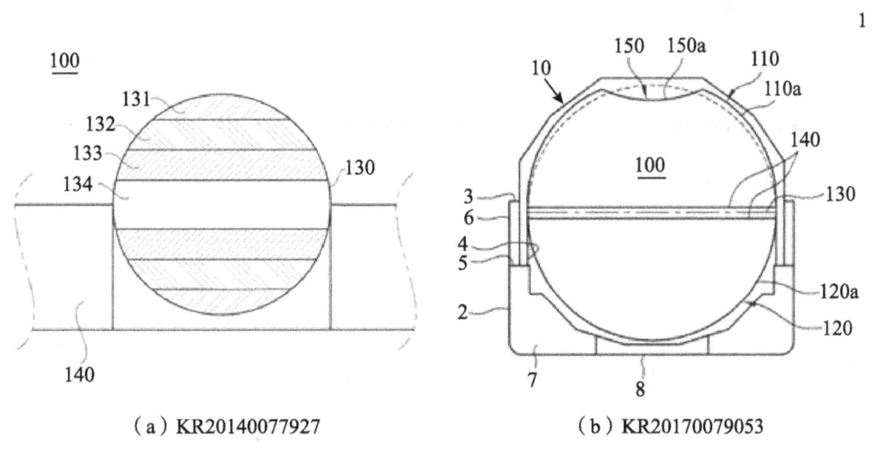

（a）KR20140077927 （b）KR20170079053

**图3－28 现代重工对球罐结构的改进**

4）相关结构和设备

球罐由于体积庞大，存在影响驾驶台视野，船体风阻较大的缺陷。[3]各公司对其相关结构设备也进行了改进。如图 3－29 所示，摩斯海运提出将船体甲板升高到正常甲板高度之上，减少球罐在甲板上占据的空间（NO972497），接着其又设计在纵向连续布置的船体上设置连续的保护壳体配合降低的甲板高度提升整体船只的纵向强度，节省船体重量（NO20044020）。

三菱造船之后也提出了类似的设计，将几个球形货舱通过罐罩完全包覆起来，改进了空气动力性能，降低船体风阻，同时甲板面的管系电缆等附件可以隐藏于船舱内部，提高设备的可维护性（JP2007297656、JP2008224546、JP2009078546、JP2014034876）。[3]三菱造船还在罐罩上设计顶部曲面部，从顶部平板部的船宽方向向两侧成曲面状地延伸，从而抑制侧风流动，即横摆的产生，进而提高燃料利用率（JP2015038251）。

川崎重工提出在罐罩与船体之间设置多个支撑部来提高罐罩支撑的稳定性（JP2008184581），还提出在罐罩上沿顶板周缘设置加强部（JP2016213203），在罐顶的凸起部内设置多个盘状件，盘状件上设置与检修口对应的铰接盖，以提高其绝热性能（JP2018040469）。

2017 年三菱造船针对球罐的罐盖安装布局进行了调整，调整箱罩与罐体之间的间隙，抑制箱罩的大型化同时增大舱体容量，并抑制了制造成本及重量的增加（KR20170171454、KR20180015495、KR20180015497、JP2017134900、JP2017134898、JP2017134899）。

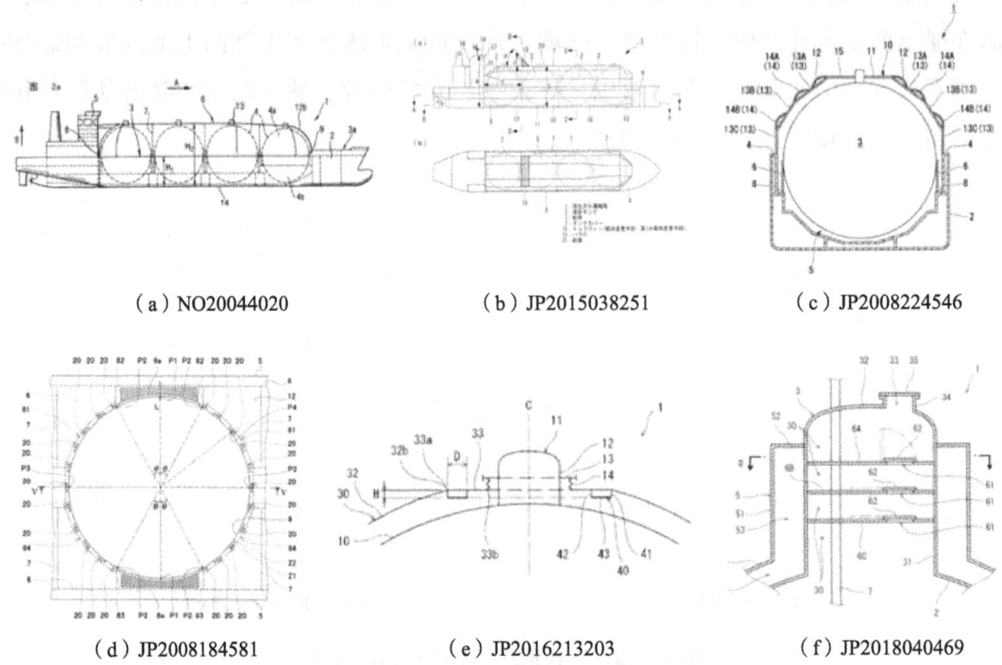

（a）NO20044020　（b）JP2015038251　（c）JP2008224546

（d）JP2008184581　（e）JP2016213203　（f）JP2018040469

**图 3－29　球罐型液货围护系统相关结构和设备的改进**

(2) 棱柱型

IHI公司开发的SPB棱柱型液货围护系统使日本成为欧洲以外第一个拥有LNG船液货围护系统专利的国家，但由于SPB棱柱型液货围护系统材料价格高昂以及该公司对其技术的严密保护，其实际应用较少。[3]典型的SPB棱柱型液货围护系统，包括船壳、独立方形储罐，独立方形储罐内装载液化天然气，储罐由滚动轴承座及支撑件与壳内表面具有间隙地支撑，独立方形罐内焊接有多个罐部件的带骨结构（见图3-30）。

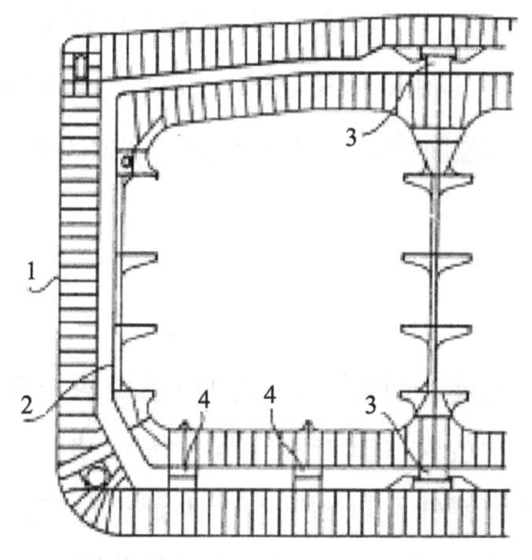


**图3-30 典型SPB棱柱型液货围护系统**

支撑结构的设计是棱柱型液货围护系统专利申请的重点。

日本的IHI关于支撑结构的专利申请包括省略箱顶部左右及前后移动抑制用支撑结构（JP30206893、US19930174892），以及设置长度方向连续形成的底部支撑部，从而减少支撑部件的数量及配置位置用于减低成本（JP2010187181）；设置底部可滑动支撑部件、倾斜部或台阶部可滑动的支撑部件、可伸缩的支撑部件，以应对船体的晃荡及罐体的热收缩（US19930174892、JP28226894、JP2011221089、JP2011194068、JP2014242834）等。

现代重工提出由多个自重支撑件和控制支撑件共同构成支撑结构（KR20130004006）；在船内侧甲板用于接收货舱的底部位置设置阶梯状的阶梯部分（KR20150146009）；在角部设置加强构件以防止角部的应力集中（KR20180172984）；在支撑部件的外侧及支撑部件与舱壁底部之间设置密封件以密封支撑部件与舱壁之间的间隙来达到较好的热绝缘效果（KR20190042137）。

川崎重工也针对支撑结构进行了一系列改进。例如，在支撑结构上增加肋部件（JP11301345）；在绝热材料压缩应力低的地方开孔并在孔内填充多孔材料，从而进一步提高货舱的热绝缘性能（JP2013171267）。

三菱造船对支撑结构的改进的目的在于减轻罐体端部的载荷集中，使得船体上的载荷均匀分布，如在多个支撑座上分别设置活塞结构，并且通过软管将其中一支撑座上的活塞结构与另一支撑座上的活塞结构相连接，使得支撑结构负载均匀，减少了应力集中（JP35556298）或使得货舱的端部设置的绝热支撑材料具有比在其他货舱段设置的绝热支撑材料低的弹性模量（JP37243498）。

3. C 型液货围护系统

C 型液货围护系统，一般为球形或圆柱形压力容器，水平或垂直安装在船体上。根据国际散装运输液化气船舶构造和设备规则（IGC 规则），C 型压力罐不需要次屏壁屏障，货舱与船体之间的缓冲空间可以填充惰性气体或干空气，货舱外表面敷设聚苯乙烯板或者喷涂发泡聚苯乙烯[3]，其相关专利改进一般集中在绝热性能及支撑结构上。由于 C 型压力罐技术比较成熟，工艺简单，专利屏障少，在此不再赘述。

## 四、结束语

无论从市场还是技术的角度，薄膜型液货围护系统均是该领域研发的重点。GTT 的薄膜型液货围护系统技术非常成熟，其专利布局从屏壁结构、绝热结构及其材料，到舱内结构的平面区域、角区域、特殊区域的安装，再到整舱密封性的试验、检测等均有覆盖。其他公司想要完全绕过 GTT 的专利，开发出新的薄膜型液货围护系统十分困难。

韩国船企多年来致力于开发国产化的 LNG 船液货围护系统，相关企业积极争取产业政策的支持，采用技术引进、自主创新、扩大生产规模、聚焦专业市场等模式，创造了一波又一波的 LNG 船新产品或升级换代型产品，研制了 SCA、SOLIDUS、KC－1、HHI 型液货围护系统。在产品创新与市场化过程中，韩国船企为规避 GTT 的专利，深度挖掘 GTT 的关键专利技术，并在深度挖掘的基础上研发出新的主屏壁结构、次屏壁材料、绝热结构及其材料，以及平面安装方式。上述创新模式与研发重点值得国内企业参考借鉴。

目前国内船企对 LNG 船液货围护系统的生产和专利申请主要涉及 C 型罐等难度较低的独立型液货围护系统，对结构复杂的薄膜型液货围护系统研究较少。然而，C 型罐仅能用于中小型的 LNG 船上，且利用率低、重量重，该类型的液货围护系统显然不能满足我国船舶与能源市场需求，因而仍需要关注薄膜型液货围护系统。

根据本文技术梳理，由于 GTT 专利几乎覆盖薄膜型液货围护系统的各技术分支，国内企业很难开发出完全独立于 GTT 技术的新的薄膜型液货围护系统，或全面突破 GTT 的技术壁垒。国内船企可借鉴韩国的发展历程，加强船企、科研机构间的协作。

笔者认为，国内企业可从以下方面进行研发与专利布局。一是关注薄膜型液货围护围护系统的整体结构，在应用 GTT 相关技术的基础上开发出新的液货围护系统形式。二是在 GTT 原有液货围护系统结构的基础上，对局部结构及材料进行改进，以掌握一定的技术与专利话语权。三是由于国内殷瓦钢研制已经取得突破，而殷瓦钢焊接也是双耦合器式及连续双屏壁结构中的技术难点，相关企业可重点研发，并在此研发的基础上，针对平面安装、角安装进行相应的研发。

## 参考文献

[1] 宋吉卫. 大型LNG船船型设计研究 [J]. 中国造船，2012，53 (4)：164－170.

[2] 秦琦. LNG船技术发展新脉动 [J]. 中国船检，2019 (8)：23－29.

[3] 谷林春，何萧. LNG船舶液货舱技术市场发展现状 [J]. 船舶物资与市场，2019 (7)：17－20.

# 单点系泊专利技术综述

李秀芳❶ 高丽敏❷ 贺慧敏❸

**摘 要** 随着海洋油气资源的开发逐渐从浅海走向深海，素有海上油气资源开发"航空母舰"之称的浮式生产储卸油装置（FPSO）的作用日益凸显，而FPSO中技术含量最高的设备是单点系泊系统，且我国是全球采用FPSO与采油平台配合形成采油生产系统最多的国家，因此，对FPSO特有的单点系泊定位技术存在研发和改进的需求。本文尝试通过对单点系泊技术进行全面的专利数据分析，梳理该技术领域的整体发展趋势及研究热点，为我国相关企业或研发机构提供技术参考与借鉴。

**关键词** FPSO 单点系泊 内转塔 外转塔 软刚臂

## 一、技术概述

单点系泊系统（Single point mooring system，SPM）是20世纪五六十年代出现的一种海上浮式结构物的系泊方式。单点系泊技术是指海上浮式结构物通过单点形式系泊在另一个固定式或浮式结构物上，该海上浮式结构物可随风浪围绕另一固定式或浮式结构物作360度回转（风标效应）。由于风标效应，被系泊的海上浮式结构物将会定位在环境力最小的方位上。

单点系泊系统最早作为在中东和远东地区港口装卸原油的终端结构的系泊定位系统使用，该装卸原油的终端结构能够代替新的码头或原有码头的延伸部分。20世纪70年代末，由于海洋油气资源的开发逐渐从浅海走向深海，需要一种能够适应深远海域作业的集加工、存储和卸载等功能的一体作业平台，因此，浮式生产储卸油装置（FPSO）应运而生。到目前为止，全世界已有一百多艘FPSO在服役，其主要分布在英国北海、巴西和西非沿岸、东南亚及我国的渤海湾以及南海等。由于FPSO具有适应能力强、储油量大、抗击风浪能力较强、能够灵活转移、可循环利用等特征，其素有海上油田开发的

❶❷❸ 作者单位：国家知识产权局专利局机械发明审查部，其中高丽敏、贺慧敏等同于第一作者。

“航空母舰”之称。FPSO 由生产储油船、系泊系统和水下装置三大模块组成。在整个 FPSO 系统中，技术含量最高，设计、制造、安装、作业中难点最多、难度最高的装置要数其系泊系统，可以说，FPSO 要想获得作业水深的增加，完全取决于系泊系统技术的突破。且截至目前，FPSO 虽具有单点系泊定位、多点系泊定位和动力定位三种定位方式，但统计表明，绝大部分 FPSO 采用的是单点系泊定位方式。

单点系泊系统不仅将 FPSO 定位于预定海域，而且具有输送井流、电力、通信等作用。整个 FPSO 的建造费用中，单点系泊系统的造价占据约 1/3，其重要性不言而喻。在目前的海工装备市场上，单点系泊系统属于定制型产品，且均为成套出售。当前我国使用的单点系泊系统主要采取整套从国外购买的方式，这种“准垄断”的单点系泊系统市场现状留给国内市场的不单是无奈，更是技术市场上的空白，因此，单点系泊系统成为制约我国 FPSO 发展的“卡脖子”技术。

笔者尝试通过对单点系泊技术领域内专利数据进行全面、深入的分析，梳理技术领域的整体发展趋势，并了解国内外单点系泊设备行业的主要企业所掌握的相关专利技术以及研究热点，为该技术领域我国相关企业的研发提供有益的技术参考与借鉴。

## 二、专利数据检索及处理

对于单点系泊技术领域的专利分析重点在于专利数据的有效检索，合理地制定检索策略有助于确保研究成果反映真实情况。因此，本文在确定与检索相关主题时从科学性和实用性的角度进行了如下的工作。

### （一）检索数据库的选择

为了完成单点系泊技术领域全景专利状况分析，全面了解全球、国内以及国外来华专利申请状况，本文采用的专利数据库主要是中国专利文摘数据库（CNABS）、德温特世界专利库（DWPI）以及世界专利文摘数据库（SIPOABS），同时辅以中国全文文本库（CNTXT）以及外文全文文本库（US/WO/EPTXT 等），使用专利检索与服务系统（S 系统）进行专利检索。

### （二）检索策略

检索主要采用的是总分结合模块化检索的策略。依据单点系泊的技术边界以及各技术分支分类特点，从技术和功效两个方面入手，采取分类号、关键词、“分类号 + 关键词”的不同检索模式，得到总体数据，并对单点系泊技术领域的重点申请人进行补充检索。对检索后得到的中文、外文数据均进行人工阅读去噪，并对去噪后得到的数据进行人工标引。

### （三）技术分解

表 1 为单点系泊技术分支及分支含义的相关解释，单点系泊技术主要包括软式单点

系泊和刚式单点系泊 2 个二级分支，软式单点系泊进一步细分出悬链式单点系泊系统（CALM）、单锚腿系泊系统（SALM）、固定塔式单点系泊系统（Fixed Tower）3 个三级分支；刚式单点系泊也进一步细分出刚臂单点系泊系统（SBS/SALS）、软刚臂单点系泊系统（Soft Yoke Mooring）以及转塔单点系泊系统（Turret Mooring）3 个三级分支。

**表 1　单点系泊技术分支**

| 一级 | 二级 | 三级 | 释义 |
| --- | --- | --- | --- |
| 单点系泊 | 软式单点系泊 | 悬链式单点系泊系统（CALM） | 具有漂浮在海面上的系泊浮筒，其下悬挂锚毂，多个悬链线锚腿连接到锚毂，并向外和向下延伸到固定在海底的锚，浮筒上部是一个装有轴承可 360°旋转的转台，与 FPSO 采用艏缆结构相连 |
| | | 单锚腿系泊系统（SALM） | 将浮筒与海底基座之间的连接的悬链替换成刚性立管，在浮筒与立管之间还可以采用锚链连接，与 FPSO 采用艏缆结构相连 |
| | | 固定塔式单点系泊系统（Fixed Tower） | 用桩固定于海底的塔状固定式单点系泊系统，与 FPSO 采用艏缆结构相连，也称为桩式系泊塔 |
| | 刚式单点系泊 | 刚臂单点系泊系统（SBS/SALS） | 与悬链式或单锚腿系泊系统单点系泊系统相似，仅是将与 FPSO 连接的艏缆结构替换成刚性臂连接结构 |
| | | 软刚臂单点系泊系统（Soft Yoke Mooring） | 主要由系泊浮筒、或固定在海床上的塔柱或导管架平台以及一套软刚臂（又称为“软轭架”）组成 |
| | | 转塔式单点系泊系统（Turret Mooring） | 转塔式单点系泊系统包括外转塔式、内转塔式两种基本类型。外转塔装在船外，与船舶用刚性构架连接；内转塔式装置则是装在船体内部开的一个大洞内，转塔作为外层圈与船舶固定连接 |

### （四）相关事项及约定

1. 数据统计的不完整性

本文选取的检索数据截止时间为 2021 年 4 月初。能够检索到的文献包括各数据库中入库记载的截至上述时间公开的专利文献，但由于专利文献公开以及入库与申请之间存在较大的时间滞后性，因此，距离检索截止日越近的时间段内，公开的专利申请数据与实际的专利申请数据之间的差距越大，对分析结果的影响也越明显。就普通专利申请而言，根据相关专利法的规定，一般发明专利申请自申请日（有优先权的，自优先权日）起 18 个月（要求提前公布的申请除外）公开；实用新型专利申请在授权后才能公布

（目前，中国实用新型专利申请的授权周期通常在18个月之内）；就通过《专利合作条约》（PCT）途径进入相关国家的专利申请而言，其通常自申请日（有优先权的，自优先权日）起18个月（要求提前公布的申请除外）进行国际公开，30～32个月（要求提前进入国家阶段的申请除外）后进入国家阶段，而后才由相应国家以本国语言公开。鉴于这些原则以及本文的检索截止时间，中国专利申请和全球专利申请于2018年5月后的统计数据可能存在不完整性。为此，本文中，如在专利申请量趋势变化图中呈现出近期年份的申请量小幅下降，并不完全意味着该技术领域专利申请量进入衰减阶段，需结合其他信息综合分析判断。

2. 专利申请量统计中的“项”与“件”

项：对全球专利数据库中的专利进行申请数量统计时，对于数据库中以一族（“族”具体指同族专利中的“族”，同族专利是指具有至少一件相同的优先权的专利）数据的形式出现的系列专利文献，计为“1项”。以“项”为单位进行的专利文献量的统计主要出现在外文数据中。

件：对在各国布局的专利进行申请数量统计时，为了分析申请人在不同国家、地区或组织所提出的专利申请的分布情况，将同族专利申请中的多件申请分开进行统计，每件申请计为“1件”。以“件”为单位进行统计的专利文献数量对应于专利的申请件数。

一般而言，“1项”专利申请应包含“1件”或“多件”专利申请。

## 三、专利申请分析

### （一）专利申请总体分析

本节将从全球、中国两个层次，对单点系泊的专利申请情况进行总体分析，主要包括专利申请趋势分析、专利申请区域分析以及主要申请人分析。

1. 全球专利申请趋势

图1是单点系泊技术领域内全球专利申请量发展趋势。从图中可以看出，单点系泊技术在发展的初期，即20世纪70年代前，每年都仅有少量的专利申请。由于此时间段中，FPSO刚刚开始在油气开发领域中得以应用，为FPSO进行定位的单点系泊技术也刚开始受到各国的关注，该阶段为技术起步阶段。80年代后，单点系泊技术得到了稳步发展，专利申请量也逐步上升，在80年代初期以及90年代中后期，专利申请量分别出现了一个高峰期，这一阶段是单点系泊技术的快速发展期。结合全球的经济局势分析可知，这一时期的专利申请量趋势与国际市场经济大环境基本相同，受油价大幅上扬的影响，各国都加大了海上油气开发的力度，海上石油开采逐渐从浅海走向深海，FPSO的作用凸显，各国研发力度加大；而在90年代初期，由于出现了全球经济大萧条，工业发展停

滞，石油的需求量下降，因此同期各国对海洋油气钻采作业装备市场的研发投入热度也降低。之后二十多年，该技术领域的专利申请量一直保持相对稳定态势，进入了单点系泊技术发展的成熟期。2013～2017 年，专利申请量大幅上扬，这与我国此阶段在该技术领域的申请量快速增长有关。2018 年之后，在国际油价以及国际市场规模低迷的情况下，申请量开始下滑（其中申请量数据的减少也存在专利申请数据相对滞后的因素）。此外，动力定位技术逐渐成熟，也抢占了一部分单点系泊的油服市场份额。

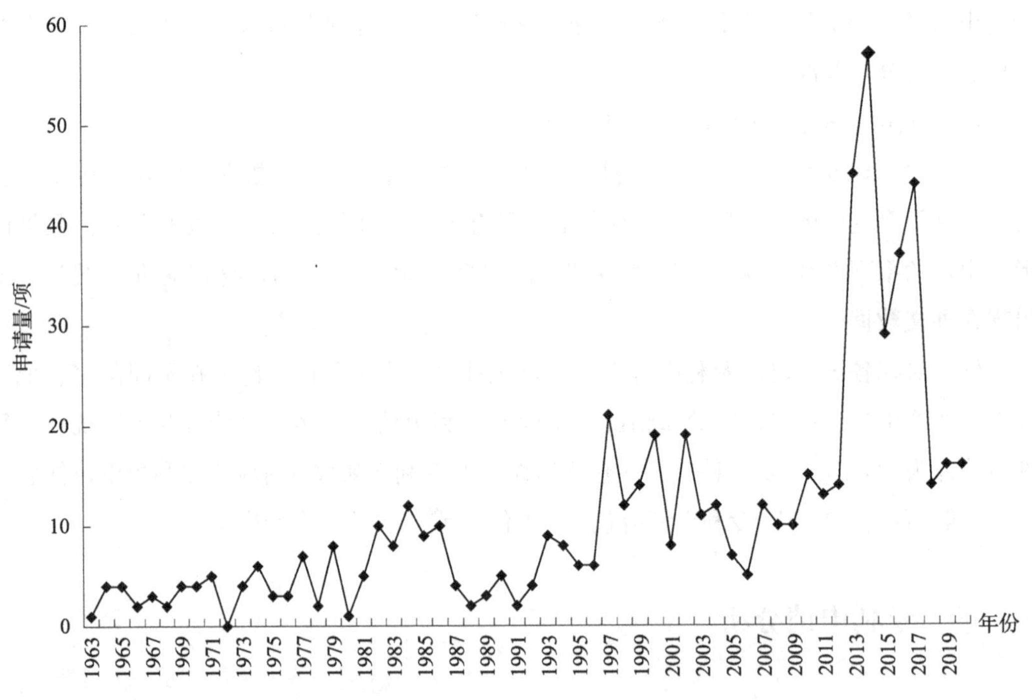


**图 1　单点系泊技术全球专利申请量发展趋势**

2. 中国专利申请趋势分析

图 2 为单点系泊技术领域中国专利申请量发展趋势。从图中可以看出，在 2006 年之前，中国单点系泊技术领域的专利申请量一直较少，这与我国海洋油气开发装备技术研发起步较晚有关。2010 年后，该技术领域的申请量爆发性增长，是由于在这段时间内，我国经济持续高速发展，对石油的需求持续增长，尤其我国在南海逐渐掌握主动后，海上油气开采重心逐渐从比较浅的渤海向更深的南海转移，对适应深海开发的 FPSO 的需求自然也水涨船高。据统计，我国是全球采用 FPSO 与采油平台配合形成采油生产系统最多的国家，因此，我国对 FPSO 特有的单点系泊定位技术也有不断突破的需求，在该领域内的创新活跃度也相对较高；同时，也与我国在海工装备领域内持续的扶持政策所营造的良好创新环境有关。

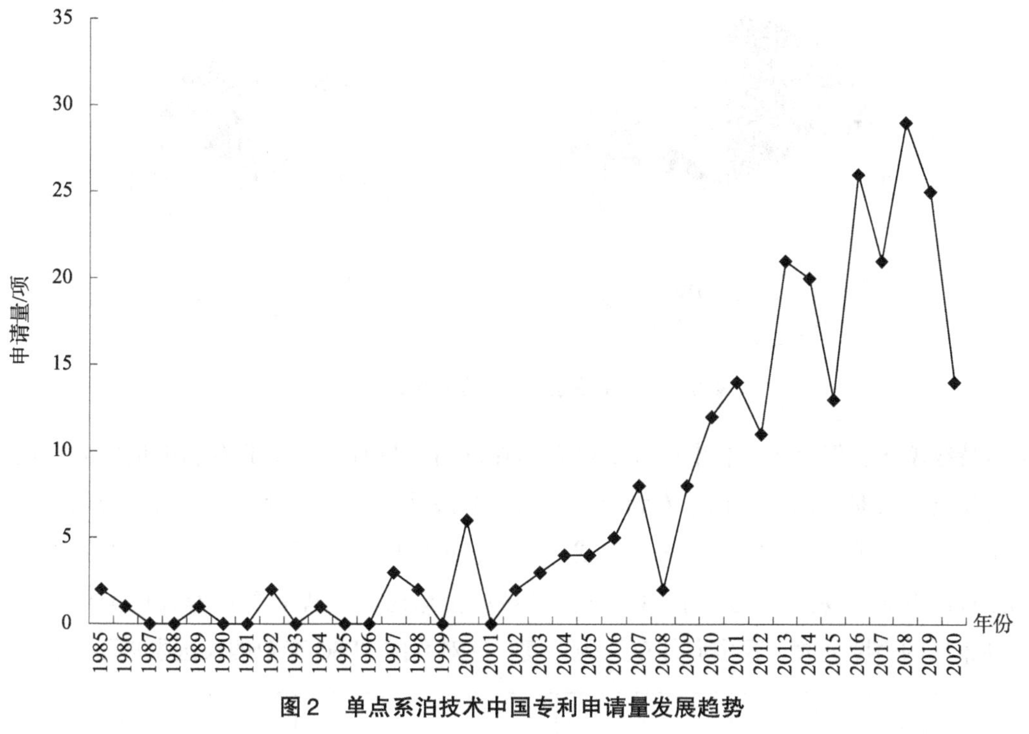


**图 2　单点系泊技术中国专利申请量发展趋势**

### （二）专利区域分析

图 3 显示了单点系泊技术领域内全球专利申请的区域分布。从图中可以看出，单点系泊专利申请量主要集中在美国、中国、韩国、瑞士、日本、英国、法国等国。上述这些国家的工业相对发达，是石油资源的主要消耗国，且都是航运/造船市场的强国。美国、瑞士在墨西哥湾油田，英国在北海油田，法国在北海油田、几内亚湾油田、墨西哥湾油田等地拥有很多海洋开发装备，日本、韩国都是世界上主要的海洋设备制造大国，这些国家作为世界上海洋油气钻采作业装备的主要使用方、制造方，投入了大量人力、财力研发海洋油气钻采作业装备。海洋油气钻采作业装备中必不可少的单点系泊定位技术，自然受到各国研发方、制造方的重视，因此，其在单点系泊定位领域申请了大量的专利，是该技术领域主要的专利拥有国。而中国由于近十年来将海工装备产业作为国家战略性的高技术产业，得到国家政策的大力支持，为海洋作业平台产业的发展创造了良好的环境，涌现出了一批具有竞争力的海工产品建造企业，促使我国进入世界海洋工程装备总装建造能力的第一梯队，并同步拉升了相关领域的专利申请量，使其在全球区域分布中占据了较大份额。

图 4 示出了单点系泊技术领域内全球主要国家专利申请的区域构成。从各主要国家专利申请的区域构成来看，在世界各主要国家的专利申请中本国创新主体提交的专利申请都是主要的专利申请来源。从技术流向的排名来看，海外创新主体提交的在华申请中，瑞士、美国、荷兰、挪威向中国提出的专利申请最多，其次是法国和英国，日本和韩国在中国仅进行了少量的专利布局。虽然中国近年来在单点系泊技术领域提交的专利申请

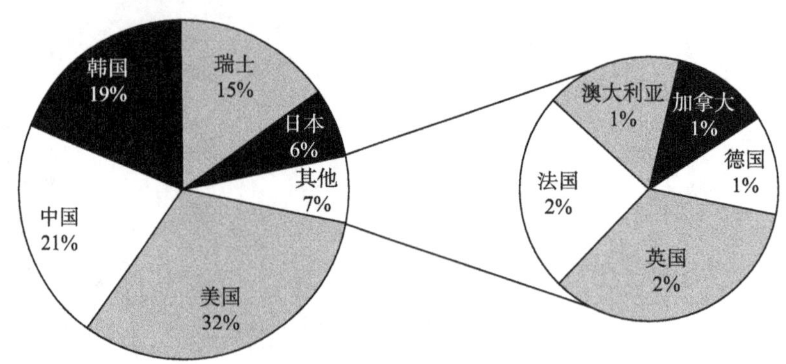


**图3　单点系泊技术全球专利申请区域分布**

数量持续增多，但上述专利申请基本都布局在国内，只有极少量的专利申请同时也向其他国家（主要是美国）提出了专利申请。通过对海外来华申请量与中国向其他国家的申请量进行对比可知，中国与美国、挪威、瑞士、英国以及法国等海工装备产业强国之间均呈现出专利“逆差”，也即在单点系泊领域内全球海洋工程装备产业强国向中国进行专利布局的力度远大于我国向外布局的力度，这对我国 FPSO 产业的长远发展不利。

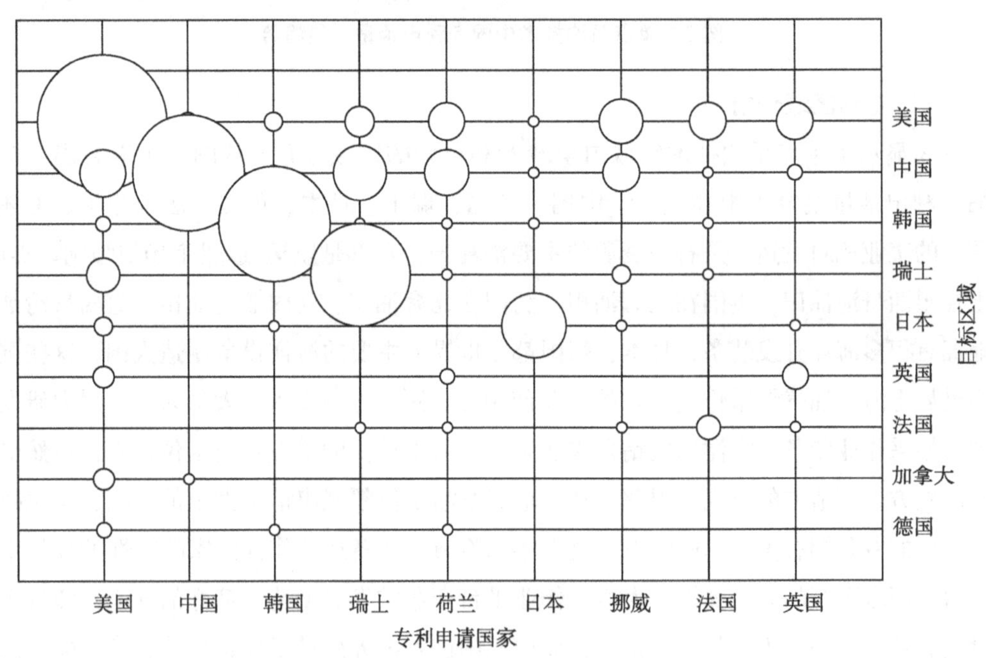


**图4　单点系泊技术全球主要国家专利申请的区域构成**

注：图中气泡大小表示申请量多少。

**（三）国内外单点系泊技术构成分析**

由前述的专利申请趋势分析（图2）以及专利区域分布分析（图3）可以看出，虽然我国对单点系泊技术的研发起步较晚，早期相关技术的申请量较少，但自2010年后专利申请量快速持续增长，截至目前，以专利申请量来看，已位居全球第二（图3）。

为了进一步明晰国内外专利申请人对单点系泊技术的研究侧重点，笔者分别对国内申请人作为创新主体以及国外申请人作为创新主体的相关专利数据的进行了技术分支标引，分别形成国内外专利申请的技术构成。从不同申请主体的技术构成的分析和比较来看（图5），以国内申请人作为创新主体的专利申请主要集中在软式单点系泊技术领域（占比64%），特别是悬链式单点系泊系统。而以国外申请人作为创新主体的专利申请大部分集中在刚式单点系泊（占比75%）（图6）。从单点系泊领域内三级技术分支构成分布来看，转塔式系泊系统、软刚臂式系泊系统则是目前单点系泊技术中应用最广泛、研究热度最高的系泊系统。

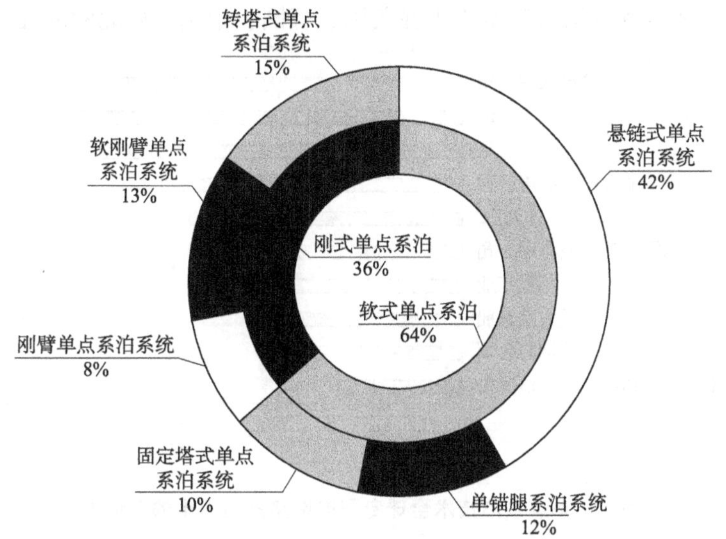


**图5　单点系泊技术国内申请人专利申请技术分支分布**

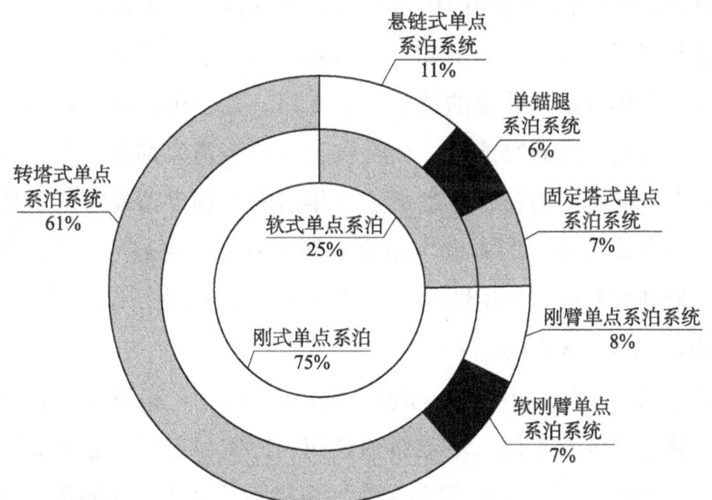


**图6　单点系泊技术国外申请人专利申请技术分支分布**

注：由于图中数据由四舍五入产生，因此内外圈数据可能不完全相等。

## （四）主要申请人分析

1. 全球重点申请人分析

图7示出了单点系泊技术领域内专利申请量排名前十的重点申请人，其中：瑞士的单点系泊公司（Single Buoy Moorings）、FMC技术股份有限公司（FMC）、国际壳牌研究有限公司分列第一、第二、第六位，美国的索菲克股份有限公司（SOFEC）排在第五位，韩国的三星、大宇造船分列第三、第八位，日本的三菱重工业列第七位，荷兰蓝水能源服务有限公司（Bluewater Energy Services BV）位列第四位，中国海洋石油总公司、中国船舶重工集团公司第七一九研究所分别位于第九、第十位。可以看出，单点系泊定位技术领域的全球主要专利申请人基本集中在美国、韩国、中国、西北欧的几个国家。

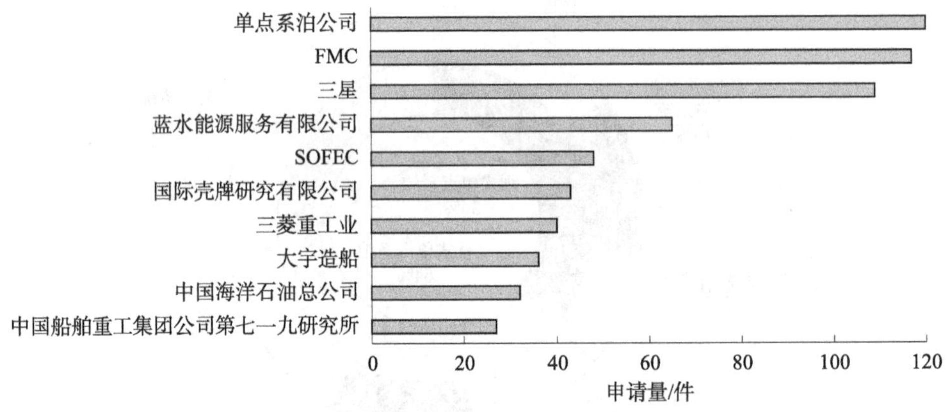


**图7 单点系泊技术全球专利申请量排名前十的申请人**

2. 国内重点申请人分析

图8是对单点系泊专利申请的国内申请人进行的排名。可以看出，国内申请人主要集中在大型国企及其下属研究院，例如，中国海洋石油集团以及中国船舶集团下属的研究院。这是因为一套单点系泊系统的造价十分高昂，且应用在特定领域，若不经过长时间的研究，难以获得相应的研究成果，而且以上主要申请人都是大型国企，受国家政策影响，近年投入大量的研发力量，这也是这几年国内专利申请暴涨的主要原因。但是由于基础薄弱，国内申请人提出的专利申请主要集中在系泊系统的运输方法、安装方法、监测以及维修等辅助性领域，通用性较差，极少有比较核心的产品型专利申请。

3. 全球重点申请人技术构成分析

图9示出了全球主要创新主体的专利申请技术构成。可以看出，各创新主体对单点系泊技术的研究侧重点各有不同。单点系泊公司、FMC、三星、蓝水能源服务有限公司以及SOFEC等专利申请重点分布在目前主流的单点系泊技术——转塔、软刚臂等技术分支上。如，单点系泊公司掌握了转盘式转塔单点系泊的核心技术，且其与美国莫德科公司（IMODCO）合并之后，同时还掌握了滚轮轨道式转塔单点系泊的核心技术，在单点

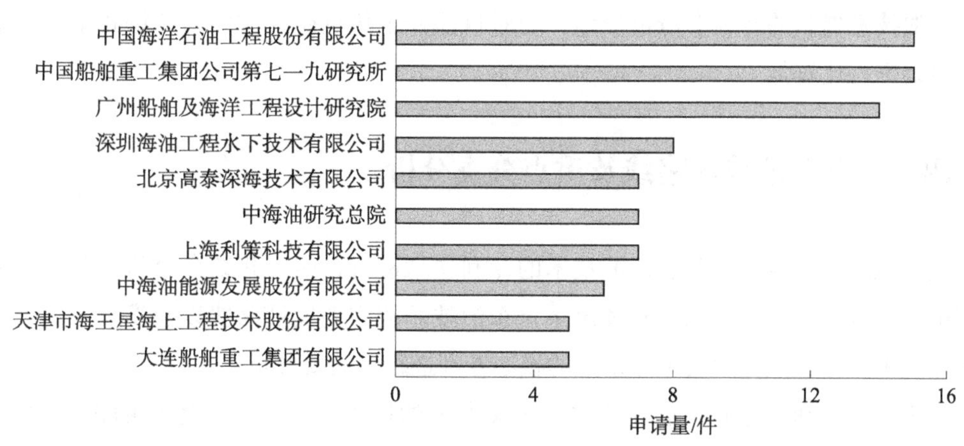


**图8　单点系泊技术国内主要申请人排名**

系泊设备市场上占据了主导地位。蓝水能源服务有限公司对转塔式浮筒单点系泊技术进行了深入研究，申请了大量关于上述技术的专利申请。SOFEC 作为专业的系泊系统供应商，对深浅水单点系泊技术都进行了广泛的专利布局，包括各种内外转塔式以及较早的悬链式单点系泊等技术。

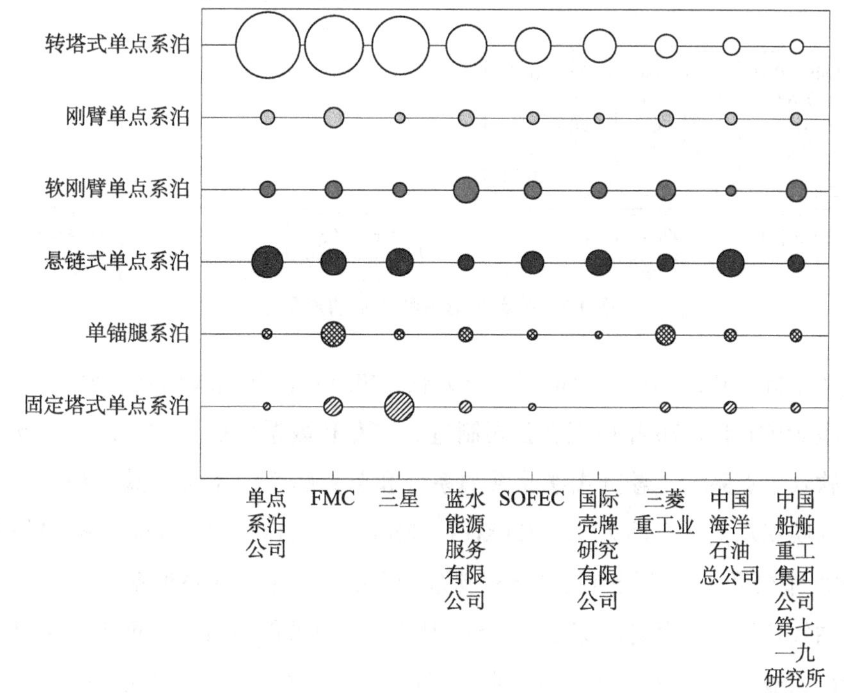


**图9　单点系泊技术全球主要申请人专利申请技术构成**

注：图中气泡大小表示申请量多少。

中国的中国海洋石油总公司和中国船舶重工集团公司第七一九研究所在悬链式单点系泊等技术分支的占比较高，其中，中国船舶重工集团第七一九研究所对较新的软刚臂单点系泊技术提出的专利申请也较多，而对目前处于热点研究方向的转塔式单点系泊技术的申请则占比较低。

## 四、单点系泊技术路线及重点分支分析

笔者通过对检索到的单点系泊技术的专利文献进行标引，并结合全球专利技术分支分布中各个技术分支的占比，梳理出单点系泊技术的主要发展路线以及发展方向，并对技术分支中占比较大的刚式单点系泊的核心专利进行了简要分析。

对于核心专利的选取，笔者考虑了相关专利的以下因素：专利家族的被引用频次、专利申请人是否为技术领域的重要申请人等。

图 10 为单点系泊专利技术的发展路线。

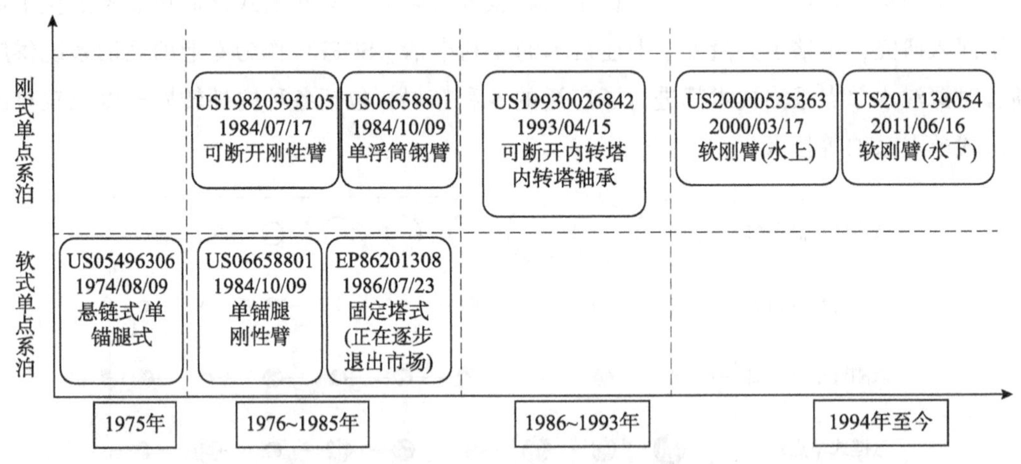


**图 10　单点系泊专利技术的发展路线**

由前文分析可知，单点系泊系统可分为软式单点系泊和刚式单点系泊。

第一座 FPSO 于 1976 年由壳牌公司制造。由专利数据分析可知，最早出现的单点系泊系统是软式单点系泊，悬链式浮筒系泊系统和单锚腿系泊系统是其中最典型的系泊系统，美国的埃克森美孚石油公司（EXXON RES & ENG CO）在 1974 年提出的专利申请 US05496306 中公开了一种经典的悬链锚腿系泊系统以及单锚腿系泊系统。

随着油气开发由浅海走向深海，FPSO 因其抗击风浪能力较强，能够灵活转移、循环利用等特征，被广泛应用。在 FPSO 的使用过程中，软式单点系泊虽然具有结构简单、便于制造和安装，造价低廉等优势，但由于海洋环境恶劣，FPSO 与浮筒之间连接的艄缆不能够稳定地保持两者之间的距离，容易发生碰撞，且用于输送原油的水下软管易于损坏。因此，1984 年瑞士的单点系泊公司在专利申请 US06658801 中提出了一种单浮筒刚性单点系泊结构。其关键的改进点是用刚性臂结构取代了原来艄缆结构，从而使船舶与

浮筒之间保持稳定的距离，避免了两者在大风浪下产生的碰撞。

由于上述刚性臂单点系泊系统将浮筒和刚性轭架永久地连接在一起，保证了由立管外输的原油可以通过浮筒上的转台相对稳定地进入船上的原油存储设施。这种刚性臂单点系统非常适合长期对 FPSO 进行系泊定位的情况，但其仍然存在问题，面对 FPSO 必须经常离开系泊点或遭受极其恶劣的天气和海况需要解脱的情况，这种永久式刚性系泊方式不便船体与系泊浮筒之间的解脱。针对这种情况，各国对刚性臂系泊结构如何与 FPSO 之间采用可断开的连接结构进行了大量研究，涌现了各种可断开形式的系泊结构，其中，最具代表性的结构为瑞士单点系泊公司于 1985 年在专利申请（US19850737404）中提出的一种可断开刚臂系泊系统，该系泊系统设计了一种易重新连接的可拆卸联接件，成为后续可断开系泊方式的主流研究方向。同时期，各国还对单锚腿刚性臂系泊系统、固定塔式单点系泊系统进行了一些研究，但由于油气开发向深海发展，上述两种系泊方式都需要相应的结构直接置于海底，无法适应深海定位，因此逐渐退出市场。

由于刚性单点系泊方式使 FPSO 与系泊浮筒之间的相对距离不能变化，刚性臂与 FPSO 以及浮筒的固定连接结构上均会产生较大的作用力，进而产生硬顶易折的情况。因此蓝水能源有限公司、美国 SOFEC 分别在专利申请 US20000535363、US2011139054 中提出具有类似关节结构的水上软轭架结构和水下软轭架结构。

从单点系泊各种结构形式的出现时间来看，软刚臂系泊是最新的单点系泊形式，但其并非最主流、最热门的系泊结构。目前海工市场上应用于现役 FPSO 的单点系泊系统大部分为转塔式系泊系统，其中，1993 年美国 SOFEC 的专利申请（US19930026842）提出的可脱开内转塔系泊形式是目前最典型的可断开转塔系泊形式。后续很多相关可脱开转塔的结构的专利申请都引证了该申请。

从对专利申请的数据分析来看，由于大部分的悬链式浮筒系泊系统、单锚腿系泊系统的相关专利是早期申请，大都已经失效，与上述结构的单点系泊系统相关的新专利申请很少。而软刚臂式单点系泊系统是目前最新的单点系泊方式，转塔式单点系泊系统是实际应用最为广泛、研究热度最高的单点系泊系统，因此，笔者进一步分析了国内外专利申请数据中关于软刚臂单点系泊系统、转塔单点系泊系统的主要申请人及其技术发展过程中的重点专利情况。

### （一）软刚臂单点系泊专利技术

1. 主要申请人分析

图 11 示出了软刚臂单点系泊的全球主要申请人排名。可以看出，软刚臂单点系泊定位领域的全球主要申请人与单点系泊全技术领域的主要申请人基本相同。且由于各国对软刚臂单点系泊定位技术的研究起步较晚，可以说该项系泊定位技术是最新的单点系泊定位技术，其整体技术点相对较少，上述主要申请人关于该系泊技术的专利申请量并不

大。而近年来，随着该项技术的发展，形成了新一轮的研究热潮。我国有两家公司进入了前十，但由于相关技术研究起步滞后于美国、韩国、西北欧的几个发达国家，因此，尚存很大进步空间。

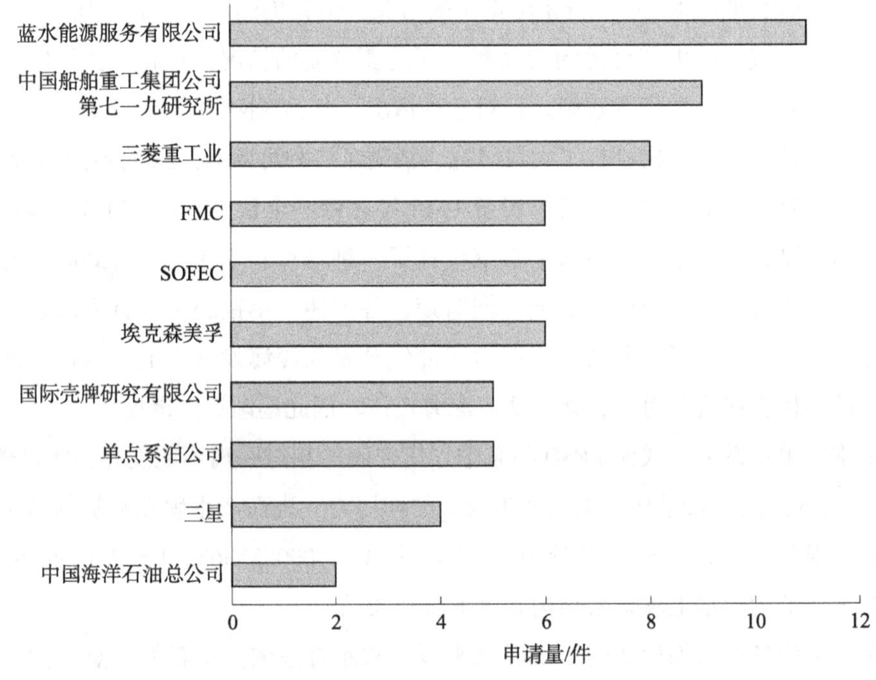


图 11　软刚臂单点系泊全球主要申请人排名

2. 技术发展脉络及重点专利分析

软刚臂系泊系统主要分为水上软刚臂式单点系泊系统和水下软刚臂式单点系泊系统。主要部件包括单点系泊塔筒、软刚臂、系泊腿、旋转接头以及由上部组块立管跨接软管等组成的输送系统，其是由刚臂单点系泊系统逐渐演化而来的。

1984 年 10 月 9 日瑞士的单点系泊公司提交的专利申请（US06658801）中提出了一种刚性系泊系统，即单浮筒刚臂系泊系统（见图 12）。单浮筒刚臂系泊系统是在悬链式浮筒系泊系统的基础上发展起来的。其与悬链式浮筒系泊系统的主要差别是用刚性臂（也称为“刚性轭架”）系泊取代艏缆系泊，避免了船舶与浮筒的碰撞。刚性臂与储油船之间用铰链连接，不约束纵摇；它的另一端通过万向接头支撑在浮筒的转台上，可以围绕浮筒旋转，这样就使浮筒、刚性轭架、油船的摇摆各具自由度。

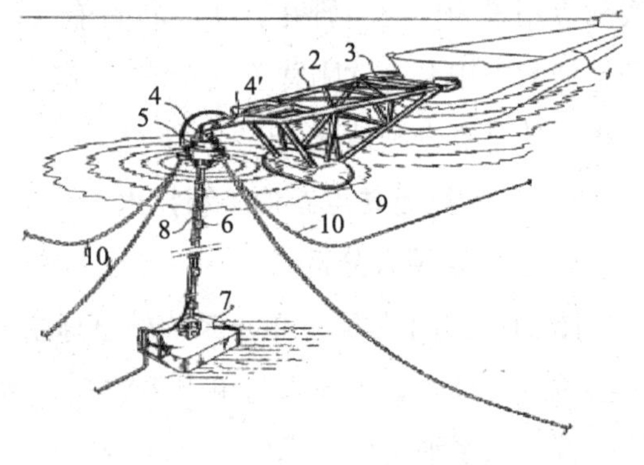


图 12　US06658801 技术示意图

用刚性臂取代艏缆，避免了船舶与浮筒

的碰撞。但这种系统适合用于需要永久或长期对船舶系泊的情况，不适用于必须经常离开系泊以将货物传送至岸上设施的临时系泊或避免恶劣的天气和海况。针对这种情况，美国埃克森美孚石油公司于 1984 年 7 月 17 日提交的专利申请（US19820393105）提出了一种带有固定在其上端的球的立管（见图 13），该球与安装在轭架系泊系统上的夹具配合，以形成一种可拆卸的联接器，在球和立管之间使用轴承，以允许船舶围绕立管旋转，同时保持立管顶部和刚性轭架系泊系统上的货物软管之间的联接和旋转的完整性，以允许货物容器旋转时继续加载。立管通过大的浮标基本保持直立，以帮助建立可拆卸的系泊设备。但是，该可断开的系泊方式重新建立连接的过程对海况条件要求较高，因此，其可断开方式在后来的专利文献中出现较少。

瑞士单点系泊公司于 1985 年 5 月 24 日提交的专利申请（US19850737404）提出了另一种可断开刚臂系泊系统（见图 14），该系泊系统包括油轮和具有某种锚的装置，油轮与该装置可旋转地连接以绕竖直轴线旋转。导管向上朝该装置和朝与该轴线同心的旋转件延伸，且从旋转件朝向油轮，该系统具有快速连接联接件，装置包括正常系泊浮标。该可拆卸的方式相较第一种可拆卸的方式，更易重新连接，由于该种可断开方式可应用在转塔系泊中，因此，成为后续可断开系泊方式的主流研究方向，国外多个掌握单点系泊关键技术的企业均对该项技术进行了改进和专利布局。

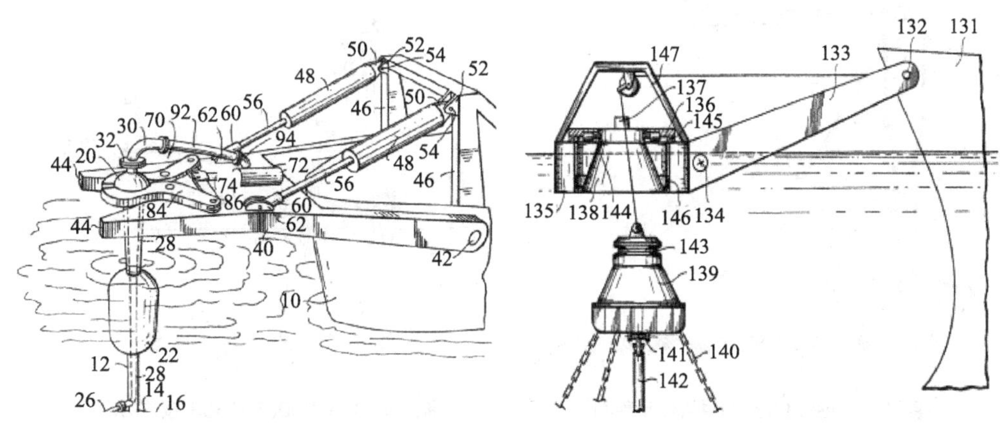


图 13　US19820393105 技术示意图　　　　图 14　US19850737404 技术示意图

1984 年 10 月 9 日瑞士的单点系泊公司在专利申请（US06658801）还提出了另一种刚性系泊系统（见图 15）：单锚腿刚臂系泊系统，该系泊系统是在单锚腿系泊系统的基础上发展起来的。刚性轭架与油轮铰链连接，另一端通过一个双向铰链接头与系泊立管相连，使轭架和油轮能自由摆动。与立管组合在一起的浮力舱提供剩余浮力使立管张紧并保持垂直位置，也为系统的系泊提供了复原力。立管底部用万向接头与海底的固定底座相连。与悬链式刚性单点系泊系统一样，上述系泊系统用刚性轭架取代艏缆，避免了船舶与浮筒的碰撞，也使整个系泊系统的性能更为稳定，改善了作业状况。

用刚性臂取代艏缆，刚性的轭架限定了船舶与浮筒距离，避免了两者的碰撞。但由于 FPSO 与固定的塔架或者浮筒之间的相对距离不能变化，会过分约束 FPSO 的状态使固定构件产生较大的受力，从而产生硬顶易折的情况。为此，2000 年 3 月 17 日荷兰蓝水能源服务有限公司在专利申请（US20000535363）中提出了一种软刚臂单点系泊系统（见图 16），其包括刚性臂、刚性连接件和重块的组合，刚性臂在锚固位置处于水面上方，刚性连接件通过枢轴点与刚性臂相连且在静止时基本上竖直，重块与该装置相连且在 FPSO 移向或移离锚固点的过程中产生作用在 FPSO 上的复位力。刚性臂和连接件与第一枢轴点相对的各端部可选择地分别与锚固点或者与 FPSO 相连。上面主要由一座固定在海床上的塔柱或导管架平台和一套软刚臂（又称为“软轭架”）组成。软轭架是系泊元件，由轭架体和压载舱组成其一端连接着塔柱或导管架平台的转台，另一端（压载舱）与 FPSO 首系泊构架上悬吊着的系泊臂铰接相连。这样的设置既可以使生产储油船和系泊软轭架起绕着塔柱或导管架转动，又能允许系泊构架上悬吊着的系泊臂与轭架体/压载舱相互摆动。当系泊系统处于平衡状态时，系泊构架的系泊腿是垂直的。当生产储油船由于环境力而移动时，软轭架伸开，其构件被拾起，按静力和力矩平衡方法计算，会产生复原力，使生产储油船回到平衡位置，达到定位（控位）的效果。

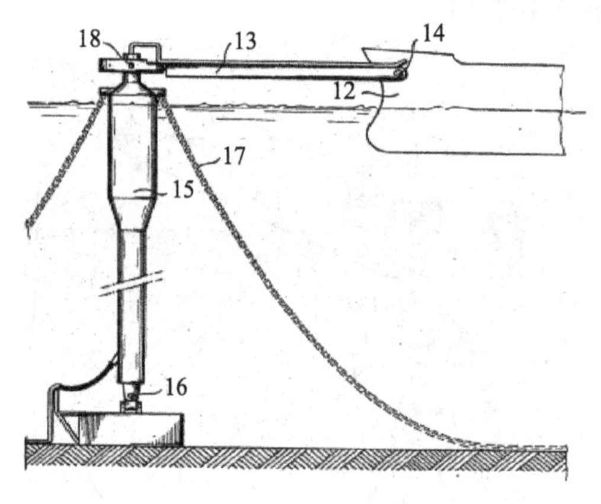


图 15　US06658801 技术示意图

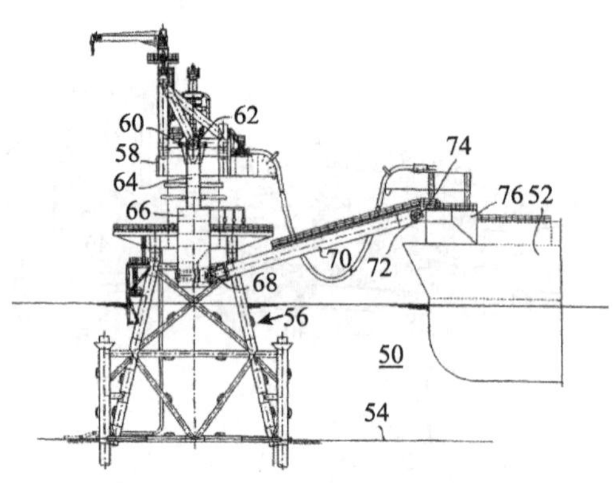


图 16　US20000535363 技术示意图

2011 年 6 月 16 日美国 SOFEC 的专利申请（US2011139054）中提出了一种水下软轭架系泊系统（见图 17），该系泊系统上安装了三轴铰接组件，用于连接浸没轭架的一端，轭架的另一端通过悬垂的连杆连接到 FPSO 上，该悬垂连杆以可调节的高度悬挂在船上的系泊支撑结构上。浸没的轭架是具有 V 形形状的整体结构，V 形的顶点连接到三轴关节运动组件。轭架的两个开口臂通过万向节连接到两个平行的连杆，后者又通过万向节连接到许多可用的连接点对之一，每对连接点位于相对于的不同的高度。两个轭架臂的外端承受沉重的重量，从而在轭架悬架连杆中产生较大的轴向拉力。挠性的输送软管从船上延伸到水下的系泊基座，用于输送要装载在 FPSO 船上或要从 FPSO 船上卸下的货物。该系泊系统与水上软轭架型的不同点在于它将系泊臂改为锚链，并且加长轭架的压载舱放到水下，轭架与塔柱铰接点的位置设置在靠近海床的塔柱上，这种设置方式大大降低了系泊载荷对塔柱的倾覆力矩，从而减少钢结构尺寸和钢材用量。

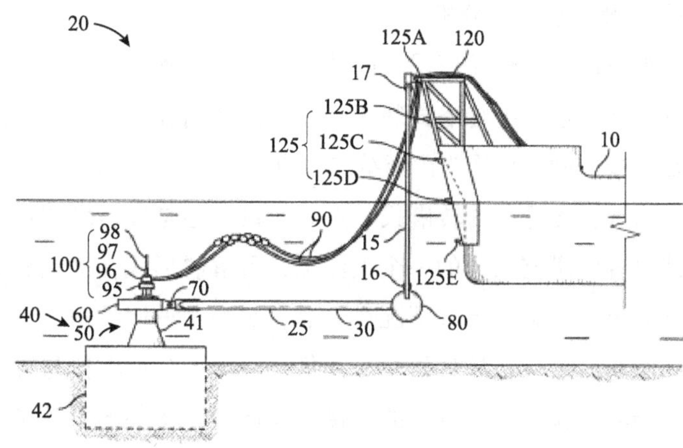


图 17　US2011139054 技术示意图

**（二）转塔式单点系泊专利技术**

1. 主要申请人分析

转塔式单点系泊系统作为第三代单点系泊系统，是目前最热门、最主流的单点系泊系统。图 18 示出了转塔式单点系泊的全球主要申请人排名。从图中可以看出，全球主要申请人有单点系泊公司、FMC、三星、蓝水能源服务有限公司、SOFEC、大宇、中国海洋石油总公司等。

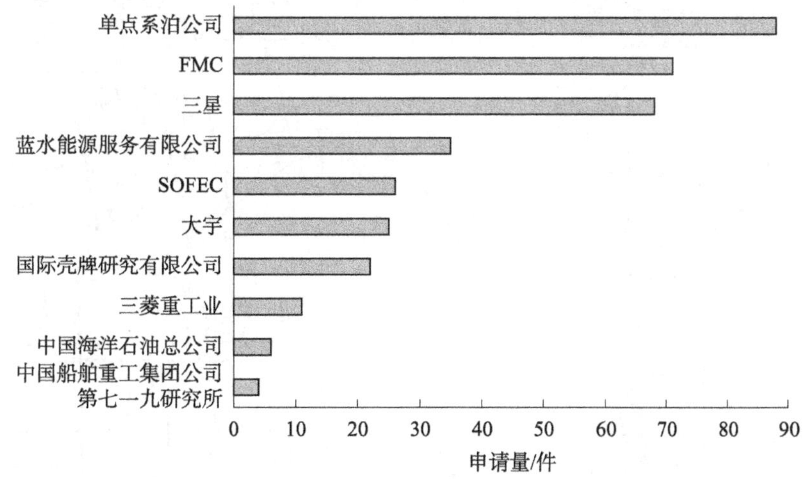


图 18　转塔式单点系泊系统全球主要申请人排名

其中，瑞士的单点系泊公司是单点系泊技术领域专利申请的霸主，在全球申请了 88

项与转塔式单点系泊系统相关的专利申请，其核心技术主要分布在转塔解脱、旋转接头、系泊轴承、受力控制等领域，有26件专利在中国进行了各个维度的布局，其中，与转塔式单点系泊系统直接相关的专利申请就有4件。

2. 技术发展脉络及重点专利分析

转塔式单点系泊系统包括外转塔式、内转塔式两种基本类型。外转塔式装置装在船外，与船舶用刚性构架连接；内转塔式装置则装在船体内部开的一个大洞内，转塔作为外层圈与船舶固定连接，静塔柱作为内圈结与多点锚泊系统连接。

为了应对极端海况，无论是内转塔式单点系泊设备还是外转塔式单点系泊系统，其可解脱的系泊形式是各国研究人员的一个关注点，可解脱形式在极端恶劣海况时能安全撤离生产储油船和人员，当恶劣天气情况过去后，船舶又返回油田，重新与锚泊系统连接并恢复生产。在解脱后再连接的过程中，在复杂海况中锚泊浮体与转塔结构如何顺利对接、在锚泊浮体与转塔脱开期间所用的连接于浮体锚泊接头的柔性吊索如何贮存以及如何实现无缠绕展开是大家尤为关注的技术问题。

其中，1993年4月5日美国SOFEC与FMC共同申请的专利申请（US19930026842）提出了一种可脱开内转塔式单点系泊系统（见图19），它包括一个安装在船上的可转动转塔和通过链固定于海底的通过液压连接器可有选择地连接到转塔的底部。该申请针对上述技术问题进行了改进，一个改进涉及对在星形浮体的夹持凸块与转塔底部的液力连接器之间作用预载荷拉伸的装置。另一个改进涉及当星形浮体被连接到转塔上时，连接转塔底部的连接器并将它提升到船的上甲板的装置。

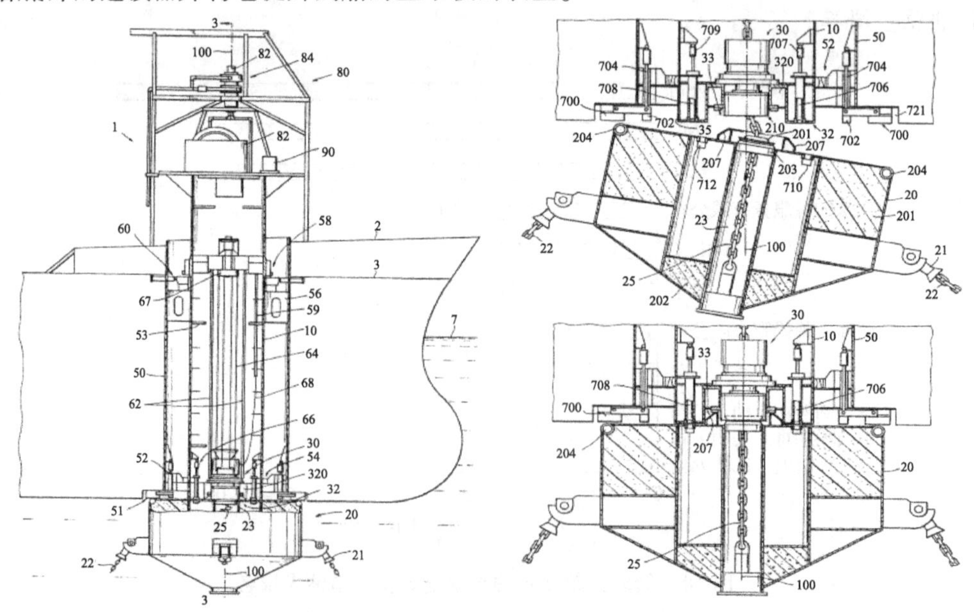

图19　US19930026842 技术示意图

之后，美国 SOFEC、FMC 在上述专利申请（US19930026842）的基础上，继续对可断开转塔技术进行了改进，各有十余项相关专利在多国进行了专利布局。而作为单点系泊系统相关专利的申请巨头，瑞士单点系泊公司也对上述可断开系泊方式进行了不断的研究改进，并在全球进行了专利布局，总量也达到十余项。

此外，我国为深水油田群流花 16－2 所建造的 FPSO－海洋石油 119 使用的大型内转塔式单点系泊系统采购自 APL 公司。而 APL 公司申请的关于转塔可断开结构的专利申请（WO2007SG0000303）分别在挪威、新加坡、美国、澳大利亚、巴西及欧洲进行了专利布局，该申请也引证了上述申请（US19930026842）。

中国海洋石油总公司于 2013 年（CN2013104123862）也提出了一种可断开的转塔式单点系泊结构，其可断开系统设置为只有在面临非常恶劣的海况时，浮筒与转塔才需要解脱，浮筒通过解脱装置与 FPSO 进行分离，然后通过加载舱使浮筒沉入水面以下约 40m，从而能够更进一步缩短工期，提高效率。然而，上述可断开转塔式单点系泊结构在解脱过程中，浮筒和转塔之间仍存在因外力的不确定性导致的碰撞而受到损伤的技术问题，特别是当 FPSO 船和浮筒具有不同的升沉周期时，碰撞危险可能增加。因此在脱开操作期间，需要浮筒快速地与 FPSO 船在转塔进行分离，但脱开时间受到浮筒与转塔之间水层的影响。瑞士单点系泊公司于 2015 年（AU2015252855）提出一种具有多孔的转塔结构，通过引入水流从而实现转塔与浮筒的快速解脱，并且水的存在会减少转塔和浮筒之间的碰撞。

## 五、总结与展望

单点系泊系统属于深海油气田开发特种装备 FPSO 的核心技术，而我国现役的 FPSO 所配置的单点系泊系统主要依靠进口。虽然国内相关研发机构和企业对转塔式单点系泊系统中的某些部件进行了大量的研究和开发工作，但出于安全性、耐用性以及设备兼容性的考虑，目前国内外各大海洋作业平台的生产商及设备集成商尚未在现役 FPSO 中使用国内设计、生产的单点系泊相关产品，导致相关国内研发机构和企业无法获取进一步的使用数据，进行进一步的改进和研发突破。从专利申请数量上看，似乎我国单点系泊技术发展水平呈现高速发展的趋势，但从技术构成来看，我国专利申请数量主要集中在较为传统的软式单点系泊系统领域，特别是悬链式单点系泊系统，而对目前处于主流的转塔式单点系泊系统的研究不够深入。

基于对单点系泊领域内国内外专利申请的系统分析，结合对 FPSO 产业的调查研究，笔者拟提出如下建议，以期为我国企业突破单点系泊系统关键技术瓶颈，以及 FPSO 产业更好的发展提供助力。

1. 集中优势资源，加大对技术重点发展方向的研发和投入

在目前的海工装备市场上，单点系泊系统均为成套出售，并且其属于定制型产品，通常不会进行批量生产，导致市场较小，一般公司难以靠研发整套设备中的某个部件或装置实现盈利。这也成为我国企业突破单点系泊系统关键技术的重要制约因素。对于海洋装备领域内的“卡脖子”关键核心技术的突破既是严峻挑战，更是迫在眉睫。

从单点系泊专利技术的分析来看，转塔式单点系泊系统作为第三代单点系泊系统，是目前最热门、最主流的单点系泊系统，其中可脱开内转塔式单点系泊形式是目前可断开转塔式系泊的主流研究方向。以中国海洋石油总公司为我国深水油田群流花 16－2 的开发生产设计建造的 FPSO 海洋石油 119 为例，其所采用的大型内转塔式单点系泊系统采购于 APL 公司［现归属 NOL（东方海皇）］。经检索分析发现，APL 公司关于转塔式系泊系统的申请量虽然不大，但是其掌握了 4 项关于转塔式可断开结构的核心专利技术，并分别在挪威、新加坡、美国、澳大利亚、巴西及欧洲进行了相关技术的专利布局。因此，若想在单点系泊系统的研发和生产市场上占据一席之地，应当集中优势资源，加大对单点系泊系统更具发展潜力和使用前景的主流发展方向——转塔式单点系泊系统的研发投入和技术突破。

2. 提升知识产权保护意识，充分利用专利信息

从单点系泊系统技术领域内中国申请人在全球提交专利申请的主要目标地分布来看，中国申请人进行专利申请的主要目标地集中在本国范围内，跨国申请较少。这充分表明中国企业的海外专利布局意识相对比较薄弱，缺乏知识产权战略保护意识。反观美国申请人，则向全球多个国家积极进行了专利布局。虽然当前中国在 FPSO 建造市场上所占的份额较高，但与其配套的单点系泊系统核心技术及关键零部件的制造仍掌握在美欧发达国家手中，因此我国在技术研发和创新过程中也必然会遇到国外在单点系泊系统领域中构建的专利壁垒。

我国企业应当提升知识产权保护意识，学会充分利用已公布的专利数据信息分析产业内的专利技术动态。国内相关企业或者科研单位还可以对本文专利数据分析过程中提出的研究热点的相关核心专利分情况进行更为深入的研究和挖掘，例如，对已到期失效的相关专利的技术成果可以直接加以利用，对进入我国国家阶段并获得授权的核心专利，要警惕是否在生产和研发过程中存在侵权风险。对在多国进行布局，但尚未进入我国的核心专利，应密切关注和追踪相关动态。

3. 于危机中育新机，探索突破关键技术的各种途径

当前全球油服市场并不乐观，全球海洋工程装备市场大幅萎缩，但在我国的扶持政策营造的良好创新环境的情况下，对于我国企业而言，也是一个“于危机中育新机，于变局中开新局”的良好机遇。

国内企业还可以通过把握经济全球化的新特点，积极开展国际交流与合作，充分利用各种渠道或平台探索各种对外合作模式。例如，我国企业可以积极引进单点系泊系统领域内关键配套件研发和设计等方面的境外高层次专业人才，或通过并购或控股国际市场上掌握相关技术的企业和研发机构，加快关键技术攻关，积极开发新产品。我国企业还可以通过并购重组等方式，掌握相关公司的核心专利，通过交叉许可等方式，突破专利壁垒，获得其他关键技术。

## 参考文献


[1] 张太佶. 认识海洋开发装备和工程船［M］. 北京：国防工业出版社，2015.

[2] 韩伟，刘汉明. 单点系泊系统研究综述［EB/OL］.［2021－08－20］. http：//10.51.44.199/kcms/detail/detail.aspx? recid = &FileName = ZGHJ200909001073&DbName = CPFD0914&DbCode = CPFD& uid = aHIyQ29taCtjYVJLS2U1SG45YnJiK203TXBxNktVY2N0Zjc1dlJwMjlNT0RMY1li.

[3] 吴洁，卢冬冬，姚潇，等. FPSO 转塔领域技术综述［J］. 船舶工程，2020（10）：113－119，148.

[4] 李达，白雪平，王文祥，等. 南海深水 FPSO 单点系泊系统设计关键技术研究［J］. 中国海上油气，2018，10（4）：196－202.

[5] 刘志刚，何炎平. FPSO 转塔系泊系统的技术特征及发展趋势［J］. 中国海洋平台，2006，21（5）：1－6.

# 基于卫星遥感图像的船舶识别跟踪专利技术综述

韩丹华[1]　李慧[2]

**摘　要**　卫星观测信息下的舰船目标监视是天基海洋监视的重要发展方向，能够获得舰船目标更多的信息，在海上交通管理、海洋权益保护等方面具有重要意义。本文以基于卫星遥感技术的船舶目标检测、识别和跟踪的相关专利申请作为研究对象，对其全球以及中国专利申请进行了统计和分析，并对重要技术分支的技术发展路线进行了梳理，同时分析了该领域重要申请人的专利布局策略，对该技术领域的产业发展给出了初步结论与建议，以期通过上述分析为基于卫星遥感技术的船舶目标检测、识别和跟踪技术的改进以及专利申请的审查提供参考。

**关键词**　卫星遥感图像　船舶检测　船舶识别　船舶跟踪

## 一、概述

随着卫星技术及信息处理技术的飞速发展，卫星遥感进入了一个前所未有的新阶段，一大批高空间分辨率、短重访周期的成像卫星为海上目标监视提供了极为丰富的数据源。天基海上目标监视是一种非常有效的手段，具有作用距离远、覆盖范围广、没有国界限制与政治纠纷等优点。天基海上目标监视已经成为各国卫星应用技术的重要发展方向。[1]

传统海上目标监视卫星资源主要包括电子侦察卫星、合成孔径雷达（SAR）成像卫星、光学成像卫星等。在卫星遥感成像领域，美国一直处在世界最先进的水平，在1978年就拥有第一颗海洋观测卫星，其锁眼12号卫星、GeoEye－1系列卫星、快鸟卫星等均具备较高的分辨率和识别定位能力，在军用和民用方面均有良好的应用。[2]在欧洲，欧盟各国正在联合研制“欧洲遥感卫星系统”（ERS），另有欧洲航天局的Sentinel－1卫星、德国的RapidEye卫星、意大利的COSMO－SkyMed卫星等。日本的ALOS系列卫星能很好地用于监测地壳运动和地球环境，值得注意的是其在中国的覆盖率大于95%，多光谱

[1][2] 作者单位：国家知识产权局专利局专利审查协作江苏中心，其中李慧等同于第一作者。

数据更可实现 100% 覆盖。[3] 从公开的资料来看，目前只有美国、俄罗斯、法国等国拥有专门的海洋监视电子侦察卫星，并且未来将推出一些商业系统用于执行对舰船或其他平台的高精度地理定位。[4]

国内方面，我国拥有完善的各种类型遥感卫星，通过各类遥感卫星互相协同作业，组成一套完整的空天地遥感卫星观测网络，为地面、空中、海洋、气象等目标的深度挖掘奠定了基础。[5] 高分 4 号是中国第一颗地球同步轨道遥感卫星，采用面阵凝视方式成像，搭载的多传感器具有全色、多光谱和红外等数据探测成像能力，其中卫星空间分辨率为可见光谱段 50 米、中波红外谱段 400 米，是我国目前静止轨道卫星中性能最优异的一颗。[6] "吉林一号"商业卫星是我国第一颗商用遥感卫星，组星中包括 2 颗视频卫星、1 颗光学遥感卫星和 1 颗技术验证卫星，标志着我国航天遥感应用领域商业化、产业化发展迈出重要一步，可以对于土地、农林、城市、海洋、灾害、气象等进行应用观测管理。

目前，舰船目标卫星信息处理主要是单源卫星信息处理。单源卫星信息处理主要针对 SAR 图像、光学图像进行相应处理，图像处理的一般过程包括图像预处理、舰船目标检测、特征提取、目标识别和舰船跟踪等。在此，本文以基于卫星遥感图像的船舶检测、识别和跟踪的专利检索结果为基础（检索截止于 2021 年 5 月），对该技术方向的专利申请进行了全面的统计分析，并从专利文献的视角分析了技术发展状况以及发展规律，从而对确定天基舰船监控技术未来研究方向起到一定的借鉴作用。

## 二、基于卫星遥感图像的船舶识别跟踪原理

### （一）卫星遥感图像特征

现有的基于卫星遥感图像的目标识别，往往考虑以可见光遥感图像进行，利用其全色、多光谱的特征，利用舰船目标的经纬度等位置信息及几何特征、颜色信息、旋转不变特征和光谱信息等属性信息进行对目标的检测和识别。

遥感图像的主要信息内容包括空间特性、光谱特性和时间特性三方面。[7]

1. 空间特性

空间特性是指遥感图像内容在图像中像素上的空间方位上的表现方式，包括图像目标的空间几何轮廓、几何面积、方位、坐标、值域、纹理特性等空间数据信息。空间特性主要分为两个组成部分，一个部分是像素在空间选定坐标的像素值，该类特征的运用与其他图像的模式识别方式一致；另一个部分是像素坐标位置，利用空间定位系统，通过天地一体化系统的定位，将遥感图像定位在固定的经纬度坐标上，方便数据分析与建模。

2. 光谱特性

遥感图像的光谱特性就是指经过量化的可见光的辐射强度，而常用图像像素表示数值，如灰度值（灰度分辨率）、RGB 值等都是表现图像的光谱特性的。而物体遥感图像的光谱特性即为物体对阳光辐射的吸收反射率，这也使得遥感卫星能接收不同波段的光的反射，进而通过不同波段的遥感图像来合成所需的遥感图像。存储在计算机中的量化的光谱强度的比特值也成为衡量图像所包含的信息量的一个重要指标，也是高质量遥感图像的重要特性。

3. 时间特性

遥感图像的时间特性是指在不同时间对目标重访时遥感图像的光谱特性和时间特性的变化。地面目标的移动、气候变化、建筑物建造、季节更替、植物生长等变化，会使遥感目标产生较大的空间变化，进而产生图像的空间特性变化。而由于太阳在一天的不同时间段对地表的辐射量和照射角度不同，图像的光谱特性也会发生很大的变化，进而表现在图像数据的变化上。

**（二）船舶检测**

由于海面的船舶目标受到薄云、海浪、陆地、岛屿、礁石等目标的干扰，因此首先需要进行图像预处理，初始可见光遥感图像经过多级校正、滤波、匹配等处理，才能展现出一张完整清晰的遥感图像。

船舶检测的方式总体来说可以分为两种：一种是利用图像中的频率信息，例如对 SAR 图像进行小波变换，然后针对小波变换的低频分量和高频分量进行增强和去噪，以进行目标检测；另一种是利用遥感图像的光谱特性进行目标分割，包括基于阈值的分割方法、基于边缘的分割方法、基于区域的分割方法、基于图论的分割方法或者基于能量泛函的分割方法。[3]

在基于卫星遥感图像的船舶检测算法中，恒虚警率（CFAR）检测是应用最广泛的一种算法，属于自适应门限检测方法。CFAR 检测具有极好的稳健性，即便在海况极为恶劣的情况下，CFAR 检测器仍然能够取得较好的检测结果。这个算法的思路是在保证虚警率为常数的同时，根据虚警率和 SAR 图像杂波的统计特性（SAR 图像杂波的概率密度函数）计算得到检测船舶目标的阈值。[8]

**（三）船舶识别**

目标识别是对遥感目标图像进行识别提取的关键操作步骤。早期的识别方式采用模板匹配的方式，即通过将模板特征与目标特征进行比较，通过相似性阈值来判断目标；或者通过目标的颜色直方图、尺寸、矩形度等特征进行筛选。上述方法计算缓慢而且拓展性不强，每一次判断一种新的特性都要进行模板重新设计。

目前主要的识别方式是通过分类器识别的方式，即搭建分类器结构，并导入一些训练样本进行学习，之后对输入的样本进行学习，具有一定的学习能力和总结能力。目前常用的机器学习分类器结构有支持向量机（SVM）、人工神经网络等，并根据样本库资料来判断目标船舶的类别。[9-11]

**（四）船舶跟踪**

船舶跟踪的常用方法包括基于粒子滤波的跟踪[12]、曲线拟合外推预测[13]、典型路径聚类、基于网格的目标转移以及模拟航行的预测方法。其中，常见的船舶形式模型包括匀速运动预测、航迹变更预测、潜在区域预测和带随机扰动的匀速运动预测等。

在不同的海况条件下，运动船的不同的航迹现象在合成孔径雷达图像中呈现出不同的特征模式。常用于检测的船舶航迹为表面波，包括两个子类：一个是包含短波（厘米波）的窄 V 形航迹，在 SAR 图像中是以亮的、窄 V 形航迹的形式出现的；另一类包含长波（分米波），它形成典型的开尔文波，[14]可以通过对航迹的检测和预测进行船舶目标的跟踪。

船舶的跟踪往往是多目标跟踪，为了确保跟踪的准确性，需要利用航迹关联方法确定跟踪目标。常用方法包括：利用舰船目标的几何特征、不变特征等属性信息进行关联，基于聚类的航迹关联，基于航迹预测的关联，基于逻辑规则的关联和基于拓扑特征的关联。[13]上述方法可以很好地解决航迹中断的问题。

## 三、专利申请统计分析

为了能够全面准确地对基于卫星遥感技术的船舶目标检测、识别和跟踪相关专利申请进行分析，笔者在中国专利文摘数据库（CNABS）和外文数据库（VEN）中利用关键词和分类号对相关专利申请进行检索和汇总，以此作为后续专利申请统计和技术分析的数据基础。

本文采用的专利申请数据主要来自专利检索与服务系统（Patent search and service system）。由于通常专利申请自申请至公开需要 18 个月，2019 年和 2020 年提交的部分专利申请在 CNABS、VEN 等数据库中可能尚未公开，因此本文的专利申请分析仅基于已经公开的专利申请。

**（一）专利申请检索和标引过程**

基于卫星遥感图像的船舶识别跟踪相关技术涉及的技术分支较多，例如图像处理、遥感图像等，但在 IPC 分类体系中没有针对船舶检测和识别的具体相关分类号，单纯使用分类号会带来噪声较多或漏检的问题。因此，采用关键词分别在 CNABS 和 VEN 中进行检索获取相关专利申请。检索过程无疑会产生不同程度的噪声，对专利申请的检索主要利用关键词，因此噪声也来源于关键词。由于检索到的总体文献量不高，因此确定了通过整体阅读手动去噪的去噪策略。

在进行申请数据统计时，由于 2021 年的数据不完整，因此排除了 2021 年的申请。通过手动标引，在去除噪声后，一共获得有效的专利申请量为：国内专利申请 481 件，国外专利申请（全球专利申请中非国内专利申请的部分）97 件（以一个同族作为一项，共 40 项）。数据标引就是为经过数据清理和去噪的每一项专利申请赋予属性标签，以便于统计学上的分析研究。所述“属性”可以是技术分解表中的子分支类别，也可以是自定义的需要研究的项目的类别。当为每一项专利申请进行数据标引后，就可以方便快捷地统计相应类别的专利申请数量或者其他方面的分析项目。本文主要采用申请趋势分析、区域分布分析、申请人分析、技术主题分析等。

**（二）专利申请趋势分析**

对检索结果进行了统计分析，得到如图 1 所示的基于卫星遥感图像的船舶识别跟踪技术国内外专利申请量趋势。

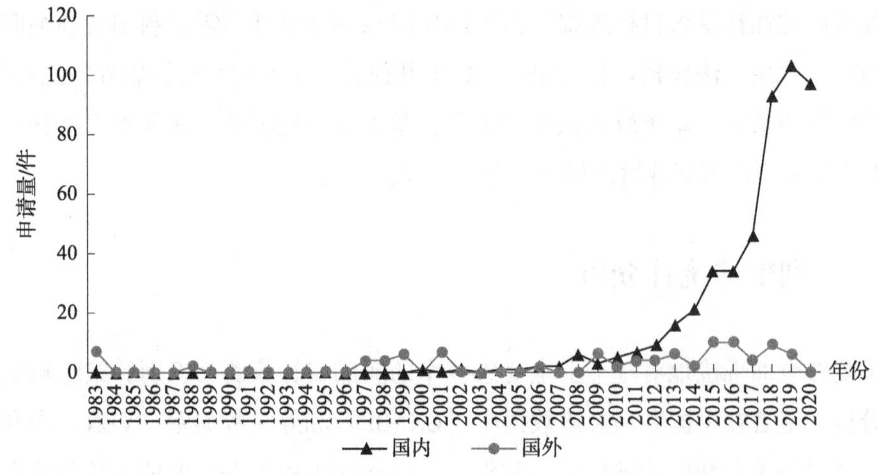


**图 1　基于卫星遥感图像的船舶识别跟踪技术国内外专利申请量趋势**

从图 1 中可以看出，早在 1983 年在国外该领域就有了专利申请，但是中间约有 15 年的时间发展都较为缓慢，多个年份的申请量为 0，从 1997 年开始，专利申请量才开始逐步增长。鉴于 PCT 申请公开需要 30 个月，因此，2019 年之后申请的数据存在未公开的情况，本节仅以公开的样本为研究对象。和国外相比，中国的相关研究起步较晚，在 2000 年才出现涉及该领域的专利申请，在经历了较短的萌芽期（2001～2007 年）之后，专利申请量开始迅速增长。2009 年之后，国内的申请量大体上逐年递增，特别是 2016 年后专利申请量飞跃式增长，这与国家对该领域技术的重视程度加大以及科研力量的投入增加息息相关。目前该领域技术在国内正处于快速增长期，在该领域技术国外热度有所减退的情况下，国内仍保持有一定的申请热度。随着国家卫星技术的发展，该领域也愈加受到研究者的关注。并且，该技术方向蕴含着发展潜力，具有较高的市场价值。可以预期，该技术还有很大的改进空间，专利申请量在近期还会保持增长态势。

**（三）专利申请分布情况**

对去重后的数据进行了标引，专利申请国家/地区的分布结果如图 2 所示。

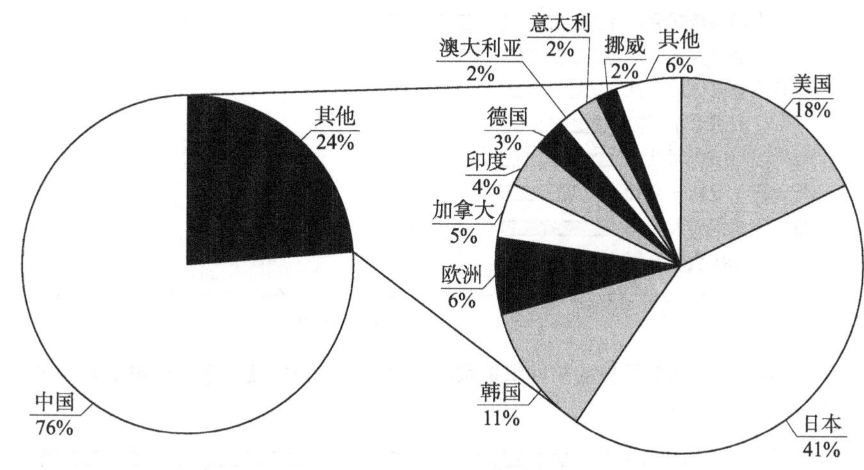


**图 2　基于卫星遥感图像的船舶识别跟踪技术各国家/地区的专利申请量分布**

结合图 1 和图 2 明确可知，中国虽然起步较晚，但是申请量在 2009 年之后迅速增加，经过这些年的发展，在该领域的专利申请总量已经超过全球申请量的 3/4，占据了重要的位置；其次是日本、美国、韩国。根据地理位置可知，中国、日本、美国、韩国均为沿海国家，货物轮船运输发达，因此在船舶定位领域相对世界其他国家/地区发展迅速。

**（四）专利申请人分析**

图 3 展示了基于卫星遥感图像的船舶识别跟踪领域国外专利申请量排名前 12 的申请人。基于所检索到的结果分析，虽然存在申请量较少，申请人分布不集中的情况，但还是可以看出各国在该领域的一些研究趋势。日本作为主要申请国，其申请人以公司为主，如三菱集团，在列出的主要申请人中就有 5 家日本企业；美国和加拿大的申请人则以军方为主，如美国海军等；韩国的申请人结构与中国类似，以科研院校为主。

图 4 所示的是国内专利申请数量排名前 12 名的专利申请人。从图 4 可知，西安电子科技大学的申请量排名第一，有 50 件专利申请。同时其在该领域的非专利文献量也较大。国内申请的主要申请人都是高等院校和研究所，且研究型的工科类高等院校占绝大多数，这说明该技术在国内处于科技研发阶段，还有很大的发展空间。

图 5 所示为国内申请的主要省份分布，从图中可以看出，北京占比最大，其次为陕西、湖北、上海等地。由于北京高等院校较多，而该领域的申请人主要是高等院校，该申请量地域分布与申请人类型分布存在对应关系。

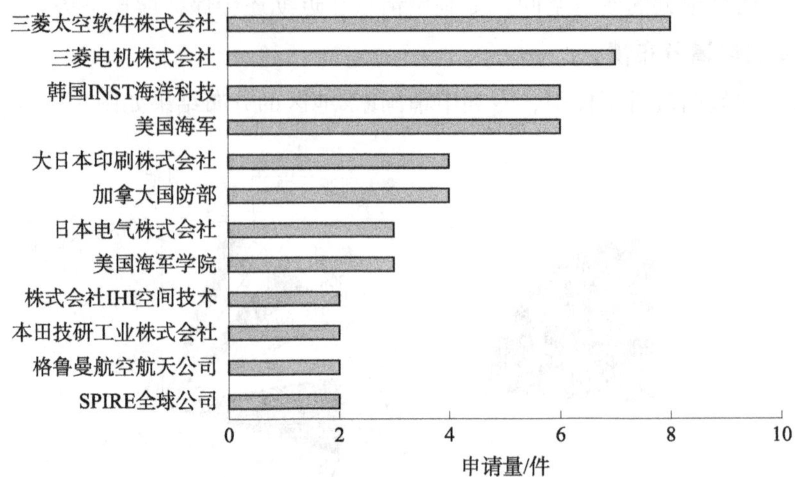


**图3　基于卫星遥感图像的船舶识别跟踪技术国外申请主要申请人的申请量分布**

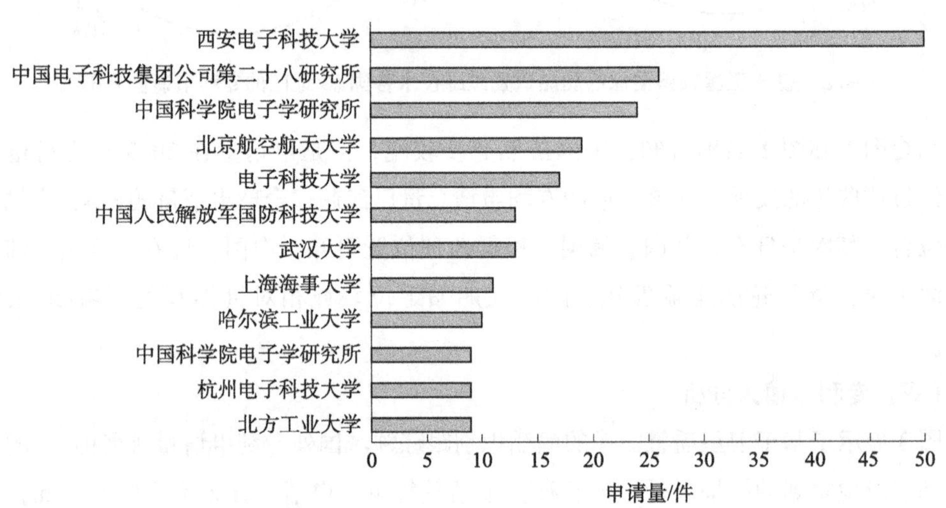


**图4　基于卫星遥感图像的船舶识别跟踪技术国内申请主要申请人的申请量分布**

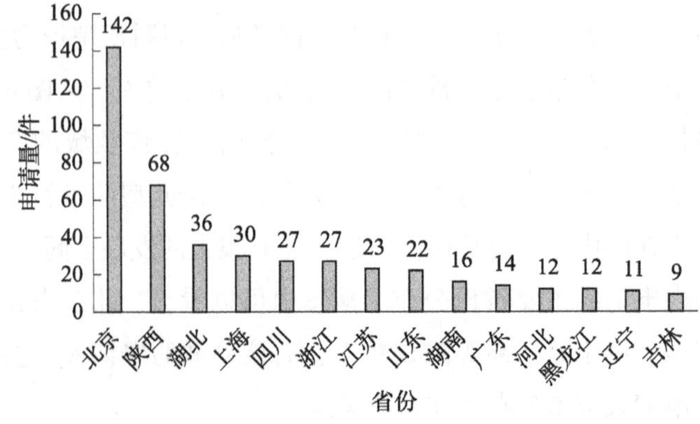


**图5　基于卫星遥感图像的船舶识别跟踪技术国内申请主要省份分布**

## 四、专利申请技术分析

本节将对基于卫星遥感图像的船舶识别跟踪技术分支占比、发展趋势、技术路线以及重点申请人的专利布局进行分析。

### （一）专利申请技术分支占比

技术分支是对技术领域的进一步划分，一般情况下可按照工作原理以及技术构成、结构组成等角度对技术领域进行分支划分。

图 6 为基于卫星遥感图像的船舶识别跟踪技术领域中各个主要 IPC 大组的专利申请量占比。从图中可以看出，各技术分支中 G06K 9 占比最大，G06T 7 次之。该两个分类号都涉及对图像进行处理，其中主要涉及 G06K 9/00、G06T 7/00 两个分类号其释义分别为：

G06K 9/00：用于阅读或识别印刷或书写字符或者用于识别图形，例如，指纹的方法或装置（核粒子踪迹的处理或分析入 G01T 5/02；测试纸币或类似的有价值的纸上的图形入 G07D 7/20；语音识别入 G10L 15/00）。

G06T 7/00：图像分析，例如从位像到非位像。

从 SAR 图像中识别船舶的本质即为图像处理中的目标识别，无论是普通的图像数据处理，还是结合智能算法的图像处理，其所涉及的手段均为图像处理手段，因此该领域专利申请的分类号主要是 G06K 9/00 和 G06K 7/00。

除了图像处理之外，该领域还涉及 G01S 13 大组，其中主要涉及的分类号为 G01S 13/90，该分类号的释义为：

G01S 13/90：使用合成孔径技术。

该分类号涉及的是卫星遥感图像，为本文处理的数据对象，因此该分类号也是重点分类号之一。

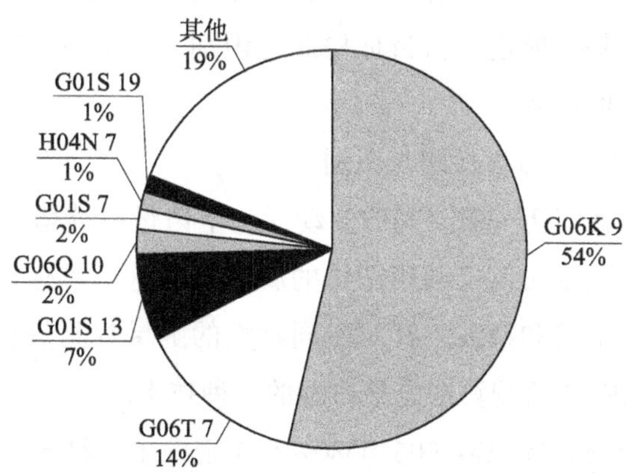


图 6 基于卫星遥感图像的船舶识别跟踪技术专利申请的 IPC 大组占比

相比 IPC，CPC 有着更加细化的分类体系，因此，本文也针对数据中所涉及的 CPC 分类号进行了统计。

如图 7 所示，在所有 CPC 分类号中涉及 G06K 2209/21 的专利申请占比最高，G06T 2207/10032 次之，它们的含义分别是：

G06K 2209/21：目标检测。

G06T 2207/10032：卫星或航空图像；遥感。

CPC 分类号中占比最高的两个分类号与 IPC 分类号中占比最高的两个分类号的含义相互对应，分别对应处理手段和处理对象。

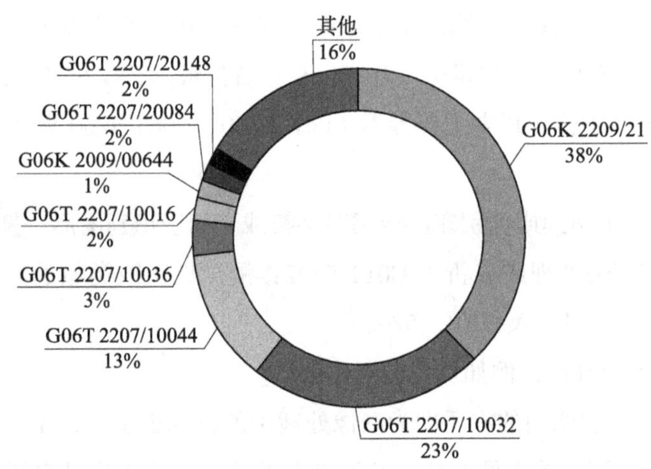


图 7　基于卫星遥感图像的船舶识别跟踪技术专利申请的 CPC 分类号占比

### （二）技术发展脉络

基于卫星遥感图像的船舶识别跟踪技术可以分为船舶检测与识别技术以及船舶的跟踪技术，以下分别进行分析。

1. 船舶检测与识别

根据标注的结果，可以将船舶的检测与识别方法分为三类，即采用图像处理、图像处理结合智能算法以及基于航迹进行目标检测与识别，其申请量趋势如图 8 所示。下面就三类方式分别进行举例说明。

（1）采用图像处理进行目标检测与识别

该方法起步较早，在经历一段时间的波动后，申请量持续增长，2016 年达到最高峰以后申请量出现回落。该方法仅仅利用图像的属性特征进行目标检测，需要克服卫星电子信息中包含的大量的虚警和杂波，针对不同种类的卫星观测信息，还需要灵活采取不同的处理方法，其中 CFAR 检测算法是最典型的一种技术。

于 2006 年提交的专利申请 CN200610080745.9 记载了一种基于小波多尺度积增强的 SAR 图像船舰目标检测方法。针对常规 SAR 图像船舰目标检测方法中背景杂波的概率分

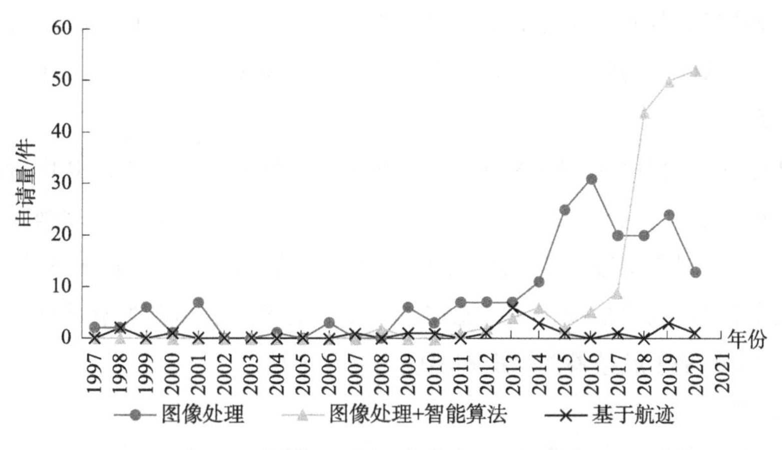


**图 8　船舶的检测与识别技术专利申请量趋势**

布估计不准确，导致检测性能低的问题，基于小波多尺度积增强的 SAR 图像船舰目标检测方法，先对 SAR 图像进行三级非抽样小波变换，将高频分量进行阈值滤波，过滤绝对值较小的小波系数，并将不同尺度上位置相同的小波系数作连乘，得到经过多尺度积增强的高频小波系数。用此高频分量和小波变换的低频分量重构增强 SAR 图像，将增强 SAR 图像作为待检测图像输入双参数恒虚警概率检测器，从而提高 SAR 图像船舰目标的检测性能。该方法通过对 SAR 图像进行小波域的增强处理，提高 SAR 图像船舰目标检测效率。

（2）采用图像处理结合智能算法进行目标检测与识别

该方法随着智能算法和深度学习的发展而发展，申请量自 2016 年起出现井喷式增长，主要应用是利用智能算法进行对不同型号的舰船的识别。

于 2012 年提交的专利申请 CN201210339791.1 记载了一种基于 Gist 特征学习的复杂海面遥感图像舰船检测方法，包括以下步骤：步骤 1，采集不同时相、不同传感器、不同尺度的复杂海面遥感图像数据；步骤 2，对复杂海面遥感图像进行分块预处理，获取样本图像切片和检测图像切片；步骤 3，提取样本图像切片和检测图像切片的显著特征和 Gist 特征；步骤 4，根据步骤 3 所得显著特征和 Gist 特征对样本图像切片进行训练，得到训练模型；步骤 5，根据步骤 4 所得训练模型，用支持向量机（SVM）分类器判断检测图像切片是否含有舰船；步骤 6，基于改进的 itti 视觉注意模型寻找检测图像切片的单个舰船。该发明在保证不漏检舰船的同时尽量降低其虚警率，能有效地处理含有海杂波、云雾等干扰情况的复杂海面遥感图像，计算复杂度低、针对性强。该方法结合了“显著特征和 Gist 特征”和“SVM 模型”的图像特征结合智能算法模式进行船舶检测，能对具有干扰情况的遥感图像进行检测处理。

（3）基于航迹进行目标检测与识别

该方法的起步也较早，人们很早就注意到船舶航迹图像中包含产生航迹的船舶的很多信息，航迹具有的典型几何特征是识别的重要依据。另外，可以通过航迹确定船舶航行的大致方向，从检测到的亮斑的大小和图像的分辨率来估计船舶的大小，以及估计船舶航行的速度。

于 2012 年提交的专利申请 CN201210003675. 2 记载了一种海洋 SAR 图像的舰船尾迹检测方法，该方法首先识别和剔除图像中的奇异区，然后进行直方图均衡化处理，最后进行 Radon 变换，对图像进行变换以将图像中的线性结构转化为变换域的峰/谷值点，从而检测得到图像中的线性结构特征，能够大大提高舰船尾迹检测的有效性。该专利申请是国内最早提出的基于航迹检测来识别船舶的专利申请。

2. 船舶的跟踪

船舶的跟踪根据跟踪对象多少可以分为单目标跟踪和多目标跟踪，其申请量趋势如图 9 所示。虽然现阶段涉及船舶跟踪的申请较少，但舰船目标的连续跟踪和航迹关联具有较强的工程应用价值。下面结合案例分别对单目标跟踪和多目标跟踪的类型进行分析。

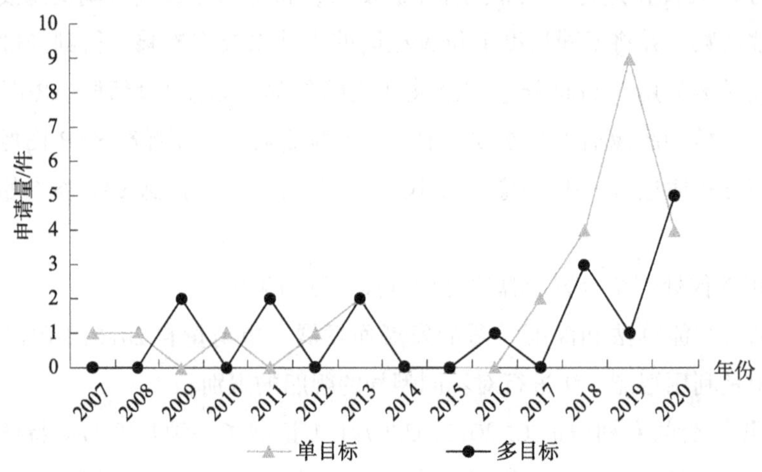


**图 9　船舶跟踪技术专利申请量趋势**

（1）单目标跟踪方法

于 2010 年提交的专利申请 CN201010239457. X 记载了一种基于多特征融合的红外弱小运动目标起始航迹探测方法。其涉及测控技术领域，利用灰度形态滤波估计图像背景，获取去均值图像；采用恒虚警率单帧检测，提取目标，去除虚警区域，抑制杂散噪声；利用最近邻关联法寻找属性最相似的疑似目标；估计目标的运动速度，对相邻两帧的去均值图像进行移动累加，积累能量；利用 M/N 逻辑法确认目标航迹。该专利申请明确提出解决的技术问题是弱小目标的跟踪问题，并可以应用于航海领域中的船舶检测。

（2）多目标跟踪方法

于 2018 年提交的专利申请 CN201810810189. 9 记载了一种基于目标跟踪的高精度动目标成像及识别方法，包括以下部分：工作在聚束模式下的 SAR 平台获取 SAR 视频；利用概率假设密度（Probability Hypothesis Density）多目标跟踪方法进行跟踪，估计动目标的运动参数；利用所获取的动目标运动参数对多普勒成像系数进行校正，获取去散焦和位移后精确成像的 SAR 图像；在所获取的精确 SAR 图像中进行对动目标的检测识别。该专利申请明确记载了一种基于多目标跟踪的高精度目标成像及识别方法，实现了对多目标船舶的精确识别。

### （三）重点申请人专利分析

1. 重点申请人的专利布局与发展路线

对该技术领域的重点申请人的专利布局进行分析，可以清晰地看出典型申请人的申请策略以及该领域技术的发展趋势。该领域中国专利申请的重点申请人多为高等院校和研究所，包括西安电子科技大学、中国电子科技集团公司第二十八研究所和中国科学院电子学研究所等。为着重研究该领域技术的国内发展情况，现选择西安电子科技大学进行分析。

西安电子科技大学是中央部属高校，是中国最早的两所国防工业重点军事院校之一。学校建设了包括先进雷达技术优势学科创新平台，雷达认知探测成像识别学科创新引智基地，雷达认知探测、成像与识别基础理论与关键技术群体等多个创新中心。

按照时间先后顺序，西安电子科技大学所提交的基于卫星遥感图像的船舶检测识别和跟踪的部分专利申请的情况如表 1 所示。

**表 1　西安电子科技大学的部分专利申请的情况**

| 申请年份 | 申请号 | 技术方案 | 核心构思 |
| --- | --- | --- | --- |
| 2011 | CN201110140973.1 | 将原始图像分解为一组子孔径图像；利用多幅子孔径图像之间的相位相关性信息和各个子孔径图像的幅度信息获取二值目标检测结果；提取三个现有鉴别特征和一个基于协方差矩阵的新特征，生成特征向量；使用适用于小样本问题的 K 近邻鉴别器完成目标鉴别 | 先利用不同孔径的图像检测目标区域，再利用图像特征和 K 近邻算法进行目标识别 |
| 2013 | CN201310280179.6 | 首先在一幅高分辨 SAR 图像中选择一个舰船目标训练样本，由该训练样本确定 CFAR 滑动窗口的大小；再用 CFAR 方法在低分辨图像中检测并做初步鉴别；最后，分别对潜在目标区域切片提取特征向量，并通过稀疏表示分类器做鉴别，得到最终的舰船检测结果 | 使用 CFAR 进行目标检测，再使用分类器进行识别 |

续表

| 申请年份 | 申请号 | 技术方案 | 核心构思 |
| --- | --- | --- | --- |
| 2017 | CN201710173725.4 | 获取SAR雷达回波数据，得到SAR雷达成像数据矩阵I，进而得到阈值处理后的二值图像矩阵Ibw；依次计算背景窗口内的杂波个数统计矩阵N和取倒操作后背景窗口内的杂波个数统计矩阵进而计算背景窗内的杂波均值统计矩阵M；然后计算背景窗内的杂波方差统计矩阵V，以及计算舰船类目标判定矩阵F；最后根据I与F，检测得到多个舰船目标 | 利用傅里叶变换和双参数CFAR进行目标检测 |
| 2018 | CN202011068415.4 | 采用基本的静止阴影检测模型对SAR图像进行阴影检测；采用匹配搜索的方式获得目标运动参数，获得运动目标估计速度；通过卡尔曼滤波的跟踪算法对目标进行跟踪，经过一段时间后，对比第一帧和最后一帧图像阴影区域质心距离与给定门限的距离，筛选真实的运动目标阴影 | 利用滤波器进行的单目标跟踪 |
| 2020 | CN202011201338.5 | 建立深度特征模型；用改进的YOLO v3网络目标检测；用卡尔曼滤波器对目标进行跟踪并关联检测和跟踪结果；判断关联匹配结果；对未匹配结果进行处理；遍历所有图像，完成基于遥感图像的舰船多目标跟踪 | 使用深度学习网络进行多目标跟踪 |

分析西安电子科技大学相关领域的全部专利申请不难发现，其所涉及的检测识别和跟踪技术已经基本覆盖了前面所提及的几种技术，但是通过对比分析可以发现，这些技术提出的时间并不早，并非由其原创。西安电子科技大学所提出的专利申请带有高等院校专利申请的明显特征，注重技术理论，但其所提出的技术方案与其他申请人的技术方案的区别仅在于很小的技术特征点，这就使得其创造性高度并不突出。虽然西安电子科技大学的相关申请量名列前茅，但核心专利申请不足，保护范围较窄，很容易被其他技术所替代和规避，这也是国内申请存在的典型问题。

在西安电子科技大学的相关专利申请中，最早的申请年份为2008年，涉及基于卫星遥感图像的船舶检测与识别的申请占比为92%。其中仅采用图像处理进行目标检测与识别的专利申请占基于卫星遥感图像的船舶检测与识别的专利申请28%，2016～2020年的申请量约为2011～2015年申请量的2.5倍。采用图像处理结合智能算法进行目标检测与识别的专利申请占56%，2016～2020年的申请量约为2011～2015年申请量的3.8倍。基于航迹的目标检测与识别的专利申请占6%。涉及基于卫星遥感图像的船舶跟踪的专利申请占8%，第一个相关申请在2018年12月提出，2020年申请量增长到3件。由此可知，西安电子科技大学在该领域专利技术逐渐从仅使用图像处理向图像处理结合智能算法转变。该重点申请人的专利申请量趋势与图8和图9中所展示的趋势大致一致。

2. 未来发展趋势

随着模式识别和人工智能技术近年来的突破，基于卫星遥感图像的船舶检测识别和跟踪技术也发展到了一个新的阶段。为了实现该技术的广泛应用，仍需要开展进一步研究。

（1）样本数据的规范化

由于船舶遥感图像的获取比较难，因此数据集的规模还有很大的扩充空间，需要大量人力物力来收集更多的遥感目标图像。而且船舶的种类比较繁杂，对各类船舶目标进行详细分类是一项非常浩大的工程，所以需要船舶数据和船舶设计等相关专业人士进行辅助开发，来进一步提高数据集的准确性和丰富性。

（2）监测实时性

目前对遥感目标识别的研究多数以精确性为目的，由于卫星电子信息常常包含大量的虚警和杂波，如何快速准确地从大量数据中检测出真实目标，剔除虚警和杂波是当前的研究重点。但目标识别还有实时性的要求，如何充分利用卫星遥感图像的成像特点，最终实现对目标进行快速识别还有待研究。

（3）多源信息融合

舰船目标卫星信息的处理方面已经取得了一系列显著成果，但主要利用的还是单源卫星观测信息。单源卫星观测信息只能得到舰船目标的稀疏观测，获取目标的特定维度信息，对目标的描述稳定性较差，导致监视效果不理想。因此，需要有效利用多源卫星观测信息，减小目标信息的不确定性与模糊性，提高目标信息的综合利用率。[15]当目标检测和跟踪涉及多种类型卫星［自动识别系统（AIS）、电子和SAR、高轨和低轨光学等）］联合监视时，如何在充分利用多源图像的成像特性的前提下，实现快速关联和融合还需要进一步研究。

## 五、产业发展建议

根据对国内申请人的分析结果可知，国内申请人多为高等院校和研究所，其专利申请往往技术性较强、保护范围较窄，在确权更加容易的应用型专利的申请和保护上力度不足。随着我国自主研发的商业卫星的升空，近几年，企业申请人有增多的趋势。

基于卫星遥感图像的船舶识别与跟踪技术层出不穷，在模式识别领域，往往能与某一新兴技术较好地结合从而获得新的扩展。现有的专利申请往往侧重理论基础，但该技术的实际应用很广，仅在海洋监控领域就可以与海洋救援、污染检测、船舶调度、卫星导航、物流监控等应用结合。建议国内企业适当地通过市场调研等手段来发掘一些新技术和新应用的需求，从而主动寻求技术突破口，加强先于产品应用的专利申请布局。国内申请人应当创建专业的知识产权团队，在面对知识产权风险时积极应对，保障自身权益，同时扩大在行业内的影响力。

## 参考文献

[1] 徐一帆，谭跃进，贺仁杰，等. 天基海洋目标监视的系统分析及相关研究综述［J］. 宇航学报，2010，31（3）：628－640.

[2] VOS R J，HAKVOORT J H M，JORDANS R W J，et al. Multiplatform optical monitoring of eutrophication in temporally and spatially variable lakes［J］. Science of the Total Environment，2003，312：221－243.

[3] 米禹丰. 基于卫星遥感图像水面船舶目标检测与识别技术研究［D］. 哈尔滨：哈尔滨工程大学，2016.

[4] CAJACOB D，MCCARTHY N，O'SHEA T，et al. Geolocation of RF emitters with a formation－flying cluster of three microsatellites［C］//Proceedings of the 30th AIAA/USU Conference on Small Satellites. Reston：AIAA，2016：1－13.

[5] 张兴赢，张鹏，方宗义，等. 应用卫星遥感技术监测大气痕量气体的研究进展［J］. 气象，2007，33（7）：3－14.

[6] 李凌，王昀，廖志波，等. "高分四号"卫星相机装调中高精度在线测量技术［J］. 航天返回与遥感，2016，37（5）：77－85.

[7] 王桥，杨一鹏，黄家柱. 环境遥感［M］. 北京：科学出版社，2005：49－68.

[8] 孔繁弘. 基于卫星遥感的海上交通监测与分析系统［D］. 大连：大连海事大学，2009.

[9] ZHU R，ZHOU H，WANG R S. et al. A novel hierarchical method of ship detection from space－borne optical image based on shape and texture features［J］. IEEE Transactions on Geoscience and Remote Sensing，2010，48（9）：3446－3456.

[10] 李毅，徐守时. 基于支持向量机的遥感图像舰船目标识别方法［J］. 计算机仿真，2006，23（6）：180－183.

[11] CORBANE C，NAJMAN L，PECOUL E，et al. A complete processing chain for ship detection using optical satellite imagery［J］. International Journal of Remote Sensing，2010，31（22）：5837－5854.

[12] ARULAMPALAM M S，MASKELL S，GORDON N，et al. A tutorial on particle filters for online nonlinear/non－Gaussian Bayesian tracking［J］. IEEE Transactions on Signal Processing，2002，50（2）：174－188.

[13] 卢春燕. 基于卫星电子信息与成像遥感信息的舰船目标关联 [D]. 长沙: 国防科学技术大学, 2012.

[14] 周红建, 李相迎, 彭雄宏, 等. 一种窄 V 形船舶航迹的检测方法 [J]. 计算技术与自动化, 1999, 18 (1): 71-73.

[15] 刘勇. 多源卫星舰船目标观测信息融合技术研究 [D]. 长沙: 国防科技大学, 2018.

# 水下无线通信领域专利技术综述

代悦宁❶

**摘 要** 海洋占据了地球较大的面积，蕴藏着丰富的资源，逐渐成为人类未来生存和发展的空间，国家海洋安全和资源开发利用都离不开水下无线通信技术。本文从水下无线通信技术的技术构成、专利申请态势、重要申请人以及技术分支发展脉络展开，针对水下无线通信的四个技术分支的技术发展脉络进行了统计和分析，以期对相关企业的技术研发和生产提供有益帮助。

**关键词** 水下无线通信 水下电磁波 水声 水下无线光 水下电流场

## 一、引言

海洋占据了整个地球70%以上的面积，是充满无限可能的宝库，蕴藏着丰富的锰结核、钴结壳、可燃冰等资源，储量是陆地的成百上千倍。由于千百年以来人类对于陆地资源的过度开采，海洋逐渐成为人类未来生存和发展的空间，其在国家利益、安全以及发展过程当中都占据着十分重要的地位，是人类探索和研究的最前沿领域之一。国家海洋安全的保障和海洋资源的开发利用都离不开水下无线通信技术。

我国自行设计、自主集成研制的蛟龙号载人潜水器、潜龙一号无人自主潜水器和潜龙二号水下机器人上搭载了我国科学家独立研制的被称为“水下 QQ”的高速水声通信系统。蛟龙号、潜龙一号和潜龙二号是国家高技术发展计划（以下简称“863 计划”）中的重大研究专项，能帮助我国进入深海，探测深海，开发深海。它们克服重重环境和技术困难进行深海探索，除了为海洋资源开发探路，还承担着许多关于海洋生命、地质演化等的科学研究的使命。“水下 QQ”系统把要传递的信息变成声音在水下传输，传到水面之后变换成信息，可把潜水器中传感器的数据传到水面，水面和水下通过文字、图片和语音交流，该系统已达到国际一流水平。

❶ 作者单位：国家知识产权局专利局通信发明审查部。

本文以水下无线通信技术领域的有关专利申请为研究分析对象，从该领域的技术构成、专利申请态势、重要申请人以及技术分支发展脉络展开论述，以期为全面了解水下无线通信相关技术提供参考。

## 二、技术构成

水下无线通信技术主要包括以下四个分支：水下电磁波通信、水声通信、水下无线光通信和水下电流场通信。

### （一）水下电磁波通信

水下电磁波通信具有可平滑通过空气/水界面、对水下湍流等干扰因素耐受性较强等优点，而且电磁波信号由于其水下传播速度快，具有延迟低的优势。但无线电波在水中衰减严重，尤其是在电导率高的海水中，并且频率越高衰减越大，在水中进行高频通信显然不现实。同时，信号强度随着发送者和接收者之间的距离增加而呈指数衰减，意味着发射功率必须指数增加才能扩展通信距离，并且在天线与水的边界处有额外的耦合损失。

虽然低频无线电波在水中衰减较少，但需要较长的接收天线，这意味着天线难以与媒介耦合。如超低频（SLF）通信系统，频率范围为30~300Hz，美国和俄罗斯等国采用76Hz和82Hz附近的典型频率，可实现对水下超过80m深度的潜艇进行指挥通信。但SLF通信系统的地基天线达几十公里，拖曳天线长度也达到公里级别，发射功率为兆瓦级，通信速率低于1bp，仅能下达简单指令，无法满足高传输速率需求。因此，水下电磁波通信只能实现短距离的高速通信。

此外，在海水中水下电磁波通信还额外受到海水运动带来的影响。水下接收点相移分量的均值随着接收点的平均深度的增加而线性增大，电场相移分量的均方差大小受海浪的波动大小影响，海浪运动的随机性导致了电场相移分量的标准差呈指数分布，使得水下电磁波通信在海水中性能更差。

### （二）水声通信

声波属于机械波（纵波），在水下传输的信号衰减小（其衰减率为电磁波的千分之一），传输距离远，使用范围可从几百米延伸至几十公里，适用于温度稳定的深水通信。水声通信是水下无线通信中最成熟的技术，已广泛应用于水下无线通信、传感、探测、导航、定位等领域。[1]

水声通信系统的性能受复杂的水声信道的影响较大。水声信道是由海洋及其边界构成的一个非常复杂的介质空间，它具有内部结构和独特的上下表面，能对声波产生许多不同的影响。大体上，相对于无线电信道等其他无线信道，水声信道有如下特点：

（1）通信带宽严格受限导致通信速率低。水声信道的随机变化特性导致通信带宽十分有限，短距离、无多径效应下的带宽很难超过 50kHz，即使采用 16 - QAM 等多载波调制技术，通信速率也只有 1 ~ 20kbps，甚至在工作于复杂环境中时通信速率可能会低于 1kbps。

（2）多径传播使得信号畸变严重。当传输距离大于水深时，同一波束内从不同路径传输的声波，会由于路径长度的差异，产生能量的差异和时间的延迟使信号展宽，导致波形的码间干扰。

（3）多普勒频移使得频率扩散明显。由发送与接收节点间的相对位移产生的多普勒效应会导致载波偏移及信号幅度降低，与多径效应并发的多普勒频展将影响信息解码。

（4）环境噪声影响大。干扰噪声包括沿岸工业、水面作业、水下动力、水生生物产生的活动噪声，以及海面波浪、波涛拍岸、暴风雨、气泡带来的自然噪声，这些噪声会严重影响信号的信噪比。

（5）其他特点，诸如声波几乎无法跨越水与空气的界面传播，受温度、盐度等参数影响较大，隐蔽性差，影响水下生物，破坏生态。

为了克服这些不利因素，并尽可能地提高带宽利用效率，水声通信的发展大致可分为四个阶段，分别为模拟水声通信阶段、非相干数字水声通信阶段、相干数字水声通信阶段和高速水声通信阶段。

**（三）水下无线光通信**

针对水下环境特点，水下无线光通信主要采用蓝绿光作为载体。[2] 1963 年美国加利福尼亚大学的 S. A. Sullivan 和 S. Q. Duntley 等人研究发现，海水在蓝绿光波段（450 ~ 550nm）存在一个低损耗窗口，相对于其他波段的光，蓝绿光在海水中的衰减最小，在水下传输时不仅穿透能力强，方向性好，而且时延低。这一现象的发现也为此后水下无线光通信的研究发展提供了基础。

当前用于水下无线光通信信息调制的光波主要有：激光器或激光二极管（laser diode，LD）产生的普通激光以及发光二极管（light-emitting diode，LED）产生的非相干可见光。

由于海水组成成分复杂，其中存在各种可溶性物质、悬浮物、湍流和气泡等，光在海水中传播速度虽然很快，但还是会受到各种海水环境严重的吸收和散射效应影响而衰减，使整个信号合成后产生波形失真，加剧码间串扰以及误码率的提高，并且多变的海水环境也会给水下无线光通信系统带来不稳定，影响通信质量。虽然光在海水中受到吸收、散射（与浑浊度相关）和海洋湍流的影响严重，通信距离短，但是相较于水声通信以及水下电磁波通信而言，水下无线光通信带宽更大、抗干扰性更强，能做到实时信息传输，同时收发设备体积较小，耗能也低，有利于对海洋生态环境的保护。

**（四）水下电流场通信**

水下电流场通信是以传导电流作为载体进行信号传输的通信技术。[3] 在存在十分显著的传导电流的导电媒质中，位移电流通常可忽略；由于电磁波在水中衰减严重，在水中可以忽略电磁场；因此，在水中的电流场为准静电场。

水下电流场通信模型如图 1 所示，信号经调制以及功率放大后由作为天线的电偶极子发出，携带信号的传导电流在水媒质中传播，到达接收端后，由接收端的电偶极子天线收到，再经过对应的解调、位同步模块和帧同步模块得到所发送的信号，完成通信。

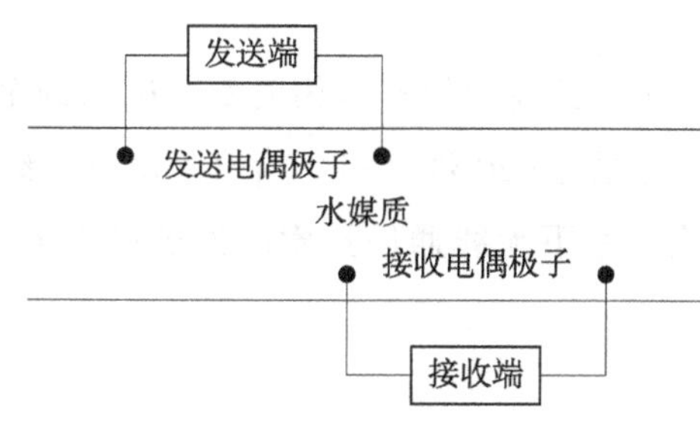


**图 1　水下电流场通信模型**

水下电流场通信具有以下特点：

（1）通信速率高。水下电流场通信的载波频率可高达 1MHz，信息承载能力强。

（2）通信延迟小。传输信号稳定性高，不存在多径效应等问题，电场在水中的传播速度接近光速，不会存在类似水声通信的延迟现象。

（3）通信功耗大。这是由水下电流场通信原理固有属性决定的，发射电偶极子周围必须形成电场，接收电偶极子才能检测到电势差。

（4）通信距离近。发射电偶极子周围形成的电场强度与其距离的立方成反比；与发射电偶极子距离远的地方，电场信号强度非常微弱，在具有噪声干扰的情况下难以有效检测电场信号，只有在近距离的情况下，才具备通信的可能性。

（5）不用架设庞大的天线，简便而具有相当的灵活性。

美国康涅狄格大学 C. W. Schultz 于 1971 年简述了电流场水下通信的基本原理，同时进一步介绍了以此原理为基础的水下无线通信装置。此装置的放射功率为 10W，能够在水下 30m 深处进行语音传输。1976 年，日本的海洋科学技术研究中心从理论上叙述了水下电流场通信原理。新加坡通信研究所于 2007 年提出利用电流场通信原理在水下进行短距离数字通信的一种方法，其以提高传输距离为重点，通过进行实验仿真分析，验证了可以提高其通信距离的最佳的电偶极子的安装方式。2010 年，该研究所再次对水下电流场通信的信道特性进行研究，其通过实验获得的参数对于设计水下电流场通信有十分重要的意义。在国内，西北工业大学、海军工程大学、海军航空大学和哈尔滨工程大学对水下电流场无线通信都进行了研究，多是在国外研究的基础理论上对水下电流场无线通信系统做设计以及物理实现。

## 三、专利申请态势分析

本文对中国专利文摘数据库（CNABS）、德温特世界专利索引数据库（DWPI）等多个数据库进行检索，截止到2021年6月8日，得到772件相关专利申请，并基于此分析专利申请情况和技术发展。

### （一）专利申请量趋势

经检索、筛选及分析，水下无线通信技术相关专利申请的全球申请量为772件，外国申请量为152件，中国申请量为620件。图2给出了水下无线通信技术相关专利申请量趋势。从图2中可以看出，水下无线通信技术的发展可以分为三个阶段：萌芽阶段、起步阶段和增长阶段。

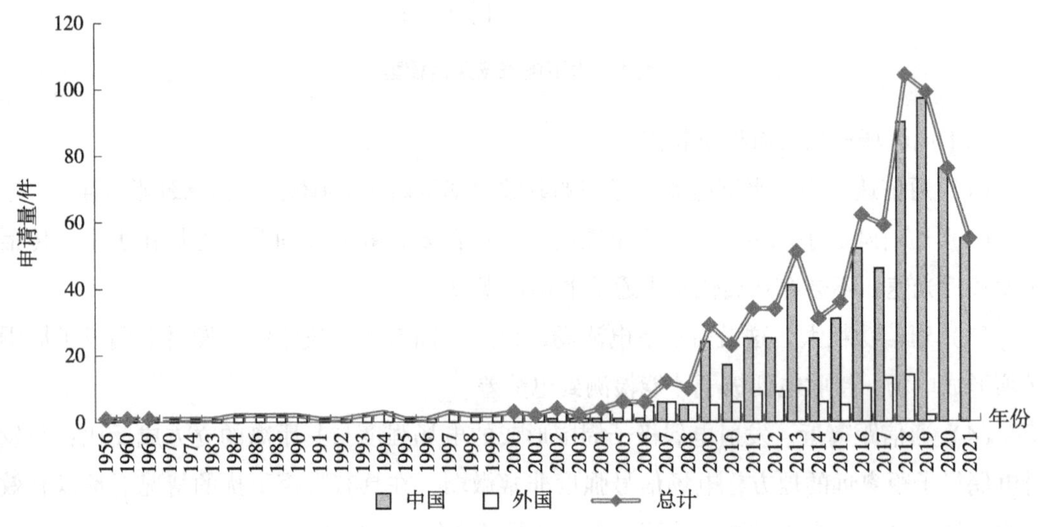


图2 水下无线通信技术相关专利申请量趋势

1. 萌芽阶段（1956～2005年）

该阶段全球总申请量为51件，外国申请量为47件，中国申请量为4件。水下无线通信技术早期还不成熟，主要应用于军事和国防方面，技术投入和专利相关技术产出效果不明显。我国的研究相对起步较晚，因此，在萌芽阶段，专利申请量较少且多为外国申请。美国和日本的专利申请量并列第一，均为14件，符合当时的世界科技发展情况。该阶段中2000～2005年的大部分时间正处于我国“十五”计划期间。该计划期间我国致力于推进科技进步和创新，优先发展信息化，促进了我国在通信技术上的发展。2002年科学技术部将深海载人潜水器研制列为863计划重大专项，启动蛟龙号载人深潜器自行设计、自主集成研制工作。同年，中国科学院声学研究所提出了我国第一个水声通信的专利申请CN1430349A，从专利申请方面展现了我国的研究成果，实现了从无到有的飞跃。

2. 起步阶段（2006～2015年）

该阶段全球申请量为266件，外国申请量为66件，中国申请量为200件。外国专利申请主要集中于韩国、美国和日本，分别是22件、19件和13件。韩国和日本都是临海且国土面积较小的国家，为了解决陆地资源不足的问题，迫切需要进行海洋开发，促使其在该技术上持续进行研究。美国在此阶段推动了水下无人系统相关项目的建设，也促进了其在该技术上的研究。相对于上一阶段，我国申请量有明显增加且已经超过了外国申请量，这是由于此阶段处于我国“十一五”规划和“十二五”规划期间。在“十一五”规划期间，国防研究开发成果向民用科研机构和企业开放，促进了自主创新，促进了全社会知识产权意识和国家知识产权管理水平的提高，并加大了知识产权保护力度；在“十二五”规划期间我国提出了“建设海洋强国”，大大促进了海洋装备相关技术的发展。水下无线通信技术作为海洋探测开发的重要组成部分得到了国家的大力支持，同时知识产权保护意识的提升促进了该技术领域申请量的增长。2010年以及2014～2015年申请量有所下降可能是“十一五”规划和“十二五”规划末期相关项目已经结束而新项目还未启动所导致的。在此阶段，我国在该领域的研究已经快速赶超其他国家并开始处于世界领先地位。

3. 增长阶段（2016年至今）

在此阶段，全球申请量为455件，外国申请量为39件，中国申请量为416件。外国专利申请依然主要集中于日本、韩国和美国，分别是13件、12件和7件。可以看出这三个国家的申请量相对于上一阶段有所下降，尤其是美国。这在海洋探索开发处于全球重要地位的今天是很不可思议的事情，经分析，这可能是由于美国主要将水下无线通信技术用于国防战略方向导致相关技术并未被提交专利申请。我国的申请量相对于上一阶段翻了一番，这是由于从2016年开始我国进入了“十三五”规划阶段，“十三五”规划明确了要实施创新驱动发展战略，建设海洋强国。2021年我国进入“十四五”规划阶段，“十四五”规划明确了实施知识产权强国战略和强化国家战略科技力量。在深海探测前沿领域实施了一批具有前瞻性、战略性的国家重大科技项目，如蛟龙探海二期。受国家政策和国家项目需求的影响，水下无线通信技术在未来五年内会继续迅速发展，依然处于快速增长阶段。在该领域，我国处于并将长期处于世界领先地位。

**（二）技术来源地和目标地**

图3给出了水下无线通信技术相关专利申请技术来源地和技术目标地分布。从技术来源地可以看出，中国是该领域的主要申请国，占比达到81%，远超其他国家，这与我国近些年大力发展海洋产业和强化知识产权创造、保护及应用密切相关，研发投入的增加和知识产权意识的增强催生了大量的专利申请。

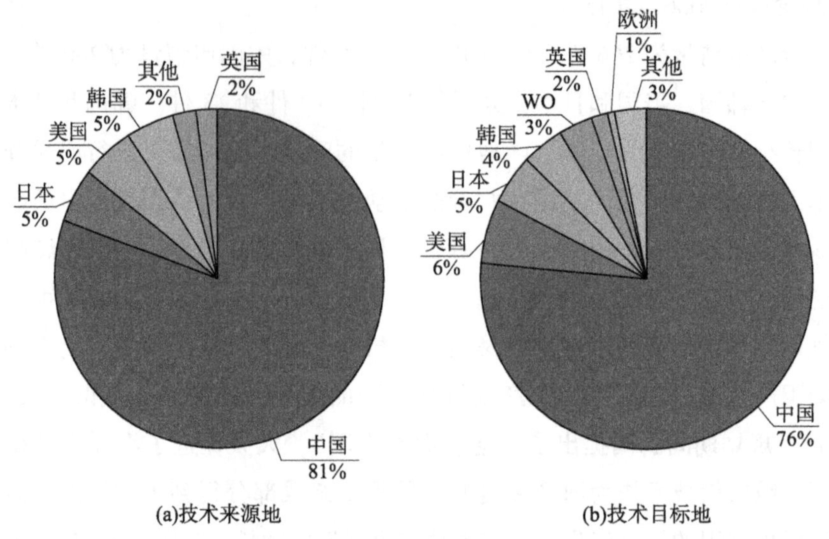


**图3　水下无线通信技术相关专利申请技术来源地和技术目标地分布**

从技术目标地中可以看出，中国依然占据领先地位，除了本国申请较多外，其他国家也开始重视中国市场，积极在中国进行专利布局。同时中国申请人也随着知识产权意识的增强开始注重国外市场，通过 PCT 申请或优先权等方式开始进行在国外市场的专利布局。

**（三）重要申请人**

该领域为技术引领型行业，行业发展依赖于技术创新并体现在专利申请中。从图 4 可看出，高校及科研院所占比最大（71% +5%），可见该领域的研究者目前主要以高校及科研院所为主。由于该技术与国防相关性较大，国家机构的申请也占据一定的比例。并且，企业的申请占据了一定的比例（18%），高校及科研院所和企业联合申请的占比也达到了 5%，这说明该领域中高校及科研院所的技术已经从实验室科研阶段开始进入产

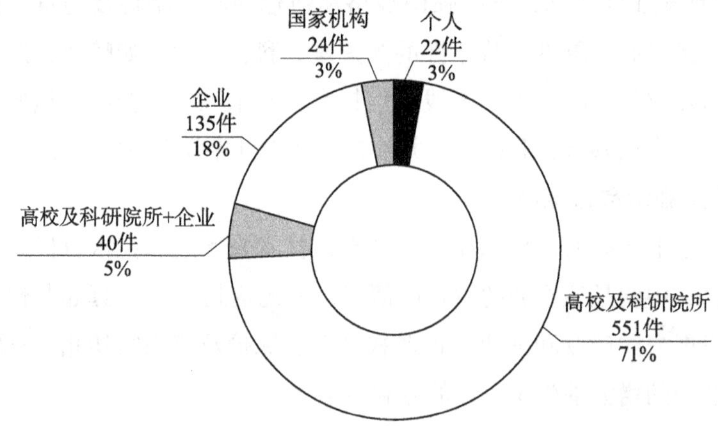


**图4　水下无线通信技术相关专利申请申请人类型分布**

业化阶段。随着我国相关政策的实施，该领域产业化将进一步提升，未来企业的申请占比将越来越多。

图 5 给出了相关专利申请全球申请人申请量排名。从图 5 可以看出，排名前十的申请人均为高校及科研院所。哈尔滨工程大学申请量排名明显领先，这不仅反映了这所高校对该领域的研究的重视，同时也与哈尔滨工程大学的科研实力相匹配。

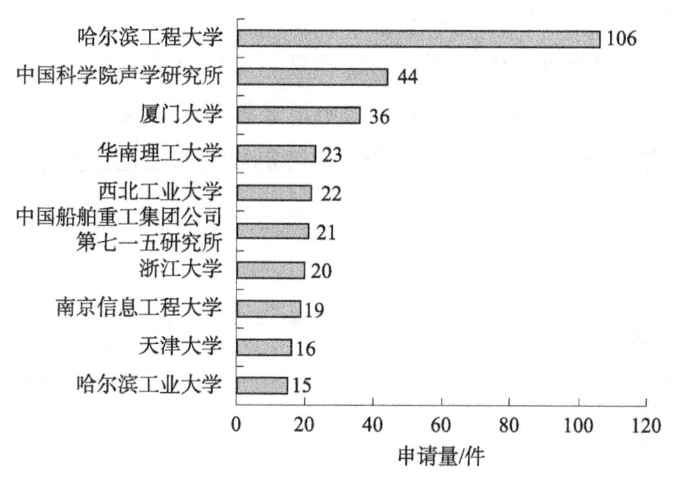


**图 5　水下无线通信技术相关专利申请全球申请人申请量排名**

哈尔滨工程大学、哈尔滨工业大学和西北工业大学作为工业和信息化部直属高校，在国防军工方面的研究投入较多，体现了该技术在国防军工方面被关注度较高。中国科学院声学研究所基于其对声学的研究在水声通信方面具备天然优势。哈尔滨工程大学和中国科学院声学研究所也是潜龙一号的研发者。而对于中国船舶重工集团公司第七一五研究所来说，水下无线通信是其研究的重点方向。厦门大学、华南理工大学、浙江大学和天津大学是传统的聚焦海洋科研的高校，借助自身临海的区位优势具备较强的海洋领域的科学研究能力。

此外，值得注意的是，上述申请人均为中国申请人，但这是由于中国申请量在全球具备压倒性优势，并不代表没有重要的外国申请人。在重点技术的专利申请方面，外国申请人也占据重要的位置，如：美国作为老牌军事大国，对水下战方面高度重视并积极进行研究和建设，美国海军部对水声通信及水下无线光通信展开研究，并在所述方向具有多个专利申请。沙特阿卜杜拉国王科技大学在水下无线光通信方面的申请量位于全球第三，仅次于浙江大学；该大学位于沙特吉达，西邻红海，在研究资金及地理位置上具备天然优势。日本和韩国也有许多大学、国家机构和公司在水下无线通信领域具有较高的申请量，如韩国海事工业大学、韩国国防发展局、日本电报电话公司、日本电气股份有限公司和日本早稻田大学等，都是重点大学、国防单位或老牌通信公司，这也凸显了水下无线通信技术的重要性。

## 四、技术分支发展脉络

### （一）分支专利申请量发展状况

正如前文所述，水下无线通信技术可分为水下电磁波通信、水声通信、水下无线光通信和水下电流场通信四个技术分支。

经过对专利申请的分析，1996 年之前全球总申请量较少，申请量的少量变化即可导致占比大幅度改变，1956～1995 年各分支的申请量无法具体反映各分支的申请热度。因此，从 1996 年开始，笔者以五年为一时段，对专利申请的占比趋势进行了分析。图 6 给出了该占比趋势。

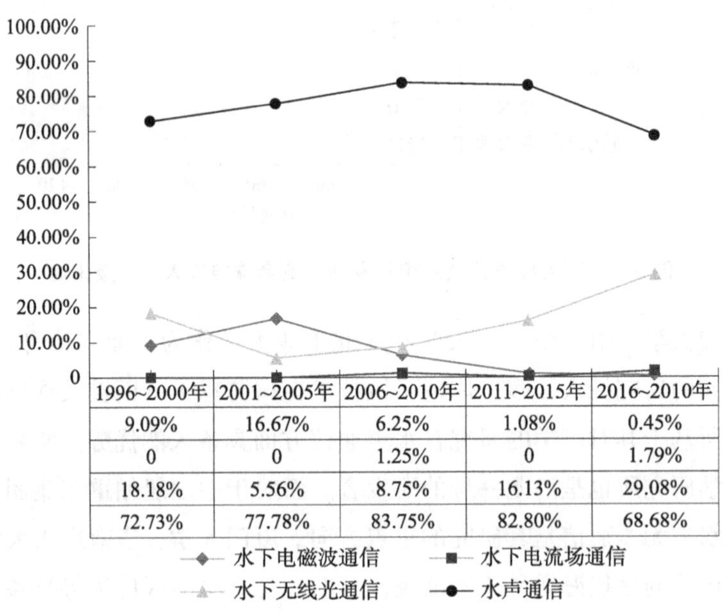


**图 6　水下无线通信技术四个分支以五年为一时段的申请量占比趋势**

从图 6 可看出，在全球范围内，水下电磁波通信在经历短暂的辉煌后热度迅速降低，这是由于电磁波在水下会迅速衰减，并且不能很好地适应水下传输环境。

水声通信的申请热度居高不下，直至 2016 年以后才有所下降。水下无线光通信的申请热度经历了短暂的降低后持续升高。水下电流场通信虽然提出较早，但一直不是研究热点，直到近几年申请量才有较明显的上升。

虽然水声通信依然是研究热点，但研究重心已经开始从水声通信向水下无线光通信转移。水下无线光通信相较于水声通信以及水下电磁波通信而言带宽更大、抗干扰性更强，能做到实时信息传输，同时收发设备体积较小，耗能也低，有利于对海洋生态环境的保护。因此，研究重心的转移不仅体现出技术的进步，还可以体现出全球对环境保护的重视，比如我国从“十五”计划到“十四五”规划的五年规划均强调环境保护政策，实施“金山银山不如绿水青山”的可持续发展战略。

水下电流场通信的研究虽然才开始起步，但由于具备速度高、延迟低和灵活性高的特点，该技术具备较好的前景。

**（二）分支技术发展脉络**

1. 水下电磁波通信

从图7可知，水下电磁波通信方向的申请多为外国申请；这是由于电磁波在水下（尤其是海水）通信性能较差，而我国在该领域的研究起步较晚，起步时选择了性能更好的水声通信技术。

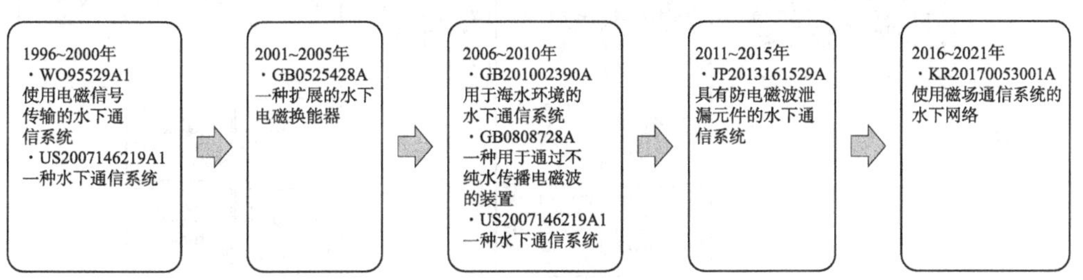


**图7　水下电磁波通信的技术演进路线**

通过分析相关专利申请可知，水下电磁波通信朝着减少电磁信号的衰减并增加传输范围方向进行改进，主要是对设备进行改进，如天线、换能器等，尤其是对天线的改良。涉及的IPC分类号主要是H04B 13/00和H04B 13/02。

2. 水声通信

从图8可知，对于水声通信，专利申请主要从性能提高以及隐蔽通信方面展开，涉及的IPC分类号主要集中在H04B 11/00和H04B 13/00，少部分分布在H04L 1/00、H04L 7/00、H04L 25/00以及H04L 27/26。

（1）性能提高

该方面的技术发展主要集中在两个方向：信号发送和信号接收，这同样也是陆地无线通信用以提高性能的发展方向。

在信号发送方向，主要的研究是将发展较为成熟的陆地无线通信的调制编码技术应用在水声信息上，如扩频、多级频移键控（MFSK）、滤波多音调制、正交频分复用（OFDM）、喷泉码、低密度奇偶校验（LDPC）码和混沌编码等。但相较于陆地无线通信水声通信也存在特有的技术，如哈尔滨工程大学在20世纪90年代提出的Pattern时延差编码（Pattem Time Delay Shift Coding，PTDS），属于脉位编码（Pulse Position Modulation，PPM），利用Pattern码片出现在码元窗的时延差值进行时延编码，占空比小，节省功耗，2007年其开始提出的相关专利申请，是我国的自主知识产权，对我国水下无线通信具有

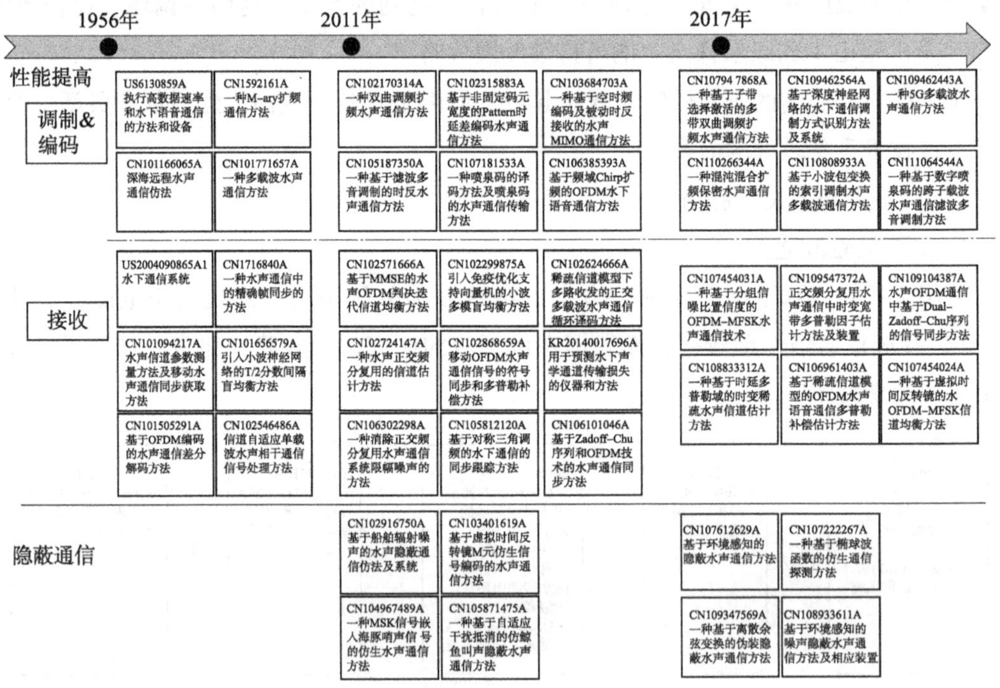


**图8　水声通信的技术演进路线**

重大意义；另如参量阵发射，参量阵产生的宽带低频波同时兼顾水声通信对通信距离与通信速率的需求，其窄指向性有效抑制水声信道多径传输特性，在一定程度上实现保密通信，在水声通信中具有良好的前景，其在2015年开始提出相关的专利申请。

同步、多普勒估计和补偿、信道估计、信道均衡和干扰处理都是信号接收技术，水声通信在信号接收方向上的研究主要是对上述技术的改进，目的是提高接收信号质量。水声通信中的同步、多普勒估计和补偿技术包括使用不同的同步信号（如线世调频（LFM）信号、m序列、CW单频信号、Zadoff－chu序列或对称三角调频信号），基于分数阶傅里叶变换（以下简称“FrFT”）测量以及粗估加细估，提高同步及多普勒估计和补偿精度。信道估计和均衡技术包括时间反转镜、盲均衡、判决迭代均衡、最小二乘法、稀疏信道模型和神经网络技术等，可提高信道估计精度。

2003年，中国科学院声学研究所的“一种M－ary扩频通信方法”（CN1592161A），使用M元扩频提高通信速率和频谱利用率。

2005年，中国船舶重工集团公司第七一五研究所的“一种水声通信中的精确帧同步的方法”（CN1716840A），根据帧头两个LFM信号进行拷贝相关得到两个相关峰位置，计算相关峰间隔得到多普勒估计系数，以位置中点作为同步起点。

2007年，哈尔滨工程大学的“深海远程水声通信方法”（CN101166065A），结合M元扩频、Pattern时延差编码和单阵元被动式时间反转镜进行水声通信，提高通信速率和信噪比，抑制码间干扰。哈尔滨工程大学的“水声信道参数测量方法及移动水声通信同步获取方法”（CN101094217A），对接收信号作 FrFT，测量最佳 FrFT 模值的峰值，得到存在多普勒频偏的多径信道的参数估计，遮蔽处理，进行逆 FrFT 后的输出信号作为拷贝相关的参考信号，得到的相关输出峰值作为同步起点。

2009 年，哈尔滨工程大学的“一种水面母船与水下用户双向水声通信方法”（CN101610117A），基于虚拟时间反转镜进行信道估计。

2010 年，哈尔滨工程大学的“一种多载波水声通信方法”（CN101771657A），利用离散逆 FrFT 进行调制，利用离散 FrFT 进行解调，利用 Rake 接收机抗多径分集，提高频谱利用率和传输效率。中国科学院声学研究所的“一种信道自适应单载波水声相干通信信号处理方法”（CN102546486A）以块头和帧同步头分别使用 m 序列码在时域和频域二维搜索的方法进行时频二维同步，获得块时间同步、帧时间同步和多普勒频偏，并对当前帧的信道进行估计。

2011 年，哈尔滨工程大学的“基于非固定码元宽度的 Pattern 时延差编码水声通信方法”（CN102315883A），相对于常规 Pattern 时延差编码水声通信提高了系统的有效性和稳健性。哈尔滨工程大学的“基于 MMSE 的水声 OFDM 判决迭代信道均衡方法”（CN102571666A）利用对上一个符号进行最小均方差（MMSE）信道估计的信道均衡下一个符号，跟踪时变信道能力强，提高了信道估计的准确性。

2012 年，哈尔滨工程大学的“稀疏信道模型下多路收发的正交多载波水声通信循环译码方法”（CN102624666A），针对水声信道的稀疏特性利用压缩传感技术重建信道，利用空时编码和网格编码调制（TCM）技术对估计的信道进行纠正和导频更新，提高通信可靠性。中国船舶重工集团公司第七一五研究所的“一种移动 OFDM 水声通信信号的符号同步和多普勒补偿方法”（CN102868659A），利用单频信号进行多普勒粗估，用 Chirp - Z 变换将 OFDM 信号变换到频域后，基于其与本地导频相关值得到下一个符号起始位置和多普勒频偏细估值。哈尔滨工程大学的“一种水声正交频分复用的信道估计方法”（CN102724147A），提出了基于最小二乘法进行信道估计，采用小波降噪法进行降噪处理后使用离散傅里叶变换插值法获得信道频响，基于该频响进行均衡，提高信道估计精度。

2013 年，中国船舶重工集团公司第七一五研究所的“一种基于空时频编码及被动时反接收的水声 MIMO 通信方法”（CN103684703A），有效抑制了同信道干扰、码间干扰和提高信噪比。

2015 年，哈尔滨工程大学的“一种基于滤波多音调制的时反水声通信方法”（CN105187350A），通过扩展码元符号的宽度降低了多径传输的影响，降低残余码间干扰。哈尔滨工程大学的“一种基于参量阵正交频分复用编码水声通信的方法”（CN104539569A），将广泛应用的 OFDM 通信体制与参量阵相结合，实现了通信速率高效并且可靠的水声通信。

2016 年，中国科学院声学研究所的“一种喷泉码的译码方法及喷泉码的水声通信传输方法”（CN107181533A），提高了信道利用率。厦门大学的“基于对称三角调频的水下通信的同步跟踪方法”（CN105812120A）提出了对对称三角调频信号进行 FrFT 分析双峰位置，实现精准同步。上海交通大学的“基于 Zadoff – Chu 序列和 OFDM 技术的水声通信同步方法”（CN106101046A）使用两个间隔为 Ng 的 Zadoff – Chu 序列作为前导码，分别与本地信号进行相关得到峰值，根据峰值和 Ng 得到同步起点。

2017 年，华南理工大学的“一种基于子带选择激活的多带双曲调频扩频水声通信方法”（CN107947868A），相对于其他水声双曲调频通信提高了系统频带利用率。哈尔滨工程大学的“一种基于虚拟时间反转镜的水声 OFDM – MFSK 信道均衡方法”（CN107454024A），利用数据首尾的线性调频信号进行多普勒估计，利用正交匹配追踪算法实现水声信道的高精度估计。

2018 年，北京控制与电子技术研究所的“一种 5G 多载波水声通信方法”（CN109462443A），针对信道带宽资源有限的水声通信领域，提供了一种有效利用信道资源和零散频谱资源的方法，可促进未来水下组网技术的发展。上海交通大学的“水声 OFDM 通信中基于 Dual – Zadoff – Chu 序列的信号同步方法”（CN109104387A），提出一种接收机基于 Dual – Zadoff – Chu 序列同时完成信号同步、多普勒估计以及信道估计的方法。

2019 年，中国船舶重工集团公司第七一五研究所的“一种基于数字喷泉编码的跨子载波水声通信滤波多音制调制方法”（CN111064544A），将喷泉码用于滤波多音调制的物理层信号编码中，将均衡后具有较高平均平方误差的子带擦除，收集选取出的子带均衡比特进行喷泉码解码，恢复出信源发送比特，实现无误码可靠传输。中国人民解放军战略支援部队信息工程大学的“基于基追踪去噪的稀疏水声正交频分复用信道估计方法及装置”（CN110138459A），提高了估计精度。哈尔滨工业大学的专利申请“带有稀疏约束的自适应零吸引因子盲判决反馈均衡算法”（CN111030758A），提高了对稀疏系统的辨识能力。

2020 年，哈尔滨工程大学的“一种基于 EMD – WFFT 时变宽带多普勒补偿方法”（CN112087266A），基于 EMD – WFFT 进行同步、多普勒补偿和信道估计。西北工业大学的“基于成比例归一化最小均方误差的稀疏水声信道估计方法”（CN111711584A）涉及了一种基于成比例归一化 MMSE 算法迭代寻优得到时域稀疏水声信道冲激响应函数的方法，提高了信道估计的精度。厦门大学的“一种基于深度学习的稀疏水声信道估计方法”（CN112511469A），提出了基于深度学习的稀疏感知深度神经网络进行水声信道的信道估计，有效提高了估计精度和频谱效率。

华中科技大学的“一种水声 OFDM 接收机中时频域联合抑制 ICI 的方法和系统”（CN112822132A），结合分段快速傅里叶变换（P－FFT）和分数快速傅里叶变换（F－FFT）的特点，联合时域和频域抑制载波间干扰（ICI），在多普勒因子和载波数都较大的情况下，性能有显著提升。中国科学院声学研究所的“水声通信时变定时偏移迭代估计和补偿方法及装置”（CN112737996A），从重复出现的同步信号中恢复定时偏移，无需借助符号判决反馈的信息和逐符号更新均衡器系数，计算复杂度低。

通过分析和比较，笔者发现该技术的作用效果从解决单一问题，如仅解决同步或多普勒估计和补偿的问题，逐步向解决多问题发展，如同时解决同步、多普勒估计和补偿以及多径传输的问题。多问题同时解决能更好地提高水声通信质量，也意味着多种技术的融合。并且，该技术在发展中不断引入新的技术，如不断更新同步序列，引入新的调制方式和编码方式、稀疏信道模型和神经网络等，即多技术的引进和融合是未来水声通信的发展方向。

（2）隐蔽通信

隐蔽通信最开始主要是在简单模拟海洋环境中存在的声音信号，如船舶噪声和海豚哨声、鲸叫，但是信号模型过于单一容易被发现，且容易对海洋生物造成干扰。随着技术演进出现了使用环境感知的方式获取信号模型的方式，该方式不仅可提高隐蔽性，还可降低对海洋生物的影响，即在提高隐蔽性的同时考虑对自然环境的影响。在保护环境的前提下发展技术，也是未来水声通信的发展方向。

3. 水下无线光通信

水下无线光通信的专利申请主要从光源、性能提升以及联合三个方面展开，涉及的 IPC 分类号主要是 H04B 10/00。其技术演进路线如图 9 所示。

在光源方面，2010 年之后出现了使用 LED 可见光作为光源的专利申请，如 2011 年深圳光启高等理工研究院的专利申请“水下 LED 可见光通信系统”（CN102916744A）。相对于传统的激光，LED 可见光具备设备成本低、准直要求低、可靠性高、寿命长以及环保的优点。但由于激光具备传播距离远、低时延和高速率的优点，激光光源并未被抛弃。并且，可将光衰减成单光子级别进而进行水下无线通信，如量子密钥分发以提高数据安全性，但该方向专利申请量较少，并且由于水下干扰过大，单光子级别的通信较难实现。

在性能提升方面，该方面的申请于 2010 年后开始增多，开始时从调制、编码以及接收检测的方面进行改进，如 2012 年清华大学的“偏振差分脉位调制方法”（CN102664688A）以及 2012 年费尔菲尔德工业公司的“提供智能水下自由空间光通信的方法、系统和计算机可读介质”（US2014248058A1），公开了检测阵列。在 2016 年后性能提升的重点开始向接收端偏移，从多个方面提高接收端的检测性能，如计算信道模型、

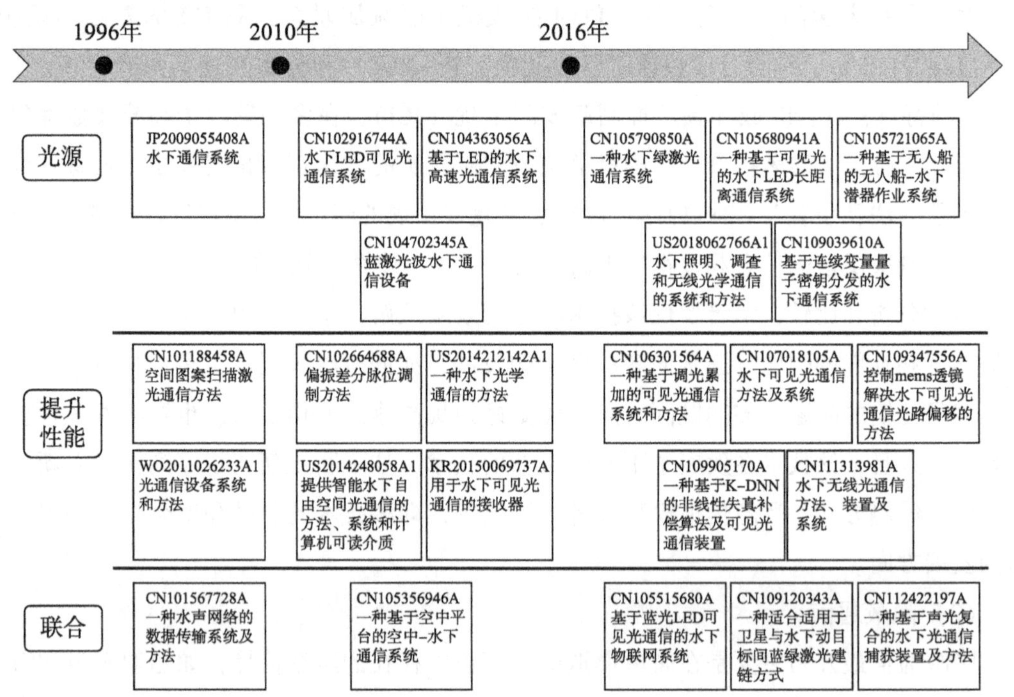


**图9　水下无线光通信的技术演进路线**

信道补偿、接收阵列等。如 2018 年西安电子科技大学的“基于 GGD 信道模型的 UWOC 系统硬解调误码率计算方法”（CN108718211A），基于 GDD 分布和多进制数字相位调制（MPSK），利用高斯拉盖尔多项式和蒙塔卡罗仿真的误码率计算方法，复杂度较低；2019 年复旦大学的“一种基于 K－DNN 的非线性失真补偿算法及可见光通信装置”（CN109905170A），基于核深度神经网络，方便、高效地补偿了现有水下无线光通信中复杂的信道环境对信号造成的非线性失真；2021 年西安科技大学的“基于探测器内增益控制的水下无线光通信接收方法及装置”（CN112737691A），提出了通过直流电压控制光电倍增管内部增益的方法实现不同光功率信号检测，增大了接收装置的接收光功率范围，而且针对不同光功率的信号可以实现快速响应。

水下无线光通信可以与现有多种网络以及平台等联合，如 2009 年华南理工大学的“一种水声网络的数据传输系统及方法”（CN101567728A），将水下光通信与水声网络结合，使用蓝绿激光建立通信链路以节约带宽及提高吞吐量；或者应用空中－水下通信系统实现联合通信，如 2015 年杭州大学的“一种基于空中平台的空中－水下通信系统”（CN105356946A），基于空中平台的空中－水下通信方式，实现了空中平台与水下采集器或者探测器的通信链路的建立。

通过上述分析可知，对水下无线光通信的研究主要集中在对于接收端的改进，并且由于光通信在多种介质中都可达到较好的性能，可与其他系统或平台联合实现一体化通信。

4. 水下电流场通信

水下电流场通信在 2016 年后申请量才有所增多，图 10 给出了其技术演进路线。

| 2015年及之前 | 2016~2021年 |
| --- | --- |
| GB2479927A<br>水下电流场通信系统 | JP2018165527A<br>水下通信设备与水下通信方法<br>CN110138467A<br>一种水下电场通信分析方法<br>CN110557203A<br>基于OFDM的水下电流场通信方法<br>CN111431627A<br>动态频率选择方法及基于动态多载波的水下电流场通信方法<br>CN111431833A<br>一种基于串行组合的水下电流场通信方法<br>CN112821961<br>一种水下电场通信系统 |

**图 10　水下电流场通信的技术演进路线**

2010 年，SZYMANEK DARIUSZ KAZIMIERZ 申请的“水下电流场通信系统”（GB2479927A），给出了水下电流场通信的发送装置和接收装置的组成和通信方式，实现了水下电流场通信。

2018 年，早稻田大学的“水下通信设备及水下通信方法”（JP2018165527A），给出了水下电流场通信的接收器的具体构成。

2019 年，北京大学的“一种水下电场通信分析方法”（CN110138467A），可分析多个智能体在水下进行电场通信、基于电场通信的组网和基于电场通信的定位时诸多的特性。哈尔滨工程大学的“基于 OFDM 的水下电流场通信方法”（CN110557203A）提出了基于水下电流场理论与 OFDM 技术结合解决水下电流场通信传输效率低的问题，使水下近距离电磁波高速通信成为可能，并且为水下远距离通信打下坚实的基础。

2020 年，哈尔滨工程大学的“动态频率选择方法及基于动态多载波的水下电流场通信方法”（CN111431627A），进一步解决了并行多载波的水下电流场通信的发送频率数量固定、适应信道较差的问题，使每个发送频率能有较大的能量，同时解决了载波能量对系统传输能量的影响以及传输效率与载波数量的矛盾。该大学的“一种基于串行组合的水下电流场通信方法”（CN111431833A），从另一方面解决了水下电流场通信的传输效率低的问题，提高了传输效率，但又保持了每次只发送一个载波的优点，同时具有更高的安全性和保密性，较好地解决了传输效率与载波数量的矛盾。

2021 年，西安交通大学的“一种水下电场通信系统”（CN112821961A），采用发射电路、接收电路和逻辑控制器进行信号的收发，使用脉冲方波调制方式，并且设计了功率放大电路、前级放大电路和次级放大电路，提高了信噪比和通信距离。

通过对水下电流场通信技术发展的分析发现，目前水下电流场通信的研究处于起步阶段，重点是解决传输效率低的问题以及传输效率与载波数量的矛盾，但上述申请虽提出了解决问题的方法，但所述方法均较为复杂，从而该技术距产业化尚有一定距离。

## 五、结语

水下无线通信技术是海洋探测和资源开发利用中的重要技术，可以使水下探测装置或水下机器人等摆脱对于线缆的依赖，更加灵活，适配更深或更复杂的海底环境。与大多数技术领域相同，在水下无线通信技术领域世界上很多国家起步都早于我国，但从专利申请量就可以体现出来，中国的专利申请人积极地对这个技术领域进行研究并作出相应的专利布局，后来居上，处于世界领先地位。

本文对水下无线通信技术领域技术分支的情况进行了简单介绍，并针对该领域的专利申请的申请趋势和流向进行了分析，确定了重要申请人和申请人类型，整理了各个技术分支的发展脉络。整体来看，水下电磁波通信由于其自身缺陷较大，并非研究热门，相关研究朝着减少电磁信号的衰减并增加传输范围方向进行改进，主要是对设备进行改进，尤其是天线；水声通信较为成熟，技术创新不断涌现，多技术的引进和融合是未来水声通信的发展方向；水下无线光通信能做到实时信息传输，有利于对海洋生态环境的保护，并且还可与其他通信技术（如水声通信）结合进行水下无线通信，属于未来水下无线通信的热点，如何提高其接收端检测性能是其目前亟需解决的问题，值得注意的是该问题在水声通信中同样存在，未来可以借鉴水声通信的研究结果来解决这一问题；而水下电流场通信的研究才开始起步，由于具备速度高、延迟低和灵活性高的特点，具备较好的前景。

**参考文献**

[1] 李萍. 基于强化学习的水声通信自适应调制算法研究 [D]. 西安：西安科技大学，2020.

[2] 王博，吴琼，刘立奇，等. 水下无线光通信系统研究进展 [J]. 激光技术，45 (3)：1 -20.

[3] 许毅信. 水下传导电流场混沌通信技术的研究 [D]. 哈尔滨：哈尔滨工程大学，2018.

# 自升式海洋平台升降系统专利技术综述

马腾蛟[1] 谢伟魏[2] 姜海燕[3]

**摘 要** 随着海洋资源日益受到关注，自升式海洋平台因为其灵活的部署特点受到广泛的青睐，而升降系统作为自升式海洋平台的核心系统直接决定了海洋平台的性能。基于此，本文针对自升式海洋平台升降系统的专利申请，从国内外申请量趋势、技术分支、技术发展脉络及重点专利和重点申请人等多个方面进行分析，以期为国内企业和科研机构了解自升式海洋平台升降系统技术发展状况，进一步进行技术研发提供助力。

**关键词** 自升式海洋平台 升降系统 齿轮齿条 插销 桩腿

## 一、概述

### （一）研究背景

在世界经济及技术快速发展的今天，加大对海洋资源的开发利用已成为全球技术革新的重要组成部分。目前，海洋资源的开发利用主要是对石油、天然气以及风能等资源的开发利用。我国海上油气勘探主要集中于渤海、黄海、东海及南海北部大陆架，预测石油资源量为275.3亿吨，天然气资源量为10.6万亿吨，在油气资源上具有较大的开发利用空间。另外，我国海域辽阔，关于风能资源的利用也有着天然的优势。而无论是油气资源还是风能资源的开发利用，都涉及海上作业平台的使用。目前，自升式海洋平台因其具备定位能力强、作业稳定性好的特点，成为使用最为广泛的一种海上作业平台。

自升式海洋平台最早以及主要的应用还是在油气勘探及开采中。世界上第一座自升式钻井平台20世纪50年代才问世，而我国第一座自升式钻井平台“渤海一号”于1967年由中国船舶工业集团公司第七〇八研究所设计，1972年由大连造船厂建成。自升式海洋平台主要由平台结构、桩腿、升降系统、钻井装置以及生活楼等组成。自升式海洋平

---

[1][2][3] 作者单位：国家知识产权局专利局专利审查协作江苏中心，其中谢伟魏、姜海燕等同于第一作者。

台在工作时用升降系统将平台提升到海面以上，使之免受海浪冲击，依靠桩腿的支撑站立在海底进行钻井作业；完成任务后，降下平台到海面，拔起桩腿并将其升至拖航位置，即可拖航到下一个井位作业。可见，桩腿及升降系统是构成自升式海洋平台的重要组成部分。而升降系统实现了平台的爬升与锁紧，其性能对自升式海洋平台的工作效率、使用寿命等有最直接的影响，是整个系统的核心所在，因而对升降系统技术的突破，是提高自升式海洋平台建造竞争力的关键所在。

**（二）技术分解及升降原理**

1. 技术分解

自升式海洋平台升降系统主要包括平台结构、桩腿和升降装置，整个平台在升降系统的带动下能够沿着桩腿做升降运动，故称为自升式。自升式海洋平台升降系统的主要功能是，当平台移位到井位时，通过升降装置把平台抬升至高于水面使之免受海浪冲击，依靠桩腿的支撑站立在海底进行钻井作业；作业结束后，再把平台降回水面，拔起桩腿，使平台重新恢复成漂浮状态，准备拖航至下一个井位。[1]

自升式海洋平台升降系统一方面要在荷载很高的情况下，完成桩腿与船体之间的相对运动，另一方面在工作状态时保持船体的固定位置。为实现这两个方面的目的，升降系统的形式主要有插销式液压升降系统和齿轮齿条式升降系统两大类。通过梳理海洋平台升降系统的结构组成，得出升降系统技术分支见图 1。

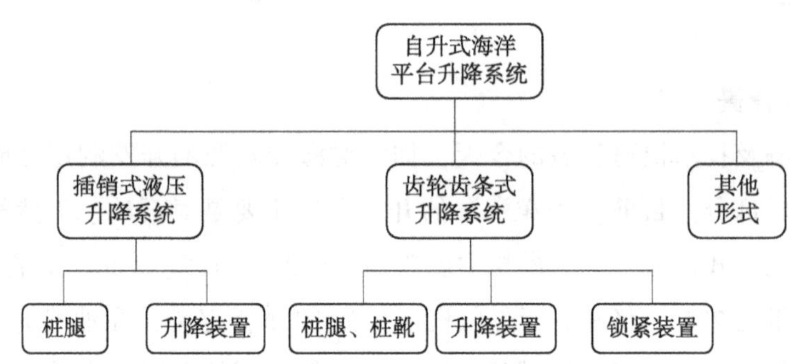


**图 1　自升式海洋平台升降系统技术分支**

2. 升降原理

插销式液压升降系统的升降原理是利用液压缸中活塞杆的伸缩带动环梁/挟桩器上下运动，用锁紧销将环梁和桩腿锁紧实现平台举升，其举升工作流程见图 2：

（1）初始状态时，升降油缸都处于收缩状态，上、下挟桩器均与桩腿锁紧；

（2）上挟桩器回转油缸缩回，使上挟桩器与桩腿分开；

（3）升降油缸伸出，推动上挟桩器以及平台一同向上移动，直至油缸行程到位；

（4）上挟桩器回转油缸伸出，使上挟桩器与桩腿锁紧；

（5）下挟桩器回转油缸缩回，使下挟桩器与桩腿分开；

（6）升降油缸缩回，拉动下挟桩器上升，直至油缸行程到位；

（7）下挟桩器回转油缸伸出，使下挟桩器与桩腿锁紧；

（8）进入下一个工作循环，通过循环往复，可将平台举升到所需的工作位置。

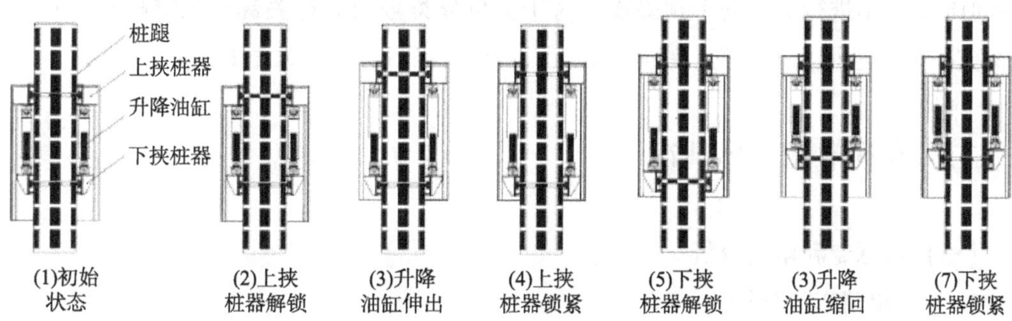


**图 2　插销式液压升降系统举升流程**

平台下降的工作原理与举升一致，下降到位后，通过固桩系统将平台与桩腿固定。

齿轮齿条式升降系统的工作原理是，海洋平台需要提升时，桩腿支撑于海底，齿轮减速器/减速箱在电机的带动下驱动攀爬齿轮在桩腿上爬升，攀爬齿轮相对于桩腿做上升运动进而带动海洋平台提升，提升到预定位置时，爬升系统停止工作，同时锁紧装置进行锁紧，平台荷载经由桩腿转移到海底平面。下降过程与之相反。齿轮齿条式升降系统的整体结构如图 3 所示。

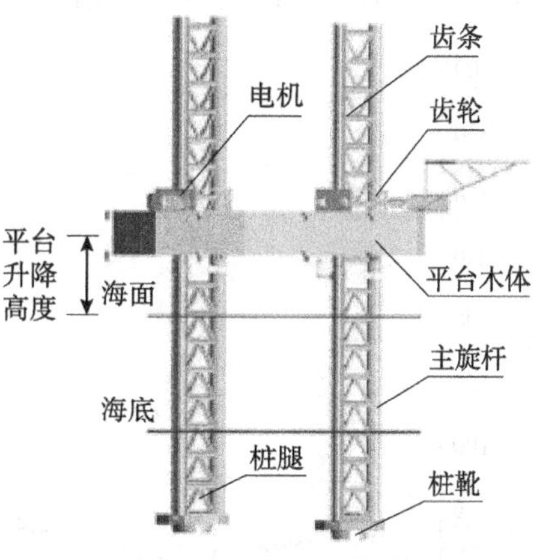


**图 3　齿轮齿条式升降系统的整体结构**

**（三）分析样本构成**

目前常用的海洋平台包括坐底式、自升式、半潜式、导管架式和张力腿式等多种结构样式，根据应用条件不同又可分为海洋钻井平台、生活平台等。海洋平台种类多、应用广，这对自升式海洋平台升降装置的分析样本选取提出了较高的要求。针对上述情况，本文选取 HimmPat 全球数据库作为检索基础，采取以分类号为范围限定主要手段的检索策略进行领域限定，通过分类号结合关键词的检索策略进行补全，再利用关键词进行降噪处理，最终得到自升式海洋平台升降系统相关专利共 6190 件，合并简单同族后共 6025 项。鉴于专利申请延迟公开的特点，部分申请尚未公开（本文检索截止时间为 2021 年 5 月），导致本文分析样本具有一定的不完整性。

自升式升降平台涉及的 IPC 分类号主要分布在 E02B 17 和 B63B 35/44，其中 E02B 17/00 为支撑在桩或类似物上的人工岛，分类号释义中即有升降式支柱或平台，该分类号是自升式升降平台较为准确的分类号。E02B 17/04 为涉及升降系统的分类号，其下细分为固定装置（E02B 17/06）和升降装置（E02B 17/08），而 CPC 分类体系中又将升降装置进一步细分。

在进行样本检索的过程中，对于准确表达技术分支的分类号，如 E02B 17/08、E02B 17/0818 等，不进行关键词干预降噪，对于上位分类号则进行关键词限定降噪，并对二级分支下文献进行人工浏览，剔除明显无关的干扰条目，保证数据的准确、全面。

## 二、专利申请总体情况

### （一）全球专利申请分析

1. 专利申请态势分析

图 4 是自升式海洋平台升降系统的全球专利申请量趋势。从整体发展趋势看，自升式海洋平台升降系统的专利申请量呈增长趋势。

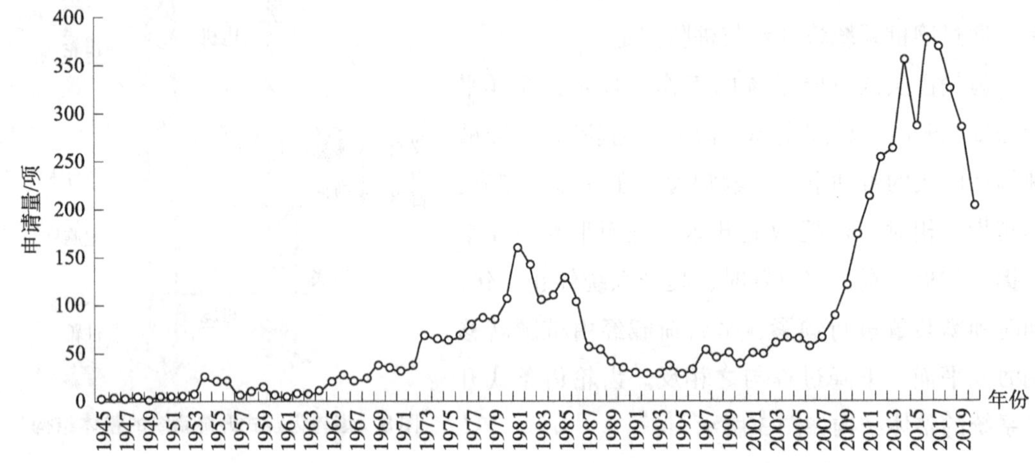


**图 4　自升式海洋平台升降系统全球专利申请量趋势**

（1）萌芽期（1965 年之前）

从图中可以看出，在 1953 年及之前，自升式海洋平台升降系统的专利申请量维持在较低状态，年申请量仅为个位数。此后三年出现小幅增长，之后出现回落，直至 1965 年才开始稳步回升。可以看出，1965 年之前为自升式海洋平台升降系统技术的萌芽期。该阶段虽已构建了现代自升式海洋平台的雏形，且提出了齿轮齿条式升降系统，但平台的作业水深较浅，仅为数十米。

（2）成长期（1965～1986 年）

20 世纪 60 年代末到 70 年代初，自升式海洋平台升降系统的专利申请量都维持在相对较低的状态，基本在二三十件，直到 1973 年出现双倍增长，说明自升式海洋平台升降系统开始受到明显重视，而这一年正是第一次石油危机爆发的时间。之后的数年，自升式海洋平台升降系统的专利申请量都稳定在这一水平，并略有上幅，直到1980年，该类专利申请量突破了百件，并呈快速发展态势，且在1981年达到160件，此后，虽然申请量有所波动，但均维持在百件以上。从全球的环境来看，这一时期之所以能出现申请量的小高峰显然与两次石油危机后大量资金涌入近海油气开发领域有很大的关系，且美国F&G公司也正是在20世纪80年代初申请了齿条锁定系统，使得自升式海洋平台走向了更深、条件更恶劣的海域。

（3）稳定期（1987～2008年）

因自升式海洋平台升降系统技术已经取得一定的突破，且近海油气开发进入低迷期，自1987年开始，自升式海洋平台升降系统的专利申请量出现明显的滑落，且直至2008年专利申请量均未超过百件。

（4）快速发展期（2009～2016年）

自升式海洋平台的设计年限一般为20年，翻新可使用30年，因而全球大部分的自升式海洋平台逐步步入“老年期”，加之市场对更先进、更高效设备的需求日渐突出，自升式海洋平台升降技术迎来了快速发展期。这一时期专利申请量增长较快，主要偏重对高性能、深水作业海洋平台升降系统的研究改进。而2015年申请量跌落与2014年年中原油价格断崖式下跌导致市场出现短暂的低迷期有关。另外，由于清洁能源的发展越来越受到各国的重视，这一时期海洋平台也开始广泛应用于风能资源的开发上。

（5）成熟期（2017年至今）

从2017年起，自升式海洋平台升降系统技术步入成熟期。由于专利申请公开的滞后性，2019～2020年的数据量少于实际专利申请量，但可以看出全球每年仍保持较高的专利申请量。而未来适合深水、超深水和极地等恶劣环境的钻井平台将是海洋钻井平台市场发展的一个主要趋势，对半潜式、浮式海洋平台的大量需求显然会对自升式海洋平台的发展造成一定的冲击。

2. 全球专利申请人分析

图5展示了全球主要申请人申请量排名情况。可以看出，全球最大的造船企业三星重工业株式会社（以下简称“三星重工”）以151项专利位居榜首，紧随其后的是武汉船用机械有限责任公司（以下简称“武汉船机”），两家公司的申请量相差微弱，且均以发明专利居多。位列第三的是中国海洋石油总公司（以下简称“中海油”），其申请量与排名前两位的公司有一定的差距，且发明专利申请量的占比明显减少。大宇造船海洋株式会社（以下简称“大宇造船”）以71项专利申请排名第四。接下来依次是中国国际海运集装箱（集团）股份有限公司、三菱重工业株式会社、上海振华重工（集团）股份有限公司，三家公司的专利申请量基本相当。从主要申请人的排名情况可以看出，中国的

申请人占据半数之多，可以看出中国在自升式海洋平台升降系统技术上已具备一定的创新实力。

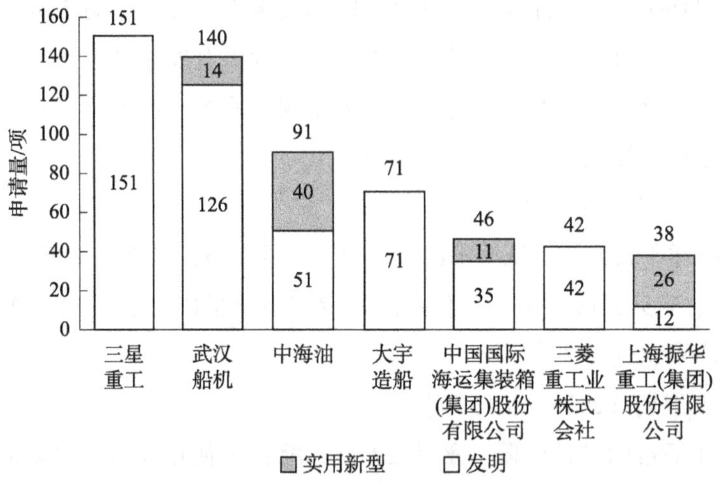


**图5　自升式海洋平台升降系统全球主要申请人申请量排名**

3. 全球专利布局分析

图6是自升式海洋平台升降系统专利申请受理量国家/组织分布。从统计结果可以看出，中国、日本、美国及韩国是申请人在全球战略布局中较为看重的区域，其中尤以中国最为突出，占比32.12%。而结合图7可以看出，申请人在中国的布局较晚，2007年才见起色，但中国的专利申请受理量增长是最迅速的，且越往后受理量越是明显高于其他国家。美国的专利申请受理量整体趋势变化不显著，但其是自升式海洋平台升降系统起步最早的国家，也是申请人在该领域布局最早的国家。另外，对比分析图4和图7，在自升式海洋平台升降技术的成长期、快速发展期及成熟期，美国的专利申请受理量均出现了一定程度的增长。而申请人在日本的布局主要集中在自升式海洋平台升降技术的成长期，在韩国的布局则晚些，集中于自升式海洋平台升降技术的快速发展期以及成熟期。

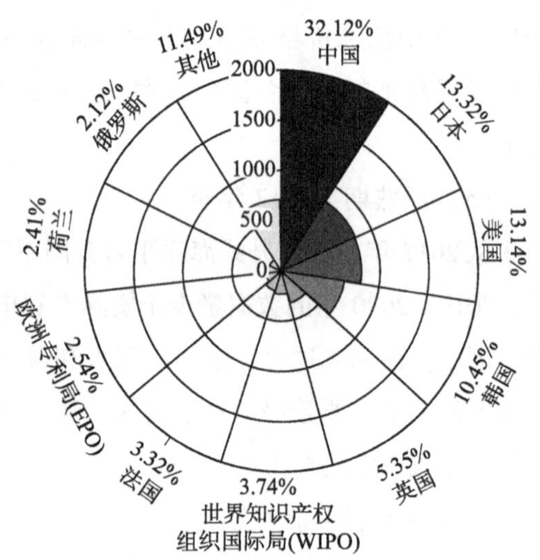


**图6　自升式海洋平台升降系统专利申请受理量国家/组织分布**

注：图中数字表示受理量，单位为件。

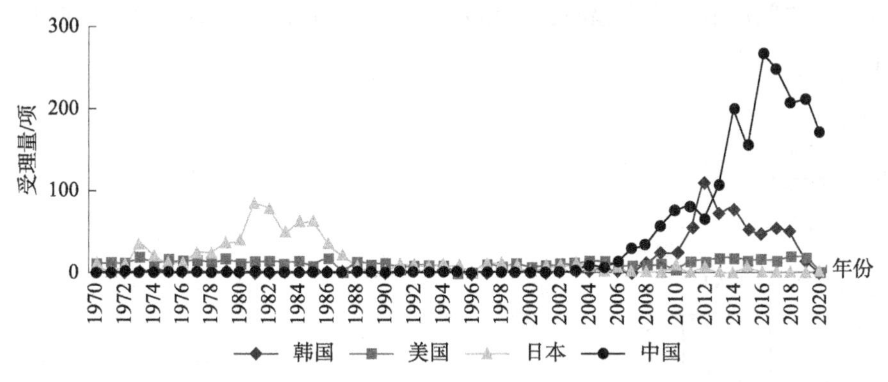


**图7　自升式海洋平台升降系统主要国家专利申请受理量趋势**

### （二）国内专利申请分析

1. 国内专利申请概况

图8是2000年以来国内关于自升式海洋平台升降系统的专利申请量趋势。可以看出，我国关于自升式海洋平台升降系统的研究起步较晚，但总体呈增长趋势。与全球专利申请量变化一样，受市场短暂低迷期的影响，2015年国内专利申请也出现了骤然的跌落，但很快在2016年达到了申请量的最高峰。且结合全球专利申请情况，可以看出，2014年开始，我国的专利申请量已超出全球申请量的一半，说明我国已明显成为主要的技术市场。

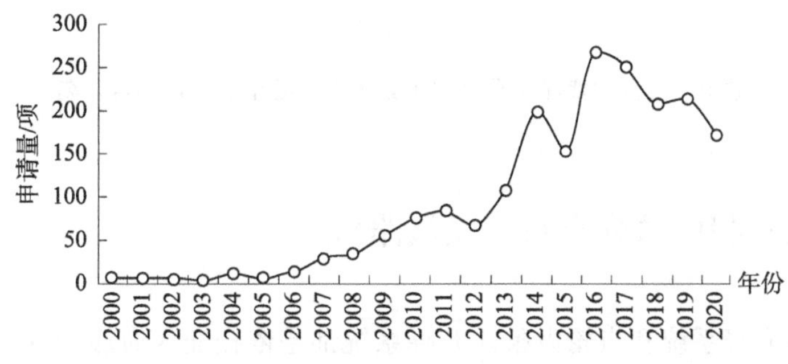


**图8　自升式海洋平台升降系统国内专利申请量趋势**

2. 国内专利申请人分析

图9是国内主要申请人申请量排名。可以看出，武汉船机作为中国船舶配套企业的旗舰，以140项的申请总量稳居首位，且其中实用新型占比仅为10%，可见该公司很注重对自升式海洋平台升降系统的实质性研发。排名第二的是我国最大的海上油气生产商中海油，总申请量为91项，实用新型占比接近一半。紧随其后的依次是烟台中集来福士海洋工程有限公司、中国国际海运集装箱（集团）股份有限公司、上海振华重工（集团）股份有限公司、海洋石油工程股份有限公司、中集海洋工程研究院有限公司、大连船舶重工集团有限公司、广东精铟海洋工程股份有限公司、中海油能源发展股份有限公

司。上述公司之间申请量依次递减，但相差并不大，与排名前两位的公司在申请量上存在一定的差距。

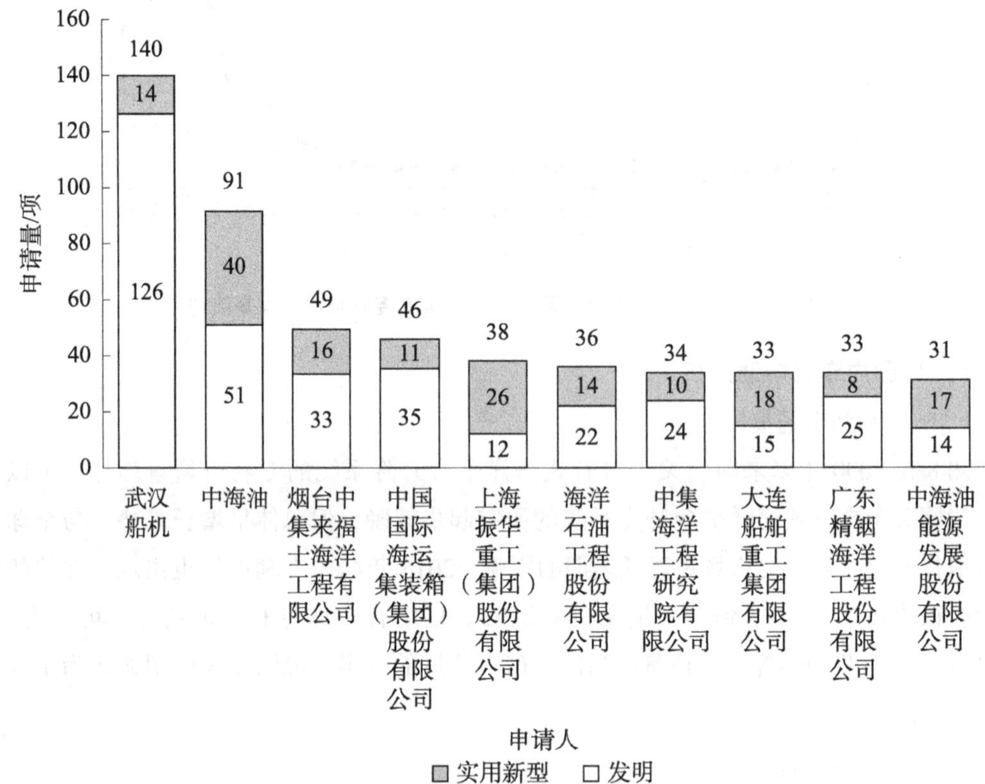


**图9　自升式海洋平台升降系统国内主要申请人申请量排名**

## 三、重点专利技术分支及其发展路线

插销式液压升降系统和齿轮齿条式升降系统都是依托插入海底的桩腿实现升降，桩腿承受平台重量及各种荷载，并将重量荷载传递到海底地基，是两种主流升降装置形式。在产业中，插销式液压升降系统和齿轮齿条式升降系统同样占据了绝大部分市场份额，因此本文选取上述两种升降系统形式，分析其技术发展路线。

### （一）插销式液压升降系统发展路线

插销式液压升降系统的桩腿多采用壳体式，为钢管结构，由于在桩腿上设孔，主要形式有方形封闭桩腿销孔（齿孔）式和圆柱形封闭桩腿销孔式。而在桩腿数量方面，从最初的十个[2]发展到现在的四桩腿、三桩腿，桩腿数量减少使得相应的升降装置数量减少，降低了造价，但是对升降装置的提升能力有了更高要求。插销式液压升降系统的升降装置主要由销子、销孔、固桩架和顶升液压缸（动力源）构成，其中固桩架和顶升液压缸是主要构件。由于插销式液压升降系统通过顶升液压缸升降工作是间断的，每次只能升降一个节距，升降速度较齿轮齿条式升降系统慢，对液压阀件要求高，但不需要复杂的变速机构，体积小，工作平稳。因此，插销式液压升降系统以提高举升速度和举升能力为目标进行。

图 10 是插销式液压升降系统技术发展路线，根据该分支的申请特点划分为 1990 年前、1990～2009 年、2010～2020 年三个时间段，梳理这三个时间段内插销式液压升降系统的重点专利申请情况。由于插销式液压升降系统的桩腿、桩靴结构简单且变化不多，因此未对其单独梳理。

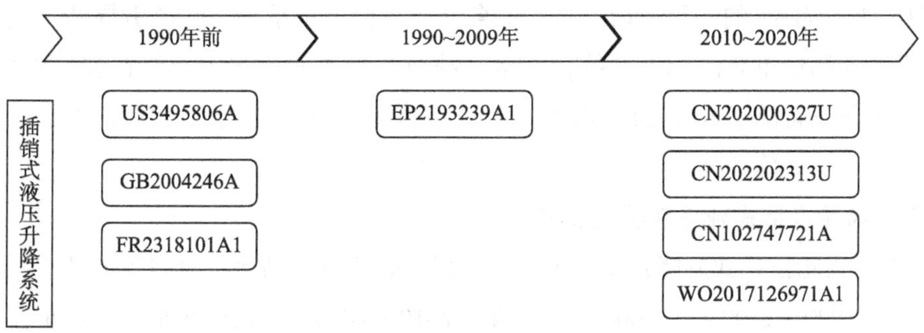


**图 10　插销式液压升降系统技术发展路线**

1990 年前欧美国家率先申请了插销式液压升降系统的相关专利。公开号为 US3495806A 的专利申请是插销式液压升降平台的雏形，其公开了利用液压千斤顶实现沿桩腿的爬升的装置。公开号为 GB2004246A 的专利申请公开了升降平台液压千斤顶的具体布置，通过设置围绕在桩腿周围的环梁，液压千斤顶与环梁相连，液压千斤顶顶升环梁实现平台升降。公开号为 FR2318101A1 的专利申请采用两个夹箱固定在桩腿上，每个夹箱拥有夹钳与桩腿锁定，夹钳释放力之后可以沿桩腿滑动，具体是通过机械装置可以使得两个夹箱沿桩腿滑动。

1990～2009 年插销式液压升降系统的发展缓慢，主要原因是插销式液压升降系统相对于齿轮驱动的升降系统效率低，且举升能力有限，一般适用于浅海区域，适用范围有限，因此申请量较少。公开号为 EP2193239A1 的专利申请公开了一种液压举升系统，包括桩腿和导引框架，腿具有纵向轴线并包括沿着腿的第一接合部件，导引框架至少包括四个致动器，致动器均具有液压缸，致动器相对于腿的纵向平面彼此相反地成对布置，且两对致动器的工作行程存在差异，桩腿横截面为正方形或八边形或其他不规则形状，桩底设置桩靴。该申请为典型的插销式液压升降系统结构形式。

2010～2020 年，中国专利申请量在该领域突飞猛进。公开号为 CN202000327U 的专利申请公开了连续步进式液压升降装置，包括用于与平台连接为一体的固桩筒，固桩筒内上、下对称设置有两套升降装置，连续步进式液压升降装备采用多级液压缸配合插销座、插销孔，多级交替作业连续步进，提升了升降效率。公开号为CN202202313U的专利申请公开了一种升降平台，其升桩机构包括上环梁、下环梁、升降油缸、将升桩机构连接于固桩架的平衡器、设置于上环梁的上环梁插销以及设置于下环梁的下环梁插销，桩脚设有若干对应升降油缸行程的插销孔，上/下环梁插销可相对上/下环梁伸出或收回，从而可以插入或拔出插销孔，使得传统的升降方式变得简单易操作，并且大大降低了升降系统的成本。公开号为CN102747721A的专利申请则公开了一种自升式海工平台桩腿液压传动控制单元，其包括液压传动模块、液压控制模块和电气控制模块三部分，调试简便，不需要在桩靴上布置压力传感器，避免了海水对传感器使用寿命的影响。公开号为WO2017126971A1的专利申请则公开了自升式平台测量系统、腿部引导件，包括至少一个水平载荷测量单元的测量系统，该水平载荷测量单元优选地布置在腿部引导件上，水平载荷测量设备测量或确定腿部的放置有该设备的位置上的水平载荷，这给出了比齿条相位差测量更准确的腿部弯曲力矩的指示。

**（二）齿轮齿条式升降系统发展路线**

图11是齿轮齿条式升降系统发展路线，根据时间发展顺序及时间段的特点，提取了1990年前、1990～1999年、2000～2009年、2010～2015年以及2016～2020年在升降及锁紧装置分支、桩腿桩靴分支下的重要申请。

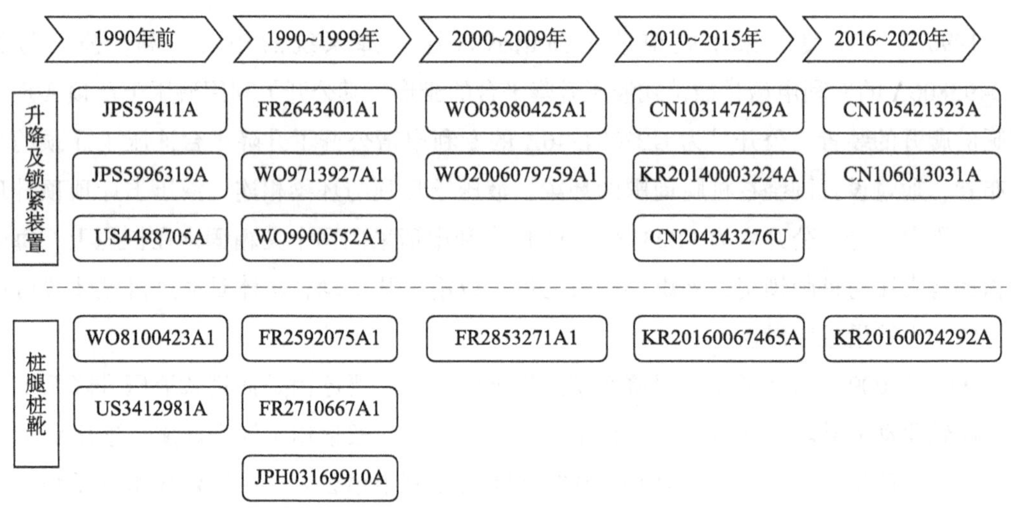


**图11 齿轮齿条式升降系统发展路线**

1. 升降及锁紧装置

升降装置为桩腿升降提供动力，其固定在固桩架上，控制桩腿上升和下降。齿轮齿条式升降系统通常采用电机或液压马达作为动力源，经齿轮减速机构带动小齿轮，小齿轮带动沿桩腿弦杆铺设的齿条，从而驱动桩腿升降。

1990年以前基本形成了自升式海洋平台升降系统的雏形，并初步开始应用于实际平台中。公开号为 JPS59411A 的专利申请公开了一种桩脚式自升钻井平台，采用竖杆和斜撑焊接形成桁架式桩腿，桩腿竖杆上设置齿条，采用驱动齿轮带动桩腿的升降。公开号为 JPS5996319A 的专利申请则公开了行星齿轮沿齿条升降的布置方式以及齿条的具体设置，提升了升降系统驱动能力。公开号为 US4488705A 和 JPS6160206A 的专利申请则公开了桩腿竖杆中弦杆的设置以及弦杆与钢筒的组合结构，该结构稳定性强，后续桁架式桩腿的结构大都采用上述结构。

1990～1999 年，技术进一步发展，公开号为 FR2643401A1 的专利申请公开了通过沿着齿条升降运动的三组行星齿轮，以及行星齿轮与齿条的协调工作，提升了工作性能。公开号为 WO9713927A1 的专利申请公开了齿条的锁紧固定装置，采用液压缸推动齿条块卡住齿条，形成锁紧固定，可以锁定桩腿的不同伸缩长度。公开号为 WO9900552A1 的专利申请公开了齿条的锁紧装置，采用一块锁紧块，锁紧块两端通过推杆同步推进锁紧块锁紧，锁紧块的卡齿与桩腿齿条匹配卡紧。

2000～2009 年，针对升降结构升降能力要求的提高，公开号为 WO03080425A1 的专利申请公开了四组行星齿轮驱动齿条以及液压推动锁紧机构，采用四桩腿三弦杆结构。公开号为 WO2006079759A1 的专利申请公开了一种操作升降结构的装置，采用两级差动减速器系统，其包括在两侧切出齿并夹在具有水平轴线的两个导向小齿轮之间的齿条，小齿轮位于同一水平面或基本同一水平面中并由相同的机动化系统以相反的方向驱动。

2010～2015 年，中国专利申请在该领域快速发展，公开号为 CN103147429A 的专利申请公开了桩腿沉入式平台的锁紧装置，包括桩箱，桩箱上设有支撑桩腿、升降系统，支撑桩腿与桩箱连接处还设有锁紧装置，锁紧装置通过调整液缸的第二腔室的无杆腔和有杆腔的油压，实现锁紧块上下位移的精确调整。公开号为 KR20140003224A 的专利申请公开了一种齿条升降装置，驱动机制为锥齿轮驱动螺纹杆进而带动平台升降。公开号为 CN204343276U 的专利申请公开了桩腿锁紧装置，通过动力装置驱动楔块在一个方向上运动，通过第一斜面与第二斜面的配合，使得锁紧齿条在两个方向上动作，在锁紧位置时通过两个方向上的锁紧力共同锁紧桩腿齿条，锁紧更加可靠，操作方便。

2016～2020 年，中国专利申请继续迅速增长。公开号为 CN105421323A 的专利申请公开了通过将各个时刻多个爬升小齿轮的相位角设置为各不相同，使得各个爬升小齿轮和齿条的瞬时重合度各不相同，不会存在各个爬升小齿轮同一时刻相位角相同的情况，提升了升降系统的承载能力。公开号为 CN106013031A 的专利申请公开了确定模块根据平台本体的重量确定电动机的目标输出转矩，通过控制模块调节电动机，使得电动机以实际输出转矩不小于目标输出转矩的方式工作，解决了现有海洋钻井平台用升降装置存在的电动机输出转矩过小而导致负载转移过小、容易出现解锁失败现象的问题。

而除了上述液压方式锁紧外，还出现了气压锁紧装置[3]，通过气泵产生的气体来推动环向阀，使气压缸运动，推动锁紧齿条与升降齿条相互啮合，达到整个桩腿锁紧的目的。

2. 桩腿桩靴

桩腿的结构形式主要有壳体式桩腿和桁架式桩腿两种。壳体式桩腿按截面有圆形和方形两种，桁架式按截面有三边形和四边形两种。壳体式桩腿结构简单、制造容易，相对于桁架式桩腿占船体面积小，但受风浪作用面积大，适用于水深 60 米以内的浅海域，而桁架式桩腿受风浪作用面积小，具有抗风浪能力强、重量轻、易于制造等优点，常用于水深 60 米以上的深海域。

1990 年前，公开号为 WO8100423A1 的专利申请最早公开了单支撑腿结构的海上平台，桩腿下设置重力式基础以提高桩的支撑稳定性。公开号为 US3412981A 的专利申请公开了一种四桩腿结构，桩腿与平台通过齿条实现升降。

1990 ~ 1999 年，公开号为 FR2592075A1 的专利申请公开了桁架式三桩腿结构，桩底设置有桩靴，桩腿下方前设置导向定位装置。公开号为 FR2710667A1 的专利申请公开了齿条结构，齿条与钢筒一体设置，齿条位于一块钢板两侧，外围与半圆筒焊接形成一体结构；该申请在多国布局，后续齿条弦杆大都采用类似设置。公开号为 JPH03169910A 的专利申请公开了桁架式桩腿下放时的缓冲和控制装置，可防倾覆。

1999 年之后的桩腿和桩靴结构未有大的变化，能够适应大多数的情形。桁架式桩腿主要由齿条和弦杆组成，并通过窗部连接成整条齿，齿条的刚度和强度主要靠弦杆来保持，因而弦杆需要具有极好的综合机械性能和尺寸稳定性，并和齿条良好地焊接。其中，公开号为 FR2853271A1 的专利申请公开了弦杆结构的加工装置。公开号为 KR20160067465A 的专利申请在桩腿锚固力提升方面做了改进。公开号为 KR20160024292A 的专利申请针对桩腿底部设置桩靴便于插入海底，插入前在桁架式结构面设置挂板将桁架式结构围合，以保护桩腿结构。

桩腿底部一般设置有桩靴，桩靴的常见结构为箱型，板料焊接成正八边形结构，桩靴中灌水以降低平台重心，可改善平台拖航时的稳定性；[4] 桩靴内设置排水系统，排水时可以对海底土进行喷冲，减少拔桩时的难度；[5] 在桩靴内部装有牺牲阳极，用来减少腐蚀、保护桩靴。[6]

## 四、重点申请人分析

### （一）三星重工业

三星重工是世界三大造船厂之一，属于韩国最大的集团——三星集团，且三星重工是三星集团核心子公司，主要业务涉及船舶、海上平台、船舶数字以及其他建筑和工程。

在海洋工程业务板块，三星重工主要承接建造固定式平台和高技术、高附加值的浮式海洋工程装备，包括钻井船、浮式生产储卸油装置（FPSO）/浮式储卸油装置（FSO）、浮式液化天然气生产储卸油装置（LNG－FPSO）等，其在钻井船和FPSO领域拥有业内最广泛的造船产品组合。三星重工是一家创新型企业集团，其年研发投入超过4000万美元。❶

图12为三星重工在自升式海洋平台升降系统领域的申请趋势，可以看出申请量主要集中在2011～2018年，2012年、2014年、2017年、2018年的申请量均在20项以上。

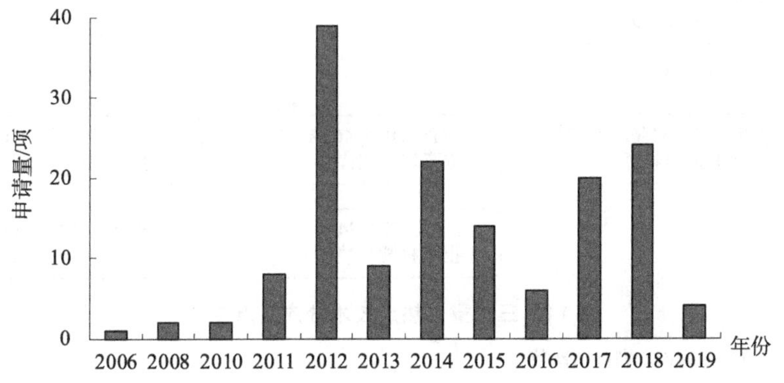


**图12　三星重工在自升式海洋平台升降系统领域申请趋势**

图13是三星重工在自升式海洋平台升降系统各技术分支下的布局特点，可见该公司申请的技术点主要集中在齿轮齿条和桩腿，在大部分年份中，这两个技术主题下的申请量超过了该年总申请量的50%，而齿轮齿条式升降系统往往需要齿轮和桩腿的相互配合，由此可见，齿轮齿条式自升式海洋平台为该公司主要的研发方向。

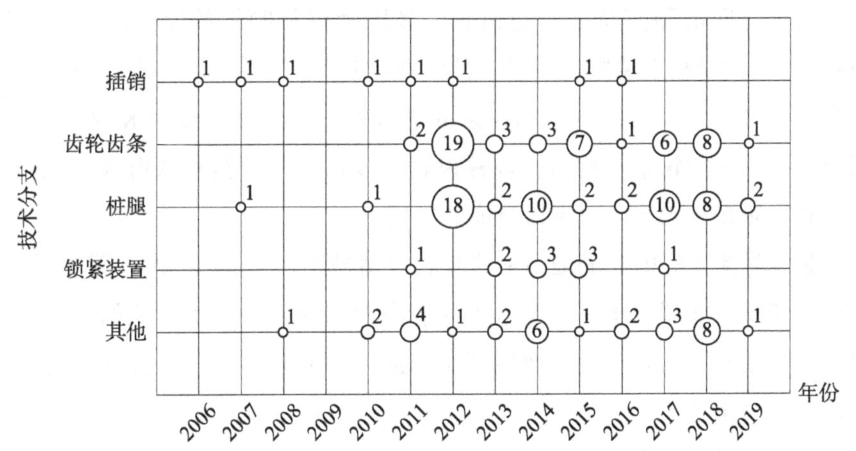


**图13　三星重工在自升式海洋平台升降系统领域各技术分支下的布局特点**

注：单个申请人在桩腿这一技术分支上的研发往往并不明显区分应用于齿轮齿条式升降系统或插销式液压升降系统，因此，本文在这类统计图表中将所有的桩腿研发改进专利申请合并统计。图中数字表示申请量，单位为项。

---

❶ 根据三星重工2019年年报，其2019年研发投入为499.19亿韩元，2018年研发投入为485.67亿韩元。

进一步梳理齿轮齿条和桩腿热点技术主题下的专利文献，选取被引次数较多和法律状态为有效的专利，得到图 14。

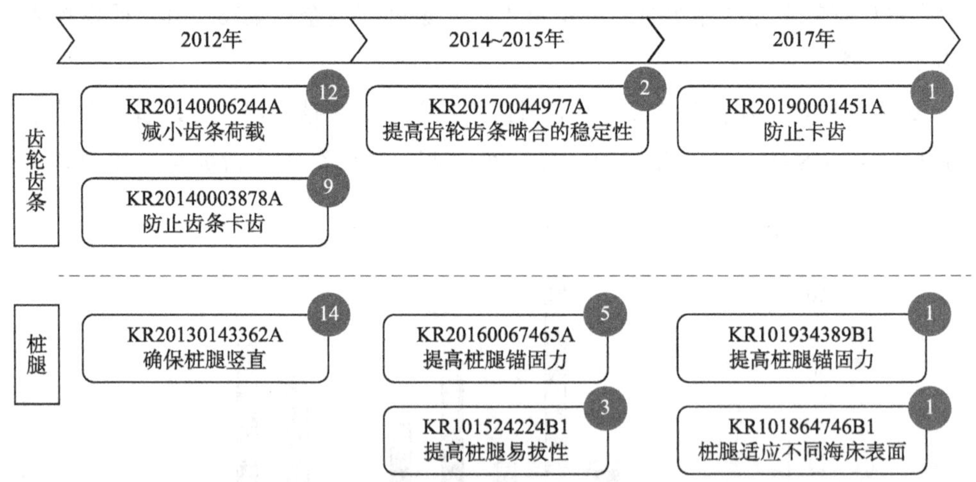


**图 14　三星重工热点技术分支重点专利**

注：方框右上角数字为该专利被引次数。

对于齿轮齿条技术点的改进，公开号为 KR20140006244A 的专利申请公开了一种齿轮齿条式自升式海洋平台，该平台的齿轮结构可以在水平方向上移动，从而能够分散集中在腿的齿条上的载荷并调节与腿的间隙，进而可以矫正桩腿的位置。公开号为 KR20140003878A 的专利申请公开了一种倾斜桩腿的齿轮齿条式自升式海洋平台，倾斜桩腿的构造使得海洋平台更加稳固，能够在更深的海洋环境中作业，该方案中利用千斤顶控制齿轮与齿条之间的距离从而避免齿轮齿条因为桩腿倾斜的原因而卡齿。公开号为 KR20170044977A 的专利申请则公开了一种单桩腿上设置三根齿条的技术方案，通过桩腿和齿条的合理布局，可以提高齿轮和齿条的啮合稳定性。公开号为 KR20190001451A 的专利申请公开了一种齿轮结构构造，该种齿轮可以在桩腿倾斜时从齿条上脱离，可防止倾斜的齿条和齿轮在相对运动时卡齿造成的倾覆。

另外，公开号为 KR20140006244A 的专利申请被引次数达 12 次，图 15 给出该项专利申请的被引情况。如图所示，三星重工在该项专利周围布局了 8 项相关专利，可见该项技术对三星重工而言具有十分重要的意义，此外，另有以现代工程钢结构有限公司为代表的其他公司引用了该专利。

对于桩腿技术点的改进，公开号为 KR20130143362A 的专利申请公开了一种浮动自升式风机平台，该种平台采用齿轮齿条式升降系统，该系统中设置有用于监测桩腿斜率的传感器和用于纠偏的竖直保持部，当桩腿在外界作用力下斜率超过了一定的范围时，则竖直保持部可施力纠偏。公开号为 KR20160067465A 的专利申请在桩腿底部设置液压驱动的可伸缩桩靴，在桩腿沉底后伸出桩靴将桩腿锚固。公开号为 KR101524224B1 的专

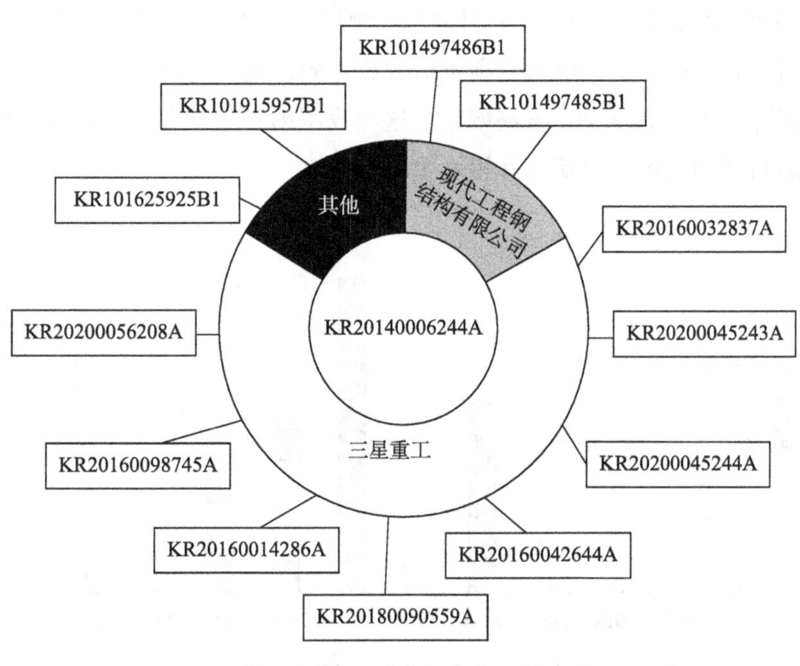


**图15　KR20140006244A 被引关系**

利申请在桩靴底部设置引导槽，引导槽用于引导在自升式海洋平台的运动期间产生的海水的流动以形成涡流，从而冲洗桩靴顶部的淤泥，减少桩腿的提升阻力。公开号为KR101934389B1 的专利申请进一步改进了桩靴，其扩大了桩靴的面积以提高整体稳定性，同时在桩靴的外围设置钉耙提高锚固力，桩靴的体积增大从而可以设置压载舱，提高桩靴的重力从而降低整个桩靴的重心，进一步地，桩靴的中心部是机械伸出式的，可以在沉底后更深入底层。公开号为 KR101864746B1 的专利申请公开了一种自升式海洋平台的桩靴结构，在该种桩靴的底部外围具备可伸出的裙板结构，在桩靴内设有吸泥泵，上述构造可以使得桩靴适应不同形态的海床表面，防止桩腿倾斜导致的平台倾覆。

**（二）武汉船机**

武汉船机始建于 1958 年，隶属于中国船舶集团有限公司，注册资本 30 亿元。武汉船机集大型、成套、非标装备研制、生产、销售和服务于一体，为国家高新技术企业，建有国家级企业技术中心，具有先进的装备制造能力。

海工装备模块化配套和系统集成是武汉船机的重要业务板块，平台升降系统是其中重要的产品系列。2014 年 5 月，武汉船机为 300 英尺自升式海洋钻进平台研制的核心设备、我国首套具有自主知识产权的电动齿轮齿条升降系统和锁紧装置通过科学技术部验收。此次研制的电动齿轮齿条升降系统采用变频电机驱动，锁紧装置采用液压驱动锁紧方式，完成平台与桩腿间力的传递。

图 16 为武汉船机自升式海洋平台升降系统领域申请趋势，其中 2014 年为第一个申请高峰，2016 年武汉船机在该领域的专利申请数量达到极值，此后逐年下降，可见 2014 ~ 2019 年为武汉船机在该领域的研发高峰期，这与我国第一座具有自主知识产权的齿轮齿条式自升式海洋平台的诞生时期具有相关性。

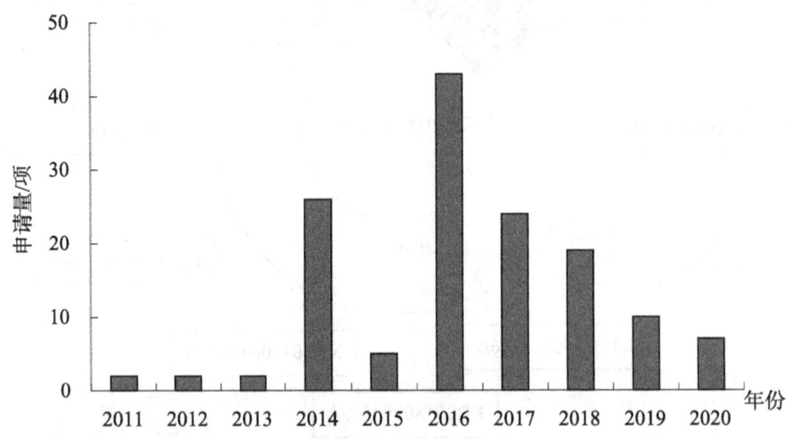


**图 16　武汉船机自升式海洋平台升降系统领域申请趋势**

图 17 为武汉船机在自升式海洋平台升降系统领域各技术分支下的布局特点，可见，武汉船机在插销式液压升降系统和齿轮齿条式升降系统两个技术方向均有布局，特别是在插销式液压升降系统方向，武汉船机申请了较多的专利。另外，2016 年之后，武汉船机的专利申请数量开始下降，但桩腿这一技术方向的年申请量在 2018 年达到了历史高位。

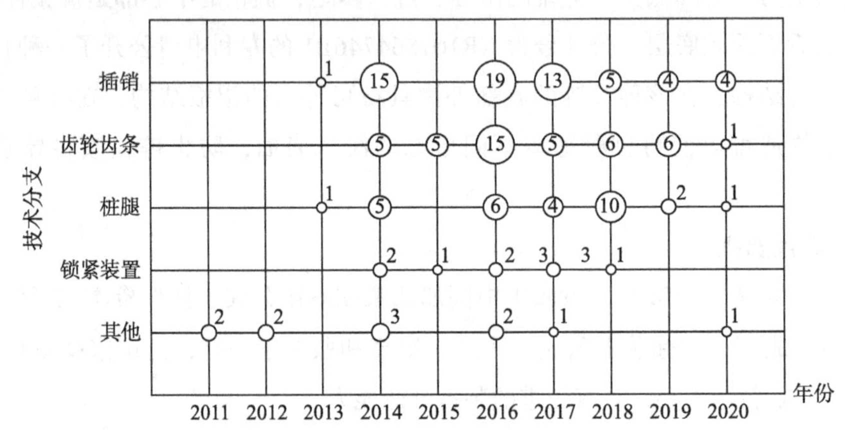


**图 17　武汉船机在自升式海洋平台升降系统各技术分支下的布局特点**

注：图中数字表示申请量，单位为项。

进一步梳理桩腿、齿轮齿条和插销技术主题下的专利文献，选取被引次数较多和法律状态为有效的专利，得到图 18。

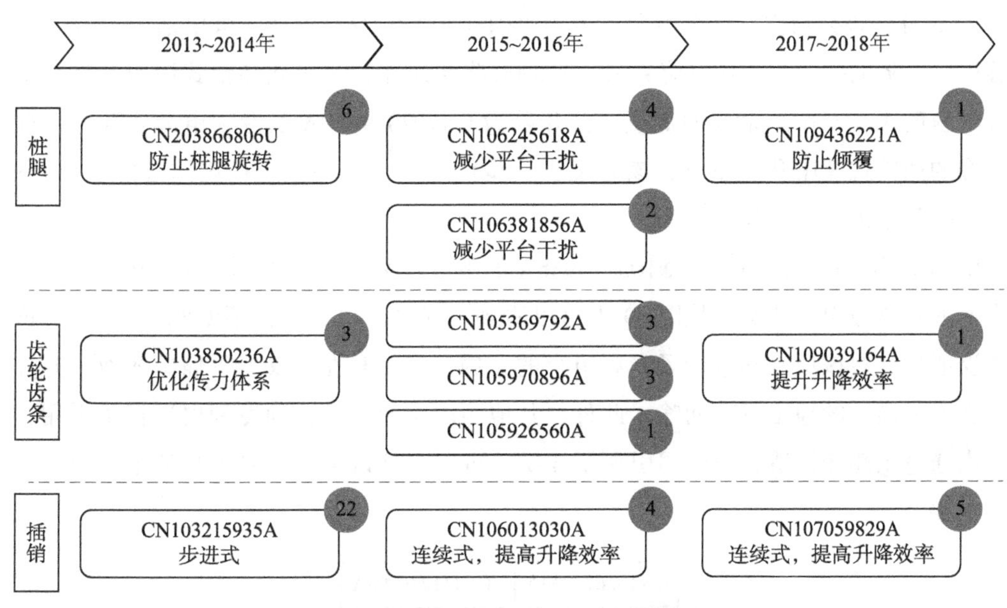


**图 18　武汉船机热点技术分支重点专利**

注：方框右上角数字为该专利被引次数。

在桩腿这一技术分支，公开号为 CN203866806U 的专利申请公开了一种防止桩腿在升降过程中旋转的技术方案，该方案通过在桩腿上设置凸台，并在固桩架上对应凸台安装挡块，使得该挡块能够夹住桩腿上的凸台，桩腿能够沿着挡块进行升降运动，防止桩腿因受外界的影响而发生旋转。公开号为 CN106245618A 的专利申请公开了一种多级桩腿的技术方案，通过将第 $i+1$ 桩腿单元滑动插装在第 $i$ 桩腿单元上实现桩腿的伸缩，降低了桩腿升起后在平台上的高度。公开号为 CN106381856A 的专利申请公开了一种可拆卸桩腿，同样可降低桩腿升起后在平台上的高度。公开号为 CN109436221A 的专利申请采用了倾斜桩腿设计，提高了平台的稳定性。

在齿轮齿条技术分支上，2014 年武汉船机申请了其齿轮齿条式自升海洋平台升降系统的核心专利 CN103850236A，该种齿轮齿条式升降系统优化了升降齿轮上力的传导，将爬升小齿轮的齿轮轴的一端穿过安装架与前法兰可转动连接，另一端穿过安装架并与后法兰可转动连接，从而在爬升小齿轮转动过程中，受到的力通过前法兰和后法兰传递到安装架的传力机构上。武汉船机又于 2015 年、2016 年申请了公开号为 CN105369792A、CN105970896A、CN105926560A 的专利，对该升降系统中的减速机、制动器和升降系统的布置做了进一步的保护。2016 年后，武汉船机在该技术分支上偏向于对控制方法的研究，如公开号为 CN109039164A 的专利申请公开了一种齿轮齿条式升降系统的控制方法。

在插销技术分支上，2013 年武汉船机申请了公开号为 CN103215935A 的步进式插销式液压升降系统，该专利申请为武汉船机第一件关于插销式液压升降系统的专利申请。

2016年5月，该公司提交了公开号为CN106013030A的专利申请，该申请中公开了一种能够连续升降的插销式液压升降系统，这种升降系统相比步进式插销式液压升降系统具备升降速度快、工作效率高的优点。公开号为CN107059829A的专利申请公开了一种连续升降的插销式液压升降系统，该方案进一步优化了上下环梁上插销油缸的工作顺序，使得升降效率进一步提高。

由图18可知，公开号为CN103215935A的申请被引次数达22次，图19给出该项专利申请的具体被引用情况。从图19中可以看到，武汉船机自引该项专利达12次，这表明武汉船机针对该项专利进行了专利组合的布局，该专利在武汉船机插销式液压升降装置一技术方向上的地位不言而喻。此外，其他国内企业对于该项专利也进行了引用，其中，南通港闸船舶制造有限公司引用了4次，可以看到该项专利对于其他企业而言同样非常重要。

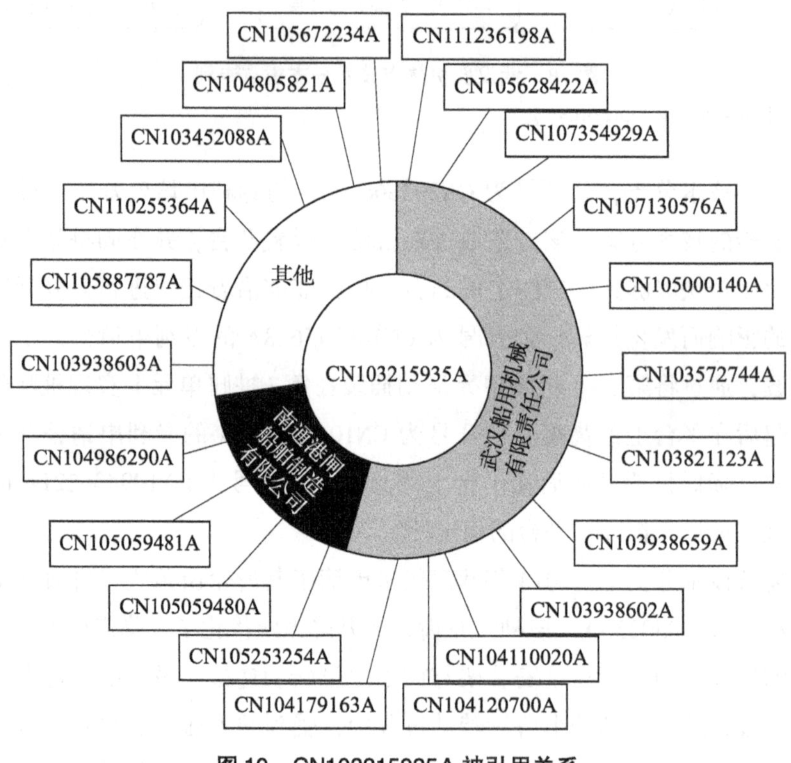


图19 CN103215935A被引用关系

**（三）中海油**

中海油是中国最大的海上油气生产商，成立于1982年。自成立以来，中海油保持了良好的发展态势，由一家单纯从事油气开采的上游公司，发展成为主业突出、产业链完整的综合型能源公司。

中海油旗下中海油田服务股份有限公司是中国海上钻井服务的主要供应商，也是国际钻井服务的重要参与者，其运营和管理24艘钻井船，其中21艘为自升式钻井船。

中海油研究总院有限责任公司是中海油旗下最大的综合性大型科研机构，多次承担关于各类型海洋平台的国家863计划、973项目。

图20为中海油自升式海洋平台升降系统领域申请趋势，其中该公司申请主要集中在2010～2017年，2010年为第一个申请高峰，2014年专利申请数量达到极值，此后逐年下降。

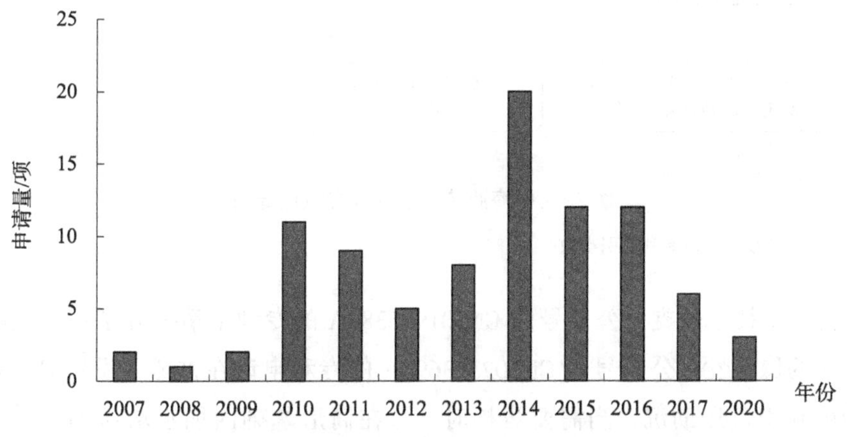


**图20　中海油自升式海洋平台升降系统领域申请趋势**

图21为中海油在自升式海洋平台升降系统领域各技术分支的布局特点，可见，对于桩腿的改进为该公司主要的研究方向，这与其作为国内重要的海上平台运营商有关，另外，其在插销方向也有相对较多的专利申请，而在齿轮齿条方向的专利申请量较小，且均在2014年以前。

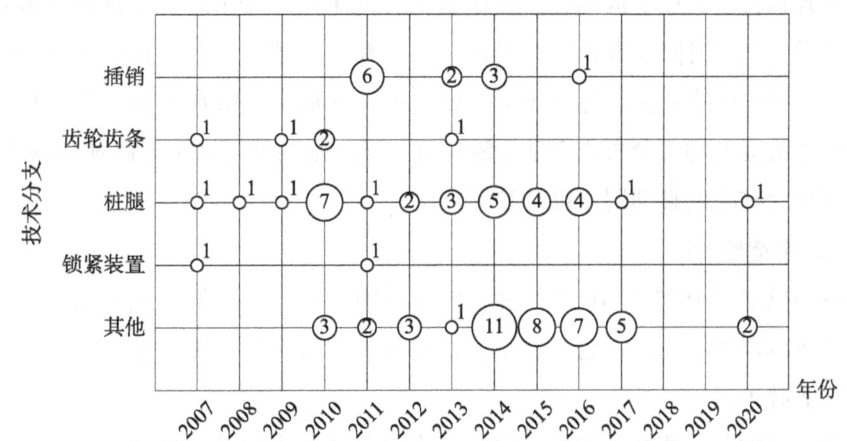


**图21　中海油在自升式海洋平台升降系统领域各技术分支下的布局特点**

注：图中数字表示申请量，单位为项。

进一步梳理桩腿、插销式技术主题下的专利文献，选取被引次数较多和法律状态为有效的专利，得到图22。

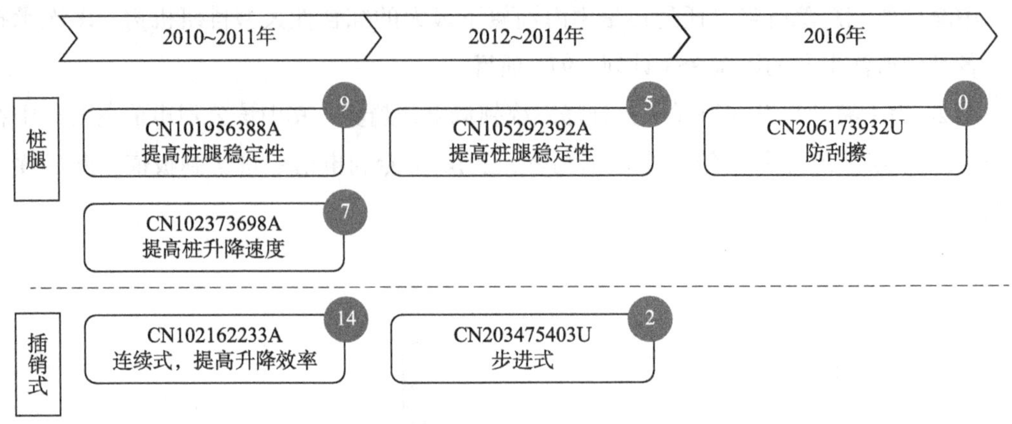


**图22　中海油热点技术分支重点专利**

注：方框右上角数字为该专利被引次数。

在桩腿这一技术分支，公开号为 CN101956388A 的专利申请公开了一种桩腿的卡箍以提高桩腿的稳定性。公开号为 CN102373698A 的专利申请在桩腿下设置筒形基础，该筒形基础可利用负压助沉，当需要拔桩时，可在筒形基础内加水增压助拔。公开号为 CN105292392A 的专利申请则在桩腿下设置一种仿锥型桩靴，该种桩靴能够提供较强的稳定性。公开号为 CN206173932U 的专利申请公开了一种桩腿，其具备防刮擦装置，有效地提高了桩腿结构表面涂层及钢材的相对完好性。

在插销式液压升降系统这一技术分支，2011 年中海油申请了公开号为 CN102162233A 的插销式液压升降系统，这是一种连续式液压升降系统，其有两套升降装置，工作时，下部升降装置执行举升或下放动作，使平台上升或下降一个节距，上部升降装置执行回程动作，然后，上部升降装置执行举升或下放动作，下部升降装置执行回程动作。公开号为 CN203475403U 的专利申请公开了一种步进式的插销式液压升降装置，该方案中液压系统在每个桩腿上均匀分布四个独立液压缸，液压缸的液压油由多路换向阀统一分配，实现了所有平台桩腿的自动同步提升和下降。

### （四）大宇造船

大宇造船成立于 1973 年 10 月，总部位于韩国首尔，现已发展成为全球第二大造船公司，建造各种船舶、离岸平台、钻机、浮油生产装置及海洋军事装备，具备先进的信息技术和造船技术。

经过近十年的业务调整和发展，海洋工程已经成为大宇造船的主要业务之一。大宇造船是半潜式钻井平台的主要建造商，同时也是仅次于三星重工的钻井船制造企业。在自升式海洋平台领域，大宇造船具有相当深的技术储备，其曾经在 1983 年以前在自升式海洋平台领域具备一定的市场份额，后被新加坡船厂超越。2013 年开始，大宇造船进军高规格重型自升式钻井平台业务，并已取得市场认可。

图 23 为大宇造船自升式海洋平台升降系统领域的申请趋势，其中申请量主要集中在 2009～2019 年，特别是在 2009～2016 年这段时间范围内，其中 2014 年达到峰值 18 项，2016 年后申请量明显下降。这一申请趋势与其重新进军自升式钻井平台市场的活动完全契合。

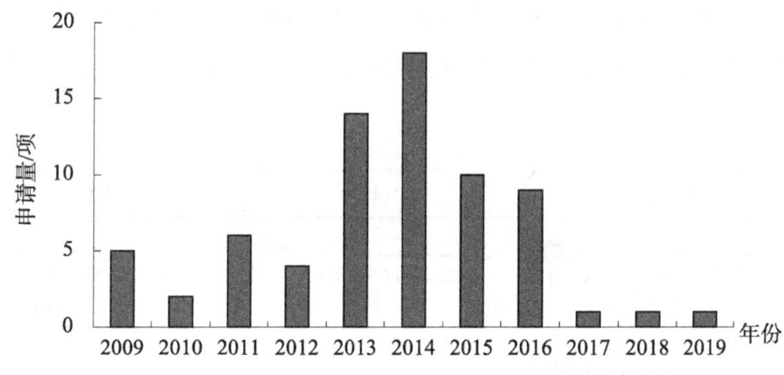


**图 23　大宇造船自升式海洋平台升降系统领域申请趋势**

图 24 是大宇造船自升式海洋平台升降系统领域各技术分支下的布局特点，可见该公司申请的技术点主要集中在桩腿这一技术方向上，而没有明显表现出在齿轮齿条式或者插销式液压升降系统技术方向的布局，特别是在插销式液压升降系统上的申请量较少。这与上文阐述的大宇造船在海洋平台领域主要的研发方向是半潜式海洋平台这一特点相吻合。

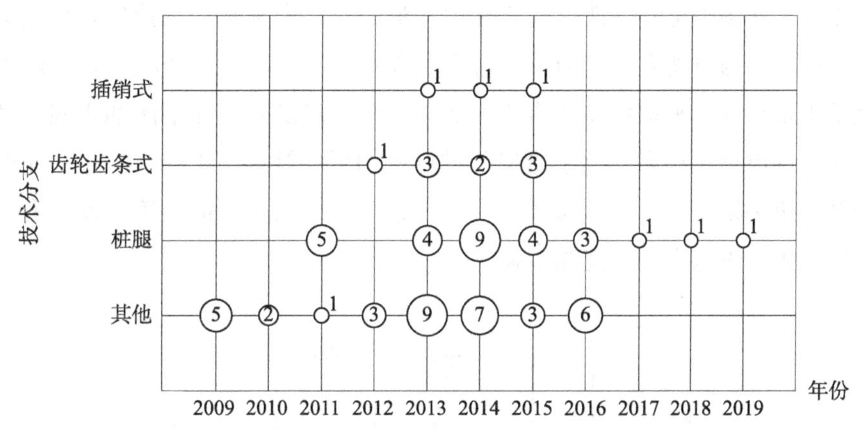


**图 24　大宇造船自升式海洋平台升降系统领域各技术分支下的布局特点**

注：图中数字表示申请量，单位为项。

进一步梳理申请量较多的桩腿技术主题下的专利文献，选取被引次数较多和法律状态为有效的专利，得到图 25。

公开号为 KR20130061451A 的专利申请公开了一种自升式风机安装船，其在支撑腿内设置有多个喷射单元，用于通过向海底方向喷射来自支撑腿的液体来去除施加到支撑腿上的负载；以及清洁单元，其连接到喷射单元上，以通过泵送液体清洁喷射通道；通过上述设置使得伸入海床的桩腿能够顺利拔出。公开号为 KR20120139931A 的专利申请公开了一种可更换桩靴的桩腿结构，并具体公开了一种通过调整平台中心提升单个桩腿进行桩靴更换的方法。公开号为 KR20160035816A 的专利申请公开了一种特殊造型的桩靴，该桩靴通过设置活动的楔形单元，在海床出现不均匀沉降时伸出楔形单元以防止上部结构倾斜或平台整体倾覆。公开号为 KR20170142026A 的专利申请同样公开了一种减少自升式海洋平台桩腿荷载的装置，其通过空气压缩装置喷射高压空气以除去附着在桩腿上的淤泥。

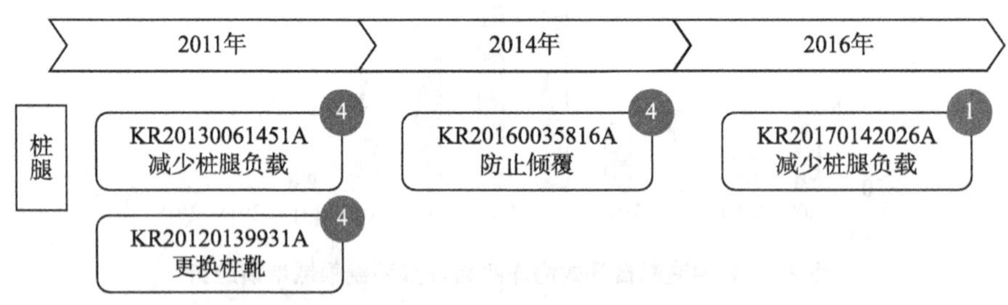


**图 25　大宇造船热点技术分支重点专利**

注：方框右上角数字为该专利被引次数。

### （五）国内外申请人对比

图 26 展示了三星重工、武汉船机、中海油和大宇造船四个重点申请人的重点专利的平均维持年限。从图中可知，武汉船机和中海油的重点专利平均维持年限分别为 5.4 年和 4.8 年，可见国内申请人均较为重视对重点专利的维持和知识产权保护。国外申请人中，三星重工重点专利平均维持年限为 5.2 年，介于武汉船机和中海油之间，其专利维持的水平与国内申请人相当；大宇造船的重点专利平均维持年限为 3.3 年，而韩国知识产权局公开的第一期专利年费缴费数据为三年期，因此大宇造船在第一期专利年费到期后，继续缴费维持重点专利的意愿不强。

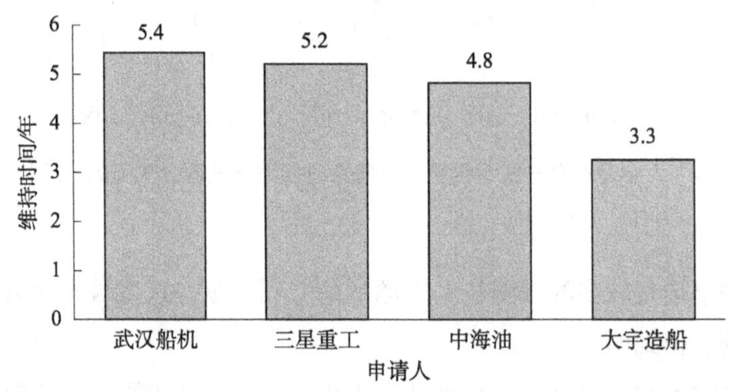


**图 26　自升式海洋平台升降系统领域重点申请人重点专利平均维持年限**

图 27 给出了上述重点申请人在桩腿、齿轮齿条式和插销式三个技术方向上的专利申

请情况。从图中可以看出，随着近年国内自升式海洋平台升降系统技术的发展，武汉船机在插销式液液压升降系统方向着重投入研发力量，在专利数量方面具有明显的优势。在齿轮齿条式升降系统方向，国内申请人（武汉船机和中海油）与国外申请人（三星重工和大宇造船）在申请量上大致相当。在桩腿方向，国外申请人申请量略高于国内申请人。产生上述情况的原因与升降系统技术特点有关。插销式液压升降系统不需要复杂的变速机构，体积小，控制比较灵活，但不能连续升降，速度较慢，操作麻烦，适合水深小于 60 米的浅海海域。齿轮齿条式升降系统具有运动连续、平稳、速度快、操作灵活及适合深海海域的优点。该项技术长期被国外所垄断，由于国外设备高昂的价格及不便的售后服务，迫使国内公司投入更多的资金和人力研发齿轮齿条式升降系统，直到 2014 年才由武汉船机设计制造完成第一艘具有完全自主知识产权的齿轮齿条式海洋平台。

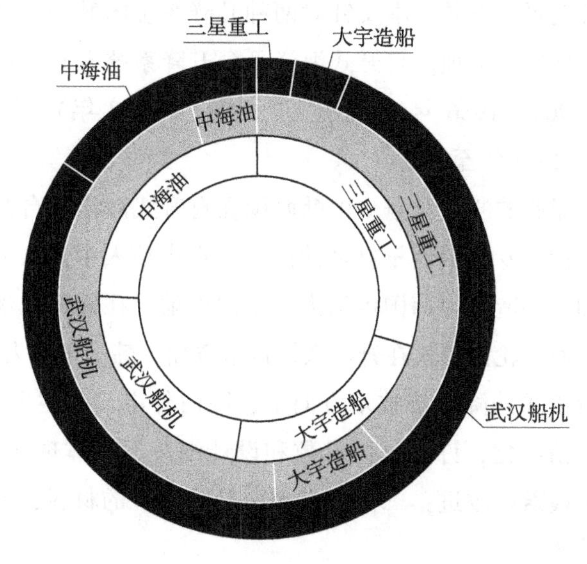


**图 27　重点申请人在热点技术分支下的专利申请情况**

对比分析上述重点申请人在各技术分支的专利申请情况可知，国外重点申请人的研发活跃期在 2014 年以前，而国内重点申请人的研发活跃期集中在 2014 年以后，国内重点申请人起步晚于国外重点申请人，但后发增量明显，并渐有赶超的迹象。这和国内这一领域申请人的特点有关；武汉船机隶属的中国船舶集团有限公司和中海油均为我国大型央企，由于海上平台造价非常高，个人根本无法独立完成研发和生产，而上述申请人拥有一定的科研实力和丰厚的资本，随着国家对能源战略的重视，上述企业对自升式海洋平台升降系统的研发取得了一定突破。

对比分析各申请人重点专利可知，国内申请人在插销式液压升降系统上已积累了一定的技术优势，近年来开发出多型连续式插销式液压升降系统，在升降速度上做持续的改进。而在齿轮齿条式升降系统方面，国内申请人虽然取得突破并持续追赶，但在高性能齿轮齿条式升降系统上仍然存在一定的差距。这里的差距来自两个方面：一方面是机械结构的设计，国外申请人具备先发优势，其研发重点更加深入，特别关注齿轮齿条间的荷载作用，而国内申请人则仍在突破功能性相关的技术点；另一方面则是材料的差距。由于自升式海洋平台为大型海工装备，在举升和下降过程中荷载强度大，高性能的升降系统需要具有高强度、耐腐蚀等优异性能的材料作为支撑。

## 五、总结

自升式海洋平台的两种主流升降系统：插销式液压升降系统和齿轮齿条式升降系统，都是通过桩腿实现爬升，但这两种升降系统适用条件不同、升降原理不同、动力不同、升降方式不同、对桩腿要求不同。本文针对两种升降系统的升降原理进行阐述并对其各自主要组成部件的发展进行梳理。自升式海洋平台升降系统专利申请分为萌芽期（1965年之前）、成长期（1965~1986年）、稳定期（1987~2008年）、快速发展期（2009~2016年）和成熟期（2017年至今）。

随着中韩两国造船业的激烈竞争，中韩两国在自升式海洋平台升降系统领域逐渐成为技术研发的主导力量。专利申请量排名前四的重点申请人中武汉船机、中海油为中国申请人，三星重工和大宇造船为韩国申请人，中国申请人在插销式液压升降系统技术方向中占有明显优势，而齿轮齿条式在升降系统技术方面，韩国申请人仍然占重要地位。

在高性能齿轮齿条式升降系统技术方向上，国内外申请的主要差距在于两个方面，一是系统机械设计的精细化，许多具体参数和设计细节不会体现在公开的技术资料中，需要申请人在实际中摸索和改进；二是支撑平台升降系统的材料，高性能材料是高性能的升降系统不可或缺的。

**参考文献**

[1] 彭鼎，张乐. 海上自升式平台电动升降装置的研究［J］. 中国海洋平台，2007，22（2）：44-47.

[2] 陈宏，李春祥. 自升式钻井平台的发展综述［J］. 中国海洋平台，2007，22（6）：1-6.

[3] 马爱军，周金鑫，唐文献，等. 深水自升式钻井平台升降控制系统设计［J］. 机械设计与制造工程，2013，42（8）：60-63.

[4] 潘斌，高捷，张剑波. 自升式平台实际操作中的稳性问题［J］. 中国海上油气（工程），1997，9（1）：11-14.

[5] 任宪刚，李春第，杨红敏. 海洋自升式钻井平台桩靴研究［J］. 石油矿场机械，2009，38（12）：18-22.

[6] 汪张棠，赵文峰，薛颖. "中油海62"修井作业平台升降系统设计［J］. 船舶，2008（5）：53-57.

HANGKONG HANGTIAN
ZHUANGBEI

# 航空航天装备

# 飞机发动机短舱专利技术综述

肖雪飞❶ 温美仪❷ 陈艳❸ 朱钰荣❹ 黄晶华❺ 黄瑶瑶❻

**摘 要** 发动机短舱是飞机上容置发动机的舱室，为发动机提供安装平台及必要的防护和保障条件，并将发动机的动力转换为飞机的推力，实现空中推进和转向等操作。本文以国内外专利申请为基础，统计和分析发动机短舱的专利申请趋势、来源国家/地区分布、重要申请人等，梳理解决发动机短舱热防护和降噪的关键技术问题的专利技术发展路线，为国内创新主体提高研发起点、制定研发思路提供参考。

**关键词** 发动机短舱 热防护 降噪

## 一、概述

### （一）研究背景

众所周知，发动机是飞机的心脏，而发动机短舱则是发动机的保护罩，是飞机上安放发动机的舱室，也是飞机飞行的关键技术之一，它的设计制造关系到飞机性能、操作安全、系统可靠性、重量、成本等关键方面，属于被国外垄断的“卡脖子”技术之一。《科技日报》2018 年总结了 35 项“卡脖子”技术，其中就包括航空发动机短舱。[1]

如图 1－1 所示，发动机短舱主要由发动机进气道、整流罩、内部固定装置、反推装置和尾喷口等组成。发动机短舱将发动机包覆在内部，为发动机提供安装平台及必要的防护。飞机与发动机短舱在发动机的后上方连接，发动机短舱需保障发动机在各种使用环境和飞行状态下均能正常工作，并将发动机的推力转换为飞机的动力，实现空中的推进和转向等操作。发动机短舱是一套极为复杂的集成系统，要能够在高温、高速、高压等极端条件限制的基础上，实现降低发动机噪声（内部垫片）、除冰防火防雷击、稳固支撑（机翼与发动机连接吊架载荷）、滑行减速（反推力装置）以及美化飞机等多项功能。

---

❶❷❸❹❺❻ 作者单位：国家知识产权局专利局专利审查协作广东中心，其中温美仪、陈艳、黄瑶瑶等同于第一作者。

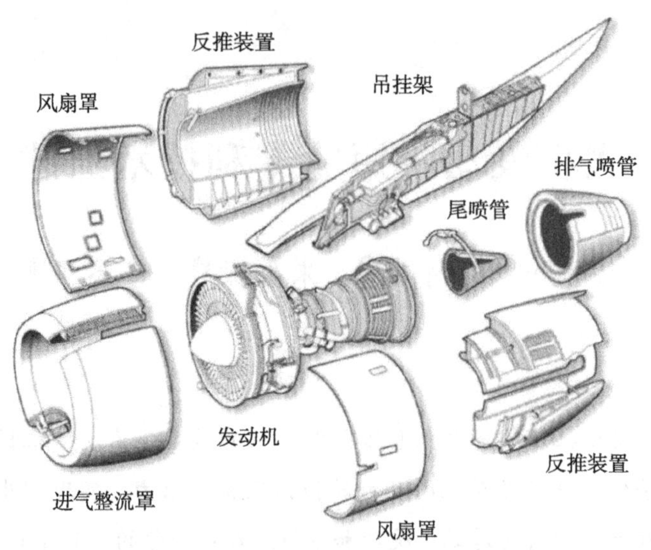


**图1－1　发动机短舱的主要部件**

目前，我国这一重要领域尚属空白，国内还没有专门自主研发发动机短舱的机构，而相关的院校也没有推出类似的学科。拥有自主知识产权的国产大飞机C919，其配套的CJ－1000A发动机是我国第一个具有完全自主知识产权、严格按照民航适航要求研制的大涵道比涡扇发动机，其总体性能瞄准当前国际上最先进的LEAP发动机。但CJ－1000A发动机仍是只有热力部件的“裸机”，缺少一个适配的发动机短舱。[2]当前，建立完全自主可控的发动机短舱设计研发制造能力是解决发动机短舱“卡脖子”问题的迫切要求。

**（二）研究内容**

发动机短舱是一套极为复杂的集成系统，从开发到生产和供应都需要长时间的积累，就技术层面上来说，主要存在以下关键技术：调节内外温差、防火、降噪、防雷击、减速刹车、除冰和强度与性能的协调等，其中首先要解决“热防护”的安全问题。发动机作为热机械装置，其产生的大量的热以热辐射、对流方式传递给发动机附件及其舱内的飞机附件，造成舱内的热环境；如果舱内环境温度较高，会导致附件损坏或异常，因此需要设置一定的装置调节内外温差。发动机短舱作为动力装置火区的外部边界，必须起到对火焰的隔离和包容作用，以免火焰窜出发动机短舱蔓延至机翼油箱等重要部位，对飞行安全造成威胁。随着乘客对民用飞机舒适性需求的不断提高，乘机的舒适性已成为现代民航业在经济上成功的必要条件，适航当局也对飞机的噪声控制提出了越来越严格的要求。发动机短舱噪声是飞机噪声的重要来源，其涉及的学科众多、问题复杂、处理难度很大，一直备受关注。[3]

本文以国内外专利申请为基础，统计和分析发动机短舱技术的专利申请趋势、来源国家/地区分布、重要申请人等。作为“卡脖子”技术的发动机短舱技术是在关键技术上“卡脖子”。本文通过分解发动机短舱的关键技术构成，从中选取“热防护”“降噪”两项关键技术，从专利的角度通过专利信息挖掘分析国内外相关重点专利，整理和研究发动机短舱的关键核心技术手段以及发展脉络，为国内发动机短舱技术的突破提供参考，助力国内研究资源高效利用，将科研成果转换成生产力。

**（三）研究方法**

本文的专利文献数据主要来源于国家知识产权局专利局的专利检索与服务系统（S系统）中的中国专利文摘数据库（CNABS）和德温特世界专利索引数据库（DWPI），检索文献的公开日截止日期为2020年12月31日。由于本文述及的发动机短舱针对的是大型固定翼飞机，因此涉及旋翼飞行器、无人机、无人飞行器、直升机上的发动机短舱的少量文献需要剔除。在检索中发现，有的申请人名称不一致，但实质上是同一家公司，因此在统计数据时将其归类统一。经检索，涉及大型固定翼飞机发动机短舱（以下简称“发动机短舱”）的中文文献有974篇、全球文献有3206篇。

## 二、专利申请概况

### （一）全球专利申请状况分析

1. 专利申请量的变化趋势

图2－1给出了涉及发动机短舱的全球专利申请量趋势，其发展过程大体可分为三个阶段，即缓慢发展期（1917～1966年）、平稳发展期（1967～2006年）、快速增长期（2007～2020年）。

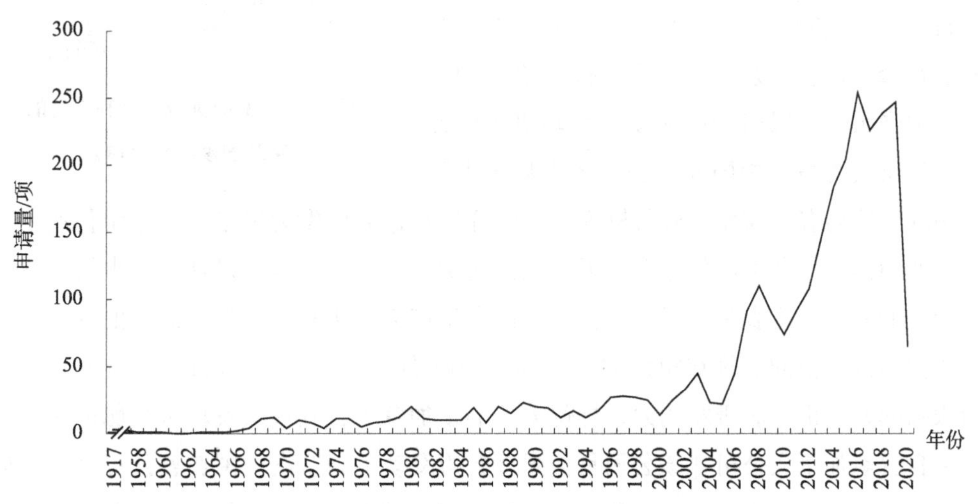


**图2－1　发动机短舱全球专利申请量趋势**

缓慢发展期（1917～1966年）：这一时期人们对发动机短舱的作用认识还不够深入，申请的发动机短舱专利大多涉及安装发动机的罩体结构，而且受限于经济发展水平，专利申请的数量较少。

平稳发展期（1967～2006年）：随着“二战”后经济的恢复和发展，国际旅行和航运的需求推动着航空技术的快速发展，大型客机的相继推出和安全、经济、舒适、环保的适航标准的提出也刺激着发动机短舱技术的发展。这一时期，发动机短舱逐渐形成了现代意义上的发动机短舱标准形式。

快速增长期（2007～2020年）：进入21世纪后，新材料、新工艺等得到了长足的发展，将其应用于发动机短舱获得了更经济、更环保、更先进的发动机短舱技术。计算机技术的快速发展、成熟工业软件的应用使得技术人员对发动机短舱进行快速设计、模拟和试验成为可能，也加快了产品的更新迭代。这一时期，发动机短舱的专利申请量获得了井喷式增长。其中需要指出的是，2008年世界发生经济危机，导致其后的两三年时间发动机短舱的专利申请量出现较大幅度的下滑。2012年后专利申请量再次呈现增长之势。

2. 来源国家/地区分布

图2－2显示了发动机短舱专利申请的来源国家/地区分布情况。排在前八位的依次是美国、法国、中国、欧洲、加拿大、英国、德国、俄罗斯。从图2－2可以看出，美国作为世界第一航空强国，在发动机短舱领域也是首屈一指，这表明美国具有强大的科技研发实力。排在第二的是法国。作为传统的航空强国，法国具有很强的飞行器和发动机设计研发能力，其典型的代表有空中客车公司、赛峰公司、斯奈克玛公司。排名第三的是中国。中国很长一段时间以来缺乏发动机短舱方面的设计研发力量，中国商飞公司成立后致力于补齐短板，国内有关高校、科研机构、企业开始在这方面发力追赶，但差距仍然十分明显。虽然中国的专利申请数量占有了一定的比例，但进一步分析发现专利申请质量仍存在相当大的差距，这表明中国本土自主的研发生产力量仍相对薄弱，研发的深度和广度尚有很大的进步空间。排在第四的是欧洲（向欧洲专利局提交的申请），说明欧洲同样具有很强的发动机短舱研发能力。排位第五的是加拿大，其涉及发动机短舱的专利申请大多来自普惠加拿大公司［该公司是美国著名的发动机制造商美国普惠公司（美国联合技术公司的子公司）在加拿大的分公司］以及庞巴迪公司。排在第六位的是英国。英国拥有著名的发动机制造公司罗尔斯－罗伊斯公司，专利申请量占比不大，但其设计研发

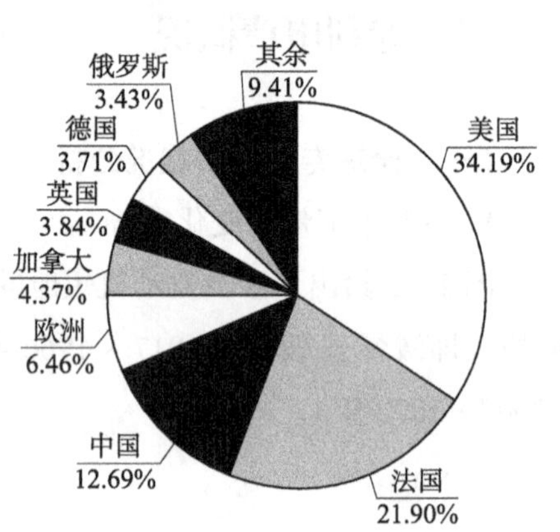


**图2－2　发动机短舱专利申请的来源国家/地区分布**

能力不容忽视。排在第七位的是德国。德国是空中客车公司的创始成员国，空中客车公司在德国的子公司同样具有较强的发动机短舱研发实力。排在第八位的是俄罗斯。俄罗斯虽然是传统的航空强国，但由于发动机短舱的研发主要集中在民用客机，因此俄罗斯在该领域的专利申请量占比并不突出。

3. 全球主要创新主体

作为传统的航空强国，美国和法国在发动机短舱领域拥有技术领先的科技企业巨头，专利申请的数量和质量占据优势。在我国，随着国家的重视和市场需求的牵引，越来越多的资源投入到发动机短舱的研发中，相关专利申请的数量也在快速增长。然而，发动机短舱涉及的学科多、技术难度大，需要长期持续的投入。我国国内的研究底子薄、技术积累少、国内申请人的专利申请质量与国外企业巨头相比还存在很大的进步空间。建议加强顶层设计，加强与国外技术领先的企业、高校等的合作，协同国内相关科技企业、高校、科研院所共同攻关。

通过前面的专利分析来看，发动机短舱热屏蔽技术方面的发展从在短舱外表面设置隔热材料这种比较简单直接的技术出发，进而发展为在发动机挂架上设置热屏蔽底板，并且此后更进一步对热屏蔽底板结构的热力学性能作出改进；而防火密封技术同样也是从防火材料的设置出发，随后主要着重于对发动机短舱中存在缝隙的区域进行防火密封结构的改进；冷却技术则主要从前期的简单设置冷却系统发展到后期对冷却系统的进一步完备设置以及对冷却手段的完善，使得冷却系统从简单的冷却功能发展到具有更好的冷却性能以及更多的附加功能。从热防护技术的技术路线可见，20 世纪以来发动机短舱的热防护技术主要着重于热屏蔽技术和冷却技术方面的研究，直到 2011 年才开始对防火密封技术逐步重视，并且 2015 年后对冷却技术的研究有减少的趋势。由此可见，今后发动机短舱的热防护技术主要集中在热屏蔽以及防火密封方面的改进。

在降噪方面，声衬技术研究时间较长，技术较成熟，研究热点主要集中于声衬的面板结构和中间的蜂窝芯结构，而蜂窝芯结构又是声衬技术中的研究重点。研究发现通过在蜂窝芯结构内设置吸声装置，将蜂窝芯结构设置为由 U 形结构支撑或在蜂窝芯结构内设置多个孔、凹口或通道可明显提高降噪效率。经过专利分析发现，对蜂窝芯结构的改进是发动机短舱降噪方面发展的热点及趋势。其次发动机短舱进气口和尾喷口处的气流流场也是噪声的主要来源，因而通过在进气口内壁上设置环形隔音板、谐振器或导流板以及将进气口设置为非对称形状均在一定程度上改变了气流方向，降低了发动机短舱入口处的噪声；同理可对应地对尾喷口进行合理设计，如在涵道尾部增设喷气短管、延长尾喷管或改变尾部气流流向以及将尾喷口整个结构设置为人字边或将尾喷口上半部分设置为人字边等均能明显降低尾喷口处气流产生的噪声。结合专利演进路线发现，改进进气口和尾喷口的结构形状是发动机短舱降噪发展的重点。

图2-3给出了发动机短舱专利申请的全球主要创新主体的申请量排序。其中，属于法国的科技企业有埃尔塞乐公司、赛峰公司、斯奈克玛公司，属于美国的创新企业有波音公司、罗尔公司、联合技术公司、通用电气公司，属于英国的科技企业有罗尔斯-罗伊斯公司。空中客车公司是由法国、德国、英国、西班牙等多个欧洲国家联合成立的欧洲著名高科技企业。从申请人所属国别/地区上看，美国、法国在发动机短舱领域实力雄厚，居于领先地位，这也与上一节专利申请的来源国家/地区分布的分析结果相一致。排名前九的这些全球主要创新主体的专利申请总量也构成了发动机短舱领域专利申请的主要部分。

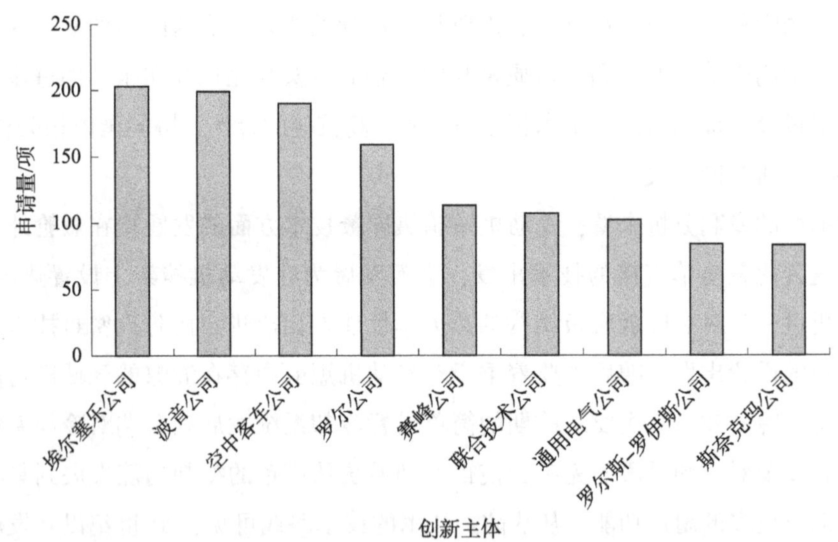


**图2-3　发动机短舱专利申请的全球主要创新主体的申请量排序**

### （二）中国专利申请情况分析

1. 专利申请量趋势

图2-4显示了涉及发动机短舱的中国专利申请量趋势。在2006年及以前，专利申请量仅是个位数；自2007年至今，专利申请量开始快速增长。这与2007年大型飞机研制重大科技专项正式立项密切相关。中国商用飞机有限责任公司的成立对发动机短舱提出了很大的需求。一方面，国外相关公司加快进入中国市场，进行专利布局；另一方面，国内相关高校、科研机构、企业加大了研发投入。由图2-4分析可知，中国在发动机短舱领域起步较晚，自1986年开始出现涉及发动机短舱的中国专利申请，然而该申请是由通用电气公司提交的。国内申请人提交的首件申请是由江西洪都航空工业集团有限责任公司于2006年提出的。

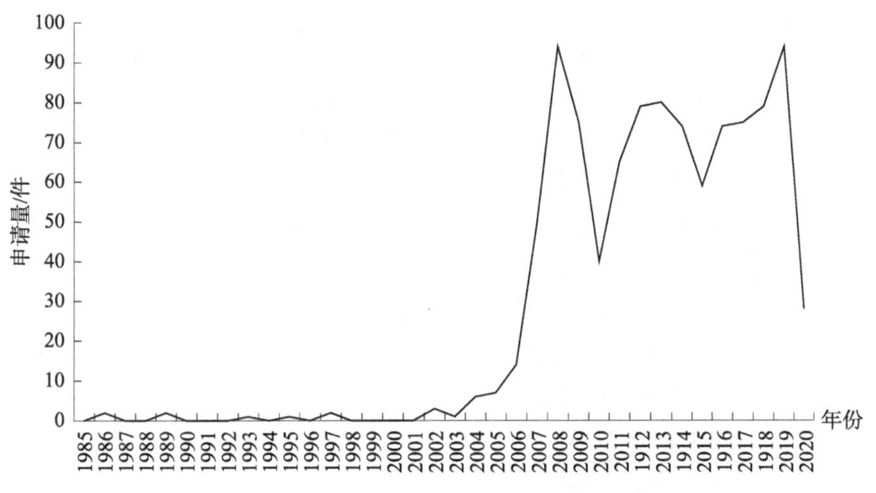


**图 2－4　发动机短舱的中国专利申请量趋势**

2. 发动机短舱中国专利申请的技术来源和主要申请人

图 2－5 显示了发动机短舱中国专利申请的申请人国别构成情况，反映了中国专利申请的技术来源。由图可以看出，发动机短舱中国专利申请的技术来源主要是法国，占比接近总申请量的一半；其次是国内的研发力量，占比 35. 32%；然后是美国，占比 11. 54%；中国、法国和美国的专利申请量共计超过 95%，是中国市场的主要力量。

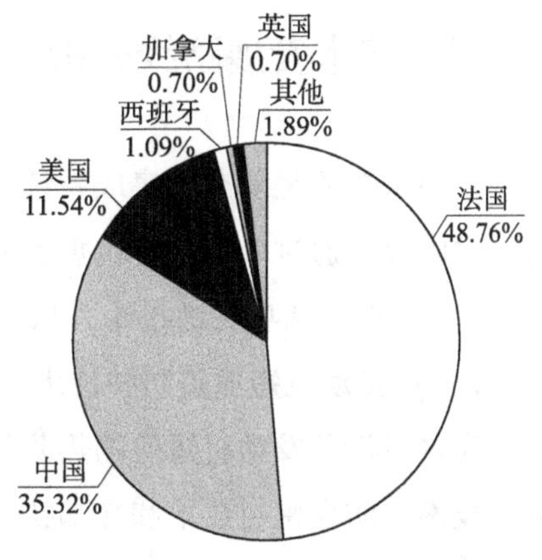


**图 2－5　发动机短舱中国专利申请的申请人国别构成情况**

图 2－6 显示了发动机短舱中国专利申请的主要申请人的申请量。虽然近年来国内涉及发动机短舱的专利申请数量增长很快，中国申请人的占比也较大，但进一步分析申请人的构成情况可以发现，大部分专利申请依然是外国进入中国的专利申请，本土自主的研发力量仍然相对薄弱，研发的深度和广度尚有较大的进步空间。申请量排在前四位的是法国的埃尔塞乐公司、斯奈克玛公司，美国的波音公司和欧洲的空中客车公司，这些都是传统的发动机短舱技术领先企业。国内申请量最大的是中国航空工业集团公司西安飞机设计研究所，该所是研发大型飞机的主要机构之一。排在第二的是中国商用飞机有限责任公司，该公司也是发动机短舱的使用主体。

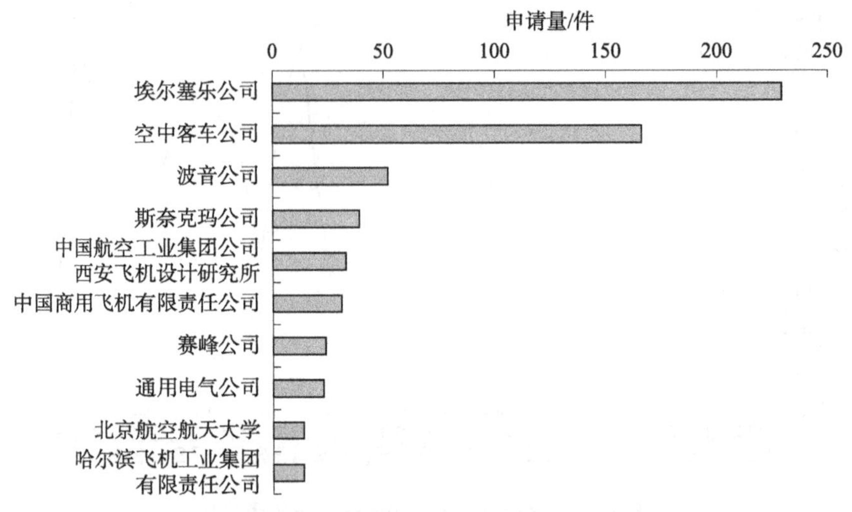


**图2-6　发动机短舱中国专利申请的主要申请人申请量**

## 三、技术发展路线分析

发动机短舱是复杂的集成系统，因此研制发动机短舱是一项系统工程，包括很多关键技术内容。通过分解发动机短舱的关键技术构成，从中选取“卡脖子”技术中的“热防护”“降噪”两项关键技术，从专利的角度通过专利信息挖掘分析其技术发展路线。

### （一）发动机短舱热防护技术

通过对涉及发动机短舱的热防护性能的专利申请进行统计和梳理，该技术可分为热屏蔽技术、防火密封技术和冷却技术这三个方面。

1. 热屏蔽技术发展路线

热屏蔽技术的主要作用在于在发动机挂架与发动机短舱的连接处将发动机所产生的热量阻隔，以防止高温高热传递到与发动机短舱连接的机翼或机身结构。图3-1为热屏蔽技术的技术发展路线。

其中，作为发动机短舱热防护性能中最主要的功能，热屏蔽技术早在1957年便出现：约翰·曼威尔采用热屏蔽材料将石棉或矿棉材料包裹在内，构成热屏蔽面板敷设在发动机短舱中需要进行热屏蔽的部位（GB844641A），这是最初也是最原始的热屏蔽手段。其后，随着技术的发展，热屏蔽面板的构成也得到了进一步的改进，如2011年MRA系统有限公司提出了一种具有分层结构的层压绝热毡，其包括依次连接的复合层、气凝胶绝热材料层和背衬层（US2012308369A1）；2013年阿莱尼亚阿麦奇公司提出了一种抗磨损且耐热保护件，其包括由复合材料制成且包含聚合物基体的基材，并通过电解沉积法将金属材料制成的保护涂层施加到基材上（IT1420706B）；2019年湖北三江航天

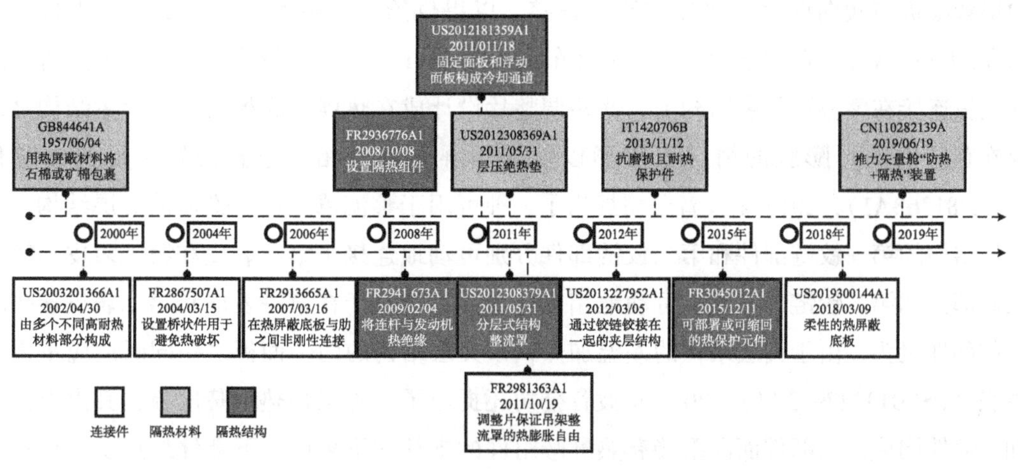


**图 3－1　热屏蔽技术发展路线**

红峰控制有限公司提出"防热＋隔热"的思路，采用钨渗铜材料分布在推力矢量舱内腔表面，钨渗铜与舱体间有一层玻璃布酚醛层压板用来隔热（CN110282139A）。

另外，类似的还有在需要热屏蔽的组件上设置隔热结构来对发动机产生的高热进行阻隔，如 2008～2009 年埃尔塞乐公司分别提出了在进气口外罩和内表面之间设置隔热组件（FR2936776A1）以及在悬挂组件上设置热绝缘装置将连杆与涡轮喷气发动机热绝缘（FR2941673A1）；2011 年势必锐公司提出了在发动机短舱内表面上附接多个固定面板和浮动面板，固定面板与浮动面板的接合处以及与发动机短舱内表面之间形成冷却通道，避免高热直接传递到发动机短舱上（US2012181359A1）；同年 MRA 系统有限公司提出了一种分层式结构整流罩，其包括核心部件以及第一表层和第二表层，该核心部件具有包括内部中空单元的单元式结构，该第一表层和第二表层在核心部件的对立表面处钎焊到单元的边缘上，从而无需设置隔热层即可实现热隔离（US2012308379A1）；2015 年空中客车公司提出了在挂架侧壁设置热保护元件，该元件可因温度的升高而在被称为缩回姿态的第一姿态与被称为部署姿态的第二姿态之间变动，以保护挂架的部件免于由各类因素引起的发热（FR3045012A1）。

而在热屏蔽防护方面主要侧重的部分是挂架整流罩中热屏蔽底板受到高温加热时热膨胀所导致的结构安全，主要通过采用不同材料构成或对连接部件作出改进而使得热屏蔽底板与挂架侧板之间具有更大的热膨胀自由度。

2002 年波音公司提出了挂架由多个部分构成，其中某些部分采用高耐热材料铸造而成，而其余部分采用不同的高耐热材料以及其他制造方法制成（US2003201366A1）；2004 年斯奈克玛公司提出了在热屏蔽板和喷嘴支撑管之间设置桥状件，该桥状件由两个反向曲线构成，并且其两端滑动连接在热屏蔽板上，用于限制热屏蔽板的机械应力，以避免热屏蔽板的热破坏（FR2867507A1）；2007 年空中客车公司提出了在挂架整流罩的热屏蔽底板与横向肋之间采用非刚性连接，以提供给热屏蔽底板更大的热膨胀自由度（FR2913665A1）；在此基础上，空中客车公司在2011年进一步提出了采用调整片将热屏蔽底板连接在整流罩的主结构上，这些调整片设计成在热屏蔽底板与整流罩主结构之间存在有差别的热膨胀的情况下变形以伴随热屏蔽底板相对于整流罩主结构的移位（FR2981363A1）；2012年波音公司提出了一种可用于整流罩或排气锥体的夹层结构，该夹层结构的第一铰链部件和第二铰链部件分别可动地连接于第一表皮和第二表皮，第一铰链部件和第二铰链部件可以可动地相互连接并且连接于在第一表皮和第二表皮接头之间的部件接头，由于夹层结构的差温加热，该夹层结构的两个面板之一同时适应平面内膨胀（US2013227952A1）；2018年波音公司还提出了一种柔性热屏蔽底板，其由上部件和下部件构成，上部件面向附接有热屏蔽组件的支柱的下表面，下部件靠近发动机的排气区域，上部件可提供槽纹表面，并且包括进气口，下部件可提供空气动力学表面以促进空气流动，通过进气口与风扇流动流对齐，使得空气通过柔性热屏蔽底板中的通道对热屏蔽组件内部的空气进行冷却（US2019300144A1）。

2. 防火密封技术发展路线

由于发动机短舱一般挂载在机翼下方，而油箱也往往设置在机翼中，因此发动机短舱的防火密封性能对于整机的飞行安全起到尤为关键的作用。图3-2为防火密封技术的技术发展路线。

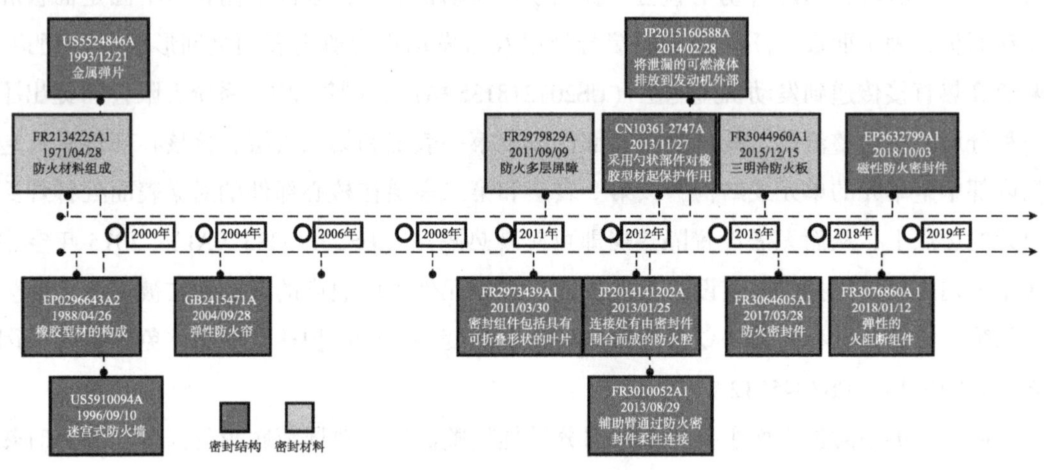


图3-2 防火密封技术发展路线

对于防火，最早最容易想到的手段就是在表面附接防火材料来抵御火焰的侵蚀，如早在1971年法国国家航空协会就提出一种包括一层石棉纤维和两层防火树脂预浸玻璃纤维的防火材料（FR2134225A1）；2011年阿斯特黎姆公司则提出了一种防火多层屏障，其包括由耐火材料制成的最外层以及作为支撑基座的最里层，在最外层和最里层之间设置有两层隔离层，隔离层可在材料层内将热量耗散掉（FR2979829A）；2015年埃尔塞乐公司提出了一种用于发动机短舱的三明治防火板，该防火板由铝合金制成，其包括一块前板、一块后板和中间的蜂窝芯，并且在后板上设置有多个单点固定的盖板，盖板由含有防火树脂的复合材料制成（FR3044960A1）。

除了采用防火材料外，对于庞大的发动机短舱系统来说，由于其是由众多的零部件所构成的，零部件连接的缝隙是火苗容易蔓延的路径，因此在缝隙处设置防火密封件分外必要。

比如1988年波音公司提出了在发动机短舱与连接结构之间设置防火密封件，该密封件分别由内部弹性材料、中部陶瓷纤维和外部弹性耐磨材料构成，其法兰部连接到发动机短舱上，从法兰部延伸有可压缩的环形结构，环形结构内部为中空并抵接在连接结构上，以使得连接结构与发动机短舱相对运动时能够一直与环形结构抵接（EP0296643A2）；1993年波音公司提出了在挂架支柱和排气口之间设置交替布置的外部金属弹片和内部金属弹片，金属弹片均呈双曲面形状，从而通过内外金属弹片构成防火墙结构（US5524846A）；1996年波音公司还提出了在发动机排气口与排气口外罩之间分别设置相互配对的密封件，从而构成迷宫式的防火墙（US5910094A）；2004年邓洛普航空公司提出在发动机短舱和排气管之间设置防火密封件，该密封件包括具有第一端和第二端的弹性部件以及分别连接在弹性部件的第一端和第二端的防火帘（GB2415471A）；2011年埃尔塞乐公司提出了包括有第一端部和第二端部的密封件，第一端部装配有用于固定主要喷气喷嘴的装置，第二端部被设计来与核心整流罩的支承区域相接触，密封件包括沿第一端部纵向布置且垂直于第一端部延伸的多个相邻的可折叠叶片，通过压缩或释放可折叠叶片可容易地衰减核心整流罩和主要喷气喷嘴之间的相对纵向移动，因此不再受到产生摩擦和磨损的滑动接触（FR2973439A1）。

2013年三菱公司还提出了一种防火墙结构，其包括相互连接的两个组件，两个组件的连接处设有由密封件围合而成的防火腔，用于避免火苗从连接处泄漏（JP2014141202A）；同年埃尔塞乐公司提出了发动机短舱内设置有辅助臂，辅助臂由固定到内部结构的内部部分和通过防火密封件柔性连接到外部结构的外部部分构成，内部部分和外部部分之间通过中间的连接面连接，该中间连接面围合成内部空腔以便于连接件的通过（FR3010052A1）；2013年末西安飞机设计研究所在专利EP0296643A2的基础上进一步提出在防火密封件外部设置勺状压板，通过勺状压板的勺状部位对橡胶型材表面起保护作用，避免橡胶型材表面与火焰直接接触（CN103612747A）；2014年三菱公司提出在发动机短舱上设置排放管道用于将泄漏的可燃液体排放到外部大气中，以起到防火的效果（JP2015160588A）。

2017年空中客车公司提出了在后部发动机安装件与吊挂架之间的附接区域的拐角中设置防火密封件系统，防火密封件系统包括金属靴形件和长线形密封件，金属靴形件呈大致 L 形盒状结构固定在拐角中，柔性舌部呈弯弓形状并且具有固定在金属靴形件上游的上游端和抵靠附接区域的元件的自由的下游端，舌部的中间部分被安排在金属靴形件内，长线形密封件的一个端部抵靠舌部，从而限制火焰的蔓延并且吸收发动机短舱的移动（FR3064605A1）；2018 年赛峰公司提出的挂架热屏蔽组件包括两个整流侧壁以及将两个整流侧壁的轴向端连接在一起的连接件，两个侧壁之间连接有横向壁，横向壁和连接件之间轴向插入弹性的防火密封件，防火密封件沿径向延伸，并且其具有 U 形第一端夹持在横向壁的轴向端，并通过 V 形的第二端对连接件施加弹性力（FR3076860A1）；2018 年罗尔公司提出了一种磁性防火密封件，该密封件由耐火材料构成并包括形成密封界面的外表面和与外表面相对的内表面，并且磁体设置在位于密封界面的内表面处（EP3632799A1）。

3. 冷却技术发展路线

对发动机短舱热防护的手段除了被动地将高热量和火苗隔绝之外，还需要依赖设置冷却系统等主动热量控制手段来进行有效的热防护。图 3－3 为冷却技术的技术发展路线。

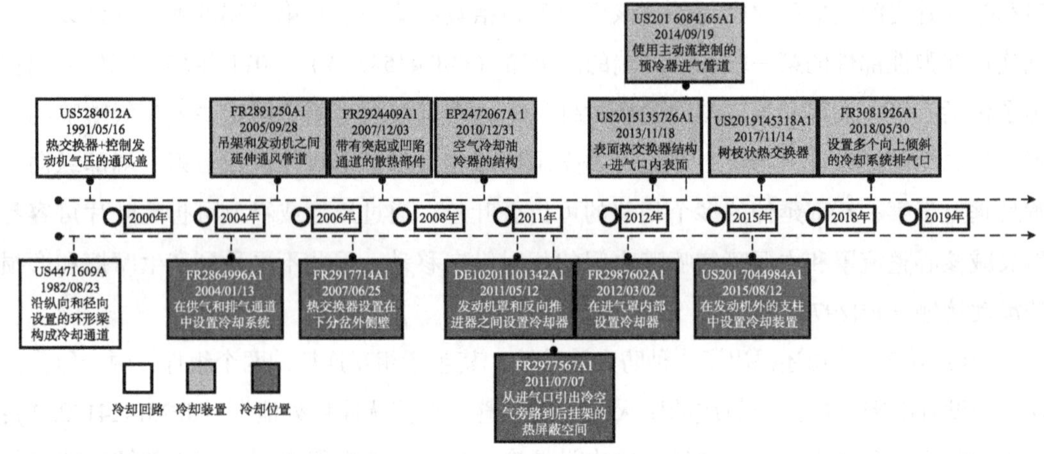


图 3－3　冷却技术发展路线

比如早在 1982 年波音公司便提出了风扇罩由复合材料构成，风扇罩的内壁有多个沿纵向和径向设置的环形梁，环形梁构成了相互连通的冷却通道，用于冷却空气的通过，以降低风扇罩内外温度差（US4471609A）；之后在 1991 年通用电气公司在此基础上通过在发动机进气口处加设热交换器，使得外界冷空气进入发动机短舱前先经过热交换器冷却然后再在发动机短舱内流通以实现冷却，并且在发动机短舱外壁上还设置有用于控制发动机气压的通风盖，根据不同飞行状态或需求来控制盖的开合（US5284012A）。

而此后对发动机短舱冷却系统的研究主要涉及两方面的改进，一个是热交换器或冷却器的位置布局，另一个则是冷却装置的优化。

针对第一方面，2004 年斯奈克玛公司首先提出了冷却系统包括通道，用来吸入位于二次空气流中的冷空气，通道包括固定于机舱上的供气管道和排气管道，以及位于供气管道和排气管道之间的中间箱体，固定于发动机上，在其内安置有热交换器，热空气在其中流通（FR2864996A1）；2007 年空中客车公司提出了将热交换器设置在涡轮喷气发动机的下部、下分岔处，以及与下分岔的外侧壁平行延伸的径向表面，热交换器用于冷却在涡轮喷气发动机的推进系统中提取的热流体，之后将部分冷却的热流体回注入推进系统（FR2917714A1）；2011 年罗尔斯－罗伊斯公司提出了在发动机罩和反向推进器之间设置冷却器，从而实现发动机的高效冷却，并且反向推进器可相对发动机罩移动，从旁路通道中排出的气体量由发动机罩和反向推进器之间的缝隙区域精准确定（DE102011101342A1）；2011 年空中客车公司提出从进气口引出冷空气旁路到后部挂架整流罩的热屏蔽空间内，用于冷却该热屏蔽空间内的空气（FR2977567A1）；2012 年埃尔塞乐公司提出了在进气罩内部的热交换器，并且该热交换器与至少一个流通管道相关联，该流通管道形成通过热交换器的再循环回路并且包括流通区域，该流通区域沿着与进气罩的外壁相接触的外部整流罩延伸，以便允许通过传导与发动机短舱的外部空气进行热交换（FR2987602A1）；2015 年罗尔斯－罗伊斯公司还提出在发动机外部与挂架沿轴向方向间隔开的位置设置撑架，并且将热交换器设置在该撑架中，旁路中的加压空气从撑架进气口进入，流经热交换器后从撑架的出气口排出，从而避免了直接从发动机核中将气流引流到冷却装置所导致的压力损失（US2017044984A1）。

针对第二方面，在 2005 年空中客车公司提出的发动机底座包括具有箱体的刚性结构以及位于发动机与刚性结构之间的后部附件，该组件还设置有在箱体与发动机之间延伸并形成热屏障的通风管道，该管道朝后延伸超过后部发动机附件（FR2891250A1）；2007 年空中客车公司还提出一种散热部件，该散热部件为一个分成两个部分的楔形板，第一部分位于重叠置放的发动机短舱护板之间，并且至少有一个突起件和/或凹陷件，从而在上述护板之间形成了通路以连通发动机短舱的内部和外部，第二部分仅位于一个护板处，该护板位于接合区内部，以便在极端温度情况下得到保护（FR2924409A1）；2010 年赛峰公司提出了一种应用于发动机的利用空气冷却的油冷器，其包括第一油路以及设置于该油路两侧的第一和第二热交换表面，冷却器内部为中空空腔，第二热交换表面设置在空腔内，空腔设有进气口和出气口，通过进气口和出气口上设置的盖板来控制进入和排出该空腔的气流（EP2472067A1）；2013 年 Unison 工业公司提出了一种表面热交换器，其包括主体，主体上设置有多个冷却通道以及多个设置在冷却通道附近的热交换片，表面热交换器主要环向附设在进气口的内表面上（US2015135726A1）；2014 年波音公司提出了预冷却器进气管道接收预冷却器空气流并引导预冷却器空气流进入热交换器，预冷却器进气管道包括流动引导表面和主动流动控制装置，其中流动引导表面限定预冷却器进气管道，定位主动流动控制装置用于调整邻近流动引导表面的边界层内流体流动，以抑制边界层与流动引导表面的分离（US2016084165A1）；2017 年波音公司提出了一种树枝状热交换器，其包括细长壳体和在壳体容积内延伸的热交换结构，细长壳体限定壳体容积、第一流体入口、第一流体出口、第二流体入口和第二流体出口，热交换结构包括多个树枝状管件，其被配置成从第二流体入口接收第二流体入口流并且向第二流体出口提供第二流体出口流，每个树枝状管件包括限定入口导管的入口区域和分支区域，分支区域限定从入口导管延伸的多个分支导管（US2019145318A1）；2018 年赛峰公司提出了在发动机短舱罩外壁上设置多个冷却系统排气口，排气口末端呈向上倾斜的喷嘴形式，并且在排气口中间还设置有喷嘴，用于向发动机短舱外部喷射新鲜空气流，用于将热气导向远离发动机短舱的方向（FR3081926A1）。

### （二）发动机短舱降噪技术

通过对涉及发动机短舱噪声的专利申请进行统计与梳理，发动机短舱的降噪技术主要分为声衬技术、发动机短舱外涵道尾喷口和进气口技术。

#### 1. 声衬技术发展路线

自喷气式航空发动机出现以来，声衬（liner）一直就是最主要的叶轮机噪声控制手段。声衬技术主要是在航空发动机的涵道内壁、尾喷流区域设置具有蜂窝芯的吸声结构。现针对声衬技术在降噪技术中的演进路线进行分析。图 3－4 为声衬技术的技术发展路线。

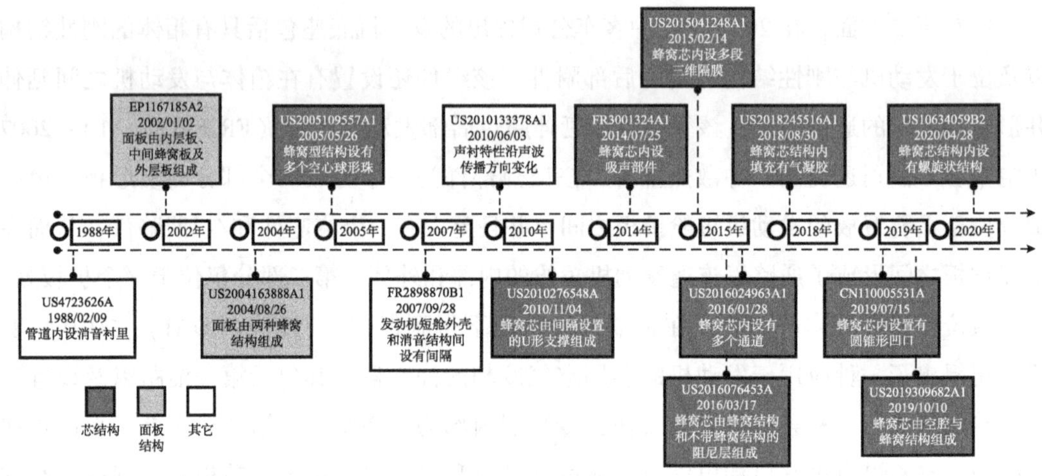


**图 3－4　声衬技术发展路线**

在外涵道风扇翼尖附近，设计合理的衬里，可降低风扇噪声。早在 1988 年，美国的航空开发公司（Aeronautic Development Corporation）就提出了在发动机短舱的涵道内壁的气流表面设置消音衬里，通过消音衬里实现对气流噪声的吸收（US4723626A）；2007 年埃尔塞乐公司发现在发动机短舱外壳和消音结构之间设置有间隔，可明显提高发动机短舱内的噪声衰减效率（FR2898870B1）；2010 年空中客车公司针对现有的动力系统和发动机短舱上消音板的特性进行研究，提出了一种消音性能可沿着声波传播方向变化的消音板，优化了噪声的衰减功能（US2010133378A1）。

进入 21 世纪后，人们开始对消音声衬的具体结构进行研究。首先 2002 年意大利的马基航空公司提出将消音衬里设置为面板结构，面板结构由外层板、中间蜂窝板及内层板通过连接部件连接而成，其中外层板为两种类型的实心板，内层板为穿孔板，其可在极大程度上吸收气流的噪声（EP1167185A2）；随后 2004 年 Jeffrey Don Johnson 等人针对面板结构的材质进行了研究，提出将面板结构设置为通过隔膜连接的上下两组蜂窝结构，其中蜂窝结构通过冶金的方式连接至两个面板结构上（US2004163888A1）。

基于声衬结构的特点，除了面板结构，其还包括有蜂窝芯结构。2005 年斯奈克玛公司提出了对吸声面板的蜂窝芯结构进行改进，主要是将蜂窝芯结构设置为若干个腔室，在腔室内设置有若干个空心球珠，以增加吸声效率（US2005109557A1）；2010 年空中客车公司针对现有的吸声面板结构复杂、难以制造的问题，将蜂窝芯结构设置为由间隔设置的 U 形支撑结构组成（US2010276548A）；2014 年埃尔塞乐公司提出了将吸声面板结构内的蜂窝芯结构设置为多孔结构，在多孔结构内还设有吸声部件，以进一步提高面板的吸声效率（FR3001324A1）；2016 年波音公司提出将蜂窝芯结构设置为具有多条通道，通道与多孔面板结构上的孔对应（US2016024963A1）；2016 年罗尔斯 – 罗伊斯公司针对蜂窝芯结构做出了进一步改进，将蜂窝芯结构设置为一个不带蜂窝结构的声音阻尼层设置于蜂窝结构阻尼层外的组合声音阻尼层结构（US2016076453A1）；现有技术中增大声学面板的噪声吸收效率的方法通常都采用增大结构的厚度的方法，这样会导致面板结构的重量和体积增大，故 2019 年空中客车公司提出了在蜂窝芯结构内设置有圆锥形的凹口结构，扩宽了对噪声的吸收频率范围（CN110005531A）；2019 年空中客车公司还提出了将蜂窝芯结构设置为由空腔和蜂窝结构组成，实现了在不增加声衬结构尺寸的情况下增加了噪声衰减的频率范围（US2019309682A1）；2020 年赛峰对蜂窝芯结构进行改进，提出将蜂窝芯结构设置为多个单元腔室，在每个单元腔室内设有螺旋桨吸声结构，进一步提高了声音衰减效率（US10634059B2）；2020 年中国商用飞机有限责任公司提出将消音结构布置在不同区域，同时根据需求在蜂窝结构内设置单胞单元，以实现不同波长噪声的吸收（CN112278294A）。

2. 发动机短舱外涵道尾喷口和进气口技术发展路线

发动机短舱内的噪声主要是由进气口和尾喷口处的气流流动时与涵道之间相互作用产生的。现针对发动机短舱的外涵道尾喷口、进气口在降噪技术中的演进路线进行分析。图 3 – 5 是发动机短舱外涵道尾喷口、进气口技术的技术发展路线。

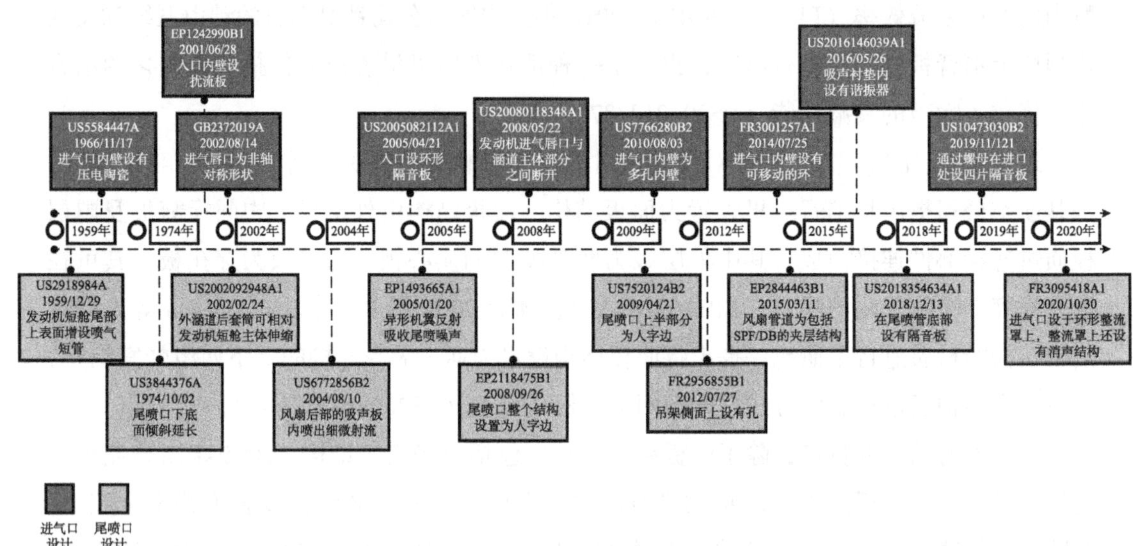


**图 3-5　发动机短舱外涵道尾喷口、进气口技术发展路线**

发动机后面的声源，主要是发动机涡流和外涵道喷流之间的混合区的涡流和外涵道与其外面的空气的混合区的涡流，因而合理设计发动机短舱外涵道形状和尾喷口可在极大程度上降低噪声。1959 年科佩斯有限公司首次提出在发动机短舱的尾部上表面设置喷气短管，用于改变尾喷口的气流方向，衰减发动机尾部的噪声（US2918984A）。1974 年波音公司提出将尾喷口的下底面延长，并设置为坡度可变的倾斜面，可对尾喷口处的噪声进行降低（US3844376A）；进入 21 世纪后，2002 年 John J. Dugan 等人提出将发动机短舱外涵道的后套筒设置为可相对发动机短舱主体伸缩以提高推进效率并降低噪声（US2002092948A1）；2004 年日本国家航空航天实验室发现，在反射壁附近进行细微射流，可消除发动机短舱内部发动机产生的噪声（US6772856B2）；2005 年罗尔斯 - 罗伊斯公司对发动机短舱尾部的气流噪声进行研究，发现将发动机短舱上部的机翼设置为异形，可将发动机在转动过程中产生的噪声进行反射，起到降低发动机短舱尾部噪声的作用（EP1493665A1）；2008 年波音公司首次针对发动机短舱的喷口形状进行改进设计，提出将整个尾喷口设置为人字边形状，实现被动式的降噪设计（EP2118475B1）；2009 年联合技术公司在波音公司研究的基础上，对尾喷气流的噪声辐射作出了进一步研究，提出将尾喷口形状设置为仅上半部分为人字边，产生的噪声相对较小（US7520124B2）；2012 年斯奈克玛公司在风洞模型中进行大量实验得出，在吊架侧面上设有孔，可吸入气流，减小总体湍流强度，减小侧部噪声（FR2956855B1）；2015 年波音公司针对发动机本体在运转过程中产生的噪声进行研究，提出了将风扇管道设置为包括超塑成形（SPF）/扩散连接（DB）的夹层结构，可用于噪声的衰减（EP2844463B1）；2018 年波音公司提出在涡轮发动机下方设置一个隔音板，利用涡轮发动机和飞机机身之间的相对定位，通过包含一个或多个隔音板的成型面板来减小由涡轮发动机辐射的噪声（US2018354634A1）；2020 年 10 月 30 日赛峰公司提出将发动机短舱的进气口设置在环形的整流罩上，通过环形的内、外整流罩衰减一部分噪声，同时在内整流罩底部设置有消音结构，后端设置有后隔板，使进入发动机短舱的气流所产生的噪声极大地得到了衰减（FR3095418A1）。

除了尾喷口，进气口处气流的作用也是发动机短舱噪声的重要来源。1966 年通用电气公司提出在发动机短舱进气口内壁设置压电陶瓷，可改变进气口处的气流方向，实现降噪（US5584447A）；2001 年美国普惠公司提出了在发动机入口的内壁上设置扰流板、在进气口内壁上开设小孔或在进气口内壁处设谐振片用于改变发动机进气口位置处的气流流场，在入口处降低了引入气流的噪声（EP1242990B1）；2002 年罗尔斯－罗伊斯公司针对发动机短舱进气口的形状进行研究，提出了将进气唇口设置为非轴对称的形状，而发动机短舱内部的喉部设置为轴对称的形状，可提前对发动机短舱入口处的气流进行整流，实现进气气流的噪声衰减（GB2372019A）；2005 年波音公司基于现有技术中采用多个隔音板会导致噪声通过缝隙进行泄漏，噪声会溢出的技术问题，提出了在发动机短舱的入口部分和主体部分之间设置环形隔音板，以提高噪声吸收品质（US2005082112A1）；2008 年普惠公司对发动机短舱的外涵道进行改进，提出了将发动机进气唇口设置为与涵道主体部分之间断开，将进气口的气流的一部分引出至涵道外，减小进气口气流在发动机短舱内壁的流动时间，从而实现噪声的衰减（US20080118348A1）；2010 年联合技术公司提出将进气口内壁设置为多孔内壁，可改变气流方向，实现降噪（US7766280B2）；2014 年斯奈克玛公司提出了在进气口内壁处设可移动的环，可改变气流通道，实现降噪（FR3001257A1）；2016 年罗尔公司提出在进气口的吸声衬垫内设有谐振器可改变声衬结构的阻抗，以实现最佳噪声衰减（US2016146039A1）；2019 年罗尔斯－罗伊斯公司提出了通过螺母将多片隔音板连接固定至进气口的内壁上，其中多片隔音板形成一个环状隔音板结构（US10473030B2）。

## 四、总结

近年来随着技术的进步，发动机短舱的专利申请数量进入快速增长阶段。作为传统的航空强国，美国和法国在发动机短舱领域拥有技术领先的科技企业巨头，专利申请的数量和质量占据优势。在我国，随着国家的重视和市场需求的牵引，越来越多的资源投入到发动机短舱的研发中，专利申请的数量也在快速增长。然而，发动机短舱涉及的学科多、技术难度大，需要长期持续的投入。我国国内的研究底子薄、技术积累少，国内申请人的专利申请质量与国外企业巨头相比，还存在很大的进步空间。建议加强顶层设计，加强与国外技术领先的企业、高校等的合作，协同国内相关科技企业、高校、科研院所共同攻关。

通过前面的专利分析来看，发动机短舱热屏蔽技术方面的发展是从在发动机短舱外表面设置隔热材料这种比较简单直接的技术出发，进而发展为在发动机挂架上设置热屏蔽底板，并且此后更进一步对热屏蔽底板结构的热力学性能作出改进；而防火密封技术同样也是从防火材料的设置出发，随后主要着重于对发动机短舱中存在缝隙的区域进行防火密封结构的改进；冷却技术则主要从前期的简单设置冷却系统发展到后期对冷却系统的进一步完备设置以及对冷却手段的完善，使得冷却系统从简单的冷却功能发展到具有更好的冷却性能以及更多的附加功能；并且从热防护技术三个分支的技术路线可见，20 世纪以来发动机短舱的热防护技术主要着重于对热屏蔽技术和冷却技术方面的研究，直到 2011 年才开始逐渐重视防火密封技术，并且 2015 年后对冷却技术的研究有减少的趋势。由此可见，今后发动机短舱的热防护技术主要集中在热屏蔽以及防火密封方面的改进。

在降噪方面，声衬技术研究时间较长，技术较成熟，研究热点主要集中于声衬的面板结构和中间的蜂窝芯结构，而蜂窝芯结构又是声衬技术中的研究重点。研究发现通过在蜂窝芯结构内设置吸声装置、将蜂窝芯结构设置为由 U 形结构支撑或在蜂窝芯结构内设置多个孔、凹口或通道可明显提高降噪效率。经过专利分析发现，对蜂窝芯结构的改进是发动机短舱降噪方面发展的热点及趋势。发动机短舱进气口和涵道尾喷口处的气流流场也是噪声的主要来源，因而通过在进气口内壁上设置环形隔音板、谐振器或导流板以及将进气口设置为非对称形状均在一定程度上改变了气流方向，降低了发动机短舱入口处的噪声；同理可对应地对尾喷口进行合理设计，如在涵道尾部增设喷气短管、延长尾喷管或改变尾部气流流向以及将尾喷口整个结构设置为人字边或将尾喷口上半部分设置为人字边等均能明显降低尾喷口处气流产生的噪声；结合技术发展路线发现，改进进气口和涵道尾喷口的结构形状是发展的重点。

## 参考文献

[1] 分析测试百科网．卡脖子的 35 个关键领域制造业 [EB/OL]．(2020 - 04 - 20) [2021 - 05 - 25]．https: //www. antpedia. com/news/06/n - 2381206. html.

[2] 矫阳．居者无其屋，国产航空发动机的短舱之困 [N]．科技日报，2018 - 04 - 24 (001).

[3] 任方，李海波，陈严华，等．大型民机短舱降噪技术综述 [J]．强度与环境，2015，42 (5)：1 - 10.

# 宽体客机专利技术综述

马维忠❶ 李增贝❷ 秦鹏宇❸ 管文浩❹ 霍亮❺ 陈启军❻ 胡杨❼

**摘 要** 宽体客机技术可谓是现代航空科技制高点之一。本文首先根据宽体客机整机结构的主要构成，分别从机身、机翼、航空发动机、起落架、尾翼五个方面，对宽体客机的国内外相关技术专利申请情况和技术发展脉络开展整体研究。在此基础上，围绕其中涉及的宽体客机机身剖面设计、翼梢小翼气动布局以及大尺寸风扇组件等宽体客机关键技术进行详细分析，以期为我国相关航空企业和科研院所的宽体客机技术研发和专利布局提供一定参考。

**关键词** 宽体客机 机身剖面 翼梢小翼 大尺寸风扇

## 一、技术概述

### （一）研究背景

宽体客机是指具有大直径机身且载客量通常在 300 人以上的喷气客机，其最为显著的特征就是客舱内有 2 条人员通道，因此也称为双通道客机。与单通道窄体客机相比，宽体客机的机翼面积和机身尺寸得到大幅增加，因而载客量、航程等均有明显提高，且飞行平稳性、乘坐舒适度等也得到明显改善。正因如此，宽体客机自从 20 世纪 70 年代问世以来，就备受世界各国航空公司和广大乘客的青睐，逐步成为世界民用航空运输的主力。[1]

宽体客机汇集了现代航空及其相关领域的众多最前沿技术，其研制能力代表了一个国家的最高科技发展水平。目前世界上有能力研制宽体客机的国家/地区仅有美国、欧洲以及俄罗斯，其中美国的波音公司（以下简称“波音”）和欧洲的空中客车公司（以下简称“空客”）是国际宽体客机市场的两大巨头，现今世界上还在商业营运的宽体客机几乎全都来自上述两家公司。

---

❶❷❸❹❺❻❼ 作者单位：国家知识产权局专利局专利审查协作河南中心，其中李增贝、秦鹏宇、管文浩等同于第一作者。

中国在民航客机领域起步虽然较晚，但进入21世纪以来，得益于国家综合实力的显著提升和国内民航市场的巨大需求，中国在民航客机的研制方面也取得了一些不错的成绩，先后在支线客机领域和窄体客机领域有所建树，为后续宽体客机的研制积累了一些宝贵经验，并形成了一定的产业基础。但整体来说，我国目前仍处于宽体客机领域的初探阶段，有必要对宽体客机领域的技术发展脉络和关键技术发展情况进行了解。

**（二）研究对象和方法**

1. 技术分解

宽体客机汇集多方技术于一身，是现代航空科技的集大成者，从整机结构上划分，可以将其分为机身、机翼、航空发动机、起落架以及尾翼五个方面。技术分解示意图参见图1。

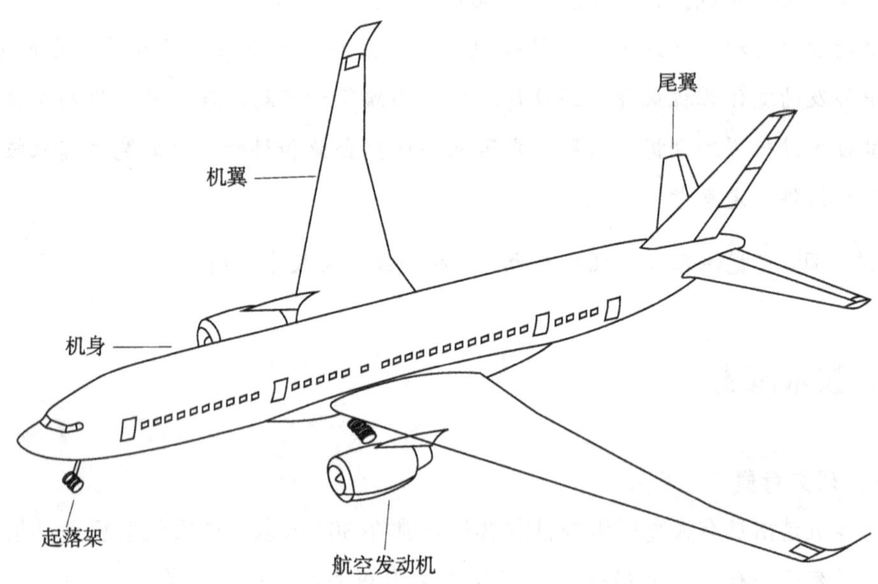


**图1　宽体客机整机结构技术分解示意图**

机身是宽体客机的主体。宽体客机机身尺寸大、重量大、受力复杂，面临着如何优化受力、减轻重量等一系列的技术难题。考虑到机身框架、蒙皮以及舱壁是机身的主要组成部分，本文所述机身仅以机身框架、蒙皮以及舱壁作为研究对象。

机翼是宽体客机的翅膀。宽体客机通常采用下单翼的机翼布局，为重量较大的宽体客机提供更好的升力。[2]本文所述机翼研究范围包括机翼主体、副翼、辅助操作舵面（襟翼、缝翼等）以及翼梢小翼。

航空发动机是宽体客机的心脏。宽体客机普遍采用大涵道比涡扇发动机，其具有推力大、耗油低以及噪声小的优点，是自主研制宽体客机的关键。本文在航空发动机方面仅针对大涵道比涡扇发动机开展专利信息检索和分析，具体包括外涵道组件、核心机组件、尾喷管以及风扇组件。

起落架是宽体客机的支撑部件。宽体客机起落架需要优化布局形式、增大结构尺寸、提高承载性能，以应对宽体客机的庞大身躯。[3]本文所述起落架研究范围包括机轮组件（机轮结构、减震系统、转弯系统、刹车系统）和收放结构。

尾翼是宽体客机的重要稳定面。宽体客机主要采用倒 T 形尾翼，在飞机上起航向安定、纵向平衡以及方向操纵的作用。[4]本文所述尾翼研究范围包括垂直尾翼和水平尾翼。

本文首先从上述五方面结构着手，对宽体客机整机结构进行分析研究。通过初期的资料收集和技术了解，确定以下技术分支，具体参见表 1。

**表 1 宽体客机整机结构技术分支表**

| 一级分支 | 二级分支 | 专利申请量/项 |
|---|---|---|
| 机身 | 机身框架 | 1884 |
| | 蒙皮 | |
| | 舱壁 | |
| 机翼 | 机翼主体 | 4301 |
| | 副翼 | |
| | 辅助操作舵面 | |
| | 翼梢小翼 | |
| 航空发动机 | 外涵道组件 | 10270 |
| | 核心机组件 | |
| | 尾喷管 | |
| | 风扇组件 | |
| 起落架 | 机轮组件 | 4140 |
| | 收放结构 | |
| 尾翼 | 垂直尾翼 | 426 |
| | 水平尾翼 | |

2. 数据来源和检索策略

本文以外文数据库（VEN）和中文专利文摘数据库（CNABS）为基础开展专利数据检索，检索日期截止到 2021 年 5 月 30 日。本文的检索目标是直接相关且真实可用的专利文献，在制定检索策略时，为确保数据查全与查准，以技术分解表为基础，充分扩展宽体客机各技术分支涉及的分类号和关键词，对各技术分支分别开展检索，经去重去噪，得到表 1 中所示各技术分支的检索结果。

## 二、专利申请统计分析

### （一）全球专利申请分析

1. 专利申请趋势分析

图 2 为宽体客机整机结构全球专利申请量趋势。由于 2019～2021 年的专利申请存在未完全公开的情况，故本文 2019～2021 年的相关数据不代表这三个年份的全部申请。

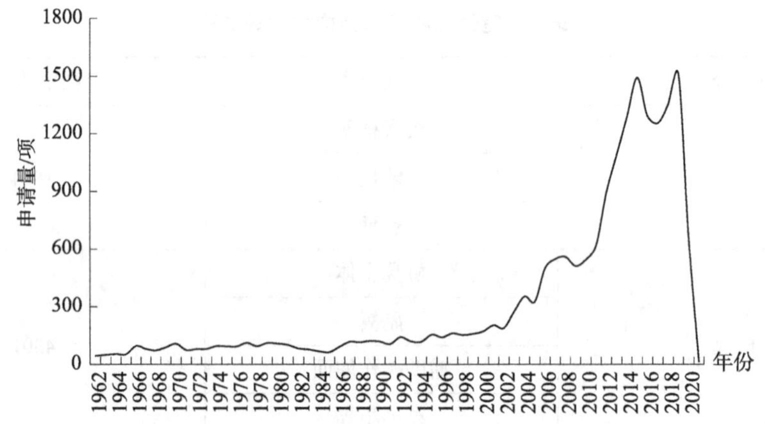


**图 2　宽体客机整机结构全球专利申请量趋势**

如图 2 所示，宽体客机整机结构在 1985 年以前的专利申请量整体较少。1985～2002 年，专利申请量开始呈现稳步增长的趋势。2002 年之后，宽体客机整机结构的专利申请量迅速增长，后续稍许回落后继续保持上升趋势。

图 3 为机身全球专利申请量趋势。如图 3 所示，机身相关技术在 2004 年以前的专利申请量整体较少。2004 年起，随着复合材料技术的发展，专利申请量开始迅速增长，后续稍许回落后继续保持上升趋势。2014 年以后，由于该领域已具备一定成熟度，因此专利申请量开始缓慢下降。

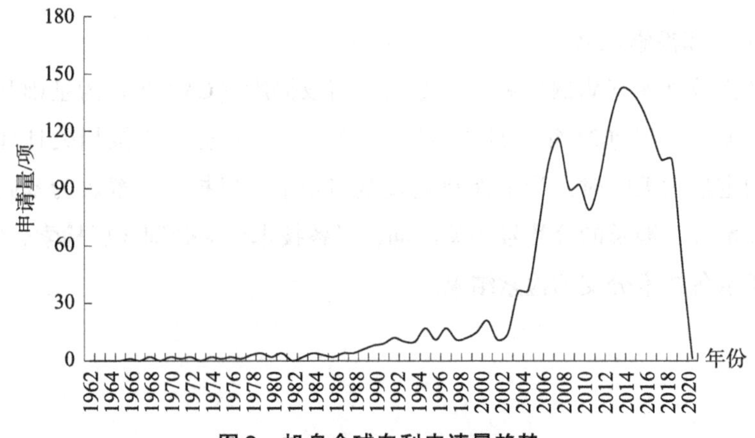


**图 3　机身全球专利申请量趋势**

图 4 为机翼全球专利申请量趋势。如图 4 所示，机翼相关技术的专利申请量整体呈增长趋势。美国宇航局于 1969 年提出了超临界机翼和翼梢小翼等新概念，并于 1973 年首次提出超临界机翼的专利申请。之后针对宽体客机机翼的研发也开始逐步增多，但仍处于萌芽阶段。2004～2012 年，机翼相关技术的专利申请量开始呈现稳步增长的趋势。2012 年后，机翼相关技术的专利申请量快速增长，年申请量均达到了 200 项以上，并且一直保持较快的增长趋势。

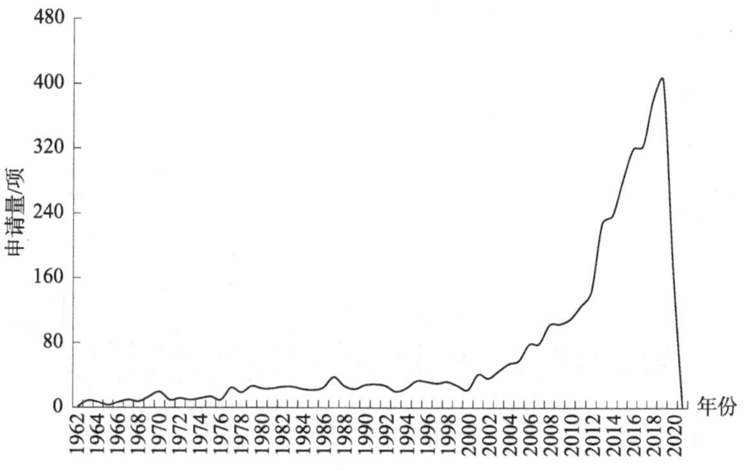


**图 4　机翼全球专利申请量趋势**

图 5 为航空发动机全球专利申请量趋势。如图 5 所示，1999 年及之前，航空发动机领域属于平稳发展阶段。1999 年之后，航空发动机相关技术的专利申请量迅速增长，后续稍许回落后继续保持上升趋势，各航空发动机公司在这一时期争相研制换代产品以提高市场竞争力，涉及齿轮传动、新材料研发、数字化生产在内的众多技术均取得重大突破。

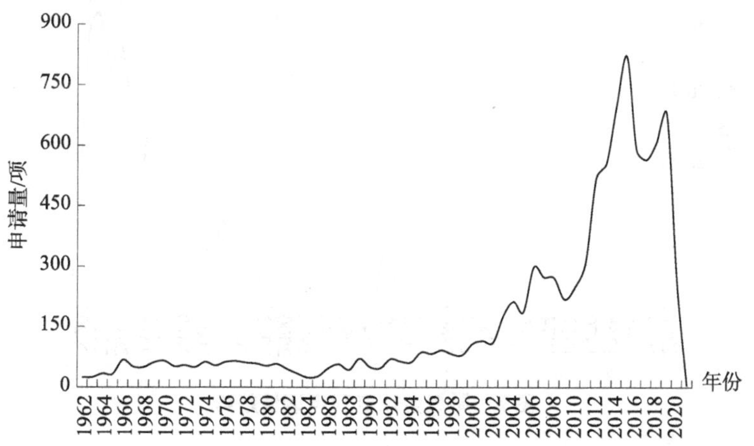


**图 5　航空发动机全球专利申请量趋势**

图 6 为起落架全球专利申请量趋势。如图 6 所示，起落架相关技术在 1996 年及以前的专利申请量整体较少。1996～2008 年，专利申请量稳步增长，在这一阶段，起落架呈现出多元化发展趋势，其刹车性能和减震性能均取得了一定的发展。2008 年之后，起落架相关技术的专利申请量迅速增长，这也与计算机、液压系统、传感器等技术的发展密不可分。

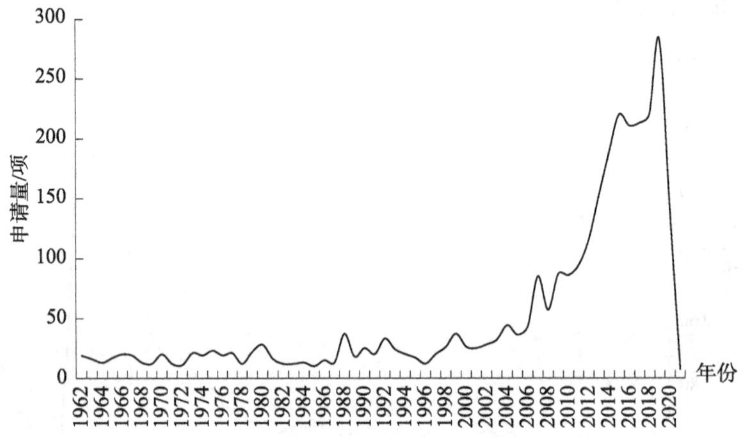


**图 6　起落架全球专利申请量趋势**

图 7 为尾翼全球专利申请量趋势。如图 7 所示，尾翼相关技术在 2000 年以前的专利申请相对较少，主要集中在 20 世纪 80 年代，在该时期以波音和三菱公司（以下简称"三菱"）为代表的申请人对尾翼控制技术进行了集中布局。进入 21 世纪之后，专门适合于宽体客机的尾翼技术才开始引起研究者的重视，尾翼相关技术的专利申请量整体快速增长。

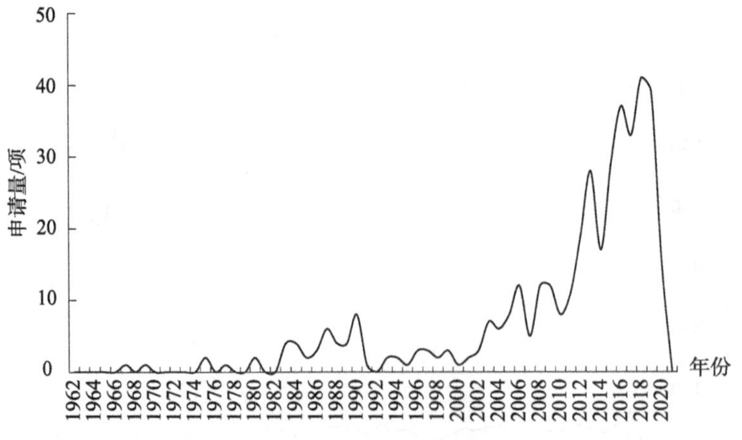


**图 7　尾翼全球专利申请量趋势**

2. 专利申请区域分析

图 8 为宽体客机整机结构全球专利申请分布。如图 8 所示，对于机身、机翼、起落

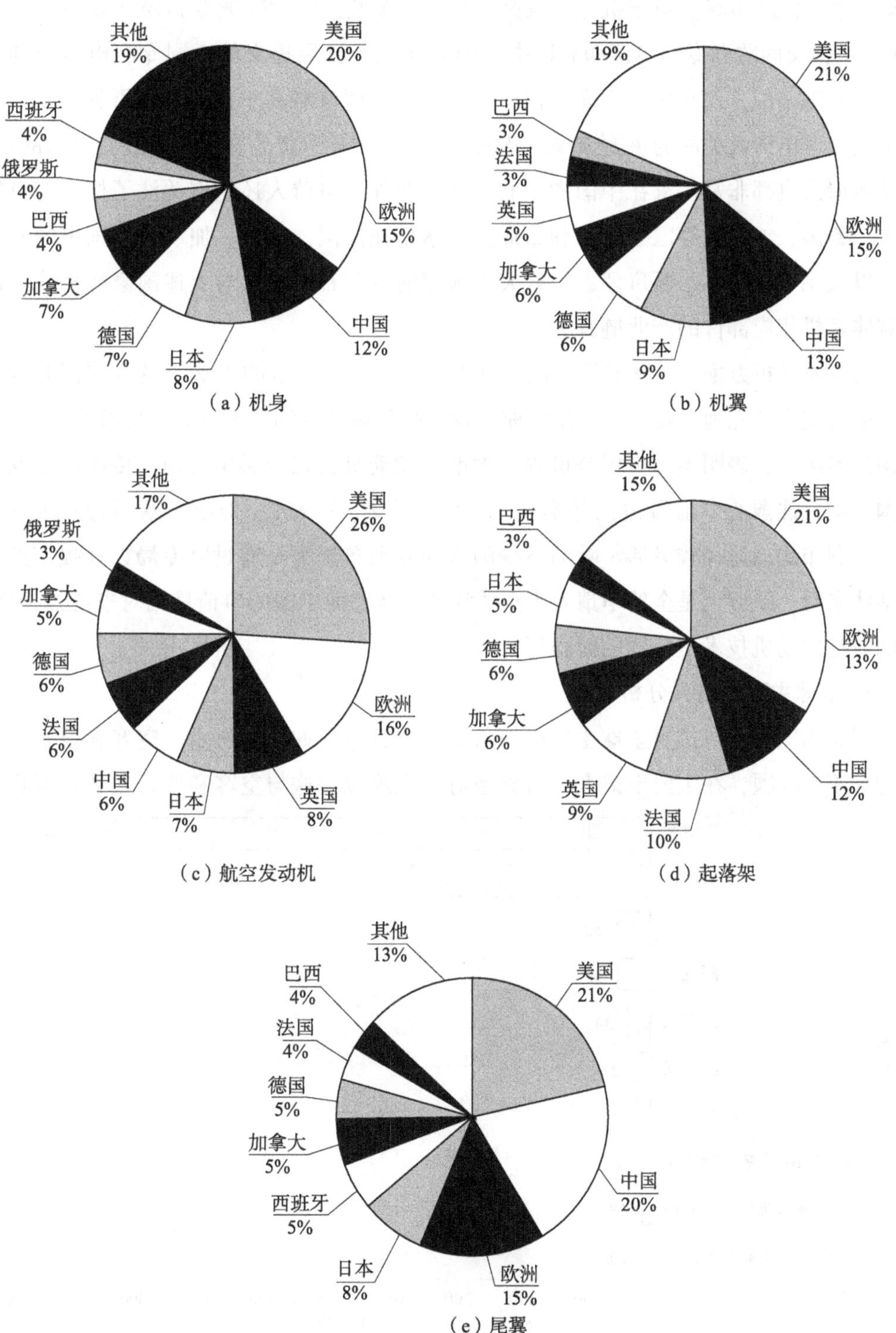


**图 8　宽体客机整机结构全球专利申请分布**

架与尾翼领域来说，美国、欧洲、中国等国家/地区是其全球专利申请的主要布局区域。其中，各技术分支在美国布局的申请量都最高，均达到了20%及以上，说明美国是全球申请人最关注的市场。对于机身、机翼与起落架领域，通过欧洲专利局（以下简称“欧专局”）提交的欧洲专利申请和通过中国国家知识产权局提交的中国专利申请分别位居第二位和第三位，仅在尾翼方面，在中国的专利申请量略高于在欧洲。可见，中国和欧洲也是全球申请人关注的重要市场。特别是随着中国逐渐成为宽体客机最有潜力的市场，全球申请人也都非常注重在中国的专利布局。此外，申请人还重点关注了机身与机翼在日本、德国、加拿大等国家的专利布局，起落架在法国、英国、加拿大等国家的专利布局，以及尾翼在日本、西班牙、加拿大等国家的专利布局，这与上述国家或多或少都具有宽体客机相应部件的产业链有关。

航空发动机方面，美国和欧洲的专利申请量占总申请量的42%，这与美国和欧洲在该领域的技术领先地位相符，也说明航空发动机领域的专利申请存在高度集中性。其中，美国排名第一，表明美国市场是世界各大航空发动机公司的必争之地。传统航空发动机强国英国、法国的申请量占比并不高，分别仅为8%和6%，但由于欧洲特殊的专利制度，专利布局的途径较灵活，欧洲不少国家的专利布局都是通过欧专局途径提交的，因此整体来看，欧洲也是全球申请人重点关注的地区。而中国的申请量相对来说处于低位，说明航空发动机技术是我国的薄弱环节。

3. 全球主要申请人分析

图9为宽体客机机身全球主要申请人申请量分布。如图9所示，空客和波音的申请量均大于500项，在主要申请人中占据绝对领先地位，这与空客和波音在宽体客机领域

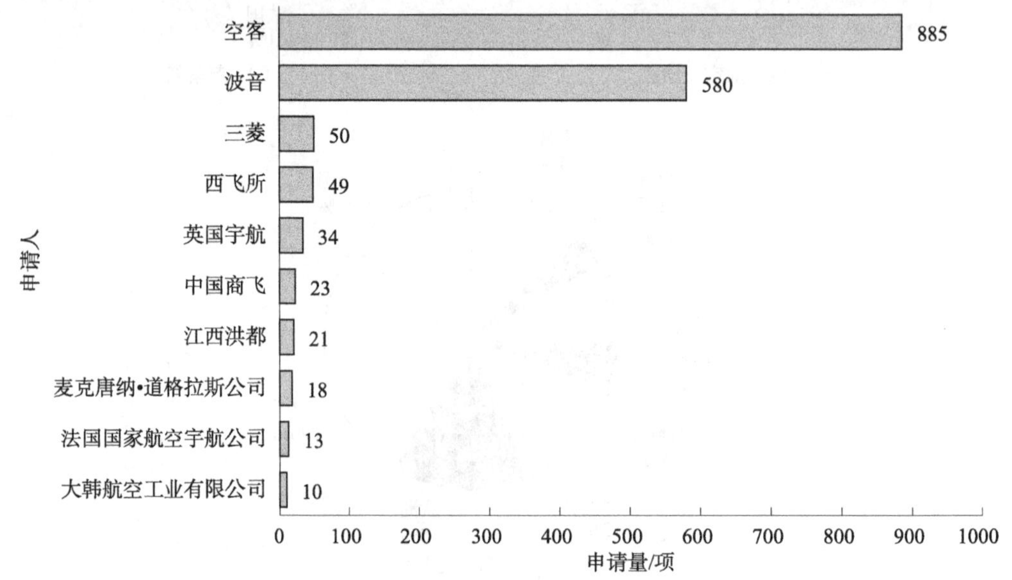


**图9　宽体客机机身全球主要申请人申请量分布**

的市场主导地位相吻合。日本的三菱作为波音宽体客机机身的重要供应商，机身方面的专利申请量排名第三。国内的中国航空工业集团公司西安飞机设计研究所（以下简称“西飞所”）的申请量位居第四，其是我国大中型军民用飞机研制基地。英国宇航系统公司（以下简称“英国宇航”）的申请量位居第五，具有较强的研发实力。排名第六的中国商用飞机有限责任公司（以下简称“中国商飞”）是我国实施国家大型飞机重大专项中大型飞机项目的主体，而排名第七的江西洪都航空工业集团有限责任公司（以下简称“江西洪都”）是我国大飞机项目机身的主要供应商，还是波音宽体客机机身的供应商之一。

图 10 为宽体客机机翼全球主要申请人申请量分布。如图 10 所示，除了波音、空客这两大主要申请人，我国的西飞所、中国商飞以及中国航空工业集团沈阳飞机设计研究所分别占据了第三、第五和第十的位置。此外，部分主要申请人是空客或波音的合作伙伴，如三菱、英国宇航和普拉特·惠特尼公司（以下简称“普惠”）。

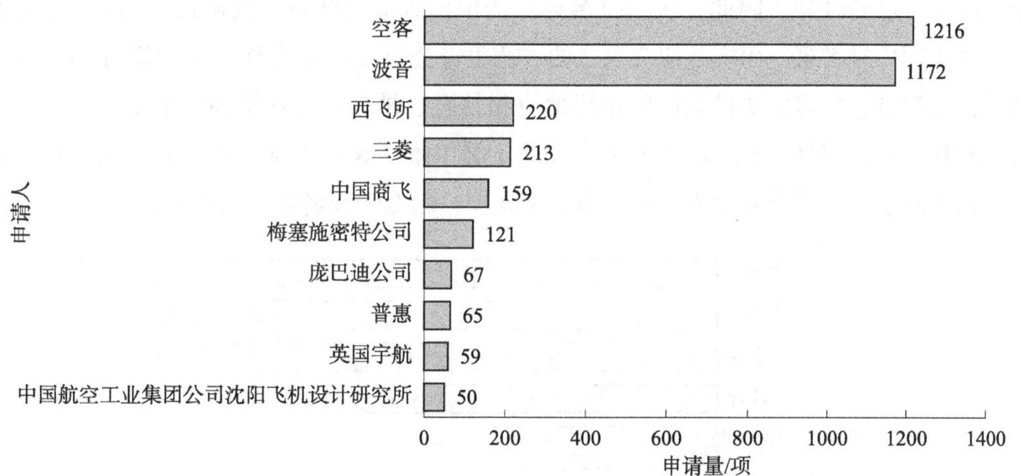


**图 10 宽体客机机翼全球主要申请人申请量分布**

图 11 为宽体客机航空发动机全球主要申请人申请量分布。如图 11 所示，普惠、罗尔斯·罗伊斯公司（以下简称“罗罗”）、通用电气公司（以下简称“通用”）位列前三，相关专利申请量均在 1000 项以上，彰显出其在航空发动机领域的强劲实力，也与其全球三大航空发动机公司的地位相符。排名第四的赛峰公司（以下简称“赛峰”）依靠与通用合作研制的 CFM56 系列和 LEAP 系列大涵道比涡扇发动机，在民用航空发动机市场占据一定地位。排名第五和第六的空客和波音并不生产航空发动机，其专利申请主要侧重于航空发动机与机翼的融合。中国航发商用航空发动机有限责任公司是唯一进入前十的国内申请人，且申请量仅有 60 项，表明我国航空发动机研制仍处于起步阶段。

图 12 为宽体客机起落架全球主要申请人申请量分布。如图 12 所示，排名前十的申请人大部分来自国外，由于图中排名第二的梅西埃公司（以下简称“梅西埃”）和排名

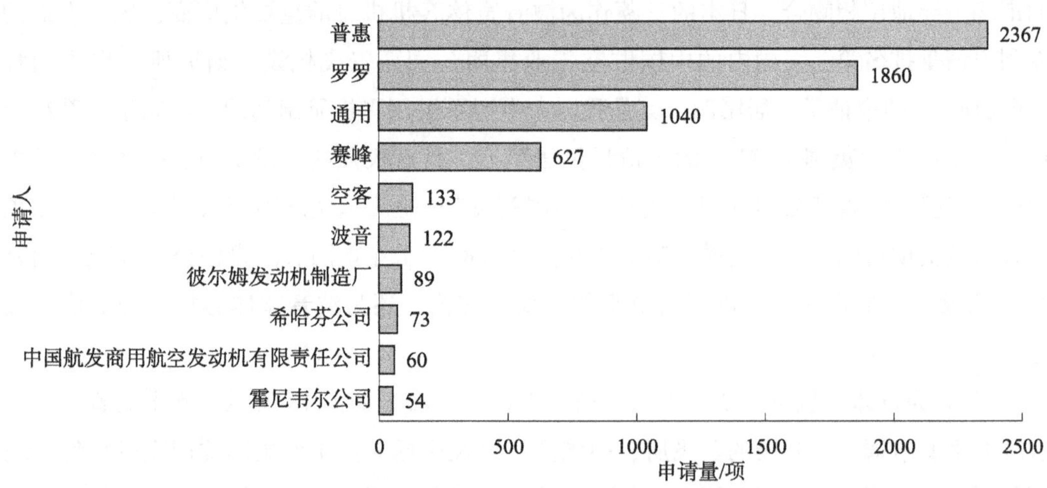


**图 11　宽体客机航空发动机全球主要申请人申请量分布**

第七的赛峰已经合并，因此，实际排名第一的申请人应为赛峰，其申请量实际应为 520 项，高于图中排名第一而实际应为第二的古德里奇公司（以下简称“古德里奇”），这与赛峰作为波音、空客主要供应商的市场地位相符合。排名第三和第四的申请人空客和波音，同样在该领域具有较强的研发能力。前十名中唯一来自中国的申请人是西安航空制动科技有限公司，其排名第五，申请量为 180 项，远低于排名第四的波音。

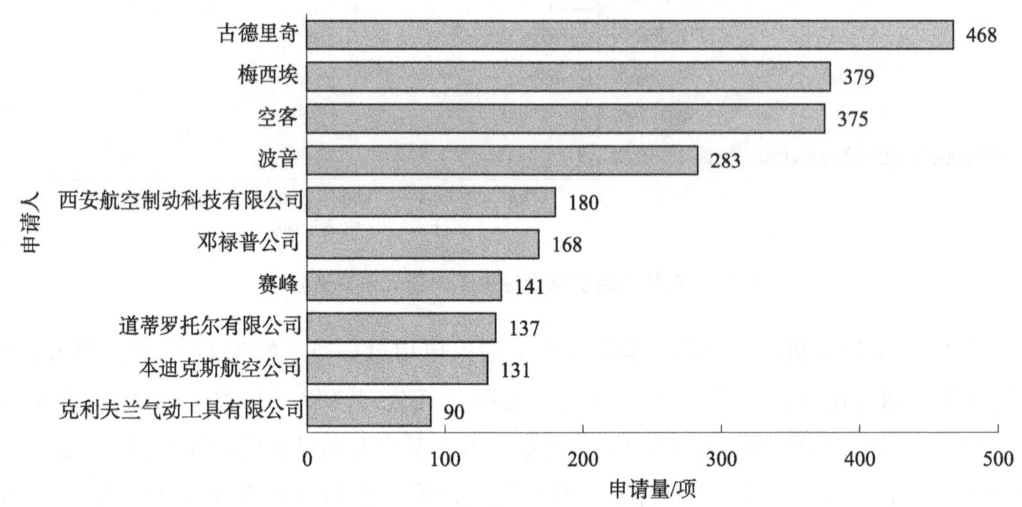


**图 12　宽体客机起落架全球主要申请人申请量分布**

图 13 为宽体客机尾翼全球主要申请人申请量分布。关于尾翼的专利申请主要集中在空客和波音两家公司，其次是来自日本的三菱，进入前十的国内申请人包括西飞所、中国商飞、江西洪都。

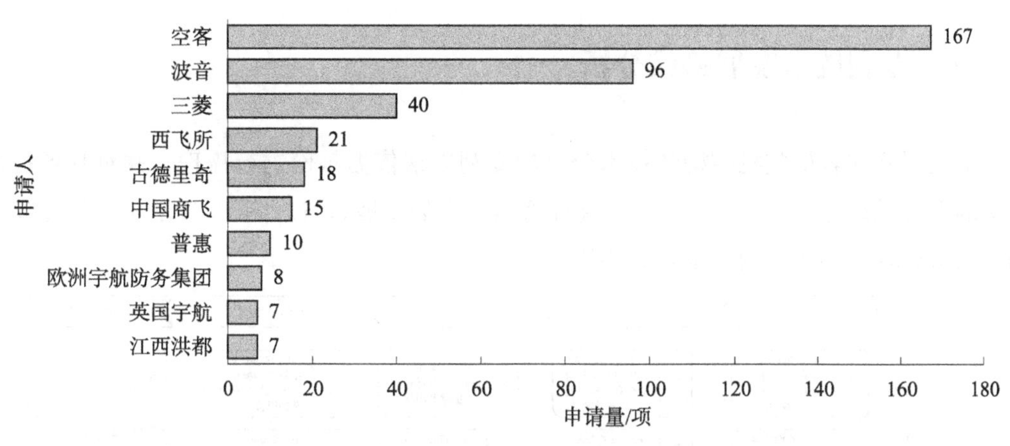


**图 13　宽体客机尾翼全球主要申请人申请量分布**



### （二）国内专利申请分析

根据波音预测，在未来 20 年内，中国市场对宽体客机的需求为 1780 架，是中国目前宽体客机规模的数倍之多，可见中国宽体客机市场前景广阔。

从图 14 中也可以看出，宽体客机各技术分支的在华专利申请中，国外申请人在华专利布局优势较为明显，中国申请人申请量普遍占比较低，这也与国内广阔的市场前景息息相关。其中起落架领域国内申请人专利申请量占比相对最高，达到了 44%，其次是尾翼技术，国内申请人的专利申请量占比为 35%，这也与国内申请人近些年参与波音、空客宽体客机相关零部件的生产制造的情况相吻合。而在宽体客机机身、机翼、航空发动机部分的专利技术布局方面，国内申请人则更处于弱势，专利申请量占比分别为 14%、30% 和 25%。

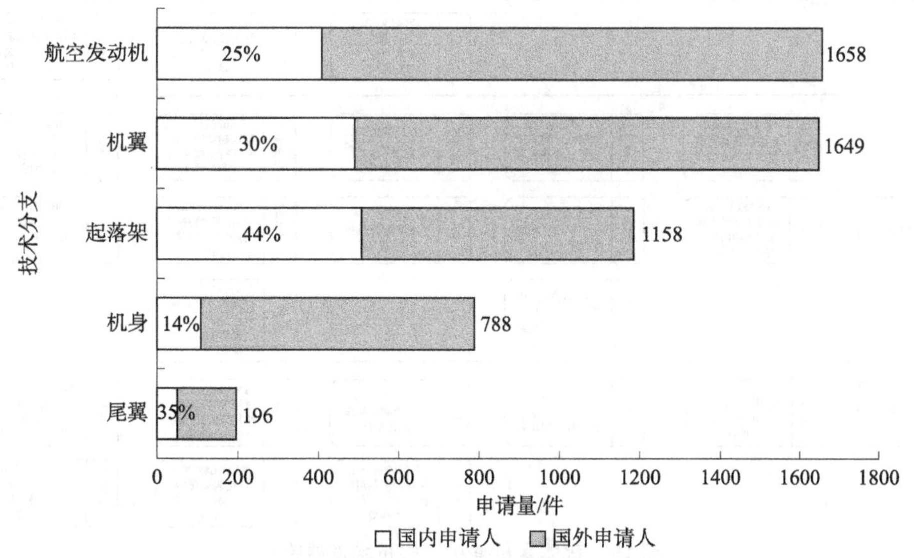


**图 14　宽体客机整机结构在华专利申请来源国家/地区分布**

# 三、专利技术发展路线分析

本文对宽体客机整机结构各技术分支的专利申请依据年份进行梳理，并对其各技术分支的发展脉络进行分析，以便了解宽体客机技术的发展脉络。图 15 显示了由重点专利构成的宽体客机整机结构技术发展路线。

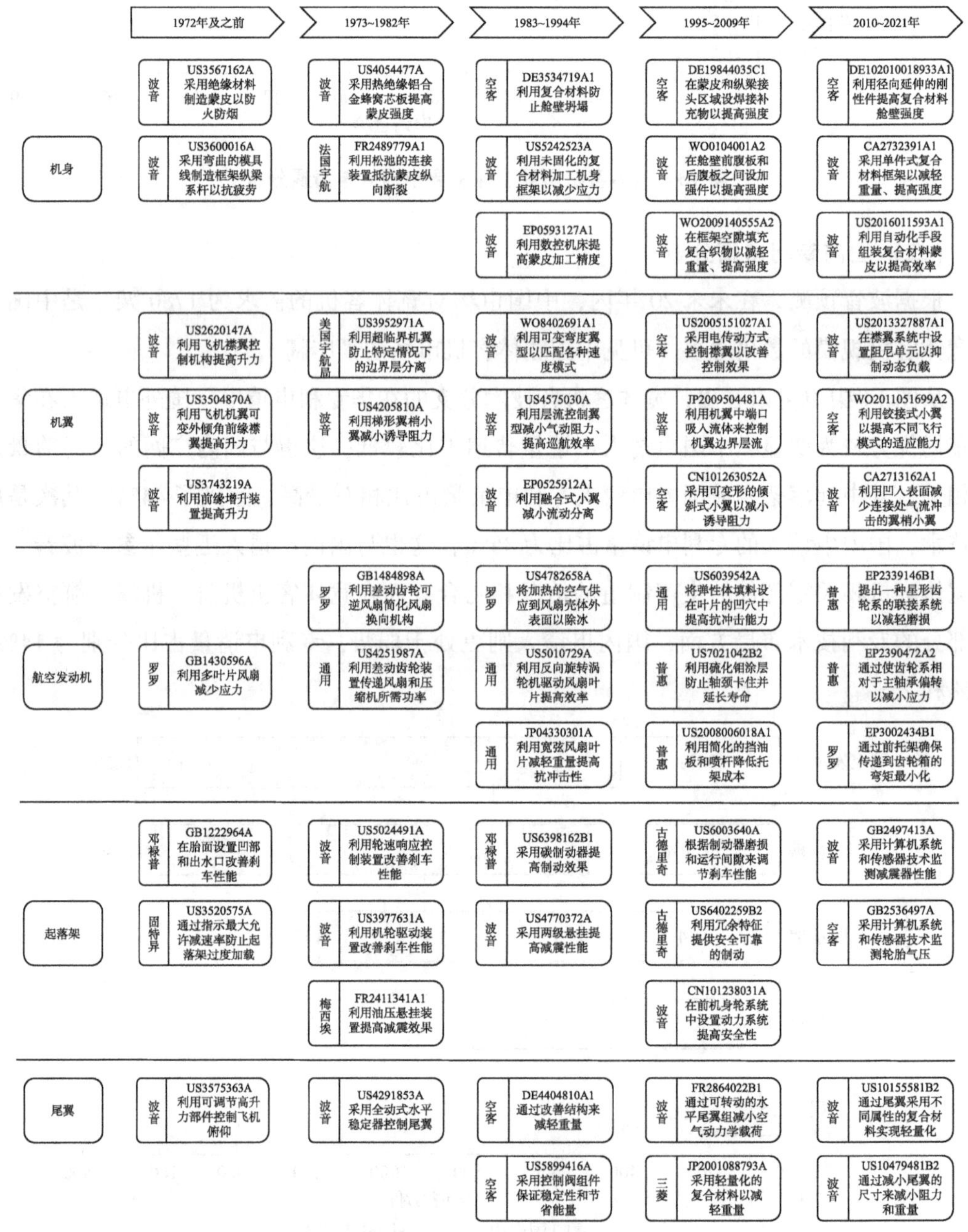


**图 15　宽体客机整机结构技术发展路线**

注：图中将法国国家航空宇航公司简称为“法国宇航”，将邓禄普公司简称为“邓禄普”。

### （一）机身

1972 年及之前，机身领域的申请人普遍关注机身的安全性能，如专利申请 US3567162A 采用折叠或波纹状的绝缘材料来阻止火焰、烟雾和有害液体进入飞机内部。同时，还开始了针对机身框架结构抗疲劳性的研究，如专利申请 US3600016A 采用弯曲的模具线来制造框架纵梁系杆，有效提高了结构抗疲劳性。

在 1973 ~ 1982 年，机身领域出现了不少关注如何提高机身强度并降低导热性的专利文献。专利申请 US4054477A 通过在铝合金蜂窝芯成型前将黏合片和剥离布黏合到其表面上提高机身强度并降低导热性。专利申请 FR2489779A1 利用松弛的连接装置在纵向连接装置断裂之后抵抗蒙皮的纵向断裂达到提高机身强度的效果。

在 1983 ~ 1994 年，复合材料在机身上的应用开始得到申请人的关注。专利申请 US5242523A 将未固化的复合材料桁条施加到未固化的复合材料板材上，然后将固化的框架横向放置在桁条上，在减轻机身重量的同时减少机身翘曲和应力集中。专利申请 DE3534719A1 利用复合材料加固机身舱壁防止舱壁坍塌。此外，申请人还较为关注机身自动化加工技术。专利申请 EP0593127A1 提出了针对数控机床加工的改进，利用数字化技术提高蒙皮加工精度。

在 1995 ~ 2009 年，机身领域的申请人更加关注如何减轻机身重量和提高机身强度。其中，复合材料的应用是最重要的手段，专利申请 WO2009140555A2 利用黏合剂层将复合织物层设置在填充材料区域有空隙的通道、盖和基部中，从而达到减轻重量和提高强度的效果。而专利申请 DE19844035C1 提出的针对机身焊接技术的改进以及专利申请 WO0104001A2 提出的在前腹板和后腹板之间布置加强件的技术也都是有效提高机身强度的手段。

2010 年起，机身领域出现了大量涉及复合材料应用的专利文献。专利申请 DE102010018933A1 利用从环形元件径向延伸的刚性件提高复合材料舱壁强度。专利申请 CA2732391A1 提出了一种弯曲的单件式复合材料机身框架，用来减轻重量和提高强度。专利申请 US2016011593A1 利用自动化的手段提高复合材料蒙皮的组装效率。

### （二）机翼

1972 年及之前，针对机翼增升装置的改进是该领域的关注热点。波音在这一时期提出了较多针对襟翼的改进，如专利申请 US2620147A、US3504870A、US3743219A 都是通过对襟翼的有效控制，达到提高升力性能的目的。

在 1973 ~ 1982 年，机翼领域提出了超临界翼型和翼梢小翼的概念。美国宇航局的专利申请 US3952971A 首次提出了超临界翼型，有效防止在远高于临界马赫数的高亚音速下由冲击波引起的边界层分离。波音的专利申请 US4205810A 则提出了梯形翼梢小翼，可显著减小诱导阻力。

在1983～1994年，机翼领域的申请人更加关注机翼气动效率的提升。专利申请WO8402691A1提出了一种可变弯度翼型，使机翼可有效匹配飞机的各种速度模式。专利申请EP0525912A1则提出了融合式小翼，可以有效减少机翼和小翼相交处的流动分离。专利申请US4575030A提出了层流控制翼型，可以有效减小机翼气动阻力，提高飞机巡航效率。

在1995～2009年，机翼领域的申请人持续关注针对翼梢小翼的改进，专利申请CN101263052A公开了一种倾斜式小翼，机翼在使用过程中可以变形以提供较大的翼展，由此减小诱导阻力。针对翼型方面，专利申请JP2009504481A提出了对机翼上边界层流进行改善的系统和方法。在此阶段，襟翼的控制手段从机械传动控制发展为电传动控制，如专利申请US2005151027A1。

2010年起，翼梢小翼的发展仍然是机翼领域的重点。专利申请CA2713162A1通过在翼梢小翼表面设置凹陷来减小在机翼与小翼连接区域处的气流冲击。专利申请WO2011051699A2提出了一种铰接式小翼，以提高不同飞行模式的适应能力。同时，针对襟翼的电传动控制进一步得到发展，专利申请US2013327887A1通过在电传动控制的襟翼系统中设置阻尼单元，有效抑制了动态负载。

### （三）航空发动机

航空发动机涉及的技术较多，在此仅针对风扇组件的重点专利进行分析。

1972年及之前，对于风扇组件的改进主要涉及叶片本身，如罗罗在专利申请GB1430596A中提出的一种多叶片风扇。

在1973～1982年，开始出现有关风扇转子与低压压气机之间的齿轮传动装置的技术。专利申请GB1484898A提出了一种管道风扇燃气涡轮发动机的差动齿轮可逆风扇以及专利申请US4251987A提出了差动齿轮发动机，但由于配套技术不完善，齿轮传动技术并未实现产品化。

在1983～1994年，对于风扇组件的改进趋于多元化。专利申请US5010729A提出了一种齿轮反向旋转涡轮及风扇的推进系统；专利申请US4782658A提出了一种齿轮式燃气涡轮发动机的除冰装置，有效改善了风扇壳体的除冰效果；通用的专利申请JP04330301A提出的一种宽弦风扇叶片，致力于对实心叶片复合材料的改进。

在1995～2009年，航空发动机领域开始关注齿轮传动装置的研发。普惠在这一时期提出了大量关于齿轮传动装置的专利申请，如专利申请US7021042B2提出了一种用于涡轮风扇发动机的齿轮系联接器，专利申请US2008006018A1提出了一种燃气轮机风扇驱动齿轮系统的挡油板。通用则持续关注复合材料叶片的改进，其专利申请US6039542A提出了一种平板阻尼混合复合材料叶片，该专利将弹性体填料设置在叶片的凹穴中，提高了抗冲击能力并改善了振动性能。

2010年起，齿轮传动装置的改进已成为该领域的研究热点，普惠的专利申请EP2339146B1和EP2390472A2均是关于齿轮传动装置及其附件的改进。除了普惠之外，其他申请人也加入了对齿轮传动装置的研究，如罗罗的专利申请EP3002434B1提出了一种齿轮传动构造用于燃气涡轮机的挤压油膜阻尼器。

**（四）起落架**

1972年及之前，起落架领域的申请人普遍关注刹车性能的研究。专利申请GB1222964A在胎面设置凹部和出水口，使出水口与至少一些凹部相关联，从而使轮胎在潮湿表面上滑动期间胎面相对于覆盖水的表面的速度降低。专利申请US3520575A通过产生指示最大允许减速率的超控信号，防止起落架过度加载制动力。

在1973～1982年，起落架领域的关注方向开始扩展，不仅继续注重对刹车性能的研究，如专利申请US5024491A、US3977631A，还开始关注减震效果的改进，如专利申请FR2411341A1。

在1983～1994年，新材料的应用逐渐成为该领域申请人的关注重点，专利申请US6398162B1首次在起落架中使用碳制动器。同时，该领域开始出现采用两级悬架来提高减震效果和安全性的研究，如专利申请US4770372A。

在1995～2009年，起落架在刹车性能和安全性方面均进入快速发展阶段。在刹车性能方面，专利申请US6003640A能够根据制动器磨损和运行间隙来调节刹车性能，专利申请US6402259B2利用冗余特征提供安全可靠的制动，尤其是在紧急制动模式下提供制动力，增强了宽体客机的安全性。在安全性方面，专利申请CN101238031A在前机身机轮系统中设置动力系统，从而在不使用航空器主发动机的情况下驱动飞机滑行，具有很高的安全性。

2010年起，起落架领域开始注重采用计算机系统和传感器技术来改善安全性和舒适性。如专利申请GB2497413A采用计算机系统和传感器技术来监测减震器的性能；专利申请GB2536497A采用计算机系统和传感器技术来监测轮胎气压以保证安全性。

**（五）尾翼**

1972年及之前，尾翼领域主要关注基本结构的改进，如专利申请US3575363A提出了一种具有可调节高升力部件的飞机水平尾翼，有效增加了尾翼气动性能从而更好地进行飞机俯仰控制。

在1973～1982年，尾翼领域主要关注通过翼型结构设计来改变尾翼的气动布局，如专利申请US4291853A在倒T形尾翼的全动式水平稳定器的前缘设计向前突出的顶点结构，以减小致动全动机翼或垂直尾翼所需的力矩。

在1983～1994年，尾翼领域开始围绕轻质化以及控制技术进行改进。专利申请DE4404810A1在尾翼单元的上轮廓线和两个侧向轮廓线各自设置拐点，并且使升降舵单元的中心箱体部分在用于承载方向舵单元的肋的区域中穿过尾翼单元，从而能够在结构上减轻重量；专利申请 US5899416A 通过设置控制阀门组件保证飞机稳定性以及节省能量。

在 1995 ~ 2009 年，尾翼领域的申请人关注在材质上如何进行轻质化设计以及如何减小尾翼的空气阻力。专利申请 JP2001088793A 公开了一种复合材料结构体飞机尾翼单元，其用于保证尾翼的耐用性和轻量化；专利申请 FR2864022B1 通过使水平尾翼组沿机头向上的方向转动，减小在起飞期间施加到飞机升降舵上的载荷。

2010 年起，复合材料在尾翼中的应用得到进一步重视，同时关于调整尾翼尺寸和位置以减轻重量、改善阻力的技术也成了新的研发热点。专利申请 US10155581B2 公开了一种复合层压飞行器尾翼，将不同属性的复合材料连接到尾翼上，提高了控制稳定性，并实现轻质化；专利申请 US10479481B2 则提出通过减小尾翼的尺寸来减小水平稳定器的阻力和飞机的重量。

## 四、重点技术分析

宽体客机较大的机身尺寸和结构重量对整机结构各个方面都提出了更高的要求，领域内研发人员围绕机身和机翼的气动布局改进以及航空发动机的性能提升作出了较多的技术创新，本节针对机身、机翼和航空发动机的部分重点技术进行分析，以期为我国研发人员提供参考。至于起落架与尾翼，其更多以借鉴窄体客机的相关技术为主，在此不做重点分析。

### （一）机身重点技术分析

机身气动布局直接影响到宽体客机的安全性、可加工性和舒适性等方面，是宽体客机机身设计过程中的重要考虑因素之一。而机身剖面外形则是机身气动布局设计的重点。较大的机身剖面通常可增加承载量，并使飞机的座椅宽度及客舱过道宽度增加，提高乘客的舒适感，但是随着机身剖面尺寸的增加，机身需要承受的各种应力、弯矩等大幅增加，大大增加了设计和制造的难度；反之，较小的机身剖面容易满足受力需求，便于制造，但是载客量和载货量较少，且乘客的舒适性较低。因此，在设计机身剖面时，需要综合考虑多方因素，确定一款最符合特定场景实际需求的机身剖面。在设计时通常可以遵循“由内向外”的原则，先根据载客量确定客舱采用单层还是双层，然后确定每排座位数和过道数，在此基础上，使机身剖面的周长尽可能缩短，以减少机身的外露面积，从而降低气动阻力，提高宽体客机的安全性和经济性。[5]

通过对宽体客机机身剖面专利申请的检索和梳理，本文依据机身剖面的形状将机身剖面的技术分支划分为圆形、纵向椭圆形、横向椭圆形、8 字形、横向 8 字形、鸡蛋形和其他异形。其中纵向椭圆形是指长轴竖直设置的椭圆形，横向椭圆形是指长轴水平设置的椭圆形，鸡蛋形在圆周方向上不包含向内的凹部，8 字形包含左右两侧仅轻微内凹且上下不对称的形状。本文将技术功效划分为便于制造、改善受力状况、减轻重量、提高经济性和提高空间利用率。其中改善受力状况包括提高机身强度、减少所受应力和弯矩等，提高经济性包括提高加工制造经济性、提高燃油经济性和提高使用寿命等，提高空间利用率主要指提高载客量和载货量。根据上述对于技术手段与技术效果的划分，得到如图 16 所示的技术功效矩阵图，从中可以看出申请人在机身剖面领域的主要研究方向和考虑因素。

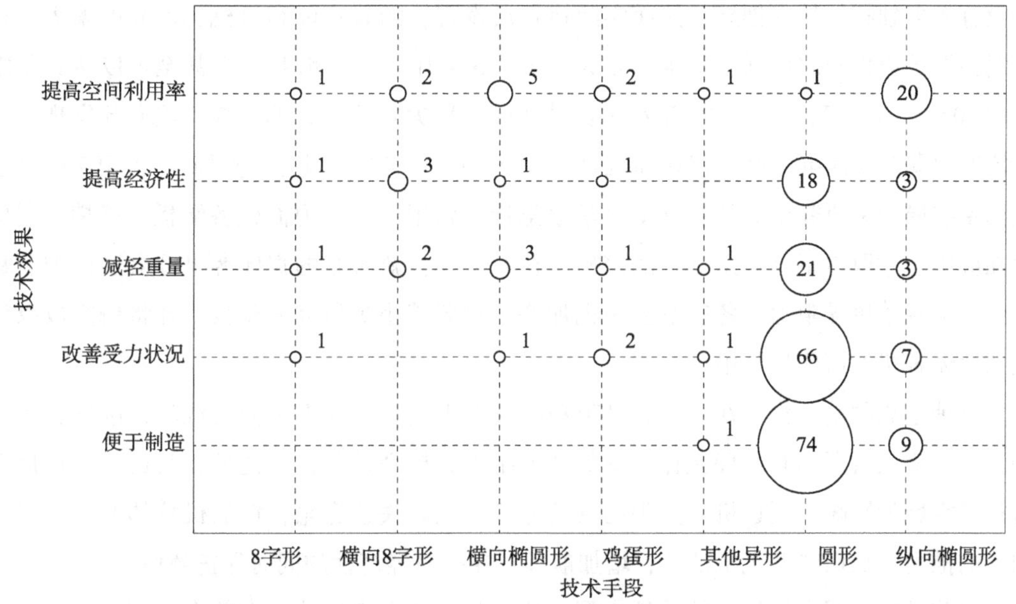


**图 16　机身剖面技术功效矩阵**

注：图中数字表示申请量，单位为项。

从技术分支来看，如图 16 所示，申请人在机身剖面领域的专利申请以圆形为主，其主要技术功效在于便于制造和改善受力状况。这是由于圆形的机身剖面具有良好的对称性，便于保证加工精度，且能够以环张力来平衡内部力载荷，进而改善受力状况。此外，圆形的机身剖面还具有减轻重量和提高经济性的技术功效。但是圆形的机身剖面会使得客舱空间的上方和下方有较多容积难以充分利用，导致空间利用率较差。空客 A340、波音 B777 等机型均采用了圆形的机身剖面。纵向椭圆形的机身剖面在专利申请量上仅次于圆形。纵向椭圆形的机身剖面空间利用率较高，适合设计成双层客舱进而提高载客量，同时可以兼顾制造便利性和受力状况，也是宽体客机制造商的常用机身剖面，如空客 A380 采用了纵向椭圆形的机身剖面。横向椭圆形的主要技术功效与纵向椭圆形相同，均为提高空间利用率，不同之处在于横向椭圆形通常只能将客舱布置为单层。横向 8 字形的技术功效在于提高经济型、减轻重量和提高空间利用率，波音 B747 最初设计时曾考虑过这种机身剖面形状，后来考虑到制造便利性和受力状况等因素而没有最终采纳。鸡蛋形和 8 字形的机身剖面可以较好地兼顾受力状况、重量、经济性和空间利用率，缺点是制造便利性较差。波音 B747 即采用了两侧轻微内凹、上小下大的 8 字形机身剖面。此外，还有少量不规则的其他异形机身剖面，如采用多段圆弧构成的类似圆饼形的机身剖面。

### （二）机翼重点技术分析

宽体客机问世之初，对于机翼的设计仅仅是在尺寸上有所增大，和窄体客机相比，并没有太多独特的技术创新。然而实际运行后发现，随着宽体客机机翼尺寸的增大，机翼翼尖涡效应也随之增强，产生了较为显著的诱导阻力，巡航状态下甚至可以达到总阻力的 40%。为了解决该问题，工程师尝试在机翼翼尖安装垂直的端板，然而却发现虽然其能够削弱翼尖涡的强度，但在巡航时端板也会引起较大的阻力。直到 20 世纪 70 年代，美国宇航局兰利研究中心的空气动力学家惠特科姆用一个升力面代替端板，翼梢小翼概念在应用上才取得了真正意义上的突破。在此以后，新研制的宽体客机都会通过加装翼梢小翼来减小诱导阻力，各航空公司也加快了对翼梢小翼研究的步伐，并将研究成果体现在宽体客机的历代机型中。

翼梢小翼的基本作用在于：其可阻挡机翼下表面气流向上表面的绕流，削弱翼尖涡的强度，增大机翼的有效展弦比，降低诱导阻力，提高升阻比。此外，其还可降低尾迹对机场空域的影响，延迟机翼翼尖的气流分离，提高失速迎角，增加机翼的升力并提供向前的推力，从而降低飞机油耗，增加航程，在提高经济性的同时保护环境。

目前已经应用在飞机上的翼梢小翼，从安装位置上来区分，有单上小翼、上下小翼等，从结构形式区分，有翼尖涡扩散器、融合式翼梢小翼、斜削式翼梢小翼、鲨鳍翼梢小翼等。为了便于专利分析，本节将翼梢小翼的关键技术手段划分为翼尖涡扩散器、单板式翼梢小翼、光滑过渡式翼梢小翼、分裂式翼梢小翼、异形翼梢小翼、可变形式翼梢小翼。

翼尖涡扩散器包括类似镖形的翼梢小翼；单板式翼梢小翼为单个板状物与机翼呈一定夹角安装形成的翼梢小翼；光滑过渡式翼梢小翼是指小翼与机翼之间是光滑过渡的，包括常见的融合式翼梢小翼、斜削式翼梢小翼、鲨鳍翼梢小翼等；分裂式翼梢小翼是指呈上下分叉形状的翼梢小翼，包括常见的在小翼根部增加了带下反角的第二片小翼以及双羽式翼梢小翼等；异形翼梢小翼是指不包括在以上几种形状中的翼梢小翼，包括 C 形、环形、螺旋形翼梢小翼等；可变形式翼梢小翼是指能够实现折叠、转动、伸缩等运动的翼梢小翼。本节将技术效果主要分为提高气动性能、提高各航段适应性、降低成本、减轻机翼负荷与振动、提高强度防止损坏、减少负面影响、便于操作。

根据上述对于技术手段与技术效果的划分，得到如图 17 所示的技术功效矩阵图，可以看出申请人在该领域的重要研究方向和科研投入力度。

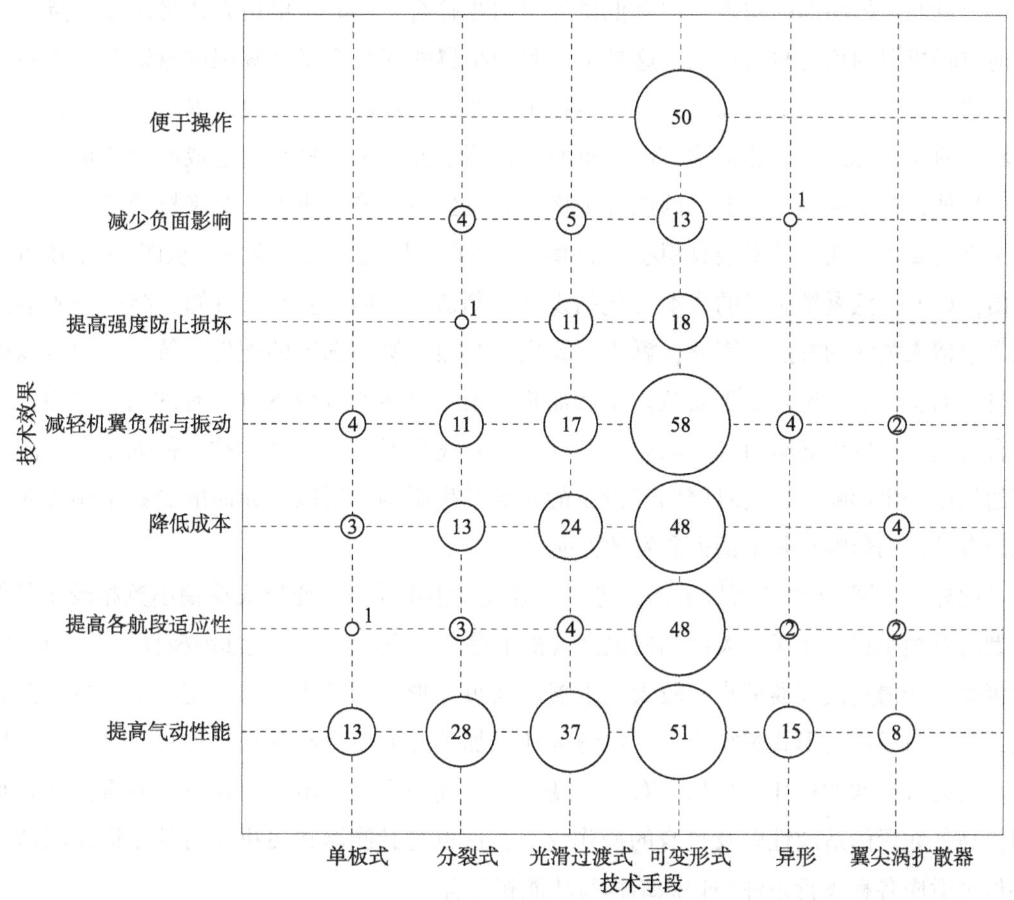


**图 17　翼梢小翼技术功效矩阵**

注：图中数字表示申请量，单位为项。

从技术手段来看，申请人在翼梢小翼领域中，主要对可变形式翼梢小翼、光滑过渡式翼梢小翼以及分裂式翼梢小翼三个技术手段进行研究创新。这是由于光滑过渡式翼梢小翼与机翼之间是光滑过渡的，相较于传统的单板式翼梢小翼，其进一步改善了翼梢小翼的减阻功能，有效减少了翼梢小翼与机翼之间的气动干涉，改善了受力情况，增加了翼尖处抗弯和抗扭强度，提高了飞行效率。对于分裂式翼梢小翼，除了上部翼片会产生向内和少量向前的升力外，新的下部翼片会产生向外和少量向前的升力，可以让小翼的作用更加平衡，进一步改善机翼的整体效率。而固定的翼梢小翼不可能在所有条件和状态下都有良好的表现，因此能够在飞机飞行不同阶段改变外形的可变形式翼梢小翼成为申请人的研发重点，其申请量最大。

从技术效果上来看，申请人将翼梢小翼技术效果的研发重点主要放在如何提高气动性能上，包括减小诱导阻力、提高升阻比、提高起飞性能、提高失速迎角、减少尾涡等，这也与发明翼梢小翼的初衷，即降低诱导阻力相符合。同时，申请人还将研发重点放在如何减轻机翼的负荷与振动上，这是由于翼梢小翼的安装会增加翼根的弯矩与机翼的振动，这会影响机翼的结构强度，容易导致机翼的结构被破坏。为此，申请人从优化小翼形状、简化小翼及附件的结构、使用新型材料等多方面来减轻小翼造成的机翼负荷与振动。另外，为了应对不断上涨的燃油价格，航空公司为控制成本，对飞机的燃油效率提出了更高要求，而虽然安装翼梢小翼能够降低油耗，但也增加了成本。从图 17 中还可以看出，如何降低翼梢小翼的成本（包括设计、制造、运输、安装、拆卸、维护等成本），也是申请人关注的重点。因此，翼梢小翼也作为很多机型选装的配件，航空公司可以根据自己的实际需求选择是否安装。虽然加装翼梢小翼能够减少飞机原有的诱导阻力，但其自身也会产生诱导阻力和形状阻力，并且会对飞机原有的气动结构，例如襟翼、副翼等的气流产生影响，也会对照明等设备的布置产生影响，所以，如何减少翼梢小翼对飞机原有结构的影响也是申请人研发的方向。

此外，从图 17 中还可以看出，光滑过渡式翼梢小翼与可变形式翼梢小翼相较于其他类型的翼梢小翼，还额外关注如何提高翼梢小翼自身的强度，防止其因碰撞导致的损坏，这可能与光滑过渡式翼梢小翼较大的翼展以及可变形式翼梢小翼非固定式的结构息息相关，而且对于可变形式翼梢小翼，申请人还更加关注如何提高致动器的可靠性，防止因致动器失效导致的损坏。另外，对于可变形式的翼梢小翼，申请人还将研发重点放在如何提高各航段的适应性以及自身的操作性上，这也与其能够在飞机飞行的不同阶段改变外形来适应各种飞行条件的特殊结构与功能相符合。

### （三）航空发动机重点技术分析

航空发动机领域的各项关键技术中，风扇组件技术是涡扇发动机区别于其他类型喷气发动机的最显著特征。随着现代涡扇发动机涵道比的增加，风扇组件日益向着大尺寸方向发展，可以说大尺寸风扇组件是大涵道比涡扇发动机的特有技术。根据前文分析可知，航空发动机领域的专利申请重点集中在普惠、通用和罗罗三家公司手中。因此，本节重点分析上述三家公司的大尺寸风扇组件专利技术情况。大尺寸风扇组件在结构上主要包括叶片、叶根、转子盘、包容环、驱动部件，以上述技术分支为基础，得到如图 18 所示的三家公司大尺寸风扇组件的申请分布。从整体来看，普惠的申请量遥遥领先其他两家公司，罗罗位居第二，通用申请量最低。结合图 19 所示三家公司风扇组件申请趋势可以看出，在 2011 年之前三大航空发动机公司在风扇组件领域的申请量相对较为一致，自 2011 年起，三大航空发动机公司增长态势出现明显分化，普惠的增长幅度十分显著，罗罗也有较为明显的增长趋势，而通用的增长则显得相对缓慢。

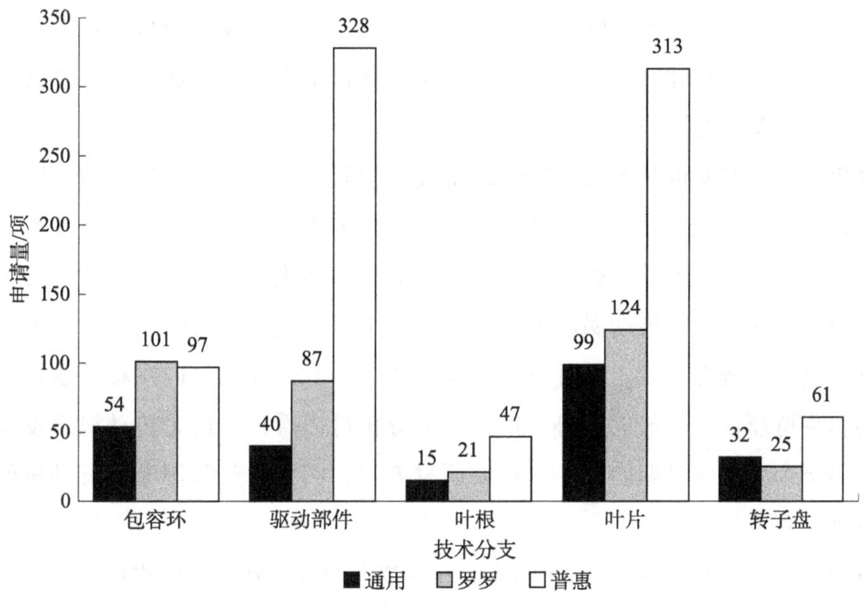


**图 18　普惠/罗罗/通用大尺寸风扇组件各技术分支专利申请分布**

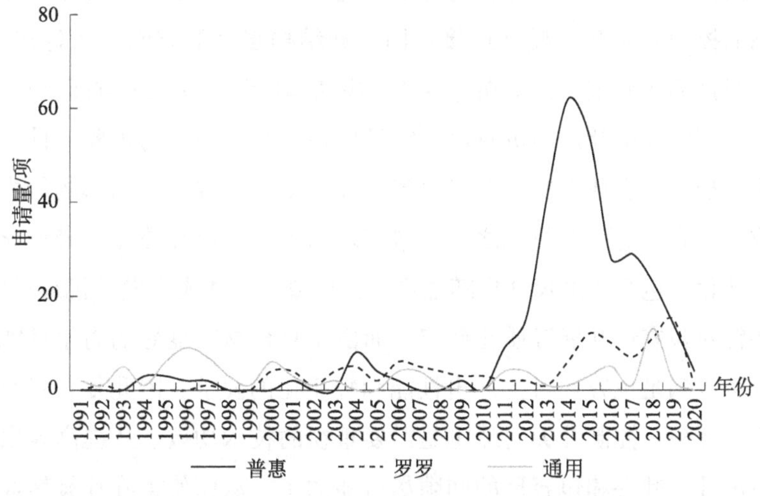


**图 19　普惠/罗罗/通用大尺寸风扇组件专利申请趋势**

从各技术分支来看，三家公司都将叶片和包容环视为重点研发方向。除此之外，普惠还特别看重驱动部件的研发，其申请量高达 328 项，占该公司风扇组件总申请量的 38.8%。传统涡扇发动机的驱动部件效率不高，仅简单地采用风扇和低压压气机共轴驱动的形式，导致两者无法同时处于最佳的工作转速。而为了保证大尺寸风扇的叶尖切线速度不超过限制值（过大叶尖切线速度将产生过高的噪声和激波阻力），往往需要牺牲低压压气机的转速，从而需要更多级数的低压压气机来满足进气压力需求，严重影响效率。20 世纪 80 年代左右，航空发动机领域已提出齿轮传动的概念，但未得到充分发展。自 21 世纪初起，普惠相继投入 100 亿美元的研发经费，倾力研发齿轮传动涡扇发动机，即在风扇转子与低压压气机之间安装了一套行星减速齿轮机构，使得涡轮部段和风扇部段两者可以同时在相对理想的转速下工作，从而获得最大效率，这也是普惠具有较为明显的申请量增长态势的原因。

继普惠之后，罗罗也开始尝试齿轮传动技术的研发。虽然罗罗独有的三转子技术已经可以有效地兼顾压气机高速旋转和风扇低速旋转的工作特性，但三转子技术需要异常复杂的结构来实现，导致发动机制造成本和失效风险增大。因此，罗罗在研发新一代航空发动机时，转向了齿轮传动涡扇发动机，但由于该计划近年来刚刚启动，因此其专利申请量爆发点相比普惠靠后。不过可以预计的是，罗罗未来几年内在相关领域的专利申请量将会呈现持续快速增长的趋势。通过以上分析可以看出，齿轮传动涡扇发动机是该领域当前乃至今后一段时期内的一个重要研发方向，需要引起我国航空发动机研究机构的高度重视。

图20是普惠/罗罗/通用大尺寸风扇组件的技术功效矩阵。从图中可以看出，风扇组件在研制过程中需要关注的性能指标较多，提高气动效率、复合材料的运用、降噪、减轻重量、抗冲击性、耐用性等都是它的主要研究方向，另外还需要关注叶片平台的密封性、叶尖间隙的控制和调整、提高连接稳固性和结构强度等方向。从各技术分支来看，三家公司风扇组件的研究重点集中在包容环、驱动部件和叶片三个方面上。

包容环是指围绕风扇叶片的机匣段，它是保护航空发动机的重要部件，一旦内部的风扇叶片发生断裂，包容环需要具备将风扇叶片的断片包容在其内部的能力，这也使得抗冲击性能成为包容环的研究热点之一。包容环的另一个研究热点是轻质化。随着风扇叶片日益大尺寸化，包容环的尺寸也随之增大，导致包容环成为发动机最重的部件之一，因此极有必要针对包容环开展轻质化研究。而由于复合材料良好的力学性能以及更为轻质的特性刚好可以满足包容环对抗冲击性能和轻质化的要求，因此复合材料得以在包容环中大量应用。此外，控制叶尖间隙也是需要重视的技术功效。从提高风扇效率的角度出发，希望风扇叶片叶尖和包容环的间隙尽可能的小，从而使得叶片旋转面尽量占满包容环所围成的圆。然而过小的间隙可能会导致叶尖与包容环发生摩擦，进而对发动机产生损坏。为解决这一问题，需要在包容环与叶尖配合的内环面设置可磨损摩擦条，并定期进行维护和替换。

驱动部件的研究热点主要集中在提高气动效率和耐用性上。其中，提高气动效率与前文分析中提到的齿轮传动涡扇发动机的特性息息相关。而由于其需要长时间进行高负荷高转速运转，因此必须克服耐用性问题，使其寿命周期符合相关工程要求。

叶片是大尺寸风扇组件的核心部件，因此围绕其开展的重点研究的方向较为广泛。通过阅读检索得到的叶片专利申请文献可知，当前叶片从技术要点上可以分为宽弦叶片、中空叶片、三维叶片以及混合材料叶片，且整体上趋于对多种技术要点的复合应用。

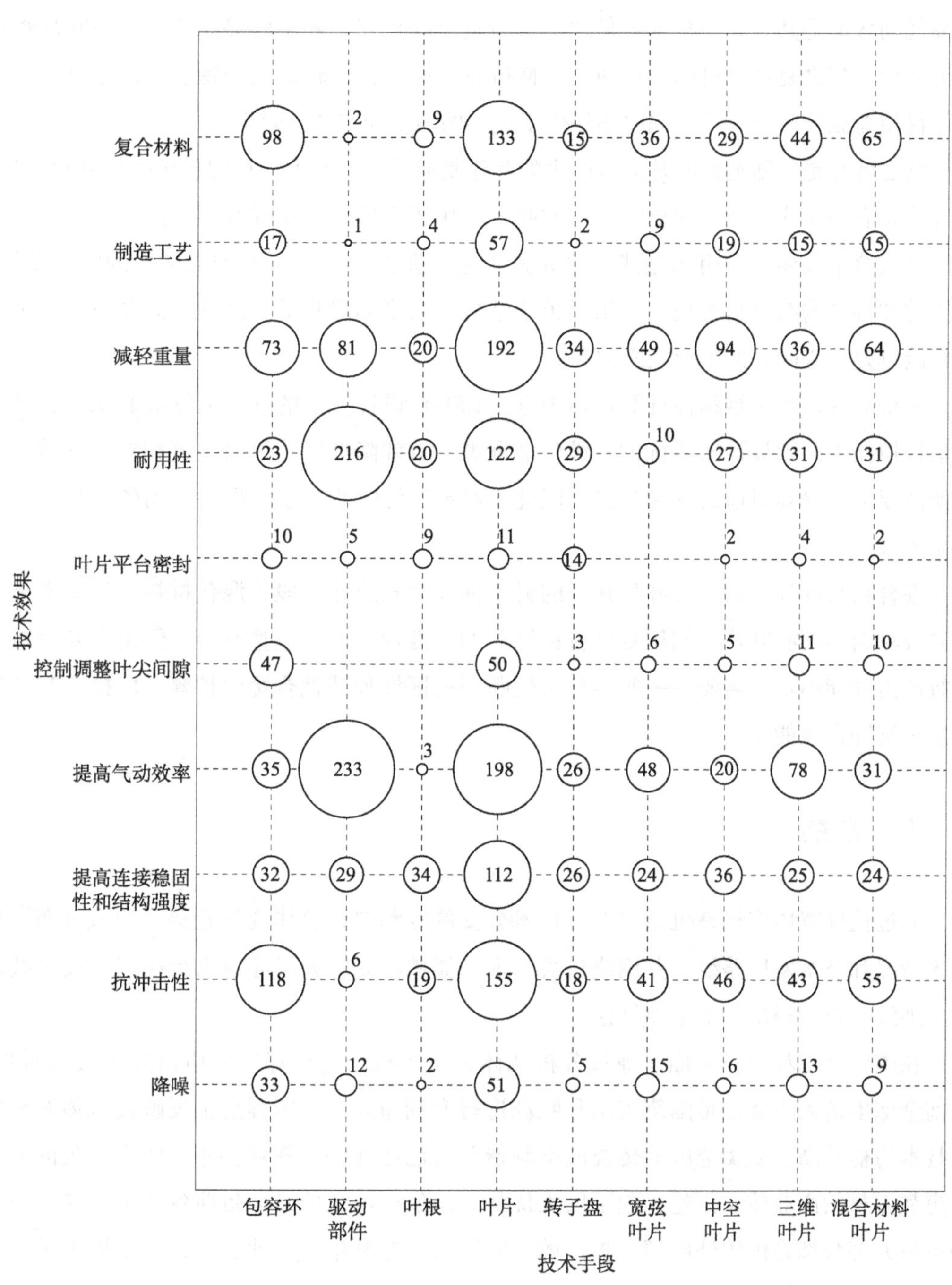


**图20 普惠/罗罗/通用大尺寸风扇组件技术功效矩阵**

注：图中数字表示申请量，单位为项。

宽弦叶片是相对早期的涡扇发动机窄弦叶片的一个重大改进。窄弦叶片气动效率不高，制约了涡扇发动机向更大推力以及更大涵道比的发展，促使各大发动机公司纷纷开始研制宽弦叶片。宽弦叶片具有更大的压缩气流面积，提供更大的压缩气流流量，因此提高气动效率是其重要的技术效果之一。而宽弦叶片气动效率的提高使得所需叶片数量大为减少，加之复合材料的大量使用，使得宽弦叶片具有轻质化的特性。复合材料的应用不仅使宽弦叶片轻质化，同时还提供了更高的强度和抗冲击效果。

空心叶片是伴随宽弦叶片同时产生的叶片制造技术，其主要目的在于减轻叶片重量，使叶片具有轻质化特性，为更大尺寸的叶片应用于涡扇发动机提高了可能。空心叶片通常采用钛合金基体，采用超塑成型等先进工艺，在内部形成带有加强结构的空心结构，常见的加强结构有蜂窝芯板、三角形桁架结构以及带筋厚板等。因此，提高强度和抗冲击性能也是空心叶片的主要技术效果。

三维叶片是在三维黏性计算流体力学（CFD）设计方法的基础上发展起来的，通过数值模拟技术高效设计出最优的三维气动翼型，有效降低叶片进口气流相对马赫数，减少激波损失，提高风扇效率和流量。因此，对于三维叶片来说，提高气动效率是其主要技术效果。

混合材料叶片是和空心叶片并行的另一种叶片轻质化手段。混合材料叶片通常是采用复合材料的实心叶片，利用复合材料轻质的特性使得叶片重量减轻。但由于复合材料的抗冲击性能不足，需要在一些容易发生断裂的区域加装钛合金保护套，以提高其结构强度和抗冲击性能。

## 五、总结

通过梳理宽体客机整机结构五个技术分支的专利申请总体变化趋势、地域分布、申请人情况和技术发展路线，并围绕机身剖面、翼梢小翼、大尺寸风扇组件三个关键技术进行细致分析，得出如下主要结论。

在国内外专利布局方面。通过分析宽体客机整机结构全球专利申请分布可以看出，目前全球申请人主要还是围绕美国和欧洲进行专利布局，一定程度上反映出宽体客机领域技术门槛较高，欧美地区的传统航空制造公司已在此领域深耕多年，凭借悠久的研发历史和完整的产业体系，建立起了巨大优势。但值得注意的是，目前各技术分支在华专利申请大部分都是由国外申请人提出的，我国自主专利申请占比较少，这是因为虽然我国目前尚处于该领域的初探阶段，但全球申请人普遍看好我国宽体客机市场前景，也在我国进行了大量的专利布局。我国相关研发单位应当及时关注这一情况，在后续技术研发的过程中提前做好专利分析和预警工作，降低可能遭遇的专利侵权风险。

在发展前景和研发热点方面。宽体客机的整机结构当前整体处于快速发展阶段，通过分析全球专利申请总体变化趋势可以看出，虽然各技术分支专利申请增长速度稍有不同，但近年来的发展趋势都十分良好。结合技术发展路线可知，各技术分支都有相应的新的技术研发热点。在机身方面，通过复合材料的应用来实现机身轻质化和高强度化已经成为当前机身领域发展的主线；在机翼方面，电传动控制技术、翼梢小翼技术和先进翼型技术都是该领域申请人关注的重点技术；在航空发动机方面，围绕大尺寸风扇组件关键技术的研发被该领域申请人视为实现更大涵道比涡扇发动机的重要研发方向；在起落架方面，利用计算机和传感器改善舒适性和安全性的控制技术得到重视；在尾翼方面，除复合材料的广泛应用外，通过缩小尾翼尺寸来改善气动阻力的技术也得到该领域申请人的重视。我国相关研发单位可以积极关注上述研发动向。

在重点技术方面。结合重点领域关键技术分析可知，在机身剖面方面，其设计形式已经趋于成熟，圆形机身剖面虽然空间利用率较差，但由于其具有制造便利和受力良好的特性，成为当前的主流设计形式。在翼梢小翼方面，分裂式小翼和光滑过渡式小翼发展较为成熟，已在业内具有大量实际应用，可变形式小翼的概念提出相对较晚，但由于其具有良好的适应性，一经提出便成为该领域的关注重点。大尺寸风扇组件方面，宽弦叶片技术、空心叶片技术、三维叶片技术、混合材料叶片技术和复合材料包容环技术已是当前的主流技术，而齿轮驱动技术在涡扇发动机上的应用有望成为新的研发重点。我国相关研发单位可以围绕上述技术热点加大研发力度。

## 参考文献

[1] 陈黎，杨新军. 宽体喷气式客机发展现状及趋势 [J]. 航空科学技术，2014，25 (8)：1-4.

[2] 陈迎春，张美红，张淼，等. 大型客机气动设计综述 [J]. 航空学报，2019，40 (1)：30-46.

[3] 冯军. 大型民机起落架的发展趋势与关键技术 [J]. 航空制造技术，2009 (2)：52-54.

[4] 张帅，夏明，钟伯文. 民用飞机气动布局发展演变及其技术影响因素 [J]. 航空学报，2016 (1)：30-44.

[5] 王佳杰，邓峰，余雄庆. 客机机身剖面外形的优化设计 [J]. 机械设计与制造工程，2014，43 (1)：20-23.

# 航天领域深空探测导航专利技术综述

吴琼[1]　房倩[2]　席萍[3]

**摘　要**　深空探测具有飞行距离远、飞行环境未知、飞行程序复杂、探测对象不确定、航天器与地球通信时延与损耗大等特点。导航技术可为航天器提供其在空间中的位置、速度、姿态等信息，是确保航天器安全及顺利执行任务的关键技术之一。本文首先概述了深空探测导航技术的发展过程，将导航技术分为天文导航、惯性导航、无线电导航、地磁导航、组合导航等导航方法，然后从专利申请量、申请人、技术分布等角度进行分析，并针对几种导航方法的重点专利进行分析，在此基础上展望深空探测导航的下一步技术发展方向。

**关键词**　深空　探测　导航　天文　组合

## 一、引言

### （一）深空探测概述

深空探测是指向等于或大于地月距离（约 $3.84\times10^5$km）的宇宙空间发射探测器，从而对地外天体、太阳系空间和宇宙空间进行探测的活动，是人类探索地球与生命的起源和演化、了解太阳系和宇宙、获取更多科学认识的重要手段。

目前，深空探测主要有六个重点方向：月球探测、火星探测、小行星与彗星探测、太阳探测、水星与金星探测、巨行星及其卫星探测。

### （二）深空探测发展现状

人类深空探测活动始于 20 世纪 60 年代，美国、苏联/俄罗斯、中国、日本、印度、欧洲等国家/地区先后实施了多次深空探测。深空探测的发展历程大致分为以下三个阶段：第一阶段，1958～1976 年，美国、苏联两国在航天领域展开激烈竞争，密集地向深空发射探测器；第二阶段，1977～1990 年，国际深空探测活动的“平静期”，世界航天

[1][2][3] 作者单位：国家知识产权局专利局光电技术发明审查部。

大国将发展重点转向空间站、航天飞机等载人航天项目；第三阶段，1991 年至今，以科学探索为主要驱动力，主要航天国家和组织纷纷制订目标宏伟、各具特色的深空探测计划并持续开展深空探测活动，在竞争中谋求合作，有了大量的新发现。这些探测活动，实现了对月球、七大行星、小行星、彗星、冥王星、太阳等的探测，实现了载人登月，实现了月球和火星表面的着陆与巡视勘察，实现了月球和小行星采样返回，实现了金星、小行星和彗星表面软着陆，人类探测器的轨迹已经延伸至临近恒星际空间，并正在向更遥远的恒星际空间挺进。

## 二、应用于深空探测的导航技术简介

深空探测具有飞行距离远、飞行环境未知、飞行程序复杂、探测对象不确定、航天器与地球通信时延与损耗大等特点。导航技术可为航天器提供其在空间中的位置、速度、姿态等信息，是确保航天器安全及顺利执行任务的关键技术之一。深空探测器目前采用的导航方法主要包括：天文导航、惯性导航、无线电导航、地磁导航和组合导航。

### （一）天文导航

根据测量方式的不同，天文导航方法大致可分为天文测角导航、天文测距导航和天文测速导航三类。

1. 天文测角导航

天文测角导航方法利用探测器携带的光学敏感器在轨获取星历已知的导航目标源（如行星、小行星、恒星等）的光学图像，通过图像处理从中提取导航目标源的方向信息（如星光角距、视线矢量等），经导航算法获得探测器在参考坐标系中的位置、速度信息。其原理如图 2－1 所示。

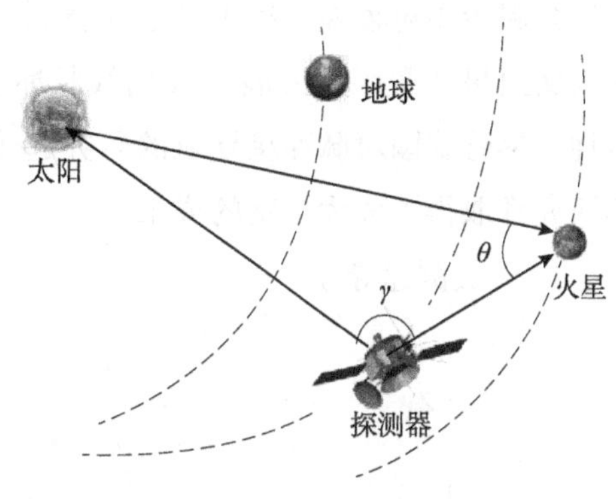


图 2－1　天文测角导航原理

在深空探测领域，天文测角导航最初主要以辅助地面无线电导航的方法完成探测器的导航任务。随着天文测角导航原理和技术的不断发展，该方法已经成功在多个探测器中得到了应用。1971 年 5 月发射的水手 9 号（Mariner 9）探测器通过计算探测器与恒星、火卫一、火卫二间的夹角进行了辅助导航，成功进入了火星轨道，验证了天文测角导航在深空探测领域中的有效性。1998 年 10 月发射的深空 1 号（Deep Space 1）仅利用星上的导航相机测量探测器与行星及恒星间的夹角，便成功实现了巡航段的完全自主导航。2005 年 1 月发射的深度撞击号（Deep Impact）探测器和 2005 年 8 月发射的火星勘测轨道器

（MRO）也均采用了天文测角导航方法。我国在2020年发射的“天问一号”也采用了天文测角导航方法。

2. 天文测距导航

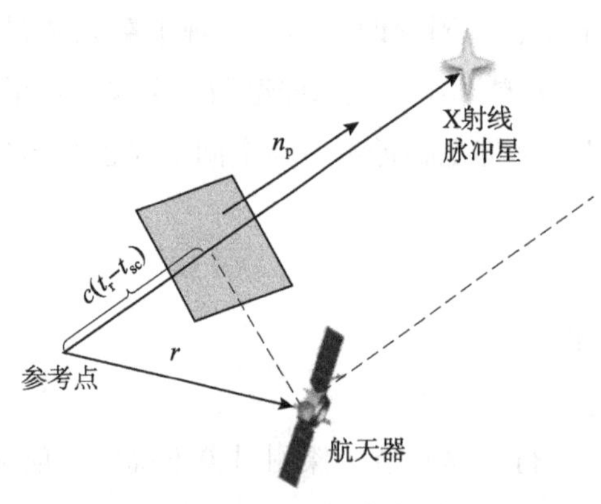


图2-2　天文测距导航原理

天文测距导航即X射线脉冲星导航，其测距原理为：航天器接收到X射线脉冲星发射的脉冲信号的时间与相位时间模型预报的脉冲到达参考点（通常取为太阳系质心）的时间之差，乘以光速，即为航天器至参考点的距离在脉冲星方向上的投影长度，由此可确定航天器所在的一个平面，如图2-2所示。当有3个不同方向的X射线脉冲星受观测时，可通过几何解算的方法获得航天器的空间位置。

射电脉冲星发出的射电脉冲信号具有稳定的周期性，且各个脉冲星的脉冲轮廓具有独特性，因此理论上具有导航源信号稳定、抗干扰能力强、可在太阳系乃至更远区域进行导航的特点。但是，射电脉冲信号较弱，所需的探测天线面积大，需要的观测时间长，难以被应用于工程实践。2017年，美国航空航天局（NASA）宣布完成了世界首次X射线脉冲星导航空间验证，证实了毫秒脉冲星可用于精确的空间导航。国内对脉冲星导航的研究起步相对较晚。2019年，中国科学院高能物理研究所团队宣布利用我国首颗X射线天文卫星“慧眼”开展了X射线脉冲星导航试验，进一步验证了脉冲星自主导航的可行性。尽管我国对脉冲星导航的研究起步相对较晚，但针对脉冲星导航系统的各个方面的研究都取得了较为丰富的成果。

3. 天文测速导航

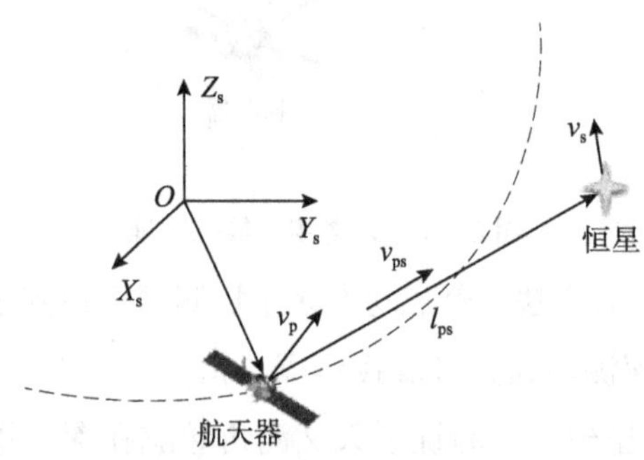


图2-3　天文测速导航原理

天文测速导航通过观测航天器相对天体运动导致的天文光谱频移获得相对天体的运动速度信息，进而获取航天器在空间中的速度矢量，如图2-3所示。

高精度的星载天文光谱测速涉及导航源光谱特征的分析与精细证认、可用谱线的遴选、光谱源端误差的建模及高精度的光谱频移测量技术等，实现困难，缺乏一套原理清晰、系统完整的技术方案。

### （二）惯性导航

惯性导航系统（INS），通常由计算机、控制显示器和包含加速度计和陀螺仪的惯性测量装置组成。它利用探测器自身携带的惯性测量仪器获得一系列加速度数值信息，并通过时间积分得到探测器的瞬时位置、速度参数。目前惯性导航系统的重要分支和发展方向是捷联惯性导航系统（SINS）。在这种系统中，直接在载体上安装相应器件，无需搭建物理平台，结构简单、维护方便，在兼具了惯性导航系统高隐蔽性、瞬时精度高、抗干扰能力强、导航信息全面等优点的基础上，大大减小了探测器件的体积和重量，降低了探测成本。其中陀螺仪可以建立导航系统的坐标系，加速度计可以获得导航的加速度。捷联惯性导航系统的原理如图 2－4 所示：

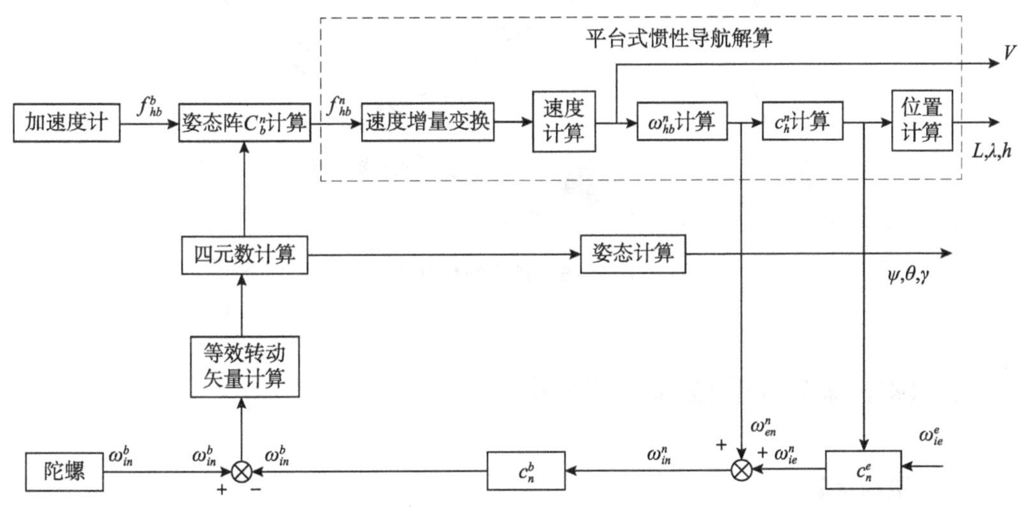


**图 2－4　捷联惯性导航系统原理**

### （三）无线电导航

无线电导航系统利用了电磁波的传播特性，即在均匀的介质中，电磁波以恒定的速度沿着直线传播，在遇到障碍物的时候会发生反射。基于此特性，在探测器和参考物（位置和速度已知）上分别安装相应的电波发射和接收装置，通过测量参考物上无线电波的频率、时间、相位和幅度等参数来确定探测器相对于参考物的角度和距离信息，从而实现探测器的导航。对于地球卫星来说，目前应用最广泛的无线电导航系统就是美国的全球定位系统（Global Positioning System，GPS）。除了 GPS 以外，目前正在发展的无线导航系统还有俄罗斯的全球导航卫星系统（GLONASS）、我国的北斗卫星导航系统和欧洲的伽利略卫星导航系统。无线电波导航系统精度高，且不受天气和时间影响，但它需要参考物的支持，所以其自主性较前几种自主导航系统要差。

### （四）地磁导航

地磁导航通过敏感器测量实时的地磁数据，然后和真实的地磁基准图进行匹配，从而确定探测器的轨道。地磁导航无辐射，且能耗低，不受时间、气候和地域的影响，适用于近地轨道的飞行，在深空探测时可以用于近地段的导航。

### （五）组合导航

对于探测器而言，单一的导航方法无法满足深空探测任务的高精度导航需要。在导航滤波算法已趋近成熟的情况下，解决该问题的思路有两条，一是提升导航信息的提取精度；二是融合其他类型的测量信息进行组合导航。组合导航方法如图 2－5 所示。

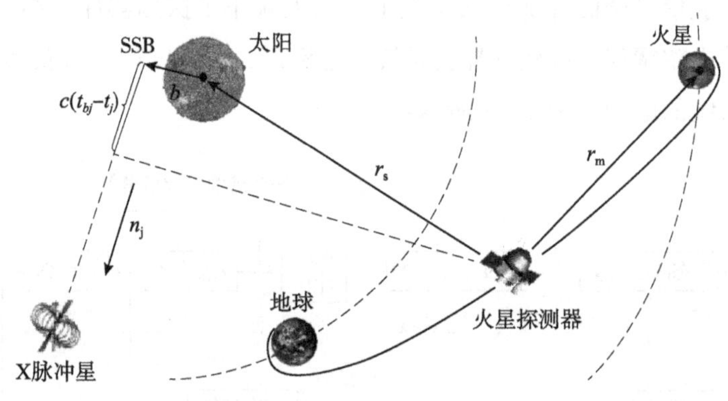


图 2－5　组合导航方法

## 三、深空探测导航技术专利分析

### （一）数据来源

数据来源于国家知识产权局专利检索与服务系统中的中国专利文摘数据库（CNABS）和德温特世界专利索引数据库（DWPI）2021 年 5 月 19 日及之前公开的专利申请文献。在 CNABS 中对中国专利进行检索，在 DWPI 中对除中国外的其他国家/地区的专利进行检索，对结果进行人工去噪以及关键技术标引，合并同族后，提取得到全球相关专利申请共 1228 项。

### （二）专利申请趋势分析

图 3－1 示出了深空探测导航专利的全球申请趋势。1971 年苏联的白俄罗斯国立大学提出了第一件专利申请，至 1995 年全球每年专利申请量在 10 项以内，这个阶段属于起步阶段。从 1996 年开始，全球专利申请量多数年份突破 10 项，但在 2001～2005 年有一个申请低谷，申请量略微缩减，2006 年起，全球申请量开始突飞猛进，这与中国专利申请量的提高有着很大的关系。

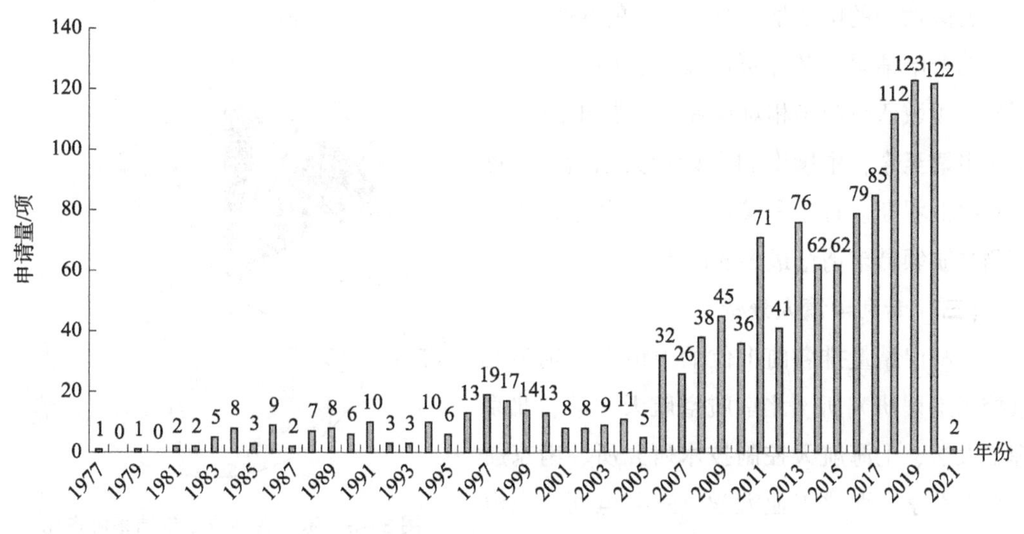


**图 3-1　深空探测导航全球申请量趋势**

图 3-2 为外国和中国申请量趋势（2021 年数据截至 2021 年 5 月 19 日），可见外国申请量一直保持相对平稳态势，而中国在 2006 年以前仅有零星申请，2006 年起呈大幅度上升趋势。1987～2001 年的申请人均为外国申请人，集中在美国、日本；真正意义上的第一项中国申请是 2004 年清华大学申请的。

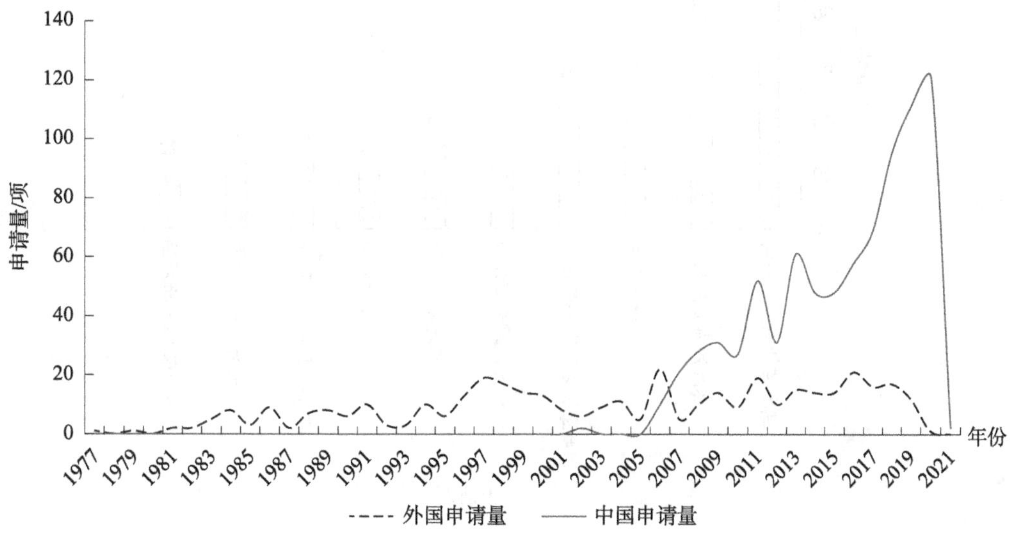


**图 3-2　深空探测导航中外申请量趋势**

从全球专利申请的来源占比来看，如图 3-3 所示，中国申请 828 项，占全球申请量的 67%；俄罗斯申请 111 项，占比 9%；日本申请 95 项，占比 8%；美国申请 88 项，占比 7%；苏联申请 22 项，占比 2%；法国申请 20 项，占比 2%；德国申请 20 项，占比 2%；其他国家/地区申请 44 项，占比 3%。可见，源自中国、俄罗斯、日本、美国、法国、德国六国的申请量占总申请量的95%。

结合申请量趋势，可以发现，中国深空探测导航领域研究起步相对较晚，但是自2004年首次申请至今，中国专利申请量大幅增长，逐渐赶超俄罗斯、日本和美国，成为全球在深空探测导航领域申请量最多的国家。

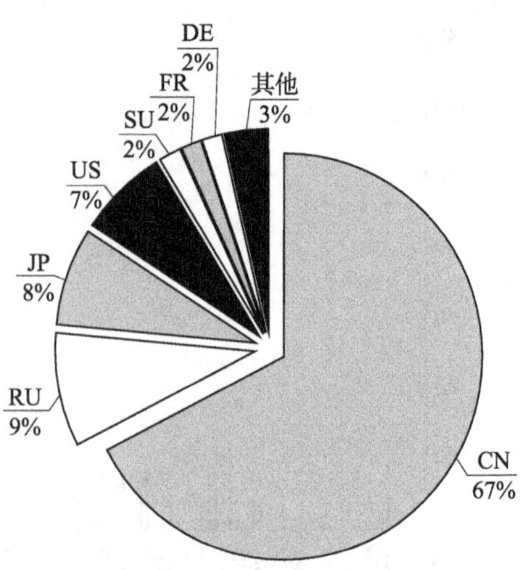


**图3-3 深空探测导航申请来源占比**

### （三）专利申请人分析

专利申请量排名前十位的申请人分别为北京控制工程研究所、北京航空航天大学、北京理工大学、上海航天控制技术研究所、南京航空航天大学、西北工业大学、三菱电商、上海卫星工程研究所、哈尔滨工业大学、西安电子科技大学，如图3-4所示。可以看出，除三菱电商外，其余9位申请人均是中国申请人，大多为研究所和高校。

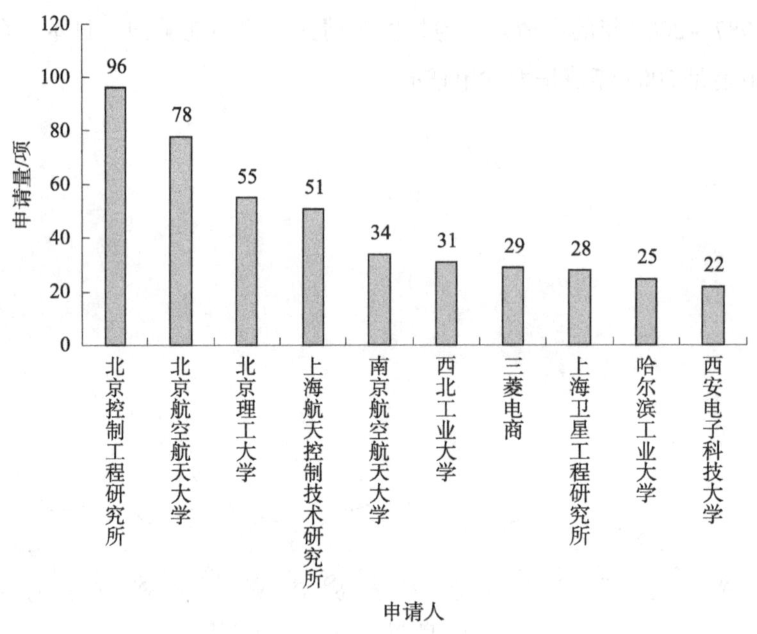


**图3-4 深空探测导航申请人申请量前十位排名**

### （四）技术主题分析

本文将深空探测导航技术进一步划分为天文导航（包括天文测角、天文测距、天文测速）、惯性导航、无线电导航、地磁导航、组合导航技术以及其他导航技术（包括用于确定运行轨道的相关技术以及应用于着陆阶段的视觉导航技术）。

如图3-5所示，天文导航的专利申请量是最多的，共519项，惯性导航为98项、无线电导航为 97 项，地磁导航为 9 项，组合导航为 232 项、其他导航为 271 项。

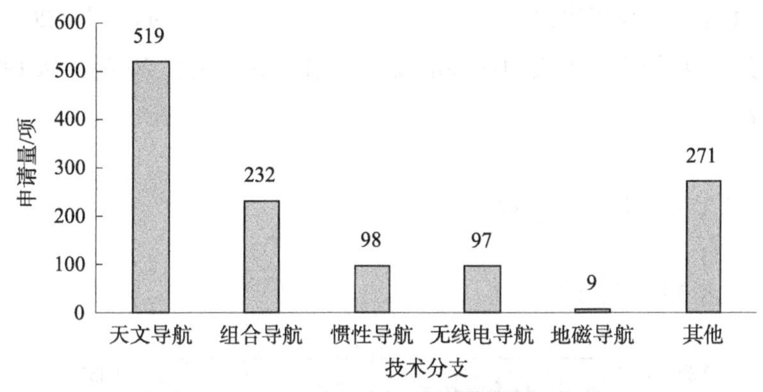


**图 3－5　深空探测导航申请技术分布**

如图 3－6 所示，在深空探测导航领域，天文导航发展最成熟，已经进入了全面化的工程实用阶段，从 1971 年至今几乎每年都有一定的申请量，1997 年、2006 年呈现两次申请高峰，2008 年起每年都有较多申请；惯性导航的专利申请最早出现在 1983 年，1983～1999 年有零星申请，2000 年以后几乎每年都有少量的申请，申请量的高峰出现在 2011 年、2019 年、2020 年；无线电导航的专利申请最早出现在 1987 年，1987～1996 年有零星申请，1997 年以后每年都有少量的申请，申请量的高峰出现在 2013 年、2016 年、2017 年；组合导航作为目前运用最为广泛的技术，其申请量仅次于天文导航，2007 年以后申请量明显增加；地磁导航在深空探测中的应用较少，仅在 2004 年以后有零星申请。

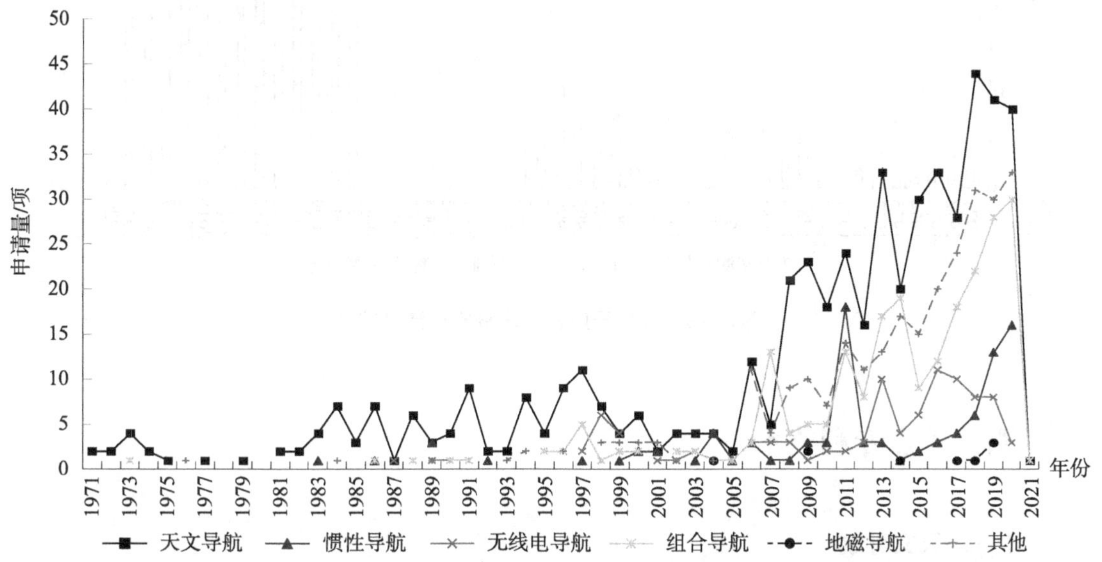


**图 3－6　深空探测导航各技术申请趋势**

天文导航下面的三个技术分支，天文测角导航、天文测距导航、天文测速导航的总申请量以及申请量趋势如图3－7、图3－8所示。其中天文测角导航技术最为常见，申请量为432项，每年都有较多申请；天文测距导航技术的申请量为67项，2002年以后才开始有专利申请，起步较晚；天文测速导航技术申请较少，仅有20项，从1993年以后开始有零星申请。

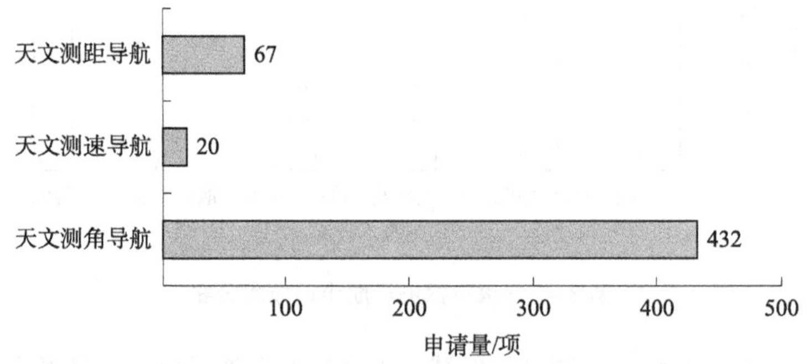


**图3－7　天文导航各技术分支申请量**

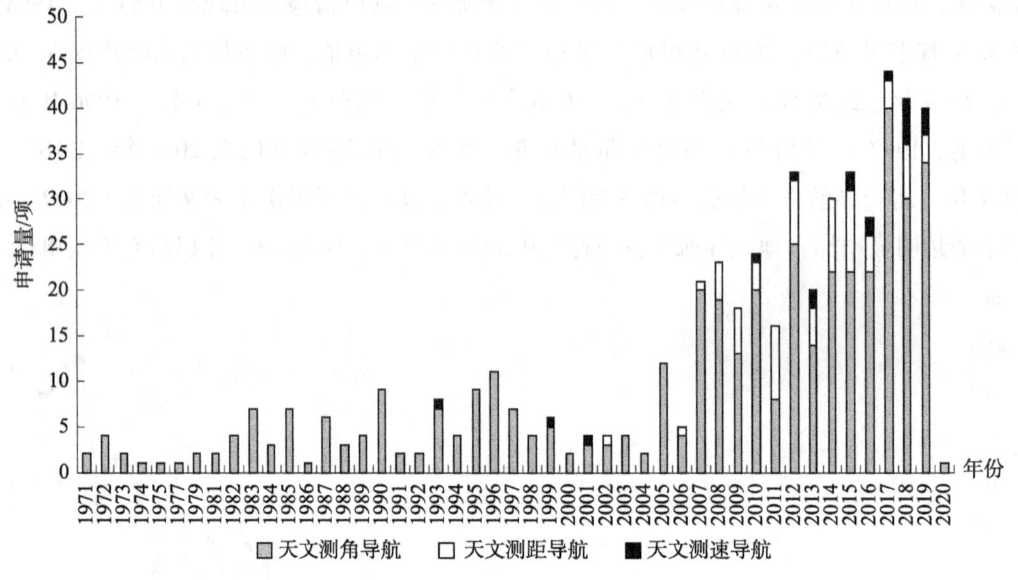


**图3－8　天文导航各技术分支申请量趋势**

## 四、重点专利技术

### （一）天文导航

1. 天文测角导航

（1）专利技术发展过程

天文测角导航是一种相对成熟的导航方法，其申请量在天文导航专利申请量中所占比重最多，约为 83%。天文测角导航利用探测器携带的光学敏感器在轨获取星历已知的导航目标源（如行星、小行星、恒星等）的光学图像，通过图像处理从中提取导航目标源的方向信息，经导航算法获得探测器在参考坐标系中的位置信息。根据数学常识可知，当探测器与导航目标源的距离较大时，极微小的角度误差都可能造成较大的位置解算误差，因此，天文测角导航通常适用于天体的接近段或捕获段。

按照导航目标源的不同，天文测角导航采用的光学敏感器可以分为恒星敏感器（以下简称“星敏感器”）、地球敏感器、太阳敏感器、月球敏感器等。不同种类的传感器的专利技术发展过程是不同的，本文仅针对天文测角导航光学敏感器中最为常见的恒星敏感器进行专利技术发展过程的介绍。

最早星敏感器仅能探测一颗恒星，采用电子扫描器作为光电探测器进行恒星定位，例如美国陆军部在 1978 年申请的专利 US4181851A，其涉及一种使用扫描器扫描光学视场的星敏感器。此类星敏感器不能实现自主全天识别功能，因此智能性比较差。20 世纪 70 年代电荷耦合器件（CCD）固体成像器件的诞生催发了星敏感器向着多星探测的变革，星敏感器的智能性明显提高，例如日本 NEC 公司 1998 年申请的专利 JP2000180201A，其中记载了星敏感器采用 CCD 组件作为光电探测器，基于 CCD 对星提取电路进行设计并对星数据进行提取。随着光电探测器的发展，出现了以天线定向系统（APS）作为光电探测器的星敏感器，如欧洲空间局在 2008 年申请的专利 EP2241102A1。

中国对光学敏感器的研究起步较晚，在 2000 年以后才开始出现有关星敏感器的专利申请，其后在国家对航空航天事业的大力推动下，星敏感器技术发展非常迅速，专利申请量增速非常快。北京控制工程研究所、北京航空航天大学、哈尔滨工业大学、上海航天控制技术研究所、哈尔滨工程大学、清华大学等研究机构在星敏感器的不同方面均有突破性的进展，例如北京控制工程研究所为提高 APS 星敏感器精度所提交的系列申请：CN102506856A、CN102564457A、CN103487058A、CN104567864A。

由于星敏感器是随着光电探测器的发展而发展的，其硬件结构的发展方向较为固定，因此在星敏感器的整个发展过程中，研究人员大都致力于研究如何根据现有的硬件设备获取更加准确的姿态信息。但也有一些研究人员将研究重点放在星敏感器的硬件设备上，如法国泰雷兹公司于 2007 年申请的专利 FR2922659A1 以及合肥工业大学于 2008 年申请的专利 CN101451844A 均提出了一种多视场星敏感器，视场范围相较于单视场星敏感器明显地扩大了，从而能够获得更多的星点信息用于姿态的解算。

（2）重点专利技术

1978 年 2 月 24 日美国陆军部提出了一种采用电子扫描器作为光电探测器的星敏感器（US4181851A）如图 4－1 所示，其包括：旋转安装的望远镜装置，用于瞄准所述星体并将其图像聚焦在焦平面上；二维矩形阵列的光传感器，其具有位于焦平面处的沿 $x$ 和 $y$

方向设置的光传感器阵列，星体的像聚焦在阵列上；逐行电扫描光传感器阵列以确定聚焦图像在光传感器阵列上的位置的装置，阵列上的位置随着星距的变化而变化；显示装置以及响应所述扫描以便在所述显示装置上显示图像在阵列上的位置的指示的装置，用于产生表示所述星体图像所覆盖的行的信号，响应于扫描装置而产生行结束信号用于完成每一行的扫描，以及用于当扫描装置扫描图像所覆盖的光电传感器阵列时产生视频信号。

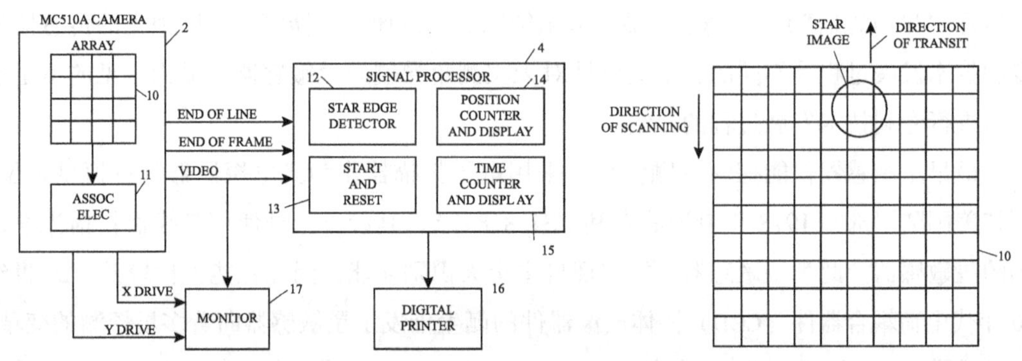


图4－1　采用电子扫描器作为光电探测器的恒星敏感器（US4181851A）

1998 年 12 月 18 日日本的 NEC 公司提出了一种 CCD 星敏感器的星提取电路以及星数据提取方法（JP2000180201A），如图 4－2 所示。星提取电路由电平比较器和数据选择器以及逻辑加法器构成。电平比较器检查输入 CCD 图像信号的各个像素的信号电平，并且仅使超过规定阈值的像素通过。数据选择器仅通过由输入 CCD 图像信号内的窗口选通信号指定的像素。逻辑加法器将由数据选择器选择的窗口选择数据与经过电平比较器的电平选择数据逻辑相加，选择窗口选择数据或电平选择数据中的任一个，并将数据作为提取信号发送到后续过程。数据的提取方法包括：将从数据选择器输出的数据与从电平比较器输出的数据逻辑相加，并输出提取信号。

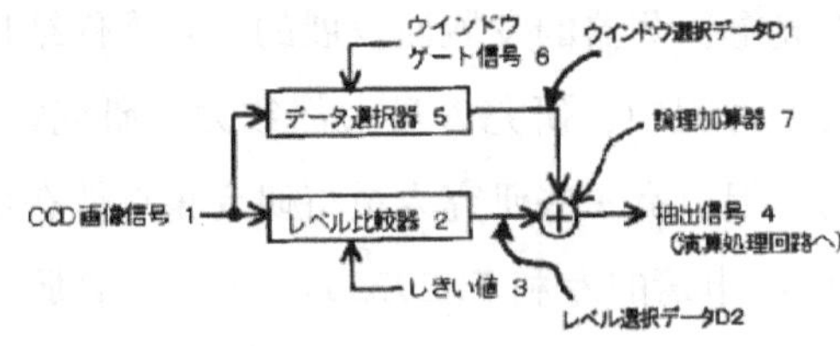


图4－2　CCD 星敏感器的星提取电路以及星数据提取方法（JP2000180201A）

欧洲空间局于 2008 年 1 月 9 提出了一种采用 APS 作为光电探测器的星敏感器（EP2241102A1），如图 4－3 所示，APS 包括成像器芯片和逻辑电路，成像器芯片包括作为光学像素而操作的光电二极管的阵列，逻辑电路被配置为：根据在预定积分时间内照射的光线量读出像素信号并且在预定积分时间终止时复位光学像素；处理像素信号并且输出经修改的信号；在所述预定积分时间内周期性地执行像素信号的读出。

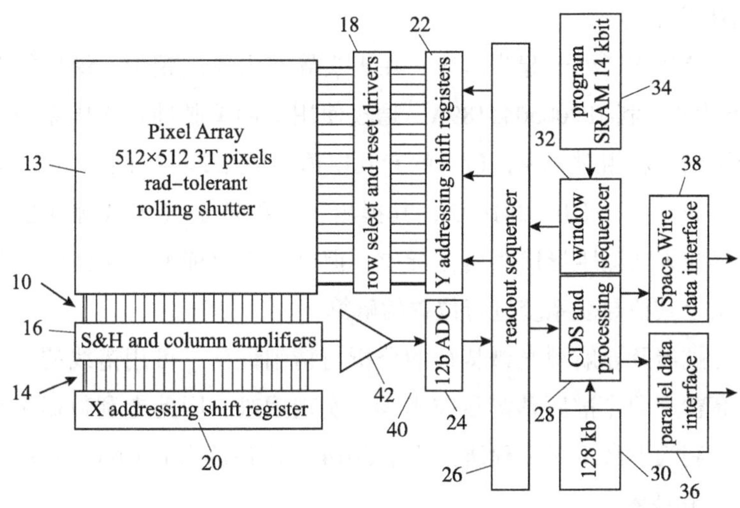


图 4－3　采用 APS 作为光电探测器的星敏感器（EP2241102A1）

北京控制工程研究所于 2011～2014 年提出了用于提高 APS 星敏感器精度的系列申请，分别为：提高 APS 星敏感器灵敏度的方法（CN102506856A）、APS 星敏感器在轨噪声自主抑制方法（CN102564457A）、提高 APS 星敏感器动态性能的方法（CN103487058A）以及 APS 星敏感器动态曝光时间调整方法（CN104567864A），从不同的角度抑制和消除 APS 星敏感器的噪声。

法国泰雷兹公司于 2007 年 10 月 19 日申请的专利 FR2922659A1 以及合肥工业大学于 2008 年 12 月 31 日申请的专利 CN101451844A 均为多视场星敏感器，采用小视场的光电成像系统构成大视场星敏感器，如图 4－4 所示。

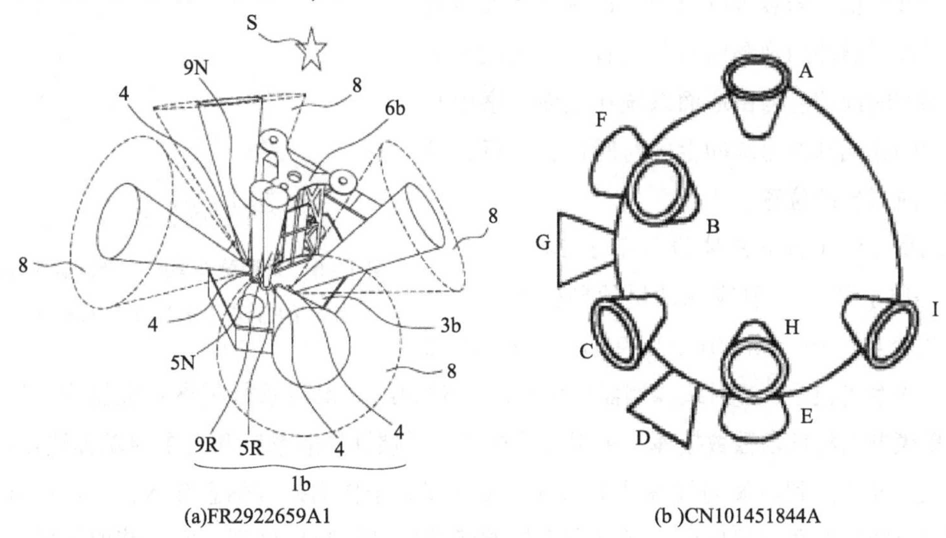


(a)FR2922659A1　　(b )CN101451844A

图 4－4　多视场恒星敏感器

2. 天文测距导航和天文测速导航

（1）专利技术介绍

天文测距导航目前还处于起步阶段，在天文导航中应用较少，最早的专利申请为日本在2003年申请的专利JP2005043189A，通过使用脉冲星脉冲在太阳系中导航。国内对脉冲星导航的研究起步相对较晚，最早的专利申请出现在2007年，系由北京空间飞行器总体设计部申请的专利CN101038169A，其提出了一种基于X射线脉冲星的导航卫星自主导航系统。尽管天文测距导航为自主导航，但是由于目前的天文测距导航方法精度较低，通常需要结合其他导航系统进行位置的解算。

天文测速导航涉及导航源光谱特征的分析与精细证认、可用谱线的遴选、光谱源端误差的建模及高精度的光谱频移测量技术等，实现困难，因此专利数据量是最少的，比较有代表性的专利为上海卫星工程研究所于2014年申请的专利CN104457760A。

（2）重点专利技术

日本的NICT公司于2003年7月28日提出采用脉冲星脉冲进行航天器的定位的方法（JP2005043189A），如图4-5所示，具体为：航天器设置有用于接收脉冲星脉冲的装置、用于确定关于所接收的脉冲星脉冲的时间信息的装置、用于接收多个脉冲星脉冲并将它们作为观测信号发送到地面系统的发送装置。地面系统设置有用于接收脉冲星脉冲的装置、用于接收关于所接收的脉冲星脉冲的时间信息的装置、用于接收脉冲星脉冲计数信息的装置以及用于接收从航天器发射的脉冲星脉冲的观测信号的装置。将由航天器观察到的时间信息与由地面系统在地面观察中心观察到的相同脉冲星脉冲上的时间信息进行比较来确定航天器的位置。

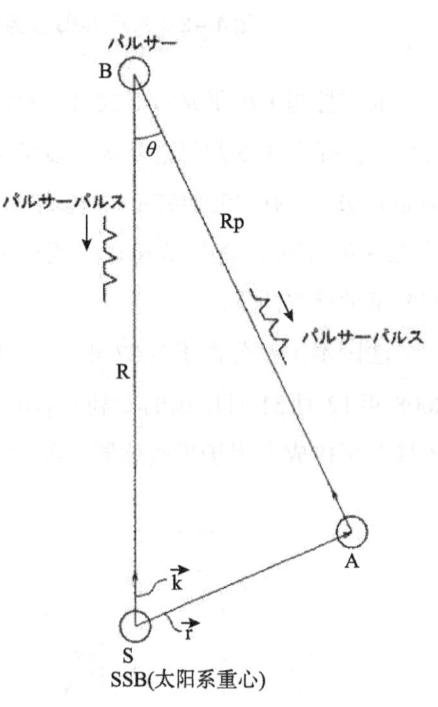


图4-5 采用脉冲星脉冲进行航天器的定位的方法（JP2005043189A）

北京空间飞行器总体设计部于2007年2月13日提出了基于X射线脉冲星的导航卫星自主导航系统与方法（CN101038169A），如图4-6所示，该系统包括：X射线探测器、星载原子时钟组、太阳系行星参数数据库、X射线脉冲星模型及特征参数数据库、星载计算机、捷联惯性导航系统和自主导航算法模块库；该自主导航方法利用X射线脉冲星辐射的X射线光子作为外部信息输入，提取脉冲到达时间（TOA）和角位置信息，通过自主导航滤波器进行数据处理，实时获取导航卫星位置、速度、时间和姿态等导航参数，自主生成导航电文和控制指令，实现导航星座自主运行。

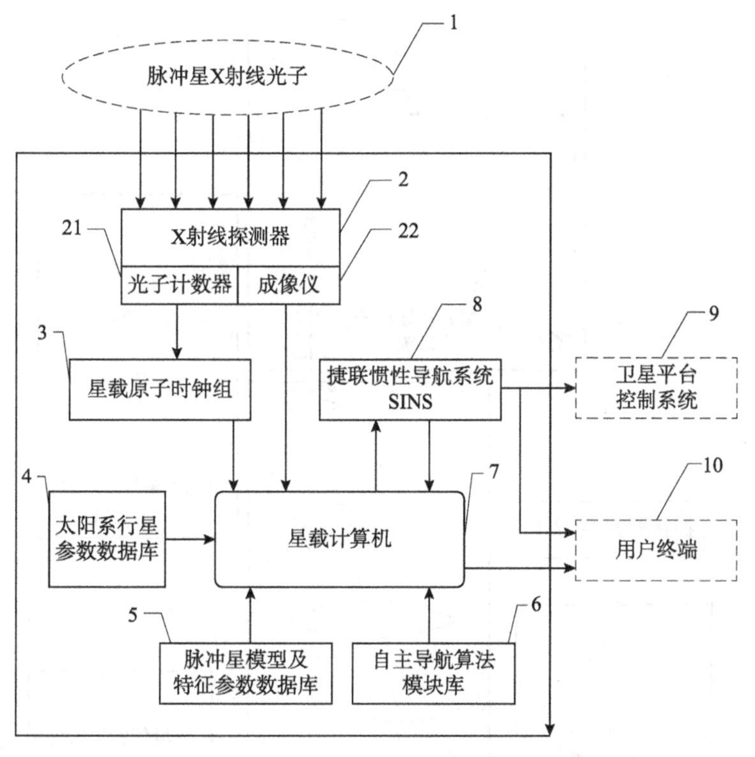


**图 4-6　基于 X 射线脉冲星的导航卫星自主导航系统与方法（CN101038169A）**

上海卫星工程研究所于 2014 年 11 月 5 日提出了一种高分辨率光栅型光谱导航仪设计系统及其设计方法（CN104457760A），如图 4-7 所示，该系统包括：集光及导星子系统，导星模块完成对导航目标源的捕获、跟瞄，集光模块则完成对导航目标源来光信号的接收；色散及成像子系统，由主色散高密度阶梯光栅完成光谱主色散，再由色散棱镜完成横向色散；定标子系统，对导航目标源来光信号的参考谱线进行高精度标定检测；环境伺服子系统，完成环境参数漂移修正；频率识别及拾取子系统，结合定标数据将参考谱线固有频率及多普勒频移量输出至探测器导航系统；探测器导航系统，完成导航数据的收集和整理。

**（二）惯性导航**

1. 专利技术发展

惯性导航方法具有短时间内精度高、自主性强，且能连续提供导航需要的位置和速度信息的特点，是一种应用非常广泛的导航方式。在深空探测领域，惯性导航方法多被用于与其他导航方法组合，可运用于各个阶段。涉及惯性导航的专利申请一部分也属于组合导航，单纯对惯性导航方法进行改进的专利仅有 97 项。申请量较多的申请人有西北

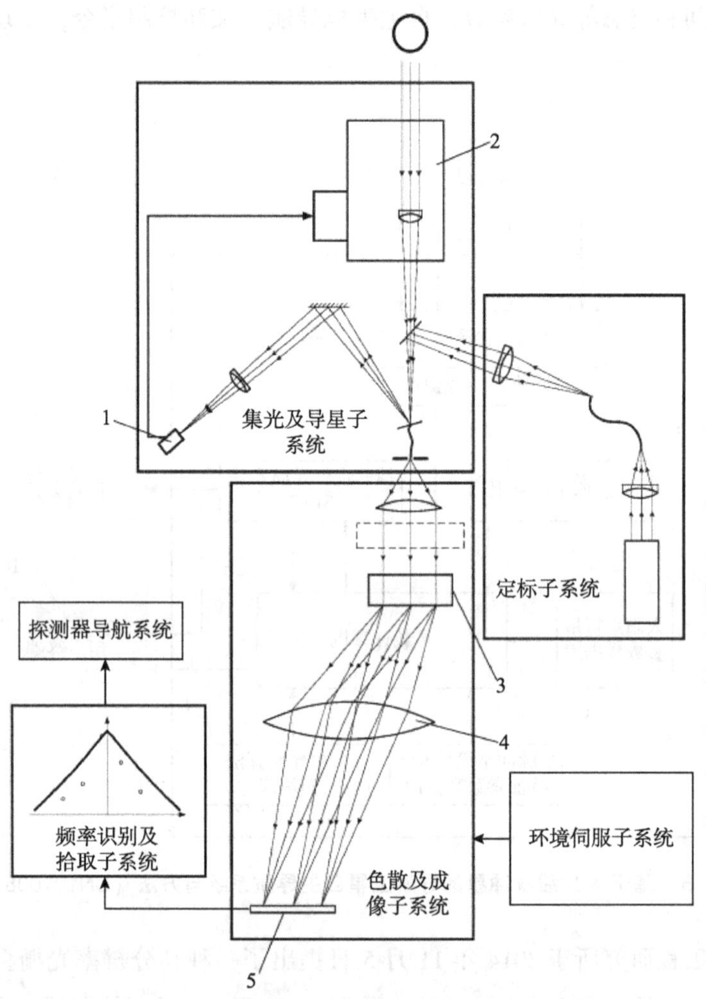


**图 4-7　高分辨率光栅型光谱导航仪设计系统及其设计方法（CN104457760A）**

工业大学、北京控制工程研究所、北京航天控制仪器研究所，主要涉及提高捷联惯性测量系统可靠度、精度、冗余度（CN103411615A）和提高惯性导航精度（CN110553641A、CN110553642A、CN111623770A、CN111637883A）等。

根据载体上惯性测量单元（Inertial Measurement Unit，IMU）的不同安装方式，惯性导航系统可分为平台惯性导航系统和捷联惯性导航系统。与平台惯性导航系统相比，捷联惯性导航系统具有成本低、体积小、重量轻、功耗低和可靠性高等特点，因此，惯性传感器在月球车、火星车上使用广泛，可有效提高载荷平台的性能。

2. 重点专利技术

清华大学 2004 年 11 月 26 日提出一种航天器大角度机动控制的单框架力矩陀螺群的最优控制法（CN1605962A），在姿态控制过程中，先选择具有最大框架角速度的陀螺，再从该陀螺中求出最小框架角速度作为快速大角度机动控制的控制框架角速度；在保证陀螺框架角速度小于给定的驱动电机转速极限的前提下，设计空转框架角速度以及修正系数，使得陀螺群动态构型趋近一个给定的最终框架角向量；最后将最优控制角速度与最优空转角速度乘以修正系数求和，并将其作为框架角速度的最优值；该方法有助于提高航天器大角度机动控制的精度、速度以及连续机动能力。

### （三）无线电导航

1. 专利技术发展过程

无线电导航是深空导航中最常用也是最基本的导航手段，利用传统无线电测量原理，通过地基深空无线电观测站网或位于空间中的无线电测量源对探测器进行距离测量、多普勒测量等，进而实现对探测器的导航。在工程应用方面，NASA 在 2000 年左右就提出了“火星网络”的概念，该网络由若干个在轨运行的火星轨道器（称为“导航星”）组成，分别在导航星和任务探测器上安装超高频接收机，利用导航星和任务探测器之间的双向多普勒测量信息来实现任务探测器实时自主的轨道确定。

但是传统的无线电导航存在一些缺陷：①航天器赤纬接近 0°时，赤纬测量灵敏度显著下降；②对航天器运动的横向参数不敏感；③系统模型误差多，需要通过较长时间的观测来修正。同时随着航天器与地面站距离越来越远，地面站接收信号的信噪比下降，航天器定位误差增大。基于此，无线电干涉测量技术被引入深空导航中。所谓无线电干涉测量技术，就是利用两个或多个地面站准同时接收目标航天器信号，经过相关处理可获得目标航天器信号到达不同地面站的时间差，从而获得目标相对两个地面站基线的角位置信息。相比传统方法，该技术具有以下优点：①不存在航天器零赤纬测量灵敏度低的问题；②对横向参数敏感，只需要两条不平行（尽量互相垂直）基线就可以解算出航天器天平面位置，基线越长角精度越高；③通过观测邻近射电源可以与航天器信号进行差分，减小系统公共误差，提高测量精度，而且这是一种几何测量方法，不受航天器动力模型误差的影响；④定轨周期短，只需要利用航天器下行信号，短时间的观测就可以获得高精度定轨结果；⑤可以用来精确测定行星星历、地球定向、参考源位置等参数。

无线电干涉测量技术的上述特点使其成为传统测距和多普勒测速方法的重要补充，在现代深空导航中具有不可取代的地位。但是纯粹的无线电导航存在时延长、信号弱、测角精度低等限制。目前，深空探测任务无线电导航的使用方式大体上可以归纳为两类，一类是以地面无线电导航为主，甚至全程均采用该方法，部分任务辅以光学自主导航；另一类是近地空间段以地面无线电导航方法为主，逐步过渡到天文自主导航方法，例如深空 1 号、深度撞击号等，其特点是对地面依赖度低，导航手段自主性强。因此，涉及无线电导航的专利申请大部分属于组合导航，单纯采用无线电导航的仅有 97 项，且主要应用于定轨。早期申请从 20 世纪 80 年代开始，集中在日本、美国、欧洲；中国在 21 世纪初开始慢慢发展，经过十几年的发展，年申请量逐渐赶超国外。

2. 重点专利技术

专利 SU1768979A 属于早期的无线电深空导航，在空间导航中使用具有超长基地的无线电干涉测量法确定航天器的相对坐标。

专利 JP2004210032A 包括具有位置测量装置和数据发送装置的主卫星，以及包括位置测量装置、用于接收主卫星发送的数据的接收装置和用于控制轨道的装置的从卫星；主卫星配备有计算本机和从卫星目标位置的装置，并控制从卫星的轨道以跟随主卫星给出的目标位置坐标。

专利 CN103076017A 针对火星大气进入段基于无线电测量的自主导航方案设计，考虑探测器与三颗火星表面的固定无线电信标之间的无线电测距信息，对无线电信标的几何构型进行优化，使导航系统可观测度最大。

专利 CN106840160A 提供了一种深空探测器无线电干涉测量差分相位整周模糊度解算方法，实现了在地面测站数量小于 5 个且深空探测器功率资源紧张，仅具备常规遥测或数传下行测控信号时，获取探测器与参考源之间的高精度差分相时延。

**（四）地磁导航**

1. 专利技术发展过程

地磁导航通过将星上磁强计的测量值与地磁模型的输出值（预测值）进行比较而得到轨道修正信息，利用该修正信息可以实现轨道的确定，进而达到航天器自主导航的目的。地磁导航是近地航天器的一种重要的自主导航方式，可实现航天器位置、速度以及姿态信息的自主确定。与传统的 GPS 卫星导航相比，其具有抗干扰能力强、隐蔽性强的优势；与惯性导航相比，地磁导航误差不随时间累积，并且导航系统体积小、重量轻、功耗低。因此地磁导航能够有效提高卫星的自主能力和生存能力，同时满足卫星自主导航性能要求。

相较于天文、惯性、无线电导航技术，地磁导航技术仅适用于近地轨道的飞行，因此该技术发展受到一定限制，专利申请量不足 10 项，最早的是西北工业大学于 2009 年申请的专利 CN101520328A，其按照设定频率连续测量航行器航迹上的多个地磁场特征量，并将测量数据按照固定点数的滑动窗口方式构造对应特征量的匹配线图，采用全局最优搜索算法将多特征量的匹配线图与基准图做匹配比较，得到航行器的位置信息。中国人民解放军国防科技大学、中国科学院国家空间科学中心、河南工业大学、南京航空航天大学、北京国电高科科技有限公司等在 2009 年之后也有零星申请，比较有代表性的是河南工业大学于 2019 年申请的专利 CN110779532A，其基于扩展卡尔曼滤波算法，以地固坐标系下的轨道动力学方程和地磁场测量方程为数学模型，通过分析地磁参考模型的理论计算值与磁强计的实际测量值，得到滤波更新数据；然后将模型和更新数据输入到滤波器中，经过迭代，最终实现航天器轨道确定和导航的目的。

2. 重点专利技术

西北工业大学于2009年4月1日提出一种地磁场线图匹配自主导航方法（CN101520328A），首先按照设定频率连续测量航行器航迹上的多个地磁场特征量，并将测量数据按照固定点数的滑动窗口方式构造对应特征量的匹配线图；根据匹配相似性准则和匹配结果融合准则，采用全局最优搜索算法将多特征量的匹配线图与基准图做匹配比较，得到航行器的位置信息。该方法充分利用了地磁场多特征量的特点来计算航行器的精确位置，在长航期条件下没有导航积累误差。

**（五）组合导航**

1. 专利技术发展过程

通过前面对各种自主导航方法的介绍，我们发现，天文导航的数据更新率较低，惯性导航的误差会随时间累积，无线电导航的信号会随着传播衰减，因此任意单独的导航方式都无法达到或同时达到探测器对于导航性能的更高需求。因而，在深空探测单一导航方法发展的同时，将几种方法相结合，构成相应的组合导航系统，使得各个导航系统之间相互补充，达到导航性能最优的目的，成为提高自主导航系统精度的有效手段。

在已申请的专利中，组合导航的组合方式呈现多样性，大多数组合导航遵循的组合规律都是根据航行阶段以及各种导航方法的特点来进行的。在巡航段较为常见的组合导航方式为天文导航与惯性导航组合，例如通用公司1991年申请的专利DE4112361A1，采用地球传感器提供俯仰和滚动信息，太阳传感器在一天的某些时间提供信息，对于精确指向应用，使用速率积分陀螺仪来传播偏航和滚转，并且使用极星传感器偏航和滚转测量来周期性地更新偏航和滚转。在近地段和捕获段，多依赖于地磁或无线电测量的结果辅以天文导航和惯性导航以提高精度，如利顿系统有限公司1997年申请的专利US5757316A把平台GPS装置与惯性导航单元相结合；上海卫星工程研究所2016年申请的专利CN105509750A将天文测速与地面无线电组合；东方红卫星移动通信有限公司2020年申请的专利CN112762925A利用地磁计和陀螺仪组合来进行低轨卫星定姿。在着陆段则采用惯性导航与视觉导航组合的方式，例如北京理工大学2018年申请的专利CN109269511A，首先结合惯性测量信息建立着陆器运动学模型，然后利用着陆器下降过程中获得的序列图像建立基于帧间曲线匹配的测量模型，最后通过卡尔曼滤波算法对着陆器的绝对运动状态进行实时估计。还有一些其他的组合导航方式，例如多敏感器的组合（CN110285815A、CN101178312A）、天文测角与天文测速的组合（CN1987356A）、天文测角与天文测距的组合（CN103674032A）等。

组合导航方法具有如下优点：①优势互补，组合后的导航系统融合了各个子系统的信息，相比于单个子系统，具有更强的环境适应性，也具有更高的导航精度和性能；②节约探测成本，组合后的导航系统提高了导航精度，从而降低了每个子系统对导航器件（尤其是惯性导航器件）的要求，从而在整体上降低了探测成本。

2. 重点专利技术

通用公司于 1991 年 4 月 16 日提出了一种三轴稳定的航天器（DE4112361A1）如图 4－8 所示，使用扭矩装置系统，用于在一个或多个姿态传感器的控制下，相对于滚转轴、俯仰轴和偏转轴向航天器施加扭矩，以保持其姿态。偏航速率可以通过差分传感器输出并使用它来传播偏航角而导出，而不需要航天器星历。使用地球传感器滚转输出和极星传感器导出的滚转率估计的轨道偏航率分量可用于校正导出的速率。传播的偏航角可以使用另一偏航传感器，例如太阳传感器，周期性地更新。当在存在较大干扰的情况下需要精确指向时，例如在推进器静止操纵期间，极星传感器导出的偏航和滚转速率也可用于控制回路稳定。对于精确指向应用，可以使用速率积分陀螺仪来传播偏航和滚转，并且使用极星传感器偏航和滚转测量来周期性地更新偏航和滚转，这些测量结果可以用于估计陀螺仪偏差。

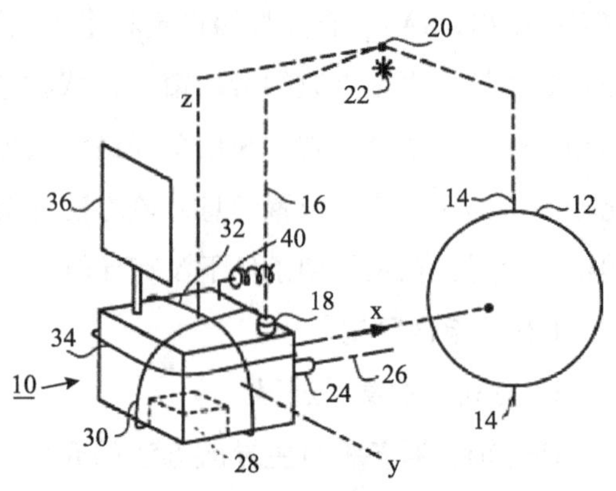

图 4－8　三轴稳定的航天器（DE4112361A1）

美国利顿系统有限公司于 1997 年 2 月 1 日提出了运用惯性测量单元和多个卫星发射机的姿态确定（US5757316A），如图 4－9 所示，运用安装在平台上的惯性测量单元和相关处理器、安装在平台上的多个信号接收天线和卫星发射机获得输入确定平台姿态的卡尔曼滤波器处理的观测量，由惯性测量单元及其相关处理器的平台确定航向可能有错，把从平台天线到不同卫星发射机组的距离的姿态敏感函数值（用惯性测量单元数据获得第一个值，用在平台天线处接收的卫星发射机信号的测得相位获得第二个值）做比较获得距离函数的准确值。

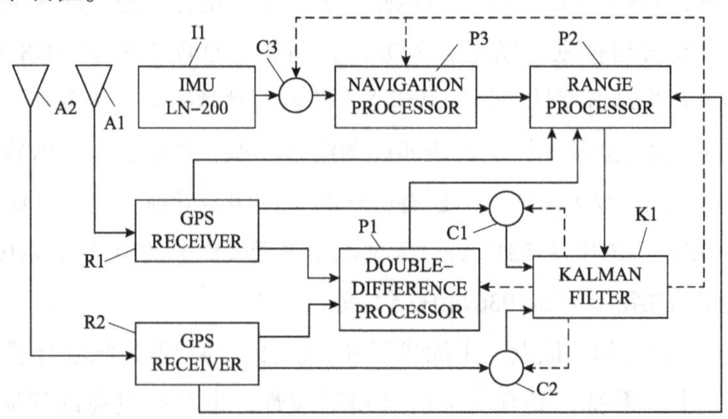

图 4－9　运用惯性测量单元和多个卫星发射机的姿态确定（US5757316A）

南京航空航天大学于 2007 年 12 月 12 日提出了一种基于多信息融合的航天器组合导航方法（CN101178312A），如图 4 - 10 所示。该导航方法包括以下步骤：建立基于轨道动力学的卫星运动状态方程，建立基于 X 射线探测器的卫星自主导航子系统，建立基于红外地平仪和星敏感器的卫星自主导航子系统，建立基于雷达高度计的卫星自主导航子系统，建立基于紫外三轴敏感器的卫星自主导航子系统，对上述四个子系统的输出进行信息融合处理，输出导航信息，采用 $x^2$ 检验法检测发生故障的系统并隔离故障子系统。该组合导航方法，能实现深空探测器的高精度自主导航，可靠性高，容错能力强。

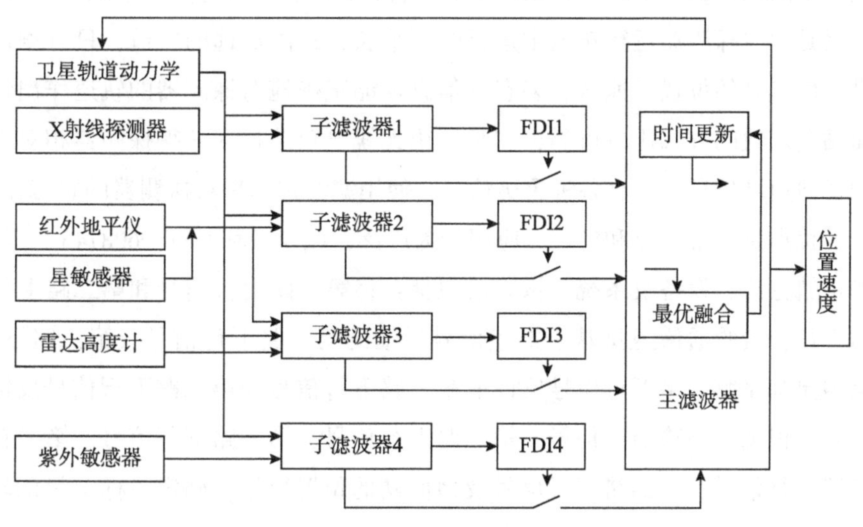


**图 4 - 10　基于多信息融合的航天器组合导航方法（CN101178312A）**

北京理工大学于 2018 年 11 月 6 日提出了一种未知环境下行星着陆的曲线匹配视觉导航方法（CN109269511A），如图 4 - 11 所示，首先结合惯性测量信息建立着陆器运动学模型，然后利用着陆器下降过程中获得的序列图像建立基于帧间曲线匹配的测量模型，最后通过卡尔曼滤波算法对着陆器的绝对运动状态进行实时估计，进而实现未知环境下行星着陆的曲线匹配视觉导航，提高导航系统精度，保证导航系统的稳定性，保证着陆器精确安全着陆。

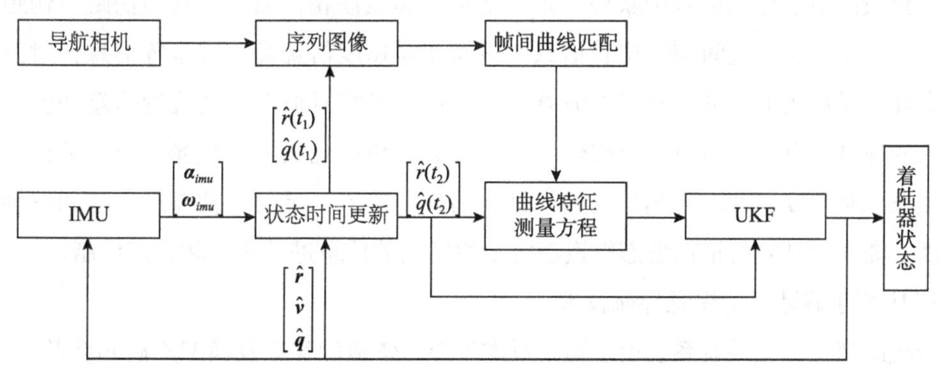


**图 4 - 11　未知环境下行星着陆的曲线匹配视觉导航方法（CN109269511A）**

### （六）其他应用

1. 应用于巡航段或着陆段的轨道确定

所谓的测定轨就是根据各种观测信息求取航天器的轨道的过程。各种航天任务的完成都建立在测定轨的基础之上，所以测定轨技术的研究发展迅速，其整体的发展也经过了由地基测定到天基测定，由地面测定到航天器的自主测定的过程。自主测定轨就是航天器只依靠自身的设备单方向获取周围的信息，通过各种计算手段，在航天器上独立自主地完成轨道的测算，整个过程不依赖地面设备，也不会与外界发生信息交换和传输。

巡航段是深空探测器运行轨道中运行时间最长，距离最远的轨道，只有测定轨系统能够提供精度较高的位置、速度、姿态等信息才能正确地对探测器的轨道作出调整。传统的地面站测定轨的方式比较可靠，它是利用无线电跟踪技术获得探测器相对于地面站的距离和径向速度信息，结合各种星历信息，使用滤波技术来对探测器的状态作出估计。这种方式的优点是非常可靠和稳定，应用较为广泛，比如专利 CN110608745A，涉及一种卫星的测定轨方法、设备及系统。该方法包括：将第一路上行信号和第二路上行信号传输至通信卫星；接收通信卫星基于上述信号反馈的第一路下行信号及第二路下行信号；接收通信卫星基于第一路下行信号反馈的第三路下行信号和第二路下行信号反馈的第四路下行信号；根据第一路上行信号、第二路上行信号、第一路下行信号、第二路下行信号、第三路下行信号、第四路下行信号及地面站的位置数据，确定目标卫星的轨道，从而对低轨卫星和中轨卫星进行精确测定轨。

对深空探测器来说，在保证安全的情况下精确地着陆是探测器深空飞行的最后一步也是最为重要的一步，多次的火星任务失败都是在此环节出现问题，所以研究此阶段的深空探测器自主测定轨技术非常有必要。目前深空探测器在此阶段采用的方式是使用轨道推算的方法，该方法需要用到惯性测量单元，包括仅利用惯性测量单元测量自主定轨方法，以及基于惯性测量单元和无线电测量的组合方法。例如专利 CN102494686A，提供一种卫星姿态轨道确定系统及方法，星上子系统包含的姿态轨道确定模块从来自姿态轨道采集模块的卫星导航信号中获得伪距、伪距率和载波相位数据，利用伪距、伪距率和载波相位数据，生成星间相对位置信息、星间相对速度信息及三维位置信息，对三维位置信息和卫星星光仰角进行联邦滤波算法，生成卫星相对惯性系的位置信息和卫星相对惯性系的速度信息，利用卫星导航信号、卫星姿态角信息及卫星星光仰角，进行联合定姿，生成三轴角度，并对三轴角度进行最优估计，获得卫星的三轴姿态角度和三轴姿态角速度；姿轨控计算机根据姿态轨道确定模块输出的信息进行变轨和调姿控制。

2. 应用于着陆段的视觉导航技术

传统的惯性自主导航系统由于初始对准误差、常值漂移以及模型不确知参数的存在，导航精度较低，不能精确地完成深空软着陆。目前基于地表图像信息的视觉导航技术被认为是着陆段的最佳方案。包含视觉导航技术的专利申请有 97 项，数量较大，因此，也属于目前的一个研究热点，相关专利主要涉及：①选取安全着陆区域，例如专利 CN101074880A，采用月面成像敏感器获得相应区域的月面三维信息；将月球探测器在着陆情况下所占区域的大小定义为单位面积，将单位面积的中心定义为着陆中心；以与当前月球探测器接近的月面上的点作为着陆中心起始判别点，从里向外以固定距离逐步移动着陆中心，逐个判别每个着陆中心所在单位面积的着陆区域是否满足着陆条件；若不满足着陆条件，则继续移动着陆中心进行判别；若满足着陆条件，则月球探测器移动至相应位置处降落。该发明能在最小的水平位移范围内找到适于探测器降落的地点，具有一定减少燃料消耗的作用。②障碍检测，例如专利 CN105091801A，涉及一种小行星探测的附着探测敏感器及附着区障碍检测方法；其中敏感器包括光学系统和电子系统；光学系统向小行星表面发射四束方向不同的测量光束从而在小行星表面形成四个测量点，每三个测量点不在同一直线上，该光学系统测量每条测量光束的距离信息；电子系统根据测量光束的距离信息以及方位角与俯仰角获得位置矢量，根据位置矢量获得由每三个测量点确定的平面的法线在附着探测敏感器本体坐标系下的方向矢量，根据该指向获得每两个平面间的平面法向量夹角，判断平面法向量夹角与预定值，在每个平面法向量夹角均小于预定值时，判定所述四个测量点在同一平面，反之，不在同一平面。该发明可以应用于小行星附着探测任务，以及行星着陆器最终着陆段的姿态快速确定与避障任务。

视觉导航技术的改进主要在于图像匹配方法的改进，例如专利 CN110619368A，涉及一种行星表面导航特征成像匹配检测方法，利用深空探测器拍摄的导航图像，通过图像阈值分割提取行星表面导航特征的阴影区和光亮区，根据阴影区域的形状特征，设置配对搜索窗口大小，同时考虑配对距离最小和光照方向一致性，将导航特征的阴影区和光亮区的配对问题转化为求取配对指标最小的问题，构造导航特征暗亮区域成像匹配指标，进行配对搜索，并将正确配对的导航特征进行椭圆拟合，从而为深空探测导航系统提供精确可行的自主检测方法。

## 五、结束语

本文对深空探测导航专利技术进行了分析。首先是对申请量的分析，从中可以发现 2006 年以前专利申请量较少，并且主要集中在苏联/俄罗斯、日本、美国的研究机构及大型企业，其原因有两点，一是早期深空探测活动还处于起步阶段，技术不够成熟，二是很多深空探测技术涉及军工行业，属于保密内容。尽管这一阶段申请数量较少，但大多数专利技术都代表了相关领域的关键技术，具有代表性。2006 年开始出现中国申请，且申请数量快速增长，申请人主要是航空航天相关技术较为领先的极少数高校和研究院，例如中国航天科工集团有限公司、中国航天科技集团有限公司旗下的研究院，以及北京航空航天大学、南京航空航天大学、西北工业大学等高校。无论是早期还是现在，深空探测导航技术主要掌握在极少数申请人手中，还远没有达到普及的程度。

其次是对专利技术发展现状的分析，从中可以发现深空探测导航专利技术有两大重点技术，一是天文导航技术，二是组合导航技术。天文导航技术中的天文测角导航技术已经较为成熟，且应用广泛，天文测距导航和天文测速导航还处于起步阶段，精度较低，且存在大量亟待解决的问题。具体而言，天文测距导航技术的主要影响因素包括背景噪声、脉冲信号检测、数据处理等，天文测速导航技术的主要影响因素包括谱线稳定性、谱线致宽、光谱检测等。这些因素对导航精度有着重大的影响，是天文测距导航技术和天文测速导航技术的重点研究方向。组合导航技术的核心在于根据探测天体的特点和飞行的不同阶段，以及根据自主导航方法的特点选择合适的组合导航方案，目前较常见的是在巡航段采用天文导航与惯性导航组合；在近地段和捕获段，采用地磁或无线电测量辅以天文导航和惯性导航；在着陆段采用惯性导航与视觉导航组合等。今后，组合导航技术发展的侧重点将是导航策略切换、动力学/光学/惯性/嵌入式大气数据传感系统（FADS）建模以及滤波算法的改进。

针对深空探测导航专利技术发展目前存在的问题，中国应以此为契机，首先对尚未完善的深空探测导航技术着重进行研究，实现深空探测导航技术的突破；其次加快深空探测导航技术的推广，争取让更多的研究机构和大型企业参与其中，加速技术的发展。

## 参考文献


[1] 古龙. 火星探测器高精度自主组合导航技术研究 [D]. 南京：南京航空航天大学，2019.

[2] 陈翠桥. 深空行星际间探测器组合自主导航及滤波技术的研究 [D]. 成都：电子科技大学，2018.

[3] 张伟，许俊，黄庆龙，等. 深空天文自主导航技术发展综述 [J]. 飞控与探测，2020（4）：8－16.

[4] 方宝东. 火星探测捕获段组合导航方法及应用研究 [D]. 长沙：国防科技大学，2019.

# 星球探测车专利技术综述

王荣[1]　杨皞屾[2]　陈江兰[3]

**摘　要**　星球探测车是行星无人探测的最佳手段，对了解行星地形地貌地质特点等具有重要作用。本文通过专利申请分析手段梳理了星球探测车的全球专利申请态势、重点申请人、技术分支、主要类型等情况，并在此基础上结合专利申请情况以及行业应用情况，选取了轮式探测车作为星球探测车的重点研究对象，具体分析了轮式探测车的技术功效以及技术路线，从专利申请分析的角度梳理了轮式探测车未来的研究热点和技术空白点，为全面掌握星球探测车的发展趋势提供了专利申请信息支撑。

**关键词**　星球探测车　轮式　履带式　腿式

## 一、研究背景

深空探测是21世纪世界航天活动的热点，对小行星、彗星、大行星及其卫星等深空天体的探测是人类认识自己、了解太阳系和宇宙起源的重要途径。我国已顺利实施嫦娥探月工程，分“绕”“落”“回”三期对月球展开无人探测活动。星球探测车是一种能够在地外星球表面上进行巡视探测、样品采集等任务的特种车辆，它对行星表面的较大面积进行近距离和接触式的考察，因此已成为行星无人探测的最佳手段。[1]

根据移动方式的不同，星球探测车可以分为轮式探测车、履带式探测车、腿式探测车和轮腿组合式探测车等不同类型，其各有不同的优缺点。其中轮式探测车是目前运用最广泛的探测车，其技术成熟，可靠性高且控制简单，但其越障性能较弱；而履带式探测车则有越障能力强且控制简单的优点，但履带的可靠性较低，容易出现故障；腿式探测车则有较强的越障能力，对地形适应能力最强，但其控制复杂且运行速度较慢；轮腿组合式探测车则结合了轮式探测车和腿式探测车各自的优点，具有较强的地形适应能力，且运行速度也较快。[2]

---

[1][2][3] 作者单位：国家知识产权局专利局专利审查协作四川中心，其中杨皞屾、陈江兰等同于第一作者。

本文梳理了星球探测车整车结构相关的专利申请，对申请人、申请量、技术分支等进行统计分析，并在统计分析的基础上结合专利申请情况以及行业应用情况，选取了轮式探测车作为星球探测车的关键技术，具体分析了轮式星球探测车的技术功效以及技术路线。

## 二、星球探测车的专利申请现状

### （一）技术分解

本文对星球探测车进行了技术分解，将其分为星球探测车结构及星球探测车导航控制两个一级技术分支，总体技术分解如表2－1所示。

表2－1　星球探测车技术分解表

<table>
<tr><th>一级技术分支</th><th>二级技术分支</th><th>三级技术分支</th></tr>
<tr><td rowspan="6">星球探测车结构</td><td rowspan="3">轮式探测车</td><td>整体结构</td></tr>
<tr><td>车轮</td></tr>
<tr><td>悬架</td></tr>
<tr><td>腿式探测车</td><td></td></tr>
<tr><td>轮腿组合式探测车</td><td></td></tr>
<tr><td>履带式探测车</td><td></td></tr>
<tr><td rowspan="2">探测车导航控制</td><td>远程导航控制</td><td></td></tr>
<tr><td>自主导航控制</td><td></td></tr>
</table>

以划分的技术分支为基础，本文在incoPat数据库中对星球探测车相关的专利申请进行了检索，数据截止时间为2021年5月17日。数据检索以分总式检索为总体思路，先检索最低级别的技术分支，然后合并去重得到上一级技术分支。在具体构造检索式时，以最准分类号、相关分类号、关键词梯次组合构造检索式，如最准分类号B64G 1/16，其含义为地外车，属于直接相关分类号，可以直接用于表达星球探测车，对于相关分类号如B60G（车辆悬架）、B60B（车轮车轴）、B60C（轮胎）、B60K（车辆动力装置的布置）、B60P（特种车辆）、B62D（机动车）等，则需要结合关键词来表达星球探测车。

经过构造检索式检索辅以人工筛选，最终获得了本文研究的数据，其中截止到2021年5月17日，全球共计有642项星球探测车相关专利申请。其中原始申请国为中国的专利申请最多，共计有481项星球探测车相关专利申请，其次是美国和日本，分别有52项和51项星球探测车相关专利申请，俄罗斯则有12项星球探测车相关专利申请，其后如韩国、德国、英国、法国、印度等国也有少量的星球探测车相关专利申请。

### （二）专利申请概况

自从人类第一次登月以来，人类对星球的探测从未止步。近年来随着探测技术和手段的不断发展，新一轮星球探测热兴起，星球探测车技术作为探测技术之一，也开始得到越来越多的关注，并有了大量专利申请。

1. 申请趋势

图 2－1 示出了星球探测车技术专利申请的申请趋势。

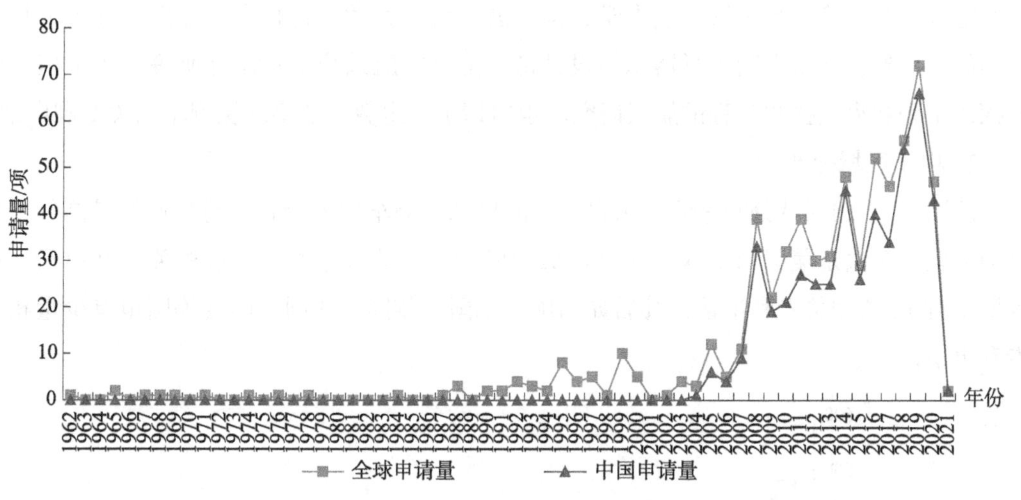


**图 2－1　星球探测车专利申请趋势**

星球探测车相关概念在较早时期就已出现，20 世纪 50 年代起，苏美开展了太空竞赛，人类在太空世界的探索拉开了序幕。随着人类不断向深空进发，星球探测车的概念开始兴起。1962 年，美国的通用汽车提交了名为“柔性车架车辆”的专利申请（申请号为 US04224754），该车辆可用于月球探测，自此，星球探测车技术进入了萌芽期（1962～1994 年），此时期星球探测车相关的专利申请量不高，申请主要来自美、苏、欧、日等老牌航天强国和地区，申请人主要包括美国的美国国家航空航天局（NASA）、Odetics、通用汽车，日本的三菱机电、日产、IHI，苏联的交通运输工程科学研究所等。

自 1995 年起，星球探测车技术进入振荡增长期（1995～2007 年），星球探测车相关的专利申请量开始振荡增长，年均申请量在 5 项左右，此时期主要申请国为日本和美国。2004 年，中国正式开展了月球探测工程，并命名为“嫦娥工程”，确定了“绕”“落”“回”三步走战略，中国也开始了对星球探测车技术的探索。在此期间，哈尔滨工业大学在 2004 年提交了名为“八轮扭杆弹簧悬架式车载机构”的专利申请（公开号为 CN1600587A），也是我国最早申请的星球探测车相关专利申请；北京航空航天大学则在 2005 年提交了名为“九自由度全方位步行探测车”的专利申请（公开号为 CN1686760A），率先开展了对腿式星球探测车技术的探索；上海交通大学则在 2005 年提交了名为“月球探测车驱动转向一体化车轮”的专利申请（公开号为 CN1718510A），对星球探测车的一体化车轮开展了研发。

自2008年起，星球探测车技术进入了快速增长期（2008年至今），星球探测车技术的专利申请开始快速增长，年均申请量达到了近40项。随着嫦娥一号卫星2007年成功发射并在轨有效探测，中国探月工程三步走战略的“绕”已被圆满完成，探月工程二期、三期以及火星探测等重大工程相继被提上日程，星球探测车技术成了研发的热点，中国在星球探测车技术方面的专利申请量开始爆发式增长并处于领先地位，占据了申请量的绝大部分。除了哈尔滨工业大学、南京航空航天大学、吉林大学等高校进行了相关专利的申请外，北京空间飞行器总体设计部、上海宇航系统工程研究所等直接承担了中国探月工程和火星探测工程的航天研究所也申请了一定数量的星球探测车相关专利申请。

2. 申请区域分布

从图2－2的区域分布来看，来自中国的星球探测车相关专利申请数量是最高的，共计481项，其次是美国和日本，分别有52项和51项星球探测车技术相关专利申请，俄罗斯则有12项相关专利申请，其后如韩国、德国、英国、法国、印度等国也有少量相关专利申请。

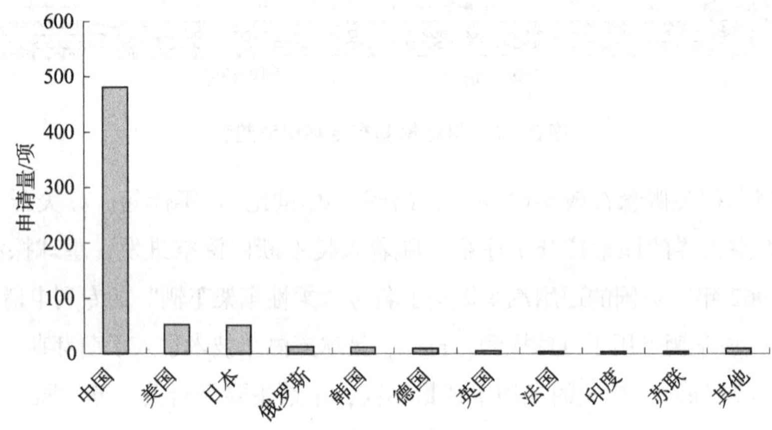


**图2－2　星球探测车专利申请原始申请国分布**

3. 申请人排名

从图2－3的申请人排名来看，申请量排名前十的申请人有9位均是中国申请人，其中排名第一的哈尔滨工业大学申请了46项专利申请，其次是南京航空航天大学（15项）和吉林大学（14项），唯一进入前十的国外申请人是日本的日产公司，其共计申请了9项。从这方面也可以看出，目前星球探测车技术研究者以高校和科研院所为主，日本商业汽车公司在星球探测车技术方面也开始“入场”。

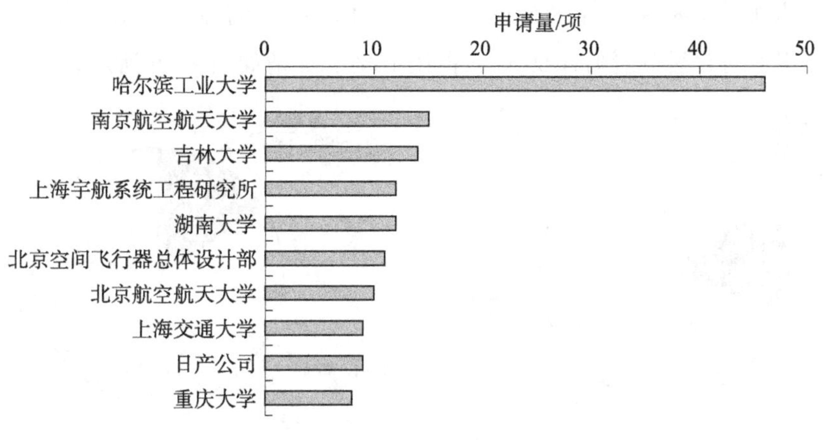


**图 2-3 星球探测车专利申请量排名前十的申请人**

4. 技术分支分布

从技术角度来看，星球探测车技术主要可以分为星球探测车结构与星球探测车导航控制两大分支，其中星球探测车结构方面的专利申请占据了绝大部分，共计 602 项专利申请，占比 91%，星球探测车导航控制方面的专利申请则占比较小，共计 56 项专利申请，占比 9%，详情如图 2-4 所示。其中，腿式探测车有 90 项专利申请，占总申请量的 14%，轮腿组合式探测车有 98 项专利申请，占总申请量的 15%。❶

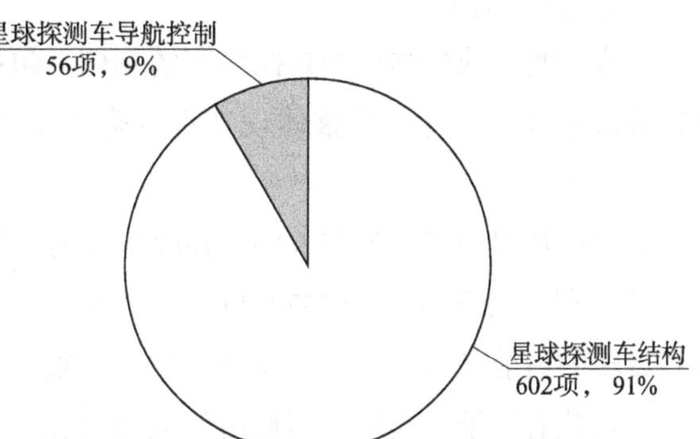


**图 2-4 星球探测车技术分支专利申请量分布**

**（三）星球探测车重点技术专利申请分析**

星球探测车结构可以分为轮式探测车、履带式探测车、腿式探测车、轮腿组合式探测车四个二级分支。其中轮式探测车是申请量最多的技术分支，共计 364 项专利申请，占比 58%，履带式探测车、腿式探测车和轮腿组合式探测车的相关专利申请数量基本相当，其中履带式探测车有 73 项专利申请，占比 12%，详情如图 2-5 所示。

1. 轮式探测车

由于轮式星球探测车结构简单、可靠性高，目前成功发射并运行的星球探测车均是轮式探测车，如中国的玉兔号、祝融号以及美国的索杰纳号等。对轮式探测车进一步进行分解，可以将其分为整体结构、车轮和悬架三大分支。其中整体结构相关的专利申请

❶ 由于部分专利技术内容涉及多个技术分支，因此各技术分支专利数量之和会大于总量。

数量最多，达到了198项，占比54%，其次是车轮相关的专利申请，有112项，占比30%，悬架相关的专利申请则有60项，占比16%，详情如图2-6所示。

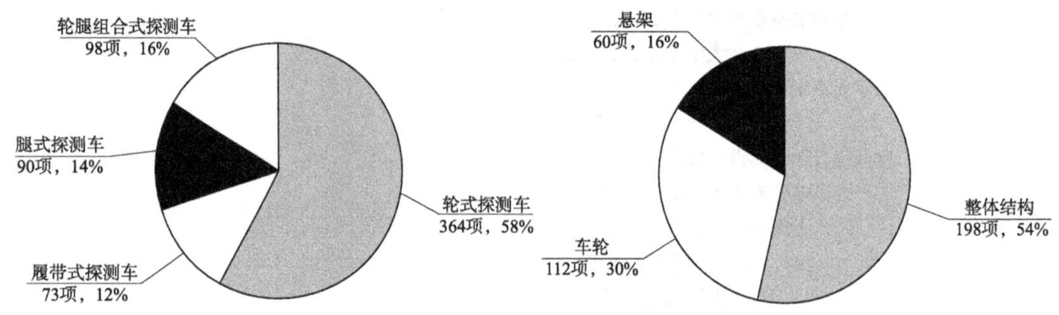


图2-5　星球探测车结构二级技术分支专利申请量分布

图2-6　轮式星球探测车技术分支专利申请量分布

（1）整体结构

轮式探测车的整体结构是探测车的基础，包括探测车的车轮布置、折叠结构、科学仪器载荷布置等。合理的整体设计可以降低探测车的结构复杂度，提高探测车的整体性能。

美国的加州理工学院与NASA共同申请的名为"一种机器人车辆及跨越障碍物的方法"的专利（公开号为US5372211A），提出了一种微型机器人车，包括车体，可绕前叉轴线旋转的右前叉和左前叉，以及可绕后叉轴线旋转的右后叉和左后叉，在每个叉的远端分别安装有轮子，车轮由车辆内的电动机和传动装置提供动力以驱动车辆前进，每当遇到障碍物时，前叉绕前叉轴线旋转，从而向前推动前轮，将大部分车辆重量转移到后轮上，然后，车辆向前朝向障碍物行驶，以便驱动前轮越过障碍物，此后前叉相对于车体旋转回到它们的初始位置，车辆再次向前驱动，从而使后轮越过障碍物，在车辆已经越过障碍物的顶部之后，前后叉返回到初始位置（参见图2-7）。

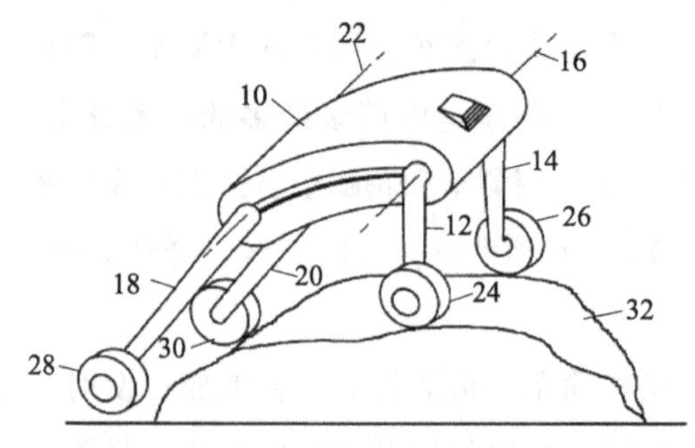


图2-7　US5372211A技术方案示意图

（2）车轮

车轮是轮式星球探测车与地外星球直接接触的部件，其也是星球探测车与地外星球的地面之间传递行走动力的媒介。由于地外星球的气压、重力、温度、辐射等环境因素与地球完全不同，地球轮胎常用的橡胶材质，在月球 -183℃ ~127℃的剧烈温差下性能相较在地球上有显著的差异，并且在没有大气保护的环境下，橡胶等高分子材料还容易被太阳辐射降解。因此地外行星的环境对星球探测车的轮胎提出了新的要求，星球探测车的轮胎也不同于传统的轮胎，如阿波罗计划采用了金属丝网交织形成的轮胎。

针对金属丝网交织轮胎低减震能力和低寿命的缺陷，NASA 提出了名为“超弹性轮胎”的专利申请（公开号为 US10449804B1），其包括多个形状记忆合金弹簧，每个形状记忆合金弹簧包括第一端部、第二端部和拱形中间部分，每个形状记忆合金弹簧与至少一个其他形状记忆合金弹簧交织，从而形成围绕轮胎的整个圆周延伸的带束环形结构。由于交错的形状记忆合金弹簧网络比传统的弹簧设计轻，因此该轮胎能够以较低的总重量承载较重的负载，并且形状记忆合金弹簧可以相互拧入而不是编织在一起，因此该轮胎比金属丝网交织的轮胎更容易制造（参见图 2 -8）。吉林大学提出了名为“火星弹性车轮”的专利申请（公开号为 CN108116154A），其包括轮毂、弧形弹性轮辐、轮面和过度变形保护机构，轮毂与轮面之间通过弧形弹性轮辐连接，弧形弹性轮辐一端均匀等距固定于轮毂周圈，另一端固定于轮面内侧；过度变形保护机构包括支杆和顶板，顶板由支杆支撑，固定在轮毂周圈，顶板位于轮毂与轮面之间。在通过硬岩石、松软沙土等复杂路面时，轮面在火星车重力载荷作用下产生弹性变形，增大了轮面与地面接触面积；火星车行驶于凹凸不平的地面上时，轮面发生凹陷，轮毂和轮面之间的弧形弹性轮辐和环形弹性轮辐受力产生弹性变形，吸收火星车受到的振动和压力；当轮面凹陷至过度变形保护机构的顶板时，顶板会支撑轮面防止继续凹陷（参见图 2 -9）。

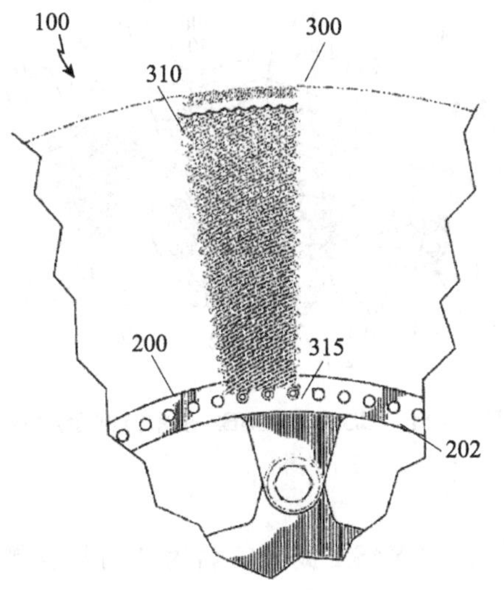


图 2 -8　US10449804B1 技术方案示意图

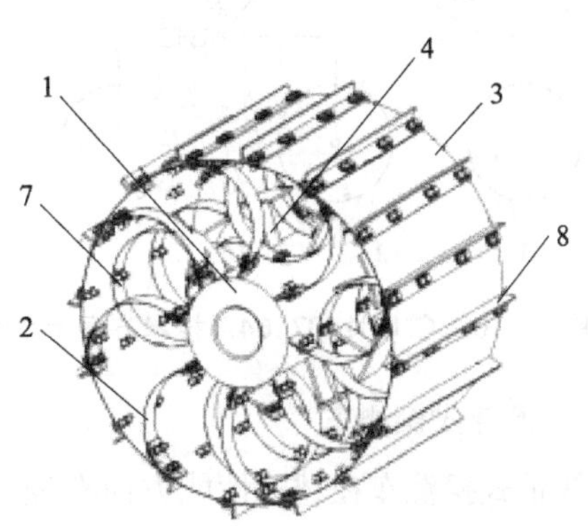


图 2 -9　CN108116154A 技术方案示意图

海洋工程装备及高技术船舶

航空航天装备

芯片技术

（3）悬架

悬架是连接星球探测车的车体与车轮的连接部件，其主要起到隔绝振动以及提高星球探测车越障性和通过性的作用。由于星球探测车车体上搭载了多种精密的科学仪器载荷，车体不能承受较大幅度的振动，因此星球探测车的悬架应有良好的隔振性能，而地外星球的环境不确定性高，其还应具备较高的越障性和通过性。

哈尔滨工业大学提出了名为“六轮星球探测车可伸缩悬架机构”的专利申请（公开号为 CN101407164A），针对星球探测车着陆内的体积与工作状态的体积之间发生冲突的问题，两个单侧独立摇臂悬架对称设置在车体的两侧，伸缩驱动机构设置在车体内部，伸缩驱动机构由两个变速离合机构、差动装置、蜗杆、蜗轮和电机组成；两个变速离合机构对称设置在差动装置的两侧，每个单侧独立摇臂悬架与相邻的变速离合机构固接，变速离合机构与差动装置连接，蜗杆与电机的转子固接，电机的定子与车体固接，蜗杆与蜗轮啮合，蜗轮与差动装置固接，蜗杆、蜗轮与车体组成转动副；通过单侧独立摇臂悬架的收缩，缩小星球探测车所占包络空间；通过单侧独立摇臂悬架的伸展，将星球探测车展开到工作状态（参见图 2－10）。美国的洛克希德·马丁公司提出了名为“具有铰接悬架车辆及其使用方法”的专利申请（公开号为 US8672065B2），包括底盘和与底盘铰接的多个车轮组件，每个车轮组件包括与底盘间隔开的可旋转车轮，铰接悬挂系统包括：多个悬臂；多个从动肩关节，其可旋转地连接底盘和多个悬挂臂，其中至少两个肩关节限定穿过底盘的轴线，该轴线不与车辆的重心对准；通过肩关节可在车辆平面上方转动的多个车轮；多个轮毂驱动器可旋转地连接多个车轮和多个悬挂臂；其中所述多个元件中的至少一个能够相对于所述底盘旋转至少一周（参见图 2－11）。

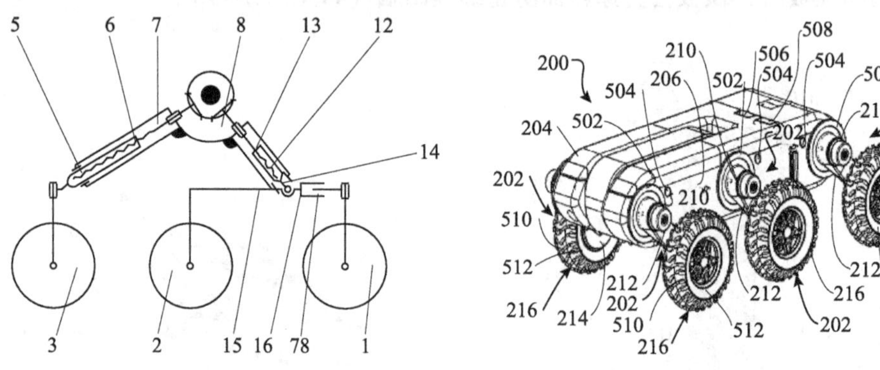


**图 2－10　CN101407164A 技术方案示意图**　　**图 2－11　US8672065B2 技术方案示意图**

2. 履带式探测车

履带式探测车在越障性能方面有较大的优势，如 NASA 提出的名为“行星探测用运载工具”的专利申请（公开号为 US3730287A），其包括多个相互独立可操作的推进单元，每个推进单元包括延伸腿，延伸腿连接到车辆的车架上以绕与其横向相关的轴线旋转，并且由可转向基座支撑，可转向基座同时具有车轮和履带的特性，这种结构使得探测车的越障能力大大提高（参见图2－12）。北京工业大学提出了名为“一种辅助宇航员作业及搭建月球基地的四履带式月球车装置”的专利申请（公开号为CN110002006A），所述装置由四履带式移动系统、可分离式检测系统和多功能机械臂系统构成，月球车四履带式移动系统动力传递结构分三路工作履带系传动锥齿轮传动的履带系支路、履带系传动蜗轮组传动的悬臂支路及直接由电机驱动的弹性撑杆支路，三条支路通过离合器控制动力的通断，以此满足月球车装置上坡、下坡或行走于不同地形的需求。当行走于沙石众多的地面时，履带系悬臂会通过蜗轮传动抬起适应高度，以达到保护车身、减少摩擦的目的。而行走于松软地面时，悬臂会依情况降低，来适应地表环境，使机器人较为平稳地移动（参见图2－13）。

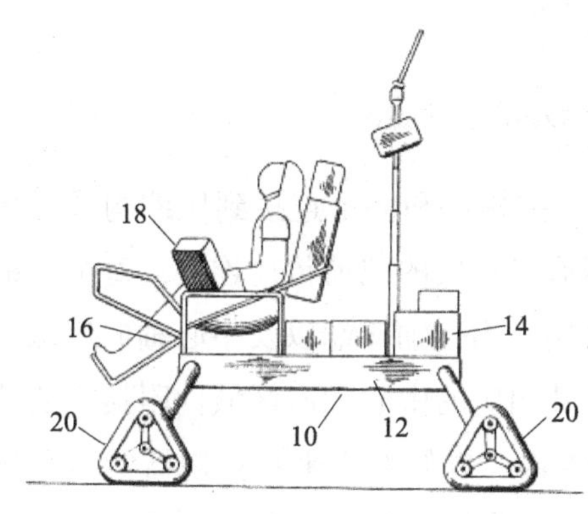


图2－12　US3730287A技术方案示意图

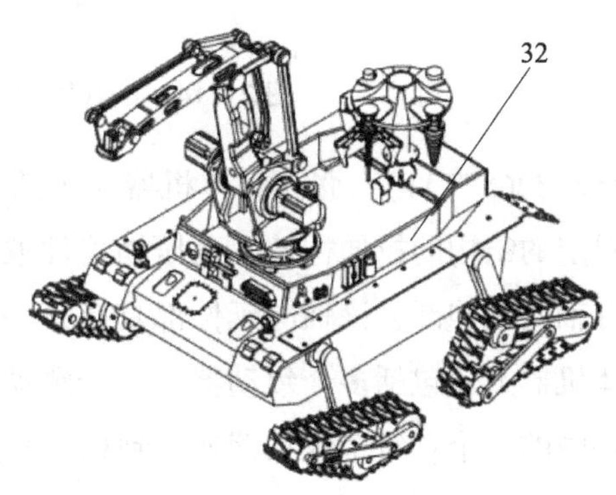


图2－13　CN110002006A技术方案示意图

3. 腿式探测车

腿式探测车由于地形适应能力强，非常适合在凹凸不平的复杂岩石表面或土质松软的表面环境运动。如北京空间飞行器总体设计部提出的名为“腿足式智能星表探测机器人感知系统及其工作方法”的专利申请（公开号为CN111123911A），其包括三维激光传感器、左目可见光相机、右目可见光相机、结构光测量相机、惯性测量单元、工控机，融合三维激光传感器、结构光测量相机和惯性测量单元，实现星表复杂地形地貌的三维重建、多层次语义拓扑地图构建、机器人定位、静/动态障碍物实时检测、基于机器人运动约束的路径寻优以及轨迹跟踪等功能；双目视觉相机集中用于对待采集样品进行高精度三维位姿测量。该系统不仅能够辅助腿式机器人自主适应松软、硬质等不同地形环境，实现长距离、智能避障、自主漫游并安全抵达预先指定的目标探测位置，还可辅助机械臂末端工具对采集样品执行精细化操作（参见图2－14）。

腿式探测车具有很强的越障能力，但腿式结构需要通过控制腿部运动来控制腿式探测车的平衡和运动，控制难度较高，而针对这一缺陷，也有人提出了一些异形的腿式探测车。美国加利福尼亚大学提出的名为“球面张拉整体机器人”的专利申请（公开号为

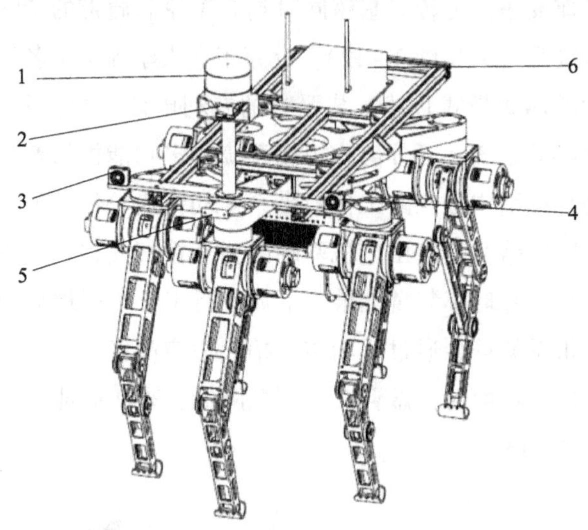


图2－14　CN111123911A 技术方案示意图

US2018/0326577A1），张拉整体机器人包括多个压缩构件和多个连接到压缩构件以形成空间限定的结构的拉伸构件，而压缩构件彼此不形成直接的载荷传递连接；每个压缩构件具有轴向延伸部，该轴向延伸部具有第一轴向端和第二轴向端以及中心轴向区域；张拉整体机器人还包括多个致动器，每个致动器在其相应的中心轴向区域内附接到所述压缩构件中的一个；每个致动器连接到相应的拉伸构件，以便响应来自控制器的命令选择性地改变拉伸构件上的张力，从而改变张拉整体机器人的质心以实现其运动（参见图2－15）。

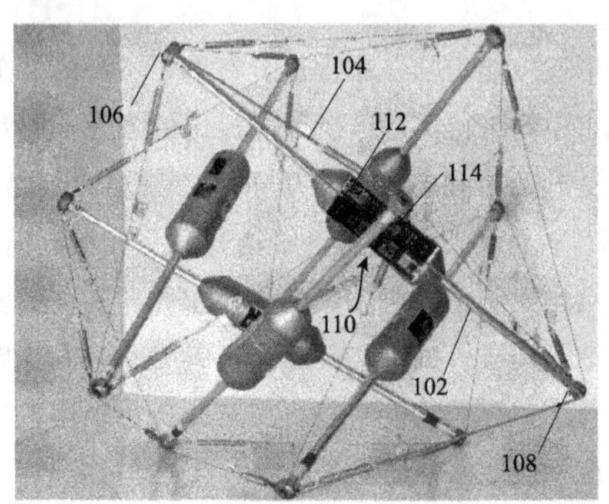


图2－15　US2018/0326577A1 技术方案示意图

4. 轮腿组合式探测车

轮腿组合式探测车充分利用了轮式机构和腿式机构的优点，实现二者的优势互补，可以在平坦的地方利用轮式机构快速运动，而在面对复杂环境时，则采用腿式机构实现避障。因此该类型的星球探测车能够保障一定的越障、避障等能力，对复杂星球表面环境具有较强的适应性，同时还具有稳定高速行驶的能力，相应的活动范围也较大。

如北京空间飞行总体设计部提出了名为“一种用于星球探测的少驱动轮腿式复合机器人”的专利申请（公开号为CN110962955A）。轮腿式复合机器人的机体为水平放置的板状结构；腰单元固定安装在机体的下表面；2个单腿机构对称安装在腰单元的两端；4个轮腿机构两两对称分布；且4个轮腿机构分别与腰单元的4个端部连接；轮行驱动单元固定安装在腰单元的底部的中部；该轮腿组合式探测车用较少数目的电机对机器人进行驱动，利用腿部连杆机构形态变换和主被动轮行驱动单元实现机器人腿式行走和轮式行驶以及多驱动模式的快速切换（参见图2－16）。日本宇宙航空研究开发机构（NAT AREOSPACE LAB）提出了一种名为“具有偏移旋转关节的机器人”的专利申请（公开号为JP2003326478A），其包括一个机器人主体和至少三个安装在该主体上的腿，用于使机器人主体能够进行三维运动，各支腿由多关节臂构成，该多关节臂具有连接在一起的多个偏置旋转关节，并具有安装在臂的前端的地面接合构件，使得各支腿能够独立地控制三维运动和驱动。由于设置了多个偏置旋转关节，该轮腿组合式探测车在翻转时能够起身，并且具有行走功能，在凹凸不平的地面上容易起降（参见图2－17）。

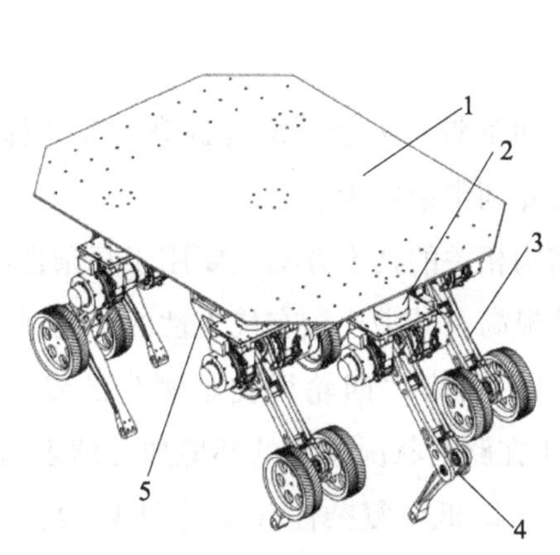

图2－16　CN110962955A
技术方案示意图

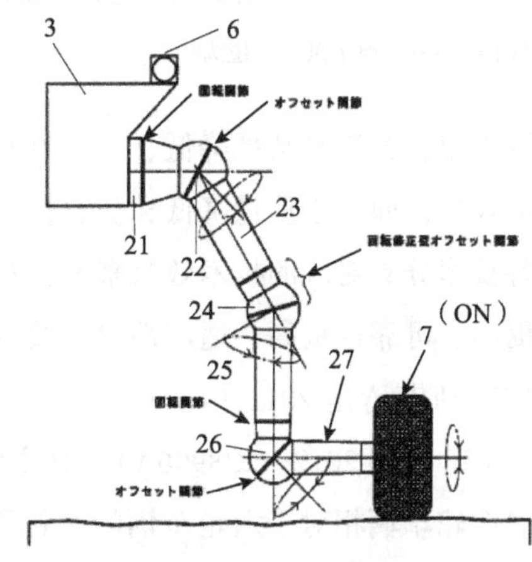

图2－17　JP2003326478A
技术方案示意图

## 三、轮式探测车专利申请技术分析

本节主要针对目前应用最多且技术最为成熟的轮式探测车进行技术功效分析和技术路线分析。

### （一）技术功效分析

针对轮式探测车的设计及改进主要集中在整体结构、悬架及车轮部分；而对于上述各部分的改进及设计实现的技术效果主要集中在轮式探测车的复杂性降低、稳定性提高、可靠性提高、适应性提高、体积降低、灵活性提高、转向改进、速度提高、重量降低、防震性提高方面。笔者针对相关专利申请的改进技术分支及技术效果进行了人工标引和统计，结果如图 3－1 所示。

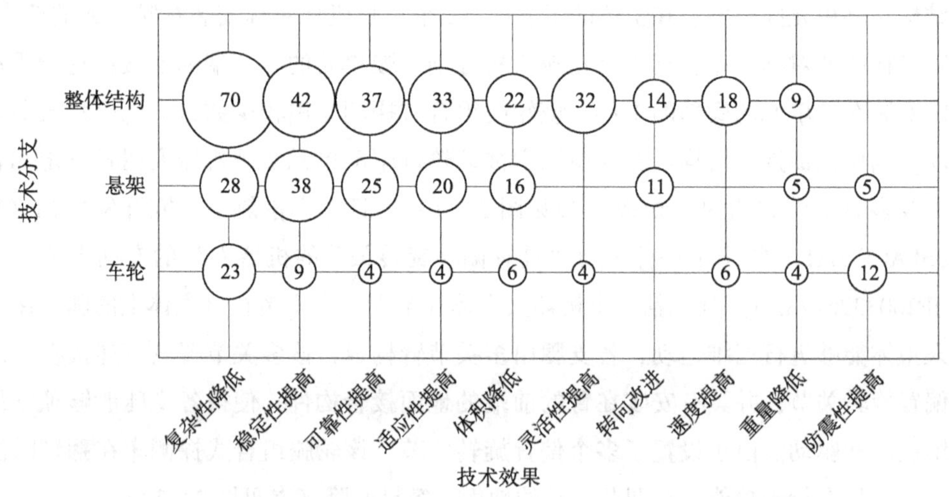


**图 3－1　轮式探测车专利申请技术功效矩阵**

注：图中数字表示申请量，单位为项。

可以看出，关于复杂性降低、稳定性提高、可靠性提高及适应性提高的轮式探测车专利申请较多，而关于重量降低和防震性提高的专利申请较少。

从各技术分支对应的技术效果来看，整体结构相关的技术方案主要用于复杂性降低、稳定性提高、可靠性提高、适应性提高及灵活性提高，其中比较有代表性的提高适应性、灵活性的专利申请是 2011 年东京工业大学提出的名为“四轮行驶车辆”的专利申请（公开号为 JP 特開 2012－228996A），其主要用于在路面状况恶劣的环境如月球表面上行驶，同时四轮车辆相对于六轮车辆的结构更简单，降低了复杂性（参见图 3－2）。还有部分专利申请通过整体结构的改进搭载动力源、相机及采集矿石装置等相关功能部件。

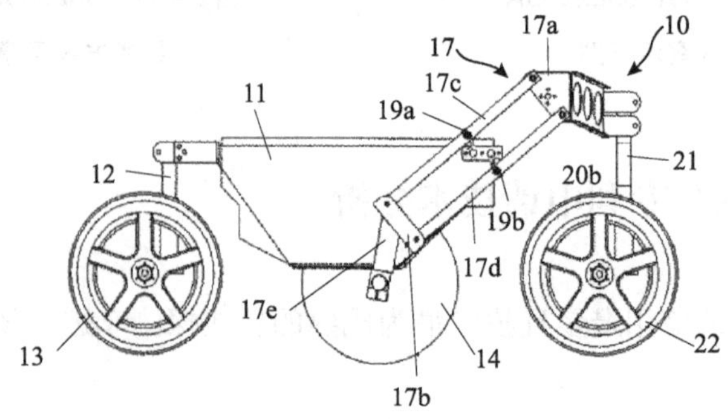


**图 3－2　JP2012－228996A 技术方案示意图**

悬架相关的技术方案主要用于稳定性提高、复杂性降低和可靠性提高，还有部分专利申请通过悬架部分的改进提高星球探测车的越障能力，如2008年哈尔滨工业大学提出的名为“四轮探测车梭式摇臂悬架机构”的专利申请（公开号为CN101407163A），该四轮行驶车辆针对被动摇臂式菱形四轮月球车移动系统存在的前、左和右轮所在的地形对车体姿态的影响耦合，车体稳定性不好，运动方向受到限制等问题，进行悬架结构改进，通过设定纵杆、横杆及转向装置及设定其相应的连接结构实现各向同性，且消除了各车轮所在地形对车体姿态的耦合影响，使车体稳定性好，可用于行星探测车（参见图3-3）。

车轮相关的技术方案主要用于复杂性降低、防震性提高及稳定性提高，如2019年吉林大学提出的名为“一种轮辐轮面一体化载人月球车金属弹性车轮”的专利申请（公开号为CN109109558A），该车轮的弧形弹性轮辐轮面为一体结构，轮辐均匀等距地安装在轮毂周围，轮辐轮面均外突设置，在轮面外表面设有均匀的轮刺，以增大地面附着力，弧形弹性轮辐轮面可变形程度大，恢复性强，具有良好的平顺性，提高了行驶过程中车体的稳定性，能够很好地适应月球表面复杂环境（参见图3-4）。

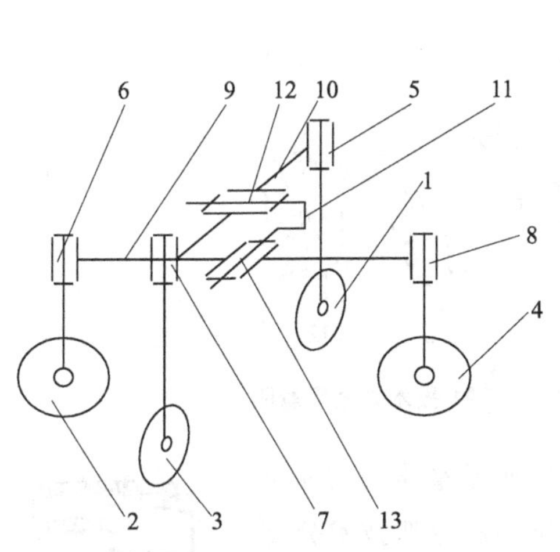


图3-3　CN101407163A

技术方案示意图

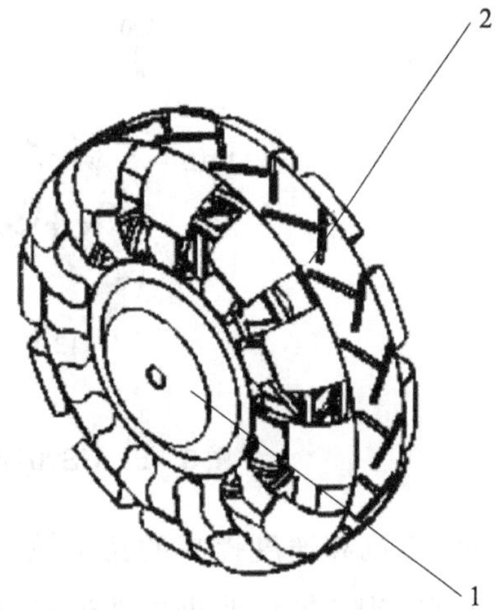


图3-4　CN109109558A

技术方案示意图

从技术效果对应的技术分支来看，复杂性降低、稳定性提高、可靠性提高、适应性提高、体积降低及重量降低与三种技术分支均相关，其中实现复杂性降低的技术效果的专利申请最多，而实现复杂性降低的技术分支中又以整体结构的相关改进居多，其中比较有代表性的是2009年上海交通大学提出的名为“月球车行走折叠系统”的专利申请（公开号为CN101554895A），该月球车的整体结构上设置了8个电机以实现月球车的高度折叠，能够实现高达214%的折叠比，且其折叠用电机中的6个还可以用于车轮的驱动及转向，通过电机的一机多用降低了结构的复杂程度且有效地缩小了月球车的初始安放体积（参见图3-5）。

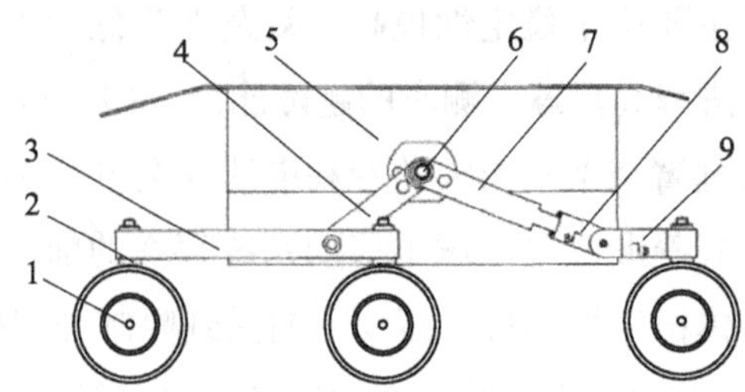


图 3-5　CN101554895A 技术方案示意图

与稳定性提高相关的技术分支主要是悬架及整体结构，其中比较有代表性的专利申请是 2016 年加州理工学院提出的名为“弹出式平板折叠探索者机器人”的专利申请（公开号为 US2017/0088205A1），其包括至少一个印刷电路板（PCB）柔性部分耦合到至少两个 PCB 刚性部分，致动器耦合到两个 PCB 刚性部分，用于折叠和展开所述可重复重构机器人，可重复重构机器人的构造也可以使其很好地适合于攀爬陡坡；部分折叠的低轮廓结构降低了质心，使其在倾斜时更加稳定（参见图 3-6）。

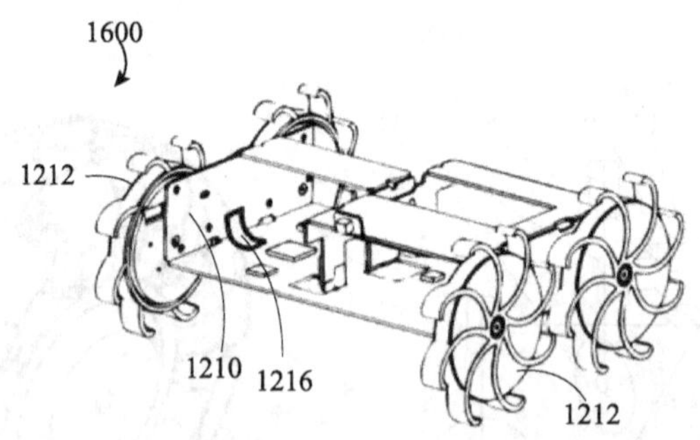


图 3-6　US2017/0088205A1 技术方案示意图

灵活性提高和速度提高的技术效果主要通过整体结构和车轮技术分支实现；转向改进主要通过整体结构和悬架技术分支实现；重量降低主要通过整体结构技术分支实现，同时也有通过悬架和车轮技术分支实现的专利申请，如 2013 年上海宇航系统工程研究所提出的名为“一种高性能筛网车轮”的专利申请（公开号为 CN103660778A），车轮采用的轮面为覆盖在所述轮圈结构外侧表面的金属网状结构，筛网轮面上的条状金属为棘爪结构，棘爪结构与轮圈结构固定连接。该专利申请提供的车轮具有重量轻、体积小、结构简单、安装空间需求减小的特点，减小了运载能力需求，且轻量化筛网车轮在月面松软的月壤上具有很好的通过性能（参见图 3-7）。而防震性能的提高主要通过轮胎技术分支实现。

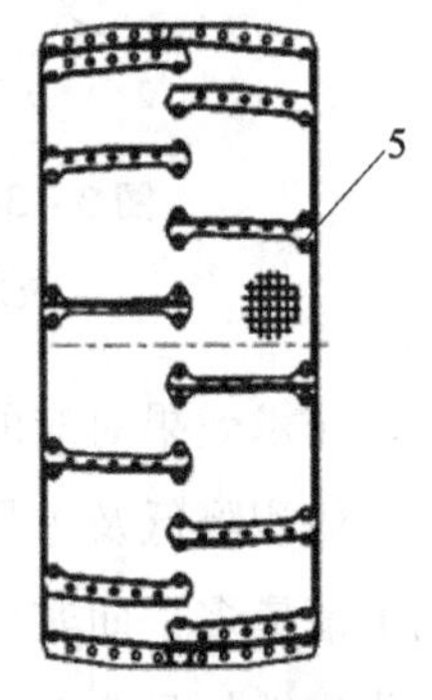


图 3-7　CN103660778A 技术方案示意图

### （二）技术路线分析

图3-8是轮式探测车的专利申请技术发展路线。本节将按照轮式探测车的申请时间为线索，从轮式探测车涉及的技术内容、申请人等角度，结合星球探测车的科研活动发展情况，分析轮式探测车的技术发展并确定出轮式探测车各关键技术分支的核心专利申请，再通过对核心专利申请的技术分支及技术效果进行分析，有助于了解轮式探测车的技术发展路线。

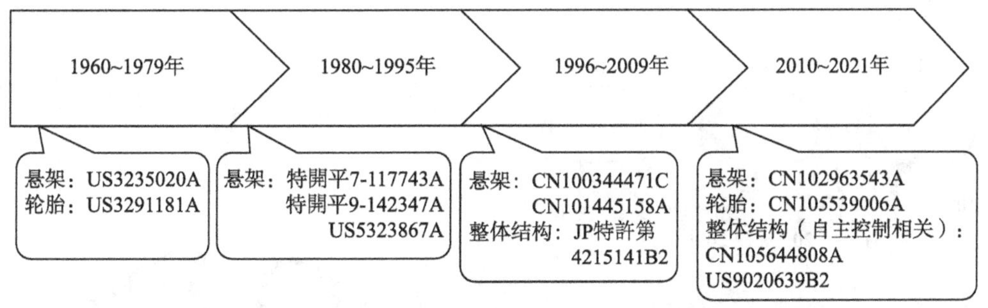


**图3-8　轮式探测车的专利申请技术发展路线**

在20世纪70年代，苏联和美国先后在月球成功登陆星球探测车，其中苏联的轮式探测车“月球车1号”和“月球车2号”均为无人探测车，“月球车2号”累积行驶达39公里，美国的“阿波罗15号”和“阿波罗17号”均为轮式载人星球探测车。

早期对星球探测车的研究是从轮式探测车开始的，登月中采用的探测车也均为轮式探测车。最早关于星球探测车的专利申请是1962年通用汽车提出的名为“一种柔性车架车辆”的专利申请（公开号为US3235020A），其公开了一种特别适用于在受冲击的地形上操作的机动车辆，通过针对车辆的悬架及铰接结构进行改进使得其能够在不平地形上行驶并攀越障碍物（参见图3-9）；同一时期还有美国WHITTAKER CORPORATION提出的名为“探索月球表面的轮子”的专利申请（公开号为US3291181A），该专利申请提出了一种具有大的直径和足够的柔软度的轮子以在粗糙的月球表面行驶（参见图3-10）。但在20世纪六七十年代，星球探测车相关申请的数量还十分有限，申请人主要为美国申请人。

在20世纪八九十年代，虽然没有相关的登月项目，但是世界各国依然持续在对星球探测车进行研究，其中日本关于探测车的研究成果明显，如日本的日产公司1993年提出名为“一种空间探测旅行汽车”的专利申请（公开号为JP特開平7-117743A），公开了一种有4个驱动轮的空间探测旅行车，通过4个驱动轮的布置位置、驱动力设定及驱动轮可以相对于旅行汽车的车体上下或者沿汽车的行进方向发生移动的设计，实现在遇到障碍物时，先由前侧的驱动轮识别出障碍物并攀爬，之后其他驱动轮在各自的驱动力的作用下实现攀爬的效果，且该发明采用了4个驱动轮的设计，相对于6个轮子的探测车具有重量轻的优点（参见图 3－11）。

1995 年日本马自达重工业株式会社提出名为“不平地面上的移动装置”的专利申请（公开号为 JP 特開平 9－142347A），公开了一种用于在凹凸不平的路面如月球路面上移动的装置，该平台的特点是在平台相对两侧各设置有三个轮子，前端和后端的轮子采用可转动的连接结构与中间的轮子连接，轮子的尺寸较大，在装置处于倾倒状态时，轮子依然能够正常行驶，背部还设计有机械臂，当发生倾倒时，装置自主恢复能力强（参见图 3－12）。

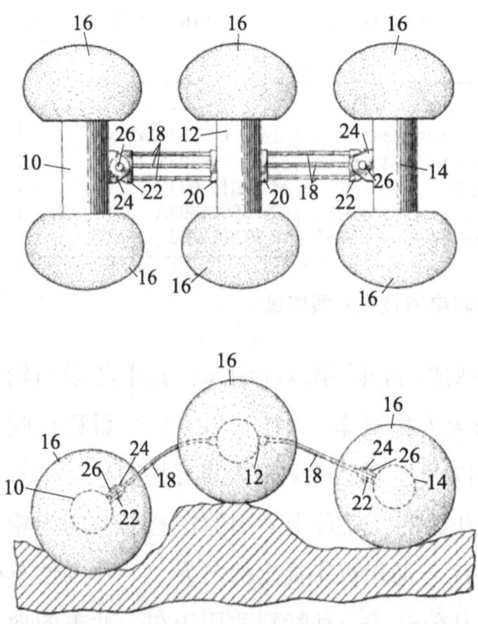


图 3－9　US3235020A 技术方案示意图

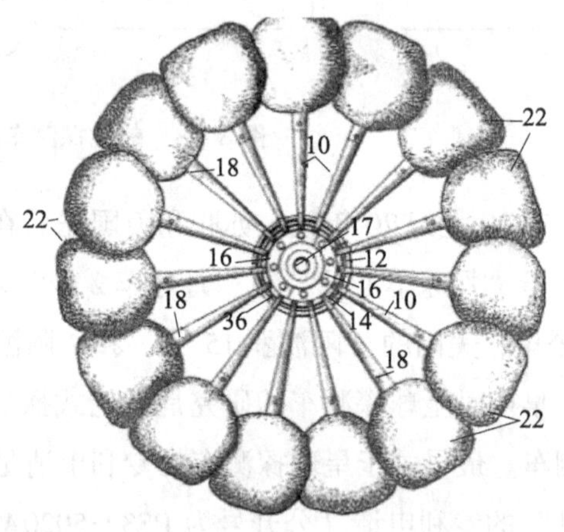


图 3－10　US3291181A 技术方案示意图

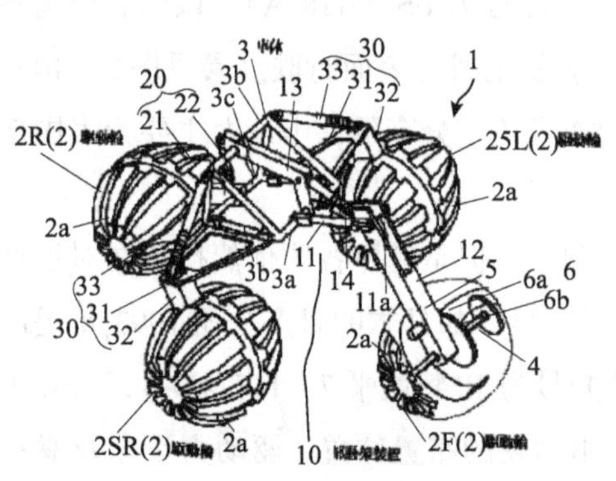


图 3－11　JP 特開平 7－117743A 技术方案示意图

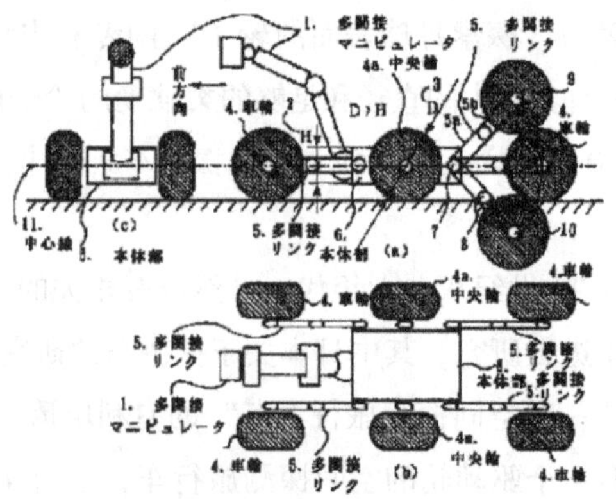


图 3－12　JP 特開平 9－142347A 技术方案示意图

1995 年美国 GRIFFIN RONALD 和 ALLARD ERIC J 提出名为“多向轮式机器人搬运平台”的专利申请（公开号为 US5323867A），公开了一种结合使用全向轮和传统轮的轮式机器人，该平台的特点是在平台底座的相对两侧各设置有三个轮子，在每一侧，两个轮子是全向轮，并在全向轮上布置滚轮，在每一侧的全向轮之间是常规轮。通过上述布置实现车辆在特殊行驶路面上行驶时全向轮的转动，并保证具有足够的抓地力，以获得高速直线运动以及枢转操作（参见图 3－13）。

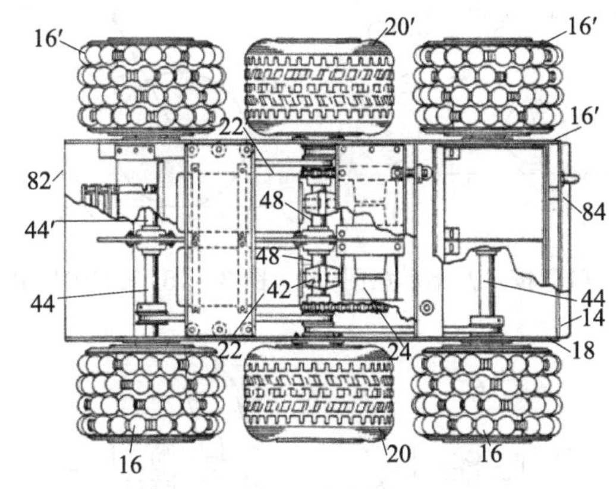


**图 3－13　US5323867A 技术方案示意图**

20 世纪末到 21 世纪初，美国先后在火星上登陆了“旅居者号”“勇气号”“机遇号”三辆轮式星球探测车；三辆轮式星球探测车均为六轮式，其中“勇气号”和“机遇号”均采用摇臂－转向架悬挂系统，相比之前的“旅居者号”，拥有更强的越障能力且体型较大，并且携带了很多用于勘测的科学仪器以进行在火星上的勘测。

而此时中国关于星球探测车的研究也进入起步阶段，出现了相关的专利申请；其中 2004 年哈尔滨工业大学提出的名为“八轮扭杆弹簧悬架式车载机构”的专利申请（公开号为 CN100344471C）公开了一种八轮扭杆弹簧悬架式车载机构，其悬架结构采用主车体与两对主摇臂之间由减振器和扭杆弹簧支撑的机械结构，当遇到障碍时，可通过扭杆弹簧的转动，并借助两中间车轮，来调整重力在各车轮的分配，以提高车体的稳定性和越障能力（参见图 3－14）。这一时期，随着“旅居者号”“勇气号”“机遇号”三辆轮式星球探测车不断取得探测成果，人们对于火星环境的认识进一步深入，也出现了一些专门针对保证星球探测车在火星的特殊环境中可靠行驶的专利申请，如针对在火星上存在沙砾路面使轮子容易陷入的问题，在 2007 年中国北方车辆研究所提出名为“轮式星际探测巡视车辆行走控制方法”的专利申请（公开号为 CN101445158A），该控制方法通过在车辆行走过程中车轮立柱结构的摆动运动和与其连接的车轮的转动运动的配合提高车辆在松软地面及松软斜坡的通过能力（参见图 3－15）。1999 年日本提出名为“空间探测器行走车”的专利申请（公开号为 JP 特許第 4215141 号），公开了一种空间探测用发射车，在空间探测器的上部有通信用天线和太阳能电池板，通信用天线和太阳能电池板上下重叠地可扩展地安装在车体的外侧，通信用天线和太阳能电池板能够紧凑地收纳（参见图3－16）。

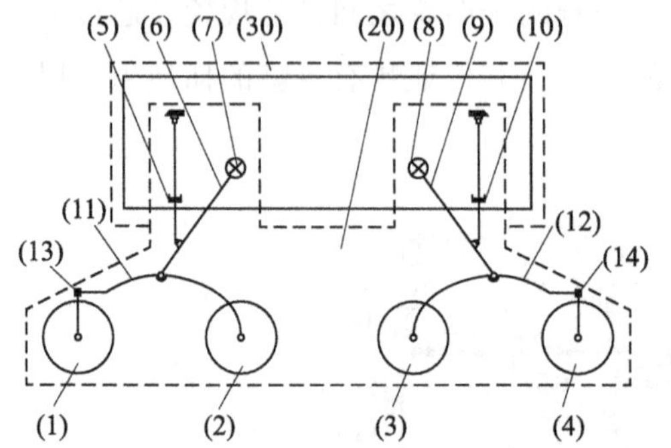


图3－14　CN100344471C技术方案示意图

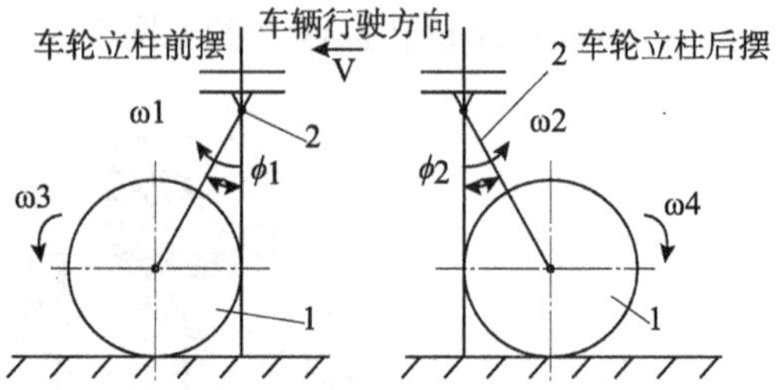

图3－15　CN101445158A技术方案示意图

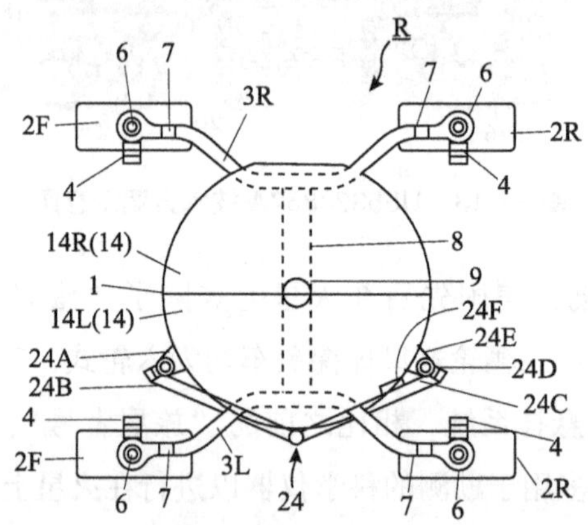


图3－16　JP特許第4215141号技术方案示意图

进入21世纪以来，美国持续加强火星探测，并于2012年和2021年先后在火星成功着陆无人探测车“好奇号”和“毅力号”；中国于2013年和2019年先后在月球成功着陆无人探测车“玉兔1号”和“玉兔2号”，其火星无人探测车“祝融号”也于2021年5月15日在火星成功着陆。在此期间关于星球探测车的专利申请数量也快速增长，其中中国关于星球探测车的专利申请数量最多，其中比较有代表性的专利申请是2012年哈尔滨工业大学提出的名为“一种六轮单驱动折叠可展摇臂式车载装置”的专利申请（公开号为CN102963543A），公开了一种六轮单驱动折叠可展摇臂式车载装置，每个轮子都配备有驱动电机，可以通过单电机驱动实现双侧摇臂悬架展开，能够达到50%的折叠与展开比，在运载阶段将悬架折叠起来，到达行星后，在着陆器上通过单电机驱动实现双侧悬架的展开；同时还配备有差速器，保证重力的分配均匀（参见图3－17）。

中国关于星球车轮胎方面的申请在这一时期也大量增加，如2015年北京工业大学提出名为“一种具有轮爪切换功能的越障车轮”的专利申请（公开号为CN105539006A），公开了一种具有轮爪切换功能的越障车轮，包括轮式模式和爪式模式，可根据路面的颠簸情况决定采用轮式模式或者爪式模式行驶（参见图3－18）。

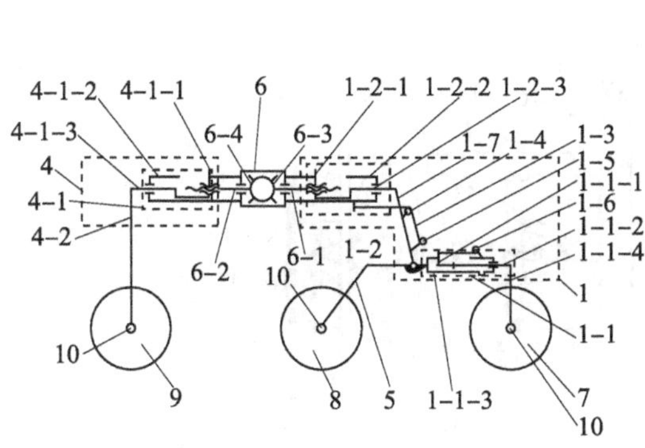


图3－17　CN102963543A 技术方案示意图

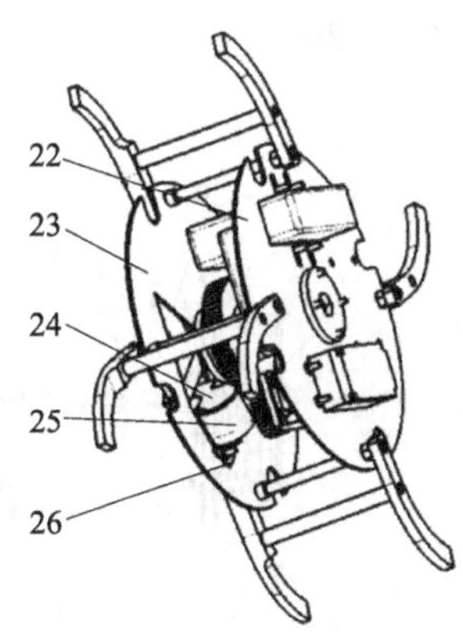


图3－18　CN105539006A 技术方案示意图

而与轮式探测车的自主控制相关的申请也明显增多，其中比较有代表性的是2015年上海交通大学提出的名为“月球车轮速控制方法及使用该方法的月球车”的专利申请（公开号为CN105644808A），其公开了月球车的控制方法，该方法应用于采用六轮摇臂式悬架移动系统的月球车，月球车的每个轮都可以独立驱动，根据坡度信息控制驱动轮胎，以降低车轮的打滑率，避免了车轮在月壤中下陷事故的发生（参见图3－19）。

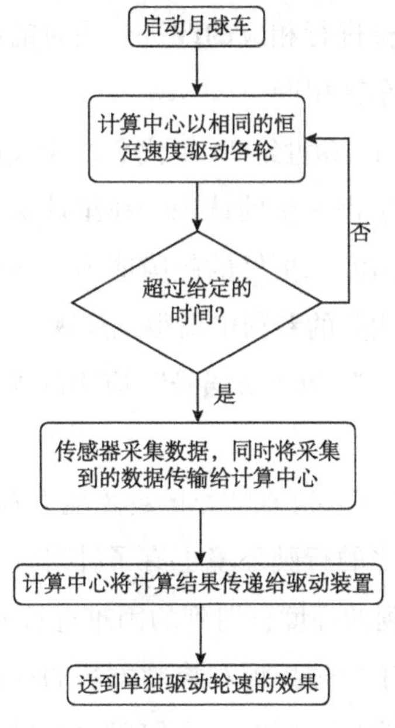


图3－19　CN105644808A 技术方案示意图

2010年美国加利福尼亚大学提出名为“多模态动态机器人系统”的专利申请（公开号为US9020639B2），公开了一种包含多个车轮结构的机器人系统，每个车轮有独立驱动的马达，通过一个或多个传感器获取每个车轮的状态，控制器基于传感器的数据控制各马达工作以实现机器人系统的向前运动、向后运动、爬升、跳跃、平衡、投掷和抓取等动作（参见图3－20）。

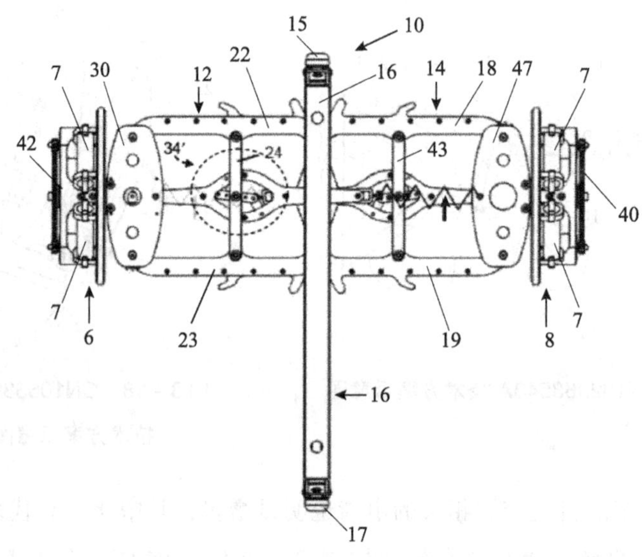


图3－20　US9020639B2技术方案示意图

结合上述分析可知，轮式探测车的专利申请技术发展历程如下：

20世纪六七十年代，申请人主要考虑到月球上的路面比较粗糙、凹凸不平的情况，设计车辆结构对悬架及轮胎部分进行相应的改进。当时的改进主要基于常规车辆进行改进，设计结构也与一般的越野车辆相近。

20世纪八九十年代，在有了20世纪70年代登月相关的一系列探月活动之后，人们对于月球上行驶存在的障碍有了进一步的认识，在星球探测车的设计及改进方面，考虑到月球上的路面情况，关注如何实现更好的越障能力。这些关注点也很好地通过针对悬架系统的改进设计的越障结构相关的专利申请得到反映，悬架的改进也更为大胆，21世纪初期在火星上行驶的“勇气号”和“机遇号”应用的摇臂式悬架的雏形便是在当时产生的。

20世纪末到21世纪初，除了星球探测车的越障能力有了进一步提高以外，对于火星上的松软表面容易导致车轮下陷的行驶环境也有了针对性的改善，很多发明点也是基于“勇气号”和“机遇号”勘测到的环境、遇到的困难进行的针对性改进。到了2010年以后，随着人工智能的发展，关于星球探测车控制方法的性能改进申请明显增多；在基于其他星球环境对机械结构进行改进的同时，人们还关注星球探测车在探测星球时如何通过自主控制的方式实现避障避险以保证探测工作的顺利进行。

## 四、结束语

星球探测技术起源于20世纪50年代，美苏是当时无可争议的技术领先者。近年来随着全球经济和技术的发展，已经有越来越多的国家/地区加入到外星球探测活动中来，其中美、俄、中、欧、日、印等国家/地区都已经先后开展了星球探测活动。

通过前文的统计和分析，笔者认为未来星球探测车领域的后续发展可能有以下趋势：

（1）未来随着全球掀起新一轮太空探索热，会有越来越多的国家加强对星球探测车的专利申请。

（2）从申请趋势及原始申请国来看，美、苏是星球探测车的探索者，具有较好的技术积累。美国为了与中国竞争和保持领先优势，将继续加大对星球探测的投入。俄罗斯由于经济不景气，近年来星球探测活动已经减小不少。中国作为星球探测领域的后起之秀，发展速度很快。随着“玉兔号”“祝融号”成功着陆运行，中国的探月工程、火星探测计划的后续步骤稳步推进，航天科研院所、各大高校均在积极研发星球探测车相关技术，中国将继续保持星球探测车领域申请量最多的原始申请国地位。但由于地外星球探测的技术复杂度高和研发投入大，星球探测仍然是一场少数国家/地区参与的“游戏”，主要申请人均来自中、美、俄、欧、日、印等国家/地区。此外，由于商业前景不明朗，星球探测主要是科研院所等参与研发，公司等商业机构目前并未大规模投入进行相关专利的申请。

（3）从技术研发角度来看，限于目前航天技术的限制，地外星球探测落点选址基本都在地势平坦的位置，轮式探测车由于其高可靠性、高稳定性的优势，仍将占据星球探测车研发和申请中的主导地位。一方面航天飞行器的载荷与体积空间都非常珍贵，另一方面地外星球又有着异常严苛的自然环境，因此轮式探测车在整体设计、悬架、车轮三个方面均有很大的改进需求，降低复杂性、提高稳定性以及可靠性仍旧是重点的改进方向。

### 参考文献

[1] 王晓岩，刘建军，张吴明，等．行星无人探测车地形重构技术综述［J］．天文研究与技术，2016，13（4）：464.

[2] 刘方湖，陈建平，马培荪，等．行星探测机器人的研究现状和发展趋势［J］．机器人，2002（3）：268－275.

[3] 丁希仑，徐坤．星球探测机器人［J］．航空制造技术，2013（18）：34－39.

[4] 李舜酩，廖庆斌. 星球探测车的研发状况综述［J］. 航空制造技术，2006（11）：68-71.

[5] 丁希仑，石旭尧，ROVETTA A，等. 月球探测（车）机器人技术的发展与展望［J］. 机器人技术与应用，2008（3）：5-9.

[6] 刘吉成，邓宗全，高海波. 行星探测车车轮构型研究综述与思考［J］. 机械设计与制造，2007（11）：209-211.

[7] 国家知识产权局学术委员会. 产业专利分析报告（第70册）：空间机器人［M］. 北京：知识产权出版社，2019.

# 月球探测工程专利技术综述

时绒[1] 黄达飞[2] 陈小龙[3] 吴绮[4] 张霏霏[5]

**摘 要** 月球探测是人类进行太阳系探索的开端，大大提升了人类对月球、地月空间和太阳系的认识。我国以嫦娥系列月球探测任务为牵引，在月球探测相关的各个领域都取得了极大的进展。本文通过对月球探测工程技术领域的国内外专利申请数量、关键技术分支和专利申请人进行统计和分析，阐述了月球探测工程技术领域的专利申请发展趋势，厘清了月球探测工程技术领域的技术发展脉络，并针对该领域重要申请人的专利布局进行了研究与分析。

**关键词** 月球 探测 软着陆 载人 采样

## 一、月球探测工程技术概述

月球科学研究对推动空间科学发展具有重要作用，月球资源的开发利用对人类的可持续发展具有重要意义。

### （一）月球探测工程技术概况

1. 全球月球探测工程技术概况

1958年，苏联发射了首个月球探测器，拉开了月球探测的序幕。第一次探月高潮始于1958年，止于1976年，以美、苏两国空间竞赛为标志，重在展示国家实力，实现了月球飞越、撞击、环绕、软着陆、表面巡视、无人采样返回和载人登月，其中，苏联完成了3次无人月球采样返回，美国实现了6次载人登月，获取了前所未有的科学探测成果，促进了大量新型学科的诞生。

苏联在1959~1976年共发射了64个月球探测器。美国在1958~1973年共发射了36个月球探测器，主要型号为“先驱者”“徘徊者”“勘测者”和“月球轨道器”，目的是为阿波罗载人登月做前期探索和技术准备。

[1][2][3][4][5] 作者单位：国家知识产权局专利局专利审查协作江苏中心，其中黄达飞、陈小龙等同于第一作者。

20 世纪 70 年代中期到 80 年代末期，美国和苏联的航天战略重点转为发展近地轨道载人航天和空间站，月球探测进入低潮沉寂期，全球约有 14 年的时间未发射月球探测器。苏联解体后，俄罗斯经济发展疲弱，月球探测活动也进入低潮。

第二次探月高潮在 20 世纪 90 年代，主要航天国家纷纷启动并实施了月球探测活动。新一轮月球探测更注重科学驱动和新技术的应用，旨在获得新的科学成果，探测器技术更先进、功能更全面、寿命更长久。

2. 中国月球探测工程技术概况

我国的月球探测工程按照“绕”“落”“回”的“三步走”战略实施，如图 1 所示。“绕”的目标是发射环月探测器，对地月转移轨道设计及月球捕获控制技术进行验证，同时对月球表面进行拍照详查，为后续降落月面做好准备；“落”的目标是使用着陆器在月球表面实现软着陆，释放月球车，进行月球表面遥控操作和巡视勘察；“回”的目标是采集月壤样品并带回地球。

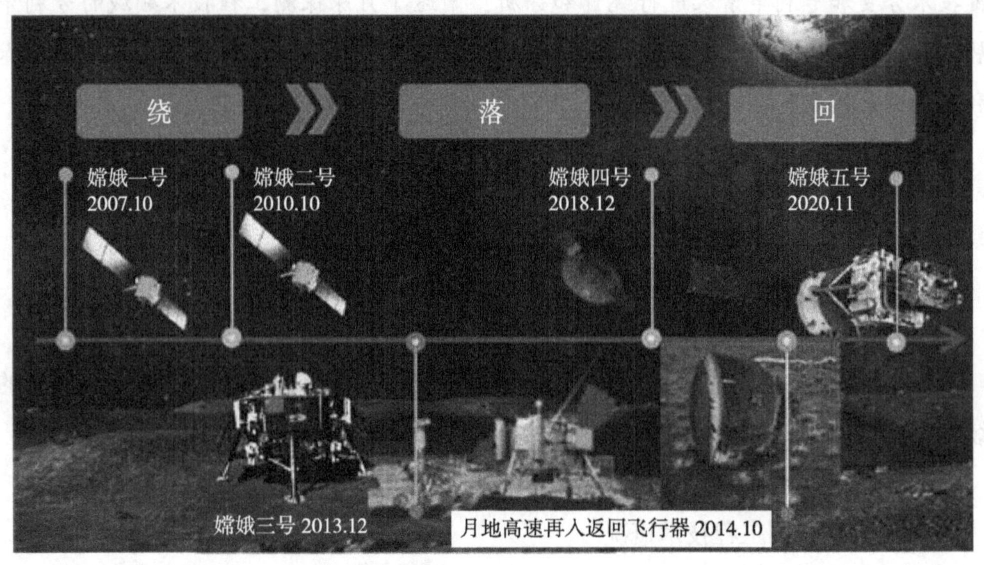


**图 1　探月工程“绕”“落”“回”的“三步走”战略**

2007 年，“嫦娥一号”在西昌卫星发射中心发射成功，开展探月工程中的第一阶段“绕”，来自“嫦娥一号”的一段语音和《歌唱祖国》歌曲从月球轨道传回，中国首次月球探测工程的第一幅月面图像通过新华社发布。

2010 年，“嫦娥二号”卫星圆满完成月球虹湾区的成像任务。

2013 年，“嫦娥三号”抵达月球轨道，开展探月工程中的第二阶段“落”，中国的第一辆月球车“玉兔一号”成功软着陆。

2018 年，探月工程嫦娥四号任务“鹊桥”中继星发射升空，此后“嫦娥四号”发射，开启了月球探测的新征程。

2020 年，“嫦娥五号”在月球着陆，开展探月工程中的第三阶段“回”。“嫦娥五号”着陆器和上升器完成了月球钻取采样及封装，返回器携带月球样品着陆地球。

### （二）分析样本的构成

1. 技术分解

为保证月球探测工程的顺利实施，月球探测工程技术根据其探测类型可分为地面模拟和实际探测，实际探测又分为绕月探测和登月探测。其中，登月探测根据着陆过程是否可以减速分为硬着陆和软着陆；根据采样的对象不同，可分为月壤采样、岩石采样、水冰采样和气体采样。

2. 检索策略

本文选择了德温特世界专利索引数据库（DWPI）和中国专利文摘数据库（CNABS）作为检索基础，采取分类号 + 关键词的检索策略，并对月球探测领域重要申请人、部分关键技术进行针对性补充检索，共获得 1323 篇专利申请文件；对检索结果进行人工去噪，最终获得 954 篇专利申请文件用于后续的数据分析（本文检索截止日期为 2021 年 4 月）。鉴于专利申请延迟公开的特点，分析样本具有一定的不完整性。因为月球探测工程涉及国防保密内容，所以专利申请总量低于预期。

## 二、月球探测工程专利申请现状分析

### （一）全球专利申请分析

1. 全球专利申请发展趋势

如图 2 所示，跟随技术发展而变化的专利数量趋势曲线，将月球探测工程技术全球申请发展过程大致分为四个发展时期，下面对每个发展时期的具体情况进行说明：

（1）初始发展期（1959～1972 年）

在该时期内，美国和苏联启动并大力发展探月工程，全球相关专利申请量也随之进入初始发展期。全球的专利申请总量为 45 件，其中绝大部分专利申请为美国专利申请，占全球专利申请总量的 82.2%，而苏联在该时期内的探月活动虽然也非常活跃，但是检索并未发现其针对探月工程技术申请了相关专利。

（2）沉寂期（1973～1984 年）

在该时期内，随着美国、苏联的月球探测活动逐渐转入低潮，全球相关专利申请也陷入沉寂，全球专利申请量仅为 6 件。

（3）复苏期（1985～2005 年）

在该时期内，随着全球探月工程的恢复以及我国月球探测工程的启动，全球相关专利申请也逐渐恢复并发展。在该阶段，全球的专利申请总量为 122 件，由于我国探月工程起步较晚，专利申请量仅占该阶段全球专利申请量的6.3%，而美国的专利申请量则占61.4%。

（4）蓬勃发展期（2006年至今）

在该时期内，全球探月工程技术专利申请量迅速增长，全球的专利申请总量为790件。其中，美国的专利申请量并无较大增幅，处于平稳发展阶段；而我国在该时期内探月活动进入了爆发期，因此相关专利申请量也呈现爆发式增长，在该时期内达到了全球的78.4%。

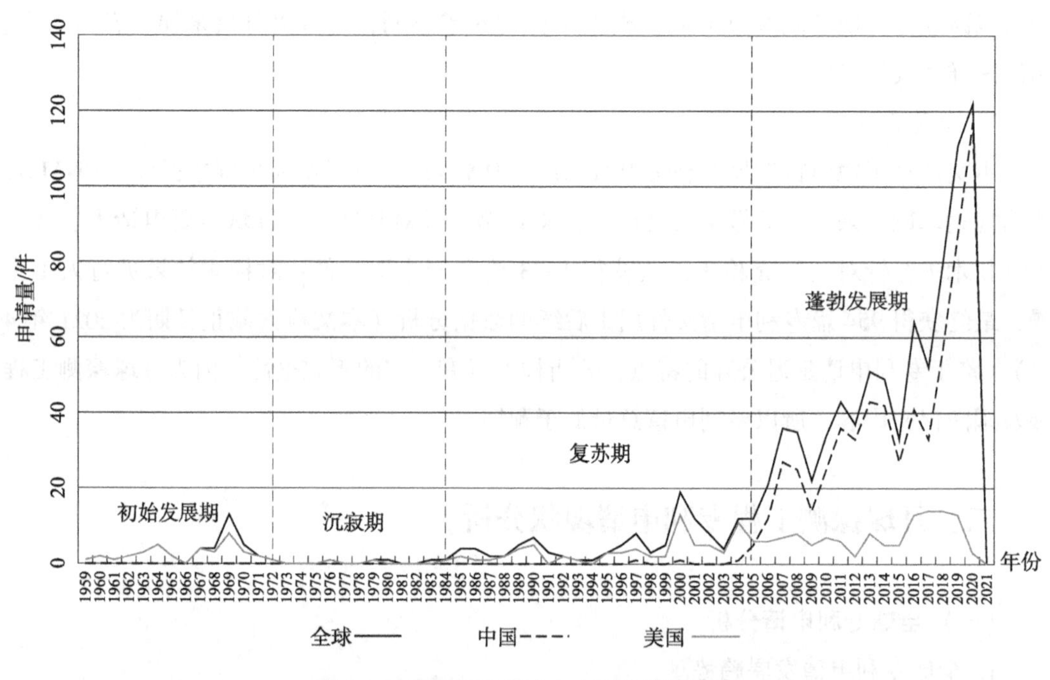


**图2　月球探测工程技术全球申请量趋势**

2. 全球专利主要申请人申请量分布

如图3所示，在月球探测工程技术排名前十位的全球主要申请人中，中国申请人占8位、美国占2位。排名前五的国内申请人为：哈尔滨工业大学（以下简称“哈工大”）、北京控制工程研究所（以下简称“502所”）、北京空间飞行器总体设计部（以下简称“501所”）、南京航空航天大学（以下简称“南航”）和北京航空航天大学（以下简称“北航”）；而国外申请人中，仅美国宇航局（以下简称“NASA”）和波音公司进入排名前十。可见，在月球探测工程技术领域，中国和美国的专利储备较为充分。

3. 全球专利申请国家/地区分布

如图4所示，在月球探测工程技术全球申请量的国家/地区分布上，在中国与美国进行的专利申请的数量远远大于其他国家/地区，其次是欧洲、世界知识产权组织（WIPO）国际局、日本、加拿大等，其余国家/地区的专利申请量相对较少。此外，中国申请人在海外的专利申请量仅9件，数量较少。

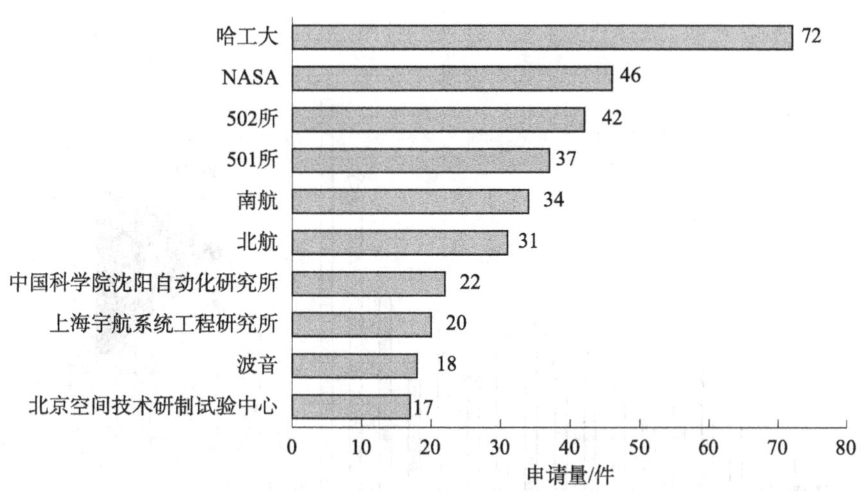


**图 3　月球探测工程技术全球主要申请人申请量排名**

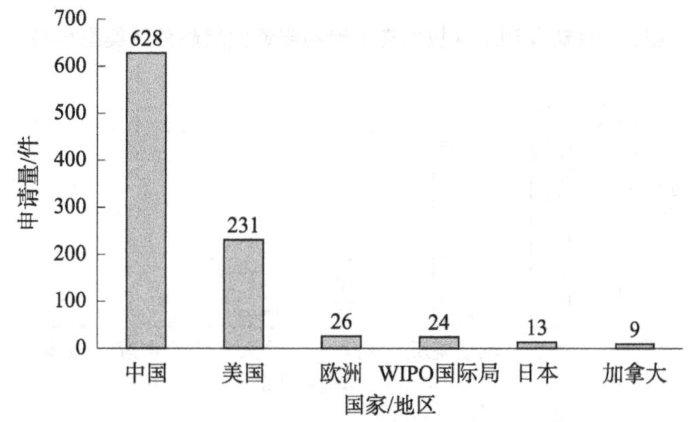


**图 4　月球探测工程技术全球申请量国家/地区分布**

### （二）在华专利申请分析

1. 在华专利申请发展趋势及类型分布

如图 5 所示，2006 年之前该领域在华专利申请量较少，自 2006 年起申请量呈上升趋势，2018 年起申请量快速上升，在 2020 年达到申请高峰。专利申请发展趋势基本和各阶段我国对月球探测工程的研究发展热度呈现对应关系。

月球探测工程在华专利申请中，实用新型占比 14%，发明占比 86%，其中授权发明占比 48.8%。

2. 在华专利申请人类型分布

在月球探测工程在华申请中，如图 6 所示，大学专利申请为 283 件，占总申请量的 45%；科研院所申请为 237 件，占总申请量的 38%；企业专利申请为 73 件，占总申请量的 12%；个人专利申请为 24 件，占总申请量的 4%；联合申请为 8 件，占总申请量的 1%。

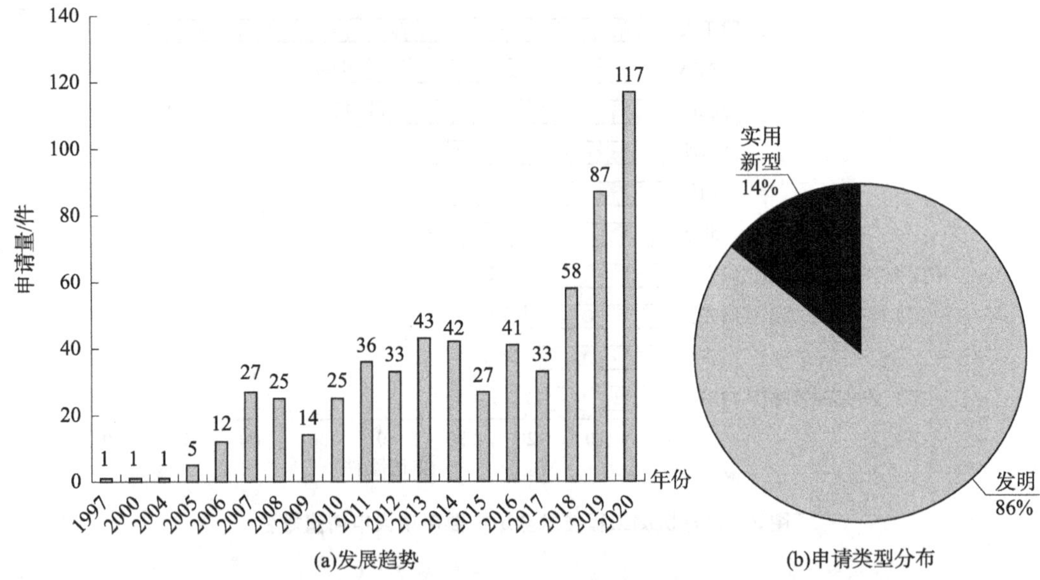


**图5　月球探测工程技术在华专利申请发展趋势及类型分布**

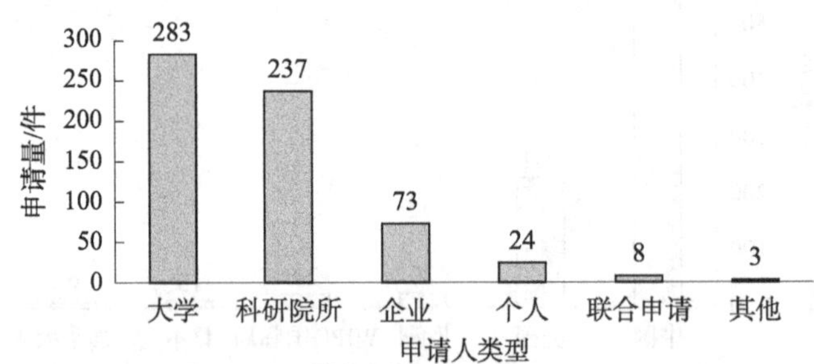


**图6　月球探测工程技术在华专利申请人类型分布**

可见，在该领域大学和科研院所的申请占比较大。由于月球探测技术需要巨额资金投入，且航天技术转化经济效益的周期很长，因此，企业和个人在月球探测领域的申请量较少。

## 三、月球探测工程技术发展路线

### （一）月球探测

1. 地面模拟

地面模拟主要通过相关方法和设备模拟太空或月球环境，对航天器、探测器等设备进行地面试验和分析，以期通过简单易行的技术手段获得进行月球探测的初步数据和分析结果，为实际月球探测提供技术支撑。目前地面模拟相关专利申请主要包括月球环境模拟、地面试验设备及方法以及计算机仿真分析方法等方面。地面模拟技术发展路线如

图 7 所示。

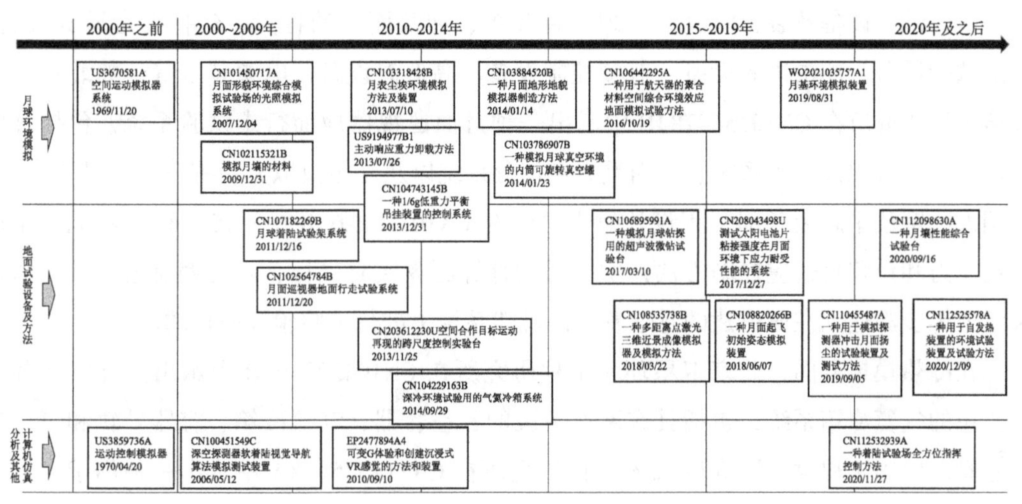


**图 7　地面模拟技术发展路线**

（1）月球环境模拟

月球环境的复杂性和与地球环境的巨大差异，给月球探测带来了巨大挑战。在地面模拟中，对月球环境的模拟，如对失重、光、月壤、尘埃、真空等的模拟与制备成为一个主要的技术发展方向。

对失重环境的模拟目前主要通过旋转的离心机装置、吊挂式装置等技术手段来进行失重条件的实现。如 ELDIE H HOLLAND 在 US3670581A 中示出了一种空间运动模拟器系统，可伸缩的从动臂被安装在与驱动轴成适当角度相交的平面内绕驱动轴旋转从而通过高速旋转离心达到对失重的模拟。在悬吊模拟失重方面，NASA 在 US9194977B1 中示出一种主动重力响应卸载方法，利用可变重力场模拟器实现对重力场的三维模拟，利用可水平移动的滑架以及从升降机延伸的电缆模拟重力环境影响下的负载。在光模拟方面，北京卫星环境工程研究所在 CN101450717A 中示出一种月面形貌环境的综合模拟试验场的光照模拟系统，通过设置在密闭黑空间内的月面形貌试验场单边墙体上的镝灯来模拟日光斜射。

月壤的模拟主要为制备与月壤相似的物质用于探测器相关试验，如北京卫星环境工程研究所在 CN102115321B 中示出一种模拟月壤材料，可满足月面巡视探测器模拟月面试验场及模拟内摩擦角中等偏小的月球土壤的要求。

对于月球地形地貌的模拟，502 所在 CN103884520B 中示出一种根据典型月球表面统计特征随机生成月面地形地貌模拟器等高线图的方法。

还有申请人进行航天器聚合材料的环境模拟（如 CN106442295A、CN106568702A），以及对月岩环境进行模拟（如 WO2021035757A1）。

（2）地面试验设备及方法

地面试验设备及装置的设计显现出种类多、涉及面广的特点，包括行走试验设备、着陆试验设备、冲击试验设备、对接控制设备、高低温设备、电源装置等。如北京卫星环境工程研究所在 CN102564784B 中示出一种月面巡视器地面行走试验系统，包括月球表面的月壤月貌模拟子系统、月面重力模拟分系统以及光照模拟分系统及配套试验设施。中国人民解放军总装备部工程设计研究总院在 CN107182269B 中示出一种并联绳索驱动系统拉力和位移自适应控制方法，主要通过计算圆盘实时坐标、测得偏航角及计算绳长和拉力等步骤达到在所搭建的月球着陆试验架系统中进行试验验证的目的。

在冷热模拟方面，北京卫星环境工程研究所在 CN104229163B 中示出一种深冷环境试验用的气氦冷箱系统，包括具有液氮热沉的真空容器、气氦冷箱、容器导轨和氦气进出总管。中国工程物理研究院总体工程研究所在 CN112525578A 中示出一种用于自发热装置的环境试验装置及试验方法，以振动滑台台面为基础，集成设计了温度、静力加载试验装置，实现了振动、温度、静力加载载荷的协同加载。

此外，中国地质科学院勘探技术研究所在 CN206540719U 中示出一种模拟月球钻探用的超声波微钻试验台；502 所在 CN108535738B 中示出一种成像式激光体制敏感器模拟器及模拟方法；北京空间机电研究所在 CN108820266B 中示出一种月面起飞初始姿态模拟装置；哈工大在 CN112098630A 中示出一种月壤性能综合试验台，分别从钻探、电池、成像、起飞、冲击、月壤等方面进行了相关模拟与分析。

（3）计算机仿真分析及其他

除上述两大类模拟外，还有计算机仿真分析以及试验管理、宇航员训练体验装置与方法等方面的技术研究。如 NASA 在 US3859736A 中示出一种运动控制模拟器，其具有平坦的基座，基座上具有用于在底板上旋转的下部球形表面的支撑结构，通过气垫结构来支撑控制模拟器，获得五级运动自由度。哈工大在 CN100451549C 中示出一种深空探测器软着陆视觉导航算法模拟测试装置。中国西安卫星测控中心在 CN112595319A 中示出一种模型自适应补偿的返回弹道估计算法，在 J2000.0 地心惯性系下建立十维的系统状态模型，对滤波中的状态噪声协方差矩阵进行模型自适应补偿以实现滤波对弹道机动过程的适应。北京空间机电研究所在 CN112532939A 中示出一种着陆试验场全方位指挥控制方法，通过搭建试验控制系统实现视频监控、语音、控制信息等全方位统一指挥控制。

2. 实际探测

实际探测是指除地面模拟之外，将探测器发送到月球附近轨道或月球上对其进行探测的方式。实际探测主要分为绕月探测和登月探测两种方式。

（1）绕月探测

绕月探测主要是在航天器绕月球轨道飞行过程中，涉及航天器控制、轨道系统设计、航天器设备与装置、发射等技术领域，其发展路线如图 8 所示。

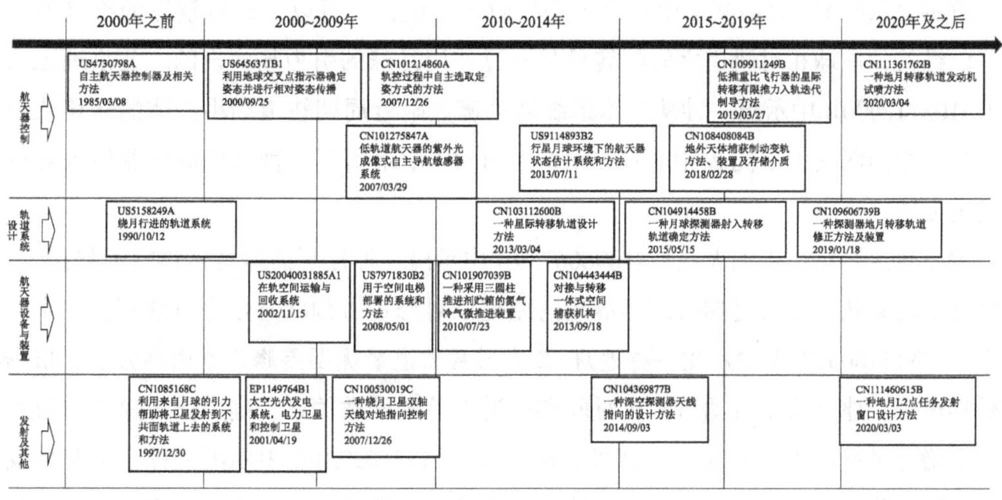


**图 8　绕月探测技术发展路线**

1）航天器控制

航天器控制主要包括姿态控制、变轨、导航等技术。在姿态控制方面，波音公司在 US6456371B1 中示出了一种用于确定航天器姿态的测量方法，使用地球圆的三个带时间标记的交叉来提供足够的地平穿越式地球敏感器（HCI）数据以确定地球中心；北京理工大学在 CN109911249B 中示出一种低推重比飞行器的星际转移有限推力入轨迭代制导方法，通过建立和简化探测器动力学方程，根据制导策略对探测器进行控制，实现探测器从近地轨道到星际转移轨道的直接转移。

在变轨技术方面，WERTZ JAMES R 在 US4730798A 中示出一种用于在不依赖地面控制站的情况下实现航天器从一个轨道向另一个轨道的横移的控制器，当航天器高度低于选定的阈值时，控制器将启动火箭发动机以升高至轨道的最高点；502 所在 CN101186236A 中示出一种减少航天器重力损失的变轨方法，航天器变轨前，在地面上计算轨道机动开始时间、初始姿态和姿态角速度，然后对上述三个参数进行优化，最后将计算好的参数注入到星上，航天器按照地面指令参数确定的角速度匀速旋转。

在导航方面，502 所在 CN101275847A 中示出一种低轨道航天器的紫外光成像式自主导航敏感器系统，其包括光学测量成像组件、紫外光探测器焦平面组件、惯性测量组件等，解决了低轨道航天器不依赖于卫星导航系统的三轴姿态和轨道高度一体化高精度实时测量问题；三菱电机研究实验室在 US9114893B2 中示出一种通过迭代执行粒子过滤器来估计航天飞机在行星/月球环境中的状态的方法，根据概率演化方程对粒子滤波器的每个粒子的状态进行单独积分，并将每个粒子的先验概率确定为先前迭代期间相应粒子的后验概率。

2）轨道系统设计

波尔公司在US5158249A中示出了一种轨道系统，其可以在相对较低的推进剂需求下得以维持，地球相对轨道之间的转移是通过使用月球的引力场实现的。北京理工大学在CN103112600B中示出一种从三体系统动平衡点附近周期轨道到小天体的转移轨道设计方法。中国西安卫星测控中心在CN104914458B中示出了一种月球探测器射入转移轨道确定方法。

关于轨道修正，哈工大在CN109606739B中示出一种探测器地月转移轨道修正方法，计算终端时刻状态量与终端时刻标准量的差值以对修正时刻状态量进行修正；北京理工大学在CN111605736A中示出一种地月L2点转移轨道最优误差修正点选择方法，根据状态转移矩阵，建立修正机动与修正时间和轨道误差的函数关系，确定修正速度增量和终端速度增量最优的误差修正点；此外，南航在CN112109921A中示出一种月面基地发射低轨道环月飞行器燃耗最省的控制方法，采用基于庞特里亚金极小值原理的间接法和一维数值搜索的直接法相结合的混合法，实现准确入轨。

3）航天器设备与装置

航天器设备与装置方面的技术分布包括对接捕获、推进、运输、星表移动等功能方向。如上海宇航系统工程研究所在CN104443444B中示出一种空间捕获机构，适用于轻小型飞行器的对接与转移，包括多个相互独立的齿轮齿条抱爪机构，以对目标飞行器继续对接和转移；北航在CN101907039B中示出一种采用三圆柱推进剂贮箱的氮气冷气微推进装置，包括三个推进剂贮箱、高压充气阀、高压传感器、高压自锁阀等，用于微小卫星姿态控制以及轨道维持与控制。

在空间运输技术方面，D´AUSILIO ROBERT F等人在US20040031885A1中示出了一种在轨运输和回收系统，包括由核反应堆提供动力的太空拖船、可伸缩的吊杆，对接硬件能够抓握并固定卫星；DEMPSEY JAMES G在US6981674B1中示出一种用于空间升降机的系统和方法，使用双悬链线运输系绳，同时还使用重力和向心力的组合以及零交叉来形成谐波振荡器，谐波振荡器的高度在所连接电梯的同步轨道高度的大约一半处。

4）发射及其他

在发射、太空发电等方面，航空发动机的结构和研究公司在CN1085168C中示出一种利用来自月球的引力帮助将卫星发射到不共面轨道上去的系统和方法；三菱电机公司在EP1149764B1中示出一种空间光伏发电系统，包括布置在空间中的多个电力卫星，每个卫星将经过光电转换后的电能转换为微波，并将微波传输到电力基座。

关于绕月天线指向控制，502所在CN100530019C中示出一种绕月卫星双轴天线对地指向控制方法，根据卫星指向地心的矢量在卫星本体坐标系中的指向计算出天线目标角度，对天线零位偏差进行补偿后得到最终指令角，送给天线驱动机构，由驱动机构驱动天线指向地球。

（2）登月探测

登月探测是进行月球探测的重要方式和关键步骤，主要分为载人登月和无人登月两种方式，其发展路线如图9所示。

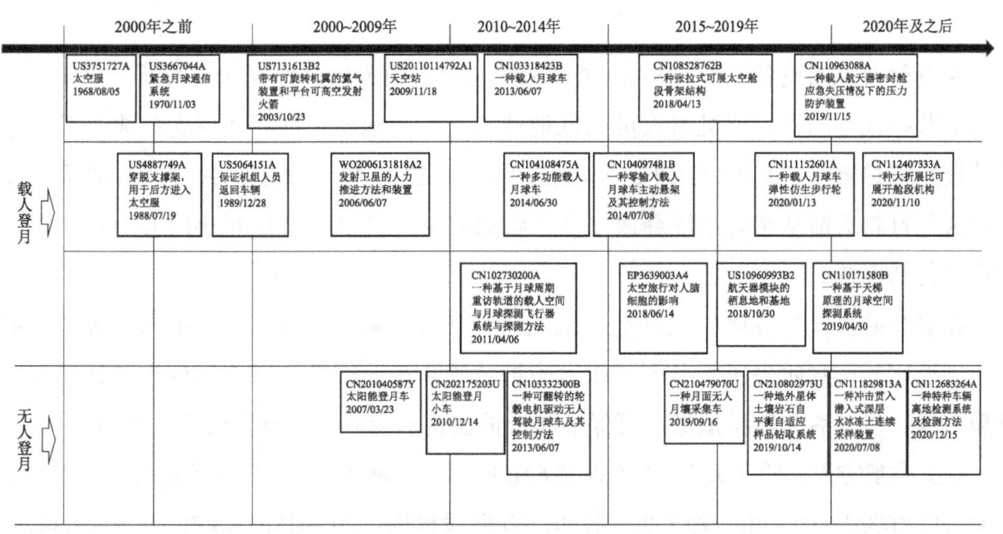


**图9　登月探测技术发展路线**

1）载人登月探测

载人登月探测专利主要集中在载人登月设备与装置的研制上，包括载人月球车、太空服技术、通信设备、发射及返回设备、安全防护设备、推进设备、飞行器及太空舱、太空站以及宇航员辅助机器人等。

国内研发载人月球车的申请人较多，如南航在CN103318423B中示出一种载人月球车，包括车身底盘系统、驱动系统以及配装有丝网轮胎的外壳；上海宇航系统工程研究所在CN104149990A中示出一种新型载人月球车的底盘，车轮采用蜂窝弹性轮胎，每个车轮上均设置有行进驱动机构和转向驱动机构，车轮通过一体式悬架安装到底板两侧；南航在CN104097481B中示出一种零输入载人月球车主动悬架及其控制方法，包括滚珠丝杠托架、两个滑轨、滚珠丝杠螺母、滚珠丝杠杆和电机，同时通过判断主动控制系统所处状态并更新相应状态下主动控制系统的存储能量使该载人月球车无需额外外部能量输入。

在太空服技术方面，NASA在US3751727A中示出一种用于太空任务的压力服，可以在航天飞机的内部和外部以及月球表面穿着，由内部舒适衬里、中压服装和外部热防护服（带可移动头盔和手套）组成；NASA还在US4887749A中提出一种用于后入式太空服的穿脱支撑架。

在通信设备方面，NASA在US3667044A中示出一种包括三个收发器的月球紧急使用通信系统，宇航员利用它来在月球表面上方的向上轨迹中发射第三中继收发器，用于在位于月球表面的两个收发器之间中继语音通信；北京空间技术研制试验中心在CN109677634A中示出一种载人探测月面遥操作系统架构，可设定不同的遥操作任务模式、与遥操作任务相对应的操作对象以及与遥操作回路时延大小相对应的遥操作控制模式。

在发射及返回设备方面，NASA在US5064151A中示出一种返回飞行器，用于以安全且相对节省成本的方式使机组人员从低地球轨道返回地球，回程车辆包括乘员舱，乘员舱连接到隔热罩上；TETRAHEED公司在US7131613B2中示出了一种用于在将火箭发动机点火并且将火箭从举升系统释放之前，将火箭举升到高空并以每小时几百英里的速度向前飞行的系统。

在安全防护设备方面，北京空间机电研究所在CN110963088A中示出一种用于载人航天器返回舱密封舱失压情况下的压力防护装置，在返回舱侧壁与大底连接区域安装柔性舱内囊，展开后与舱壁赋形，可保证航天员在轨7天应急飞行直至安全返回。

在太空舱方面，哈工大在CN108528762B中示出一种张拉式可展太空舱段骨架结构，还在CN112407333A中示出一种大折展比可展开舱段机构；IM SUNSTAR在US20110114792A1中示出一种空中车站结构，包括圆形中心核心结构和圆形外环形结构，具有多个楼层截面，主要的中央核心结构中央电梯可提供从驾驶舱最低层到驾驶舱最高层的运输。

在整体登月系统的设计方面，北京空间技术研制试验中心在CN102730200A中示出了一种基于月球周期重访轨道的载人空间与月球探测飞行器系统方案和探测方法，飞行器系统由地月空间站、月球探测飞行器、载人飞船、货运飞船4个空间飞行器组成，在航天员系统、运载火箭系统、测控系统的配合下，实现对地月空间和月球的载人探测；北航在CN110171580B中示出一种基于月球天梯原理的月球空间探测系统，由地基、地基－空间站缆绳、空间站、配重空间站缆绳、配重、维护攀爬器、固定探测器、活动探测器组成。

在空间站方面，EMULATE公司在EP3639003A4中示出一种用于在国际空间站上进行测试和进行实验的微流体平台或“芯片”，在健康状态和发炎状态下分析神经元和血管内皮细胞，以评估太空旅行的环境如何影响人脑。

在基地建设方面，Drexler Jerome在US10960993B2中示出一种月球或行星地表基地的建立和发展的方法，涉及继续使用登陆航天器作为基地的对接模块，以进行居住和工作。

2）无人登月探测

无人登月探测与载人登月探测的不同主要在于是否有宇航员进行相关操作，因而在飞行器控制、传送系统、分离对接设备以及其他功能设备与装置方面与载人探测差异不大，其专利主要集中在无人登月车以及采样机器人等领域。

在无人登月车方面，武汉科技大学在 CN202175203U 中示出一种太阳能登月车，设置智能升降机构用于登月车在特殊情况下的自救；南航在 CN103332300B 中示出一种可翻转的轮毂电机驱动无人驾驶月球车，该月球车本体包括电子控制单元、底盘以及安装在底盘上的探测采样设备，底盘的后端通过后轴安装从动后轮，而底盘的前端则通过前轴左、右两侧分别安装一个驱动前轮；北京理工大学在 CN112683264A 中示出一种特种车辆离地检测系统及检测方法。

无人登月探测中采样的功能主要通过采样机器人实现，如 501 所在 CN210793686U 中示出一种用于深空探测器中样品封装容器的压紧解锁装置；吉林大学在 CN210479070U 中示出一种月面无人月壤采集车，与输送槽一体的横梁内端通过铰轴与转台铰接，第一电机带动挖斗转动；吉林大学还在 CN110514475A 中示出一种地外星体土壤岩石样品自平衡自适应钻取系统；北京卫星制造厂有限公司在 CN111829813A 中示出一种冲击贯入潜入式深层水冰冻土连续采样装置，设计了一种基于冲击贯入潜入驱动机理的掘进、取芯方案，打通了无人自主采样、样品转移全流程。

**（二）着陆方式**

1. 硬着陆

硬着陆，是指航天器未经专门减速装置减速，而以较大速度直接冲撞着陆的着陆方式。硬结构探测器穿入行星表面时，通过行星土介质的变形和同探测器的摩擦来逐步耗散其动能。

航天器以硬着陆的方式探月，其主要结构为深空撞击器。CN106516178A 示出了一种串联模块组合式通用撞击器构型，包括撞击段、缓冲段、功能段以及扩展段；CN108820254A 示出了一种单向抗压可拉脱撞击分离结构，该结构依靠撞击器两个分体间的剪切力即可实现跳脱分离，同时配合导轨保证分离姿态；CN109131957A 示出了一种可展开地外天体侵彻限位装置，该装置在之前的结构上添加了可展开的限位单体，限位装置能够进行收拢与展开，展开后自锁，防止出现限位单体发生松动，如图 10 所示。

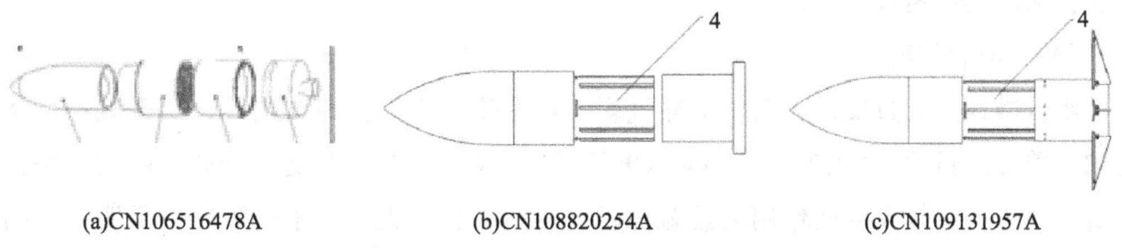


(a)CN106516478A (b)CN108820254A (c)CN109131957A

**图 10 深空撞击技术发展路线**

2. 软着陆

软着陆是相对于硬着陆方式而言的，指航天器经专门减速装置减速后，以一定的速度安全着陆的着陆方式。航天器在降落过程中，逐渐减低降落速度，使得航天器在接触地球或是其他星球表面时的瞬时垂直速度降低到很小，最后不受损伤地降落到地面或者其他星球表面上，从而实现安全着陆的技术。

软着陆按照其缓冲装置的不同，主要可以分为以下几类：反推火箭、缓冲气囊方式、软着陆机构以及组合减速。

（1）反推火箭

US3154265A 示出了一种通过反推火箭来实现软着陆的方法；CN107933973A 中示出了一种月球着陆器反推进最优控制策略；CN111498149A 示出了一种基于并联变推力发动机的软着陆姿轨一体控制方法，其通过反推发动机实现缓冲。

（2）缓冲气囊方式

US3053476A 示出了一种通过在航天器下方设置气囊的方式来实现软着陆的方法，在着陆过程中使用充气的气囊来实现对着陆能量的缓冲，从而保护航天器内的人员以及仪器。

（3）软着陆机构

软着陆机构的主要种类有液压缓冲、铝蜂窝缓冲、磁流变缓冲、电磁阻尼缓冲和机械式弹簧缓冲。

如图 11 所示，CN102092484A 示出了一种可折叠式轻型着陆机构，其中通过液压缓冲器实现缓冲；CN103407516A 示出了一种用于月面上升的具有姿态调整功能的腿式缓冲装置，该结构采用蜂窝芯子，可以在着陆时起到缓冲作用；CN110271694A 示出了一种单出杆旁通阀式磁流变液着陆腿，磁流变技术通过改变磁流变材料的工作电磁场产生磁流变效应，从而将磁电能转换为电能或者热能，实现能量的转换；CN101580125A 示出了一种多自由度姿态调节的万向缓冲器，将可控刹车盘、电磁阻尼器和姿态调节电机的技术引入到缓冲器中来，弥补传统缓冲器的不足；CN102060106A 示出了一种行星探测器的缓冲着陆腿，其提供一种可反复使用的行星探测器软着陆缓冲腿，当着陆腿受到着陆冲击时，内筒向里推动，内筒外壁上的螺旋凸齿即棘齿向外侧挤压棘爪，棘爪再压迫弹性件板簧，从而实现缓冲。

（4）组合减速

组合减速是通过反推火箭、缓冲气囊、软着陆机构等多种方式结合实现减速，从而达到软着陆的目的。JPH04287800A 示出了通过软着陆机构和气囊实现软着陆的方法，其通过气囊来提供较大的反作用力接触面积，受压缩行程大，产生的缓冲效果明显，同时采用软着陆机构来避免因为缓冲气囊而产生的反弹和翻滚。CN105659737B 示出了一种月球表面着陆探测器构型，其通过主发动机以及可以展开的着陆结构实现软着陆。

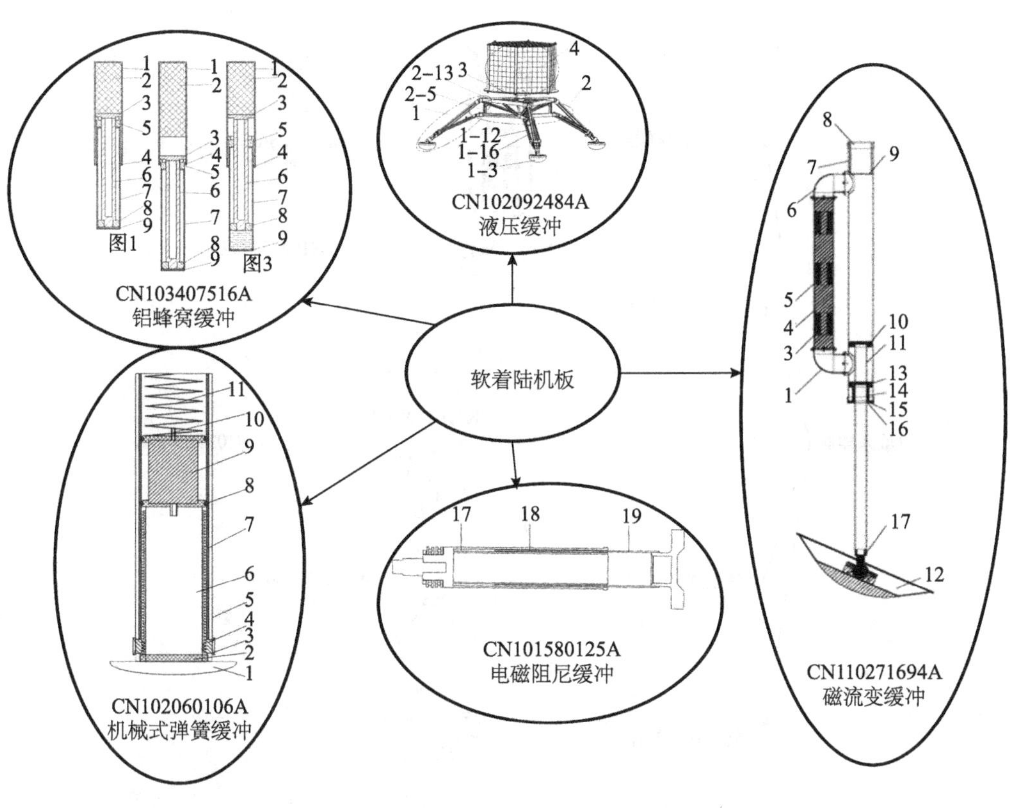


**图 11　软着陆机构主要种类代表性专利申请**



**（三）采样**

月球具有可供人类开发和利用的各种独特资源，月球上特有的矿产和能源是对地球资源的重要补充和储备。

1. 月壤

月球表面覆盖着一层松散层，由岩石碎块、角砾状岩块、砂和尘土组成，称为月壤。国内外月壤采样器的形式，主要分为钻取式采样器、抓铲式采样器、仿生式采样器和复合式采样器，如图 12 所示。

钻取式采样器为最常见的采样器形式。CN102331357A 示出了一种采收一体螺旋连续自容式采集器，采用螺旋式下钻的方式，原理同钻机，方便下钻。CN101694424A 示出了一种月球月壤浅层钻孔取心方法，采用钻头中心钻孔，随着钻头钻进深入，将被钻动的干燥松散的岩心由钻头外围的取心套管加以收集。

在抓铲式采样器方面，CN210479070U 示出了一种月面无人月壤采集车，通过使挖斗在有限空间内具有足够多的挖土位置，保证采集车在同一位置挖土效率最大化。CN103170987A 示出了一种星球表面机械臂采样装置，通过机械臂带动铲斗运动从而实现月壤采样。

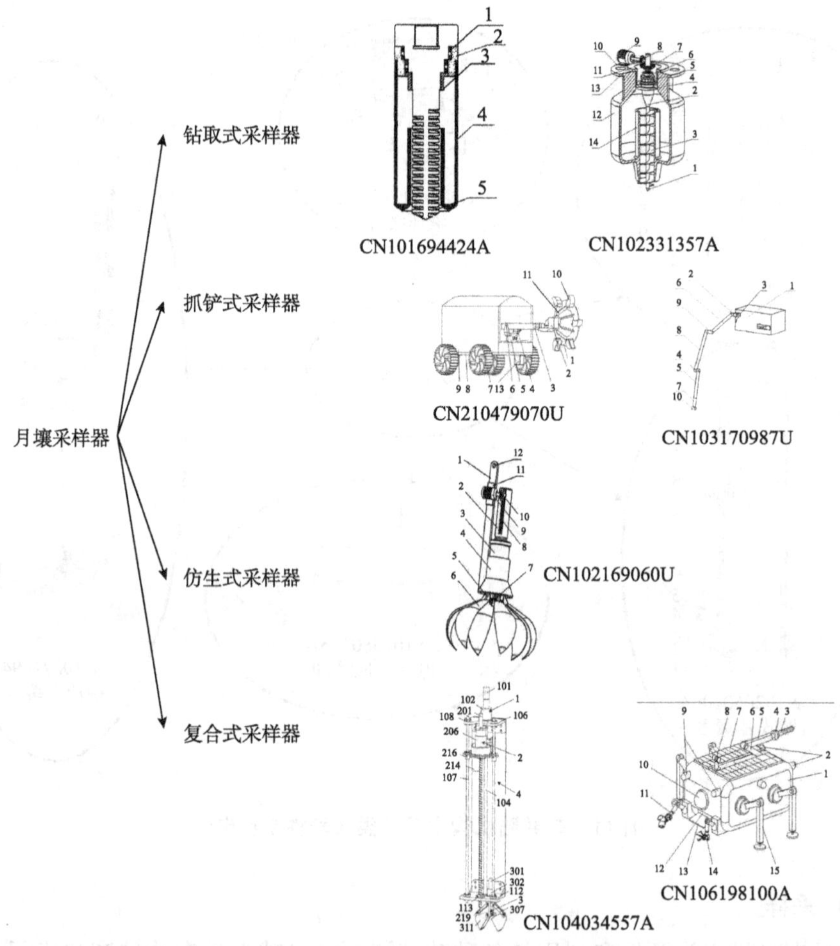


图 12　月壤采样器主要形式及其代表性专利申请

在仿生式采样器方面，CN102169060A 示出了一种仿生花瓣形取样器，借用了花朵开合的原理，利用花瓣形取样爪闭合时各个取样爪的夹铲力，将样品夹铲起来收集到 6 个花瓣形取样爪闭合形成的腔体中。

复合式采样器运用多种采样手段相结合的方式进行采样，容易满足对采样量、保持样品层理信息、采样深度等的要求，是一种多功能采样器。CN104034557A 示出了一种用于小行星探测的钻取抓铲式复合采样器装置及其使用方法，包括进给机构、钻取机构、抓铲机构和安装板，安装在着陆器上采样机械臂的末端，既可以采集深层土壤样品，也可以对坚硬的岩石进行采样。CN106198100A 示出了一种多关节月球表面物质探测机器人，其通过钻取和机械手的方式实现月壤采集。

2. 岩石

岩石作为月球内较为坚固的部分，通常需要较大挖掘深度。CN104149993A 示出了一种仿生蠕动掘进式行星探测潜入器，包括主掘进单元、副掘进单元、进给单元、主定姿单元和副定姿单元。CN110132634A 示出了一种面向星球采样的动能侵彻穿透采样器，包括采样撞击段、弹体、样品弹射系统及遮挡端盖，弹体为中空结构，采样撞击段和遮挡端盖分别设置于弹体的前后端，样品弹射系统设置于所述弹体内，用于收集星球表面样品，通过采样撞击段撞击星球表面，依靠进入弹体内采样通道的样品流的压力使样品弹射系统突破遮挡端盖，被挤压出弹体，使其弹射到地面上，如图 13 所示。

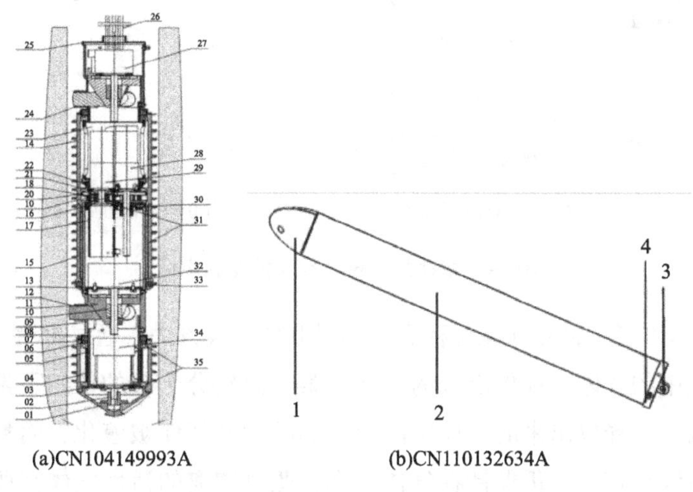


(a)CN104149993A (b)CN110132634A

**图 13　岩石采样技术代表性专利**

3. 水冰

月球水以气态和固态存在，没有地球上的液态形式。针对月球极区永久阴影坑深层水冰采样探测而言，因任务期间无法获取太阳能补充，探测器可利用的能源极其有限，对采样功耗、采样时间等提出了极高的要求；同时考虑水冰赋存形式对温度敏感，故对采样过程中的温升要求极为严苛。CN112504726A 示出了一种月球极区深层水冰采样探测装置，其包括机械臂、探测弹及采样组件，能够在以月球极区深层水冰采样为代表的地外天体采样任务中进行低能耗、小反力、低热扰动的快速采集及原位探测。CN111076966A 示出了一种用于月壤水分提取的一体化取样机构及提取方法，对含水月壤进行高效取样和输送，并将其中的水分进行蒸发以供提取和利用；该机构在使用钻杆的外螺旋将钻头破碎所得到的含水月壤碎屑向上输送的同时，同步加热月壤并使其中的水分气化，水蒸气可以被收集起来，如图 14 所示。

4. 气体

月壤中原位稀有气体的提取装置有助于实现月球资源的就位提取和利用。CN108226270A 示出了一种月球样品稀有气体收集和成分分析装置及方法，将月球样品密封室固定在真空容器中，通过月球样品密封室使得月球样品尽可能少受地球上生命活动、水、氧化等因素的影响，保持样品的原始状态；直接在真空样品室中通过盖体解封机构实现月球样品密封室的解封，利用真空容器对月球样品稀有气体进行收集和分析。

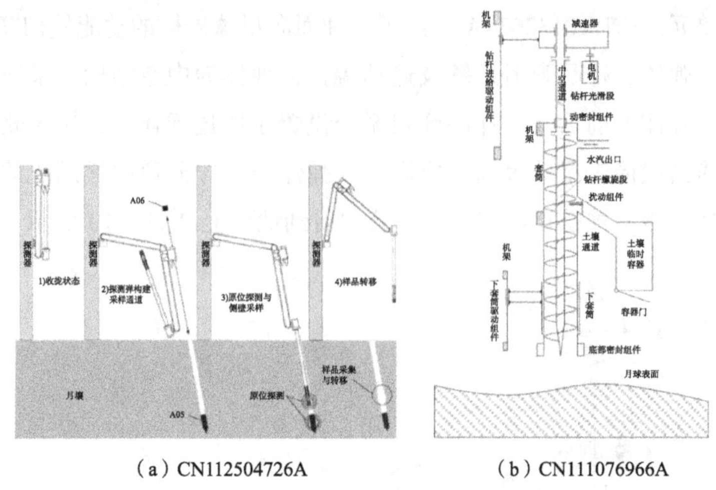


（a）CN112504726A （b）CN111076966A

**图 14 水冰采样技术代表性专利申请**

CN108801712A 示出了一种月球原位稀有气体提取系统及方法，通过月壤样品经所述熔融装置加热释放其中的气体，释放出来的气体在第一涡轮分子泵的作用下聚集到所述第一气罐中；在低温下，释放出来的气体中高熔沸点的活性气体被液化，而释放出来的气体中的稀有气体熔沸点较低，仍保持在气体状态，此时游离的活性气体在所述第二涡轮分子泵的作用下聚集在第二气罐中，从而完成稀有气体的收集，如图 15 所示。

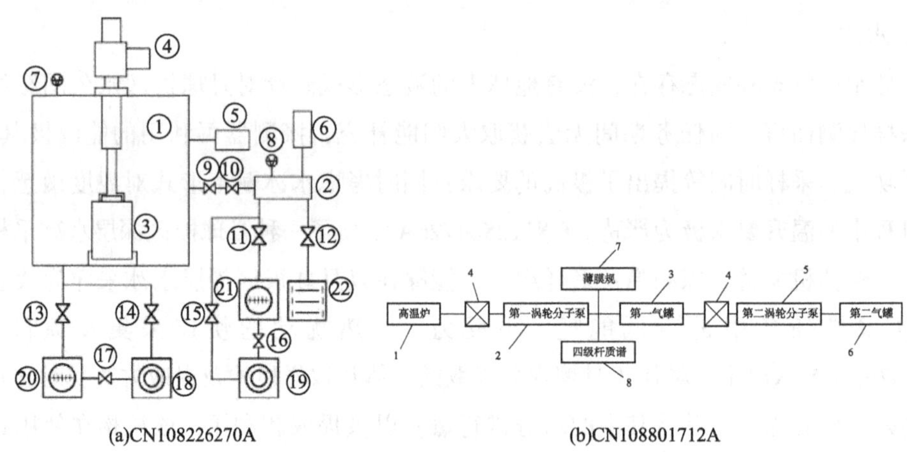


(a)CN108226270A (b)CN108801712A

**图 15 气体采样技术代表性专利申请**

## 四、月球探测工程技术重要申请人分析

### （一）国外重要申请人

1. NASA

NASA 是美国的一个行政性科研机构，负责制定、实施美国的太空计划。阿波罗计

划是美国 1961～1972 年组织实施的载人登月飞行任务，目的是实现载人登月飞行和人对月球的实地考察，为载人行星飞行和探测进行技术准备。

如图 16 所示，其在 1964～1971 年处于专利申请的初始繁荣阶段，申请内容也大多涉及阿波罗计划，1972～1989 年专利申请较少，此时为月球探测的低潮沉寂期；2011 年和 2016 年专利申请量再次大幅增长，是因为美国在为重返月球计划进行准备工作。

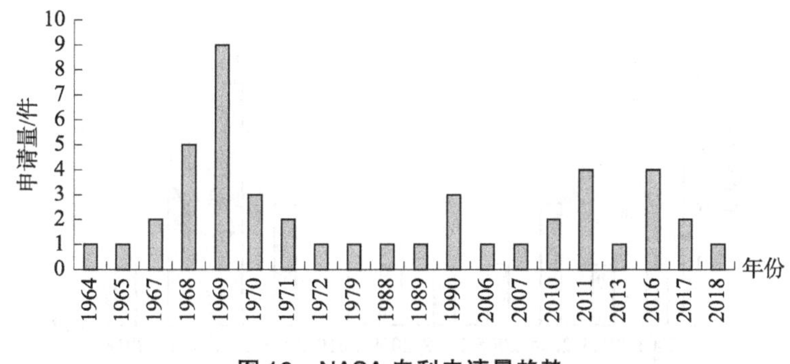


**图 16　NASA 专利申请量趋势**

如图 17 所示，NASA 的专利申请涉及地面模拟、实际探测、软着陆、月壤采样、气体采样和水冰采样。其中，实际探测主要涉及登月探测，这与其阿波罗计划相关。

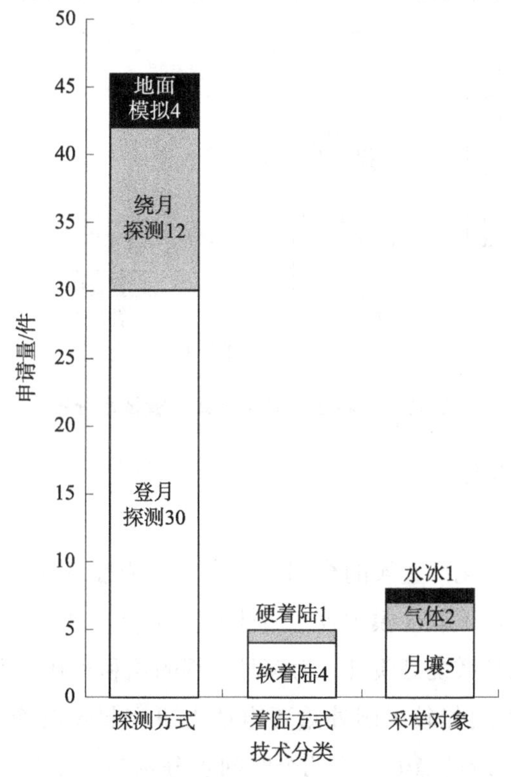


**图 17　NASA 专利申请关键技术分布**

2. 波音公司

波音公司是全球航空航天业的领先公司，设计并制造旋翼飞机、电子和防御系统、导弹、卫星、发射装置以及信息通信系统等。作为 NASA 的主要服务提供商，波音公司运营航天飞机和国际空间站。

如图 18 所示，波音公司的专利申请在 2016 年达到高峰。

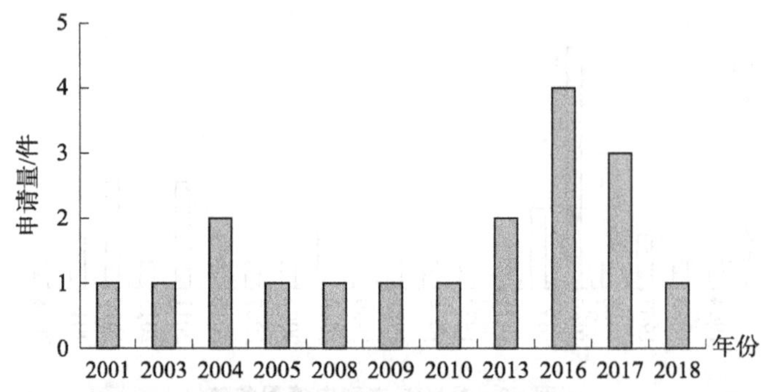


图 18　波音公司专利申请量趋势

如图 19 所示，波音公司的专利申请仅涉及实际探测和软着陆；实际探测中，对绕月探测和登月探测均有涉猎，其绕月探测的专利申请量是登月探测专利申请量的两倍。

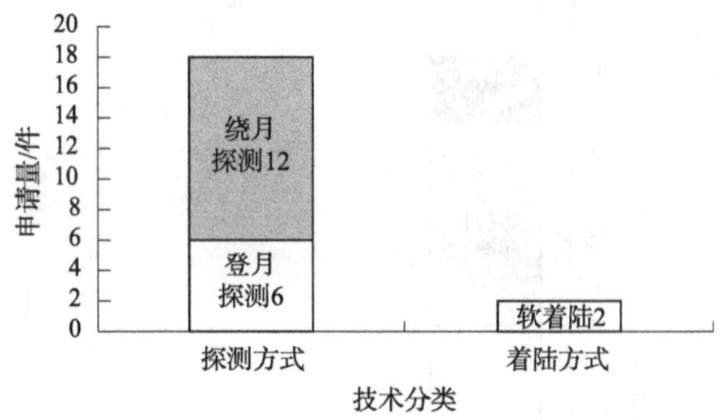


图 19　波音公司专利申请关键技术分布

**（二）国内重要申请人**

1. 哈工大

哈工大是工业和信息化部直属的全国重点大学，瞄准月球探测二期、三期工程，配合总体单位承担了月尘环境效应模拟器、月尘补给系统、试验台系统、巡视器结构与机构研制、低重力模拟试验系统等项目，为探月工程的顺利实施作出了重大贡献。

如图 20 所示，哈工大相较于国外重要申请人研究起步较晚，在 2012 年、2014 年、2018 年、2020 年出现申请量峰值，这几个时间点分别与“嫦娥二号”“嫦娥三号”“嫦娥四号”和“嫦娥五号”工程的重要时间点相对应。

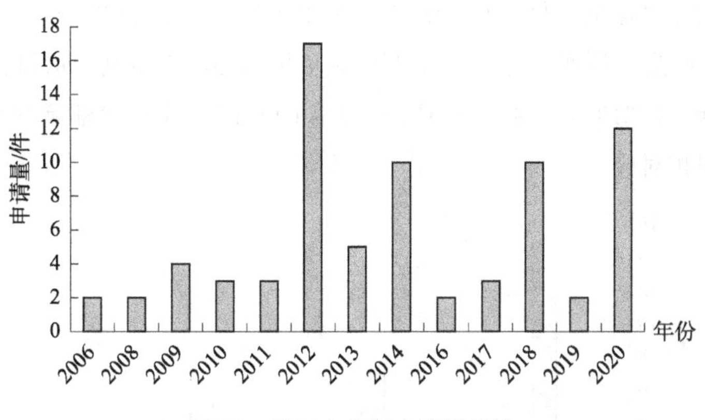


**图 20　哈工大专利申请量趋势**

如图 21 所示，哈工大的专利申请涉及地面模拟、实际探测、软着陆、月壤采样和岩石采样，其中，实际探测主要涉及登月探测。

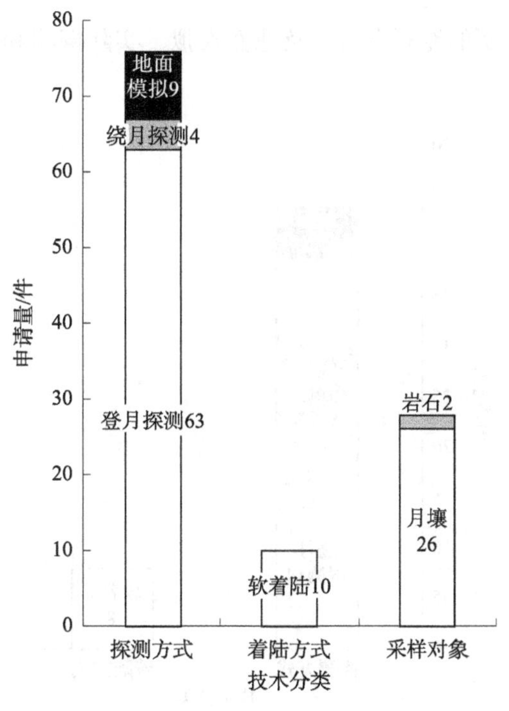


**图 21　哈工大专利申请关键技术分布**

2. 502 所

502 所是我国最早从事卫星研制的单位之一。该研究所主要从事空间飞行器姿态与轨道控制系统、推进系统及其部件的设计和研制以及工业控制系统的研究应用工作。502 所是嫦娥系列卫星的主要研制单位。在“嫦娥二号”卫星研制过程中，502 所承担了卫星两关键分系统——导航、制导与控制（GNC）分系统和推进分系统的设计、生产、测试及飞行控制工作。

如图 22 所示，“嫦娥一号”（2007 年）是中国探月工程的第一步，需要攻克的技术问题较多，而该所是“嫦娥一号”的主要研制单位，因此其专利申请量在 2007 年达到了高峰；在 2013 年和 2018 年分别又出现了申请量的峰值，其与“嫦娥三号”和“嫦娥四号”的发射时间相对应。

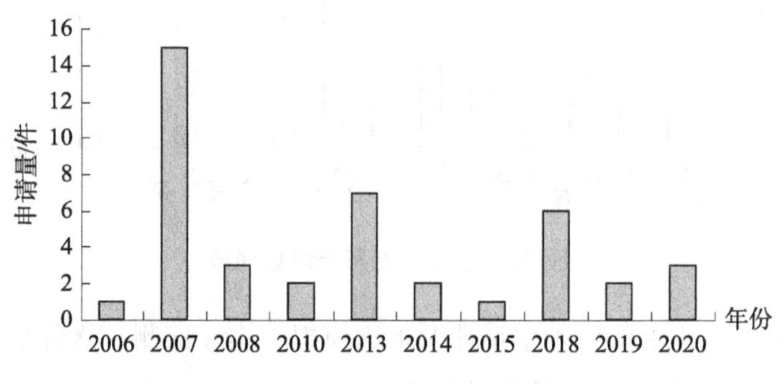


**图 22　502 所专利申请量趋势**

如图 23 所示，502 所的专利申请涉及地面模拟、实际探测和软着陆。其中，实际探测主要涉及绕月探测。

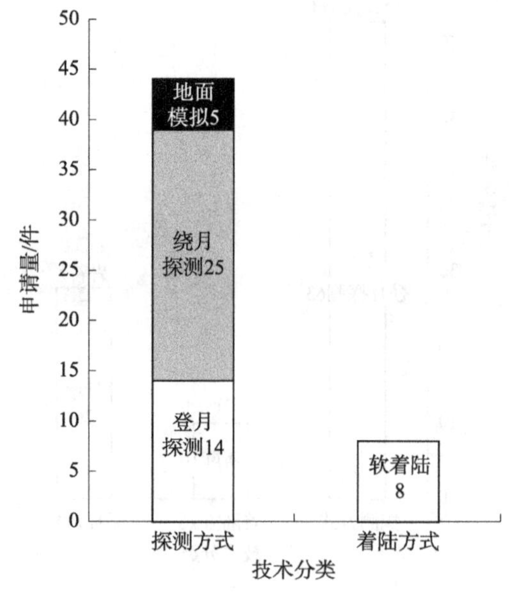


**图 23　502 所专利申请关键技术分布**

3. 501 所

501 所成立于 1968 年 8 月 16 日，是我国航天器总体领域最多、专业技术最齐备的空间飞行器研制总体单位，承担着以高分辨率对地观测系统、第二代卫星导航系统、载人航天与探月工程三大国家重大科技专项为代表的航天器研制任务，在牵引和推动我国空间事业和专业发展方面发挥着重要作用。

如图 24 所示，501 所自 2007 年（“嫦娥一号”发射时间）开始对月球探测技术进行专利申请，专利申请量在 2014 年出现峰值，并在 2019 年出现较大增长，分别对应“嫦娥三号”和“嫦娥五号”的发射时间。

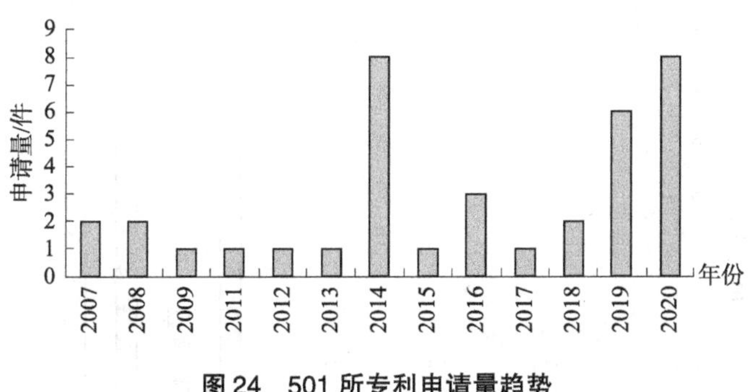


**图 24　501 所专利申请量趋势**

如图 25 所示，501 所的专利申请涉及地面模拟、实际探测、软着陆、月壤采样和水冰采样。其中，实际探测主要涉及登月探测。

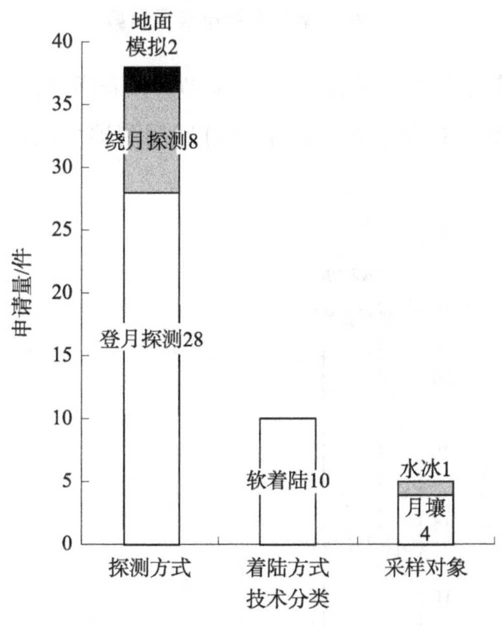


**图 25　501 所专利申请关键技术分布**

4. 南航

南航是工业和信息化部直属的综合性全国重点大学，其研制的超声电机被应用在“嫦娥五号”探测器上，用于光谱仪驱动与控制。与传统电机相比，超声电机具有响应快、精度高、噪声小、无电磁干扰等优点。针对星表地形复杂导致的着陆缓冲性能与稳定性要求高等技术难题，南航的空间结构机构团队承担了着陆缓冲机构柔性体建模和着陆冲击计算等任务，发明了多种月球缓冲机构，揭示了着陆缓冲系统组合缓冲吸能机理及系统能量传递规律。

如图 26 所示，南航自 2007 年（“嫦娥一号”发射时间）开始对月球探测技术进行专利申请，在 2017 年和 2019 年出现峰值，正好是在“嫦娥四号”和“嫦娥五号”的筹备时期。

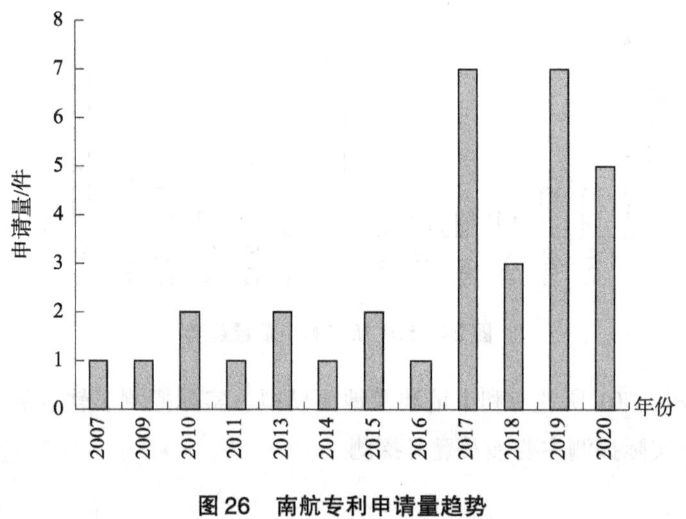


**图 26　南航专利申请量趋势**

如图 27 所示，南航的专利申请涉及地面模拟、实际探测、软着陆和月壤采样。其中，实际探测主要涉及登月探测，这与南航对月球探测器的超声电机、着陆缓冲机构的研究相关。

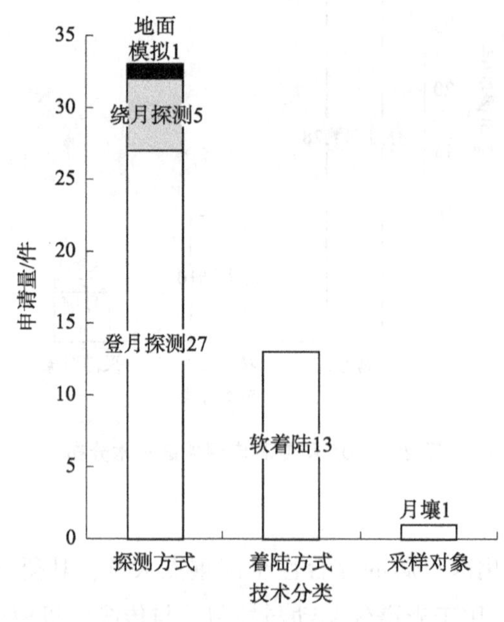


**图 27　南航专利申请关键技术分布**

5. 北航

北航是工业和信息化部直属的全国重点大学。北航完成了“嫦娥五号”着陆缓冲装置动摩擦力与时间、缓冲柱运动位移关系的试验测试工作，确保了“嫦娥五号”着陆缓冲装置设计的准确性和实际工作的安全可靠性；参与了“嫦娥五号”着陆器着陆缓冲机构展开过程稳定性分析、冲击动力学分析、动力学仿真分析、多探测器系统的力学分析等工作，攻克多项关键技术难题，研制起飞等过程的总体仿真平台软件，为确保“嫦娥五号”圆满落月返回提供了技术支撑。

如图 28 所示，北航的专利申请在 2006 年、2010 年、2014 年和 2019 年分别出现峰值，这与“嫦娥一号”“嫦娥二号”“嫦娥三号”和“嫦娥五号”的时间相对应。

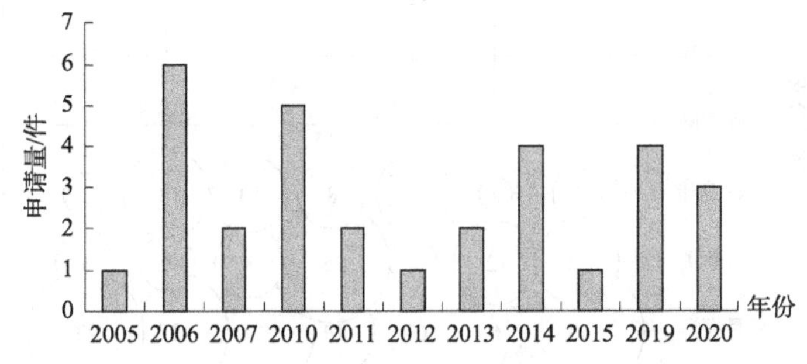


图 28　北航专利申请量趋势

如图 29 所示，北航的专利申请涉及地面模拟、实际探测、软着陆和月壤采样。其中，实际探测主要涉及登月探测。

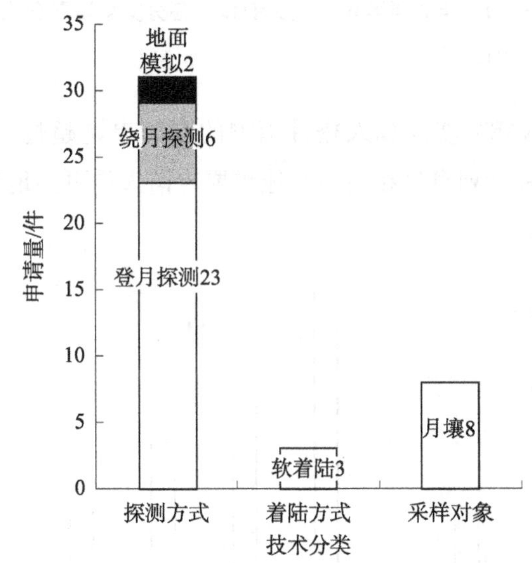


图 29　北航专利申请关键技术分布

**（三）全球重要申请人专利申请横向对比**

如图 30 所示，涉及地面模拟的专利申请量相对于实际探测较少。实际探测的专利申请中，NASA、哈工大、501 所、南航和北航的专利申请均侧重登月探测技术，波音公司和502所的专利申请侧重绕月探测技术。几乎所有的登月探测都采用软着陆方式，硬着陆方式仅在早期的月球探测中使用。就采样对象而言，大部分专利申请均是针对月壤进行采样，对岩石、水冰和气体进行采样的专利申请量较少。

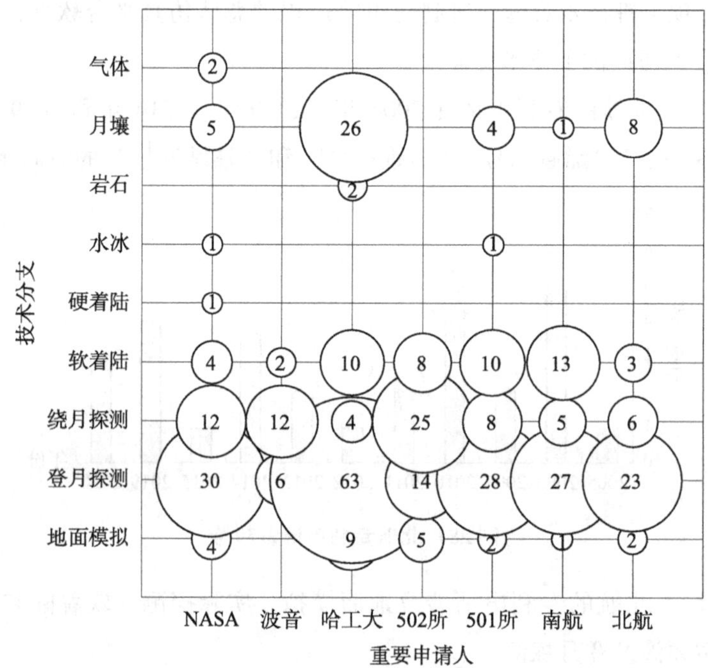


图30 全球重要申请人关键技术各分支申请量分布

注：图中数字表示申请量，单位为件。

如图31所示，仅NASA涉及载人登月探测的专利申请超过无人登月探测，这也与NASA的阿波罗载人登月计划息息相关。其他重要申请人均更多地涉及无人登月探测。

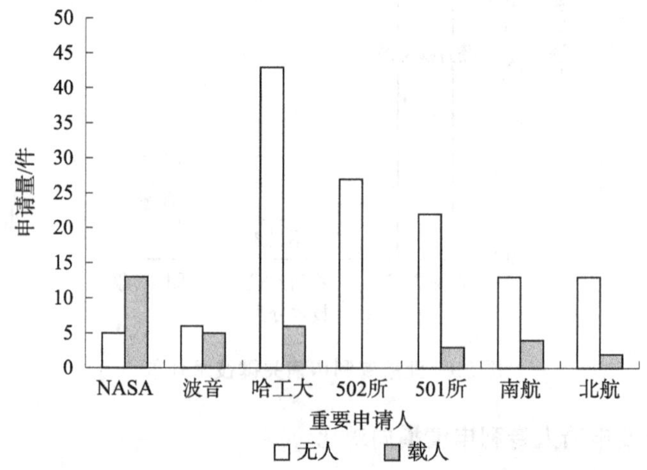


图31 全球重要申请人登月探测分支申请量分布

## 五、总结和建议

### （一）总结

本文从月球探测的专利申请现状、技术发展路线、重要申请人三个角度出发，对目前月球探测关键技术领域的专利申请情况进行分析，得出以下几点结论：

在专利申请现状方面，国外专利申请相对于中国起步较早，但一直处于一个较为平稳的增长状态。我国自2004年，也即探月工程立项时起，专利申请量开始了快速增长，但总体的专利申请量还是偏低，这与该领域技术门槛高、涉及国防保密有关，并且国内申请人在海外的专利申请量较少。

在关键技术方面，绕月探测是月球探测的开端，登月探测是月球探测的现在和未来。登月探测可以对月球进行更深层次的研究，因此登月探测的专利申请量远大于绕月探测的专利申请量。对于着陆方式，专利申请主要涉及软着陆技术，这是因为硬着陆仅在早期的月球探测中使用，后期均采用更加安全的软着陆方式登月。月球采样的专利申请主要涉及月壤采样，其次是岩石采样，关于水冰采样和气体采样的专利申请较少。

在重要申请人方面，国外的重要申请人主要为NASA和波音公司，NASA在月球探测关键技术方面的研究较为全面，波音公司侧重于对绕月探测的研究。国内的重要申请人主要由高校和科研院所组成，其中哈工大、南航、北航在月球探测领域贡献了重要力量，501所和502所在中国的探月工程中起到了至关重要的作用，对于绕月探测和登月探测，两者在技术上互为补充。

### （二）建议

从国内月球探测的专利申请量来看，高校和科研院所申请占比较大，企业申请占比较少。而近几年来，国内的民营航天企业蓬勃发展，企业可以充分利用高校和科研院所的研究成果进行技术转化，也可开展产学研联合申请，以更好地促进月球探测工程的发展。

随着中国探月工程的不断推进，我国未来的月球探测任务将重点开展月球永久阴影区探测，该阴影区富含水冰，具有极高的探测价值。“嫦娥六号”预计完成极区采样返回，“嫦娥七号”预计完成极区环境与资源勘察，“嫦娥八号”预计建成科研站基本型。[4]目前全球主要申请人中仅NASA和501所对水冰采样进行了专利申请。后续可针对未来的月球探测任务进行相应技术的专利申请，加大月球水冰采样技术的研究力度。

在对月球探测关键技术的研发过程中，国内申请人亟待提高海外专利布局意识，并制定相应的研发布局策略，指导科研项目全过程知识产权管理。同时，需要对已有专利布局进行评价，对未来专利布局进行规划，以提高专利布局保护、应用和实施的效率。

## 参考文献

[1] 卢波. 世界月球探测的发展回顾与展望 [J]. 国际太空, 2019 (1): 12-18.

[2] 裴照宇, 刘继忠, 王倩, 等. 月球探测进展与国际月球科研站 [J]. 科学通报, 2020, 65 (24): 2577-2586.

[3] 冯咬齐, 易忠, 李西园, 等. 面向载人月球探测的月面环境模拟实验关键技术分析 [J]. 航天器环境工程, 2018, 35 (1): 1-6.

[4] 北京航天飞行控制中心. 月背征途: 中国探月国家队记录人类首次登陆月球背面全过程 [M]. 北京: 北京科学技术出版社, 2021.

[5] 李虹琳, 李金钊. 美国商业月球探测快速发展分析 [J]. 国际太空, 2018 (10): 16-19.

# 月球探测器着陆缓冲装置专利技术综述

王俊理[1]　张立彦[2]　官中运[3]　李红英[4]　范肖凌[5]

**摘　要**　本文从专利文献的角度，对月球探测器着陆缓冲装置的专利申请趋势、技术分布、技术构成、申请人排名、法律状态、技术发展路线和重点申请人及其技术的申请趋势和技术路线进行了分析，并对未来的发展趋势进行预测。

**关键词**　探测器　着陆缓冲　专利分析

## 一、概述

### （一）研究背景

目前地外天体探测任务主要集中在月球和火星，其中月球作为离地球最近的地外天体，从古至今一直是大家关注的焦点。各国月球探测的路线大体是“探”“登”“驻”。“探”是通过飞越、环绕对月球的环境特征进行初步探测，了解月面特征等信息，为后续探测做准备；“登”是在“探”的基础上进行硬着陆和软着陆实验，实现月球登陆；“驻”是在月球建立基地，并基于月球资源进行原位利用。[1-2]

我国的探月工程已完成了“绕”“落”“回”三步走。[3]一期工程为“绕”，包括“嫦娥一号”和“嫦娥二号”。二期工程为“落”，包括“嫦娥三号”和“嫦娥四号”，其中2013年12月14日的“嫦娥三号”探测器成功落月，使中国成为第三个实现地外天体软着陆的国家；2019年1月3日“嫦娥四号”探测器于月球背面选定区着陆，实现了人类首次在月球背面的着陆和巡视探测。三期工程为“回”，2020年12月1日“嫦娥五号”登月，并在月面上进行钻取采样，成功将月样带回地球。

目前我国的探月工程已发展到“登”，下一步将是“驻”，而不论是“登”还是“驻”，月球探测器都要先着陆在月球表面上。月球表面环境极其恶劣，没有大气，近于真空状态，且是一个辐射很强的环境。月球表面引力只有地球的1/6，无液态水，太阳光

[1][2][3][4][5]　作者单位：国家知识产权局专利局专利审查协作北京中心，其中张立彦、官中运等同于第一作者。

照射的月面温度可达 30～150℃，夜间温度则下降到 －180～－160℃，同时月球表面坑坑洼洼，凹凸不平。[4] 月球探测器本身携带着精密仪器或航天员，以较高速度飞达月球，携带燃料比较有限，虽然在着陆时会对月球探测器进行减速，但是减速和悬停时间都很有限。因此，为了减少月球探测器在月面着陆时的冲击，防止发生侧翻，保证月球探测任务的顺利完成，技术人员在月球探测器上安装了各种类型的着陆缓冲装置。不同的着陆缓冲装置的重量、缓冲能力各有不同，对月球探测器着陆的安全性也有着不同的影响。笔者以专利文献为基础，对不同类型的月球探测器着陆缓冲装置进行分析研究，以便为相关领域技术人员提供技术借鉴，为飞行器领域人员提供技术储备。

### （二）研究对象

月球探测器的着陆缓冲装置主要功能包括：①有效缓冲着陆瞬间的着陆载荷；②能够收拢、展开与锁定；③能够保证着陆过程的稳定性，防止着陆器倾覆；④在着陆器着陆后提供长期有效的支撑；⑤可作为取样返回器的发射支架。[5]

图 1 为嫦娥五号月球探测器，其着陆缓冲装置的结构采用的是“偏置收拢、自我压紧”的方案，包括反推发动机、缓冲器、可展开支架和脚垫。

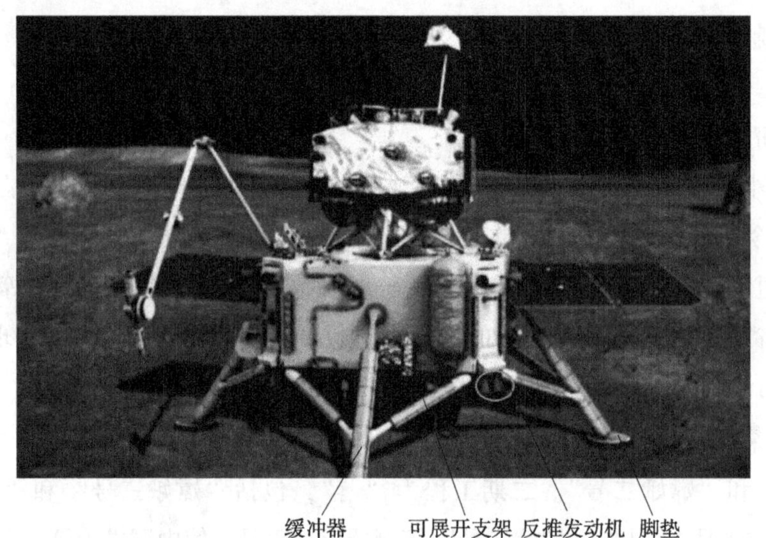


**图 1　嫦娥五号月球探测器**

根据缓冲原理和缓冲介质的不同，着陆缓冲装置一般可分为以下几种类型：①反推火箭发动机缓冲；②气囊缓冲；③弹簧缓冲；④液压/气压缓冲；⑤电磁缓冲；⑥磁流变缓冲；⑦蜂窝缓冲；⑧切削缓冲。在设计月球探测器的着陆装置时，可根据需要选择其中的一种或多种进行组合。

### （三）研究方法

为了全面、准确地反映月球探测器着陆缓冲装置在全球的专利技术现状及发展趋势，在对现有专利数据库进行分析比较的基础上，本文选择了专利检索与服务系统（S 系统）中的中国专利文摘数据库（CNABS）、中国专利检索系统文摘数据库（CPRSABS）、德温特世界专利索引数据库（DWPI）和世界专利文摘数据库（SIPOABS）。

在这些数据库中，通过关键词与分类号的组合，检索了 2021 年 5 月 20 日及之前的专利文献，并将从各个数据库中检索出的中英文文献的著录项目导出到 Excel 中，人工筛选、去重、简单同族合并，然后进行数据分析。检索共得到 311 件专利申请，其中，中文专利申请 164 件，外文专利申请 147 件。另外，因为发明专利申请在申请后 18 个月公开，所以近 18 个月的专利申请可能还未完全公开。

## 二、月球探测器着陆缓冲装置专利技术状况分析

### （一）专利申请概况

1. 专利申请趋势

图 2 为月球探测器着陆缓冲装置的全球/中国专利申请趋势。由该图可见，月球探测器着陆缓冲装置技术的全球专利申请整体呈增长趋势，但前期发展比较缓慢，2006 年以后才开始快速增长；中国的专利申请开始于 2002 年，明显晚于国外，但之后发展很快，尤其是在 2013 年以后，呈直线上升趋势。

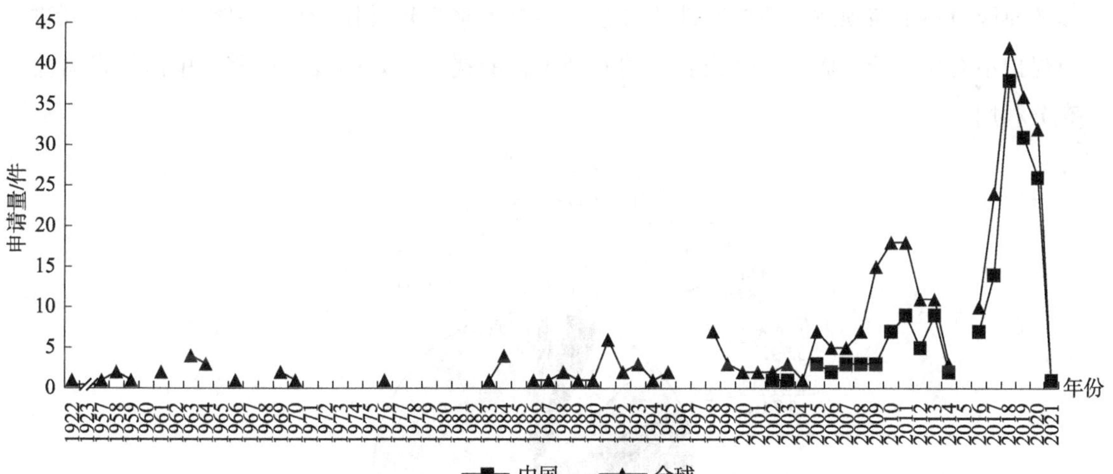


**图 2　月球探测器着陆缓冲装置的全球/中国专利申请趋势**

具体分析全球申请趋势，该技术的发展大体分为四个阶段：第一个阶段是 1922 ~ 1976 年，为技术萌芽期，都是国外的专利申请，每年的申请量比较少，只有零星的几件，最多也不超过 5 件，且时间间隔也比较长；第二个阶段是 1976 ~ 2001 年，为波动发展期，受“冷战”缓和的影响，美苏探月竞争热情降低，开始着力于技术成果转化，于

是在这一时期陆续地进行了一些相关专利申请，但申请量总体呈波动式发展，出现了几个小的波峰波谷，最大波峰在1997年，申请量也不足10件，且这个阶段的专利申请也都是国外申请；第三个阶段是2002～2015年，为稳步发展期，随着中国国力的增强，中国也跻身于航天大国，从2002年起中国在该领域也开始进行专利申请，这一阶段中国申请与全球申请基本都在稳步增长，且每年中国的申请量与外国的申请量基本接近，从原来的每年几件逐渐增加到10件左右；第四个阶段是2016年至今，为高速发展期，这一阶段国外申请增长缓慢，但中国申请量大幅增长，从原来的每年不到10件增加到几十件，尤其是在2018年中国专利申请单年达到了38件，由此可见，近年来我国对该技术的研发越来越重视，对专利保护也越来越重视。

2. 专利地域分布

图3为月球探测器着陆缓冲装置专利申请国家分布。由该图可见，月球探测器着陆缓冲装置专利技术地域分布主要集中在中国、美国、俄罗斯、日本、法国和德国（另有申请量较少的韩国、英国、加拿大、克罗地亚、比利时、捷克等，可见该领域专利申请分布较为广泛）；虽然中国在该项技术上的申请起步较晚，但发展很快，目前中国的申请量占据总申请量的53.05%，为第一大申请国；美国以总申请量的20.58%位居第二；此外，日本、法国、俄罗斯也分别以总申请量的8.04%、5.79%、5.79%位列第三、第四，上述三国在月球探测器着陆缓冲装置领域的研发实力亦不可小觑。当然国外专利申请不多的原因也在于该项技术的保密性比较强，很多国家都将其作为技术秘密或国防专利进行保护不对外公开。而这些已经公开的专利申请能提供较好的技术借鉴，中国研发者要充分利用。

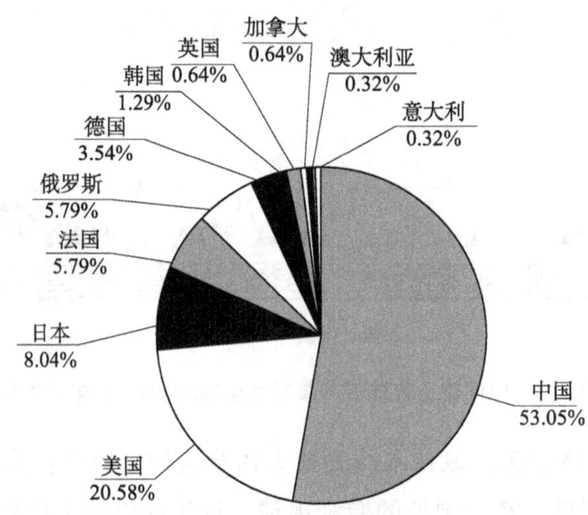


**图3　月球探测器着陆缓冲装置专利申请国家分布**

3. 重点申请人排名

图4为月球探测器着陆缓冲装置的全球重点专利申请人申请量排名。由该图可见，月球探测器着陆缓冲装置技术的专利申请的全球重点申请人主要集中在中国的航空航天相关的高校和研究所，如哈尔滨工业大学、南京航空航天大学、北京空间飞行器总体设计部、北京空间机电研究所、北京航空航天大学、上海交通大学、北京控制工程研究所和北京理工大学；而国外的主要申请人是ASTRIUM、IHI航天公司和ODETICS。哈尔滨工业大学以28件申请位居榜首，南京航空航天大学以26件申请紧随其后，北京空间飞行器总体设计部、北京空间机电研究所、北京航空航天大学分别以13件、12件、9件申请位列第三至第五名，由此可见哈尔滨工业大学和南京航空航天大学在月球探测器着陆缓冲装置方面的研发实力明显领先。

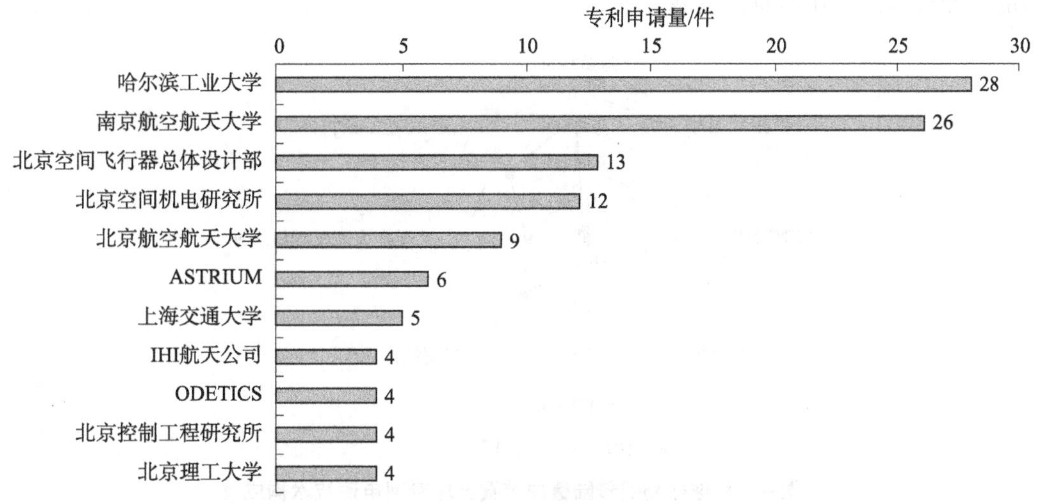


**图4 月球探测器着陆缓冲装置的全球重点专利申请人申请量排名**

4. 专利申请法律状态

图5为月球探测器着陆缓冲装置的全球专利申请的法律状态分布。由该图可见，月球探测器着陆缓冲装置技术的一半以上的专利申请已获授权，2%被驳回、4%被撤回、13%的未缴年费，另外还有27%仍在审查中（截止到2021年5月20日）。可见该技术领域的有效专利和在审专利是很多的，所以存在较多的侵权风险，在研发和使用时需要注意规避。

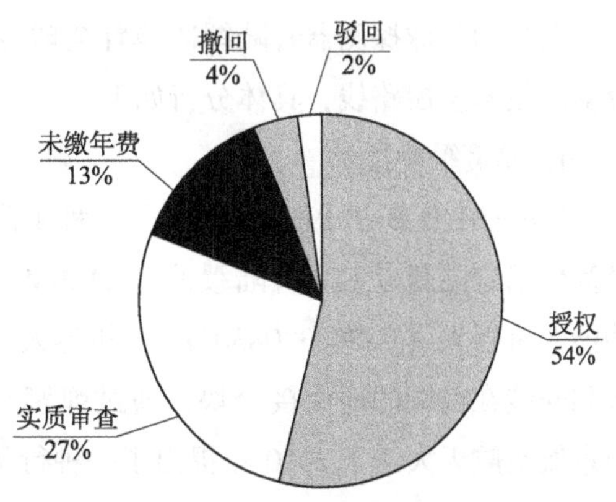


**图5 月球探测器着陆缓冲装置的全球专利申请的法律状态分布**

### （二）技术构成概况

图6为月球探测器着陆缓冲装置全球专利申请的技术构成。由该图可见，全球专利申请中采用弹簧缓冲的有93件，采用液压/气压缓冲的有90件，反推火箭发动机缓冲的有78件，蜂窝缓冲的67件，气囊缓冲30件，电磁缓冲16件，切削缓冲8件，磁流变缓冲6件。同时中国的专利申请中采用弹簧缓冲的最多，其次是蜂窝缓冲、液压/气压缓冲；外国的专利申请中采用反推火箭发动机缓冲的最多，其次是液压/气压缓冲和弹簧缓冲。可见弹簧缓冲、液压/气压缓冲、反推火箭缓冲和蜂窝缓冲比较常用，主要原因是这些技术在机械领域技术比较成熟，易实现。而气囊缓冲、电磁缓冲、切削缓冲和磁流变缓冲采用的相对较少，主要原因是：月球上没有空气，采用气囊缓冲需要携带气瓶和快速气体产生器，增加重量和不安全性；而电磁缓冲、切削缓冲和磁流变缓冲属于比较新兴的缓冲技术，还在不断地发展之中。

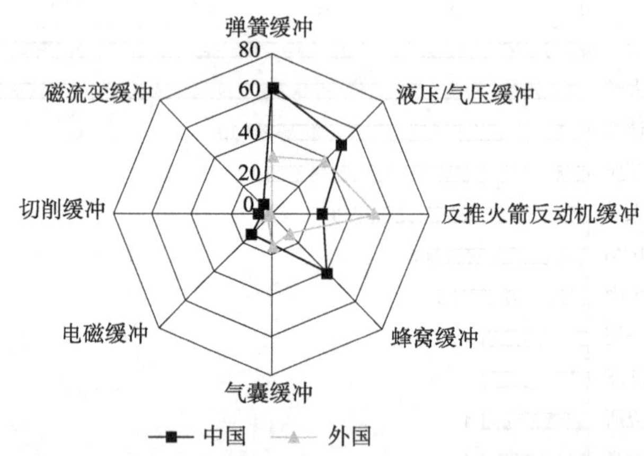


**图6　月球探测器着陆缓冲装置全球专利申请技术构成**

注：图中数字表示申请量，单位为件。

### （三）技术发展路线

图7为月球探测器着陆缓冲装置全球专利申请的技术路线。针对该图中的不同技术分支的技术发展路线，具体分析如下。

1. 弹簧缓冲技术

FOREST H B于1966年提出了一种伞降悬浮软着陆装置（US3387805A），采用弹簧套筒伸缩着陆腿以实现着陆缓冲。KAMIMURA H于2003年提出了一种具有行星起落机功能的机器人（US2003208303A），机器人的每条腿中的多关节臂具有多个偏置的旋转关节和安装在前端的地面接合块，通过弹簧套筒伸缩实现支腿的伸缩进而实现着陆缓冲。南京航空航天大学于2010年提出了一种行星探测器的缓冲着陆腿（CN102060106A），在旋转电机的上端还设置有一压缩弹簧，该压缩弹簧的上端与所述的外筒的顶部接触，在旋转电机的两侧还设置有与所述的导轨适配的滑轮；所述的足垫设置在内筒的下端，以

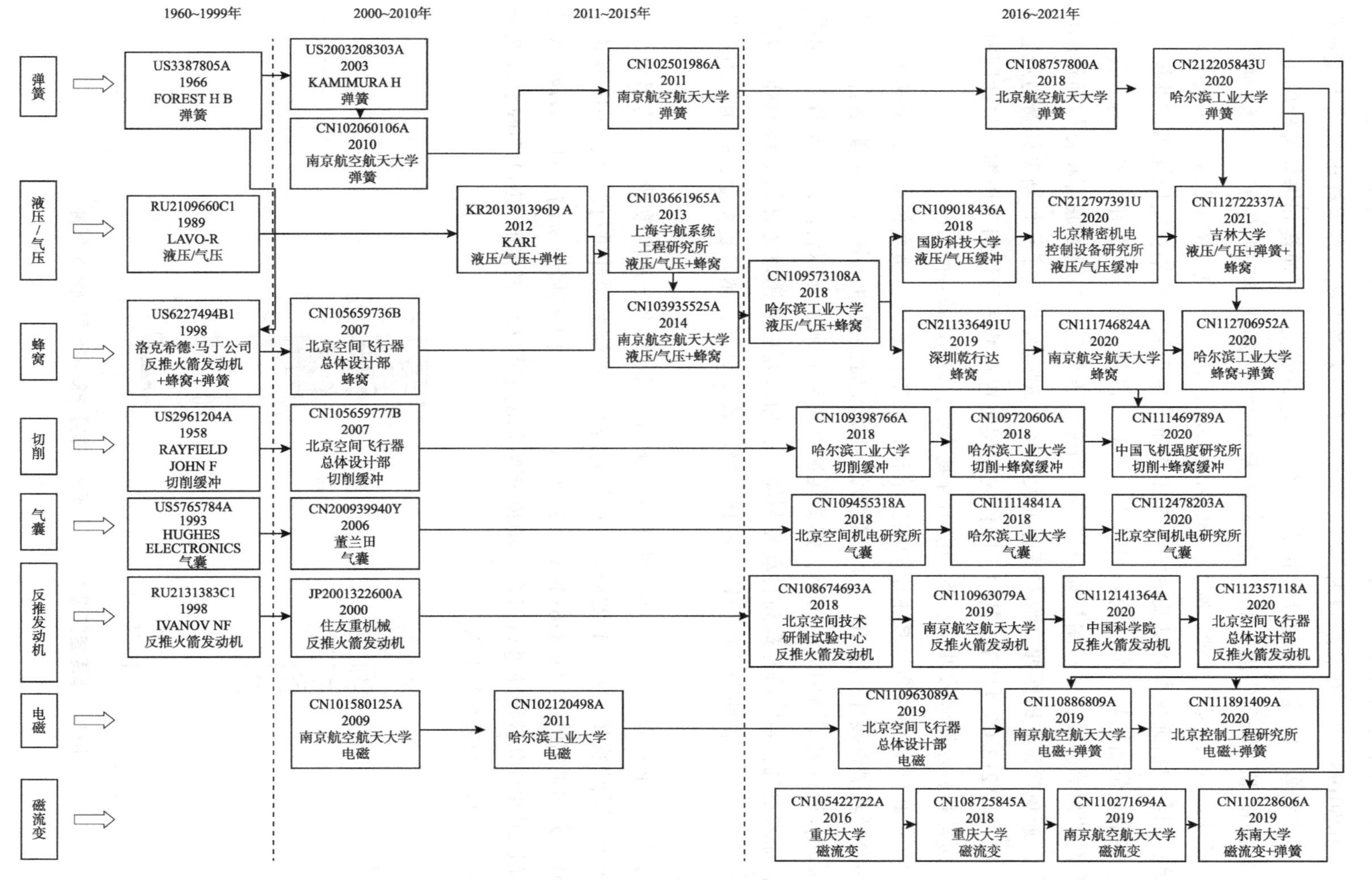


图7　月球探测器着陆缓冲装置全球专利申请的技术路线

实现着陆缓冲和姿态自修复。然后该校又于2011年提出了一种行星探测器的锚定采样机构（CN102501986A），在着陆腿内部的上端设置有一采样电机，在采样电机的上端还设置有一弹簧和爆炸螺栓，弹簧具有超高强度，该超高强度压缩弹簧和爆炸螺栓的上端均与着陆腿的顶部相连接。北京航空航天大学于2018年提出了一种缓冲装置（CN108757800A），包括弹簧、圆盘、驱动机构以及由上而下设置的上套筒、中套筒以及下套筒；圆盘包括圆盘本体以及沿圆盘本体均布的多个复位插销；复位插销能够插入齿槽内；多个复位插销与多个插销返回通道一一对应设置；弹簧设置在上套筒内，且一端与上套筒的顶部连接，另一端与圆盘连接；当弹簧压缩后，插槽的底部将复位插销的底部卡住，避免弹簧立即回弹。哈尔滨理工大学又于2020年提出了一种新型弹簧阻尼着陆缓冲结构（CN212205843U），其中，限位支撑架装置在冲击的作用下压缩，与此同时弹簧阻尼缓冲机构压缩吸收冲击，将冲击力降到最低，以达到缓冲作用。

图8～图11为弹簧缓冲技术中的典型结构，其中图8为弹簧套筒缓冲，图9为弹簧套筒结合导轨滑轮缓冲，图10为弹簧套筒结合复位插销缓冲，图11为弹簧结合限位支撑架缓冲。通过典型结构对比可见，弹簧缓冲结构从原来在支腿管内设置弹簧，经不断改进，加入电机、导轨滑轮提高自动控制能力，加入复位插销避免弹簧立即回弹，加入限位支架进一步吸收冲击，使弹簧缓冲技术吸能效果更好，越来越稳定，控制能力越来越强。

另外除了单一方式改进以外，近些年出现了弹簧缓冲与其他缓冲技术的组合，如2019年东南大学提出的CN110228606A将弹簧缓冲与磁流变缓冲进行组合，2019年南京航空航天大学提出的CN110886809A和2020年北京控制工程研究所的CN111891409A均是将弹簧缓冲与电磁缓冲进行组合，2020年哈尔滨工业大学提出的CN112706952A将弹簧缓冲与蜂窝缓冲进行组合等。

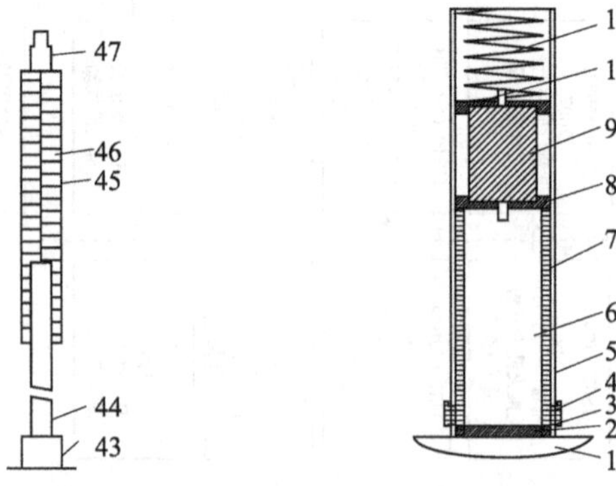


图8　弹簧套筒缓冲　　　图9　弹簧套筒结合导轨滑轮缓冲

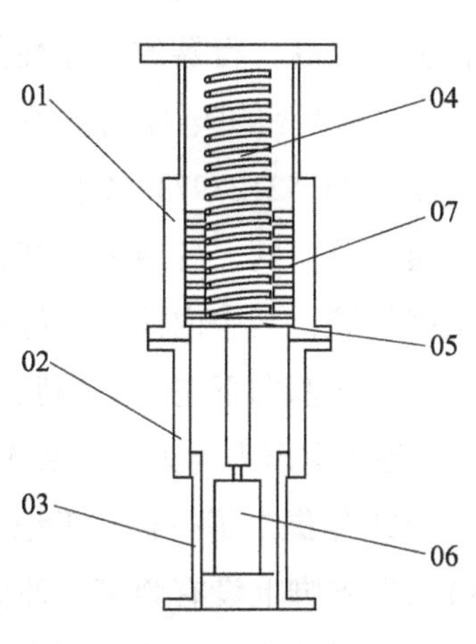

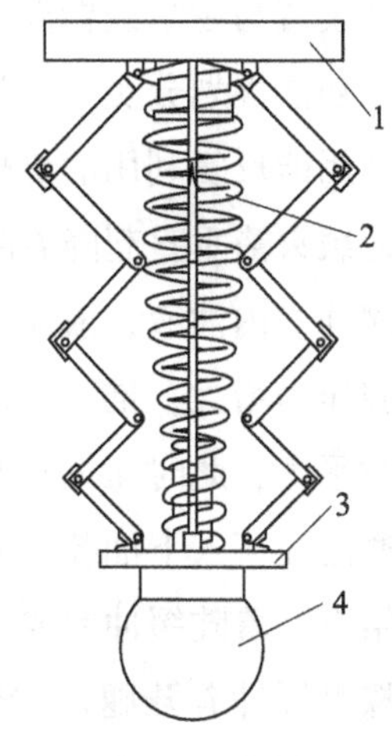


**图 10　弹簧套筒结合复位插销缓冲**　　**图 11　弹簧结合限位支撑架缓冲**

2. 液压/气压缓冲技术

1989 年 LAVO－R 提出了一种用于在大气层天体表面着陆的下降车（RU2109660C1），起落架的支承单元以可分离的方式固定在前罩的框架上，并通过长度可调的伸缩杆与车辆的后保护罩连接。韩国宇宙航空研究院（KARI）于 2012 年提出了一种用于航天器着陆器的减震器（KR20130139619A），减震器通过前一个缓冲空间被挤压到第二缓冲空间，从而能够有效地吸收震动能量，有效地替换液压油和空气压力，为减震器提供失重和减小的真空空间环境；孔口形成在次级缓冲空间的入口处，因此能够有效地控制以一定压力差通过孔口的减震器的流量，并使减震器的减震效率最大化。上海宇航系统工程研究所于 2013 年提出一种内置式可伸缩着陆缓冲机构（CN103661965A），其中第一级活塞筒内设置有与其顶部相连的气腔，气腔的下端设置有一油腔，气腔与油腔之间设置有溢流阀；第二级活塞筒上端开口且设置在第一级活塞筒内，下端连接缓冲部件，且其内设置有一缓冲材料；第一级活塞筒和第二级活塞筒位于第三级活塞筒内，并可在其内部上下移动和锁定；第四级活塞筒连接在第三级活塞筒的顶部上，其内设置有一推杆，推杆的下端设置在气腔内部分底部上；通过油气缓冲和铝蜂窝压溃吸能相配合，缓冲效果更好。哈尔滨工业大学于 2018 年提出了一种面向可回收火箭的着陆支撑腿式两级缓冲器（CN109573108A），采用不规则油针的液压缓冲器，并将液压缓冲器、多孔材料缓冲器以及薄壁金属管塑性变形缓冲器这三种缓冲装置通过串并联形成一种组合式缓冲器，一级缓冲组件采用液压缓冲；二级缓冲组件将薄壁金属管塑性变形缓冲器与多孔材料缓冲器并联在一起，形成组合缓冲器；该腿式缓冲器着陆时缓冲吸能效果好、冲击力平稳。中国人民解放军国防科技大学于 2018 年提出了一种地外星球近地飞行器机架系统及飞行器（CN109018436A），通过四根立杆连接顶部与底部四边形结构构建主承载桁架，相对于现有技术的隔板式承载机架，结构轻巧，减轻了机架自重和体积，降低了飞行器载荷和原材料用量，缓冲装置与主承载桁架的连接有效缓冲各主承载点均衡受力，使机架的结构受力更加合理，功能性划分更好，质量更轻，有利于提高飞行器的整体性能；主缓冲器和辅助缓冲器采用能反复利用的机械液压缓冲器。北京精密机电控制设备研究所于2020年提出了一种运载火箭垂直起降着陆腿液气缓冲装置（CN212797391U），着陆触地瞬间，中内筒下移压缩外筒内油液，液压油推开滑阀并通过单向阀、各通流孔和各阻尼孔流向上油腔，上油腔压力增大，推动浮动隔离活塞压缩气腔，当中内筒下移静止时，三个腔的压力达到瞬时平衡，此时压缩行程结束；浮动隔离活塞向下挤压上油腔，液压油通过各阻尼孔和各通流孔流入下油腔，中内筒上移直至各腔室压力与火箭自身重量平衡为止，此时复位行程结束，着陆缓冲完成。吉林大学于2021年提出了一种基于记忆合金的梯度吸能内芯行星探测缓冲着陆腿（CN112722337A），在支脚上设有弹簧，外筒内部活塞与传感器下连接件之间连接，设有第一吸能内芯和第二吸能内芯，均采用蜂窝材料，外筒侧壁连接有贯穿至外筒内部的液体导管，导热液填充在外筒内部活塞与传感器下连接件之间并能在液体导管内流通，该着陆腿具备较强的运动过程中着陆器能量吸收能力以及形状自恢复能力，因其具有形状记忆恢复功能，故此着陆腿可以重复使用，便于回收二次利用。

图12～图15为液压/气压缓冲技术中的典型结构，其中图12为二级油气缓冲，图13为四级油气缓冲，图14为液压、气压和弹簧缓冲组合式缓冲，图15为液压、弹簧及蜂窝组合式缓冲。通过典型结构对比可见，液压/气压缓冲结构为了提高其缓冲效果，先是不断地增加油气缓冲的级数，然后是不断地加强液压/气压缓冲与其他缓冲技术的组合，如液压/气压缓冲与弹簧缓冲的组合、液压/气压缓冲与弹簧和蜂窝缓冲的组合等，或增加记忆合金以提高其恢复能力，便于二次利用。

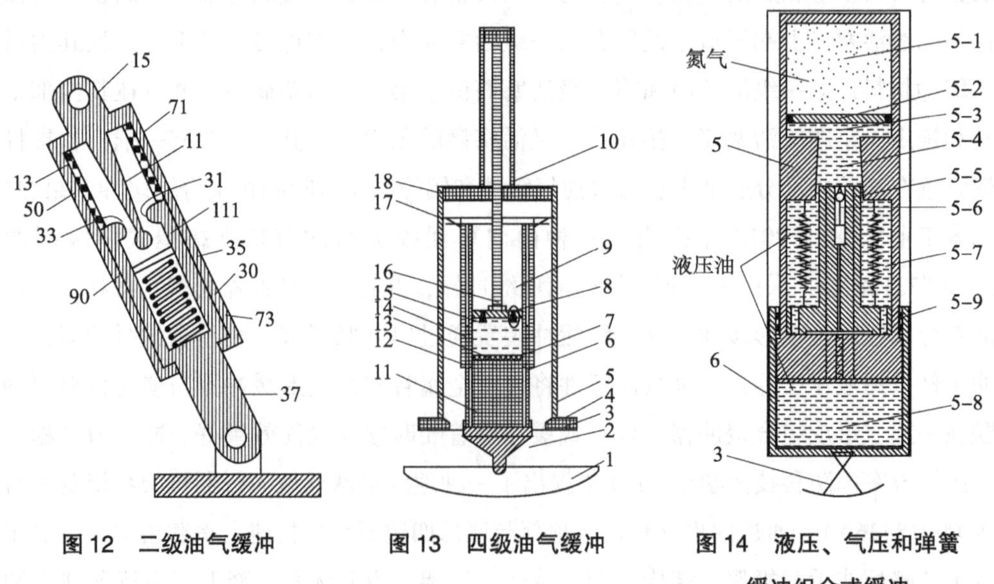


图12　二级油气缓冲　　图13　四级油气缓冲　　图14　液压、气压和弹簧缓冲组合式缓冲

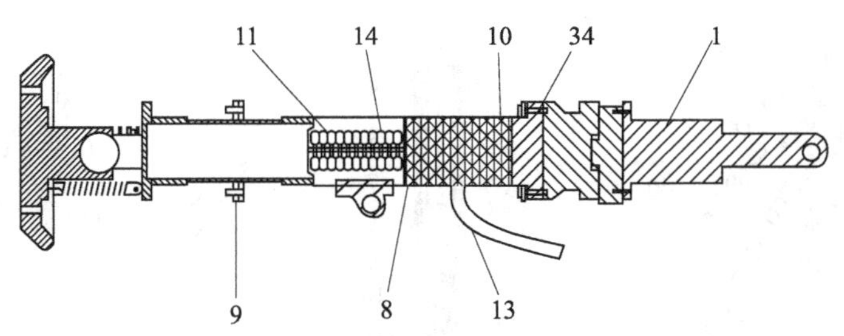


**图 15　液压、弹簧及蜂窝组合式缓冲**

3. 蜂窝缓冲技术

1998 年洛克希德·马丁公司提出了一种可展开的航天器着陆器腿系统和方法（US6227494B1），通过反推火箭发动机、弹簧及蜂窝铝材料实现支腿的伸缩进而实现着陆缓冲。随后在蜂窝铝技术上的延伸技术出现。北京空间飞行器总体设计部于 2011 年提出了一种着陆探测器软着陆机构薄壁金属管变形缓冲器（CN105659736B），采用活塞式结构，由盖板、外筒、薄壁金属管、凸台支撑环、内筒组成，盖板、外筒组成活塞缸，内筒为活塞，多段薄壁金属管串联填充在活塞缸与活塞间，薄壁金属管之间用凸台支撑环轴向隔离和径向约束，能够保证软着陆机构的缓冲可靠性和安全性。南京航空航天大学于 2014 年提出了一种可重复使用运载器的缓冲着陆腿及其缓冲方法（CN103935525A），所述机构结合了三种缓冲方式：油液缓冲、阻尼橡胶缓冲以及蜂窝缓冲方式，能够进行多级缓冲，适应不同初始着陆情况，同时自动收放，无需人为地面操作。深圳市乾行达科技有限公司于 2019 年提出了一种多级着陆缓冲吸能装置（CN211336491U），采用了三级吸能机构，第一级吸能机构包括腔内的弹性吸能单元，第二级吸能机构为弹性胶泥缓冲器，第三级吸能机构包括金属蜂窝材料构成的塑性吸能单元。南京航空航天大学于 2020 年提出了一种缓冲/行走一体化六足着陆器及其步态控制方法（CN111746824A），采用六条腿足，每条腿足均可进行有效的缓冲吸能，内置蜂窝铝材料，可在短时间内吸收大的冲击载荷，实现星表柔顺软着陆。哈尔滨工业大学于 2020 年提出了一种球形着陆器及使用球形着陆器的行星着陆方法（CN112706952A），采用蜂窝缓冲材料包裹在球壳上作为一级减震结构；通过弹簧作为二级减震。

图 16～图 19 为蜂窝缓冲技术中的典型结构，其中图 16 为蜂窝铝与弹簧组合缓冲，图 17 为蜂窝与油液、阻尼橡胶组合缓冲，图 18 为蜂窝缓冲，图 19 为蜂窝与弹性吸能、弹性胶泥三级缓冲。通过典型结构对比可见，对蜂窝缓冲结构自身的改进不多，其主要是与其他缓冲技术进行融合，如蜂窝缓冲与弹簧缓冲的组合、蜂窝与液压/气压缓冲的组合、蜂窝缓冲与弹簧缓冲和反推火箭发动机的组合等。

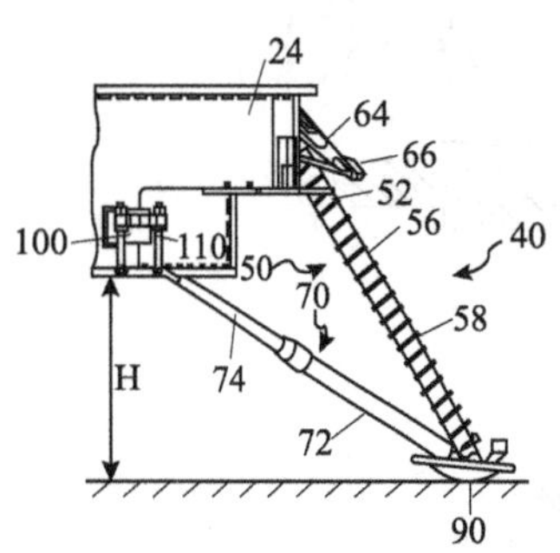


图 16 蜂窝铝与弹簧组合缓冲

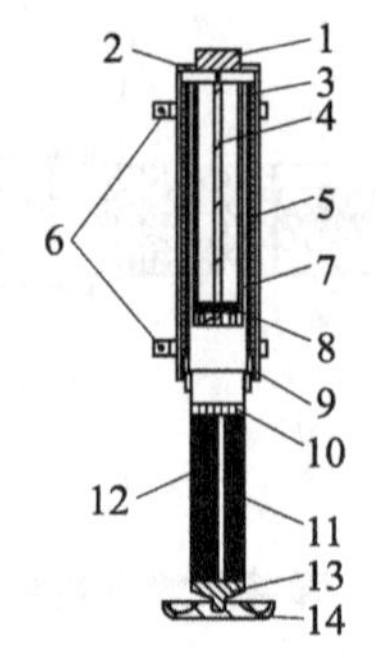


图 17 蜂窝与油液、阻尼橡胶组合缓冲

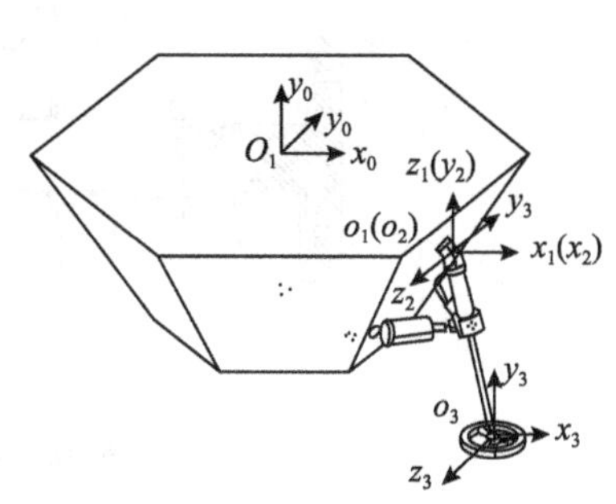

图 18 蜂窝缓冲

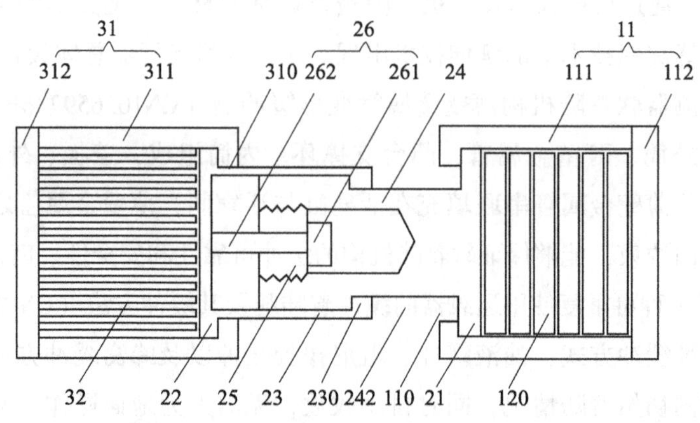


图 19 蜂窝与弹性吸能、弹性胶泥三级缓冲

4. 切削缓冲技术

RAYFIELD JOHN F 于 1958 年提出了一种减速装置（US2961204A），通过支撑腿受力切割减缓冲击在着陆过程中实现缓冲。北京空间飞行器总体设计部于 2007 年提出了一种着陆探测器软着陆机构缓冲器（CN105659777B），主要由外筒、金属拉杆、内筒、切割器以及支撑板、支撑棒等组成，采用活塞式结构，并将金属拉杆拉紧在支撑棒与支撑板之间，金属拉杆可位于内筒中心或内筒外壁四周。哈尔滨工业大学于 2018 年提出了一种弹道缓冲式星球着陆与科学探测平台（CN109398766A），若干被切削件均固设在壳体内壁，每个被切削件上靠近刀具的一侧壁上部均加工有限位凹槽，若干刀具的刀尖一一对应设置在若干限位凹槽内，随着刀具对被切削件的切削，利用被切削件的变形及剥离吸取飞行器本身带有的动能。之后哈尔滨工业大学又提出了一种面向可回收火箭着陆机构的腿式组合缓冲器（CN109720606A），将拉刀式缓冲器、金属蜂窝缓冲器这两种缓冲装置通过串联与并联，形成一种组合式缓冲器，当外界冲击载荷较小时，只有第一级缓冲结构起作用；当外界冲击载荷较大时，第一级缓冲结构先起作用，之后触发第二级缓冲结构起作用；大大提高了单位体积缓冲吸收的能量，并在缓冲过程中可以提供两种不

同的缓冲力，缓冲吸能效果更好。中国飞机强度研究所于2020年提出了一种组合式碰撞吸能结构及其应用方法（CN111469789A），采用多种吸能方式组合，包括吸能管的扩孔塑形变形吸能、吸能管的管壁切割破坏吸能、切后条状物外翻塑形变形吸能、吸能管内填蜂窝铝的斜向压缩吸能、压实后的蜂窝铝的剪切吸能。该组合式碰撞吸能结构可最大程度发挥材料的吸能潜力。

图20～图23为切削缓冲技术中的典型结构，其中图20为套筒式双向切割缓冲，图21为单向切割缓冲，图22为切割与蜂窝组合缓冲，图23为切割与吸能管及蜂窝组合缓冲。通过典型结构对比可见，切削缓冲技术由单一的切削缓冲套筒式如双向切割缓冲或单向切割缓冲，向切削缓冲与其他缓冲技术组合的方向发展，如将切割与蜂窝缓冲进行组合、切割与吸能管及蜂窝组合。

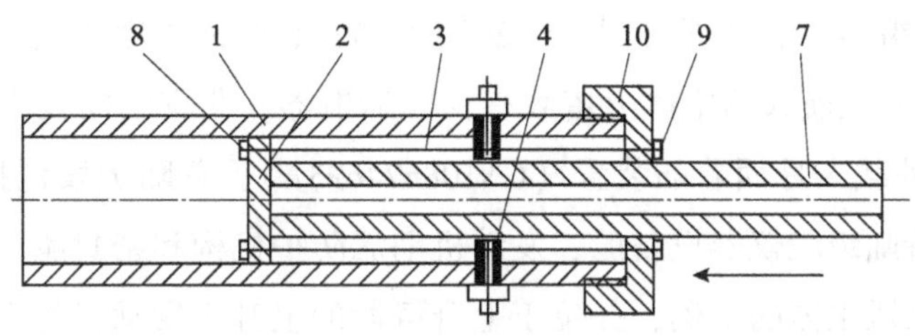


**图20　套筒式双向切割缓冲**

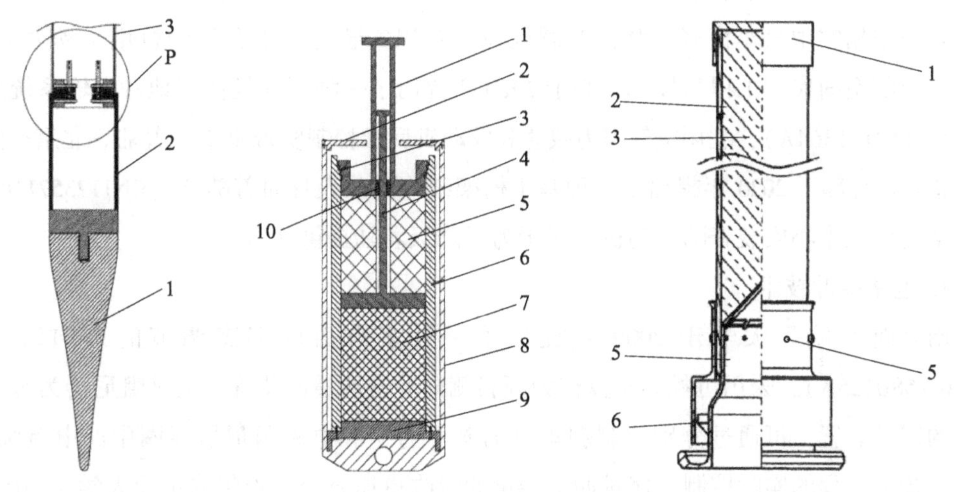


**图21　单向切割缓冲　　图22　切割与蜂窝组合缓冲　　图23　切割与吸能管及蜂窝组合缓冲**

5. 气囊缓冲技术

HUGHES ELECTRONICS于1993年提出了一种伞降悬浮软着陆装置（US5765784A），探测器着陆在行星体上通过气囊减速器减速。董兰田于2006年提出了一种航天飞船返回舱落地减震装置（CN200939940Y），通过减震气囊减震。北京空间机电研究所于2018年提出了一种充气展开式再入减速系统（CN109455318A），设置充气环，内部充满气体气囊结构，多个充气环依次连接排列成锥形构件，所述锥形构件的开口朝向所述舱体结构，充气环结构作为着陆缓冲气囊。哈尔滨工业大学于2018年提出了一种基于气囊缓冲-钻进锚固的小行星表面附着装置（CN111114841A），利用压缩气体与弹性阻尼的复合缓冲结构吸收探测器在小行星表面的着陆能量。北京空间机电研究所于2020年提出了一种适用于大载重可载人飞船的回收着陆系统（CN112478203A），通过设置缓冲气囊组件，降落时打通缓冲装置充气管路，进行着陆缓冲。

6. 反推火箭发动机缓冲技术

IVANOV N F于1998年提出了一种伞降悬浮软着陆装置（RU2131383C1），航天器包括前后布置的起飞和着陆台，发动机装置包括安装在其中心部分的主发动机，通过反向发动机减速着陆。同年洛克希德·马丁公司提出的US6227494B1通过反推火箭发动机、弹簧及蜂窝进行组合。住友重机械于2000年提出了一种用于行星探测的航天器（JP2001322600A），在航天器主体上搭载有反向喷射器。北京空间技术研制试验中心于2018年提出了一种载人月面着陆装置（CN108674693A），着陆级段包括着陆级段主体、着陆缓冲机构、着陆级段仪器设备舱、发动机羽流防护机构和密封舱。发动机羽流防护机构安装在着陆级段主体的下侧，并位于上升级段的上升主发动机的下方，用于引导主发动机工作产生的高温气流，对着陆月面期间的冲击能量进行缓冲。南京航空航天大学于2019年提出了一种空中吊车式载人登月飞行器、登月方法及其应用（CN110963079A），其中下降级采用空中吊车模式，整体为圆柱体，圆周安装有若干台发动机用于动力下降。中国科学院空间应用工程与技术中心于2020年提出了一种可重复使用地月运输系统及方法（CN112141364A），利用空气阻力减速和发动机反推控制实现垂直软着陆。北京空间飞行器总体设计部于2020年提出了一种基于桁架结构的载人月面着陆器（CN112357118A），主桁架的底端中心安装着陆发动机，用于为下降级着陆提供动力。

7. 电磁缓冲技术

南京航空航天大学于2009年提出了一种多自由度姿态调节的万向缓冲器（CN101580125A），采用可控刹车盘作为倾斜侧向冲击的缓冲装置，电磁阻尼器为垂直方向上的缓冲装置，可通过分别控制刹车盘的刹车力矩和电磁阻尼器线圈中的电流强度，实现对缓冲过程的实时控制，使对冲击能量的吸收更加充分。哈尔滨工业大学于2011年提出了一种电磁阻尼缓冲器（CN102120498A），电磁阻尼缓冲机构的阻尼由电机的能耗制动产生；受到外界冲击力时，保持架的直线运动通过齿条和齿轮输入给电机，此时电机作为一个发电机来工作，电机产生的电能通过耗能电阻释放掉，通过改变耗能电阻有效阻值的大小即可改变电机的阻尼系数，即改变了缓冲器电磁阻尼系数的大小。北京空间飞行器总体设计部于2019年提出了一种小天体探测用电磁阻尼缓冲可折叠式附着腿（CN110963089A），为了适应小天体探测任务需求，采用电机的力控制产生等效阻尼实现着陆腿着陆缓冲，同时采用可折叠的着陆腿设计，将折叠运动的驱动电机与缓冲吸能用电机复用，使得着陆腿在折叠的同时具有缓冲功能。南京航空航天大学于 2019 年提出了一种可实现柔顺落震的吸能/驱动一体式电磁缓冲器（CN110886809A），由外筒组件、内筒组件、电磁组件和能耗组件四部分组成；外筒组件包括外筒、压缩回复弹簧、拉伸回复弹簧和端盖；内筒组件包括内筒和限位抱闸；电磁组件包括励磁线圈载体、第一励磁线圈、第二励磁线圈、感应线圈和导磁芯棒；能耗组件包括电阻导杆、导电滑条和导电滑块；缓冲器可重复使用，且可通过被动控制的方式实现落震过程的阻尼柔顺性，在完成缓冲后，还可方便地切换成驱动模式，以实现软着陆装置在星体表面的调姿和移动。北京控制工程研究所于 2020 年提出了一种刚柔双模式可复用着陆缓冲装置（CN111891409A），伸缩筒的一端外壁与伸缩座的一端内壁套接在一起，形成缓冲芯体；缓冲弹簧套在缓冲芯体外侧，在外力和缓冲弹簧的共同作用下，伸缩座能够相对于伸缩筒滑动；伸缩筒内表面上设有限位球窝和缓冲球窝；伸缩筒内部设有限位电磁铁组件和缓冲电磁铁组件，限位电磁铁组件用于与限位球窝配合，控制缓冲装置工作。

图 24 ~ 图 27 为电磁缓冲技术中的典型结构，其中图 24 为可控刹车盘的电磁缓冲，图 25 为电机控制的电磁缓冲，图 26 为电磁与弹簧上下组合缓冲，图 27 为电磁与弹簧内外组合缓冲。通过典型结构对比可见，电磁缓冲技术也是由原来的单一的电磁缓冲向电磁缓冲与弹簧缓冲技术组合的方向发展。

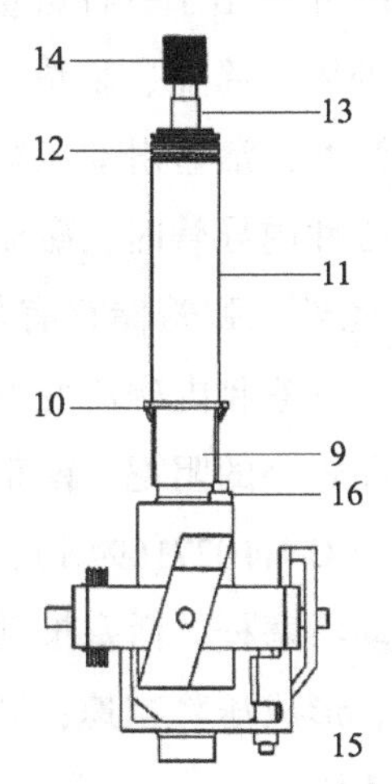


**图 24　可控刹车盘的电磁缓冲**

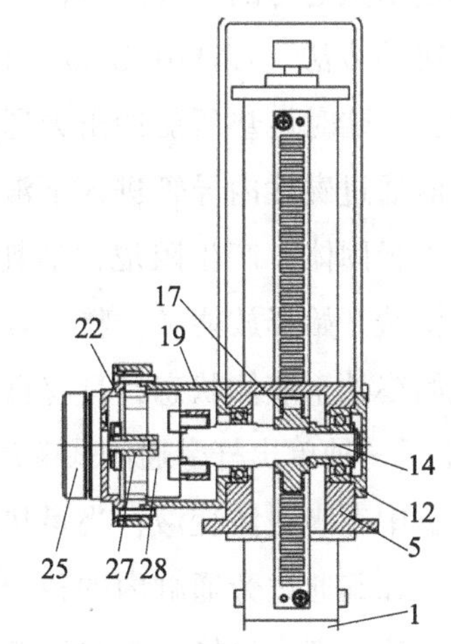


**图 25　电机控制的电磁缓冲**

8. 磁流变缓冲技术

重庆大学于 2016 年提出了一种变阻尼间隙磁流变缓冲器及其自适应控制方法（CN105422722A），包括内部填充有磁流变介质的工作缸、设置于工作缸内的活塞以及与活塞固定连接的活塞杆；所述活塞外侧壁设置有励磁线圈，能够有效根据冲击状态进行自适应调节，有效地减小冲击力峰值以及减轻冲击对缓冲器造成的损伤。重庆大学于 2018 年

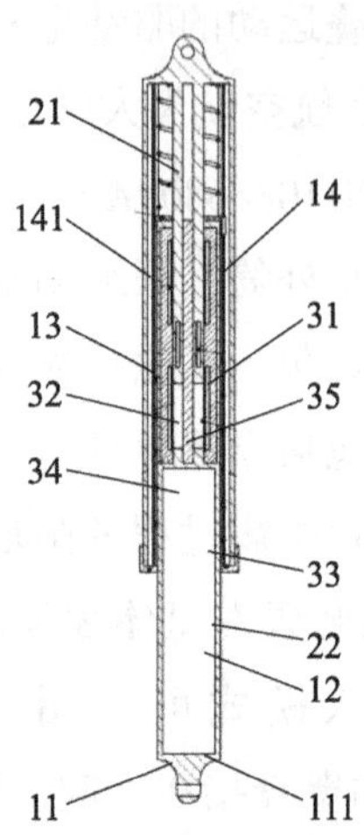


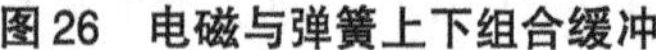
图 26　电磁与弹簧上下组合缓冲

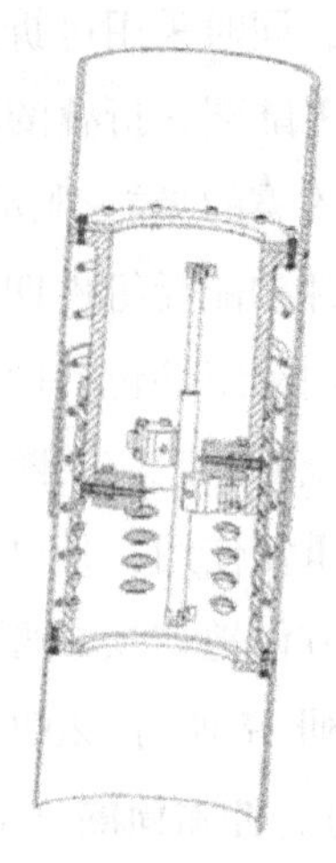
图 27　电磁与弹簧内外组合缓冲

提出了一种着陆缓冲与隔振一体化悬架（CN108725845A），带线圈的铁芯设置于阀式阻尼器外筒内并与阀式阻尼器外筒形成阻尼通道，后腔设置有与另一辅助缓冲器的前腔连通的连通口；改变活塞线圈的通电电流大小以改变作用域内磁场大小，实现主缓冲器输出阻尼力的改变；对于辅助缓冲器，阀式磁流变阻尼器通电时对通过的磁流变液有节流效应，从而使辅助缓冲器产生阻尼力；且通过调节电流大小可以改变阻尼力大小，实现对辅助缓冲器输出阻尼力的有效控制。东南大学于 2019 年提出了一种可重复缓冲的磁流变着陆机构及缓冲方法（CN110228606A），机构包括外筒、筒盖、足垫、推杆、磁性内导管和外导管；着陆时足垫所受冲击力通过推杆传至活塞，活塞滑动压缩弹簧，同时上液腔内磁流变液通过磁性内导管进入下液腔，在通过磁性内导管时，磁流变液在磁场作用下由液体变为半固体，产生阻尼，消耗冲击能量，此外，弹簧储存有部分冲击能量，缓冲结束后，弹簧开始释放能量，整个装置开始复位，下液腔内磁流变液通过外导管回到上液腔，且始终处于液体状态，具有良好的流动性和较小的阻尼。南京航空航天大学于 2019 年提出了一种单出杆旁通阀式磁流变液着陆腿（CN110271694A），主缸、两个连接管道和旁通缸中充满磁流变液，当足垫触地后，带动活塞杆、活塞推动磁流变液在四个缸体内流动，在其通过旁通缸内的狭窄缝隙通道时，形成压降减速；同时，通过在三组线圈上施加电流，产生磁场，增加磁流变液的屈服应力。

而磁流变缓冲技术是一项比较新的技术，其缓冲效果较好，能适应外太空的低温环境，但结构比较复杂，目前也不断在向简单结构发展，图 28 和图 29 为电磁缓冲技术中的典型结构，其中图 28 为磁流变缓冲，图 29 为磁流变与弹簧组合缓冲，由此可见，磁流变缓冲技术也是由原来的单一的磁流变缓冲向磁流变缓冲与其他缓冲技术组合的方向发展，如：磁流变与弹簧缓冲技术的组合。

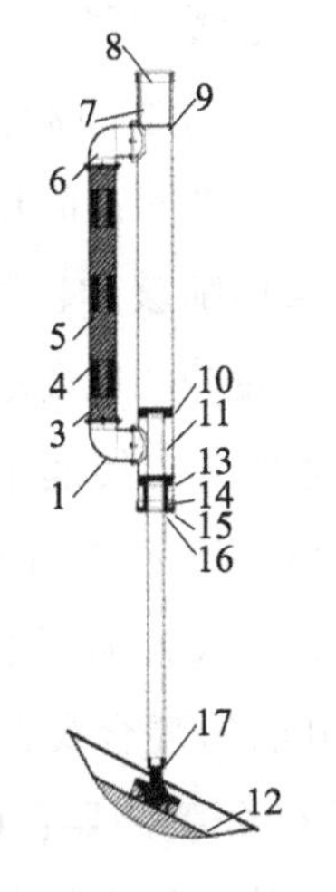


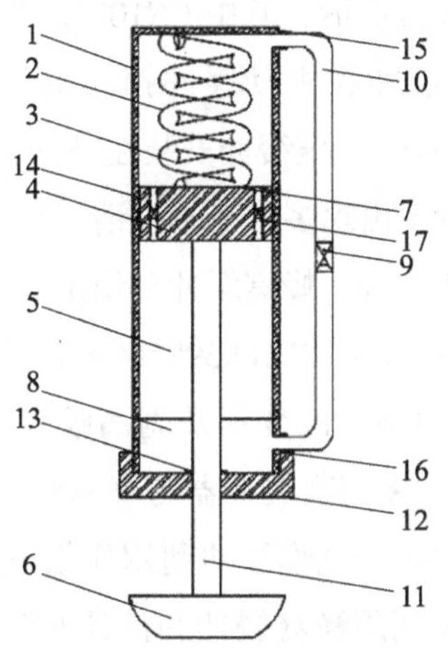

**图 28　磁流变缓冲**

**图 29　磁流变与弹簧组合缓冲**

### （四）关键申请人及其技术分析

本节通过对前面图 4 中全球专利申请量排名前五的重点申请人在月球探测器的着陆缓冲装置领域的专利申请趋势和技术路线进行进一步的分析，深入了解该技术领域主要竞争主体的发展趋势和研究的技术热点，为本领域技术人员提供技术借鉴。

1. 哈尔滨工业大学

图 30 为哈尔滨工业大学的月球探测器着陆装置的专利申请趋势。由该图可见，哈尔滨工业大学的探测器着陆缓冲装置专利申请开始较早，申请量最多，以 28 件申请位居榜首，于 2008 出现第一件申请，于 2011 年申请量达到小高峰，2018 年达到最高峰，仅这一年申请量就有 16 件，可见哈尔滨工业大学在该技术领域的研发实力很强。

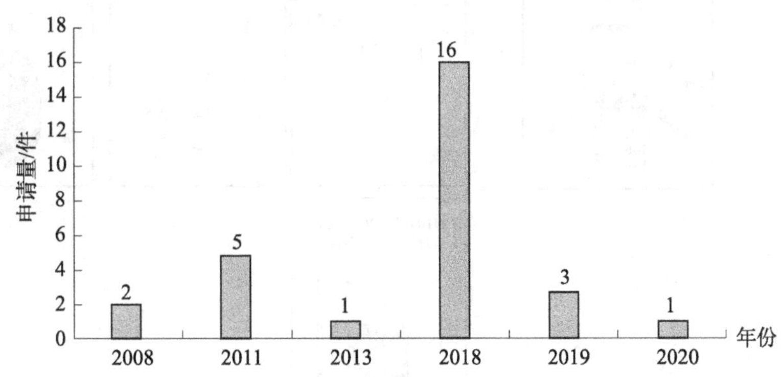


**图 30　哈尔滨工业大学的月球探测器着陆装置的专利申请趋势**

图 31 为哈尔滨工业大学的月球探测器着陆缓冲装置的技术路线。由该图可见，哈尔滨工业大学的探测器着陆缓冲装置专利申请中，蜂窝缓冲技术出现最早，2008 年开始有第一件申请（CN100557262C），将薄壁金属圆柱管缓冲器、薄壁金属管塑性变形缓冲器及多孔缓冲材料缓冲器进行了有机组合形成蜂窝缓冲；然后 2011 年开始在电磁缓冲、液

压/气压缓冲方面进行申请，其中 CN102120498A 的电磁阻尼缓冲器，既能吸收缓冲终了时残余的冲击力，还能在主动缓冲损坏的情况下使得半主动缓冲器仍具有缓冲效果；CN102092484A 的液压/气压缓冲安装在空间桁架和仪器平台之间，简化了着陆机构的构型；之后 2018 年集中出现多个专利申请，且缓冲类型涉及切削缓冲、气囊缓冲、蜂窝缓冲和液压/气压缓冲组合、蜂窝缓冲和切削缓冲组合、弹簧缓冲和电磁缓冲组合等多种类型，种类更加丰富；其中 CN109398766A 在着陆过程中将冲击力传递至刀具对被切削件进行切削，利用被切削件的变形及剥离吸收动能，缓冲效率高；之后 CN109720606A 又做了进一步的改进，将切削缓冲器与蜂窝缓冲结合在一起，大大提高了单位体积的缓冲效果；CN111114841A 的气囊缓冲利用压缩气体与弹性阻尼的复合缓冲结构吸收着陆能量；CN109573108A 利用蜂窝缓冲和液压/气压缓冲形成组合缓冲器；CN111114842A 将弹簧缓冲和电磁缓冲进行组合，不仅缓冲效果更好，还能使阻尼电机与弹性阻尼单元均具备复位能力；2020 年出现反推火箭发动机缓冲和弹簧缓冲的组合（CN112706952A），既能“缓降”又能防止触地滚动。

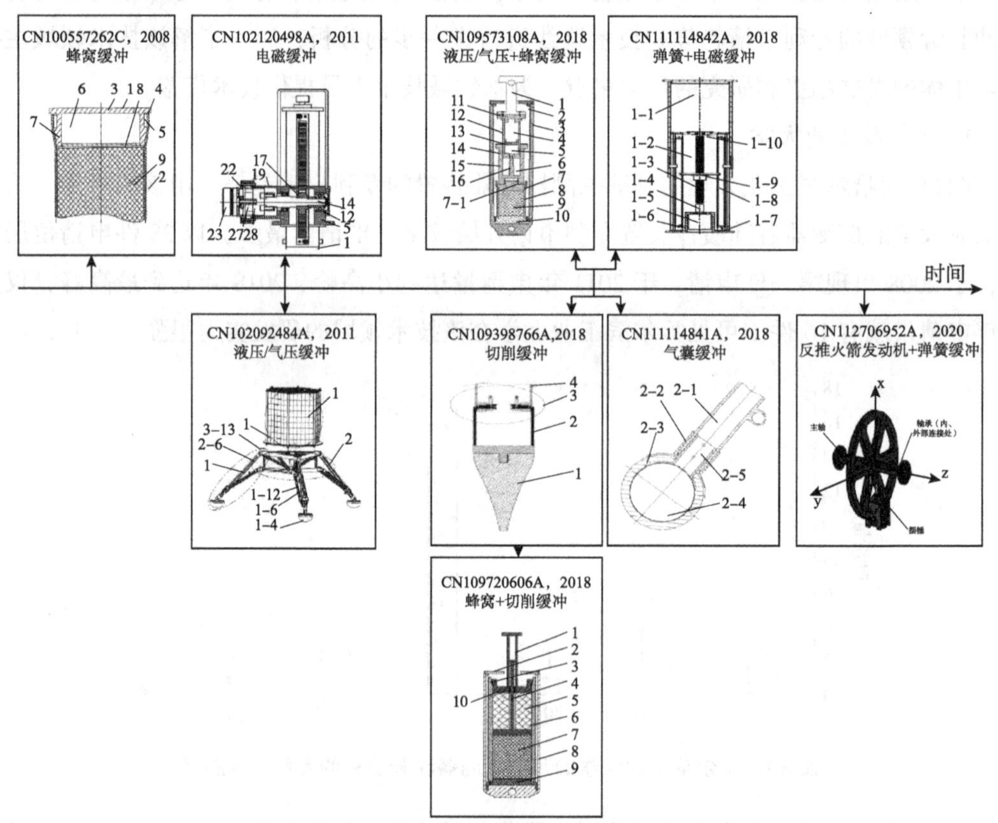


图 31　哈尔滨工业大学的月球探测器着陆缓冲装置的技术路线

综上所述，哈尔滨工业大学的探测器着陆缓冲装置申请不仅数量最多，其专利涉及的缓冲方式也最多，包括了除磁流变缓冲外的所有缓冲方式，尤其在切削缓冲上研究较为深入，且缓冲方式由单一方式向多种缓冲方式组合方向发展。

2. 南京航空航天大学

图 32 为南京航空航天大学的月球探测器着陆装置的专利申请趋势。由该图可见，南京航空航天大学以 26 件申请位居申请量第二位，2009 年开始有第一件申请后，整体呈波动式发展，出现三个波峰，在 2018 年达到最高峰，当年申请量为 6 件。由此可见，南京航空航天大学的探测器着陆缓冲装置专利申请比较持续，且近些年再加大研究力度，研发实力也很强。

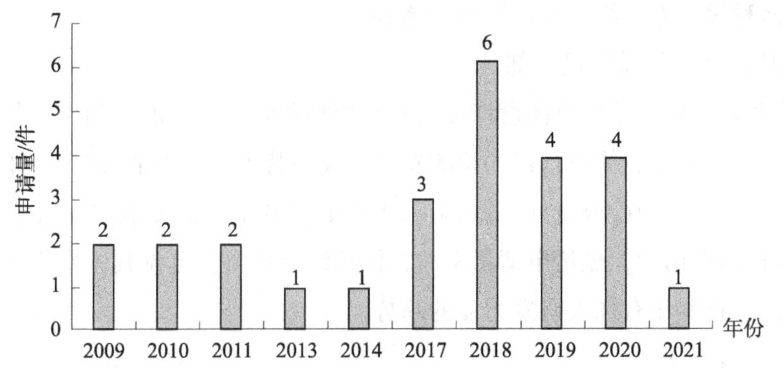


**图 32　南京航空航天大学的月球探测器着陆装置的专利申请趋势**

图 33 为南京航空航天大学的月球探测器着陆缓冲装置的技术路线。由该图可见，南京航空航天大学的探测器着陆缓冲装置专利申请中，电磁缓冲技术出现最早，2009 年开始有第一件申请（CN101580125A)，电磁阻尼器进行垂直方向上的缓冲，并能对缓冲过程进行实时控制；2010 年开始出现弹簧缓冲，其中，CN102060106A 采用单一的弹簧缓冲，而 CN101780841A 将弹簧缓冲和蜂窝缓冲进行组合；之后 2014 年的 CN103935525A

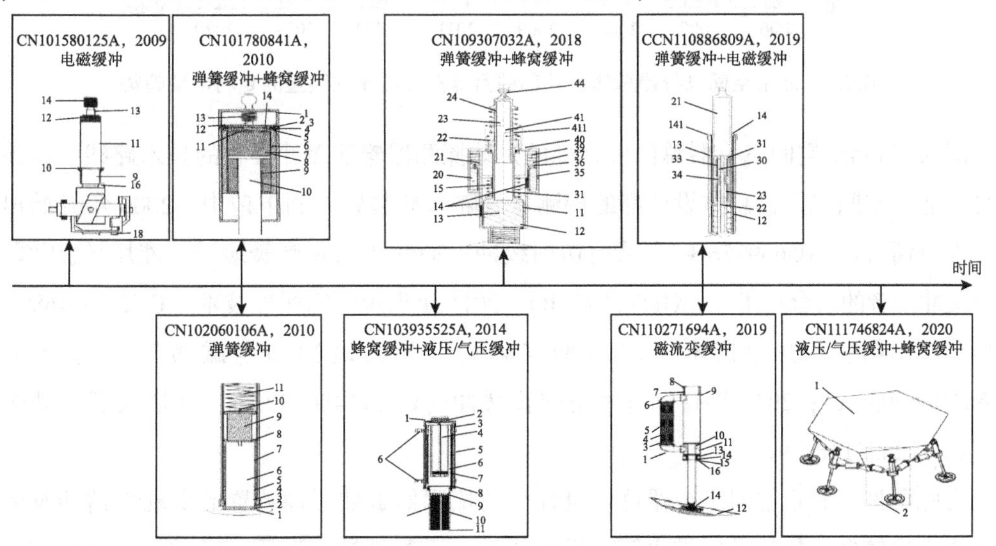


**图 33　南京航空航天大学的月球探测器着陆缓冲装置的技术路线**

将蜂窝缓冲和液压/气压缓冲进行组合；2019 年出现磁流变缓冲（CN110271694A）、弹簧缓冲与电磁缓冲的组合（CN110886809A），其中磁流变缓冲中的磁流变液在有无磁场作用时的屈服应力改变是一个可逆过程，该缓冲装置能够重复多次使用，而弹簧缓冲与电磁缓冲的组合不仅可重复使用，还可通过被动控制的方式实现落震过程的阻尼柔顺性。

综上所述，南京航空航天大学的探测器着陆缓冲装置专利申请涉及的缓冲方式也比较多，包括了弹簧缓冲、液压/气压缓冲、电磁缓冲、磁流变缓冲、蜂窝缓冲，尤其是电磁缓冲和磁流变缓冲能够较好地提高缓冲的可重复性和可控性，同时缓冲方式也呈现由单一方式向多种缓冲方式组合方向发展的趋势。

3. 北京空间飞行器总体设计部

图 34 为北京空间飞行器总体设计部的月球探测器着陆装置的专利申请趋势。由该图可见，北京空间飞行器总体设计部的探测器着陆缓冲装置专利申请共有 13 件，2006 年开始有第一件申请，除了在 2010 年、2013 ~ 2018 年、2021 年无专利申请外，其他年份每年都有 1 ~ 3 件的申请量，虽然申请量不大，但陆续有产出，可见其一直都在对这些技术进行研发投入，近些年有加大研发力度的趋势。

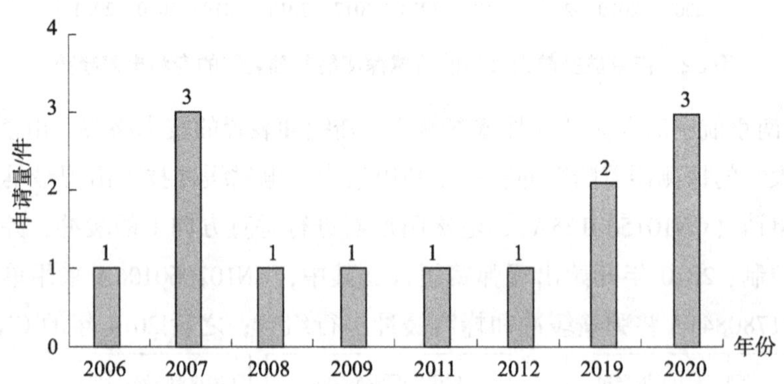


**图 34　北京空间飞行器总体设计部的月球探测器着陆装置的专利申请趋势**

图 35 为北京空间飞行器总体设计部的月球探测器着陆缓冲装置的技术路线。由该图可见，北京空间飞行器总体设计部的探测器着陆缓冲装置专利申请中，2006 年开始出现第一件申请（CN105659756B），采用切削缓冲；2009 年出现弹簧缓冲、液压/气压缓冲、蜂窝缓冲三者的组合技术（CN105659758B）；2011 年出现蜂窝缓冲技术（CN202451680U）；2019 年出现电磁缓冲技术（CN110963089A）、弹簧缓冲和电磁缓冲的组合缓冲（CN110065055A）；2020 年有申请采用弹簧缓冲（CN111486189A）、反推火箭发动机缓冲（CN112357118A）。

由此可见，北京空间飞行器总体设计部的探测器着陆缓冲装置的专利申请涉及的缓冲方式也比较多，包括了反推火箭发动机缓冲、弹簧缓冲、液压/气压缓冲、电磁缓冲、蜂窝缓冲以及弹簧缓冲、液压/气压缓冲和蜂窝缓冲组合、弹簧缓冲和电磁缓冲组合，尤

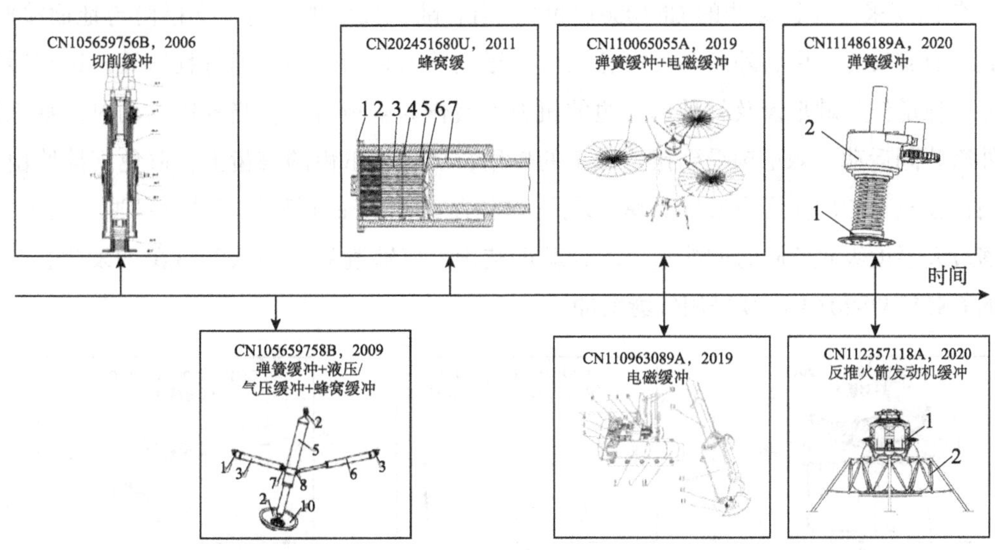


**图 35　北京空间飞行器总体设计部的月球探测器着陆缓冲装置的技术路线**

其是在弹簧缓冲、电磁缓冲上研究较为深入，也越来越侧重于它们与其他缓冲技术之间的组合。

4. 北京空间机电研究所

图 36 为北京空间机电研究所的月球探测器着陆装置的专利申请趋势。由该图可见，北京空间机电研究所的探测器着陆缓冲装置专利申请共有 12 件，开始于 2013 年，虽出现时间较晚，数量也不多，基本上每年有 1～3 件专利申请，在 2019 年达到峰值，申请了 4 件，但其持续有专利申请，属于稳步发展型。

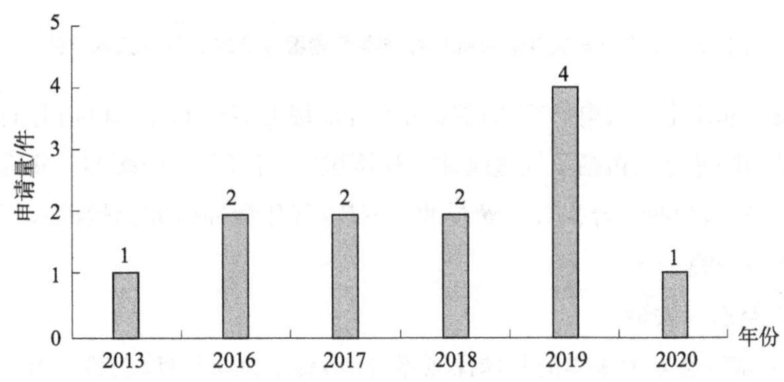


**图 36　北京空间机电研究所的月球探测器着陆装置的专利申请趋势**

图 37 为北京空间机电研究所的月球探测器着陆缓冲装置的技术路线。由该图可见，北京空间机电研究所的探测器着陆缓冲装置专利申请开始于 2013 年的 CN203512058U（采用蜂窝缓冲技术），2016 年的 CN106564627A 采用气囊缓冲技术，同年的 CN106742079A 采用液压/气压缓冲技术；2017 年的 CN107867412A 将蜂窝缓冲和液压/气压缓冲进行组合；

2019 年出现采用弹簧缓冲的 CN10861789A，当着陆器接触地面时，支撑筒与地面接触，受到地面支反力作用，外筒和外筒盖板向下运动，弹簧固定座压缩行程压簧，进行缓冲吸能，棘爪钩与棘爪齿及棘爪钩旁边的扭力弹簧作为棘齿机构，当外筒运动时，棘爪钩与外筒共同运动，棘爪钩受到扭力弹簧的作用，压在棘爪齿的棘齿上，避免支撑筒由于受到行程压簧的反作用力发生反弹，采用大行程、刚度小的行程压簧作为缓冲系统装置，能够最大限度吸收着陆时的能量，配合棘爪结构，能够避免“跳跃”现象的发生；2020 年的 CN112478203A 继续采用气囊缓冲。

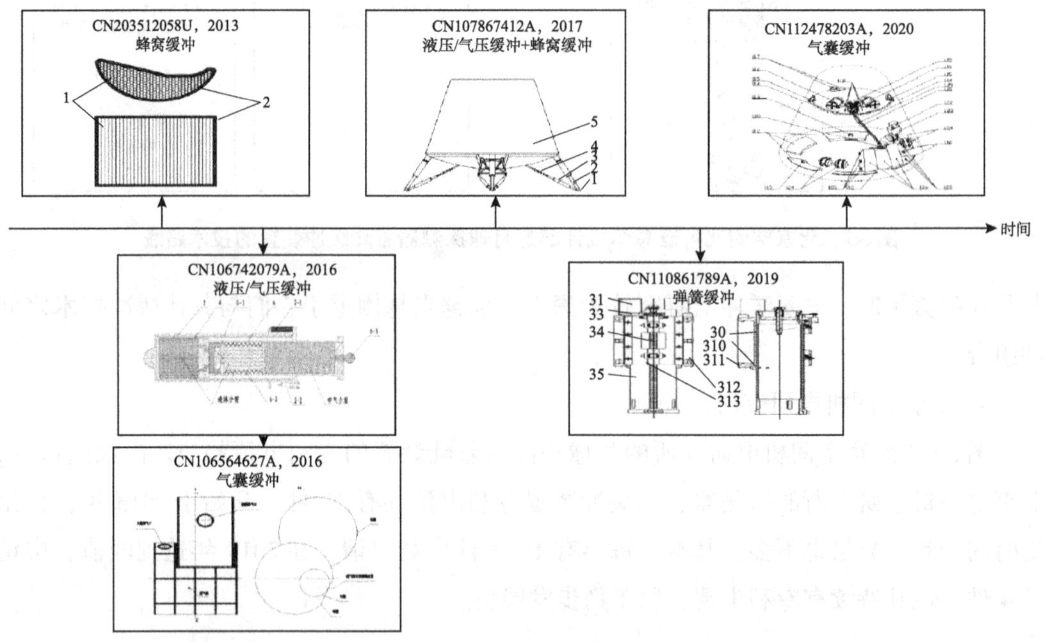


**图 37　北京空间机电研究所的月球探测器着陆缓冲装置的技术路线**

由此可见，北京空间机电研究所的探测器着陆缓冲装置的专利申请时间较晚，数量也较少，涉及的缓冲方式包括了气囊缓冲、弹簧缓冲、液压/气压缓冲、蜂窝缓冲以及液压/气压缓冲与蜂窝缓冲组合，对气囊缓冲、液压/气压缓冲研究比较深入，对弹簧缓冲技术的研究相对较晚。

5. 北京航空航天大学

图 38 为北京航空航天大学的月球探测器着陆装置的专利申请趋势。由该图可见，北京航空航天大学的探测器着陆缓冲装置专利申请共有 9 件申请，开始于 2012 年，专利申请数量较少，主要是在 2012 年、2013 年、2017 年、2018 年，且 2019 年起没有再进行申请了，可见北京航空航天大学在该项技术上的发展还比较缓慢。

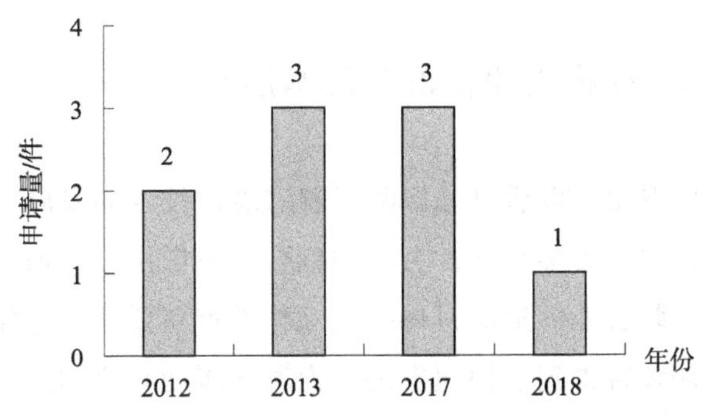


图 38 北京航空航天大学的月球探测器着陆装置的专利申请趋势

图 39 为北京航空航天大学的月球探测器着陆缓冲装置的技术路线。由该图可见，北京航空航天大学的探测器着陆缓冲装置的专利申请开始于 2012 年，采用的弹簧缓冲技术的 CN102644688A；2013 年出现蜂窝缓冲的 CN103350758A、液压/气压缓冲和蜂窝缓冲组合技术的 CN103407516A；2017 年将反推火箭发动机缓冲、液压/气压缓冲、蜂窝缓冲三种缓冲方式进行组合（CN107215484A）；2018 年出现弹簧缓冲（CN108757800A）。

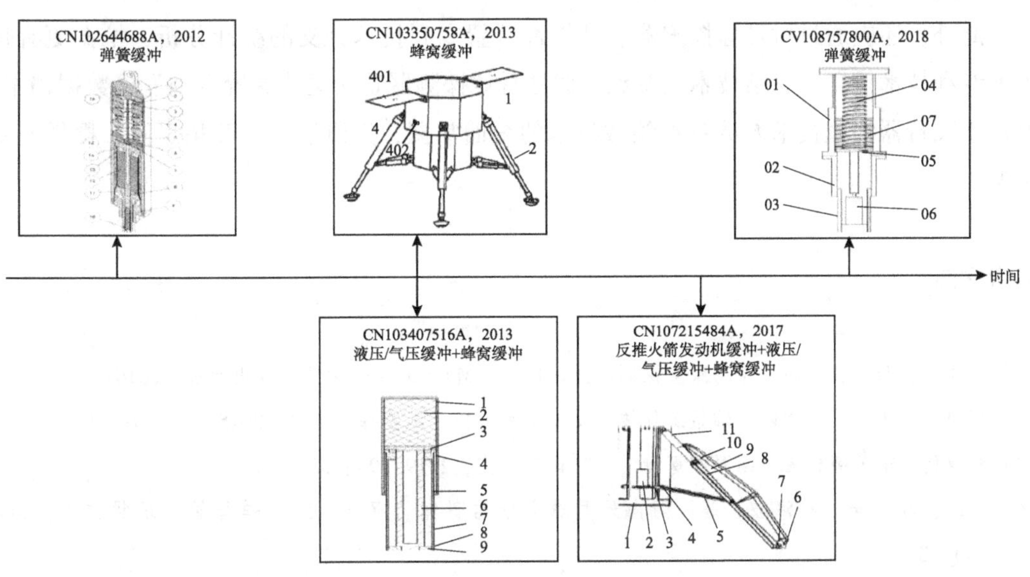


图 39 北京航空航天大学的月球探测器着陆缓冲装置的技术路线

北京航空航天大学的探测器着陆缓冲装置的专利申请数量较少，涉及的缓冲方式包括了弹簧缓冲、蜂窝缓冲、液压/气压缓冲与蜂窝缓冲组合、反推火箭发动机缓冲与液压/气压缓冲和蜂窝缓冲组合，在弹簧缓冲技术上的研究较为深入，也越来越侧重于多种缓冲方式的组合。

## 三、月球探测器着陆缓冲装置的技术展望

通过综合分析可以看出，以后月球探测器着陆缓冲技术的发展关键在于着陆缓冲装置的性能优化与更新，并向着多种缓冲方式相融合的方向发展，通过充分运用各缓冲方式的优势，使着陆缓冲装置能够适应月球探测工作的严苛要求。近年来，随着磁流变技术的兴起，磁流变缓冲装置得到了快速发展，为着陆缓冲装置的进一步更新发展带来了巨大的希望。磁流变缓冲装置是未来研究的前沿，势必会带动更多的研究热情，逐渐向着缓冲效率高、适应性好、着陆缓冲过程的可控性强、缓冲后姿态的可调节性好、多种缓冲方式融合的着陆缓冲技术发展。

我国各高校及研究所在各自的研究方向上都取得了一定的研发成果，但大都各自为战。建议它们在深入研究的同时，应该加强联络交流，构建技术信息网络，积极寻找开展技术交流合作的机遇，实现各个技术领域互补多赢，共享各自优势资源，带动月球探测器着陆缓冲装置专利技术的发展。

此外，还应通过对月球探测器着陆缓冲装置专利技术分支的统计分析，挖掘更有价值的专利技术信息，总结技术发明点，建立月球探测器着陆缓冲装置专利发展数据档案，有助于飞行器领域技术人员对本领域技术的全面掌握，为研发人员开拓思路、提供技术借鉴。

**参考文献**

[1] 侯建文，阳光，满超，等．深空探测：月球探测［M］．北京：国防工业出版社，2016：22－39.

[2] 裴照宇，王琼，田耀四．嫦娥工程技术发展路线［J］．深空探测学报，2015（2）：99－110.

[3] 张曼倩．节节突破的中国深空探测［J］．国际太空，2019（9）：32－36.

[4] 王闯，邓宗全，高海波，等．国内外月球着陆器研究状况［J］．导弹与航天运载技术，2006（4）：31.

[5] 于登云，杨建中，等．航天器机构技术［M］．北京：中国科学技术出版社，2011.

XINPIAN JISHU

# 芯片技术

# 等离子刻蚀设备专利技术综述

蒋佳[1] 黄宇[2] 邢磊[3]

**摘 要** 设备制造业是半导体产业的基础，是实现集成电路技术进步的关键。刻蚀是半导体制备关键工艺之一，其位于光刻工艺之后，完成图形从光刻胶到半导体材料的转移。刻蚀工艺的进行依赖于刻蚀设备。本文从专利视角分析了等离子刻蚀设备的专利申请量分布、专利申请国家分布以及主要申请人情况，通过介绍全球重要申请人的重点专利，梳理了线圈/天线、介质窗、样品夹具、气体注入的技术发展路线，最后对等离子刻蚀技术未来发展方向进行了展望，以期为国内相关产业发展提供技术借鉴。

**关键词** 刻蚀 等离子 线圈 介质窗 夹具 气体注入

## 一、引言

集成电路芯片制备工艺可分成6个相对独立的生产步骤：扩散、光刻、刻蚀、离子注入、薄膜沉积和抛光，其中刻蚀是复制掩膜图案的关键步骤。刻蚀工艺主要分为干法刻蚀和湿法刻蚀。干法刻蚀通过等离子与硅片发生物理或化学反应的方式将表面材料去除，主要用于亚微米以下刻蚀；湿法刻蚀通过化学试剂去除硅片表面材料，一般用于大尺寸的刻蚀。干法刻蚀在刻蚀工艺中占据主导地位，其主要优势是能够实现各向异性的垂直刻蚀，拥有更好的可控性。传统的反应离子刻蚀系统（RIE）难以使刻蚀物质进入高深宽比图形中并将残余生成物排出，因此不能满足0.25μm以下尺寸的加工要求，而通过增加等离子的密度，即采用高密度等离子刻蚀技术可以解决上述问题。工业中采用的高密度等离子刻蚀技术包括：电子回旋加速震荡（ECR）、电容/电感耦合等离子（CCP/ICP）、双等离子源等。而原子层刻蚀（ALE）作为下一代刻蚀工艺技术，可以精准去除材料而不影响其他部分。目前ALE在芯片制造领域并没有完全取代等离子刻蚀工艺，而是用于原子级目标材料精密去除过程。[1]因此，当前刻蚀设备中占据主流的还是等

[1][2][3] 作者单位：国家知识产权局专利局专利审查协作湖北中心，其中黄宇、邢磊等同于第一作者。

离子刻蚀设备，以下针对其进行分析。

等离子刻蚀设备是芯片产业发展的重要基石。等离子刻蚀设备的制造需要综合运用光学、物理、化学等多学科的技术，具有技术壁垒高、制造难度大、设备价值和研发投入高等特点。因此，各国均加大了对等离子刻蚀设备核心技术的自主研发，从而打造芯片产业竞争优势。

目前，等离子刻蚀设备行业高度集中，呈现国内外发展不均衡的态势。在国外，兰姆研究（泛林半导体）、应用材料、东京威力科创（东京电子）三大龙头企业持续投入较高研发费用，维持其市场竞争力，占据了全球90%以上的市场份额。兰姆研究利用较低的设备成本和相对简单的设计在65nm、45nm设备市场实现弯道超车，占据了市场份额的半壁江山。国内等离子刻蚀设备市场需求庞大，但产业整体起步较晚，对于国外设备进口依赖严重，国产设备市场规模占比较小，刻蚀设备的国产化和自主化迫在眉睫。近年来，中微半导体、北方华创等一批优秀的本土设备制造商奋起直追，目前中微半导体7nm等离子刻蚀设备已经量产使用，达到国际先进水平；北方华创硅刻蚀设备也突破14nm技术，进入主流芯片代工厂。

基于以上背景，本文主要针对等离子刻蚀设备专利申请情况和专利核心技术进行分析总结，以期帮助国产刻蚀设备制造企业突破国外技术壁垒，实现技术和市场的弯道超车。

## 二、等离子刻蚀设备的技术分支

如图1所示，等离子刻蚀设备主要由进气口（gas inlet）、等离子刻蚀腔室（plasma chamber）、样品夹具（samples holder）、线圈/天线（coils/antenna）、介质窗（medium window）、聚焦环（focus ring）等装置构成。因此，等离子刻蚀设备的主要技术分支如下：

（1）进气口。进气口作为刻蚀设备向腔室提供气体的通道，主要作用是实现气体均匀分配，进而在待刻蚀表面获得均匀的刻蚀速率。但是由于半导体基片尺寸大型化，更加难以实现均匀的气体分布，因此对进气口的优化显得十分必要。常见的进气口包括多喷嘴、簇射头等。

（2）等离子刻蚀腔室。等离子刻蚀腔室是低压气体被电离形成等离子的空间。随着刻蚀反应的进行，产生的反应副产物、轰击出的掩膜、晶圆中溅射出来的固体物质会附着在刻蚀腔室内壁上，导致刻蚀效果的改变。

（3）样品夹具。样品夹具在刻蚀中具有重要作用，可以起到保护样品的下表面以及促使刻蚀过程中热量加速扩散来控制温度的作用。通常使用的样品夹具为静电卡盘（electrostatic chuck）。

（4）线圈/天线。线圈/天线是将输入气体激励成等离子的重要部件，通常应用在电

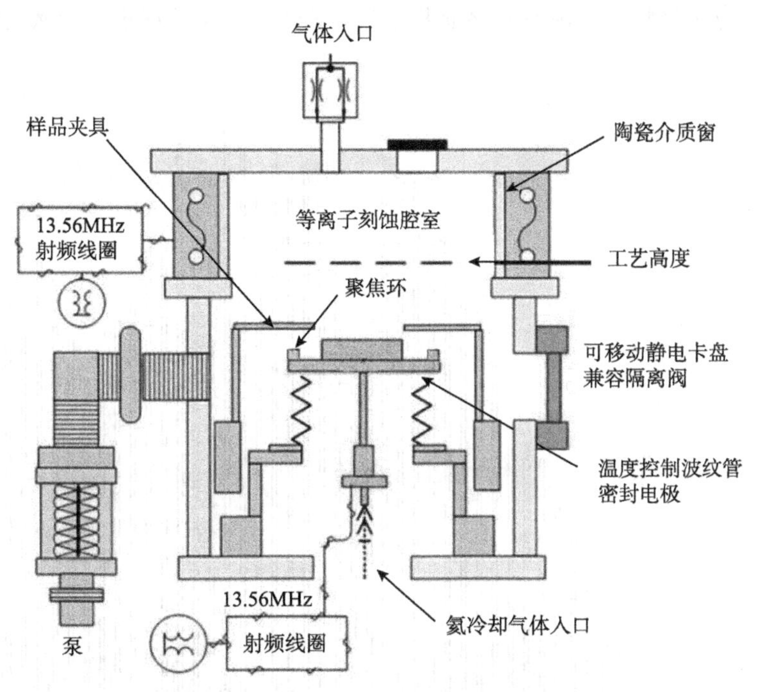


**图 1　等离子刻蚀设备结构图**

感耦合等离子刻蚀设备中，放置于等离子处理腔室的顶部，通过在初级线圈中依次开关电流，在等离子处理气体中感应出随时间变化的电压和电位差，从而产生等离子。

（5）介质窗。介质窗是射频功率馈入刻蚀腔室的通道。能量通过介质窗耦合进腔室，激活腔室中的工艺气体，从而在加工件表面产生并维持等离子环境。

（6）聚焦环。聚焦环用于调节刻蚀腔室中整个射频电场的分布，尤其是在样品基片边缘的电场分布。在等离子刻蚀过程中，半导体基片的边缘刻蚀准直性强烈依赖于样品基片与聚焦环之间的电场分布，如果该电场分布均匀性较差，将会直接影响产品的良率。此外，聚焦环的升降、对接高度等参数同样会影响产品的良率。

（7）刻蚀设备/工艺中其他工艺，如切割、改性、图案化技术分支。

## 三、等离子刻蚀设备专利申请态势

笔者在智慧芽平台的外文库以及中文库中，检索得到 17047 件涉及等离子刻蚀设备的专利申请，检索截止日期为 2021 年 6 月 15 日。

### （一）专利申请量分布

从图 2 可以看出，1966 ~ 1974 年为专利申请萌芽阶段。该时期等离子刻蚀设备领域全球专利申请量一直较少，最高年专利申请量也不超过 10 件，多次出现申请量为零的时期。20 世纪 80 年代随着半导体工艺的快速发展，等离子刻蚀工艺逐渐登上历史舞台，东京威力科创、应用材料、兰姆研究逐渐开始在等离子刻蚀工艺或设备领域进行专利布局。

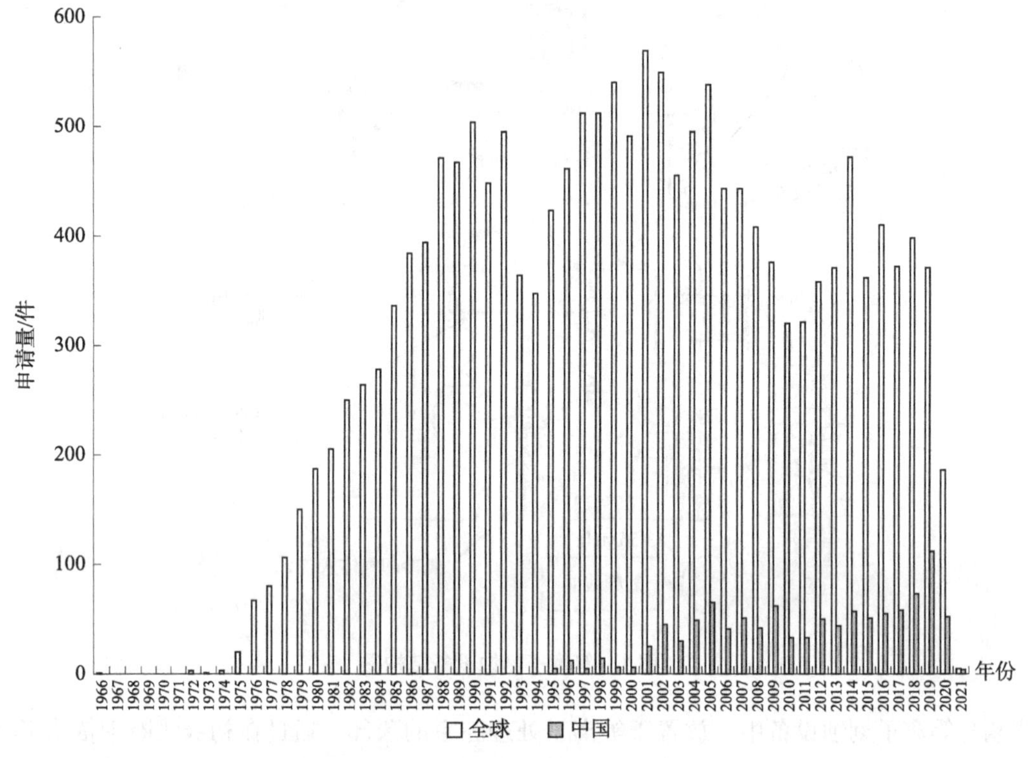


**图 2　等离子刻蚀设备全球/中国专利申请量随年份的变化态势**

跟全球专利申请相比，中国专利申请整体起步较晚，20 世纪 90 年代起开始逐步增长。自 2012 年以来，以中微半导体、北方华创为代表的企业开始针对等离子刻蚀设备及其工艺（尤其涉及等离子刻蚀设备中的电感耦合等离子刻蚀设备）进行专利布局。就中国专利申请总体数量而言，国内申请人申请量比国外申请人申请量略少，但整体呈上升发展趋势。

### （二）专利申请国家/地区分布概况

从图 3 可以看出，日韩美三个国家的等离子刻蚀设备专利申请量较多，中国的专利申请仅占 11%，位列第四。这主要是因为日韩美等国家的老牌企业（如兰姆研究、东京威力科创、应用材料）在半导体制造技术领域研发和专利布局较早。除此以外，其他国家/地区的申请量较少。

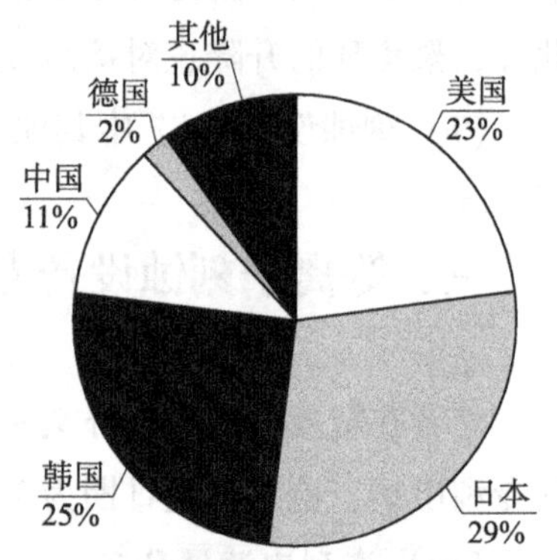


**图 3　等离子刻蚀设备全球专利申请技术主要原创国家/地区分布**

### （三）主要申请人

如图 4 所示，全球专利申请集中在东京威力科创、三星电子、应用材料、兰姆研究等企业，而北方华创、中微半导体等中国企业虽然位列全球主要申请人，但申请总量仍然很少，这说明在等离子刻蚀设备领域日本、韩国、美国全面掌握核心专利技术，中国还需要加强相关技术研发。

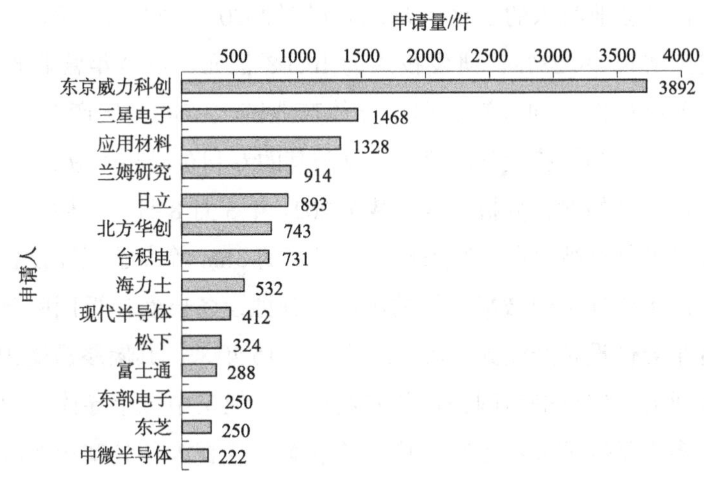


**图 4　等离子刻蚀设备全球主要申请人的专利申请量**

1. 国外主要申请人

东京威力科创是东京证券交易所上市公司，其主要产品为半导体成膜设备、半导体刻蚀设备和用于制造平板显示器液晶的设备，同类产品份额位居日本第一、世界第二。

应用材料与兰姆研究都是美国半导体设备领域的企业巨头，前者的产品基本覆盖晶圆制造过程中除光刻机以外的所有设备，而后者以刻蚀设备为主。虽然兰姆研究的专利申请量排名第四位，但其在刻蚀设备领域的市场占有率高达53%（截至2020年5月）。应用材料2019财年收入为146.08亿美元，[2]其中半导体设备占比62%。兰姆研究2019财年收入为96.54亿美元，[3]其主营业务为刻蚀设备，其余为半导体清洗设备和薄膜清洗设备等。

值得注意的是，虽然三星电子关于等离子刻蚀设备的申请多达1468件，但是其中绝大多数均为等离子刻蚀方法、图案形成方法、终点检测器等，很少有涉及等离子刻蚀设备核心零部件的基础专利，这与其在等离子刻蚀设备领域专利布局较晚有一定关系。

2. 中国主要申请人

中微半导体和北方华创在半导体设备领域实现了技术突破。结合二者在等离子刻蚀设备领域的专利申请，并对比两家公司的专利申请布局，同时观察最近几年的产品市场占有率不难发现：中微半导体特点在“全”，而北方华创特点在“专”。中微半导体的222件专利申请基本囊括了等离子刻蚀设备的核心部件和技术，包括但不限于聚焦环、磁屏蔽罩、用于电感耦合等离子处理器的光探测系统、气体喷嘴的流量控制、静电卡盘、用于等离子系统的阻抗匹配方法（控制放电方法）、清洗系统和方法、刻蚀腔室以及衬底处理等，也就是说中微半导体已经具备独立自主生产等离子刻蚀设备的专利基础。而北方华创的743件专利申请集中在基片刻蚀方法、升降针、电感线圈等方向。就专利核心技术层面来看，中微半导体侧重于整体布局，北方华创侧重于关键技术深入挖掘。

从2019年中微半导体上市之初的招股说明书[3]可以发现，2016~2018年其研发投入为10.37亿元，占其营业收入的32%。从北方华创2020年公开财报来看，全年营业收入60.56亿元，同比增长49.23%，研发投入为16.08亿元，占全年营业收入的26.56%。北方华创近年来产品研发方向逐渐趋向半导体产业链上游的光伏产业以及MicroLED产业，还开展了清洗设备和镀膜设备的研发，这与其的专利布局相呼应。

从中微半导体公开的财报分析来看，截至2021年5月8日，中微半导体自主研制的5nm等离子刻蚀设备已经被台积电所采购，其研发的3nm等离子刻蚀设备也已经进入量产阶段，一定程度上验证了中微半导体的等离子刻蚀设备已经接近国际领先水平。随着中微半导体成为半导体设备产业界的后起之秀，近15年来，其屡屡遭受国际竞争对手如应用材料、兰姆研究、维科等美国公司的专利诉讼。但是中微半导体公司凭借其多年来的专利布局以及多方举证都成功进行了应诉或和解，这在大部分知识产权都集中于国外公司的半导体行业是很罕见的。

从北方华创公开的财报分析来看，其于2019年12月推出的NMC612D等离子刻蚀设备能达到14nm刻蚀工艺制程要求，并具备了5nm/7nm工艺延伸能力，其下一步研发方向是5nm/7nm制程工艺。

## 四、等离子刻蚀设备重点技术发展状况

### （一）等离子刻蚀设备的重点技术分支

如表1所示，等离子刻蚀设备的重点技术分支包括线圈/天线、介质窗、样品夹具、气体注入等。具体的技术简介如下。

**表1　等离子刻蚀设备重点技术分支专利申请量**　　单位：件

| 重点技术分支 | 线圈/天线 | 介质窗 | 样品夹具 | 气体注入 |
| --- | --- | --- | --- | --- |
| 涉及专利申请数量 | 3193 | 2897 | 1665 | 414 |

1. 线圈/天线

线圈/天线通常位于刻蚀反应器顶部介质窗之上，当射频功率施加到线圈/天线上之后，产生射频电流，进而在反应腔室中建立对应的电磁场。这种零部件在电感耦合等离子刻蚀设备中应用较多，广泛应用于硅半导体的刻蚀工艺中。由此可见线圈/天线是刻蚀设备重点技术之一。通过标引分析发现线圈/天线领域的专利申请3193件。

2. 介质窗

关于介质窗（观察窗/射频窗）的专利申请有2897件。介质窗通常位于刻蚀反应器腔室的顶部。在容性耦合等离子刻蚀设备中，介质窗作为线圈和等离子之间的耦合层，

起到电容器的作用。在线圈的输出电压达 2000V 时，产生容性耦合，该容性高压可以激发并维持等离子放电。此外局部高压的形成也会导致介质窗的刻蚀进而导致颗粒的产生，从而造成晶圆的污染。

3. 样品夹具

作为刻蚀腔室中承托样品的零部件，样品夹具相关专利申请有 1665 件。样品夹具在等离子刻蚀设备中起到很重要的作用。在刻蚀过程中，样品由机械手从预真空腔传送到反应腔室中，由顶针将样品顶起，机械手退回预真空腔，关闭预真空腔和反应腔之间的隔离阀门，顶针下落，样品放置在载片台上的中心位置。然后夹具的上部分在升降机构的带动下向下运动压在样品的边缘，通过检测样品背面冷却惰性气体的压力来确定惰性气体漏率是否满足设备要求，在漏率满足要求后通工艺气体，加射频功率进行等离子刻蚀。在工作过程中，样品夹具使晶圆与载片台能够压紧密封，维持晶圆背面冷却惰性气体的压力，保证等离子轰击样品所产生的热量及时扩散，防止糊片，同时还能遮挡等离子，防止下电极被刻蚀损伤。样品夹具固定好样品并满足惰性气体的漏率要求是工艺程序运行的初始关键步骤。

在等离子刻蚀设备中，样品夹具包括机械卡盘、真空卡盘、静电卡盘等。因为静电卡盘具有机械卡盘或真空卡盘不具有的优点，所以通常采用静电卡盘来固定样品。机械卡盘在固定半导体衬底的时候会由于应力诱发裂纹，从而导致样品基片的损伤；由于真空不能提供热传导或热对流，真空卡盘的真空环境限制了衬底的散热，因此衬底和卡盘之间的热接触不够导致其不足以容纳衬底上由等离子施加的热负载。而静电卡盘则没有机械卡盘的应力缺陷问题和真空卡盘的导热问题。

从原理上来说，静电卡盘分为库伦类和迴斯热背类（Johnson - Rahbek）。在接通电源后，电介质表面会产生极化电荷或自由电荷，表面电荷产生电场诱发晶片表面产生极化电荷，而分布在样品和卡盘接触界面的电荷极性相反，由此静电卡盘将样品吸住。在断开电源的时候，极化电荷被释放或通入反向电压使自由电荷消除，从而释放样品基片。静电卡盘的吸住和释放均需要在没有等离子的情况下操作。

4. 气体注入

关于气体注入的专利申请有 414 件。气体注入是将反应气体喷射入腔室不同区域，以对其进行等离子化。等离子刻蚀反应腔室中气体的分布将会影响其在所刻蚀器件样品基片上的沉积速率分布以及刻蚀速率分布。因此对气体注入部件需要注意如何避免气体喷射的分布不均匀、如何提供可以紧密配接和快拆重组的气体喷嘴和如何设置气体注入部件的位置。

**（二）等离子刻蚀设备重点技术分支发展路线**

1. 线圈/天线技术发展路线

反应气体通入反应腔室后，引入电子流，在射频电场的作用下，电子加速与反应气体发生碰撞从而生成等离子体，其中射频电场就是线圈/天线通入电流产生的。因此线圈/天线也是等离子刻蚀设备的重要部件。

2002 年 3 月 18 日，东京威力科创提出了一种用于等离子刻蚀设备的天线（US7481904B2），如图 5 所示。通过在导体环外形成位于同一个平面内的四根导线围成的线圈，沿着安装底座轴线对称旋转，并以一定间隔围绕导体支柱设置，在待处理元件边缘的正上方产生较强的电场，增大待处理元件边缘的等离子体浓度，从而提高等离子体分布的均匀性。

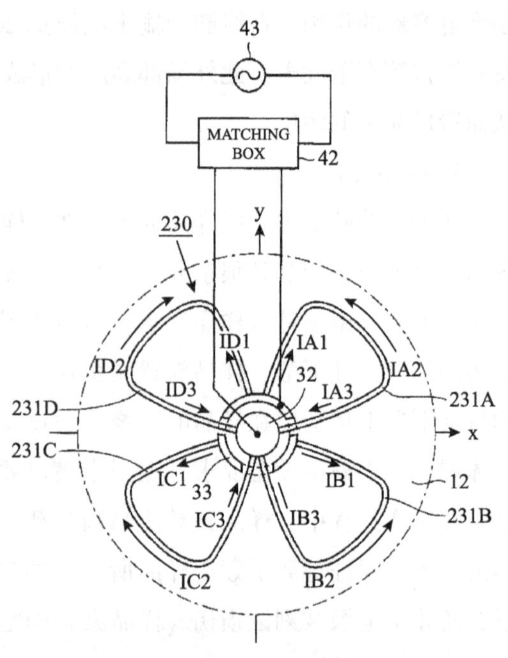

图 5　四线圈天线（US7481904B2）

2006 年 8 月 28 日，北方华创提出了一种用于等离子刻蚀设备的电感耦合线圈（CN101136279A），如图 6 所示。其内部线圈 10 与外部线圈 11 相互独立且同轴线布置，其中内部线圈由多个结构相同的内部独立分支嵌套构成，外部线圈由多个结构相同的外部独立分支嵌套构成，改善了等离子体在反应腔室内部的分布均匀性，使晶片上方获得较为均匀的等离子体分布，提高刻蚀质量。

2013 年 4 月 19 日，中微半导体提出一种环绕基片上方区域设置的开口金属线圈（CN103227091A），如图 7 所示。其可以在反应腔室内的边缘生成水平方向的感应电场，从而补偿原有的射频电场在反应腔室内中心区域以及边缘区域分布的不均匀。另外由于通入的是低频电流，几乎不会产生垂直方向上的射频电场，即不会加剧等离子体对腔室内导电性材料的轰击，因此能有效改善反应腔室内等离子体密度分布的均匀性和其使用寿命。

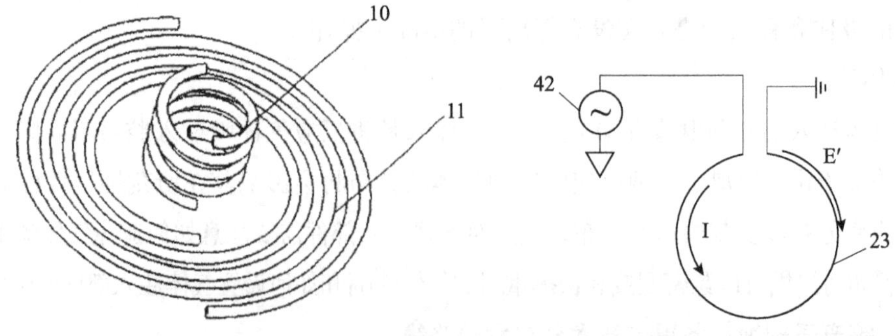

图 6　立体结构线圈（CN101136279A）　　图 7　开口金属线圈（CN103227091A）

2015 年 12 月 25 日，中微半导体提出了一种用于等离子刻蚀设备的电感线圈

（CN106920732A），如图 8 所示。其可通过将电感线圈 231 封闭于金属套筒 301 内部，从而将电感线圈连接件产生的电磁场屏蔽在套筒之外，避免了对电感线圈产生的均匀的电磁场的影响，保证了刻蚀的均匀性。

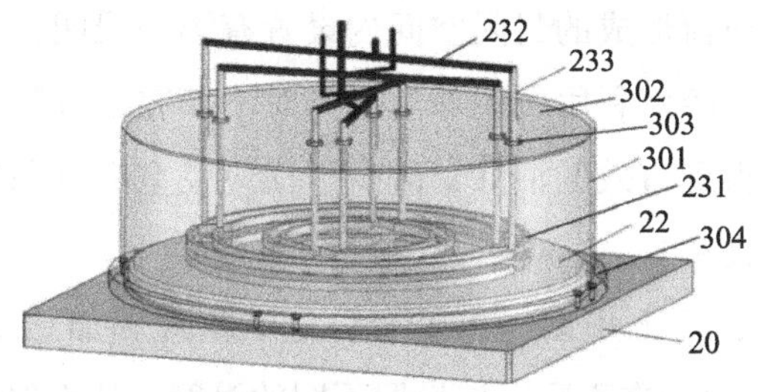


**图 8　电磁屏蔽的电感线圈（CN106920732A）**

从上述重点专利可以发现，线圈/天线的技术发展的方向比较单一稳定，大多围绕改善产生的电磁场的均匀性进行，技术手段略有不同。例如，针对等离子体的分布规律设计相互补偿的内外嵌套线圈，或者设计成多线圈来提高周围电场强度使得电磁场分布更均匀，或者改变周围线圈的形状以及位置。此外，研究人员还针对刻蚀率和电磁屏蔽等方向进行了改进。总的来说，该领域未来仍然会沿着这个方向发展，研究人员需要对刻蚀均匀性、等离子体分布均匀性提高重视。

2. 介质窗技术发展路线

随着技术的发展，刻蚀设备对温度和等离子体的分布均匀性要求越来越高。2002 年 3 月 28 日，东京威力科创公开了一种利用介质窗结构促进激发气体电离的技术（US7141756B1），将介质窗设置为凸透镜结构，通过聚焦真空紫外线能够快速激发气体的电离，更容易进行等离子体点火。2002 年 3 月 28 日，东京威力科创提出将介质窗正对被处理基片的一侧设置为凹面形状（CN100483620C），如此一来，与被处理基片表面一致的平面和内表面之间的间隔沿着窗口的径向向外呈现阶梯形的减小，由此可以补偿被处理基片周围部分的等离子体密度的降低，也就是说可以提高基片表面等离子体的均匀性。

2002 年 12 月 23 日，兰姆研究提出一种刻蚀设备中腔室和窗体的清洗方法（US2006130873A1），其使用两步清洁工艺去除硅基和碳基沉积副产物，其中优化清洁工艺的每个步骤以去除特定副产物。两步清洁工艺的第一步用于去除硅基腔室副产品，而两步清洁工艺的第二步则用于去除碳基沉积副产品。

2013 年 8 月 23 日，中微半导体提出了一种等离子体处理设备（CN104425197B），通过在机台外罩的侧壁安装与介质窗呈一定角度的风扇，并在未安装风扇的侧壁设置若干气孔，可以实现对介质窗的快速均匀降温。同时，在环盖上设置隔热/绝热材料的隔热圈与介质窗相接触，能够有效阻止热量从介质窗的边缘区域向环盖方向传导。因此，介质窗的中心区域到边缘区域的温度相对更为平均，温度梯度减小，从而避免介质窗由温差造成的开裂现象。

2014 年 5 月 22 日，北方华创提出了一种反应腔室及介质窗的清洗方法（CN105097607B），其中承载装置与第一介质窗形成的封闭空间内设置有第一线圈，所述第一线圈在下部腔室内生成等离子体。反应腔室利用所述等离子体对下部腔室进行清洗，从而使得黏附在下部腔室内壁的沉积物得到有效的清除，减少了反应腔室内沉积物的总量，提高了清洗间隔平均时间和基片的良率。

2015 年 12 月 17 日，北方华创提出了一种位于基片和加热组件之间的透明介质窗（CN106898567B），该介质窗在不同区域设置不同的厚度，从而保证了介质窗各个位置的温度均匀，进而提高样品基片的温度均匀性。

作为反应腔室的顶盖部分，介质窗与腔体之间的密封性也是需要考虑的。2020 年 10 月 30 日，北方华创提出了一种通过迷宫间隙降低刻蚀腔室中等离子体与环形密封件接触的概率的介质窗组件（CN112331544A），其可以防止刻蚀腔室中的工艺气体由喷嘴和介质窗之间的安装缝隙泄露至刻蚀腔室外。喷嘴和介质窗的接合位置通常采用密封件进行密封，而在拆卸喷嘴时，喷嘴以及介质窗之间的密封件容易发生粘连，会导致喷嘴难以由介质窗上取下，并且导致喷嘴与介质窗之间发生剐蹭，从而导致二者表面膜层的破坏。

介质窗作为等离子刻蚀设备的重要零件，其外部通常要设置射频线圈，在起到密封反应腔室的作用的同时，其表面还会设置气体通孔用于气体注入。研究人员为了提高等离子生成效率，对介质窗进行的结构上的改进。等离子体的生成原理使得它们在径向上呈现不均匀的分布，即等离子体的分布从中间向周边逐渐稀疏，所以研究人员针对该分布设计出一种厚度补偿式的介质窗，从而得到等离子体的均匀分布。进一步地，对介质窗的厚度进行设置也能得到温度上的均匀分布。此外，研究人员还针对其热传导、清洁、密封等性能进行了各种改进。笔者判断，介质窗的未来技术发展以提高均匀性为主，改进密封、清洁、热传导等性能为辅，提高等离子分布均匀性仍然是研发的重中之重。

3. 样品夹具技术发展路线

各大公司主要采用机械卡盘、真空卡盘或静电卡盘作为样品夹具来固定基片，通常用于物理气相沉积（PVD）、化学气相沉积（CVD）或干/湿法刻蚀等。

1998 年 5 月 26 日，三星电子提出了一种具有凹槽的夹具的基板冷却装置（KR100316307B1），如图 9 所示。在等离子装置中进行干法刻蚀时，具有凹槽的夹具的基板冷却装置，可以防止在基板的中心和边缘出现杂质，从而提高刻蚀期间的刻蚀速率和均匀性并减少基板表面的损坏。

1998 年 10 月 13 日，三星电子提出了一种对单极型静电卡盘进行冷却的干法刻蚀装置（KR1020000025581A），在刻蚀装置中采用氦气作为冷却气体对静电卡盘进行冷却，

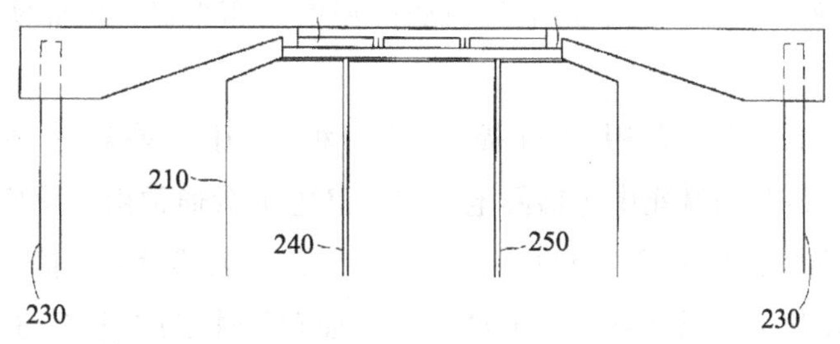


**图 9 具有凹槽的样品夹具（KR100316307B1）**

通过设置多个控制阀来控制晶片背面上的氦气流量，可以减少氦气对晶片的影响，从而提高设备利用率和生产率。

1998 年 11 月 5 日，凯斯科技股份有限公司研发了一种静电卡盘组件（KR1020000031307A），如图 10 所示。该静电卡盘组件包括覆盖电极板外部的绝缘层和由电极薄膜构成的静电卡盘，组件设计为中间凸起，外周为台阶状的结构特征，从而防止静电卡盘上晶片的外周产生污染颗粒，同时采用绝缘薄膜覆盖静电卡盘组件，以减少工艺气体对静电卡盘组件的损害。其中绝缘薄膜由包含聚酰亚胺材料的合成树脂材料制成。

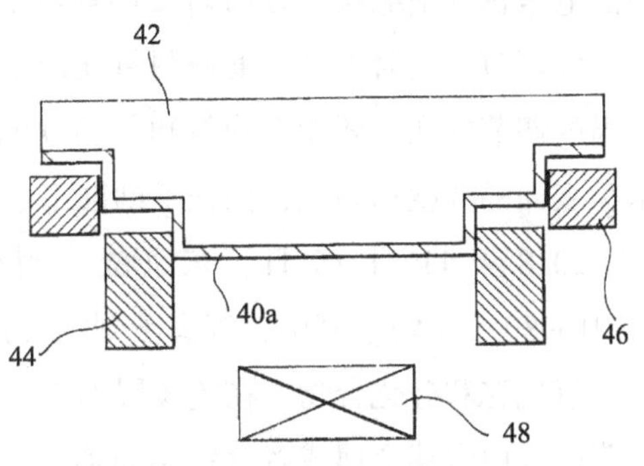


**图 10 具有台阶的静电卡盘组件（KR1020000031307A）**

2000 年 3 月 13 日，三星电子提出了一种用于等离子刻蚀装置的静电卡盘（KR1020010091088A），其主体的上表面和侧表面均设置有阳极氧化膜，以防止静电卡盘外周的晶片下表面因暴露于等离子中而被污染和损害。

2004 年 12 月 27 日，东京威力科创提出了一种半导体刻蚀设备中静电卡盘的温度控制单元（KR1020060074536A），通过在静电卡盘中设置冷却用的氦气供应管道，并调整其布局位置，将静电卡盘设计为对每个预设区域执行独立的温度控制和冷却，可以使得静电卡盘中的每个区域维持独立的温度，从而控制晶片每个区域的刻蚀速率，改善晶片刻蚀的均匀性。

2006 年 6 月 30 日，应用材料提出了一种适合于刻蚀高纵横比结构的衬底支座（CN201054347Y）。该衬底支座包括静电卡盘，静电卡盘包括：在阶梯状外壁上的具有上凸缘和下凸缘的陶瓷主体，上凸缘比下凸缘短；嵌入主体中的箝位电极；设置在主体中的电阻加热器；设置在主体中的第一、第二温度传感器（第二温度传感器设置在第一温度传感器的径向内侧）。基座包括：在其中形成的至少两个隔离的冷却管道，冷却管道中适合流动的传热流体，以及嵌入在基座中的绝热体，其在每个隔离的冷却管道之间。该衬底支座改善了静电卡盘和位于其上的衬底的温度分布控制，由此实现高纵横比精确刻蚀。

2008年7月10日，应用材料提出了一种适用于等离子刻蚀的衬底基座（EP2015343A3）。该衬底基座中包括静电卡盘，静电卡盘通常由氮化铝或其他合适的材料制成，其中包括电阻加热器和至少一个卡盘电极，加热器设置在静电卡盘的中间，静电卡盘的上表面还包括由槽状网格隔开的多个台面和气体供应通道，通过在整个衬底直径上提供对衬底温度分布的良好控制，实现单个基板内以及基板之间工艺均匀性的改善，提高器件良率。

2013年11月29日，中微半导体提出了一种静电卡盘及其等离子处理室（CN104681380B）。该静电卡盘的绝缘层下方均匀设置有若干个温度控制单元，每个温度控制单元能独立进行温度调节，同时每个温度控制单元内包括加热测温电路，使得每个温度控制单元在进行温度调节的同时还能准确得知其温度的上升下降情况，采用简单的结构有效控制静电卡盘表面的温度均匀性，保证了刻蚀工艺的稳定性。

2018年11月16日，东京威力科创提出了一种静电卡盘及其等离子处理室（CN109801827A）。其中，等离子刻蚀装置具有覆盖静电卡盘的绝缘层，绝缘层包括氧化铝、氧化钇和硅化合物，在绝缘层内设置有吸附电极，对其施加规定的电压来吸附基片，吸附电极由含镍金属或者含铬金属形成。其通过采用在静电卡盘上覆盖绝缘层，提高基座对等离子的耐受性。

通过对样品夹具技术重点专利的梳理，笔者发现早期的等离子刻蚀设备中的样品夹具主要采用机械爪的形式，但是其加压装置会使得样品晶圆周边压力大小不均匀，更严重的甚至会导致晶圆的破损。因此研究人员将不与样品上表面接触的静电卡盘引入作为等离子刻蚀设备中的样品夹具。

而采用静电卡盘作为样品夹具时，样品的下表面完全贴合静电卡盘会使散热存在一定问题。因此研究人员致力于其冷却和温度控制方面的改进，从而使得样品由于等离子撞击产生的大量热量得以扩散，避免了对样品的破坏。样品夹具的温度控制技术研究仍受到一定关注。

在温度得到控制的情况下，需要进一步关注温度的均匀性。该均匀性包括卡盘表面温度分布的均匀性和温度升降的均匀性，前者关系到刻蚀的均匀性，后者关系到刻蚀过程的稳定性。此外还需关注的是卡盘表面的平整度和对等离子体的耐受性，前者会影响对样品的黏附力，而后者会影响卡盘的使用寿命。

由此可见，等离子刻蚀设备中样品夹具的技术路线未出现显著分化，发展路线较为单一，所涉及的专利申请基本以卡盘的温度控制均匀性和稳定性为主。

4. 气体注入技术发展路线

气体注入作为刻蚀气体的通道，对其喷出气体的速率以及均匀性都有较高要求，因此各大公司、研究机构一直针对其形状、结构、附加功能进行改进。

2001 年 12 月 26 日，三星电子提出了一种圆台形的气体喷射器（CN1365138A），通过设置两个直径不同的圆柱形部分，控制孔的直径比例来减小喷射气体与喷射器之间的接触时间，进而减小对气体喷射器的损伤。

2003 年 4 月 14 日，华邦电子提出了一种半导体机台气体反应室的气体配送系统（CN1538507A），如图 11 所示。其通过设定气体流量控制阀参数，随时调整等离子气体在反应室里的分布状况，使同一片晶圆的均匀度达到最佳。具体为使输入反应室气体的输送管路经过气体分流器区分为两条管路，其中一条管路接至对应于上电极板气体分配器中心区域的气体喷嘴，另一条管路接至对应于上电极板气体分配器周边区域的气体喷嘴，且中心区域气体喷嘴及周边区域喷嘴以 O 形环分隔，以避免两区域的气流发生局部扰流现象，通过流量控制阀调整两条管路的气体流量，并经过上电极板气体分配器的气孔后，可改变气体在反应室的分布情形，以满足不同工艺条件需求。

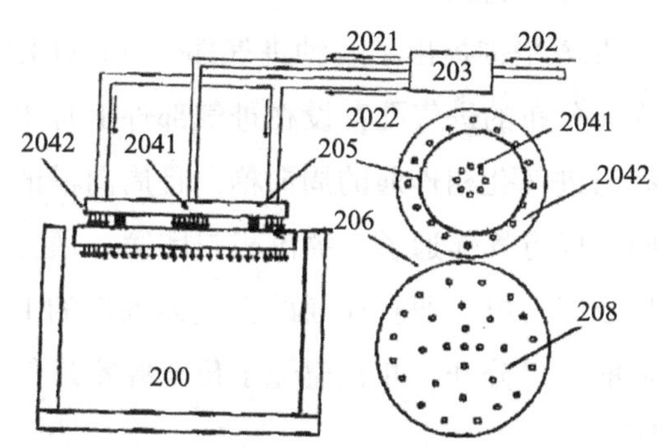


图 11　具有 O 形环的气体喷嘴（CN1538507A）

2007 年 2 月 27 日，中微半导体提出了一种由块状低电阻材料如碳化硅制成的喷淋头（CN101255552A），可以减少氟气物质对其产生的损伤，节省成本。

2008 年 1 月 14 日，北方华创提出了一种气体分配装置（CN101488446A），如图 12 所示，用于等离子体处理设备。其包括固定连接于等离子体处理设备上电极且水平设置的支撑板，其中心部位具有第一进气通道；支撑板的下方固定连接与其相平行的喷头电极，两者之间的空腔中水平地设置具有多个轴向通孔的第一气

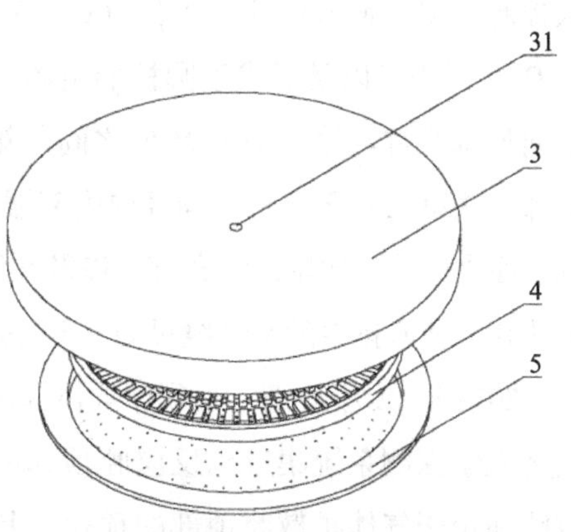


图 12　具有周向通气槽的气体分配装置（CN101488446A）

体分配板；第一气体分配板的中心部位与所述支撑板的中心部位相对应；第一气体分配板的顶面设有至少一条环绕其中心位置的周向通气槽，以及多条与周向通气槽相连通的径向通气槽；轴向通孔设置于所述周向通气槽以及径向通气槽之中。此气体分配装置可以保证工艺气体在周向的均匀分布。

2011 年 12 月 30 日，中芯国际提出了一种喷淋头（CN103187222A），其通过致动器来控制注入孔的遮蔽程度，从而控制注入孔处的处理气体状况。与现有技术相比，该喷淋装置通过致动器进行控制而不是通过传统的阀和质量流量控制器进行控制，从而使得喷淋头能够原位控制处理气体状况，使得开发阶段中的晶片测试及控制的成本降低。并且对于各个注入孔的独立控制能更精确地控制从喷淋头喷出的处理气体的状况，从而能够更精确地实现从喷淋头喷出的处理气体的期望分布，因此在被处理的工件上能够更精确地获得期望的处理性能。

2012 年 10 月 11 日，应用材料提出了一种用于将喷头组件和处理腔室壁电隔离的喷头绝缘体（US9196462B2），其可以在使喷头与地面绝缘的同时防止等离子体进入其中，避免腔室污染，并保证气体均匀疏散。

2012 年 12 月 31 日，北方华创提出了一种进气部件（CN103915306B），该进气部件上形成有至少一个沿其周向分布的进气孔；设在进气部件上且中央形成有第二通孔的气体分配件的底面上形成有与进气孔相连通的周向槽，且周向槽的与第二通孔相邻的侧壁和第二通孔的周向壁之间形成有气体通道；喷淋板封闭第一通孔的下表面且喷淋板上形成有多个喷淋孔；以及形成有与第二通孔连通的上气体入口的上盖。该发明的反应腔室可将清洗气体和工艺气体的入口分开，并且避免了传统腔室进气时多种气体互相对气体通路产生交叉污染的问题。

2014 年 2 月 3 日，兰姆研究设计了一种可以通过调控方位角和径向分布进行气体注入控制的多区域气体注入组件（CN107424901B），包括圆柱形主体，第一 O 形环槽，第二 O 形环槽，以及形成于圆柱形主体的表面中的轴向排空狭孔，轴向排空狭孔包括：在径向外部端部与第一 O 形环槽之间的第一狭孔部、在第一与第二 O 形环槽之间的第二狭孔部、从第二 O 形环槽朝向径向内部端部延伸一短距离的第三狭孔部，在第一 O 形环槽内部表面中的第一槽轴向狭孔部，以及在第二 O 形环槽内部表面中的第二槽轴向狭孔部。轴向狭孔能使所排空的空气绕过 O 形环 194。该发明的调控方位角的气体喷嘴如图 13 所示。

2015 年 12 月 31 日，中微半导体提出了一种电感耦合等离子处理装置（CN106935467B）。其将光学探测系统集成到反应腔顶部中心的气体喷头上，也就是说气体喷头包括气体扩散腔和位于气体扩散腔顶部的顶盖，其顶盖上包括一个反应气体进气口和一个光学发射和接收装置，通过该光学发射和接收装置可以探测基片中心区域的光学信号并获得基片中心区域的刻蚀速率。该发明中集成光学探测系统的气体喷头如图 14 所示。

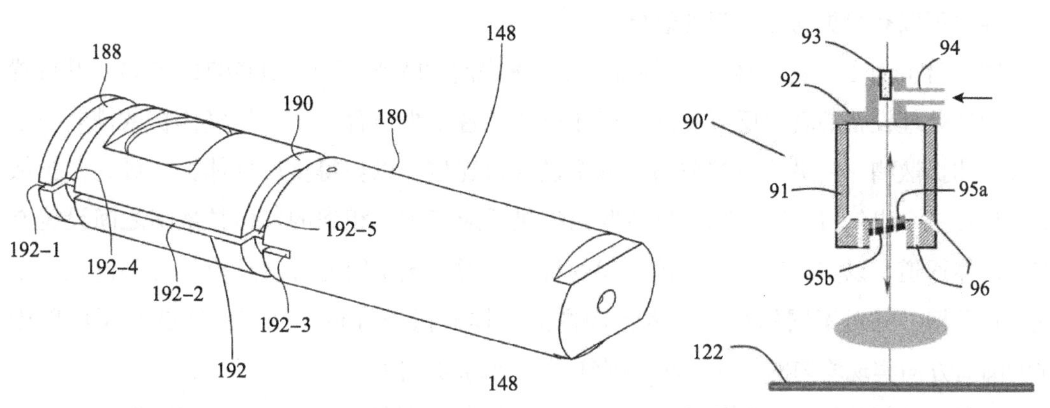


图 13　调控方位角的气体喷嘴（CN107424901B）

图 14　集成光学探测系统的气体喷头（CN106935467B）

2016 年 1 月 25 日，兰姆研究提出了一种气体输送系统（US2016217977A1），如图 15 所示，陶瓷喷头包括陶瓷制的环形上板和下板，上板包括多个径向延伸的气道从其外周向内延伸，多个轴向延伸的气道从下表面延伸至径向延伸的气道；下板包括轴向延伸的气孔在上表面上延伸，上下板之间的轴向延伸气孔连通，可以在保证高均匀度的情况下实现更高的刻蚀率。

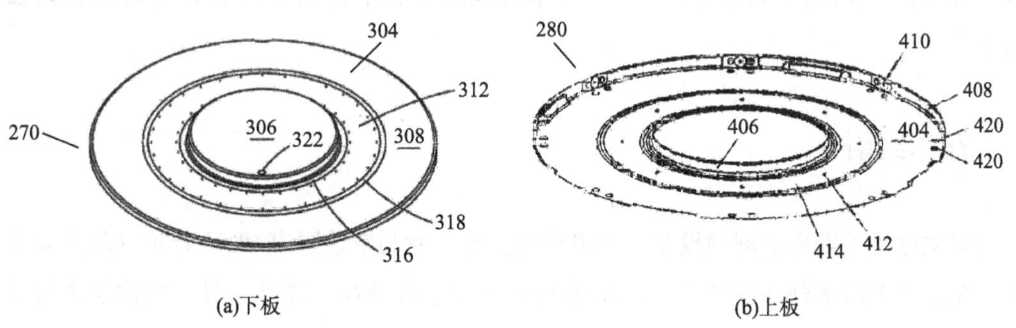


(a)下板　　(b)上板

图 15　陶瓷喷头（US2016217977A1）

2017 年 12 月 22 日，中微半导体提出了一种气体喷淋头（CN109961999A）。该装置包括气体喷淋头主体、气体容纳腔和顶部盖板；该气体容纳腔设置在气体喷淋头主体与顶部盖板之间；反应气体由气体喷淋头的多个第一气体喷射孔引入反应腔内；该气体喷淋头主体包括平坦区域表面，其分布有各个第一气体喷射孔的出气口；平坦区域外圆周设置有倾斜表面；气体喷淋头与放置晶圆的底部基座相对，气体喷淋头的平坦区域表面的直径大于晶圆的直径，使倾斜表面对应于晶圆的范围之外。该气体喷淋头具有防止晶圆污染、提高使用寿命的优点。

2018 年 12 月 11 日，台积电提出了一种气体分配组件（CN111492469A），通过控制分配进入腔室中的特定反应气体的比例，使气体分布流入不同区域抵消制备过程中的不均匀性，可以获得更均匀的刻蚀效果。

2019年6月10日，中微半导体提出了一种气体调节装置（CN112071735A）。其设置在半导体处理设备的真空反应腔内，气体调节装置至少包含一个一级气体扩散槽和一个二级气体扩散槽，一级气体扩散槽与多个进气口连接，以获得反应气体，二级气体扩散槽上设置多个出气口，以向真空反应腔内提供反应气体，相邻的气体扩散槽之间设置有多个气体通道，以实现气体扩散槽之间的气体联通。该发明通过在反应腔内部设置多层气体扩散槽，并对不同的径向角度范围内的气体流量进行独立调节，能够在反应腔中360°圆周方向实现均匀的气体分布，保证了刻蚀的均匀性。

从最早的调整气体喷嘴的孔径等尺寸避免损伤，到设置径向或周向的进气孔或气道，到最近的多级扩散槽，这是一条改进气体喷嘴的结构和尺寸的技术路线；还有通过增加致动器、气体流量控制器、光学探测系统等附加装置来改善气体均匀性的技术路线；还有通过改善喷嘴材料、增加阻隔板或导流板来提高气体喷嘴耐用性的技术路线。虽然看上去是分成了三个方向，但是各技术路线之间仍存在关联，例如改善气孔的孔径不但可以起到提高均匀性的作用也可以提高耐用性；设置成上下板中多气道的喷头不但可以保证均匀性，同时可以提高刻蚀率。由此可见等离子刻蚀设备中气体喷嘴的技术路线并没有显著分化，发展路线高度集中，该技术路线的专利申请基本以提高均匀性和刻蚀率为主。

## 五、结语

本文分析了等离子刻蚀设备专利申请量分布、专利申请国家/地区分布以及主要申请人情况，对等离子刻蚀设备的核心部件线圈/天线、介质窗、样品夹具、气体注入的技术发展路线作了梳理，并分析了国内外重要申请人的重点专利情况。总体来看，在等离子刻蚀设备方面，国外研发起步较早，专利布局领先国内，但国内相关技术也逐步受到关注，开始蓬勃发展。中微半导体、北方华创已经初步具备等离子刻蚀设备的自主知识产权。不过尽管国产等离子刻蚀设备制造水准已经大幅提升，但是其全球市场份额占比却不高。目前仍有94%的全体市场被海外企业所占据，这进一步说明国产刻蚀设备仍然有很大进步空间。

总的来说，等离子刻蚀设备技术没有显著分化，线圈/天线、介质窗、样品夹具、气体注入等方面的改进目标均是提高刻蚀的均匀性。结合目前半导体设备市场规模来看，对刻蚀设备的需求仍在不断增长，并且随着制程的升级，对刻蚀的精度和复杂度的要求也越来越高，也就是说等离子刻蚀设备未来改进的大方向仍然是高精度、高刻蚀率。高精度要求刻蚀过程的高均匀性，比如线圈/天线的结构改进、样品夹具的温度均匀分布、刻蚀气体的均匀分布等；高刻蚀率要求线圈/天线的高功率以及更好的散热性能，同时对设备或零部件的耐用性、可靠性也提出了更高要求。我国相关企业可以围绕上述关键技术加大研发力度。

## 参考文献

[1] EI－KAREH B，HUTTER L N. Fundamentals of semiconductor processing technologies [M]. New York：Springer Science＋Business Media，1995.

[2] Applied Materials，Inc.. Applied Materials announces fourth quarter and fiscal year 2020 results [EB/OL]. (2020－11－12) [2021－05－20]. https：//www. appliedmaterials. com/zh－hans/company/news/press－releases/2020/11/applied－materials－announces－fourth－quarter－and－fiscal－year－2020－results.

[3] 塔尖. 中微VS北方华创VS泛林半导体VS应用材料半导体设备产业链深度梳理 [EB/OL]. [2021－05－20]. https：//pdf. dfcfw. com/pdf/H3_AP202103021467314892_1. pdf? 1614700024000. pdf.

[4] 中微半导体设备（上海）股份有限公司首次公开发行股票并在科创板上市招股说明书 [EB/OL]. [2021－05－20]. http：//pdf. dfcfw. com/pdf/H2_AH201907021337103276_1. pdf.

海洋工程装备及高技术船舶

航空航天装备

芯片技术

# 集成电路光刻工艺专利技术综述

范伟[1]　崔朝利[2]　苗君叶[3]　李文斐[4]　焦小毅[5]　杨金新[6]

**摘　要**　光刻工艺是集成电路制造的关键技术，也是“卡脖子”核心技术。光刻工艺按流程顺序可分为涂胶、对准曝光、图案形成三个技术分支。本文分析了上述三个技术分支的全球专利申请量趋势、重点技术脉络演进、重要专利申请人以及国内外重点技术的布局对比，以期为研究人员了解该领域专利技术发展现状、梳理重要技术脉络、在光刻工艺领域取得技术突破方面提供帮助。

**关键词**　光刻　涂胶　对准　曝光　显影　专利

## 一、概述

### （一）技术背景

2020年12月16日至18日在北京召开的中央经济工作会议明确提出，2021年重点任务之一，就是要统筹推进补齐短板和锻造长板，针对产业薄弱环节，实施好关键核心技术攻关工程，尽快解决一批“卡脖子”问题。目前美国对华科技领域“卡脖子”的焦点主要集中在高端芯片产业链上。高端芯片制造的核心环节之一就是光刻工艺。光刻作为微细加工的关键技术，广泛应用于集成电路、液晶显示（LCD）、微机电系统（MEMS）、微光学器件以及生物芯片等微细加工领域。其中以集成电路制造为核心的光刻技术是目前微细加工领域精度最高、难度最大、技术最为密集、发展最快的一种系统性的工程技术。

### （二）研究意义

我国现代高新技术产业快速发展，所用的芯片尺寸不断缩小，芯片需求量与日俱增，但我国芯片生产却极度依赖国外技术。在代表着光刻核心技术的光刻机方面，欧美国家基于极紫外（EUV）光刻机和浸润式光刻机，已经可以实现3nm～7nm工艺的芯片制造。

[1][2][3][4][5][6] 作者单位：国家知识产权局专利局专利审查协作北京中心，其中崔朝利、苗君叶、李文斐等同于第一作者。

我国现有的光刻机技术与国际先进技术水平相比仍有较大差距，特别是在制造工艺、光源、对准系统等核心技术方面，相比国外高端光刻机差距明显，且生产出的芯片良品率也难以保证。荷兰阿斯麦（ASML）在高端 EUV 光刻机领域形成了技术垄断，并针对核心工艺进行了完善的专利布局。而其光刻机采用的零部件都来自德国、美国、日本等国的公司，这些公司在各个细分领域掌握着核心技术，也形成了坚实的专利壁垒。因此，本文通过对相关专利的宏观统计和技术解析来把握目前行业研究的热点，以期为我国集成电路光刻工艺的发展提供高质量技术信息和有益的发展建议。

## 二、集成电路光刻工艺专利申请基本情况

### （一）集成电路光刻工艺构成

光刻是指投影光学系统和掩模版相结合并利用曝光和光刻胶的选择性化学腐蚀，在半导体晶体表面的掩模层刻制出图形的工艺。光刻工艺主要分为涂胶、对准曝光、图案形成三个基本流程。具体来说，光刻工艺要经历硅片表面清洗烘干、涂底、涂光刻胶、软烘、对准曝光、后烘、显影、硬烘、刻蚀等工序。根据光刻工艺的特点，进行专利技术分析时，可以将光刻工艺分为涂胶、对准曝光、图案形成三个二级分支，进一步还可以分为三级分支。表 2－1 列出了具体的技术分支。

表 2－1　光刻工艺分支

| 一级分支 | 二级分支 | 三级分支 |
| --- | --- | --- |
| 光刻工艺 | 涂胶 | 涂胶前处理 |
| | | 涂胶主工艺 |
| | | 涂胶后处理 |
| | 对准曝光 | 光源 |
| | | 照明 |
| | | 投影 |
| | | 对准 |
| | | 传输 |
| | 图案形成 | 曝光后烘焙 |
| | | 显影 |
| | | 显影后烘焙 |
| | | 显影检查 |
| | | 刻蚀 |
| | | 去胶 |

### （二）数据来源以及数据检索

1. 数据来源

本文的专利文献数据主要来自国家知识产权局专利检索与服务系统（S 系统），使用的数据库包括中国专利文摘数据库（CNABS）、中国专利全文文本代码化数据库（CNTXT）、德温特世界专利索引数据库（DWPI）。

2. 数据检索

本文的检索思路采取“独立检索 + 数据集成”的模式，利用关键词和分类号在摘要库和全文库中进行检索，并进一步补充各分支的重要专利申请人的专利申请。独立检索是指对各二级分支进行独立检索。数据集成是指各一级分支的数据是由所有二级分支的数据去重后得到的。本文的全球专利数据主要是在 DWPI 中得到，将同族的一件或多件系列专利申请视为一项专利申请。

检索结果包含一定量噪声，为了数据准确，本文采用如下的数据清洗策略：采用分类号进行初次去噪，即对检索结果中数据量较大且领域集中的噪声从总体上用分类号进行限制并去除；采用人工筛选的方法进行二次去噪，通过阅读专利文献的摘要或全文，在标引过程中排除不相关文献。本文的检索截止日为 2021 年 5 月 12 日，共检索到集成电路光刻工艺领域 33667 项专利申请。

### （三）全球专利申请现状与发展趋势

从图 2－1 光刻工艺全球专利申请趋势可以看出，光刻工艺的发展可以划分为几个阶段。第一阶段是技术积累期，从 20 世纪 70 年代至 90 年代中期，年专利申请量低于 800 项。第二阶段是从 20 世纪 90 年代后期至 2004 年，专利申请量大幅增加，年专利申请量逐渐大于 1000 项，至顶峰时刻，年专利申请量达近 1800 项。第三阶段从 2005 年至今，专利申请量呈见顶回落趋势，但是年专利申请量仍保持在高位，基本大于 1000 项。能够预见未来几年专利申请量仍会保持在高位，全球创新动力不减。

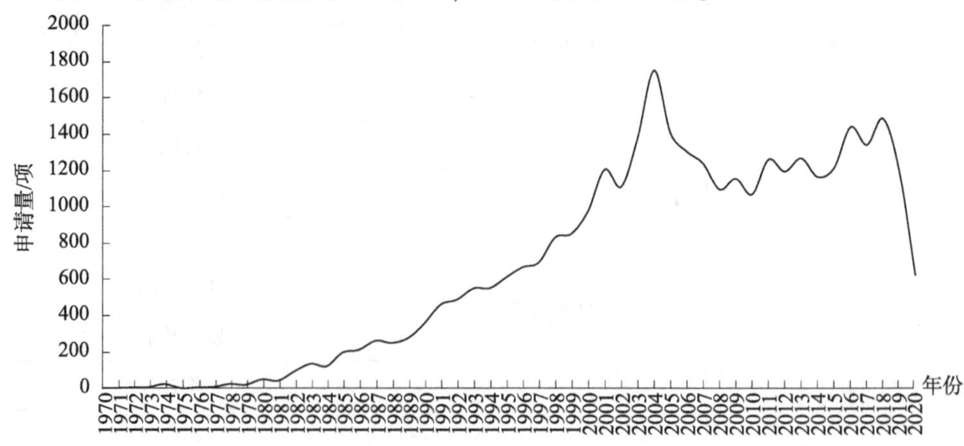


图 2－1　光刻工艺全球专利申请趋势

### （四）各技术分支专利申请现状与发展趋势

1. 涂胶

涂胶就是在圆片衬底上均匀地涂一层一定厚度的光刻胶，要求光刻胶黏附良好、均匀、薄厚适当。一般采用旋转涂覆的方式，将圆片放置在涂胶机的真空卡盘上，液态光刻胶滴在高速旋转的圆片中心，以离心力向外扩展，均匀涂覆在圆片表面。为了减少涂胶缺陷，在旋转涂覆之前要有前处理工艺，在涂覆之后还要有软烘等后续处理工艺。

从图2－2可以看出，从20世纪80年代起，半导体光刻的涂胶工艺开始快速发展，其年专利申请量在2001年左右达到顶峰，随后整体上下降，并在2009年后呈现企稳回升态势。

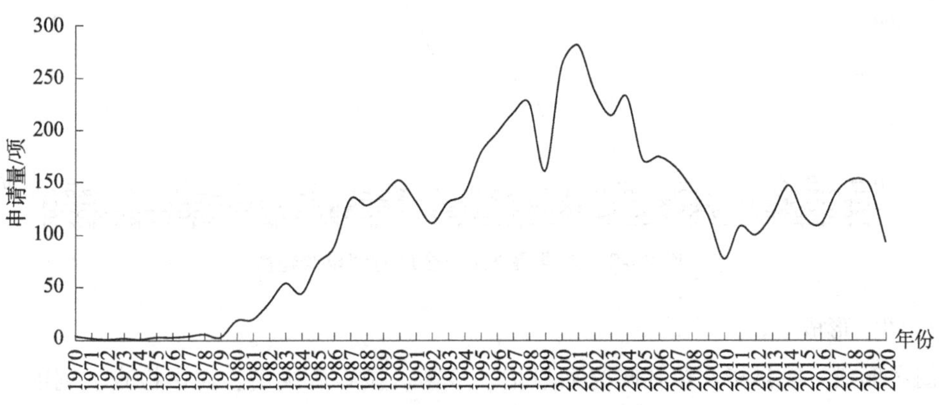


**图2－2　涂胶工艺全球专利申请趋势**

2. 对准曝光

对准曝光，即光刻机发出具有一定波长范围的光，透过掩膜板，使衬底上受光照的光刻胶发生化学反应，形成可溶于相应显影液的混合物，从而实现掩膜板上图形的复制。

对准曝光工艺的全球专利申请有近14000项，专利申请量在三个二级分支中最多。从图2－3可以看出，对准曝光工艺专利申请趋势可以分为以下几个阶段：技术萌芽期（1971～1990年）、技术发展期（1991～2004年）和技术稳定期（2005年及以后）。1971～1990年，对准曝光工艺的专利申请数量虽然较少，但是呈现逐年缓慢增长的趋势，此时属于技术萌芽期。该时期受工艺水平限制，对准曝光工艺比较简单，主要采用汞灯作为曝光光源，以g－line、i－line为主，曝光波长为436nm或365nm，工作方式从接触式或接近式，逐渐发展为步进曝光，对准采用TTL同轴对准方式。1991年起，集成电路的市场需求日益增大，导致众多企业进入光刻领域，投入大量人力、物力和财力进行研发，技术得到快速发展，专利申请量增长迅猛，几乎每五年翻一番。该时期曝光光源采用波长为248nm的KrF准分子激光器和波长为193nm的ArF准分子激光器。2001年ASML率先推出ArF准分子激光步进扫描光刻机，采用扫描曝光的工作方式，对准采用离轴加同轴的对准方式。全球专利申请量在2004年达到最高峰。2004年以后，对准曝光工艺技术很长时间在193nm波长停滞不前，导致2004年之后的专利申请量出现明显下降。但是在ASML的不断努力创新下，浸没式光刻机成功推出，使得对准曝光工艺的专利申请量有所回升。近年来，在ASML研制的高端EUV光刻机带动下，专利申请量持续增长。

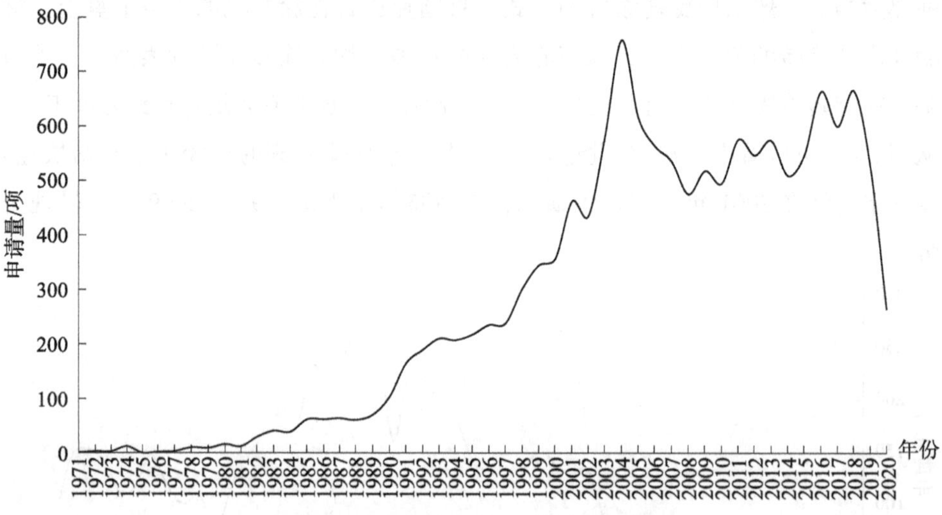


**图2-3 对准曝光工艺全球专利申请趋势**

3. 图案形成

图案形成一般是指：包括曝光后烘焙、显影、显影后烘焙、显影检查、刻蚀、去胶等步骤在内的，最终对晶圆进行图案化的过程。

如图2-4所示，20世纪70年代到90年代前期，图案形成的全球专利申请量不大，整体技术处于萌芽阶段。90年代中后期，专利申请量快速增长，中间经历波动。2012年之后迎来专利申请高峰，之后有所下降，但仍然保持在相对高位。

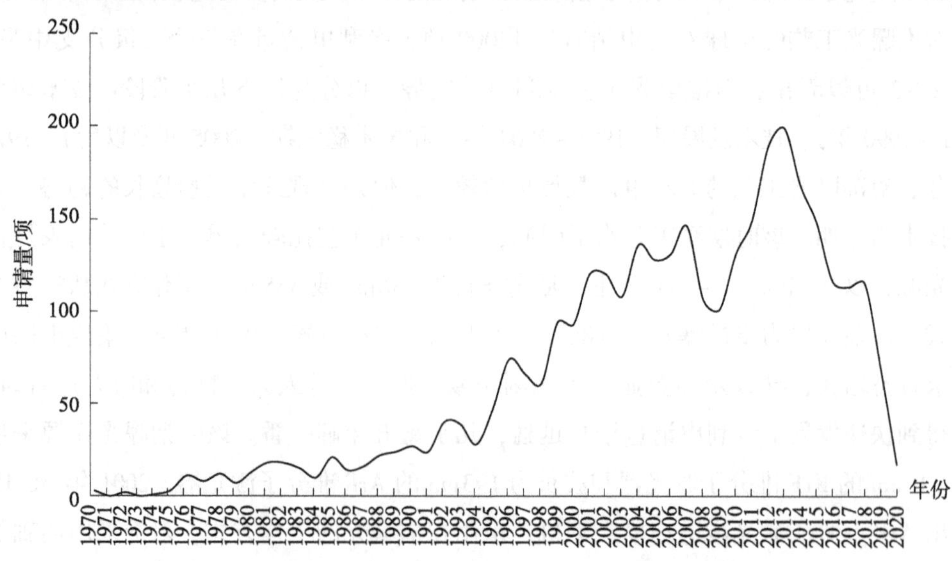


**图2-4 图案形成工艺全球专利申请趋势**

**（五）各技术分支专利申请国家/地区分布**

1. 涂胶

从技术原创国家/地区的角度分析，如图 2－5 所示，日本以约 2/3 的占比成为全球最重要的技术输出国，韩国以 12% 的占比列居第二位，中国以 11% 的占比列居第三位。日本是全球半导体设备强国，全球专利申请量排名前十五的半导体设备厂商中，日本厂商占了 5 家，包括东京电子（TEL）、爱德万测试（Advantest）、大日本网屏（SCREEN）、日美电气（Kokusai Electric）、日立高科。而中国厂商，例如中芯国际、芯源微电子等，在涂胶工艺方面有较多的专利布局。

从专利申请目标国家/地区的角度分析，如图 2－6 所示，日本以 43% 的占比成为全球最重要的技术布局国家，中国以 20% 的占比列居第二，韩国以 15% 的占比列居第三位，美国以 14% 的占比列居第四位。美国和日本是全球主要的集成电路制造国。而韩国以三星、海力士为代表，致力于打造全球最大的半导体制造基地，ASML 也计划 2025 年在韩国建成 EUV 光刻设备工厂及培训中心。

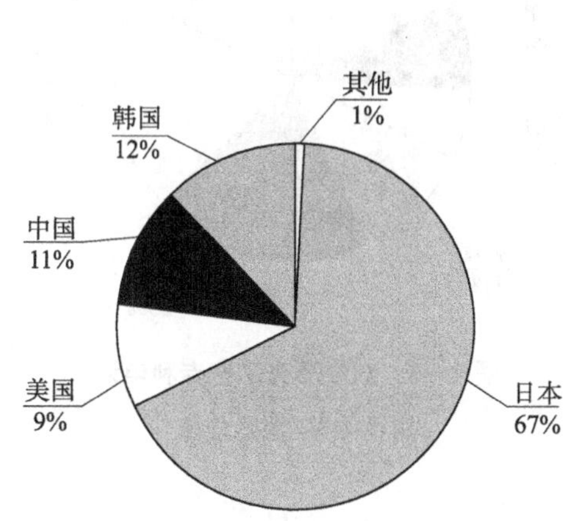


**图 2－5　涂胶工艺专利技术原创国家/地区分布**

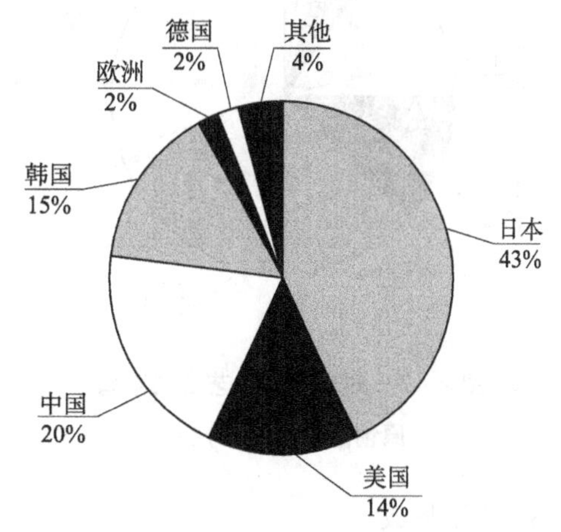


**图 2－6　涂胶工艺技术专利申请目标国家/地区分布**

从图 2－5 和图 2－6 中可以看出，日本仍然是最大的技术原创国家和市场所在地，中国、美国和韩国虽然排名第二至第四位，但与日本相比还有较大的差距。

2. 对准曝光

从技术原创国家/地区的角度分析，如图 2－7 所示，美国以 33% 的占比成为全球最重要的技术输出国家，日本以 30% 的占比列居第二位，中国和德国分别以 12% 和 11% 的占比列居第三、第四位。美国虽然不是光刻机设备的主要生产国，但是其光刻技术一直引领全球，拥有英特尔、英伟达、高通等世界顶级芯片制造商，ASML 的发展壮大也与美国密切相关。而日本的光刻技术发展较早，曾一度占据全球主要市场，尼康、佳能和

ASML 曾经三足鼎立，但是随着光刻技术的发展，日本的光刻技术开始逐渐没落，目前只能在中低端光刻机市场占有一定的份额。中国作为后起之秀，在核心的光刻技术领域奋起直追，近几年中国的专利申请量快速增长。

从专利申请目标国家/地区的角度分析，如图 2－8 所示，美国和日本作为传统的半导体集成电路市场，列居全球专利申请目标国家/地区的第二、第三位。以 ASML、尼康、佳能和蔡司为代表的光刻机生产企业主要以美国和日本作为主要的专利布局国家，这和美日在半导体技术领域占据领先地位以及美日是全球主要的半导体制造国有关。韩国为第四大专利申请目标国家，其拥有三星、海力士等半导体制造商。中国作为新兴的集成电路市场，以累计 20% 的占比成为目前全球排名第一的专利申请目的地，对于相关技术刚开始缓慢起步的中国来说，这样的占比无疑体现出中国市场的重要地位。

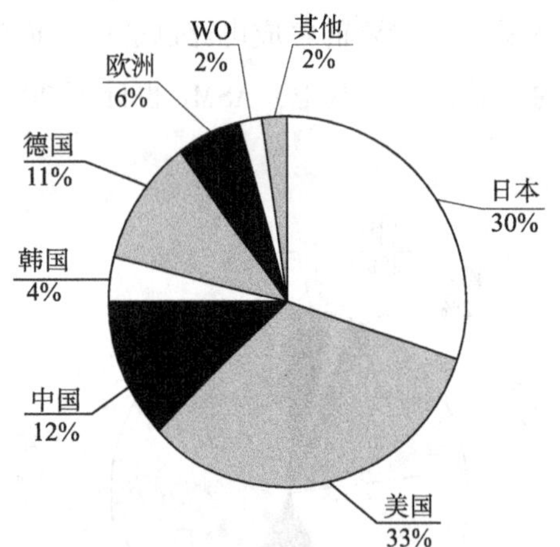


**图 2－7　对准曝光工艺专利申请原创国家/地区分布**

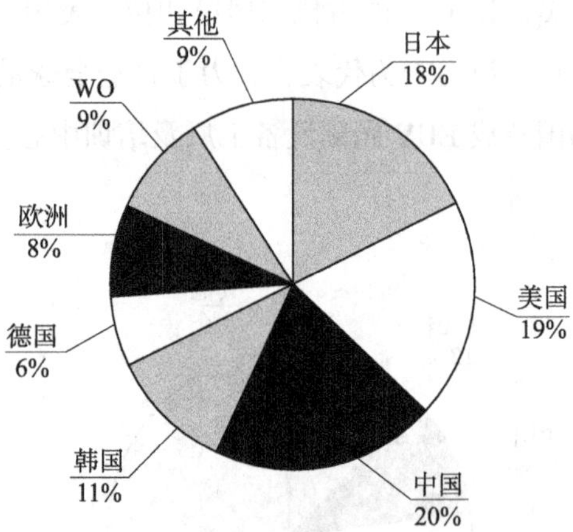

**图 2－8　对准曝光工艺专利申请目标国家/地区分布**

3. 图案形成

从专利申请原创国家/地区分析可以看出，如图 2－9 所示，图案形成技术分支专利申请量排名前三的分别为美国、中国和日本。这从一定程度上反映出这些国家的技术创新活跃程度，尤其是美国，其专利申请总量占全球的一半以上。中国的专利申请量占据全球总专利申请量的 1/4 以上，值得关注。

对专利申请目标国家/地区进行分析后发现，如图 2－10 所示，美国是图案形成技术分支中最主要的专利申请目标国，其占比接近一

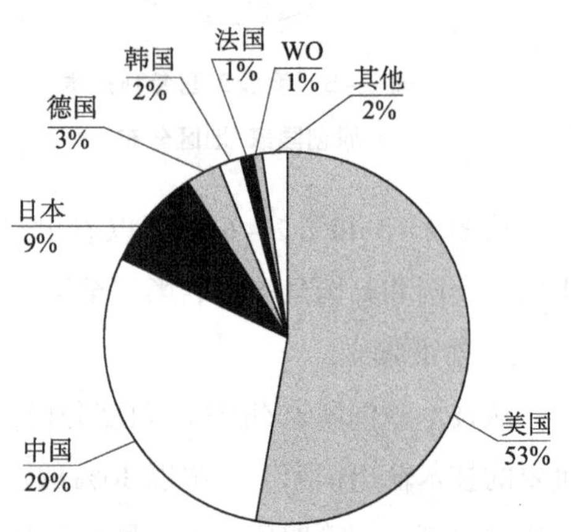


**图 2－9　图案形成工艺专利申请原创国家/地区分布**

半。中国占比28%，排名第二。此外，在该技术分支的目标国家/地区中，欧洲、日本、德国等也占有一定比例。由此可见，半导体集成电路产业发展较早且相对成熟的美国仍然在图案形成技术分支中占据主导地位，而作为新兴市场的中国则受到越来越多的关注，逐步成为全球创新主体进行图案形成技术专利布局的重点区域。

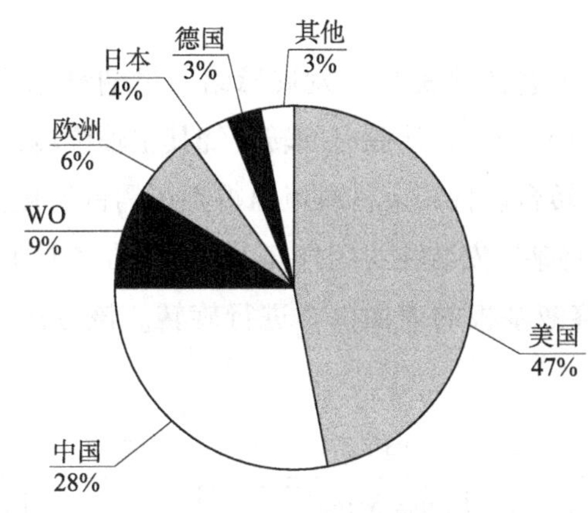


图2-10　图案形成工艺专利申请目标国家/地区分布

## 三、各技术分支下属重点技术以及重要专利申请人专利分析

### （一）重点技术分支发展脉络

1. 涂胶工艺下属重点技术——涂覆技术

涂胶工艺一般分为涂胶前处理、涂胶主工艺、涂胶后处理等几个工艺，其专利申请量分布如图3-1所示。从专利申请量的角度来说，涂胶主工艺占比64%，占比最高。涂胶主工艺一般包括液态胶准备步骤（除静电、除泡、除颗粒）、涂底步骤（疏水亲胶）、涂覆步骤（包括均匀涂胶与平坦化），其中涂覆步骤中涉及的涂覆技术是涂胶工艺的重点技术。

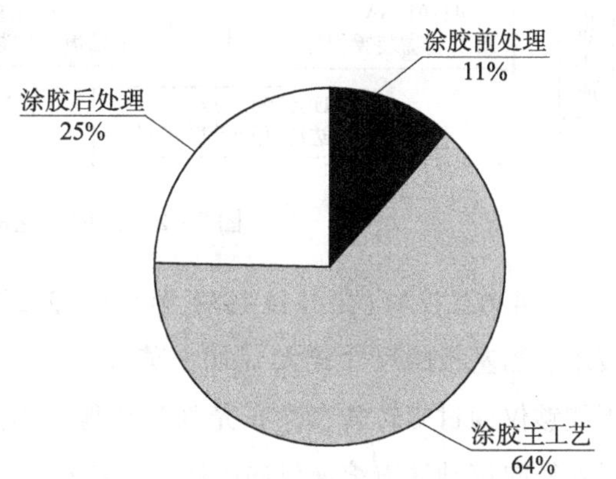


图3-1　涂胶工艺专利申请量技术分布

涂覆技术早期采用静态涂胶，首先把光刻胶通过管道堆积在晶圆中心，然后低速旋转，把光刻胶铺开，再高速旋转甩掉多余的光刻胶。静态涂胶时的堆积量非常关键，量少时会导致涂胶不均匀，没有充分覆盖，量大时会导致晶圆边缘光刻胶的堆积和溢出。后来当晶圆直径越来越大时，静态涂胶就无法满足要求了，于是有了动态喷洒方式。喷洒时晶圆低速旋转，目的是帮助光刻胶最

初的扩散，然后高速旋转，完成最终要求，得到薄而均匀的光刻胶膜。在光刻胶旋转涂覆的过程中，由于受到离心力，光刻胶会流向晶圆的边缘以及由晶圆边缘流到晶圆背面，形成一圈光刻胶残留，这种残留被称为边缘胶滴，这时需要采用边缘去胶技术，通常涂胶设备中装有边缘去胶装置，例如上下各设一个喷嘴，通过旋转清除距离晶圆边缘一定距离的光刻胶。

图3－2示出了涂胶工艺的涂覆技术发展脉络。早期静态涂胶技术由US4075974A（公开日1978年2月28日）公开，涂胶时使转台绕其主轴旋转，以使溶剂流过盘的上表面，再以更高的速度旋转转台以将剩余材料甩出得到所需的厚度。US5670210A（公开日1997年9月23日）提出将基底安装在封闭外壳内，使控制气体通过入口进入外壳，将聚合物溶液沉积到聚合物溶液基板的表面上，进行旋转。该方法可以控制气体的温度和湿度。

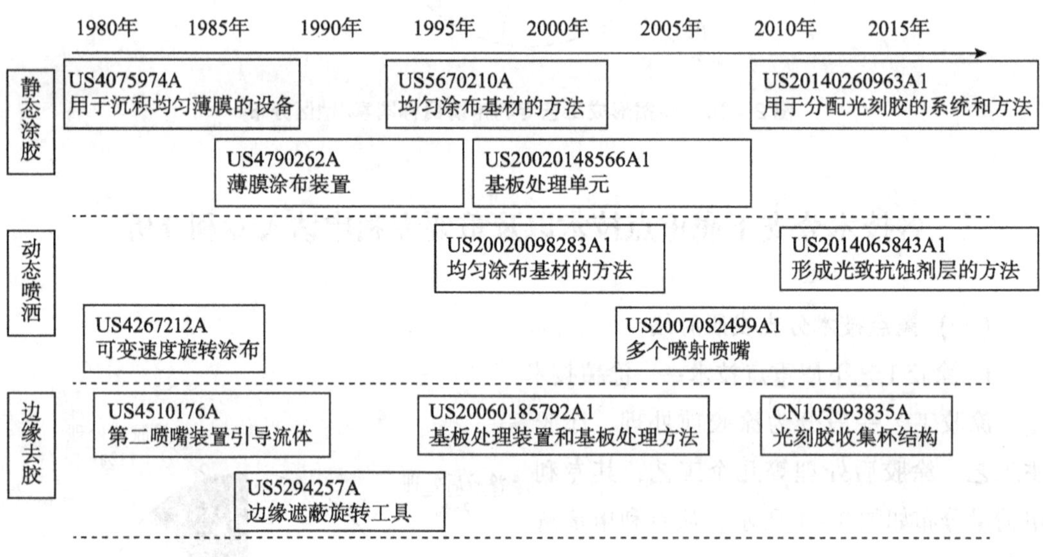


**图3－2 涂胶工艺的涂覆技术发展脉络**

US4267212A（公开日1981年5月12日）公开了一种旋涂工艺，其采用了动态喷洒技术。当基板的尺寸较大（如5英寸或6英寸）或者使用某些其他类型的涂覆液体时，不能够仅通过旋转转盘涂布光刻胶获得所需厚度的膜，于是提出以第一速度旋转基材同时在径向移动涂覆溶液供应喷嘴，基板以50～150rpm的低速旋转，移动所述旋转基板的径向上的涂覆溶液供应喷嘴，以使所述涂覆溶液到所述基板上，以均匀地用所述涂覆溶液涂覆所述基板。

在边缘去胶技术方面，US4510176A（公开日1985年4月9日）公开了从半导体晶片的外围去除涂层的技术，包括用于将晶片支撑在外壳内的支撑装置、用于旋转晶片的装置、用于将流体涂覆材料施加到晶片表面上的第一喷嘴装置、用于将流体选择性地引导到晶片的周边区域上的第二喷嘴装置、用于使气体流入晶片表面的入口和排气装置。US5294257A（公开日1994年3月15日）公开了边缘遮蔽旋转工具，通过使用具有共形弹性体的旋转卡盘来实现，弹性体定位在卡盘上用于旋涂工艺时围绕基板的外围，当充气时，弹性体形成密封接触并掩盖基板边缘。CN105090835A（公开日2015年11月25日）公开了一种防止晶圆正面和背面污染的光刻胶收集杯结构，该结构后期被广泛应用于光刻胶的收集上。

总体看来，涂覆技术在早期出现若干基础专利之后，技术发展较慢，在2003年前后专利申请量达到顶峰之后，后期的创新动力有所下降，并没有产生新的革命性的技术，后期技术创新还是在20年前的技术基础上的改进。

2. 对准曝光下属重点技术——投影技术

按照工作原理，对准曝光工艺技术可以分为光源、照明、投影、对准和传输五个分支，如图3－3所示。从专利申请量角度来看，投影技术的专利申请量比例最高，达到42%，说明专利申请人非常重视投影技术的研发，这是因为投影是光刻工艺的核心环节，投影物镜的数值孔径直接影响光刻机的分辨率，而投影扫描方式的改进直接提高了硅片的生产效率。对准技术的专利申请量比例排名第二。对准在光刻工艺中占据着十分重要的地位，其对准精度和对准速度决定了产品的质量和生产率，随着光刻工艺的提高，线宽的特征尺寸减小到纳米级，给对准技术提出了更高的要求。专利申请量比例排名第三的是照明技术。照明的高均匀性是光刻工艺具有高分辨率的前提之一，而光刻分辨率不断提高的趋势也决定了照明技术的发展方向。光源技术的专利申请量虽然不多，但是光源的改进直接推动了光刻机的更新换代，每次光源的改进都显著提升了光刻的最小工艺节点。

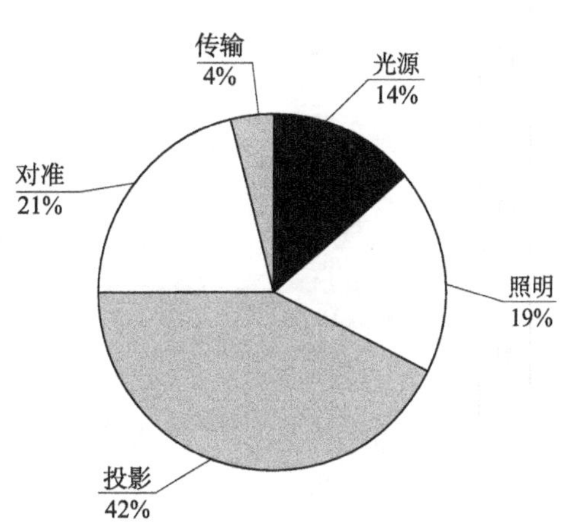


**图3－3　对准曝光工艺专利申请量分布**

根据对准曝光工艺专利申请量分析，投影技术是对准曝光工艺专利申请量最多的分支，说明该技术是对准曝光领域的研究重点，而投影物镜是实现投影的核心部件。图3－4示出了投影物镜的发展脉络。光刻机中最重要的参数指标就是其分辨率。根据瑞利准则（Reyleigh Citerion），光刻机分辨率 $R$ 的表达式为：

$$R = k_1 \frac{\lambda}{NA}$$

式中，$R$ 是系统所能达到的最小分辨率，$k_1$ 是与光刻工艺相关的系数，$\lambda$ 是光源波长，$NA$ 是物镜的数值孔径。

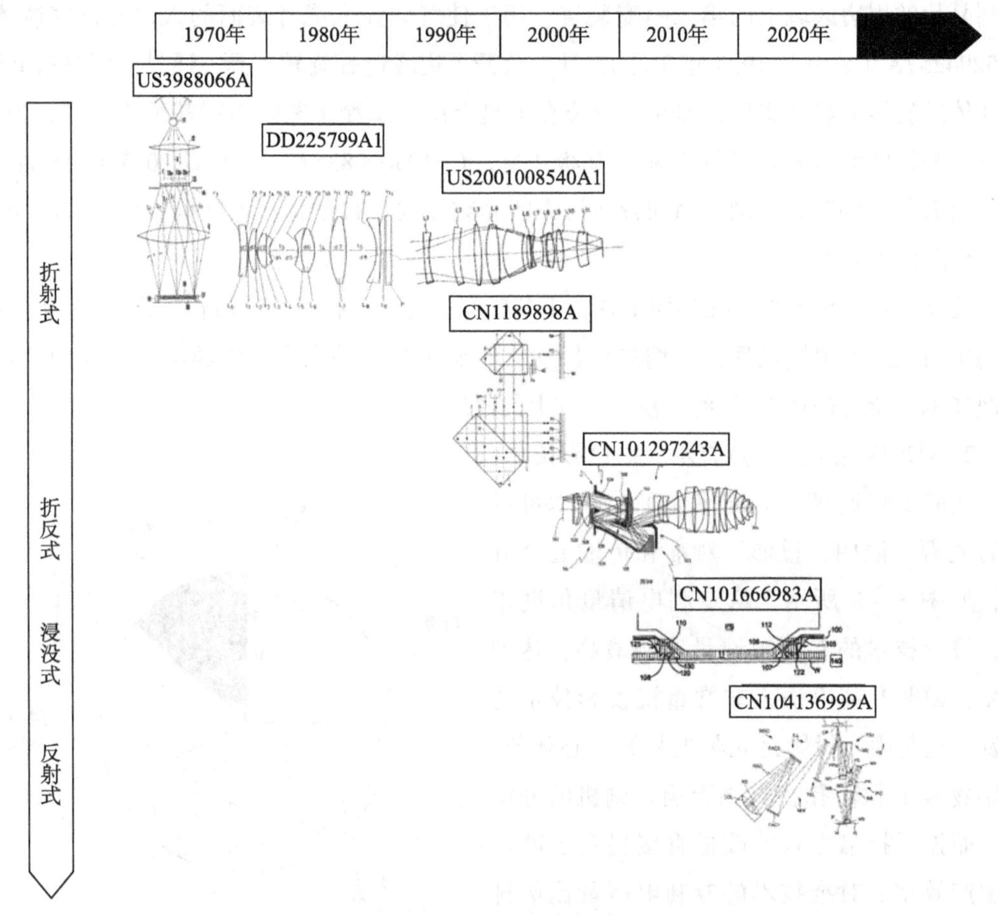


图 3-4　对准曝光工艺的投影物镜发展脉络

就投影物镜本身而言，在工作波长已经确定的情况下，若想提高分辨率所能采用的最直接的措施就是提高 NA。高数值孔径的投影物镜决定了光刻机的分辨率以及套值误差能力，其重要性不言而喻。

早期的投影系统结构简单，投影物镜也仅由单个折射透镜构成，例如佳能的 US3988066A（公开日 1976 年 10 月 26 日）公开了一种结构简单的投影系统。随后蔡司于 1982 年提出使用肚腰结构（DD225799A1，公开日 1985 年 8 月 7 日），该结构有利于投影物镜同时实现大视场和高数值孔径，该结构也成为以后投影物镜发展的基础结构形式。投影物镜工作波长进入了深紫外（DUV）时代，可用的光学材料仅有融石英（Fused Silica）和氟化钙（$CaF_2$）。这两种材料的折射率较低，为了保证较小的残余像差，系统所用镜片的数量和口径并没有因为波长的降低而降低。佳能的 US2001008540A1（公开日 2001 年 7 月 19 日）公开了一种采用氟化钙的投影物镜。物镜的 NA 进一步增大。此时大口径光学材料的制造开始成为技术瓶颈，同时材料的成本也成了较大的制约因素。ASML 提出一种步进扫描技术，替代了传统的步进重复技术，在一定程度上从侧面解决了这个问题。例如 CN1189898A（公开日 1998 年 8 月 5 日）公开了通过扫描的方式实现动态大视场从而使物镜的瞬时视场相对降低，进而以牺牲瞬时视场为代价来提高数值孔径。

当继续增大数值孔径时，单纯采用折射式结构会使物镜口径急剧增大并且难以校正场曲，因此必须在系统中加入反射元件。蔡司在 2006 年提出了涉及折反式投影物镜的专利申请 CN101297243A（公开日 2008 年 10 月 29 日）。折反式结构除了有利于提高系统 NA 之外，其中的反射元件还有利于降低系统色差。

为了突破 193nm 的瓶颈，ASML 和台积电合作开发浸没式技术，并成功推出第一台浸没式光刻机。ASML 在 2009 年的专利申请 CN101666983A（公开日 2010 年 3 月 10 日）中详细地公开了该技术。

当采用 EUV 光源时，因为 EUV 容易被吸收，所以投影系统采用全反射结构。蔡司很早就对反射式投影物镜有所研究，其 CN104136999A（公开日 2014 年 11 月 5 日）公开了一种全反射投影物镜。

3. 图案形成下属重点技术——刻蚀技术

图案形成二级技术分支下的各三级技术分支专利申请量占比如图 3－5 所示。其中，刻蚀技术的专利申请量占比最高，达 62.16%。

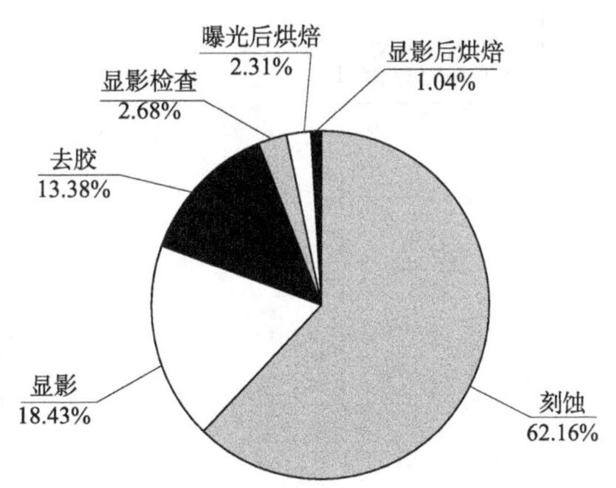


**图 3－5　图案形成工艺专利申请量分布**

因此，本文将图案形成技术分支下的刻蚀作为重点技术。刻蚀技术在满足日益提高的加工精细度要求的同时，还需要考虑侧壁垂直度、腐蚀面平整度、多样化腐蚀等其他要求。刻蚀技术出现之初，最先发展起来的是基于化学反应过程的湿法刻蚀。因湿法刻蚀具有各向同性，且容易产生线宽失真现象，无法满足集成电路对于加工精细度的要求，于是逐渐发展出了干法刻蚀技术。而干法刻蚀技术也经历了化学法、物理法、化学和物理相结合的方法以及混合刻蚀方法等不同的发展阶段。图 3－6 示出了图案形成工艺中的刻蚀技术的发展脉络。

在刻蚀技术发展的早期阶段，行业主要关注一体化自动刻蚀系统的建立，从而避免刻蚀过程中人为因素的介入所引起的误差以及对刻蚀效率的影响。例如：US4433951A（公开日 1984 年 2 月 28 日）、US4483654A（公开日 1984 年 11 月 20 日）通过机器内部设置的机械递送系统实现了晶圆的自动化、平稳转移和传递，避免了刻蚀过程中的机器暂停、人工开盖、手动晶圆取放等操作。

随着刻蚀技术的发展，对等离子体源进行改进逐渐成为研究热点。例如：

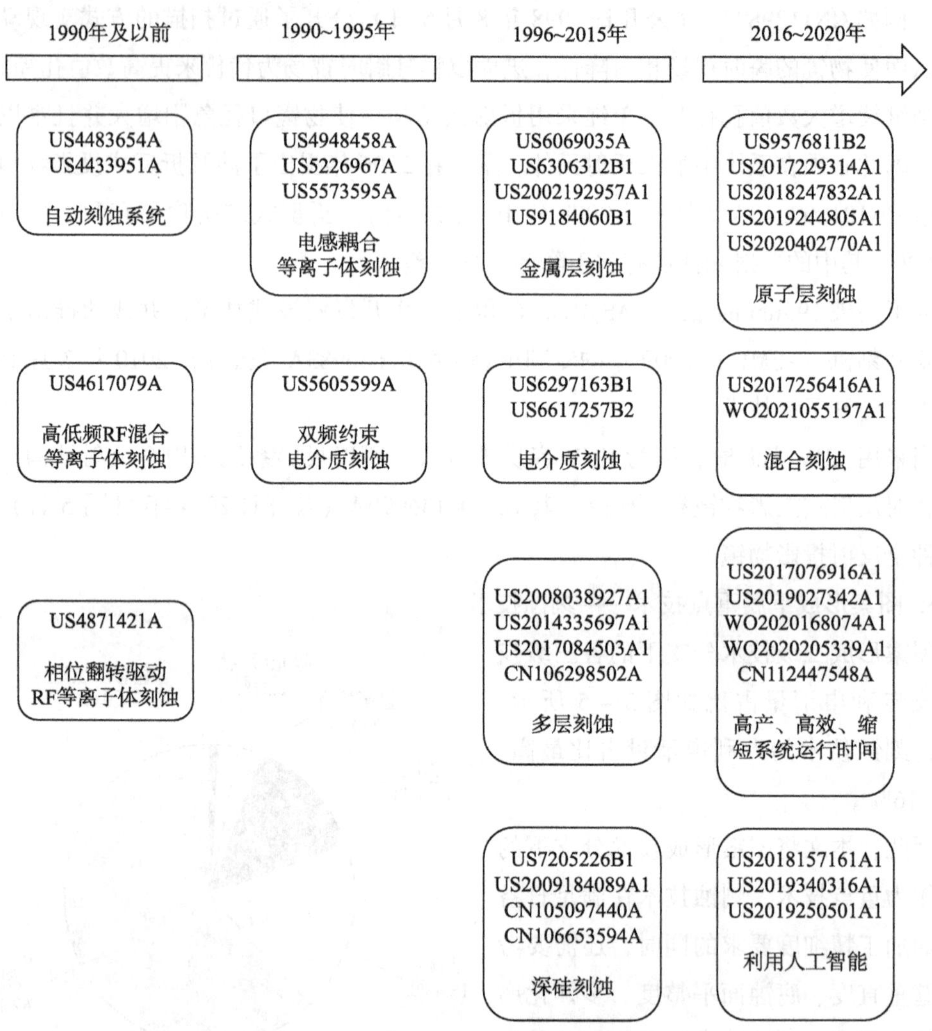


**图3－6　图案形成工艺的刻蚀技术发展脉络**

US4948458A（公开日1990年8月14日）、US5226967A（公开日1993年7月13日）、US5573595A（公开日1996年11月12日），实现了等离子体源的电感耦合，从而对等离子体的产生进行控制调节以获得更加高效、稳定的等离子体束。

20世纪90年代之后，随着半导体集成电路的进一步发展，刻蚀对象及材料也向着多元化方向发展。例如：US2002192957A1（公开日2002年12月19日）研究了对金属层进行刻蚀后获得精细化刻蚀图案的技术问题；US6297163B1（公开日2001年10月2日）关注于对电介质层进行刻蚀；US2014335697A1（公开日2014年11月13日）对于多层堆叠结构如何进行高效刻蚀、获得稳定且均一的刻蚀图案等技术问题进行了研究。此外，随着行业对于刻蚀深宽比需求的不断提高，深硅刻蚀技术得到发展。例如：US2009184089A1（公开日2009年7月23日）、CN105097440A（公开日2015年11月25日）通过研究获得了高深宽比的精细化刻蚀效果以及更大的各向异性刻蚀速率比。

近年来，为了获得更高的刻蚀效率、更精准的刻蚀图案，US2017229314A1（公开日2017年8月10日）、US2019244805A1（公开日2019年8月8日）等，重点开发了原子层刻蚀技术。为了进一步优化刻蚀效果，US2017256416A1（公开日2017年9月7日）将多种刻蚀方式相结合，使不同刻蚀手段交替进行，从而获得了准确、精细的刻蚀图案。此外，为了适应产业化需求，WO2020168074A1（公开日2020年8月20日）主要解决了生产效能提升、系统运行时间把控等方面的技术问题。值得关注的是，随着大数据、人工智能等技术的发展，跨领域的交叉融合为刻蚀技术带来了进一步创新发展的空间。例如：US2019340316A1（公开日2019年11月7日）、US2019250501A1（公开日2019年8月15日），利用神经网络、机器学习等技术对刻蚀图案进行预测以及对刻蚀过程中存在的问题进行预警等。

### （二）各技术分支重要专利申请人分析

1. 涂胶

除三星外，涂胶工艺专利申请量前十名全被日本企业占据，如图3－7所示。涂胶工艺专利申请量的前三位分别是东京电子、大日本网屏、三星，其中东京电子遥遥领先。东京电子的半导体制造设备几乎覆盖了光刻领域的主要工艺流程，其涂胶显影设备、热处理成膜设备、干法刻蚀设备、化学气相沉积设备、物理气相沉积设备、电化学沉积设备、清洗设备和封测设备等在全球市场均获得高度评价，专利技术的布局也涵盖半导体设备的整个产业链。东京电子最强涂胶显影设备 CLEAN TRACK LITHIUS Pro Z 具备超越10nm 的工艺节点，适用于极紫外（EUV）和 ArF 浸没式光刻系统，设备的便捷配置和自

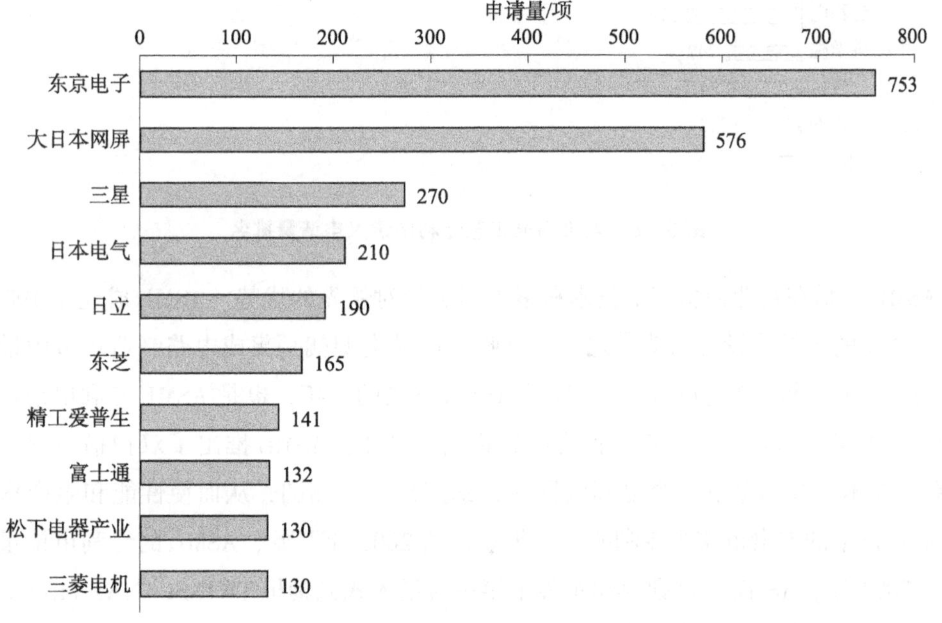


**图3－7 涂胶工艺专利申请人申请量排名**

动监控技术可支撑高产能的光刻流程。大日本网屏是全球生产印制电路板（PCB）和半导体涂胶机的重要公司，其专利申请中有诸多通用涂胶工艺，既可以应用于PCB、液晶面板的涂胶，也可以用于半导体涂胶。日本厂商在全球半导体设备业界所占比重着实引人注目。

国内的芯源微电子通过多年技术积累，开发出涂胶机、显影机、喷胶机、去胶机、湿法刻蚀机、单片清洗机等产品，已形成完整的技术体系。芯源微电子的KS－FT200/300系列堆叠式前道涂胶显影机，可适用于28nm工艺节点及以上工艺制程，适用于ArF、KrF、I－Line、PI、BARC、SOC、SOD、SOG等多种材料涂覆显影工艺的高端机台。芯源微电子积极进行专利布局，至本文检索截止日，芯源微电子有授权专利195项，其中发明专利151项。芯源微电子的专利申请布局在涂胶、显影、喷胶、去胶等多个技术分支，在涂胶工艺领域的专利申请数量并未进入前十位。

2. 对准曝光

对准曝光工艺专利申请人申请量排名如图3－8所示。ASML以2374项专利申请领先于其他申请人，在领域内有着较强的话语权。

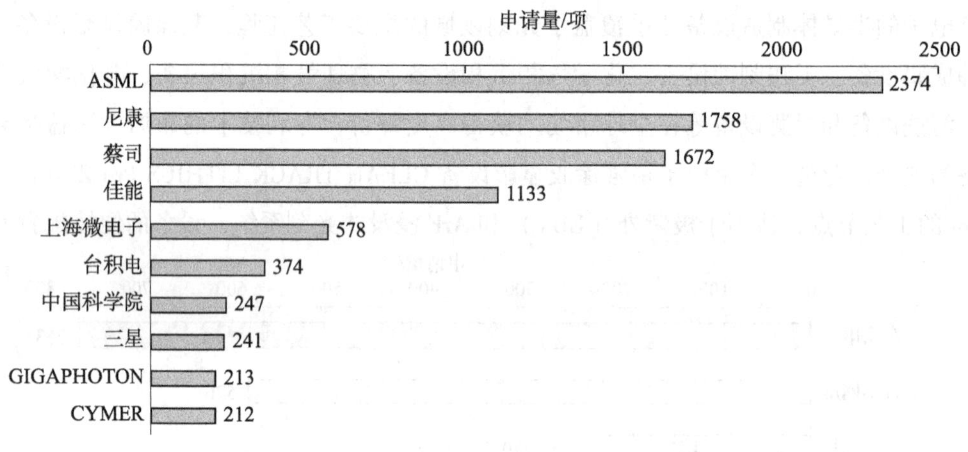


**图3－8　对准曝光工艺专利申请人申请量排名**

ASML凭借在行业内多年的技术积累占据了绝对领先的优势。ASML成立于1984年，是世界领先的半导体设备制造商之一，其唯一产品类型就是集成电路制造环节中最核心的设备——光刻机。21世纪的前十年是ASML腾飞的十年，也是ASML专利申请量爆发性增长的十年。2001年，ASML收购硅谷集团。同年，ASML推出了双扫描系统，利用“双级”技术，在测量下一个晶圆的同时，暴露出一个晶圆，从而使性能和生产率最大化。而新技术的推出也需要专利的保驾护航，从2000年开始，ASML的专利申请量增幅较大。2003年，ASML成功研制出世界上第一台浸入式光刻机TWINSCANAT 1150i。2007年，ASML又成功研发出第一台193nm浸入式光刻机TWINSCANXT 1900i。具有双工作台、浸没式光刻技术的 TWINSCANXT、TWINSCANNXT 系列的研制成功，奠定了 ASML 在光刻机领域的霸主地位。2004 年，ASML 的专利申请量达到峰值，当年就申请了 200 多项专利。

由于 ASML 的基础专利布局已初步完成，2004 年之后，专利申请量出现明显的下滑。2009 年 ASML 的专利申请量迎来了一次小高峰。2010 年，ASML 推出第一台 EUV 光刻机原型，开启光刻新时代。随后在 2013 年 ASML 收购了光源制造商 CYMER，加速发展下一代光刻技术。2016 年 ASML 收购了领先的电子束测量设备公司 HMI，进一步增强了整体光刻产品组合。2017 年 ASML 收购了蔡司 24.9% 的股份，促进了 EUV 系统的进一步发展。2019 年 ASML 收购了 Mapper 公司的知识产权资产。通过一系列的收购与整合，ASML 逐步走向整体光刻时代，这一期间 ASML 也一直保持着稳定的专利申请量。

ASML 专利申请各技术分支中，光源的专利申请量占比最高，达到 21.29%。光刻工艺一直随着光源的改进而发展，因此 ASML 非常重视对光源技术的研发，特别是对新技术的研发。正是因为对 EUV 的持续研发和完整的专利布局，ASML 成为全球唯一一家能够设计和制造 EUV 光刻机设备的厂商，成为超高端市场的独家垄断者。

全球排名第二的尼康是日本的一家著名相机制造商，成立于 1917 年。尼康最早通过相机和光学技术发家，1980 年开始半导体光刻设备研究，1986 年推出第一款流动图形缺陷（FPD）光刻设备，2006 年推出 ArF 液浸式扫描光刻机。如今，尼康既是相机制造商，也是半导体和面板光刻设备制造商，业务覆盖范围广泛。

全球排名第三的蔡司是光学和光电行业国际领先的科技企业，主要从事半导体制造设备、测量技术、显微镜、相机和摄影镜头等的研发和销售。在半导体制造设备领域，蔡司在光刻领域提供了主流 193nm 光刻光学系统和 EUV 13.5nm 光学系统。2017 年 ASML 入股蔡司，推动发展高数值孔径的 EUV 系统。ASML 在研发方面的持续重大投资为蔡司成功持续占据技术和市场领导地位奠定了基础。

全球排名第四的佳能也是日本一家全球领先的生产影像与信息产品的综合集团。在 20 世纪 90 年代早期，佳能推出了 i-line 光刻设备，并实现了小型化，使 350nm 工艺成为可能。后来，其开发了更短波长的光源，最终在进入 21 世纪后开发了 ArF 浸没式光刻设备，实现了 38nm 工艺。

全球排名第五的是一家中国企业——上海微电子。上海微电子是国内最大的光刻机生产厂商，作为我国攻克光刻技术的排头兵，是目前世界上光刻领域的后起之秀，其一直在光刻机领域深耕，目前已实现 90nm 工艺设备的量产，即将交付第一台 28nm 工艺的国产浸没式光刻机。

3. 图案形成

图案形成技术分支专利申请人申请量排名如图 3-9 所示。该技术分支专利申请量排名前三的申请人分别是上海华虹集团、应用材料公司、台积电。此外，中芯国际、IBM以及泛林半导体等行业内知名企业的专利申请量排名也相对靠前。其中，排名第一的上海华虹集团以及排名第四的中芯国际是国内著名的集成电路晶圆代工厂，它们在图案形成领域的专利申请量显示出了其较高的专利申请活跃度。但结合图案形成工艺专利申请原创国家/地区分布（图3－9）可知，美国的专利申请总量占据了全球的一半以上，且排名靠前的专利申请人较多来自美国，表明中国在该技术分支的专利申请量主要来自少数几个表现突出的专利申请人，其余创新主体的专利申请量并不突出，而美国则拥有更多参与到专利申请活动当中的创新主体，且专利申请数量也较为可观。

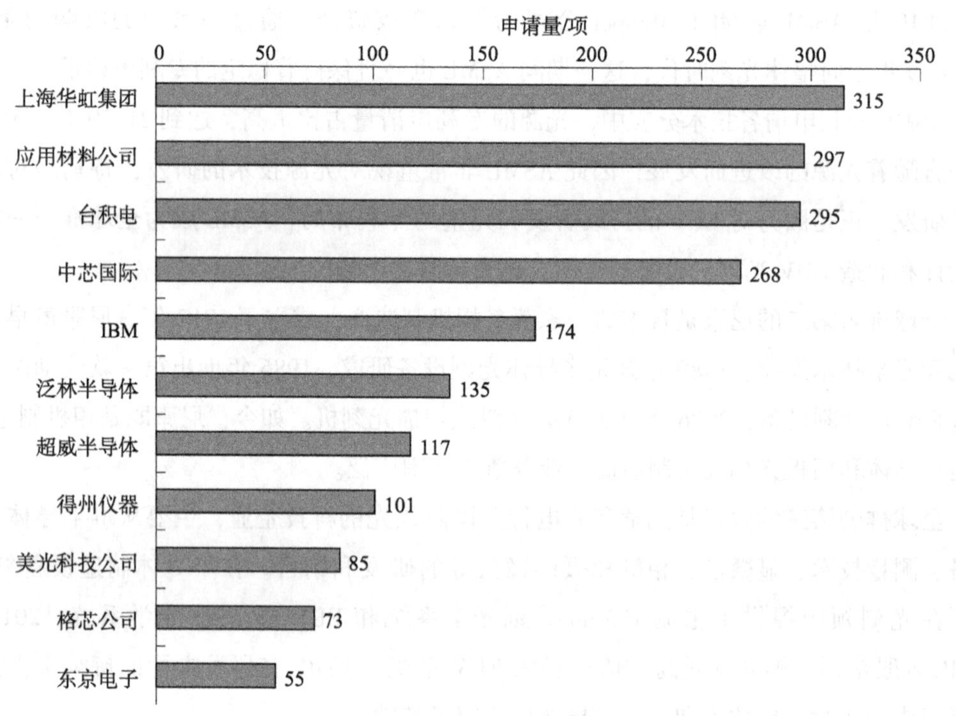


**图3－9　图案形成工艺专利申请人申请量排名**

根据上述专利申请人排名情况，以及前期调研结果，泛林半导体在刻蚀技术领域具有重要影响力。泛林半导体在刻蚀技术领域的专利申请开始时间比较早。在1990年之前，该公司的主要研发方向集中在刻蚀过程的自动执行、等离子体源的射频技术创新等。1990～1995年，泛林半导体主要致力于等离子源的耦合技术以及电介质刻蚀技术的研发，例如电感耦合等离子体刻蚀、双频约束电介质刻蚀等。1996～2015年，泛林半导体的研发方向更加广泛，除了继续推动电介质刻蚀技术不断发展外，其专利申请还涉及金属层刻蚀、深硅刻蚀，并且在多层堆叠结构的刻蚀领域也进行了技术创新。2016～2020年，泛林半导体依旧保持着蓬勃的研发和创新态势。其在其重点关注的原子层刻蚀技术方面进行了较多数量的专利布局，同时，为了获得更加精准的刻蚀图案和更优的刻蚀效果，其还进行了多种刻蚀方式相结合的技术创新。此外，随着产业发展对于产率、良品率要求的不断提高，泛林半导体也致力于解决生产效能、系统运行整体时间等方面的技术问题，从而获得更大的吞吐量、更高的良品率以适应产业化需求。值得注意的是，近年来，泛林半导体利用大数据信息，将机器学习等新兴技术与传统刻蚀技术相结合，以快速预测和设计刻蚀图案、更加精准地控制刻蚀过程、及时发现刻蚀过程中存在的问题等。

国内的中微半导体作为创新主体的代表，其在2008年之前的技术创新主要集中在等离子体源的射频频率的改进方面，且致力于研究电介质刻蚀技术，并发明了双台多腔刻蚀系统，有利于多个样品刻蚀过程的并行处理。2008～2013年，中微半导体继续致力于研发等离子源的射频频率调节技术（例如：双频切换），同时，在等离子源的耦合方面也进行了技术创新（例如：电容/电感耦合等离子体刻蚀技术）。此外，中微半导体对于刻蚀机内部结构、相关部件等方面也作出了技术创新（例如：研发了抗腐蚀等离子腔以及能够快速响应、精细控温的相关技术和设备）。2014～2020年，中微半导体开始关注系统功能整合（例如：将刻蚀、清洁、去胶等功能整合于同一台设备中）。此外，在深硅刻蚀、多层堆叠结构刻蚀等方面，中微半导体也作出了技术创新。由于产业化发展对生产效率提出了更高的要求，中微半导体近年来也致力于高产、高效刻蚀技术的研发，以期缩短系统运行时间、提高产能和良品率，从而满足生产需求。

**（三）中国在各技术分支寻求突破的探讨**

1. 涂胶

涂胶的传统技术被日本厂商牢牢把控，专利申请量的前十名中除三星外，均被日本企业占据。前道领域，东京电子是引领者；清洗设备领域，日本企业也占据3/4的市场。但结合上文对这一分支的专利申请趋势分析以及重要技术脉络梳理来看，日本的核心技术仍然是十多年前的技术（2000年专利申请量达到顶峰，年均专利申请200余项），该领域主流技术遇到瓶颈的趋势明显，目前从专利申请情况看仍没有较大的技术突破迹象。这意味着有大量专利包括核心专利保护期已到或将要到期，虽然可以通过一定的布局技巧来延续核心技术的保护时间，但作为国内相关厂商，在目前以及未来的几年可以加大对这些核心技术的利用率。目前也确实有国内企业采用仿制以及在仿制基础上改进的策略。从专利申请量上看，国内专利申请人在该领域的相关专利申请量在2017年后已经超过日本。当然也需要看到在这些即将到期的核心专利的外围还有一些应用型专利的布局，这是现阶段在技术引进消化吸收时需要注意的问题。

2. 对准曝光

从前述的专利技术脉络梳理看，国内投影物镜大多采用折射式结构，少数采用浸没式结构，国外先进的投影物镜均采用折反式+浸没式结构或EUV全反射结构，国内外的差距十分明显。但也应当看到，近几年一些中国企业如科益虹源全面开展28nm浸没式曝光光源项目开发，完成了193nm样机实验，进入国际最高端的DUV光刻光源产品行列，并且对相关技术也进行了专利布局。

为推动我国集成电路制造产业的发展，国家曾实施科技重大专项“极大规模集成电路制造装备及成套工艺”，俗称“02专项”。其中长春国科精密光学技术有限公司承担了02专项的核心光学任务，Epolith A075型曝光光学系统是其核心研究成果之一，为浸没式光刻机曝光光学系统的研发与产业化奠定了良好的技术与产业化基础，但是其在投影领域几乎没有专利申请。

国望光学承担了02专项核心任务——面向28nm节点的ArF浸没式光刻曝光光学系统的研发攻关，并且拥有110nm/90nm/28nm及以下节点极大规模集成电路制造投影光刻机曝光光学系统产品的研发、设计与批量生产供货能力，但是其只有零星的几项专利申请。

从专利申请量排名来看，目前上海微电子在部分分支（如投影技术）专利申请量并不低，排名第三，超过了尼康、佳能等国外厂商。另外中国科学院上海光学精密机械研究所、中国科学院长春光学精密机械与物理研究所以及北京理工大学等科研院所和高校的专利申请量在近几年增长迅速，也在逼近排名靠前的企业。如中国科学院上海光学精密机械研究所为了高精度地检测大数值孔径光刻机投影物镜的高阶波像差，申请了多项专利，如CN105372948A、CN105629677A。上海微电子也有相关部件的配套专利申请，如CN102073217A、CN186238A等。但这样的相互配合的合套设备专利并不多，这一方面说明像国外的ASML和蔡司的组合专利申请的申请量在国内并不多，另一方面也说明多方合作研发的模式在国内还亟待加强。

另外，虽然我国光刻机的部件已经能达到或接近国际先进水平，但在总装上还有差距，部分核心技术例如EUV光源部分的技术还有所缺失。而EUV光源以及相关的对准、投影技术正是ASML等企业的布局重点，且这一部分内容是国内半导体制造产业绕不开的核心技术。

结合上述分析，笔者结合专利分析结果认为：

目前的研发还是需要对以ASML为代表的国际先进技术进行实时跟踪，特别是跟踪核心技术点的发展动向，寻找局部技术突破点。例如从上述对ASML的专利布局分析研究发现：ASML在照明、传输等领域的布局占比并不高；另外，采用EUV为光源的光刻机自身存在功耗高、污染大等问题，笔者试图在专利上找寻合适的解决方案，但并没有找到相关专利。这说明上述这些内容在专利布局上空白点还很大，即便是国际大厂与国内企业也是站在基本一条起跑线上的。国内企业需要立足EUV光刻机和浸没式光刻机的研究，有针对性地在对准曝光领域中对光刻机照明、传输，解决EUV光源功耗高、污染大等问题着力进行技术攻关，另外通过研究技术功效矩阵，提早进行专利布局。

ASML目前技术上处于垄断地位，部分技术并不一定需要通过专利呈现出来。经初步统计，ASML 的非专利文献大概有1600 余篇，相当于 ASML 专利申请量的1/3。这些技术内容部分出现在专利文献中，部分并未出现在专利文献中，因此在做好 ASML 专利分析的基础上研究可自由实施的技术，也是加强国内对准曝光领域技术升级换代的关键措施。

3. 图案形成

从前述的分析结果可知，泛林半导体的专利布局时间早、专利申请量较大，涉及的具体技术问题范围广，涵盖了等离子体发射源的频率调节技术、电感/电容耦合等离子体刻蚀技术、对于不同材料（例如：金属、电介质等）的刻蚀技术、对于多层堆叠结构的刻蚀技术、深硅刻蚀技术等。在具有代表性的原子层刻蚀技术方面，泛林半导体也拥有相当数量的专利申请。同时，泛林半导体在多种不同刻蚀方式的联合使用、产率提升及系统运行时间缩减以及将人工智能应用于刻蚀过程等方面也进行了技术创新和专利布局。相比之下，刻蚀技术分支国内重要专利申请人中微半导体的专利申请量相对较少，但同样涉及与泛林半导体相同的多个重点技术问题，例如：等离子体发射源的频率调节技术、电感/电容耦合等离子体刻蚀技术、对于多层堆叠结构的刻蚀技术、深硅刻蚀技术等，且同样在产率提升及系统运行时间缩减方面进行了专利布局。值得注意的是，随着3DNAND 非易失闪存技术的不断发展，多层堆叠结构的刻蚀或将成为技术瓶颈。国内重要专利申请人在这方面仍需要关注国外龙头企业的技术创新发展动向，同时应该关注如何利用多种不同的刻蚀方式的联合来确保刻蚀精度以及均匀性。例如：在原子层刻蚀方法中，通过将衬底的表面暴露于转化反应物来执行表面转化操作；再将衬底的表面暴露于含有配体的反应物来执行配体交换操作；执行解吸操作，从而从衬底的表面除去表面物质；执行清扫操作；重复表面转化操作、配体交换操作、解吸操作和清扫操作，进行预定数量的循环。通过上述不同处理方式的结合、循环执行可使蚀刻质量可控，并获得更大的均匀性和一致性。此外，从对专利数据的分析看，随着人工智能的发展，利用神经网络、机器学习等手段对刻蚀图案进行预测、对刻蚀过程进行控制等，也是未来的发展方向。因此，国内重要创新主体在保持自身优势和特色的同时，也应注重国外重要创新主体的研发趋势和专利布局，将多种不同的刻蚀方式、处理方式相结合以提高刻蚀精度、一致性、均匀性和精确性，充分利用大数据、人工智能技术等在刻蚀过程中进行技术创新。

## 四、总结

本文从集成电路光刻工艺专利申请趋势和分布上进行了分析，光刻工艺全球专利申请量在2003～2005 年达到峰值，此后专利申请量逐渐下降，但是仍然保持年均不少于1000 项的专利申请量，从2015 年起又呈现上升趋势，专利申请量增加的部分原因是中国的专利申请量快速增长。

从技术分支发展上看，涂胶技术领域日本一家独大，以2/3的专利申请占比成为全球最重要的技术输出地。中国厂商在涂胶的产业链上有比较大的市场空间，并有较多的专利布局，例如中芯国际、芯源微电子等。在对准曝光工艺技术上，尼康、佳能和ASML三足鼎立，牢牢把握先进光刻机的核心技术，占领先进光刻机的绝大部分市场。中国企业在光刻机领域也奋力追赶，但是只能在中低端光刻机市场占有一定的份额。在图案形成方面，美国以泛林半导体为引领，专利申请量占全球的一半以上。但是刻蚀技术方面，上海华虹集团、中芯国际等专利申请量比较大，市场空间也比较大，在重要技术节点上有相应的专利布局。

从涂胶、对准曝光以及图案形成三个方面探讨中国对“卡脖子”技术的突破方式：对于涂胶工艺领域应注重对到期核心专利的利用与改造；对于对准曝光领域应抓住目前还存在的技术空白点同时又是行业亟需攻克的难点进行合作攻关，同时还需要关注可自由实施的由国外企业发表的非专利文献；对于图案形成领域，提高刻蚀精度、一致性、均匀性和精确性仍是研发重点，同时应针对目前研发的新动向，及时抢占多种不同方式刻蚀这一先进技术方向，做好技术的专利布局。

## 参考文献

[1] 人工智能学家. ASML的光刻机霸主之路［EB/OL］.（2019-09-15）［2021-05-18］. https：//blog. csdn. net/cf2SudS8x8F0v/article/details/100869666.

[2] 徐明飞. 高数值孔径投影光刻物镜的光学设计［D］. 吉林：中国科学院长春光学精密机械与物理研究所，2015.

[3] 方正证券. 光刻机行业研究框架-专题报告［EB/OL］.（2020-06-22）［2021-05-18］. www. chuangze. cn/third_down. asp? txtid=1781.

[4] 干法刻蚀技术的应用与发展［EB/OL］.（2019-03-17）［2021-03-26］. https：//max. book118. com/html/2019/0315/7143010166002013. shtm.

[5] 刘金声. Sub-100-nm特征尺寸研究及干法刻蚀技术的近代发展特点［J］. 系统工程与电子技术，1989（8）：52-66.

[6] 李建中. 半导体器件工艺中干法刻蚀技术的进展［J］. 微细加工技术，1993（3）：43-51.

[7] 任延同. 离子刻蚀技术现状与未来发展［J］. 光学精密工程，1998，6（2）：7-14.

[8] 刘金声. 纳米器件与干法刻蚀技术目前发展的特点［J］. 微细加工技术，1992（1）：65-75.

[9] 伍强. 衍射极限附近的光刻工艺［M］. 北京：清华大学出版社，2019.

[10] KS-FT200/300前道8/12寸涂胶显影机［EB/OL］.［2021-06-15］. http：//www. kingsemi. com/? p=537&a=view&r=534&city_name=.

[11] 田静. 半导体光刻工艺中图形缺陷问题的研究及解决［D］. 上海：复旦大学，2008.

# 集成电路关键材料溅射靶材专利技术综述

杜峰❶ 赵飞飞❷ 路润博❸ 吕潇❹

赵勇❺ 崔洺珲❻ 闫妍❼ 王博❽

**摘 要** 本文从专利分布和技术布局的角度出发，以集成电路关键材料溅射靶材为主题，使用关键词并结合国际专利分类号，对全球专利数据库中的全球发明专利申请进行了检索，得到相关的发明专利申请。对上述数据进行手工筛选分类，通过研究分析揭示了以铜、钽、钛、铝和钨为代表的集成电路关键材料溅射靶材的全球专利申请状况，分析了以纯度、相对密度、晶粒和织构为要点的技术发展脉络。

**关键词** 集成电路 溅射靶材 专利布局 技术分析

## 一、概述

溅射是集成电路制造过程中最常用的一种物理气相沉积（PVD）技术，利用高速离子流，在高真空条件下分别去轰击不同种类的金属溅射靶材的表面，使各种靶材表面的原子一层一层地沉积在晶圆的表面上，再通过特殊的加工工艺，将沉积在芯片表面的金属薄膜刻蚀成纳米级别的金属线，将芯片内部数以亿计的微型晶体管相互连接起来，从而起到传递信号的作用。[1]

其中，溅射靶材是制备集成电路的关键材料，也是本文的研究重点。集成电路制造工艺对溅射靶材所用金属材料的纯度和内部微观结构等方面都设定了极其苛刻的标准。

集成电路制造过程中使用的溅射靶材主要包括铜、钽、钛、铝、钨、镍、钴等。[2]其中，制备逻辑芯片时用量大的是铜、钽、钛、铝、钴、镍、铂等，占全部逻辑芯片靶材的95%以上，仅铜和钽两种靶材就占到85%。制备动态随机存取存储器芯片（DRAM）时，溅射靶材主要为钨、钛、钽、铝、钴、铜，用量最大的为钛和铝。而制备闪存芯片（NAND）使用的溅射靶材主要为钨、钛、铜、钽。由此可见，以铝、铜、钛、钽和钨为

❶❷❸❹❺❻❼❽ 作者单位：国家知识产权局专利局专利审查协作天津中心，其中赵飞飞、路润博、吕潇等同于第一作者。

主要材料的靶材在集成电路制造中使用最为广泛、用量最大，因此，本文选择铝、铜、钛、钽和钨靶材作为主要研究对象。

**（一）集成电路用溅射靶材的性能要求**

随着集成电路芯片制造技术的不断发展，芯片的特征尺寸不断缩小，并向微细加工的物理极限进军，7nm、5nm 芯片逐步成为现实；同时，晶圆的尺寸不断增大。这对集成电路用靶材的微观结构和宏观尺寸提出了更高的要求。

集成电路芯片制造领域用溅射靶材对材料的纯度、相对密度、晶粒尺寸及均匀性、织构等方面均有严格的要求。[3]

1. 纯度

靶材中的杂质会在溅射沉积过程中进入薄膜，导致电阻率增加，同时会造成薄膜均匀性不佳等问题，最终降低器件的良品率。靶材的纯度决定了薄膜的纯度，高纯度甚至超高纯度靶材是高端集成电路半导体芯片的必备材料，一般来讲，其纯度需≥99.999%(5N)。集成电路行业的不断发展对靶材提出了越来越高的要求，如何持续降低靶材中杂质元素的含量，提升靶材的纯度，成了集成电路靶材应用的关键一环。

2. 相对密度

集成电路用溅射靶材的致密性越高越好。靶材中的孔洞在溅射过程中会产生不均匀冲蚀现象，是溅射过程中发生微粒现象的主要原因。而薄膜中的微粒越多，器件的良品率越低。另外，靶材的相对密度越高，薄膜的沉积速率越快，靶材溅射效率越高。

3. 晶粒尺寸及均匀性

细晶靶材的溅射沉积速率及成膜均匀性均优于粗晶靶材，因此镀膜设备商通常偏爱细晶靶材。除晶粒尺寸外，提升靶材中晶粒的均匀性同样重要，其直接影响溅射效率和沉积薄膜的均匀性，而晶粒尺寸的均匀性需从径向和轴向两个维度来进行评价。因此，减小靶材晶粒尺寸同时提升晶粒尺寸的均匀性，是靶材制备领域一个重要的研究方向。

4. 织构

织构（多晶体的晶粒取向分布规律）对溅射沉积而成的薄膜的厚度均匀性具有显著的影响，因此，需要保证靶材厚度方向上的织构在整个靶材溅射生命周期内的均匀性。

**（二）集成电路用溅射靶材制备工艺**

集成电路用溅射靶材属于电子材料领域，其产业链上下游关系如下：采矿—冶炼—加工—电子材料—电子元器件—计算机/通信/其他电子设备终端。

靶材制备技术在不同材料、规格的产品制造工艺上存在差异，但主要加工过程可分为“熔炼＋热机械化处理”和“粉末烧结＋热机械化处理”两大技术路线。在严格控制靶材纯度的基础上，通过选择不同的加工工艺及后续连接、机械加工方法，实现靶材微观组织性能调控、靶材与背板的高可靠性连接、高精度的靶材产品加工，同时采用分析检测手段对靶材的关键性能参数进行在线监控，确保满足溅射制备薄膜的要求。

1. 熔炼 + 热机械化处理法

高纯金属如铝、钛、镍、铜、钴、钽、银、铂等具有良好的塑性，直接采用物理提纯法熔炼制备的铸锭或在原有铸锭基础上进一步熔铸后，以锻造、轧制和热处理等热机械化处理技术进行微观组织控制和坯料成型。对于上述金属的合金材料，首先采用高纯原材料熔炼制备成分均匀、低缺陷的合金铸锭，再进行加工。通常铸锭的原始晶粒粗大，为达到细化晶粒的目的，需要研究高纯材料的形变和再结晶特性，通过合适的热机械化处理工艺实现靶材晶粒细化和晶体取向的优化调控。

2. 粉末烧结 + 热机械化处理法

对于钨、钼、钽等难熔金属及合金，由于材料的熔点高、合金含量高、易偏析、本征脆性大等原因，采用“熔炼 + 热机械化处理法”难以制备或者材料性能无法满足溅射要求时，需要采用粉末烧结法制备。首先，进行粉体材料的预处理，包括采用粒度和形貌合适的高纯金属粉末进行均匀化混合、造粒等，再选择合适的烧结工艺，包括冷等静压（CIP）、热压（HP）、热等静压（HIP）及无压烧结成型等。在致密化烧结过程中，通过温度、压力、时间、气氛等工艺参数对材料的组织性能进行控制。对于部分烧结体，如钨、钼、钽等纯金属，致密化后还可以进行热机械化处理，进一步实现组织性能的优化调控。为减少溅射过程中产生的电弧（arcing）、颗粒（particle）等问题，通常粉末烧结靶材相对密度应≥99%，才能避免裂纹、分层等缺陷。

### （三）全球溅射靶材行业发展概况

长期以来全球溅射靶材研制和生产主要集中在美国和日本的少数几家公司，以霍尼韦尔（美国）、日矿金属（日本）、东曹（日本）等跨国集团为代表的溅射靶材生产商较早涉足该领域，经过几十年的技术积淀，凭借其雄厚的技术力量、精细的生产控制和过硬的产品质量居于全球溅射靶材市场的主导地位，占据绝大部分市场份额。[4] 与国际知名企业相比，我国的溅射靶材研发生产技术还存在一定差距。

### （四）研究目的与数据检索

本文选择铜、钽、钛、铝、钨靶材作为研究对象，对集成电路用溅射靶材领域专利情况进行完整的分析，全面了解全球范围内的专利情况，分析我国在集成电路用溅射靶材领域的技术现状，展望技术发展趋势。

数据检索选用中国专利文摘数据库（CNABS）和德温特世界专利索引数据库（DWPI）。通过关键字和分类号在数据库中检索获得初步结果，通过浏览配合分类号去除明显噪声。数据检索截止时间为 2020 年 12 月 31 日。对检索到的专利文献进行详细的去噪、手工标引和技术分类，最终确定文献数量为 868 篇。

## 二、专利申请情况分析

### （一）全球和中国专利申请量和中国趋势分析

集成电路产业的发展已经经过 40 多年，集成电路用溅射靶材是伴随着集成电路以及相关薄膜技术的发展而不断演进的。图 1 展示了集成电路用溅射靶材领域的专利申请趋势。全球集成电路用溅射靶材的专利申请可以追溯到 20 世纪 70 年代，之后申请量波动增长。进入 21 世纪后，集成电路和微电子行业迎来了爆发式的发展，集成电路用溅射靶材领域的专利申请量也开始迅速增长。

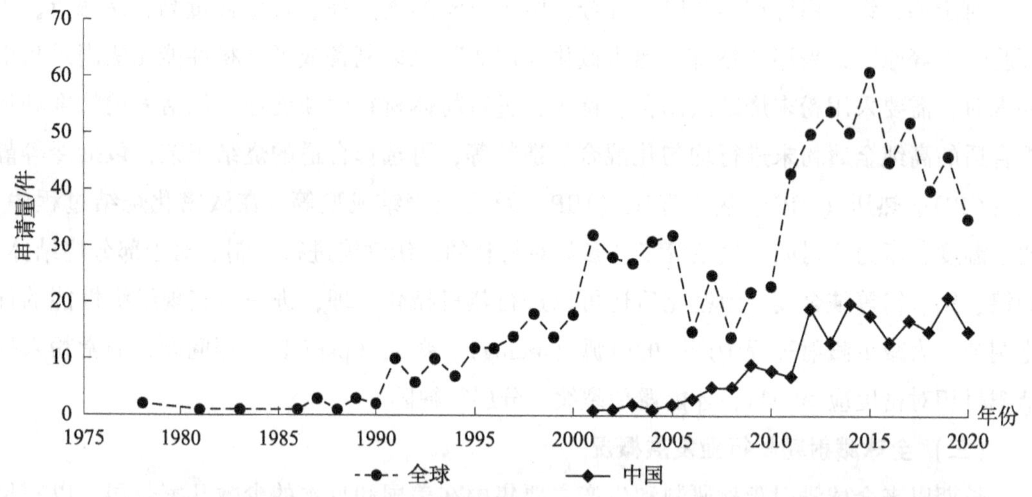


**图 1　集成电路用溅射靶材领域全球专利申请量和中国专利申请量趋势**

我国集成电路用溅射靶材领域的研究在 21 世纪初开始起步，前十年主要处于探索阶段，在 2011 年之后迎来了快速发展。2008 年日本发生地震海啸，美国又发生严重的金融危机，导致靶材出货量锐减和全球市场需求疲软，这也是 2008 年左右全球集成电路用溅射靶材专利申请量处于低谷的主要原因，也导致了全球集成电路市场的结构性调整，给以江丰电子为代表的中国靶材厂商带来了难得的机遇。2009 年之后，中国靶材厂商的专利申请量迈上了新的台阶。

### （二）技术分布

如图 2 所示，早在 20 世纪 90 年代之前，针对铝靶、钛靶、钽靶、钨靶的研究就已经开始，而对铜靶的研究是在进入 90 年代后才逐步兴起的。关于铜靶的专利申请量在进入 21 世纪后逐步稳定。铝靶相关研究虽然起步较早，但发展较为缓慢，在 2001 ~ 2010 年申请量达到高峰，2011 年起申请量又逐步降低。钛靶在 20 世纪 90 年代得到了大力的发展，专利申请量明显多于其他材料，在经历了 2001 ~ 2010 年申请量的萎缩后，

2011～2020 年专利申请量又逐步回升。关于钽靶的专利申请量，在 2001 年之前都处于起步阶段。2001 年起，随着集成电路产业对靶材性能的要求提高，钽靶的专利申请进入了快速发展的阶段。钨靶的专利申请量随着产业的进步逐步增长，并于 2011～2020 年达到高峰。

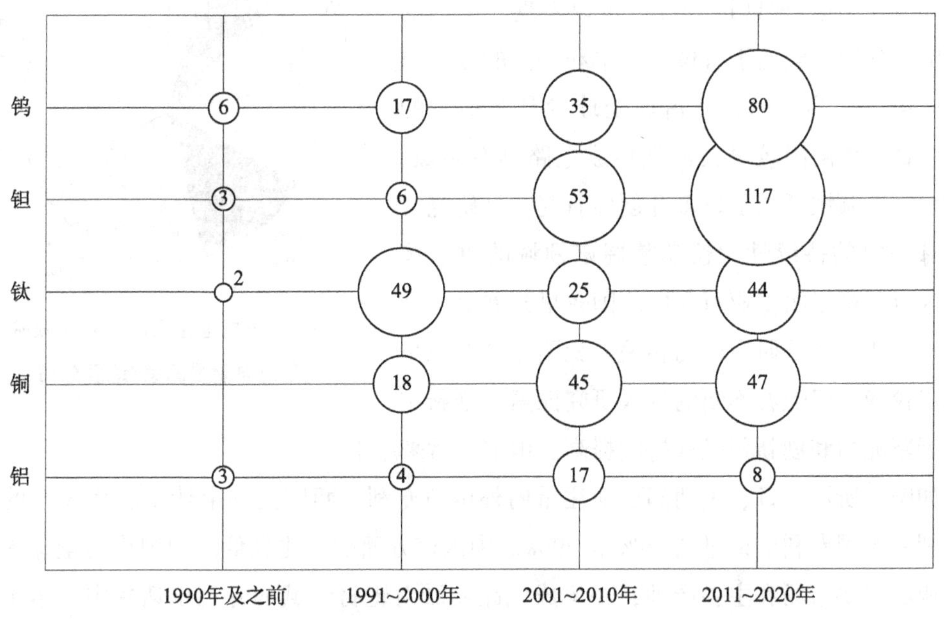


**图 2　不同类型集成电路用溅射靶材专利申请的时间分布**

注：图中数字表示申请量，单位为件。

如图 3 所示，针对铝靶的技术要点主要集中在晶粒的研究上，而针对铜靶的研究更加侧重于纯度和晶粒，对织构的研究也较多。而随着产业的发展，钛靶、钽靶、钨靶的研究侧重点各有不同。钛靶对纯度、晶粒、相对密度、织构等技术要点的研究均较多，而钽靶更侧重研究织构、纯度和晶粒，相比之下，钨靶的研究更关注纯度、晶粒和相对密度，对织构关注较少。

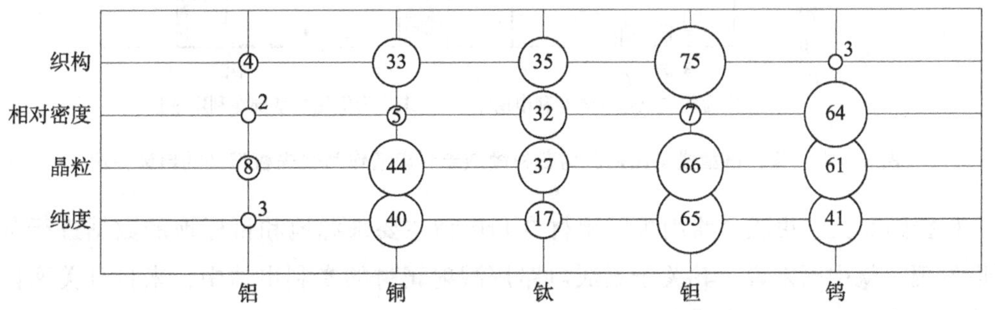


**图 3　不同类型集成电路用溅射靶材在技术要点上的专利申请分布**

注：图中数字表示申请量，单位为件。

### （三）创新主体分析

1. 申请人国家/地区分析

图 4 为集成电路用溅射靶材领域专利申请量国家/地区分布，截至 2020 年 12 月 31 日。对该领域申请人所在国家/地区进行统计可以发现，中国的专利申请数量已经居于首位；日本和美国的专利申请量居第二、第三名，共占据全球专利申请量的 35%。日、美两国较早关注到集成电路制造领域，在靶材制造领域开展了较多开创性研究，且研究工作具有一定的持续性，长期掌握该领域的重点技术，这也与第三次工业革命中两国较早开展电子计算机技术相关领域研究密切相关。我国在该领域虽然起步较晚，但随着不断的深入研究探索，创新主体的创新能力和创新积极性持续提高，申请量后来居上。

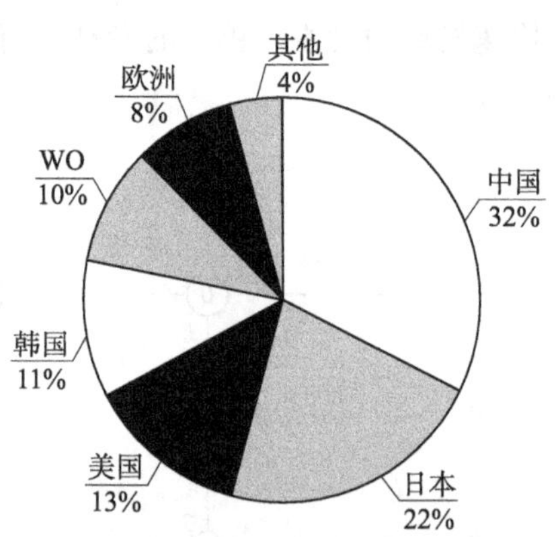


**图 4　集成电路用溅射靶材领域专利申请量国家/地区分布**

如图 5 所示，日、美两国更加注重向外申请专利。两国向外申请要求优先权的申请量分别占本国专利申请量的 76% 和 79%。中国该方面的占比较低。中国作为全球集成电路产业的主要市场和主要产地，在集成电路用溅射靶材领域的专利申请集中在本土，而在全球的专利布局明显不如美国和日本，最直接的原因是美国和日本在集成电路用溅射靶材领域起步和积累都明显早于中国，且更加注重专利全球化布局。

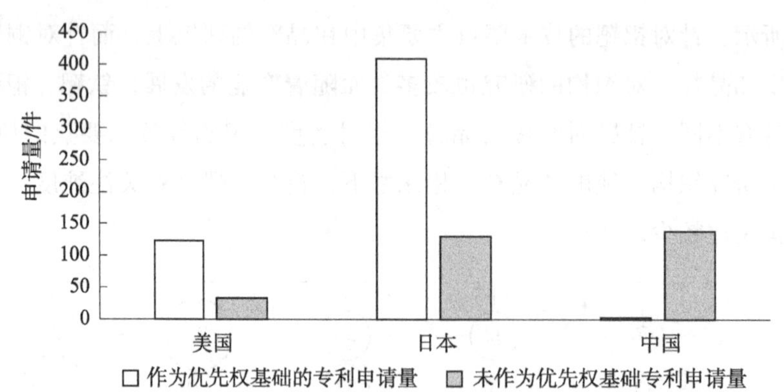


**图 5　中、美、日集成电路用溅射靶材领域专利申请作为优先权基础的申请情况**

根据图 6 关于集成电路用溅射靶材专利申请主要来源地和目标地的数据进行分析可以发现，就中国来说，其关于集成电路用溅射靶材的专利申请中，来自日美两国的专利申请所占比重也较高，表明日美两国投入了较多精力进行集成电路用溅射靶材领域的研究，积极地进行了全球性的专利布局，注重在全球市场上对核心技术的把握和占有。

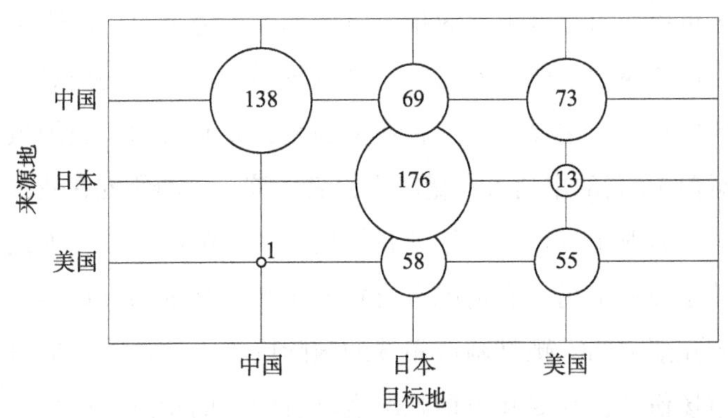


**图 6　集成电路用溅射靶材专利申请主要来源地和目标地分析**

注：图中数字表示申请量，单位为件。

2. 重点创新主体分析

通过对集成电路用铜、铝、钽、钛、钨溅射靶材专利申请量的分析，按照申请量进行排序，得到了该领域中专利申请量前十五位的申请人申请量情况如图 7 所示。

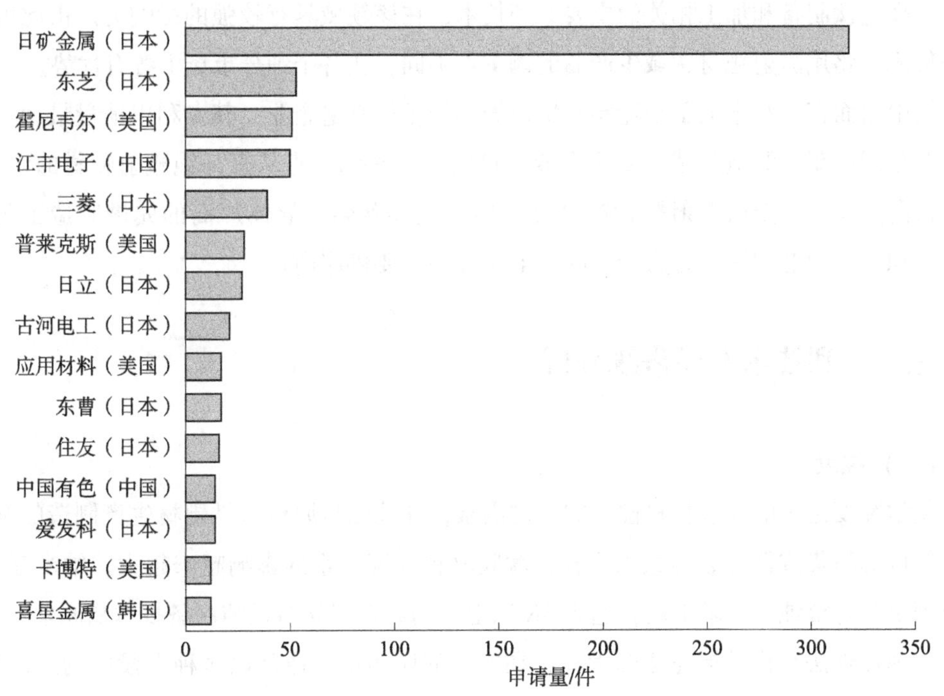


**图 7　集成电路用溅射靶材领域全球专利申请量前十五位的申请人申请量**

其中，中国申请人有 2 名，申请量共 64 件，占前十五名申请人总申请量的 9.29%。日本申请人有 8 名，申请量共 505 件，占前十五名申请人总申请量的 73.29%。美国申请人有 4 名，申请量共 108 件，占前十五名申请人总申请量的 15.67%。韩国申请人有 1 名，申请量共 12 件，占前十五名申请人总申请量的 1.74%。

从申请人排名可以看出，该领域的相关申请人主要为企业，说明该技术的主要创新来源于企业，属于产业驱动型的技术研究，具有较强的产业应用前景。并且，该领域在国外的研究相对比较集中，主要由几家企业掌握相关专利技术。我国虽然专利申请量较高，但是跻身全球前 15 名的申请人数量较少，表明该领域的研究在我国相对较为分散。

鉴于集成电路用溅射靶材技术属于创新转化效率较强的领域，因此，申请人的专利申请情况与其在该领域的市场占有情况有直接的关系。日本的日矿金属、东曹以及美国的霍尼韦尔、普莱克斯为四家靶材制造领域的国际巨头，占据了集成电路用溅射靶材制造领域的大多数市场份额，其专利申请状况也具有明显的特点。以日矿金属和霍尼韦尔为例，日矿金属的靶材加工综合实力居全球第一，其专利申请数量排名全球第一，且其拥有的 PCT 申请数量居于上述四家靶材制造企业中的首位，表明其较强的国际专利布局能力以及在该领域的领先地位，就具体领域而言，其靶材制造专利主要涉及的材料为铜和钽，该企业在铜靶和钽靶领域的市场占有率也位于全球首位；而对美国的霍尼韦尔来说，虽然其专利申请数量较日本的相关公司仍有一定的差距，但是该公司长期掌握钛靶制作中高纯钛制备和加工相关的主要专利技术，在该领域具有较强的影响力。由此可见，国外集成电路用溅射靶材领域生产商的侧重点不同，在各个细分市场上各有优势。

就中国而言，江丰电子是近年来快速崛起的靶材制造企业，其专利申请量最为突出。该企业是国内靶材制造领域的龙头企业，自成立以来就一直从事高纯溅射靶材的研发生产，目前其超高纯金属溅射靶材产品已应用于世界著名半导体厂商的先进制造工艺中，成为台积电、中芯国际、海力士、联华电子等的主要供应商。

## 三、专利技术发展路线分析

### （一）纯度

化学纯度是影响薄膜材料性能的关键因素，高纯靶材原材料是靶材生产制造的基础，随着单位面积集成器件数的急剧增长，薄膜材料纯度因素的影响越来越大。纳米互连工艺中铜及其合金纯度要求最高，达到 6N 以上。高纯金属材料提纯制备技术从原理上可以分为物理提纯法和化学提纯法两大类，在实际的应用中，通常以多种手段的物理、化学方法联合提纯实现高纯材料的制备。

1. 化学提纯方法

化学提纯是制取高纯金属的基础，是借助氧化、还原、配合等化学反应达到分离杂质目的的技术。化学提纯法可分为湿法提纯和火法提纯两类。湿法提纯一般包括离子交换、溶剂萃取、置换沉淀、湿法电解精炼等；火法提纯主要包括氯化物精馏、碘化物热分解、金属有机物热分解、歧化分解、熔析精炼、熔融盐电解等。目前应用最多的是电解精炼提纯，根据电解质种类的不同可以分为水溶液电解法、熔融盐电解法和有机溶剂电解法三种。该方法利用杂质金属与主体金属在阴极上析出电位的差异达到提纯的目的。常见的如高纯铜、钛等都是通过电解精炼法制备的。

日矿金属于 1989 年在专利 JPHO2213490A 中提出了一种熔融盐电解生产高纯度钛的方法，生成电沉积的树突状高纯度钛。东芝于 1991 年在专利 KR19910003133A 中提出了熔融盐电解形成高纯度钛材料。

2. 物理提纯方法

物理提纯是利用主体金属与杂质元素物理性质的差异，采用蒸发、凝固、结晶、扩散、电迁移等物理过程去除杂质，从而实现主体金属材料的高纯化。物理提纯法制备高纯金属材料的方法包括区域熔炼法、偏析提纯法、真空蒸馏法、单晶法、电迁移法等。由于真空条件降低了气体杂质在金属中的溶解度，超过溶解度的部分气体杂质便会从金属中逸出而脱除，在去除杂质元素的同时，真空物理提纯（真空感应熔炼、电弧熔炼、电子束熔炼等）还能够实现材料的熔炼成型，制备高纯金属及合金坯料。对于高熔点金属如钛、钽等可采用电子束熔炼或电弧熔炼制备；对于铝、铜等金属及其合金等可采用真空感应熔炼制备。

住友重工于 1995 年在专利 JPHO949074A 中，提出了通过真空电子束解法获得的粗钛材料在高真空中熔化电子束的方法，获得高纯度钛。

常州六九新材料科技有限公司于 2012 年在专利 CN102430759A 中，提出了采用真空感应熔炼处理高纯度钛原料、在真空条件下加氢生成氢化钛、真空球磨、真空脱氢、真空分级包装等步骤，获得的高纯钛粉的纯度≥99. 99%。大连理工大学于 2010 年在专利 CN102031394A 中，提出了采用电子束熔炼提纯铜材料的方法，首先将阴极铜清洗后，去除暴露表面的主要杂质元素；然后经由电子束熔炼、电磁净化和直接定向凝固去除杂质；最后获得具有均匀柱状凝固组织的高纯铜铸锭。

3. 化学提纯结合物理提纯方法

单一的化学提纯或物理提纯方法通常不能直接得到最终的高纯金属产品，在实际的工业生产中，通常是多种提纯方法联合使用。如在高纯铜的制备过程中，首先采用物理提纯方法重结晶和化学提纯方法离子交换法制备高纯度的硫酸铜电解液，然后采用电解精炼去除金属杂质元素制备高纯阴极铜，最后通过真空熔炼去除原料中的碳、氮、氧等气体元素，最终得到高纯铜锭。

日矿金属于 1998 年在专利 JPH1025527A 中，提出了多级熔融消耗电极式真空电弧熔融钛，并随后通过真空熔炼来实现对钛进一步去除杂质，多阶段提纯钛。东芝于 2001 年在专利 JP4370655B2 中，提出了通过在钽精炼过程使用离子交换法，可以减少高熔点金属中的杂质，并通过电子束熔炼法制备高纯度钽金属靶材。

4. 技术发展路线

通过对靶材金属原料提纯的专利技术进行梳理，得到了金属材料提纯的技术发展脉络。如图 8 所示，1989 年日矿金属对于金属钛提纯采用了化学提纯的方法；随后东芝 1991 年提出了采用物理提纯方法真空感应熔炼来提纯金属钛，2000 年提出了化学提纯结合物理提纯的方法，其中，化学提纯采用火法电解或湿法电解精炼，物理提纯采用真空熔炼。目前，国内公司采用化学提纯结合物理提纯的相对较少，大多数只采用物理提纯方法。常州六九新材料科技有限公司、金堆城钼业公司以及江丰电子均采用真空感应熔炼针对金属钛进行了提纯。昆山海普电子材料有限公司采用真空感应熔炼对金属钽进行提纯。大连理工大学提出了采用电子束熔炼来对金属铜进行物理提纯。宁夏东方钽业提出了采用电子束熔炼来对金属钛进行物理提纯。国内采用的原材料较多为进口，纯度本身较高，不需要化学提纯和物理提纯相结合的方式提纯，但是由于我国对靶材金属原材料提纯方法研究较晚，建议今后的技术研发多关注化学提纯结合物理提纯方向。

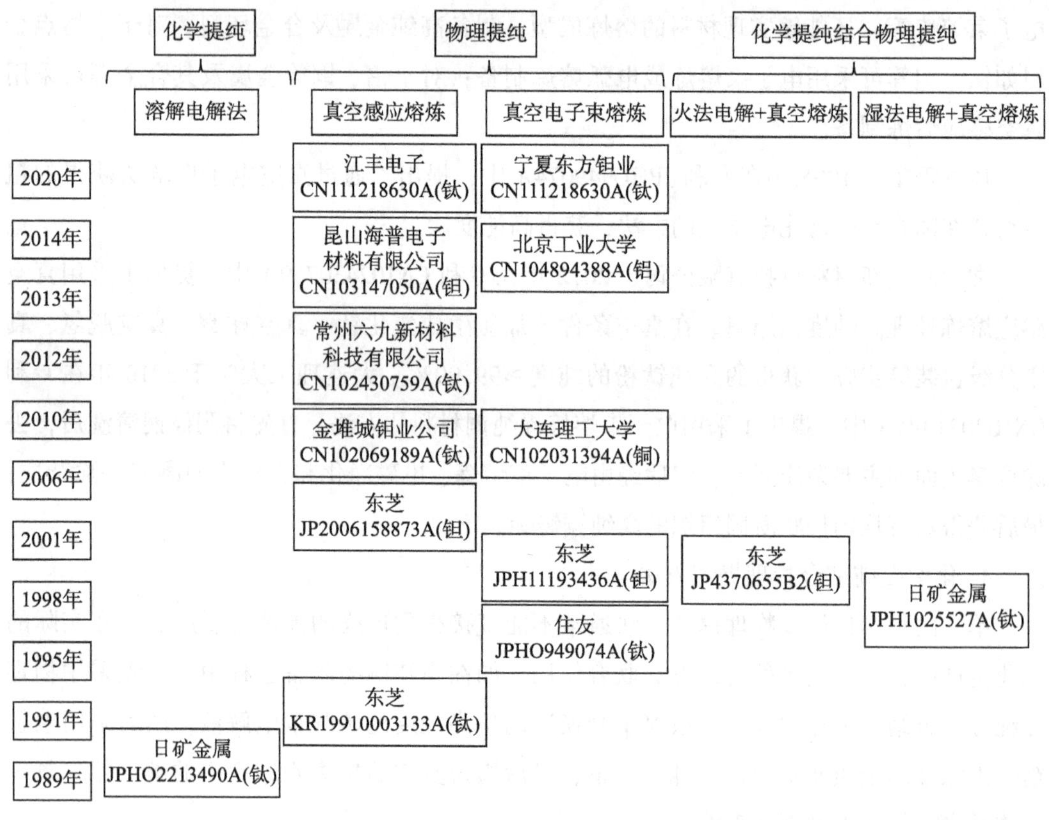


**图 8 集成电路用溅射靶材纯度技术路线**

## （二）相对密度

相对密度（或称“致密度”）为溅射靶材的重要参数之一。靶材中孔洞结构的存在会导致靶材在溅射时产生异常放电与颗粒脱落，大大降低了半导体制品的良品率；提高靶材的相对密度，可以减少靶材中的气孔，进而提高溅射时薄膜的沉积速率，同时显著抑制溅射膜粒子的异常放电现象。

就溅射靶材的制备方法而言，熔炼铸造法由于熔炼步骤的存在，由其制成的靶材天然具有较高的致密度；粉末冶金法主要包括粉末的制备和烧结，由其制备的靶材虽然具有独特的化学组成和机械、物理性能，但由于采用金属粉末作为原材料，致密度低是该工艺较难克服的明显缺陷之一。

因此，专利技术中对提高靶材致密度的相关研究主要集中在粉末冶金法，改进的技术构思主要包括烧结参数的优化以及粉末的改性处理。如图 9 所示，分别从上述两种技术构思的角度，结合专利技术的发展状况进行相关分析。

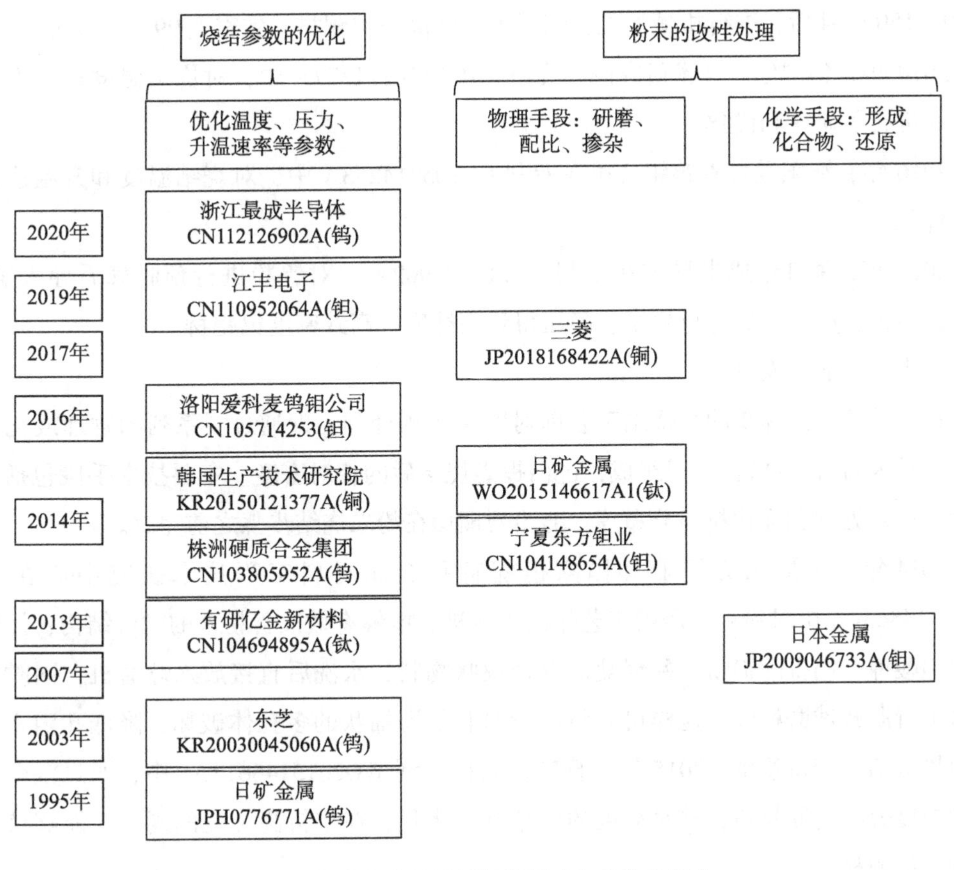


**图 9　集成电路用溅射靶材相对密度技术路线**

1. 烧结参数的优化

为了提高溅射靶材的致密度，通常针对具体的靶材特性，对烧结过程中的温度、压力、时间、气氛等工艺参数进行调整和优化。

1995 年日矿金属在 JPH0776771A 中公开了高纯度、高密度钨靶的制备方法，在氢气氛下将钨粉烧结，加热至≥200℃，此后进行热轧制。

2003 年东芝在 KR20030045060A 中公开了制备钨靶时，利用热压机进行加压时升温至最高烧结温度的步骤，加压烧结包括中间烧结工艺，所述中间烧结工艺以 2 ~ 5℃/分钟的升温速度升温后，在 1450 ~ 1700℃下保持 1 小时以上，制得的靶材相对密度为 99%以上。

2013 年，有研亿金新材料在专利 CN104694895A 中，对烧结温度进行分段控制，制造的靶材相对密度可达到 99.5% 以上。

2014 年株洲硬质合金集团在专利 CN103805952A 中公开了一种大尺寸高纯钨靶材的制备方法：将钨粉均匀混合后进行冷等静压压制成型，之后进行 2300 ~ 2400℃、8 ~ 12 小时的中频感应烧结；1450 ~ 1550℃退火 90 ~ 180 分钟后，热轧再进行 1300 ~ 1400℃退火 90 ~ 150 分钟后，进行机械加工，制得大尺寸高纯钨靶材，致密度 99.5% 以上。

2014 年，韩国生产技术研究院在专利 KR20150121377A 中，对烧结温度和压力的控制方式进行了研究和优化。

2016 年，洛阳爱科麦钨钼公司在专利 CN105714253A 中，对烧结温度和升温速率进行了优化。

2020 年，浙江最成半导体在专利 CN112126902A 中对钨粉进行预脱气后导入氢气，继续加热进行脱气，后进行烧结、静压得到高纯度、高致密度钨靶材。

2. 粉末的改性处理

粉末的改性处理指的是烧结工艺前对粉末的预处理，即通过一系列的物理或化学手段改变粉末自身的结构和/或组成，进而提高烧结后的相对密度。主要技术手段包括还原处理、掺杂处理和优化粒径分布等，上述处理均在粉末烧结步骤之前完成。

2014 年，宁夏东方钽业和国家钽铌特种金属材料工程技术研究中心在专利 CN104148654A 中对粉末的研磨工艺作出了改进，能够有效改善粉末的微观结构：用钠还原氟钽酸钾，制得的钽粉及稀释盐的混合块状物料，水洗后直接放入球磨机，同时加入纯水进行湿式球磨粉碎，这样可以将钽粉原有的海绵状的多孔体破坏，降低孔隙率，使其由松散结构变得致密。2015 年，日矿金属在专利 WO2015146617A1 中，通过混合烧结不同粒度分布的原料粉，并对粒度的分布进行优化，在维持高纯度的同时，能够获得高密度溅射靶材。

**（三）晶粒**

集成电路用溅射靶材对晶粒尺寸要求严格。一般而言，靶材晶粒越细，溅射沉积速率越高，晶粒尺寸相差越小，溅镀薄膜的厚度分布越均匀。

采用“熔炼 + 热机械化处理法”制备的靶坯，受限于原始晶粒粗大的缺陷，通常直径在厘米级，且晶粒尺寸不均匀，需要采用多次热锻和再结晶退火工艺将晶粒细化，才可以得到符合工艺要求的晶粒，形成工业靶材。上述的大量复杂的形变热处理工艺增加了成品不确定性，成品仍会存在靶材晶粒尺寸和晶粒织构取向均匀性较难控制的缺点，导致带状织构产生。

采用“粉末烧结 + 热机械化处理法”制备的靶坯，经粉末压制、烧结等工艺，改变金属粉末间结合方式，使压制粉末颗粒间的机械结合变成金属键结合，形成金属原坯。由于金属粉末原料粒径小，在烧结过程中不会发生晶粒剧烈生长，使得金属原坯的晶粒尺寸远小于熔炼法制备的靶坯的晶粒尺寸，烧结后晶粒尺寸可达到 100μm 以下，经少量轧制处理便可获得超细晶粒，形成工业靶材。

作为后续手段，靶材晶粒尺寸超过合适的晶粒尺寸范围时，为提高靶材的性能，必须严格控制靶材的晶粒取向。织构方面内容在后文详述，在此不予赘述。

如图 10 所示，对“熔炼 + 热机械化处理法”和“粉末烧结 + 热机械化处理法”两条专利技术路线结合专利技术的发展状况进行相关分析。

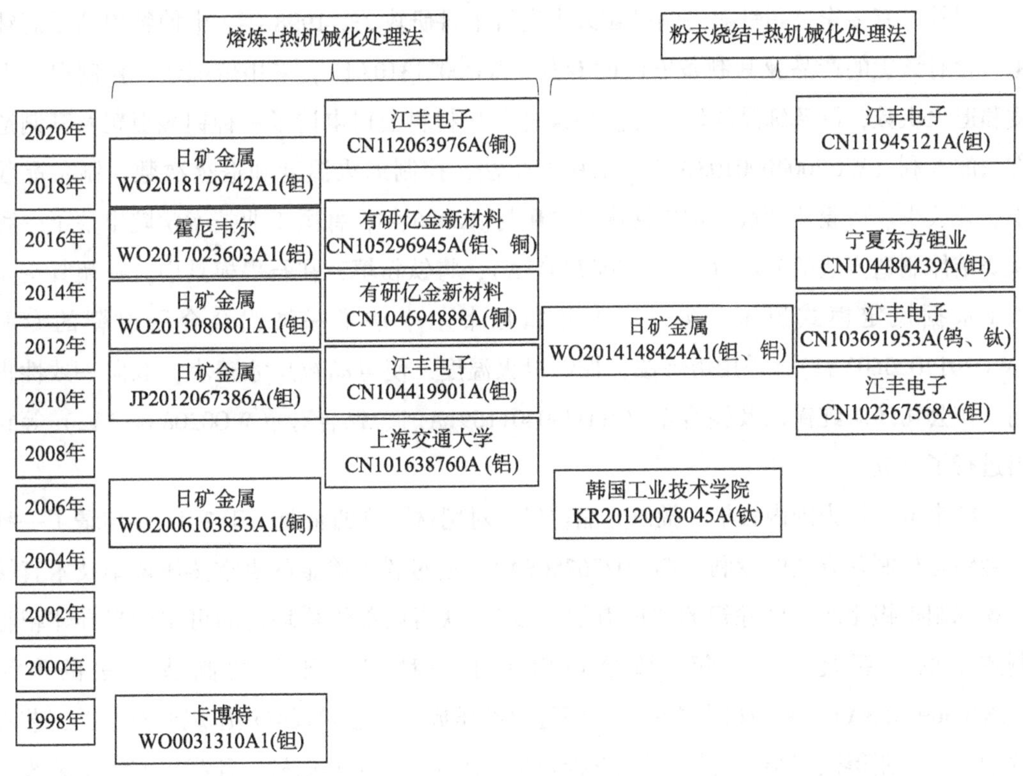


**图 10　集成电路用溅射靶材晶粒技术路线**

日矿金属为本行业重点创新主体，该公司于 2006 年提出了一种深锅状铜溅射靶及其制造工艺的专利申请（WO2006103833A1），通过改良、设计锻造工序及热处理工序，得到硬度高且均匀、结晶粒径微细且均匀、溅射时的结核及颗粒的产生减少的产品。该公司于 2011 年、2012 年分别提出了一种钛溅射靶的专利申请（JP2012067386A、WO2013105283A1），两份申请分别在熔铸中添加微量的铝、硫等添加元素，有效抑制晶粒粗大化和晶面取向的改变，即使在高功率溅射（高速溅射）时也不产生龟裂、破裂，使溅射特性稳定。2013 年该公司进一步申请了一种钽溅射靶及其制造方法的专利（WO2013080801A1、WO2014097900A1），采用熔炼法，控制温度和退火次数，使得晶粒尺寸及取向优化，成膜速率提高。2014 年，该公司对钽溅射靶工艺进行进一步调整（WO2014136679A1），采用熔炼法，控制轧制参数，使得晶体取向一致，晶粒细小，纯度高。同年，该公司还申请了一种钛溅射靶及其制造方法的专利（WO2014136702A1），通过调整热处理工艺，降低了裂纹和压裂发生的概率，增加沉积的稳定性、均匀性。2015 年，该公司申请的一种钛溅射靶的专利（WO2015050041A1）中，在熔铸时添加微量的铌、钨，使得组织均匀微细，可获得稳定的高薄膜形成速率并形成均匀的膜。2018 年，该公司分别对钽溅射靶（WO2018179742A1）、钛溅射靶（WO2019058721A1）生产工艺进行改进，以细化晶粒。

国外另有多家公司针对控制晶粒大小进行了科研攻关。1998 年，卡博特申请了高纯钽、含有该钽的产品及其制备方法的专利（WO0031310A1），采用熔炼法，控制退火温度和退火次数，制备细晶均匀靶材。2004 年日矿材料公司申请了一种钽溅射靶及其制造方法的专利（WO2004090193A1），采用熔炼法，控制退火温度和退火次数，制备晶粒小、裂纹少、成膜速度快、均匀性优异的靶材。2006 年，韩国工业技术学院申请了一种钛烧结体制造方法的专利（KR20120078045A），将钛粉填充在石墨模具中，在超真空条件下根据设定模式恒压升温。2016 年霍尼韦尔申请了一种铝合金溅射靶的专利（WO2017023603A1），采用熔炼法，控制退火温度，使得晶粒尺寸减小，取向一致性提高。该公司还对纯铜以及铜合金（WO2004011691A1）、钛合金（WO02088413A2）等材料进行了研究。

江丰电子作为国内较早一批研究晶粒尺寸对靶材影响的企业，于 2011 年申请了一种高纯钽靶材制备方法的专利（CN102367568A），通过粉末冶金的真空热压烧结技术直接由粉末制得钽靶坯，消除钽的“固有织构带”，获得内部织构均匀的可用于半导体靶材制造用的钽靶坯。2012 年，该公司申请了一种钨钛靶材的制造方法的专利（CN103691953A），采用粉末烧结法，通过对冷压成型处理和真空热压烧结及相关工艺参数的设定，制得微观结构均匀，具有优异的溅射使用性能的靶材，且制造方法工艺步骤少、生产速度快。2013 年，该公司申请了一种钽靶材的制造方法的专利（CN104419901A），采用熔炼法、二次退火方式，使得靶材内部晶粒细小、结构均匀，有效避免钽靶材内部出现分层等缺陷。2020 年，该公司申请了一种钽铝合金溅射靶材及其制备方法的专利（CN111945121A），采用粉末烧结法制备靶坯，采用热等静压工艺，不仅可以减少外界对靶材的氧化作用，还具有工艺简单、成本较低等优点。同年，该公司还对铜靶工艺进行改进（CN112063976A），采用热锻和冷锻相结合的处理工艺，并在两次锻造后均进行再结晶。

有研亿金新材料于2013年申请了一种高纯铜靶材的制备方法（CN104694888A），采用熔炼法，将塑性变形与热处理相结合，制备晶粒细小、分布均匀、完全满足溅射的需求的靶材；还申请了一种铜合金靶材加工方法的专利（CN104746020A），采用熔炼法，控制热锻参数，使得平均晶粒尺寸在30μm以下，织构取向随机分布，能够满足集成电路45nm及以下工艺制程的要求。2015年，该公司申请了一种铝合金溅射靶材的制备方法的专利（CN105525149A），采用熔炼法，调整热处理工艺，使得靶材晶粒细小，微观组织均匀性明显提高。2015年，该公司申请了一种铝合金溅射靶材及其制备方法的专利（CN105296945A），靶材由铝、铜和难熔金属组成，通过熔炼、热机械化处理及成型加工等工艺制备而成，产品纯度高、晶粒细小均匀。同年，该公司还申请了一种高性能钽溅射靶材的制备方法的专利（CN105525263A），采用熔炼法，以控制温度和轧制参数方式，制得晶粒尺寸≤80μm且分布均匀的产品。2018年，该公司申请了一种超细晶铜锰合金靶材的加工方法的专利（CN109338314A），采用熔炼法，进行多次锻造和温度控制，制备平均晶粒尺寸在1μm以下产品。

昆山海普电子材料有限公司于2013年申请了一种高纯钽靶材的生产方法的专利（CN103147050A），采用粉末烧结法，通过吸氢、热等静压烧结等手段制备晶粒大小分布均匀且晶粒尺寸小的钽靶材；该公司另对钽钌合金、钛铝合金等材料粉末冶金制备工艺有所研究。宁夏东方钽业于2015年申请了钽靶材锻造方法的专利（CN104532196A、CN104451567A），采用熔炼法，分别配合酸洗的工艺和多次锻造控制温度的方式，制备晶粒细小、成分均匀的产品，还采用粉末烧结法（CN104480439A）制备内部组织细小均匀、无织构的钽靶；该公司另有多个相关专利申请（CN102989767A、CN102909299A、CN105177513A），是国内研究钽靶的主要企业。此外，洛阳爱科麦钨钼科技股份有限公司（CN105714253A，2016年）、株洲稀美泰材料有限责任公司（CN108193177A，2017年）、赣州有色冶金研究所（CN111519147A，2020年）等创新主体也针对钽靶提出了各自申请。

我国高校方面，上海交通大学于2009年申请了超高纯铝超细晶粒溅射靶材的制备方法的专利（CN101638760A），通过等通道挤压、深过冷处理以及轧制相结合的技术，细化晶粒。东北大学于2010年申请了一种超高纯铝细晶、高取向靶材的制备方法的专利（CN102002653A），采用超高纯铝锭高温退火—多向锻造—冷轧—道次间冰水冷—低温退火的工艺制得细晶靶材。重庆大学于2016年申请了一种靶材用高纯钽板的热处理方法的专利（CN105441846A），采用熔炼法，控制热处理工艺，细化靶材的晶粒，优化组织。东南大学于2017年申请了一种高择优取向细晶超高纯铝靶材的制备方法的专利（CN107119244A），采用熔炼法，限定热轧、退火等步骤中的具体参数条件，制备高取向且晶粒细小的产品。

**（四）织构**

多晶体靶材在未经加工前，各晶粒在空间的取向是随机的。而经锻造、轧制、挤压及其组合引起机械变形，再配合各机械变形之间的热处理，可使晶粒再结晶以制造均匀精细的晶粒微结构。多晶体靶材的各晶粒取向因此呈现一定的规则性，出现晶粒在某些取向上几率增大的现象，这样的现象称为织构或择优取向。

靶材溅射时，靶材中的原子最容易沿着密排面方向择优溅射出来，材料的结晶方向对溅射速率和溅射膜层的厚度均匀性影响较大。因此，获得一定结晶取向的靶材结构对溅射成膜具有重要影响。

如图 11 所示，从粉末冶金法和熔炼—锻造—轧制—热处理两条专利技术路线结合专利技术的发展状况进行相关分析。

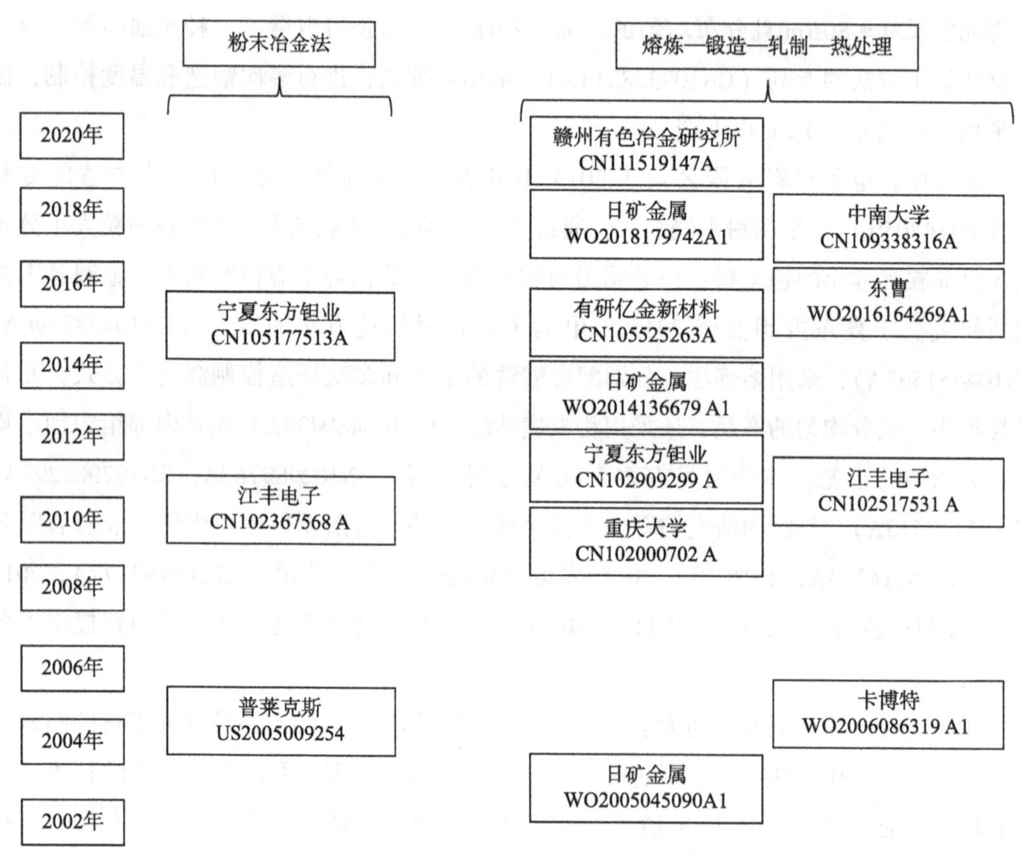


**图 11　集成电路用溅射靶材织构技术路线**

以钽靶为例，钽靶内织构对溅射成膜具有显著影响已经成为行业共识。为了提高靶材的溅射速度，普遍选择密排面｛110｝织构占优的织构组分，而为了使获得的膜厚比较均匀，则采用在厚度方向｛111｝、｛100｝织构占优的织构组分；而随着研究的进一步深入，严格控制所需织构的比例成为研究的重点。

2006 年，日矿金属提出使钽或钽合金靶材中｛110｝面的 X 射线衍射强度比为 0.2 以下，可使在整个溅射靶的寿命期间各靶的成膜速度的变动最小化，进一步提高并稳定溅射过程中半导体的生产效率（WO2006117949A1）。

2010 年，重庆大学提出在轧制过程中的每轧制一道次将轧制方向旋转 135°后进行轧制，且道次压下量的弧厚比控制在 2～3，总轧制道次需与弧厚比及总的形变量配合，总形变量为 90%，可将溅射面的晶粒尺寸控制在 100±20μm，γ 织构的含量可以控制在 30%～60%，随机织构含量可以控制在 30%～60%（CN102000702A）。

2014 年，日矿金属通过降低其溅射面中的｛200｝面的取向率并且提高｛222｝面的取向率，降低钽靶的放电电压，使得易于产生等离子体，并且提高了等离子体的稳定性（WO2014136679A1）。

2015 年，宁夏东方钽业采用粉末冶金法得到粒度均匀、无织构的内部组织，提高靶材性能（CN105177513A）。同年，该公司还提出采用三次轴向镦粗拔长、径向打方的热锻、三次三向墩粗拔长的热锻与十字交叉热轧，有利于提高钽锭内部组织的均匀化，使钽靶材在厚度方向获得｛111｝、｛100｝织构占优的织构组分，且织构均匀性好（CN104741872A）。

2015 年，有研亿金新材料提出对高纯钽铸锭进行冷却锻造，使锻造过程中铸锭表面温度≤100℃；然后对铸锭进行轧制，每个方向多次轧制后转向，形成米字交叉轧制，每次轧制的变形量控制在 10%～25%，总变形量在 70% 以上；再对轧制后的靶坯进行再结晶退火；最后对再结晶的钽板进行机加工，得到高性能钽溅射靶材，晶粒尺寸≤80μm，且分布均匀，溅射面的｛111｝择优取向达到 50% 以上，纵截面的择优取向｛110｝的含量控制在 20%～40%，且在纵截面的圆周方向上均匀分布，使靶材溅射薄膜的均匀性进一步提高，厚度跳动范围为±3% 以下（CN105525263A）。

2015 年，日矿金属对经熔炼铸造的钽锭进行锻造和再结晶退火，然后进行轧制和热处理，从而形成钽溅射靶的｛100｝面的取向率为 30%～90% 且｛111｝面的取向率为 50% 以下的晶体组织（WO2015146516A1）。

2016 年，宁夏东方钽业提出通过采用特殊的轧制工装和快速升温热处理工艺，可制备直径在 400～1000mm，厚度在 6～30mm 的大规格靶材，且使该种靶材获得的｛111｝｛100｝织构组分比例控制在 20%～40%，织构组分分布波动控制在 10% 以内，能满足 28nm 及以下制程的半导体应用（CN106756832A）。

2016 年东曹提出将钽锭沿着 x、y 和 z 维度的至少两个进行压缩，且在这些维度的至少一个上进行横轧，然后，由经横轧的锭切割出一对靶坯，所得的靶主要具有混合的｛100｝和｛111｝织构，且具有减少的 B｛100｝和 B｛111｝成带系数（WO2016164269A1）。

2016 年，日矿金属提出了沿｛111｝面取向的晶粒的面积率均小于 35%，｛111｝/

{100} 的面积率之比均为 2.0 以上的钛靶制备方法，使用该靶实施溅射，膜厚均匀性和/或膜厚均匀性的变动率降低（WO2016190159A1）。

2017 年，江丰电子在保证所述原始靶材内沿平行于所述溅射面方向的应力累积大的同时，使得原始靶材的拔长厚度变形率适中，进而使得拔长锻造后的原始靶材溅射面面积大，后续形成锻件靶材，有助于减少所述锻件靶材进行压延处理的压延厚度变形率，从而限制 {111} 织构的产生（CN109666907A）。

2018 年，重庆大学提出通过异步轧制，每道次旋转 90°，且每道次互换轧制面的方式对钽板进行塑性变形，制备出的高纯钽溅射靶材的组织、织构分布更为均匀，维氏硬度较高且平均，结合退火处理将得到均匀分布的晶粒（CN108465700A）。

2018 年，日矿金属提出适度降低大功率溅射的速度，提高溅射时膜厚的均匀性（WO2018179742A1）。

2018 年，中南大学采用熔炼法制备高纯度坯锭，将板坯经多次三维立体热锻造开坯、多次三维立体温锻、道次冷轧变形量和退火温度协同调控的交叉轧制等工艺集成，制备出纯度高、晶粒大小适中，晶粒尺寸均匀、厚度方向上 {100} 织构含量不大于 15%、{111} 织构含量大于等于 33% 的高纯钽溅射靶材（CN109338316A）。

2020 年，赣州有色冶金研究所提出通过扭转变形控制钽锭内部织构取向，通过扭转使钽锭内产生沿直径方向的切向变形，进而使钽锭内部织构方向发生定向改变，从而达到控制材料织构的目的，使 {111} 和 {100} 织构占优（CN111519147A）。

粉末冶金法可避免钽靶中产生强的织构取向现象，更易获得织构随机、均匀性较好的靶材，具有潜在优势，但由于制备过程中采用粉末混合、压制和烧结工艺，容易在制备过程中带入杂质元素，烧结过程杂质排除效果差。

熔炼锻造法可制备出高纯度、高致密度和具有织构的靶材，但是在熔炼过程中，金属晶粒容易长大，且金属锭内外的织构不均匀，锻造 + 热处理 + 轧制可以显著改善金属坯锭的晶粒尺寸和织构取向，且可以通过不断调整热处理 + 轧制的工艺来获得所需的晶粒尺寸和晶体织构。

## 四、结论

本文基于目前公开的全球专利申请，简述了集成电路中采用的铝、铜、钛、钽和钨靶材在纯度、相对密度、晶粒和织构性能上的制备工艺的发展和改进。从上面的专利分析可以看出，全球集成电路用溅射靶材的制备工艺专利技术存在如下特点：

（1）全球的集成电路用溅射靶材的专利申请量逐年稳步增长。进入 21 世纪后，集成电路和微电子行业迎来了爆发式的发展，靶材领域的专利申请量也开始迅速增长。

我国集成电路用溅射靶材的研究起步较晚，进入 21 世纪后专利申请呈现稳步快速增长趋势。

（2）不同材料类型的集成电路用溅射靶材在专利申请量和研究重点上各有特点。不同材料靶材的专利申请量随着产业的发展逐年增长，进入 21 世纪后迎来了专利申请量的快速增长期。铜靶专利申请侧重于纯度和晶粒的研究，铝靶的专利申请更集中于对靶材晶粒的研究，钛靶的专利申请对纯度、晶粒、相对密度、织构等技术要点的研究均较多，钽靶的专利申请对织构关注较少。

（3）虽然我国的专利申请数量超过日美两国，位居世界首位，但是日美两国研究起步早，作为技术发源国向外申请较多，而我国向外申请专利的数量较少。申请量排名前 15 位的申请人中，以日本申请人（8 位）和美国申请人（4 位）为主，中国申请人仅有 2 位。前 15 名申请人全部为企业，说明该技术的主要创新动力来源于企业，属于市场导向、产业驱动型的技术研究。

（4）靶材纯度研究以化学提纯方法、物理提纯方法和化学提纯结合物理提纯方法为主要工艺方法。东芝在日矿金属的化学提纯方法基础上延伸出物理提纯技术、化学提纯结合物理提纯技术。目前我国公司的研究主要集中在物理提纯，针对化学提纯和物理提纯结合的研究较少，化学提纯结合物理提纯是我国目前的技术短板。

（5）涉及靶材相对密度的工艺方法主要包括：熔炼铸造法、粉末冶金法。专利技术中对提高靶材相对密度的相关研究主要集中于粉末冶金法中，其改进的技术构思主要包括烧结参数的优化以及粉末的改性处理。

（6）关于靶材晶粒的控制方法较复杂。一般来说，采用“熔炼 + 热机械化处理法”制备的靶坯，需要采用多次热锻和再结晶退火工艺对晶粒细化。采用“粉末烧结 + 热机械化处理法”制备的靶坯，经粉末压制、烧结等工艺，改变金属粉末间结合方式，使压制粉末颗粒间的机械结合变成金属键结合，形成金属原坯，由于金属粉末原料粒径小，经少量轧制处理便可获得超细晶粒，形成工业靶材。

（7）控制靶材织构的工艺也较复杂，锻造、轧制、退火、扭转变形都是常用的工艺方法。锻造 + 热处理 + 轧制可以显著改善金属坯锭的晶粒尺寸和织构取向，且可以通过不断调整热处理 + 轧制的工艺来获得所需的晶粒尺寸和晶体织构。

**参考文献**

[1] 张卫刚，李媛媛，孙旭东，等．半导体芯片行业用金属溅射靶材市场分析［J］．世界有色金属，2018（10）：1 – 3．

[2] 江轩，李勇军，闫琳，等．半导体行业用靶材及蒸发源材料［J］．集成电路应用，2005（1）：67 – 68．

[3] 刘宁，杨辉，姚力军，等. 集成电路用大尺寸高纯钽靶材的制备工艺进展［J］. 集成电路应用，2018，35（2）：26－30.

[4] 冯黎，朱雷. 中国集成电路材料产业发展现状分析［J］. 功能材料与器件学报，2020（3）：191－196.

# 量子芯片专利技术综述

梁韬[1]　李芳[2]

**摘　要**　本文从专利技术分布和布局的角度出发，选择以量子芯片为主题，使用关键词对全球专利数据库中的全球发明专利申请进行了检索，得到相关的发明专利申请，对上述数据进行人工筛选分类，并对量子芯片专利技术态势作了研究分析，揭示了量子芯片相关发明专利申请的当前状况和未来的发展趋势。

**关键词**　量子芯片　量子计算　专利

## 一、概述

### （一）研究背景

随着量子计算研究的不断发展，量子计算已经被证明有望以现有超级计算机数百万倍的速度进行复杂计算。量子计算在高新技术领域（化学、医药、材料、人工智能等）、基础研究领域（粒子物理等）和国家安全领域（信息安全等）具有颠覆性的潜力，是关系未来技术进步、经济发展和国家安全的科技制高点。世界上多个国家和组织均意识到量子计算的巨大前景和深远意义，纷纷将量子计算作为重点发展方向。

美国是最早将量子信息技术列入国防与安全研发计划的国家。2002 年，美国国防部高级研究计划局（DARPA）制定了《量子信息科学与技术规划》，并于 2008 年启动名为“微型曼哈顿计划”的半导体量子芯片研究计划，将量子计算研究提升至与原子弹研制同等重要的高度。

欧盟于 2005 年提出专门用于发展量子信息技术的欧洲量子科学技术计划和欧洲量子信息处理与通信计划。2016 年 3 月，欧盟委员会发布《量子宣言》，斥资 10 亿欧元推动量子技术旗舰计划，在量子通信、量子传感器、量子模拟器和量子计算机四个领域开展研究。

---

[1][2] 作者单位：国家知识产权局专利局专利审查协作江苏中心，其中李芳等同于第一作者。

英国政府于2015年发布《量子技术国家战略——英国的一个新时代》和《英国量子技术路线图》，将量子技术发展提升至影响未来国家创新力和国际竞争力的重要战略地位。

日本、韩国、新加坡等科技强国均发布了自己的量子信息科学发展计划。[1]

中国在《“十三五”国家科技创新规划（2016—2020）》和《国家中长期科学和技术发展规划（2006—2020）》中均提到了发展量子科技的重要性，并将量子信息领域列入《“十四五”规划纲要和2035年远景目标纲要》，同时计划在合肥建立量子信息科学国家实验室。

芯片领域是中国发展较慢的技术短板，国内科技行业长期依赖美国公司提供的芯片技术。美国于2020年颁布了芯片出口禁令，意图通过芯片技术卡住中国科技发展的脖子。而量子芯片技术不仅仅是量子计算中最重要的攻关方向之一，也是中国打破美国技术封锁，赢取未来经济发展、保障国家安全的重要环节。但目前中国的量子芯片发展依然面临着巨大的困难。量子芯片的研发是一个复杂的工程，一方面需要以量子物理为基础进行量子计算模型的理论研究，另一方面也需要材料研发、半导体工艺、软件控制等工程技术支撑。中国量子计算的研究不少局限于原理性和演示性层面，在高端通用芯片、软件开发、极大规模集成电路制造装备等方面尚处于追赶地位。不过近年来，中国在量子芯片研究中取得了一系列突破，例如2020年12月中国科技大学潘建伟等人研发的“九章”量子计算机在计算速度方面已经比谷歌公司的“悬铃木”量子计算机快100亿倍。

**（二）研究对象**

量子芯片是将量子线路集成于基片上，以承载量子信息处理的功能。量子芯片是量子计算机的核心部件。

在传统芯片中，晶体管存在极限尺寸。由于海森堡不确定原理，晶体管的尺寸不可能无限制缩小，目前存在的晶体管的尺寸已经接近物理极限。器件尺寸的减小会导致加工的难度与成本增大，等离子刻蚀机、浸润式光刻机等纳米加工设备的换代成本更是达到数百亿美元。此外，当器件尺寸达到纳米量级时，量子隧穿效应将变得非常显著，晶体管中的电流会因此变得难以控制，可能会出现的量子尺寸效应将会导致经典计算机的计算结果准确性降低。此外，上亿个互补金属氧化物半导体（CMOS）器件在一个芯片上高速工作将会导致严重的发热问题，这都将大大降低器件的稳定性。为了突破这种尺寸极限，国外不少公司，如D－Wave、微软、IBM等纷纷瞄准了下一代芯片——量子芯片。

1. 量子计算原理

对于传统计算机而言，通过控制晶体管电压的高低电平，决定一个数据到底是“1”还是“0”，采用“1”或“0”的二进制数据模式，俗称经典比特，其在工作时将所有数据排列为一个比特序列，对其进行串行处理。而量子计算机使用的是量子比特。量子计算机具备如此强大的计算能力得益于两个独特的量子效应：量子叠加和量子纠缠。量子叠加能够让一个量子比特同时具备“0”和“1”的两种状态，量子纠缠能让一个量子比特与空间上独立的其他量子比特共享自身状态，创造出一种超级叠加，实现量子并行计算，其计算能力可随着量子比特位数的增加呈指数增长。理论上，拥有 50 个量子比特的量子计算机性能就能超过目前世界上最先进的超级计算机“天河二号”，拥有 300 个量子比特的量子计算机就能支持比宇宙中原子数量更多的并行计算。[2]

2. 量子芯片发展方向

目前量子芯片的实现大致有四种技术方向：超导、半导体量子点、离子阱和光量子。

（1）超导

超导量子计算的核心单元是一种被称为约瑟夫森结的电子器件。超导量子电路基于非谐振 LC 振荡器，包含叉指电容、约瑟夫森结和其提供的非线性电感器。约瑟夫森结把电路变成一个真正的人造原子，因为其从基态转变到激发态可以有选择地激发，可作为量子比特，而不同于 LC 谐振振荡器。

按照表征量子比特的不同，约瑟夫森量子电路大致可划分为电荷、磁通和相位三大类型。与原子和光子之类的天然量子体系相比，约瑟夫森量子电路这种人工量子体系具有以下特点：第一，约瑟夫森量子电路中的能级结构可以通过对电路的设计来制定，也可以通过外加的电磁信号进行调控；第二，基于现有的微电子制造工艺，约瑟夫森量子电路具有良好的可扩展性，这种可扩展性既包括约瑟夫森量子电路之间的级联，也包括约瑟夫森量子电路与其他量子体系之间的耦合。这些优点使得超导量子电路是最具潜力、也最有可能率先实现有实用价值的大规模量子信息处理器的物理方案之一。

利用超导量子器件实现量子计算是现今各种量子计算方案中发展最快、可集成电路性最好、潜力最大的方案之一。从相干时间、集成度、保真度（99.9% 以上）三项指标上看，超导量子比特的研究进展最为迅速。未来的超导量子计算发展需要解决两个问题，其一是延长量子比特的相干时间；其二是改进量子比特之间的耦合方式。英特尔、IBM、谷歌所取得的主要进展均是基于超导量子芯片方案。

（2）半导体量子点

利用量子点在半导体二维电子气上制备成单电子晶体管，其电子服从量子力学规律，可以将电子自旋的向上和向下作为量子信息单元 1 和 0。这种利用半导体器件上的电子自旋进行量子信息处理的量子点体系被认为是最有希望成为未来量子计算机的方向之一。[3]

半导体量子点技术利用了量子相干性，而目前存在的问题是半导体量子点体系受周边环境的影响比较严重，控制和维持其量子相干状态比较困难。因此与超导量子芯片方案相比，半导体量子计算的保真度不足，但半导体量子点具有可容错和可拓展两大优势，能够与现有半导体芯片工艺完全兼容，可以最大程度和现有半导体工业体系兼容，因此得到了研究机构和业界的广泛关注。2014 年新南威尔士大学获得了退相干时间高达 120 微秒、保真度达到 99.6% 的自旋量子比特；2017 年日本理化研究所在硅锗系统上获得了退相干时间达到 20 微秒、保真度超过 99.9% 的量子比特。目前，英特尔、Silicon Quantum Computing 等公司都投入巨资研发相关技术。

（3）离子阱

离子阱体系是最早尝试实现量子计算的物理体系。该体系实现量子计算的理论方案最早由 Cirac 和 Zoller 于 1994 年提出。在该类型芯片中，用离子的内态能级编码量子位，而用晶态离子的集体振动声子态编码运动量子比特位。用于产生量子比特的原子就在芯片的中心位置，被激发并被电磁场和库仑相互作用所束缚。在高真空中使用电磁场捕获离子化的原子可形成电离后原子的势阱。离子阱量子比特之间的相互作用力为库仑力。离子间的库仑斥力和轴向的谐振子势，使得 N 个离子在轴向形成 N 个振动（声子）模式，这些振动模式成为传导离子内态之间相互作用的"信使"。通过声子、激光、离子三者的作用可实现量子信息的初态制备、操控和读取。在实验中，可以用脉冲或激光来操控单个比特，两比特门通过选择性驱动两比特之间的振动模式来实现。目前，离子阱量子芯片的研究主要集中在提高量子操控的单元技术以及实现多位的量子信息过程两个方面。[3]

与前两者相比，离子阱量子计算的量子比特品质高，但其可扩展性差，还存在一个较大的问题是体积庞大。2016 年美国马里兰大学研制出可编程的 5 量子比特离子阱计算机。2016 年成立的美国量子计算机初创企业 IonQ 研制出 32 离子比特量子计算机原型机，并于 2020 年推出了"具有 32 个完美量子比特且门误差相当低"的离子阱量子计算机。

（4）光量子

光量子比特是以一个光子的水平极化模式或垂直极化模式分别为 0 和 1 位，而其他偏振态如 π/4 极化、椭圆偏振和圆偏振都是 0 和 1 的叠加态。2001 年，E. Knill 等人首次提出采用线性光学进行有效量子计算的可能性，仅使用分束器、移相器、单光子源和光检测器就可以进行有效的量子计算。这种在芯片上进行小规模的肖尔（shor）编译算法的演示，表明在集成波导的量子计算是有希望的。

光量子芯片技术向多光子纠缠和多维量子光子学电路的大规模集成方向发展。2017 年，J. G. Huang 等人实现了用于量子计算的 2 个量子比特单一可控量子门的硅光子芯片，其包含通过设计适当的操作的可控非门（CNOT）、可控阿达玛门（Hadamard gate）、可控相位和可控符号等量子电路，采用 CMOS 兼容硅纳米光子工艺制备光子芯片，并由光栅耦合器、环谐振器、定向耦合器和移相器等组成。2018 年，J. Wang 等人实现了 Si 上的多维量子光子学电路的大规模集成。该芯片集成了 16 个自发四波混频光子对源、93 个移相器、122 个光分路器、256 个十字线和 64 个光栅耦合器。在 16 个光叠加模式中生成的光子对中产生一个多维两偶纠缠态。该集成光子芯片可创建、控制和片上分析的多维纠缠达到 15×15 维度。[4]

此外，还有一些实现量子芯片的方向，如腔电动力学、拓扑绝缘体、金刚石色心等。

**（三）研究方法**

本文的检索主题是量子芯片，检索截止日期为 2021 年 5 月。研究采用的数据库是中国专利文摘数据库（CNABS）、VEN 数据库［德温特世界专利索引数据库（DWPI）和世界专利文摘库（SIPOABS）组成的虚拟数据库］、美国全文数据库（USTXT）以及 Patentics 专利数据库、HimmPat 专利数据库。

初步选择关键词和分类号对该技术主题进行检索，对检索到的专利申请文献的关键词和分类号进行统计分析，并抽样对相关专利申请文献进行人工阅读，提炼关键词作为主要检索要素，合理采用检索策略及其搭配，充分利用截词符和算符，对该技术主题在外文和中文数据库进行全面而准确的检索。根据对初步检索结果的统计和分析，总结得到检索需要的检索要素，并按照检索的需求，对各技术主题检索式进行总结，在 Patentics 专利数据库中导出全部检索到的文献，进一步人工筛选去除明显不相关的专利申请文献，检索结果为 1007 篇。

## 二、研究内容

**（一）专利申请态势分析**

1. 量子芯片全球专利申请态势

本节以检索截止日前已经公开的专利申请文献为基础，从专利申请整体发展趋势、技术来源国家/地区、主要申请人等分析角度，对量子芯片的全球专利申请状况进行分析。

（1）发展趋势

图 1 为量子芯片全球专利申请趋势。从图 1 可以看出，全球量子芯片领域的专利技术发展的三个阶段。

第一阶段（2001～2013 年）为萌芽期。2001 年美国诺思罗普·格鲁曼公司申请了全球范围内第一项涉及量子芯片的专利申请，之后长达 13 年的时间里，相应专利申请的数量一直处于每年 30 项以下的水平，呈现长期徘徊于低申请量的状况。数据表明，在这一漫长的阶段，各国研发人员零星地提出了涉及量子芯片的专利申请，量子芯片领域的研究处于逐渐萌芽的阶段。

第二阶段（2014～2016 年）为缓慢发展期。在这 3 年中，量子芯片领域的每年申请数量稳定在每年40多项，呈现出一个相对稳定的高于第一阶段的“台阶”期。

第三阶段（2017年至今）为爆发增长期。自2017年起，量子芯片领域的申请数量呈现快速增长的趋势。2017年当年的量子芯片领域申请数量就几乎比2016年增加了一倍。至2019年，年申请量已经达到285项，并且呈现出增长速度越来越快的趋势。可见，从2017年至今，量子芯片领域的研究一直处于爆发期。

总体来看，量子芯片的整体发展趋势依然是爆炸性发展趋势。

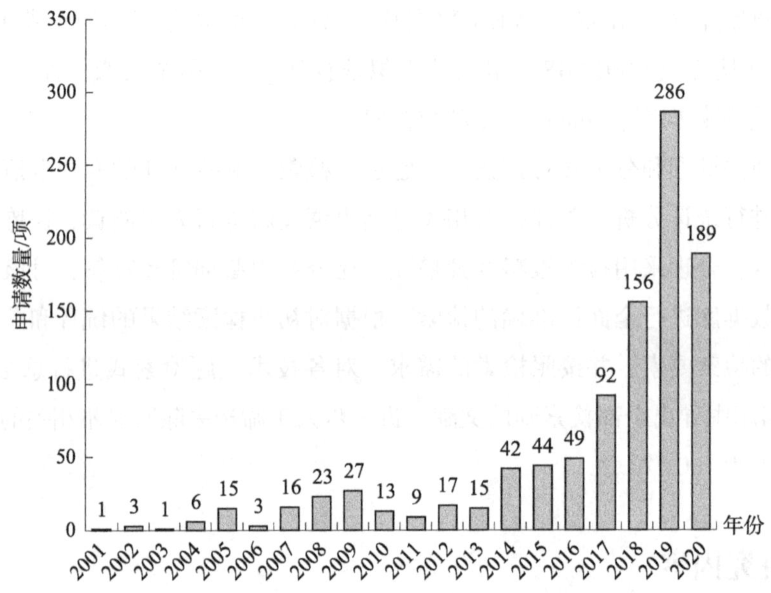


**图1　量子芯片全球专利申请趋势**

（2）技术来源国分布

美国和中国是市场前景最为广阔、经济实力最为雄厚的两个国家。量子芯片领域的全球专利申请主要集中于美国和中国。图2为量子芯片全球专利申请来源国分布。从图2可以看出，美国、中国分别以620项和330项申请遥遥领先，表明两国在该领域的研究投入了非常大的力量并且取得了不少研究成果。

图3和图4分别是美国和中国量子芯片专利申请趋势。从图3和图4可以看出，两国近20年的申请量变化趋势大致相同。美国起步于2001年，比中国略早；中国在2004年开始出现量子芯片领域的专利申请。从申请趋势来看，美国的量子芯片专利申请发展趋势与全球相同，在经历了2001～2013年的起起伏伏之后，自2014年申请数量开始稳定在每年30件以上，在2017年进入快速增长阶段。中国在2017年开始迅速增长，并且一直呈现爆发的态势。

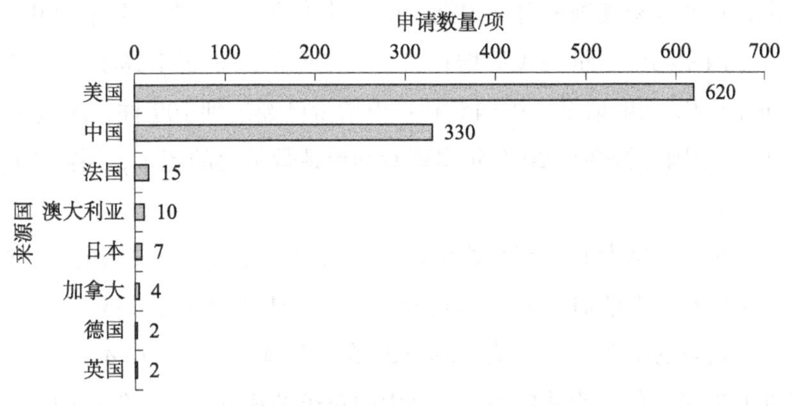


**图 2　量子芯片全球专利申请来源国分布**

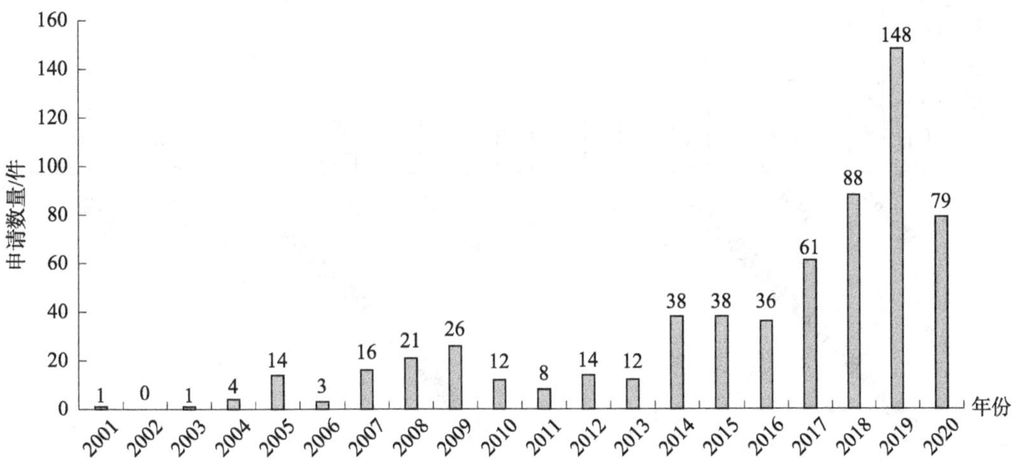


**图 3　美国量子芯片专利申请趋势**

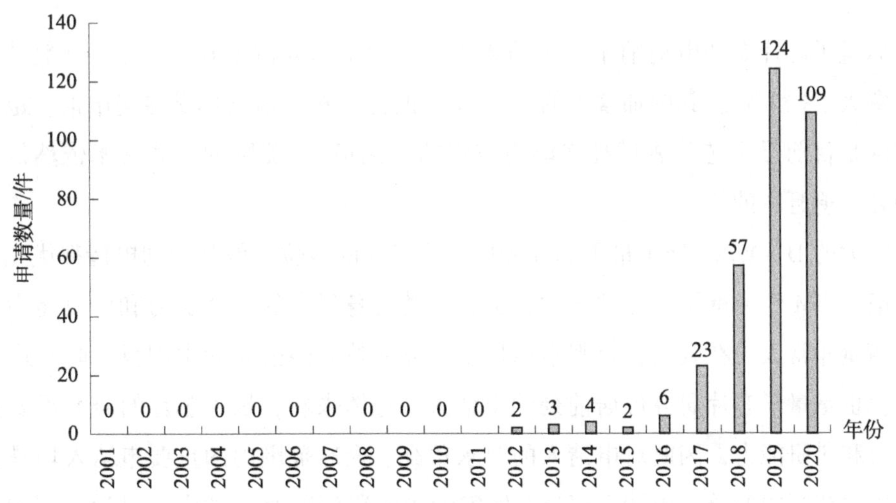


**图 4　中国量子芯片专利申请趋势**

可以看出，长期以来美国一直都占据压倒性的优势，这样的情况自2017年起开始有所改观，随着中国专利申请量的飞速增长，中美之间的差距越来越小。根据目前已经公开的2020年的两国专利申请量，中国专利年申请量已经达到109件，超过了美国专利年申请量的79件。中国是否会在2020年实现专利申请数量上的超车，还需要进一步观察。

（3）主要申请人

图5为量子芯片全球专利申请主要申请人。从图5可以看出美国的D－Wave是业界的翘楚，以244件专利申请遥遥领先与其他申请人。IBM申请了135件专利申请，展现出其在量子芯片领域的重要地位。值得瞩目的是，中国申请人合肥本源量子计算科技有限责任公司以123件专利申请排名第三，是中国量子芯片领域飞速发展的代表性申请人。

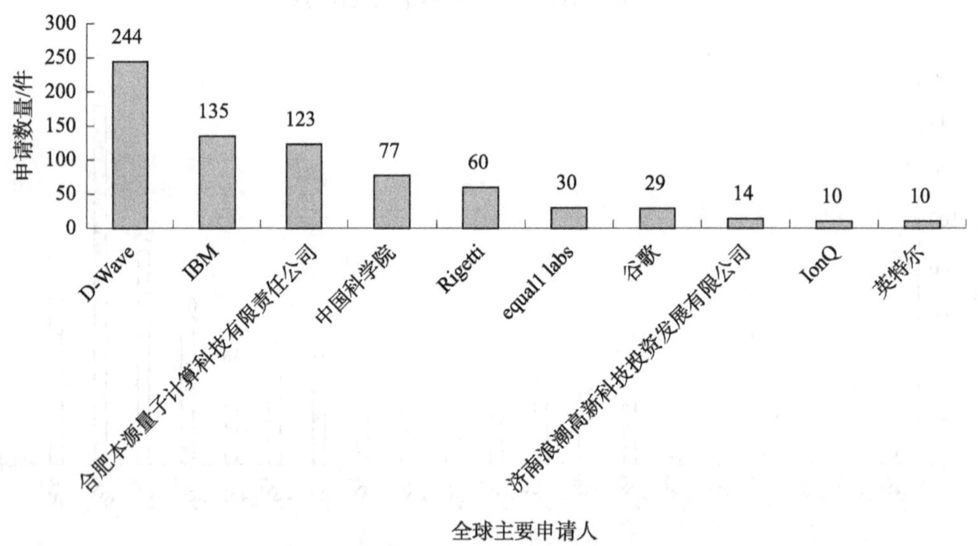


**图5 量子芯片全球专利申请主要申请人**

全球量子芯片专利申请前十名申请人中，美国申请人占据6席，中国申请人占据3席，加拿大占据1席。其中加拿大的D－Wave的优先权申请全部是在美申请。也反映出中美两国是目前量子芯片领域技术能力较强的“两极”，美国的整体技术依然雄厚，中国依旧处于追赶者的位置。

加拿大的D－Wave处于量子芯片领域龙头老大的地位，但其专利申请都优先在美国进行申请。IBM作为量子芯片领域的新贵，凭借自身强大的资金实力和研发能力，近几年的申请量非常大。在我国，合肥本源量子计算科技有限公司和中国科学院是最主要的申请人，也是量子芯片研究位居前列的申请人。总体来看，量子芯片的研究需要强大的经济实力和科研能力，因此对申请人的要求很高。全球范围内的重要申请人均是知名大公司，中国范围内的重要申请人都是有国家背景的科研院所（如中国科学院下的中国科学技术大学）和以国家科研院所为前身的企业（如合肥本源量子计算科技有限公司）。

2. 量子芯片中国专利申请态势

从专利申请整体发展趋势、主要专利申请人以及法律状态等角度对量子芯片的中国专利申请进行分析。

(1) 发展趋势

图 6 为量子芯片中国专利申请趋势。从图 6 可以看出，中国量子芯片领域的专利技术发展大致与全球的专利技术发展同步，也经历了以下三个发展阶段。

第一阶段（2004～2013 年）为起步期。2004 年出现了第一件向国家知识产权局提交的量子芯片领域的专利申请，申请人为欧姆龙株式会社。此后漫长的 9 年间量子芯片领域专利申请每年不超过 3 件。

第二阶段（2014～2016 年）为缓慢发展期。在这 3 年中，向国家知识产权局提交的量子芯片领域的专利申请开始上升到两位数，但依然存在申请量的起伏，整体发展趋势平缓。

第三阶段（2017 年至今）为爆发增长期。自 2017 年起，中国量子芯片领域的申请数量呈现快速增长的趋势。2017 年当年的量子芯片领域中国申请数量就几乎等于之前所有的中国申请量。至 2019 年，年申请量已经达到 135 件，并且呈现出迅猛增长的势头。因此，从 2017 年至今，中国量子芯片领域的专利申请同全球专利申请趋势一样一直处于爆发期。

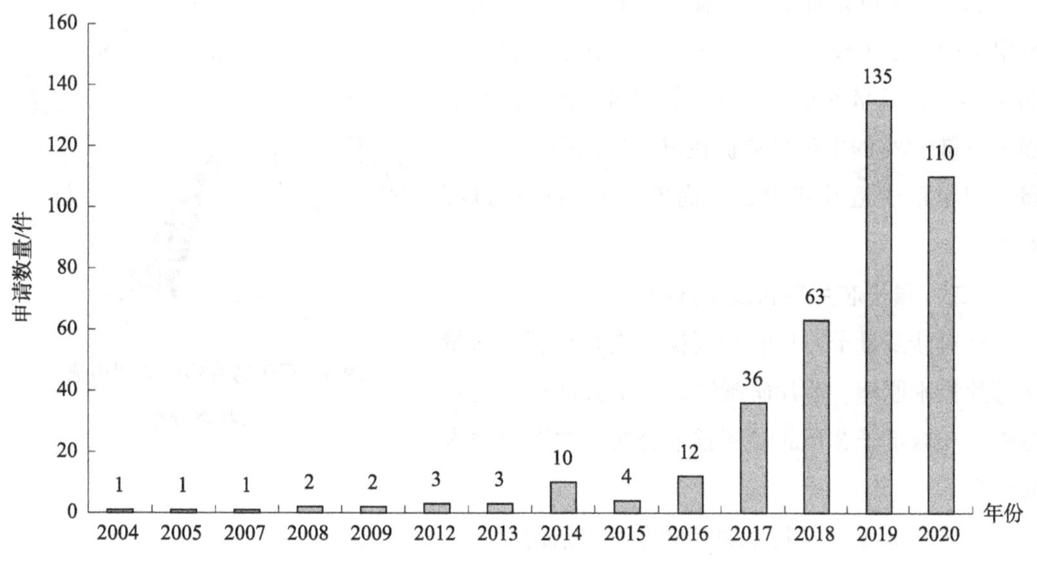


**图 6　量子芯片中国专利申请趋势**

(2) 申请人分布

图 7 为量子芯片中国专利申请主要申请人。中国专利申请人是指在中国提交专利申请的中国和外国申请人。从图 7 中可以看出，在量子芯片领域中国专利申请人中，合肥

本源量子计算科技有限责任公司是申请数量最多的申请人，共提交了 122 件专利申请。中国科学院以 77 件专利申请位列第二。全球量子芯片巨头 D – Wave 以 18 件专利申请位列第三，也是在华国外申请人的第一名。量子芯片新贵 IBM 紧随其后。总体而言，量子芯片领域的中国专利申请人还是以国内申请人为主，申请量也是以国内申请人提交的专利申请为主，并未出现国外申请人占据主导地位的情况。

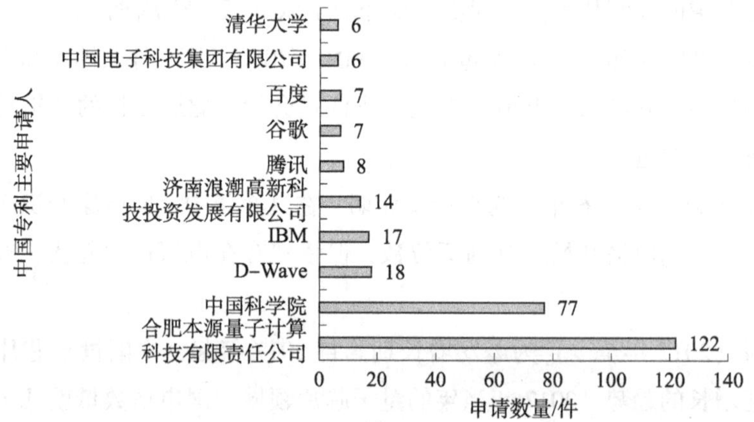


**图 7　量子芯片中国专利申请主要申请人**

（3）法律状态

从图 8 中可以看出，目前全部量子芯片中国专利申请中，处于授权且有效状态的专利申请占总量的 40%。占总量 6% 的专利申请处于失效的状态，而占总量 54% 的申请目前仍在审查过程中，这与大量专利申请于近几年提出，尚处于专利审查过程有关。

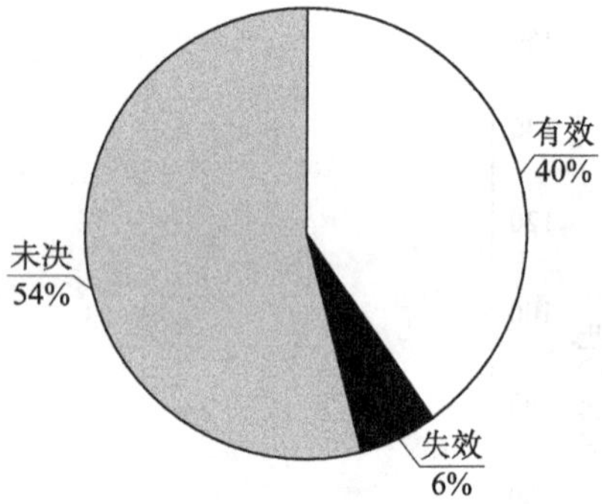

**图 8　量子芯片中国专利申请法律状态分布**

### （二）量子芯片专利技术分布

针对涉及量子芯片的专利技术进行分析，从量子芯片技术原理、芯片研制链条两个方面进行统计分析，获取量子芯片的专利技术分布、主要申请人等信息。

1. 不同量子芯片技术原理的专利申请情况

根据不同的科学原理，目前存在多种实现量子芯片的技术原理。从专利申请的角度来看，目前量子芯片领域的专利申请主要涉及四种技术原理：超导、半导体量子点、离子阱和光量子。图 9 为量子芯片领域各技术原理相关专利申请量及其占比。同一项申请可能会涉及多种技术原理。

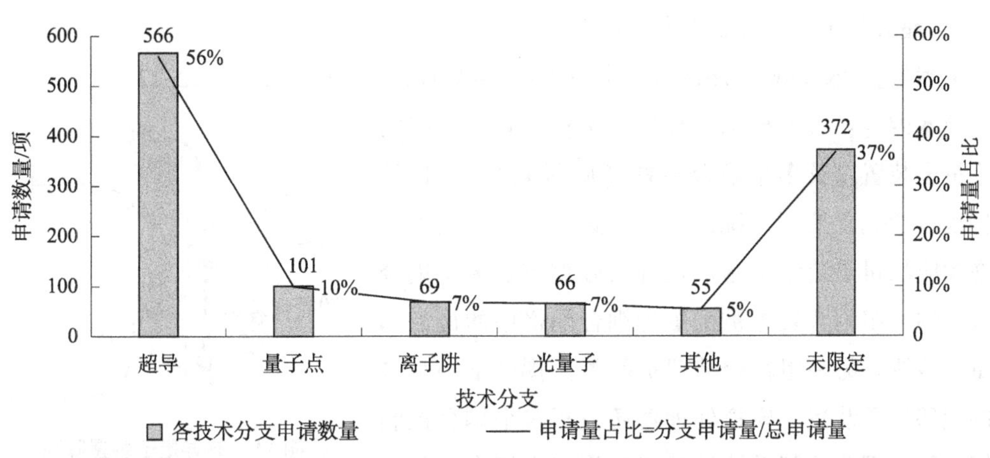


**图 9　量子芯片领域各技术原理专利申请量及其占比**

从不同技术原理的专利申请量来看，超导量子芯片是量子芯片领域的主流研发技术，半导体量子点技术位列次席，离子阱和光量子也占据一定的比例。还有超过 1/3 的专利申请中未明确限定实现原理。

（1）超导量子芯片

1）超导量子芯片领域的申请人分布情况

超导量子芯片领域是目前量子芯片领域的主流技术，是量子芯片领域研发活跃程度最高的领域，也是专利申请量最大的分支。各个申请人都对超导技术进行了专利技术布局。主要申请人的分布情况见图 10。D - Wave 有 226 项专利申请明确提到了超导技术，实际上该申请人 92% 的专利申请均涉及超导技术。IBM 在超导技术领域有 89 项专利申请布局。中国申请人中国科学院和合肥本源量子计算科技有限责任公司也有一定数量的布局。

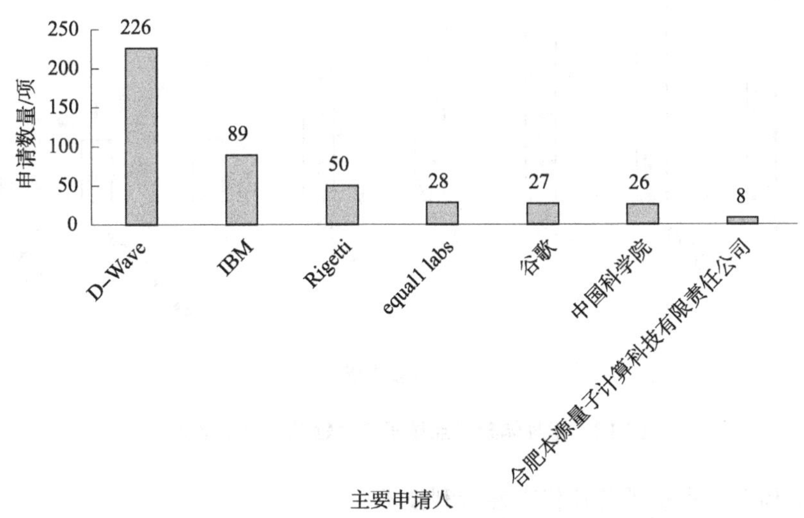


**图 10　超导量子芯片领域主要申请人**

2）超导量子芯片代表性专利技术

文献号：US20060225165A1；申请人：D－Wave；申请日：2005.12.22

技术内容：一种模拟处理器，包括布置成晶格的多个量子装置以及多个耦合装置（见图11）。模拟处理器还包括偏置控制系统，每个偏置控制系统被配置为在相应的量子装置上施加局部有效偏置。多个耦合装置中的一组耦合装置被配置为耦合晶格中的最近邻居量子装置。另一组耦合装置被配置为耦合下一个最近的相邻量子装置。模拟处理器还包括多个耦合控制系统，每个耦合控制系统被配置为将多个耦合设备中的相应耦合设备的耦合值调整为耦合。耦合装置包括由至少一个约瑟夫森结中断的超导材料的环。

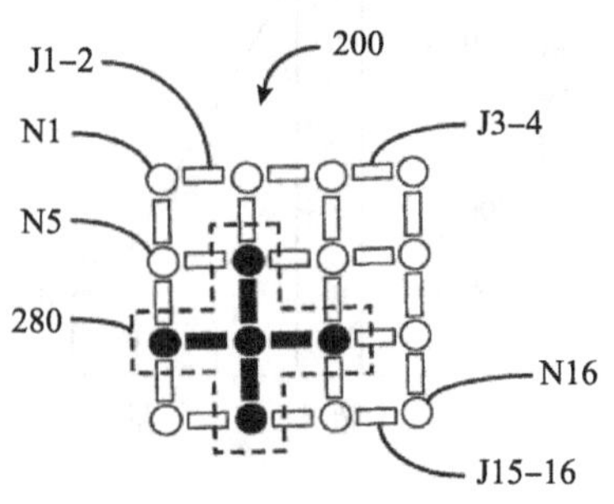

图11　超导量子装置阵列及其正交耦连

（2）半导体量子点量子芯片

1）半导体量子点量子芯片领域主要申请人分布情况

由于半导体量子点技术同目前的半导体芯片技术的技术重叠度较高，如果半导体量子点量子芯片能够实现量产，那么现有的半导体芯片产业无需进行非常重大的改造，就可以投入生产，因此半导体量子点技术也是各个申请人专利技术布局的重要方向。半导体量子点量子芯片领域主要申请人分布情况见图12。中国科学院对于半导体量子点的研究较多，而D－Wave和IBM在此领域也有相当数量的专利技术布局。

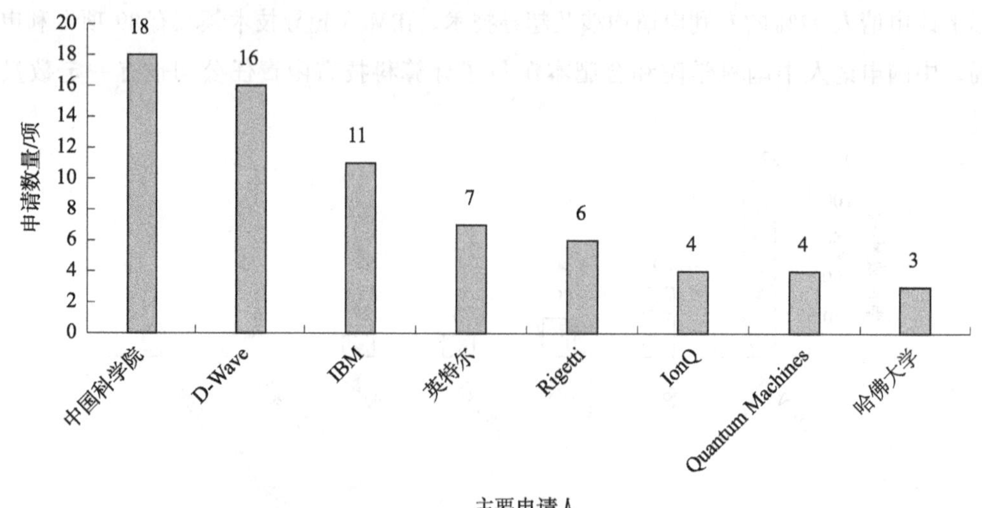

图12　半导体量子点量子芯片领域主要申请人

2）半导体量子点量子芯片代表性专利技术

文献号：CN109502544A；申请人：中国科学技术大学；申请日：2018.12.29

技术内容：一种基于零维欧姆接触的硅基纳米线量子点的装置（见图13）及制备方法。其装置包括：硅基纳米线基片结构、量子点电极结构和测量电路；硅基纳米线基片结构自下而上顺次包括：非掺杂硅衬底、硅缓冲层、锗层、硅包覆层和二氧化硅层；锗层中还包括量子点；量子点电极结构包括：源电极、漏电极、绝缘层和顶栅极电极；源电极和漏电极，分别置于硅基纳米线结构的两端，且与硅基纳米线结构零维接触；绝缘层，生长于硅基纳米线基片结构的二氧化硅层上；顶栅极电极，生长于绝缘层上；顶栅极电极通过绝缘层隔绝与源电极和漏电极接触；顶栅极电极用于调节载流子在量子点电极结构中的状态。

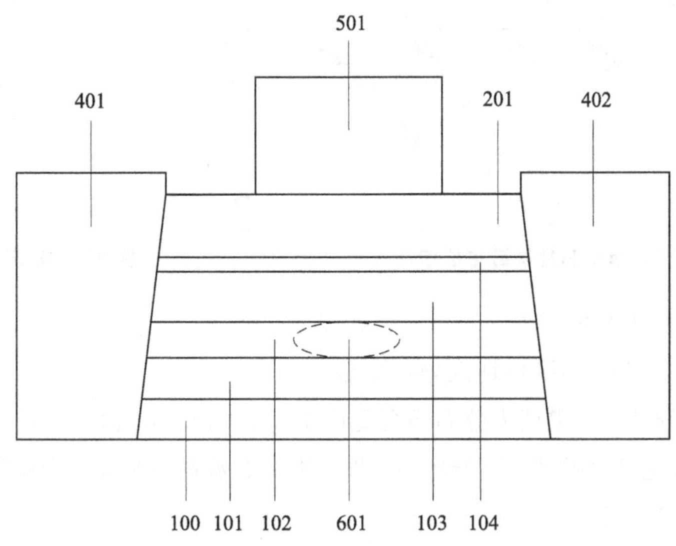


**图13　零维欧姆接触的硅基纳米线量子点装置**

（3）离子阱量子芯片

1）离子阱量子芯片领域主要申请人分布情况

离子阱量子芯片领域主要申请人分布情况见图14。equal1 labs在专利申请中提到离子阱量子芯片的情况较多，但主要以提及为主。而其他申请人在此领域仅有数量不多的专利申请。中国申请人并未在离子阱量子芯片领域投入太大的精力。

2）半导体量子点量子芯片代表性专利技术

文献号：CN103946951A；申请人：苏塞克斯大学；申请日：2011.09.20

技术内容：一种离子阱（见图15），包括：磁场发生器，用于产生磁场；和布置成在电场基本上均匀的位置处产生包括电位的转折点在内的静电场的电极阵列，其中电极阵列是平面的并且平行于该位置处的磁场方向。

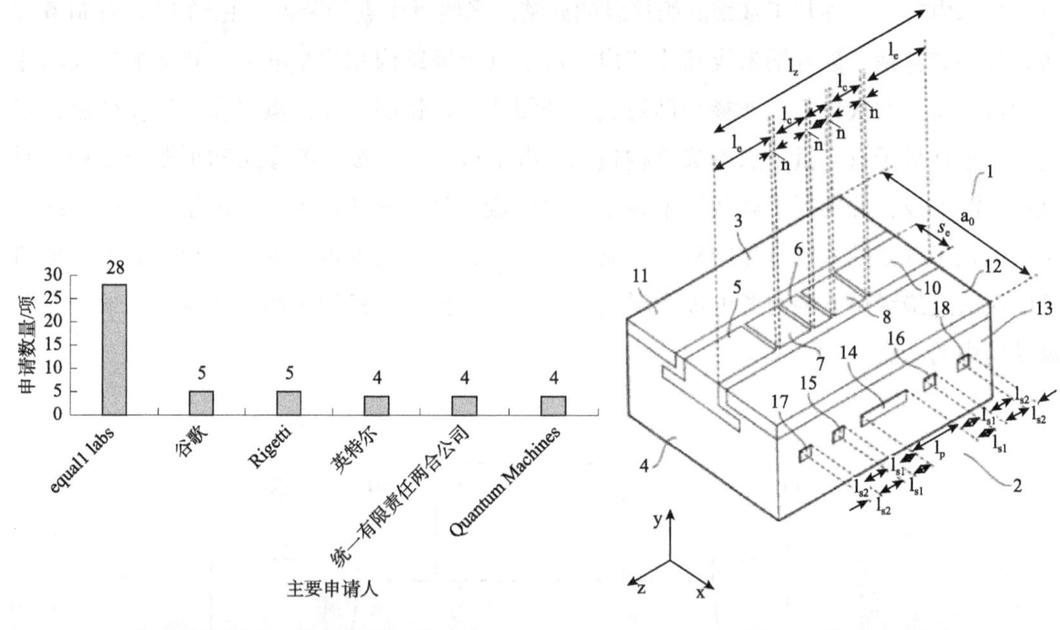


图 14　离子阱量子芯片领域主要申请人　　　　图 15　离子阱装置

（4）光量子量子芯片

1）光量子芯片领域主要申请人分布情况

光量子芯片领域主要申请人分布情况见图 16。equal1 labs 提及光量子芯片的专利申请有 28 项，但多是简单提到。英特尔和谷歌也有一定数量的布局。中国科学院在光量子芯片领域处于研发前沿。

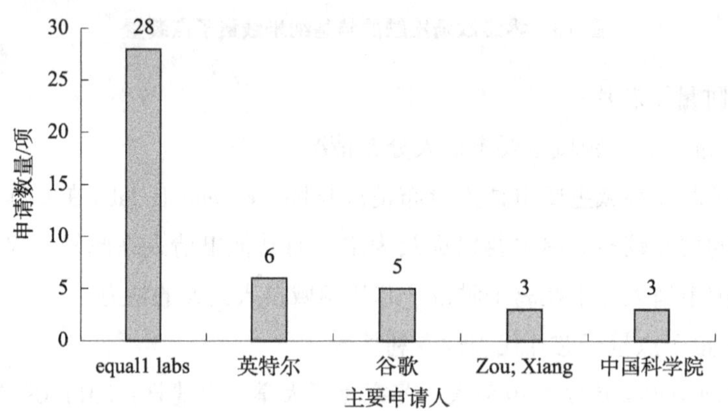


图 16　光量子芯片领域主要申请人

2）光量子芯片代表性专利技术

文献号：CN102736174A；申请人：中国科学院半导体研究所；申请日：2012. 06. 12

技术内容：一种光子晶体定向耦合波导分束器（见图 17），包括：光子晶体波导耦合分束器，用于实现光的 50/50 分束；渐变耦合波导，用于实现输入波导和光子晶体波导耦合分束器之间的高效耦合；以及弯折波导，用于实现横向输入波导和斜向输入波导之间的连接。该发明利用在光子晶体上下波导之间的定向耦合，实现光分束这一特性，以及对连接斜入射/出射波导和光子晶体定向耦合波导的渐变波导，连接直入射/出射波导和斜入射/出射波导的弯折波导几何结构进行微调，从而克服了传统波导面积较大、传输效率低、反射较大等问题。

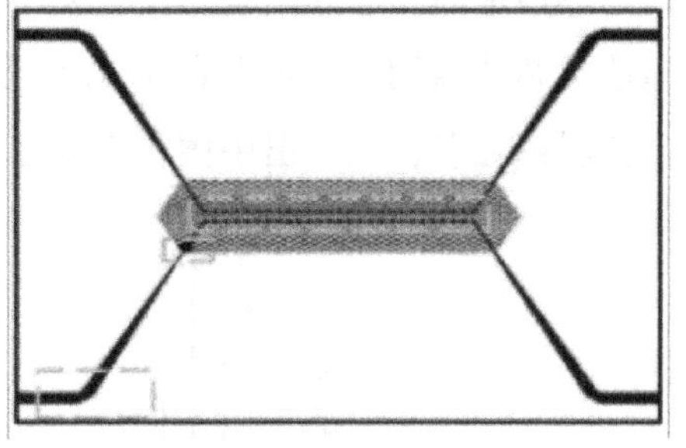

图 17　光子晶体定向耦合波导分束器

2. 芯片研制链条的申请情况

根据芯片研制链条的不同阶段，本文将量子芯片专利申请大致分为以下五个分支：芯片结构、芯片应用、芯片测试、芯片计算控制和芯片封装。图 18 为芯片研制链条各分支专利申请量及其占比。从图 18 可以看出，芯片结构是量子芯片的核心技术内容，接近一半的专利申请都是围绕芯片结构来展开的。量子芯片的应用、测试和计算控制均占据了大约 15% 的申请量。芯片封装也占据了大约 7% 的申请量。

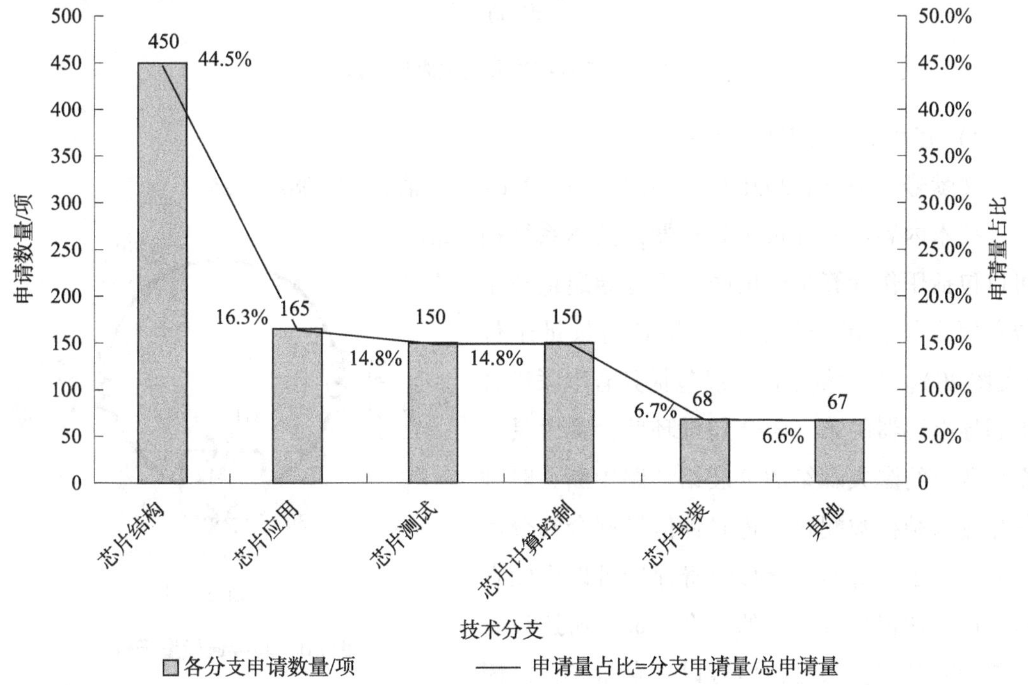


图 18　芯片研制链条各分支专利申请量及其占比

（1）芯片结构

1）芯片结构分支主要申请人分布情况

芯片结构是量子芯片最为核心的技术分支，因此各个申请人对于芯片结构进行专利申请的热情最高。芯片结构分支主要申请人分布情况见图 19。D - Wave 共有 125 项专利申请涉及芯片结构。IBM 也有 59 项涉及芯片结构的专利申请。中国科学院以 44 项专利申请位居第三名，反映出中国科学院在量子芯片结构领域的研究成果丰硕。

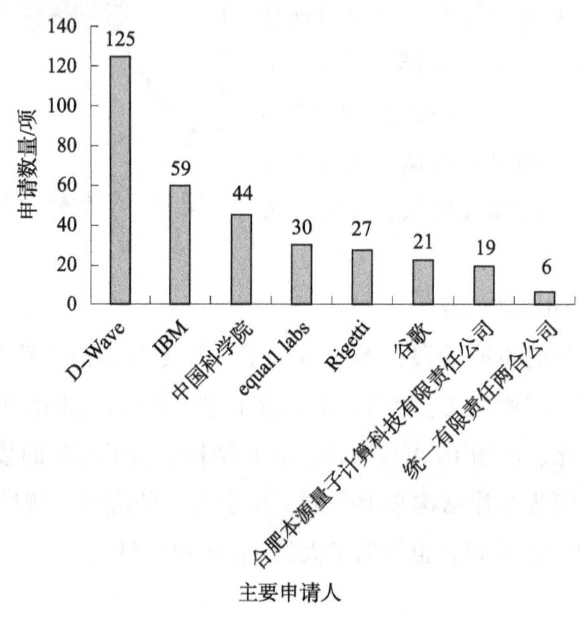


图 19 芯片结构分支主要申请人

2）芯片结构代表性专利技术

文献号：US7843209B2；申请人：D - Wave；申请日：2008. 04. 25

技术内容：一种量子处理器，其体系结构可以包括用作计算量子位的一组超导通量量子位和用作锁存量子位的一组超导通量量子位（见图 20）。锁存量子位可以包括具有串联耦合的超导电感器的第一闭合超导环路，其由具有至少两个约瑟夫森结的分裂结环路中断；时钟信号输入结构被配置为将时钟信号耦合到分离结环。基于通量的超导移位寄存器可以由锁存量子位和伪锁存量子位的集合形成。所述设备可包括时钟线，以时钟信号以锁存量子位。因此，锁存量子位可用于在量子处理器中编程和配置计算量子位。

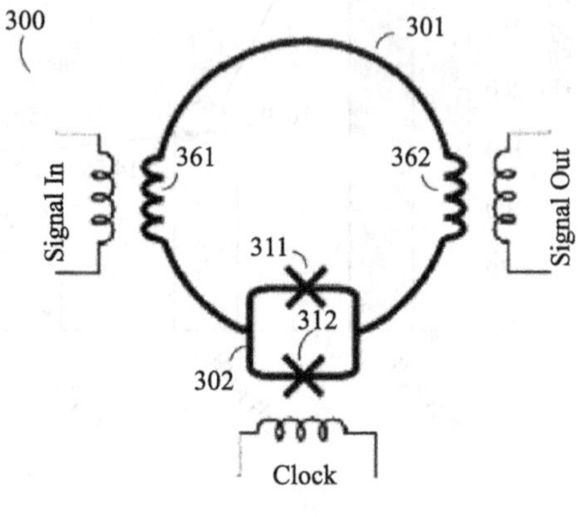


图 20 超导通量量子位

（2）芯片计算控制

1）芯片计算控制分支主要申请人分布情况

芯片计算控制是为实现芯片的计算功能，对芯片内部信号和数据流向进行控制的技术，涉及芯片硬件和软件的改进。由于芯片的计算能力和运行效能是非常重要的技术指标，因此各个主要申请人在此分支上的投入也非常巨大，申请了不少专利。芯片计算分支主要申请人分布情况见图 21。D - Wave 和 IBM 分别有 41 项和 26 项专利申请专门涉及量子芯片的计算控制。而合肥本源量子计算科技有限责任公司也有 20 项量子芯片计算控制方面的专利。

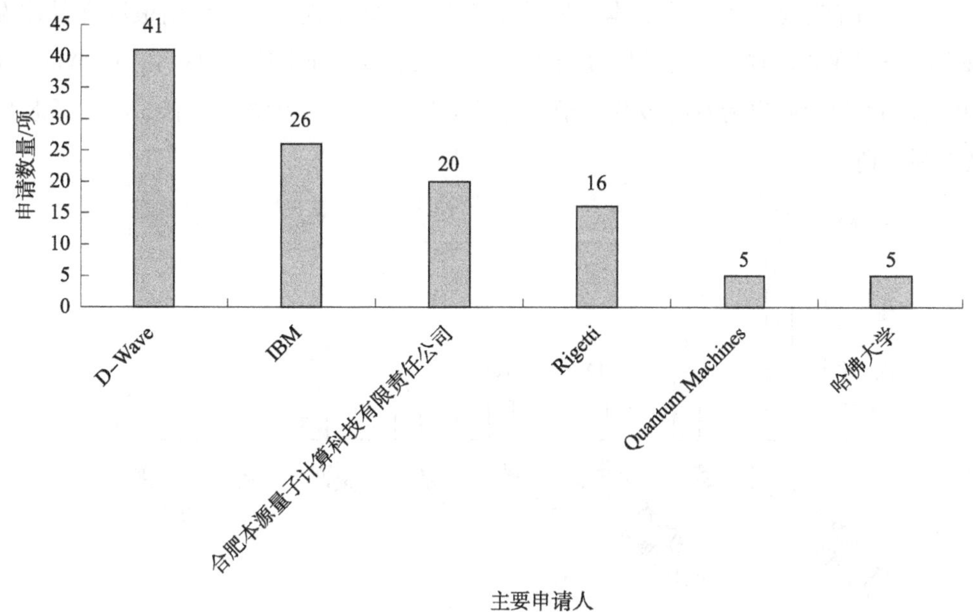


**图 21　芯片计算控制分支主要申请人**

2）芯片计算控制代表性专利技术

文献号：US20170017894A1；申请人：D - Wave；申请日：2015. 08. 18

技术内容：一种用于计算系统的操作方法，该计算系统包括至少一个量子处理器，该量子处理器包括多个量子位和多个耦合器，多个量子位中的每个具有各自可控的局部偏置项，并且多个耦合器中的每个具有相应的可控耦合项，该计算系统还包括至少一个基于处理器的设备，该设备可通信地耦合以配置至少一个量子处理器，该方法包括：经由至少一个基于处理器的设备，使至少一个量子处理器将每个耦合项设置为第一校准零值；经由至少一个基于处理器的设备，使至少一个量子处理器将每个局部偏置项设置为相对于第二校准零值的目标值；对于多个量子位中的每个量子位，通过校准各个量子位的局部偏置项，通过至少一个量子处理器获得多个样本；使用所获得的样本数量来构建量子比特的总体估计；确定该量子位是否表现出对基本状态的偏倚；和在确定所述量子位表现出对基本状态的偏置以去除所述偏置时，修改所述量子位的局部偏置项以生成更新的局部偏置项。

（3）芯片测试

1）芯片测试分支主要申请人分布情况

芯片测试是芯片设计开发、生产制造阶段重要的一环，能够及时发现潜在的设计和生产问题，确保芯片功能正常实现。本文涉及的芯片测试包括对量子芯片内部信号数据的测量和调试、对量子芯片的仿真模拟、对量子芯片的可视化展示等。芯片测试分支主要申请人分布情况见图22。合肥本源量子计算科技有限责任公司和济南浪潮高科技投资发展有限公司在芯片测试分支分别提交了55项和12项专利申请。IBM和D－Wave分别有19项和11项专利申请专门涉及量子芯片的测试。而中国科学院也有5项量子芯片测试的专利申请。

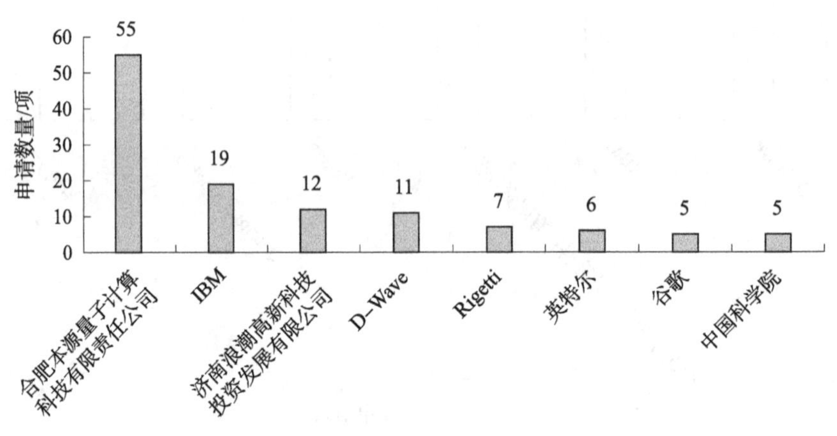


**图22 芯片测试分支主要申请人**

2）芯片测试代表性专利技术

文献号：US20110065585A1；申请人：D－Wave；申请日：2009.10.08

技术内容：一种用于在设备的局部环境中测量磁场的系统（见图23），该系统包括：第一超导量子干涉装置（SQUID），其包括由在低于临界温度超导的材料的平面环形成的闭合的超导电流路径，其中该闭合的超导电流路径被至少一个约瑟夫森结中断。且其中第一SQUID被集成到设备中，使得第一SQUID被承载在设备的主要平坦的表面上，并且第一SQUID响应于设备的局部环境中的正交于主要平坦的表面的磁场。

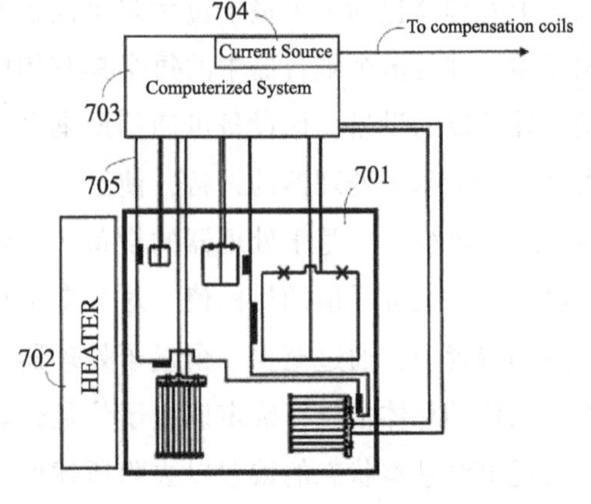


**图23 量子芯片测试系统**

（4）芯片封装

1）芯片封装分支主要申请人分布情况

芯片封装就是安装半导体集成电路芯片用的外壳以安放、固定、密封、保护芯片，提供芯片正常运行的安全环境。芯片封装分支主要申请人分布情况见图24。中国科学院和合肥本源量子计算科技有限责任公司在芯片封装分支分别提交了20项和19项专利申请。D－Wave和IBM分别有5项和4项专利申请专门涉及量子芯片封装。在芯片封装分支，中国申请人相比外国申请人申请保护更为积极。

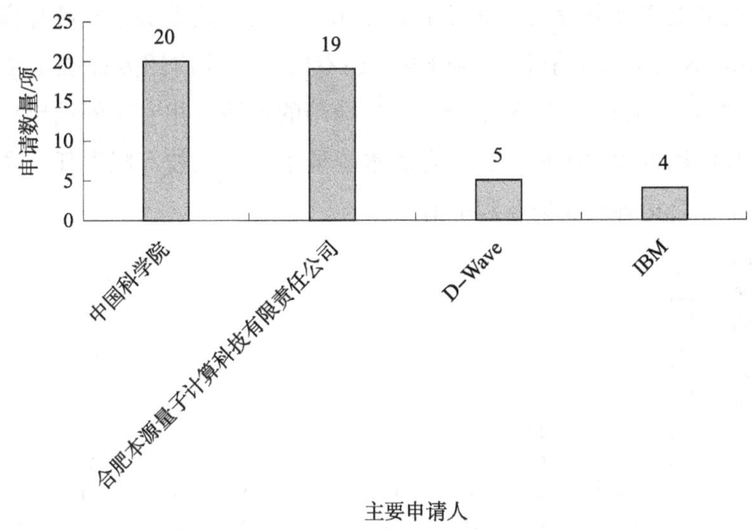


**图24　芯片封装分支主要申请人**

2）芯片封装代表性专利技术

文献号：CN107564868A；申请人：清华大学；申请日：2017.07.07

技术内容：一种超导量子计算芯片的集成封装结构和方法，所述集成封装结构（见图25），包括超导量子计算芯片，还包括与所述超导量子计算芯片封装在一起的倒装封装芯片，所述超导量子计算芯片的绝缘衬底上具有多个相互耦合的超导量子比特，以及与所述超导量子比特相连，用于对超导量子比特进行操控和读出的第一通信线路；所述倒装封装芯片具有多个超导谐振腔，所述超导谐振腔与超导量子比特及第一通信线路相

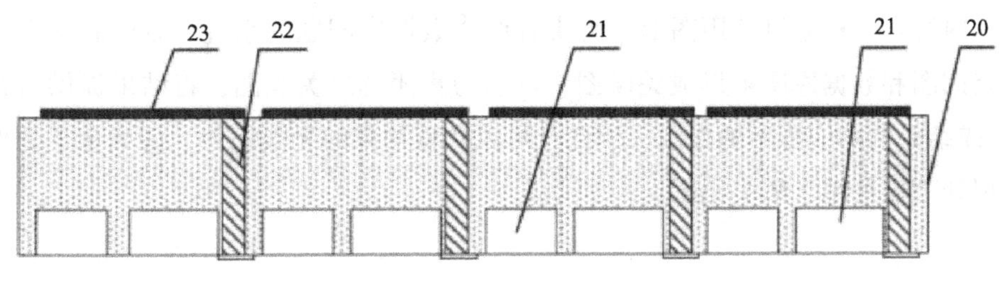


**图25　量子芯片封装结构**

对应，对每个所述超导量子比特和第一通信线路进行电磁屏蔽。该发明实施例可以对每一超导量子比特和第一通信线路进行电磁屏蔽，减少输入输出引线之间的串扰和对量子比特的影响，从而提高量子比特的退相干时间，达到规模化量子计算的要求。

（5）芯片应用

1）芯片应用分支主要申请人分布情况

量子芯片具有极其广阔的应用前景。因此芯片应用也是各主要申请人的重点布局方向。本文讨论的量子芯片应用专利申请不包括仅在介绍某项应用时简单提及量子芯片的申请。芯片应用分支主要申请人分布情况见图 26。一向注重提供量子芯片商业应用解决方案的 D－Wave 不仅注重量子芯片的研发，还专门在芯片应用方面提出了 69 项申请。IBM 和 Rigetti 也有 15 项和 14 项关于量子芯片应用的申请。相对于外国申请人，中国申请人在量子芯片应用方面的申请较少，合肥本源量子计算科技有限责任公司和广东欧珀电子工业有限责任公司各有 3 项专利申请。

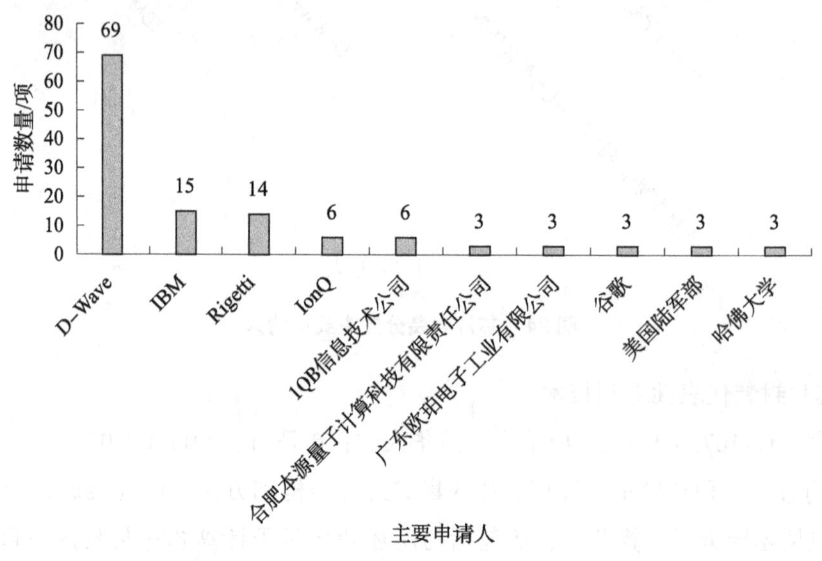


**图 26　芯片应用分支主要申请人**

2）芯片应用代表性专利技术

文献号：US20080116449A1；申请人：D－Wave；申请日：2007.10.31

技术内容：一种通过使用图形来解决查询或数据库问题的系统、方法和文章。其可以基于查询图和数据库图来形成关联图，可以为集团解决关联图，将结果提供给查询或问题和/或结果的响应程度的指示，因此，可以实现约束的无限松弛。诸如量子处理器之类的模拟处理器可用于解决集团。

### （三）重要申请人的专利技术分析

1. D－Wave

（1）申请人概况

D－Wave 是最早的量子计算公司之一，1999 年在加拿大温哥华成立。主要研究方向为量子计算，并且为物流、人工智能、材料科学、药物发现、网络安全、故障检测和财务建模等问题提供量子计算解决方案。其合作对象众多，包括洛克希德·马丁、谷歌、美国宇航局艾姆斯研究中心、大众汽车等诸多知名企业和研究机构。其推出的量子计算机 Adventage 被认为是第一台正式投入商业应用的量子计算机。

（2）专利申请趋势

图 27 为 D－Wave 专利申请趋势。作为量子芯片领域的龙头，D－Wave 自 2004 年起开始提交量子芯片领域的专利申请，专利申请的数量位列全球首位。近几年其年申请量在 10～30 件之间变化，年申请量并不比其他申请人更多，呈现出稳步前进的态势。

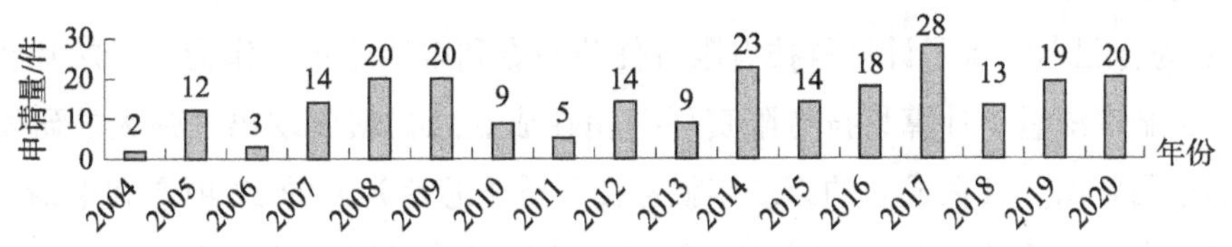


**图 27　D－Wave 专利申请趋势**

2. IBM

（1）申请人概况

1911 年创立于美国的 IBM 非常重视专利运营，曾经连续 14 年成为在美国取得专利数最多的企业。同时 IBM 是争夺在量子计算新兴领域中地位的公司之一，于 2018 年制作出了 50 量子位的处理芯片，并且已经制定了 1000 量子位的通用量子计算机的开发路线图。

（2）专利申请趋势

图 28 为 IBM 专利申请趋势。作为量子芯片领域的重要力量，IBM 在 2017 年开始提交专利申请，当年就以令人瞩目的 22 项专利申请开始了自己的专利申请布局，并且年申请量呈现出明显的上升趋势，2019 年达到了 59 项。可以看出 IBM 在量子芯片领域的投入很大，按照目前的申请速度，未来几年内会进一步缩小和 D－Wave 的差距。

3. 合肥本源量子计算科技有限责任公司

（1）申请人概况

合肥本源量子计算科技有限责任公司成立于 2017 年 9 月，是国内量子计算龙头企业。其起源于中国科学院量子信息重点实验室，以量子计算机的研发、推广和应用为核心，主要业务涉及量子计算、量子技术产品、量子信息处理设备、系统集成验证技术的研发，以及量子科学应用领域技术服务、软件开发等。

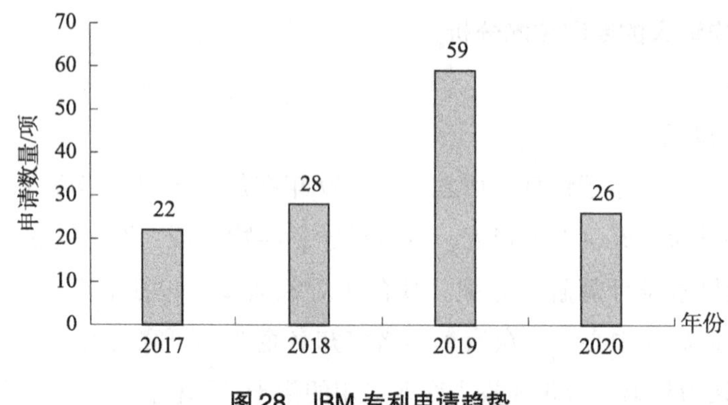


图 28　IBM 专利申请趋势

中国科学院量子信息重点实验室是中国量子信息领域第一个省部级重点实验室，从事量子通信与量子计算的理论与实验研究，主要研究方向为半导体量子芯片、量子纠缠网络、量子集成光学芯片、实用的量子密码以及量子理论等。

（2）专利申请趋势

图 29 为合肥本源量子计算科技有限责任公司专利申请趋势。作为量子芯片领域的新生力量，合肥本源量子计算科技有限责任公司在成立之初就展现出了强大的研发能力和专利技术布局意识。其在成立的第二年就提交了量子芯片领域的 37 项专利申请，占该领域当年中国专利申请的 59%，在成立的第三年依然保持了增长的势头，占该领域当年中国专利申请的 40%，说明该申请人具备持久的内部研发能力。

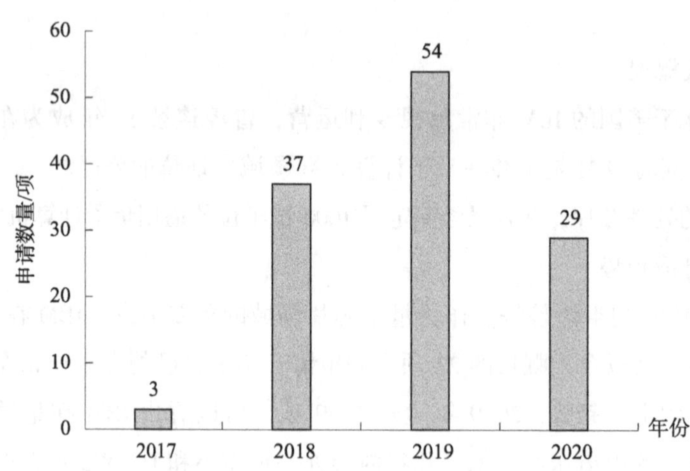


图 29　合肥本源量子计算科技有限责任公司专利申请趋势

4. 中国科学院

（1）申请人概况

中国科学院成立于 1949 年 11 月，为中国自然科学最高学术机构、科学技术最高咨询机构、自然科学与高技术综合研究发展中心。中国科学院涉及量子芯片领域的具体申请人主要包括中国科学技术大学、中国科学院技术研究所、中国科学院半导体研究所等。

其主要研究方向为半导体量子芯片、量子纠缠网络、量子集成光学芯片、实用的量子密码以及量子理论等。该申请人在量子芯片领域的代表性人物有郭光灿院士、潘建伟教授等。著名的“九章”量子计算机就是由潘建伟教授成功研发的量子计算机原型机。

（2）专利申请趋势

图 30 示出了中国科学院专利申请趋势。作为量子芯片领域的学院派，中国科学技术大学在 2013 年前开始在量子芯片领域申请专利。随着量子芯片领域申请大爆发的趋势，中国科学院在 2017 年提交了 14 项专利申请，在 2019 年年申请量更是达到了 34 项。可见该申请人具备一定研究能力，也具备专利运营思维。

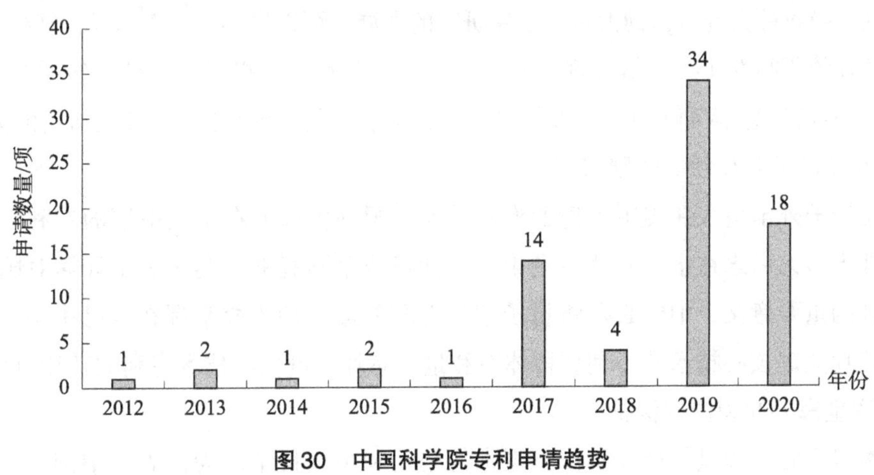


图 30　中国科学院专利申请趋势

## 三、发展建议

1. 加大对量子芯片基础研究的投入

量子芯片领域基础科学的研究对国家经济和产业发展都具有重要意义。对于量子芯片而言，研发本身需要大量的资金，因此建议国家对量子芯片研发，特别是量子芯片实现原理方面加大投入力度。同时建议将量子芯片的研发放在同“两弹一星”同等重要的位置上，集举国之力拓宽研究面，加深研究深度，全方位提升对量子芯片的研发能力，特别是对量子芯片各个分支的实现原理都予以重视。对量子学科的专业进行倾斜，设立更多的相关专业，培养更多的量子计算专业人才。鼓励更多的申请人投入到量子芯片基础研究中来。

2. 重视量子芯片应用方面的研发和专利保护

量子芯片具有超强计算能力，这种能力同具体应用领域结合之后将会有更加光明的前景，产生巨大的经济效益。因此在关注量子芯片本身专利技术布局的同时，也可以注重量子芯片在各个领域应用的专利技术布局，可以进一步完善专利保护体系。特别是大数据、人工智能这些对于数据计算能力需求很高的技术领域，量子芯片的意义就更加重大。这种不同领域的结合有可能带来巨大的经济效益和科研成果。同时，和具体应用领域结合后的基础科学，往往能够带来更加直观的收益，也更有利于汇集来自社会方方面面的力量以进一步支持研发，有利于利用各种金融工具，募集量子芯片研究所需要的资金，能够有效集合国家和社会的力量促进量子芯片的发展。

3. 注重商业应用

研究机构和有研究机构背景的企业是中国量子芯片领域的绝对主力。研发的方向要注意商业应用的市场需求。在市场需求和商业前景明确的基础上，研究的方向性就会更加明确，也利于吸收社会资金，助力量子芯片研究的发展。可以借鉴 D－Wave 的经验，其不仅在量子芯片的研制方面有不俗表现，还一直坚持为各种业务提供量子计算级的解决方案，推出了第一台正式投入商业应用的量子计算机，吸引了美国政府和一些研究机构的关注。

4. 保障量子芯片领域的国家安全

相比较国外申请人在美国申请的专利数量，国外申请人在中国申请的专利数量并不多。国外申请人尚未在量子芯片专利申请层面形成垄断趋势。鉴于量子计算对国家信息安全领域的重要意义，中国必须将量子芯片专利领域的话语权掌握在自己手中。建议建立量子芯片关键核心技术的专利预警体系和量子芯片关键核心技术专利的转让审核体系。

5. 注重海外知识产权保护

虽然以合肥本源量子计算科技有限责任公司和中国科学院为代表的中国申请人，已经具备一定的专利运营意识，并且积极提出专业申请，利用专利武器保护自己的科研成果，但中国申请人对于在中国之外的国家/地区进行专利保护并不积极。由于量子芯片在技术上的每一点进步都可能是世界范围内的突破，因此仅仅在中国进行专利申请，将有可能丧失该领域突破性技术所产生的全球收益。建议建立量子芯片的海外专利申请咨询机构，收集各国量子芯片专利信息，使中国申请人能够在海外尽早完善专利技术布局，最大限度维护自身利益。

## 参考文献

[1] 官学源. 2018全球量子计算领域研发概况［EB/OL］.（2018－09－12）.［2021－04－08］. https://www.163.com/dy/article/DRH81J2U0511DV4H.html.

[2] 郭光灿. 郭光灿的量子十问［EB/OL］.［2021－04－08］. http://lqcc.ustc.edu.cn/index/lists/005001.

[3] 郭光灿，周正威，郭国平，等. 量子计算机的发展现状与趋势［J］，中国科学院院刊，2010（5）：516－514.

[4] 赵正平. FinFET纳电子学与量子芯片的新进展（续）［J］. 微纳电子技术，2020（2）：85－94.

# 人工智能芯片专利技术综述

姚楠❶ 刘申❷ 焦月❸ 胡百乐❹

**摘 要** 人工智能（AI）的应用已进入爆发式增长阶段，人工智能芯片作为支撑人工智能应用的三大基础要素之一，能够决定未来计算平台的基础架构和应用生态，从而受到越来越多的关注。本文从专利角度，对人工智能芯片中专用芯片和类脑芯片的相关专利申请进行统计分析，概览人工智能芯片的申请趋势、主要申请人、技术原创地和目标市场地，并对其中的重点申请人进行研究，结合技术路线和重点专利，具体描绘两种类型芯片技术的发展现状和趋势，以期为相关行业的技术研究和专利布局提供一定参考。

**关键词** 人工智能 专用芯片 类脑芯片 定制 GPU

## 一、技术概述

### （一）技术概述

人工智能技术的三大基础要素是大数据、基础算法和核心处理器芯片。基于深度学习模型的算法对大规模并行计算能力的需求不断增加，中央处理器（CPU）和传统计算架构无法满足大数据的并行计算能力需求，因此能够适用于大数据并行计算的核心芯片成为人工智能技术竞争的重要因素。根据PC时代X86架构、移动互联网时代ARM架构的发展历史来看，芯片能够决定未来计算平台的基础架构和应用生态，人工智能芯片技术的发展将会引领新的计算机架构革命。基于此，人工智能芯片正在成为各国的重点发展产业。对中国而言，集成电路芯片技术长久以来一直受到国外技术的限制，是国内产业发展的短板和痛点，聚焦该领域的研究对国家安全和经济发展都具有重大且深远的战略意义。[1]

❶ 作者单位：国家知识产权局专利局初审及流程管理部。

❷❸❹ 作者单位：国家知识产权局专利局专利审查协作北京中心，其中刘申、焦月等同于第一作者。

### （二）关键技术介绍

如图1所示，人工智能芯片技术目前主要有两种发展路径：

延续传统的冯·诺依曼计算架构，处理器和存储器分开布局，加速硬件计算能力，代表芯片主要有以下4种类型：带有深度学习加速技术的CPU、通用芯片图形处理器（GPU）、半定制化芯片——专用集成电路（FPGA）、全定制化芯片——现场可编辑逻辑阵列（ASIC）。

颠覆传统的冯·诺依曼计算架构，模仿人脑神经系统模型的结构。人脑中的神经元既是控制系统，同时又是存储系统，采用人脑神经元的结构提升计算能力，即类脑芯片，以IBM TrueNorth芯片为代表。目前人工智能芯片在性能、功耗、延时方面的表现，主要依赖芯片算法、架构和工艺制程创新。[2]

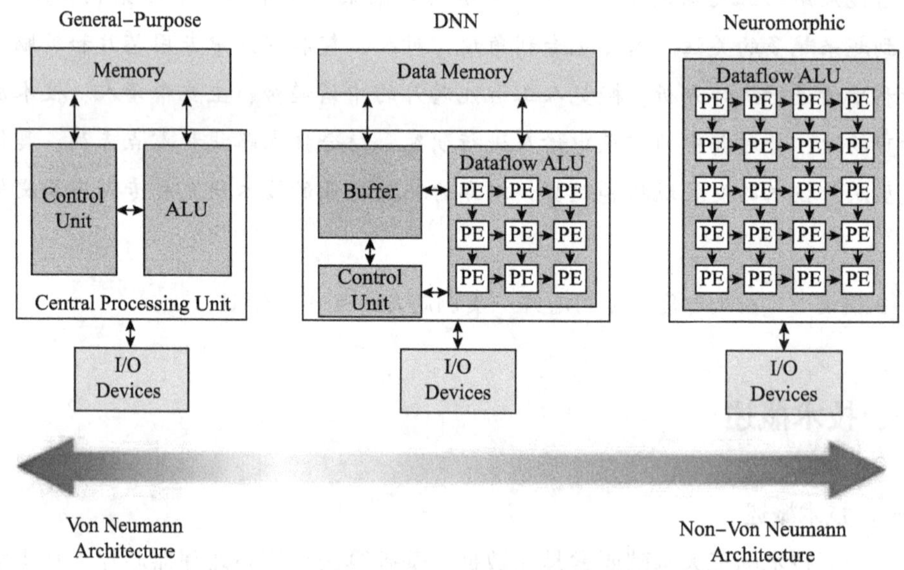


**图1　冯·诺依曼和非冯·诺依曼两类芯片架构概览**

1. 冯·诺依曼芯片

（1）带有深度学习加速技术的CPU

CPU针对单一的深度运算具有优势，在机器学习的人工智能运算方面存在缺点，这是由CPU的架构限制导致的，其没有针对深度学习进行优化，相对于专业人工智能芯片来说，运行效率、功耗表现都有所欠缺。为了更好地支持人工智能应用，传统CPU的结构和指令集也在不断迭代和变化，比如英特尔最新的Xeon可扩展处理器，就引入了深度学习加速技术（DL Boost）。

深度学习中，卷积神经网络要实现大量的卷积运算，需要通过设计卷积硬件加速模块来加速卷积运算。当前的解决方案主要有通用芯片GPU、半定制化芯片FPGA以及全定制化芯片ASIC。[3]

（2）通用芯片 GPU

GPU，又称显示核心、视觉处理器、显示芯片。GPU 是单指令、多数据处理，采用数量众多的计算单元和超长的流水线，主要处理图像领域的运算加速。GPU 是最早从事并行加速计算的处理器，与 CPU 相比运算速度更快，且具有比较成熟的人工智能运算解决方案。GPU 有着大规模的并行架构，非常适合对数据密集型的应用进行计算和处理，比如深度学习的训练过程。GPU 的另一个优势，是具有比较成熟的编程框架，比如 CUDA 或者 OpenCL 等，这也是 GPU 相比 FPGA 和 ASIC 的最大优势之一。GPU 的缺点在于功耗问题，神经网络训练往往需要大量密集的 GPU 集群来提供充足的算力，[4] 所以使用 GPU 进行加速会伴随着高功耗。

（3）全定制化芯片 ASIC

ASIC 是指应特定用户要求和特定电子系统的需要而设计、制造的集成电路。ASIC 是为实现特定场景应用要求而定制的专用人工智能芯片。目前用复杂可编程逻辑器件（CPLD）和 FPGA 来进行 ASIC 设计是最为流行的方式之一，它们的共性是都具有用户现场可编程特性，都支持边界扫描技术，但两者在集成度、速度以及编程方式上具有各自的特点。除了不能扩展以外，ASIC 在功耗、可靠性、体积方面都有优势，尤其适用高性能、低功耗的移动设备端。ASIC 的典型代表，是谷歌 AlphaGo 用的张量处理单元（TPU），它有着极高性能和极低功耗，和 GPU 相比，它的性能可能会高 10 倍，功耗低 100 倍。ASIC 专用芯片的局限性在于，其灵活性通常比较低，很难适用于其他应用。[4]

（4）半定制化芯片 FPGA

FPGA 是在可编程阵列逻辑电路（PAL）、通用阵列逻辑电路（GAL）、CPLD 等可编程器件的基础上进一步发展的产物。FPGA 作为专用集成电路领域的一种半定制电路而出现，既解决了定制电路的不足，又克服了原有可编程器件门电路数有限的缺点。与 GPU 相反，FPGA 适用于多指令、单数据流的分析，常用于预测阶段，如云端。FPGA 是用硬件实现软件算法，因此在实现复杂算法方面有一定的难度，其主要优点在于灵活性，可以很好地应对包括计算密集型和通信密集型在内的各类应用，缺点是价格相对比较高。在性能方面，FPGA 可以实现定制化的硬件流水线，并且可以在硬件层面进行大规模的并行运算，具有很高的吞吐量。在功耗方面，FPGA 的功耗通常为几十瓦，对额外的供电和散热等环节没有特殊要求，因此在一些使用 GPU 导致成本过高的业务场景（如数据中心）中，FPGA 通常以加速卡的形式配合现有的 CPU 进行大规模部署，兼容数据中心的现有硬件基础设施，例如，微软便是选用 FPGA 在数据中心里进行大规模部署。

2. 非冯·诺依曼芯片——类脑芯片

“受脑启发”是人工智能的重要发展方向。类脑架构是模仿人脑神经系统模型的结构，而人脑中的神经元既是控制系统，又是存储系统。类脑计算芯片是借鉴人脑处理信息的基本原理，面向类脑智能发展的非冯·诺依曼新型信息处理芯片。

由于大脑信息编码具有时空融合特性，国内外主要类脑芯片均采用时空融合架构，支持具有高度时空复杂性的脉冲神经网络算法模型。按数据表达分类，目前类脑计算芯片架构分为数字型架构、模拟型架构和数模混合型架构。以类脑计算方案与传统冯·诺依曼架构背离程度为标准，可将方案的层次从上到下大致分为程序级、架构级、电路级和器件级等层次。[6]除了基于硅技术的类脑芯片外，还有基于新型纳米器件的类脑芯片，例如阻变存储器和忆阻器阵列（STT－RAM、PCM、RRAM 等）。这种芯片直接利用定制的器件结构来模拟生物神经元的电特性，集成度更高，是非常有潜力的类脑芯片方案。但是目前大规模阻变存储器制造工艺相对不成熟，一致性和重现性都较差，暂时还没有能与基于硅技术的类脑芯片规模相当的芯片。类脑芯片的应用主要是在现有的计算机架构基础上加上类脑计算芯片以引入空间复杂性和时空复杂性。类脑芯片是类脑智能发展的基石，特别适合实时高效地解决不确定及复杂环境下的问题，可应用于各行各业。但是类脑芯片距离真正确立产业价值、从实验室及简单场景迈入实际产业赋能，还有很长的路要走。[7]

根据上述对关键技术的描述可以看出：GPU 未来的应用方向是高级复杂算法和通用性人工智能平台，最终实现即时使用的效果；FPGA 更适用于各种具体的行业，使人工智能被应用到各个具体领域；ASIC 因为算法复杂度强，需要一套专用的芯片架构与其进行对应，当客户处在某一特殊场景时，可以为其独立设计一套专业智能算法软件实现定制化使用，更高效更贴切地解决场景问题；类脑芯片是人工智能芯片最终的发展模式，只是距离真正产业化还很遥远。

## 二、专利数据检索及处理

### （一）技术分解

本文对人工智能芯片关键技术的研究，包括专用芯片和类脑芯片两个技术分支，最终确定技术分解如表 1 所示。

**表 1　人工智能芯片技术分支**

| 一级分支 | 二级分支 | 分支技术解释 |
|---|---|---|
| 人工智能专用芯片 | 专用芯片 | 应用于人工智能的带有深度学习加速技术的 CPU、GPU、FPGA、ASIC |
| | 类脑芯片 | 模仿人脑神经系统模型或相似结构的芯片 |

**（二）数据检索**

1. 数据库选择

本文采用国家知识产权局专利检索与服务系统（Patent Search and Service System）进行数据检索，同时为了检索的全面性和准确性，对于检索关键词、分类号的选择使用商业软件 Patentics 作为辅助检索工具。中文数据检索主要采用中国专利文摘数据库（CNABS），英文数据检索主要采用德温特世界专利索引数据库（DWPI），通过将 CNABS 检索结果转库到 DWPI 下、与英文检索数据进行合并的方式获得全球检索结果，在其中筛选出中国公开的数据作为中文检索结果。

2. 检索策略

本文结合人工智能芯片领域专利撰写的特点，在检索过程中以芯片的相关技术为依据进行适当扩展。使用非专利文献数据库的资料搜集对关键词进行筛选，以使关键词符合本领域惯用的表述方式。使用 Patentics 进行本领域相关创新主体的专利文献统计，以使分类号更加准确。从技术分支解释入手，以二级分支检索结果为基础进行合并得到整体的检索结果。本文还对人工智能芯片领域中影响较大的创新主体的专利申请进行限定范围内的补充检索。通过上述策略，完成本文所需的检索工作，实现了较高的查全率和查准率。使用的检索要素如表 2 所示。

**表 2　检索要素表**

| 检索要素 | 关键词 | 分类号 |
| --- | --- | --- |
| 专用芯片 | ASIC、专用、定制、个性化、integrated circuit、customize、individual；<br>加速器、芯片、处理器、chip、architecture、accelerator、processor、array；<br>人工智能、AI、神经网络、学习、训练、artificial neural network、neural、artificial intelligence、learning、training、reasoning、CNN、convolutional；<br>张量、tensor、TPU、脉动阵列；<br>节能、能效 | G06N；G06F；G06N 3；G06F 9；G06F 15；G06F 16 |
| 类脑芯片 | 脉冲神经、尖峰神经、类脑、神经拟态、脉冲时序相依、突触、神经元、时间依赖塑性、pulse、neural、STDP、neuromorphism、SNN、synapse、spiking、pluse shaper、Synaptic | G06N；G11C；G06N 3 |

**（三）检索结果与相关说明**

检索结果如表 3 所示。

表3 人工智能芯片技术分支检索结果

| 技术分支 | | 在华申请量 | 全球申请量 |
|---|---|---|---|
| 一级分支 | 人工智能芯片 | 18583件 | 29530项/68157件 |
| 二级分支 | 专用芯片 | 17702件 | 28522项/65245件 |
| | 类脑芯片 | 1454件 | 2148项/5036件 |

1. 同族专利的处理

本文进行技术分析时对同族专利进行了合并统计，针对国家分布进行分析时对各件专利进行单独统计。

2. 近期部分数据不完整

本文专利申请数据检索起止时间为2000年1月1日至2021年4月15日，检索文献涵盖了公开日或公告日在上述时间的中国和全球的发明专利申请。由于部分数据至检索截止日仍未在相关数据库中公开，因此本文检索到的专利申请量比实际专利申请量要少。

## 三、人工智能芯片技术专利分析

人工智能芯片技术的申请态势是其技术发展高度的重要指标，从2000年1月1日开始，截止到2021年4月15日，检索到世界范围内人工智能芯片专利申请共29530项，其中在华申请量共18583件。在此基础上，本文围绕人工智能芯片技术国内外申请趋势分别作出了阐述。

### （一）人工智能芯片专利申请态势分析

图2示出了人工智能芯片技术领域全球和在华申请态势。专利的增长趋势与人工智能芯片技术的发展相吻合。

从图中可以看出，2000～2014年，人工智能芯片技术的全球申请量比较稳定，未能突破千项，但是这一时期，人工智能芯片的发展一直没有停下步伐。2006年，Hinton在*Science*发表文章首次证明大规模深度神经网络的学习可行性；2008年，英伟达推出Tegra芯片，被认为是具有实际应用能力的人工智能的GPU；2010年，IBM首次发布类脑芯片的原型；2012年，谷歌用1.6万个GPU进行深度神经网络（DNN）训练；2013年，GPU开始在人工智能领域有所应用；2014年，英伟达发布首个为深度学习设计的GPU框架Pascal，IBM也发布了TrueNorth第二代。由于产业应用并不成熟，这一阶段人工智能对于芯片并没有特别强烈的需求，专利申请量也一直没有大的突破。

2015年，谷歌首次公布了一种ASIC即TPU1.0，它具有特别适合场景应用的特点；业界开始研发针对人工智能的专用芯片，期望通过更好的硬件和芯片架构，为计算效率进一步带来提升。这一契机促成了申请量的增长，2015年全球专利申请量达到1181项，

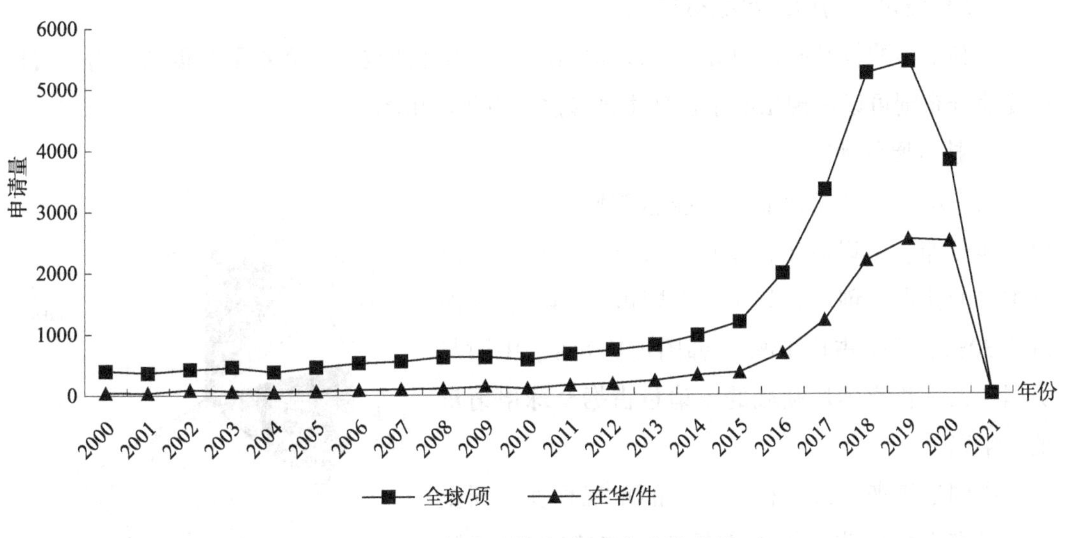


**图2　人工智能芯片全球/在华申请态势**

并自此开始爆发式增长，一直持续到2018年。在此期间，2016年，中国寒武纪公司（以下简称“寒武纪”）推出了DIANNAO，FPGA在云计算平台得到广泛应用。到2016年，两种技术路径的四种类型芯片都有了典型代表，开始应用于各种场景，并具有相应的解决方案，在产业上得到广泛使用。

后续的专利申请基本上都是在之前的研发基础上进行再研发，例如，谷歌在2017年继续发布了TPU2.0加强训练效能，英伟达发布Volta架构推进GPU的效能提升，华为推出首个应用于手机的人工智能芯片“麒麟970”。因此，在早期基础技术都已完成布局、技术趋向成熟的情况下，2018~2019年专利申请量的增长速度开始放缓，甚至在2019年以后开始呈现下降趋势。亮眼之处在于，这一阶段产业应用场景开始多样化，云端训练、推理、智能手机、语音识别、视频识别、自动驾驶、智能机器人等都开始应用人工智能技术，人工智能芯片也广泛应用于各个领域，处理效率表现出色。借着广泛应用的东风，人工智能芯片落地速度也在加快，据统计，2019年以来国内外推出的人工智能芯片多达近30款。

相较于全球申请态势，国内申请起步晚，专利申请量较少，在2017年首次突破千件，达到1208件，并在2019年达到申请量高峰2532件。国内在2019~2020年的申请量虽然增长较少，但并未下降，且申请量在2020年仍保持在了2500件，这意味着，未来中国的申请量可能仍会保持平稳发展态势，而不会随着技术成熟进入下降趋势。这主要是因为，随着大数据技术的发展和应用，人工智能芯片在国内具有广泛的应用领域，场景应用相关的解决方案仍会保持较高的研究热度。

### （二）技术原创地及目标市场地

专利申请的技术原创地分布可以体现出国家/地区的技术发展水平和创新能力，目标市场地分布则可以体现出各个创新主体最想要占领的市场。

1. 技术原创地

图3示出了人工智能芯片技术领域的专利申请原创地分布。可以看出，中国、美国、日本和韩国是主要的技术原创地。其中，中国占比34%，美国占比30%，日本占比15%，韩国占比6%。中国与美国在人工智能芯片领域的申请量占据全球申请量的一半以上。

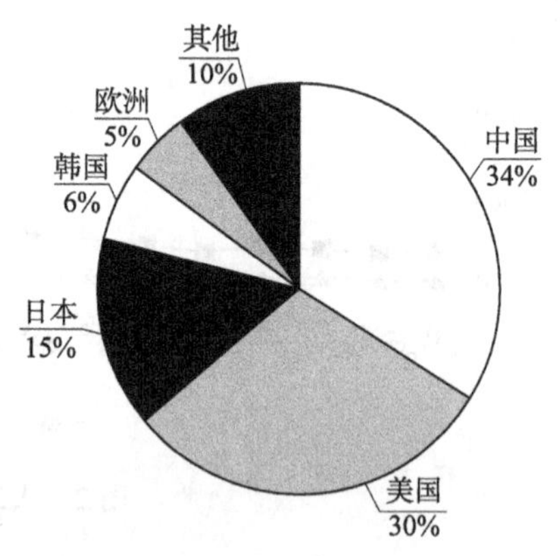


图3 人工智能芯片技术原创地分布

中国近年来对人工智能芯片的重视程度不断提高，又有大数据数量的先天优势“加持”，人工智能芯片的发展突飞猛进，专利申请数量也超过了美国、日本等传统的芯片技术强国。需要注意的是，我国人工智能芯片的基础技术相对于美国、日本、韩国等传统芯片强国来说还较为薄弱，整体仍呈现多而不强的局面。

美国作为人工智能芯片的先驱者和发起者，其技术储备雄厚，又拥有众多世界顶级的芯片公司，申请占比达到了30%，整体实力较为雄厚，仍然是人工智能芯片领域的主导者，是中国创新主体未来专利布局的有力竞争者。

日本在半导体领域、芯片领域也较强，在人工智能芯片技术方面虽然典型产品较少，但是日本对技术的传承性较强，并擅长对某项技术持续深耕，所以虽然其占比仅为15%，但专利布局形成的“围栏”也会较长。

韩国和欧洲的专利布局占比仅分别为6%和5%，虽然占比较小，但是其技术实力不容小觑。其高端芯片制造技术是人工智能芯片发展的重要支撑，例如位于欧洲的荷兰ASML公司，其光刻机是应用最为广泛的高端光刻机产品。

2. 目标市场地

图4为人工智能芯片目标市场地分布，其中美国占比为28%，略高于中国占比（27%），其次是日本（12%）、欧洲（9%）、韩国（6%）。此外，全球申请中有8%通过《专利合作条约》（PCT）进行海外布局，这也体现出申请人对人工智能芯片技术海外布局的重视程度。目标市场地分布与技术原创地分布类似，

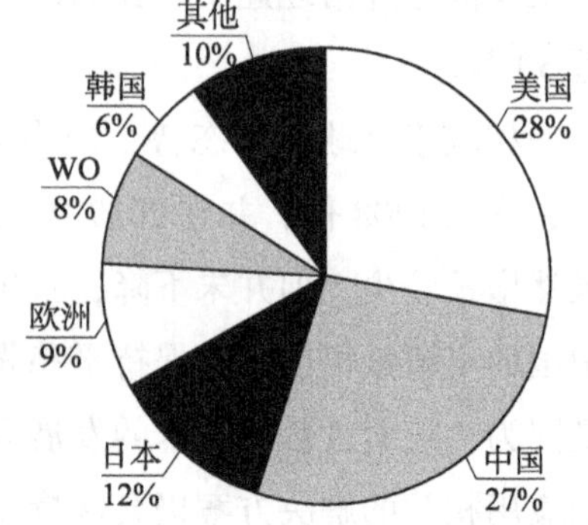


图4 人工智能芯片技术目标市场地分布

基本上集中在几个国家/地区，说明人工智能芯片技术在全球相对集中。

人工智能芯片在美国和中国的布局量占比达到了55%，这说明全球的创新主体对这两个市场认可程度高，都希望进入这两国市场，可以想见，在这两国的市场竞争激烈程度必然较高。

**（三）主要申请人分析**

如图5所示，人工智能芯片技术全球申请量前二十名申请人中，国内申请人仅4位，国外申请人达16位。其中以日本和美国申请人居多，分别达到9位、5位，韩国和德国分别有1位申请人。

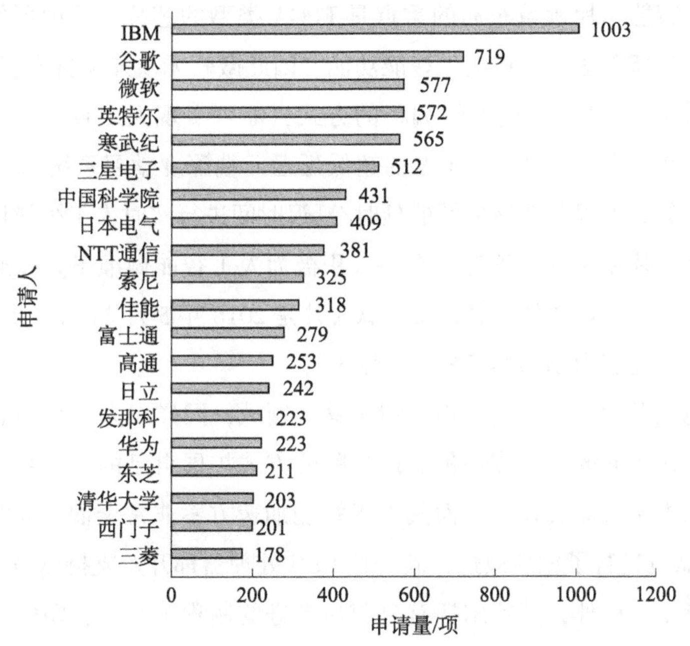


**图5　人工智能芯片技术全球申请量前二十名申请人**

美国申请人有5位，分别是：排名第一的IBM，申请量达到1003项；排名第二的谷歌，申请量为719项；排名第三的微软，申请量为577项；排名第四的英特尔，申请量为572项，以及排名第十三的高通，申请量为253项。从排名位置看，这五位申请人都处于靠前位置，也均为全球知名的科技企业，包括了解决方案提供商、硬件制造商、操作系统提供商，形成了全面的生态系统，体现出了美国在该领域的雄厚技术实力。

IBM在2014年后重点关注人工智能领域，围绕Watson和类脑芯片展开布局，试图打造人工智能生态系统。IBM的专利布局主要在类脑芯片领域，且布局时间较早。其类脑芯片自2011年就开始小有成绩，2014年正式推出了TrueNorth芯片。该芯片模仿人类大脑的神经元结构，拥有约54亿个晶体管，能够在快速准确分类的同时保持超低功耗。

谷歌在人工智能芯片领域的布局较为全面，从云端到边缘端和手机智能终端均有覆盖，其方向主要是TPU，属于全定制化芯片ASIC。凭借着操作系统优势，谷歌以软硬结合为特点，开始对人工智能芯片进行快速迭代，芯片设计更加全面。2017年，谷歌在云服务年会上正式发布其边缘技术，并推出了Google Edge TPU，这种芯片体型小、能耗低，只负责人工智能加速判别、加速推算，充当了加速器、辅助处理器的角色，可以在边缘部署高精度人工智能，是对CPU、GPU、FPGA以及其他在边缘运行人工智能的ASIC解决方案的补充。应用过程中，谷歌已经开始布局用人工智能算法设计人工智能芯片，提出了采用神经网络将芯片布局建模转化为强化学习问题，达到“在同一时间段内设计更多的芯片，运行速度更快，功耗更低，制造成本更低、外形体积更小的芯片”这一目标。

微软在人工智能芯片领域布局的重点是FPGA类型的芯片。采用可编程的FPGA芯片，可随时导入最新算法，实现人工智能功能。因此微软无须开发自家服务器设计芯片，直接向英特尔采购FPGA，通过软件编程的方式，即可实现人工智能加速等功能。2017年8月，微软宣布推出一套基于FPGA的超低延迟云端深度学习系统Brainwave，该系统可以具有竞争力的成本以及业界最低的延时/延迟时间进行实时人工智能计算。

高通是移动芯片领域的佼佼者，也一直积极为人工智能做准备。高通为人工智能芯片新开了产品线，以700系列命名，第一款芯片是2018年5月24日推出的骁龙710，专门瞄准高端手机，能够为拍照等场景提供服务。

英特尔是电脑芯片巨头，也在积极涉足移动领域，同样对人工智能芯片技术进行了布局。与其他公司不同的是，英特尔通过并购的方式扩展自己的人工智能芯片领域，接连收购了好几家人工智能公司，因而其人工智能加速方案非常全面。同时，英特尔对其传统的CPU产品也进行了相应改进，新一代CPU处理器都开始支持以DL Boost为基础的人工智能加速指令。此外，英特尔拥有目前最先进的制程工艺，收购的芯片方案在升级改进之后很快都会使用其自身的先进工艺进行生产，例如，FPGA、Moviduis、Nervana等芯片已经陆续使用英特尔自家的14nm、10nm、7nm工艺生产，性能得到大幅提升。2018年5月23日，英特尔推出了自己的第三代人工智能芯片，命名为Spring Crest，主打深度学习、机器训练。

日本申请人有9位，都是企业申请人，虽然申请人的数量超过了美国、中国，但是排名分别为第八至第十二、第十四、第十五、第十七、第二十位，位置相对靠后。早在1990年，日本半导体产业就达到了鼎盛时期，20世纪90年代时日本半导体企业在全球的产业链中占据关键位置。近年来，日本半导体产业的国际竞争力有所下降，但其仍然在芯片生产设备、生产原料等领域占据着举足轻重的地位，并拥有全流程、体系完善、专利覆盖全面的半导体业态，完善的产业链为日本的人工智能芯片企业提供了强有力的支撑。在人工智能芯片的应用定位上，相比主流的云计算人工智能芯片，日本申请人更侧重于研发面向边缘计算的终端人工智能芯片，例如，面向物联网应用的传感器芯片和自动驾驶辅助系统（ADAS）的芯片。2017 年，日本电气推出了半导体芯片 DFP（Data Flow Processor），适用于自动驾驶中的认知、判断、操作等需求。富士通推出了面向深度学习的人工智能芯片 DLU，并建造了超级计算机"京"。东芝专门针对深度学习中的张量计算问题，提出用于开发人工智能芯片的半导体电路技术时延神经网络（Time Domain Neural Network，TDNN），使得人工智能芯片的电力消耗下降了一半。整体而言，日本申请人对于人工智能芯片的研发布局目的在于将其应用在日本传统制造业产品中，增强日本传统制造业产品的竞争力。

中国申请人有 4 位：寒武纪、中国科学院、华为、清华大学，分别排名第五、第七、第十六、第十八位，高校和科研院所占据一半。除寒武纪、中国科学院排名靠前外，其他申请人的排名相对靠后。

寒武纪成立于 2016 年，在不足 5 年的发展时间内迅速崛起，每年至少推出一款智能芯片产品，坚持"设计自己的芯片"，并首创"AI + IDC"商业模式，开辟智能计算集群系统，以丰富自身的生态。以寒武纪为代表的国产企业的崛起也预示了中国在该领域的发展趋势，后来者居上会成为未来人工智能芯片领域的发展常态。值得注意的是，国内一大批优秀的人工智能芯片企业虽已崭露头角，但其专利布局较少，后续还需重视专利布局，以避免未来产品上市面临侵权风险。

中国科学院和清华大学是国内知名科研院所和高校，技术前瞻性较强，在人工智能芯片领域的研发布局也较多，可以成为国内企业的合作对象。

国内企业的另一个优秀代表华为的人工智能芯片已经开始产业化应用，在通信、消费终端都有所体现。从目前排名来看，华为稍显靠后，但其作为移动终端产品市场领先者，有机会与高通、英特尔等公司一争高下。2017 年，华为推出海思麒麟 970 芯片，在传统芯片上加了一块嵌入式神经网络处理器，使人工智能处理性能大大提升，使用该芯片的手机，性能并不弱于搭载进口芯片的手机。2019 年起，华为选择自主研发芯片，投入大量资源，以期把关键技术掌握在自己手中。

德国申请人西门子自身并不针对人工智能芯片进行研发，而是借助其他公司的人工智能芯片进行芯片集成，使其更加符合企业需求。与日本申请人的研发目的较为相似，西门子所推出的人工智能芯片仍然是为其工业自动化服务的，例如集成了人工智能芯片的全新模块，使用英特尔视觉处理器（VPU），能够实现神经网络的高效处理。

韩国申请人三星电子排名第六位。三星电子已经推出自主研发的人工智能芯片，同时提供代工产品，例如为百度代工的昆仑芯片，便是使用三星电子自身成熟的 14 纳米制程技术制造，并采用三星电子自身的 Interposer – Cube 2.5D 封装结构。百度昆仑芯片的人工智能加速器基于该公司的 XPU 神经处理器架构，该架构使用数千个小内核，这些小内核可用于云和网络边缘的各种应用程序。三星电子的人工智能芯片主要应用于消费类电子产品（如智能手机），应用场景有限，更倾向于定制化的人工智能芯片方向。

图 6 示出了在华申请量前二十名申请人，其中企业占据 9 位，高校和科研院所占据 11 位，两种类型的申请人数量基本持平，这说明高校和科研院所的研究实力不容小觑。

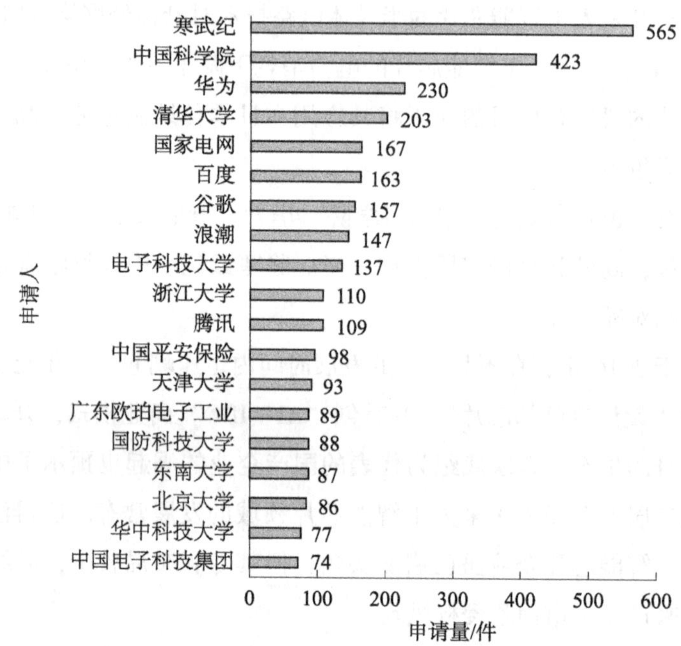


**图 6　人工智能芯片在华申请量前二十名申请人**

在华申请人中，企业申请人根据其业务产品推出适合自己的人工智能芯片或者解决方案。国家电网在电力核心芯片应用上，实现电力系统各环节的万物互联、人机交互、状态全面感知和信息高效处理。浪潮在 2020 年发布了新的计算系统 MX1，这个系统的显著优势就是可以在同一人工智能服务器上支持多种符合开放计算项目（OCP）加速器模块（OAM）规范的人工智能芯片，能够支持构建数量达到 32 颗芯片的大型计算系统，从而通过大规模神经网络模型实现并行计算。高校和科研院所申请人的研发实力较强，2019 年，浙江大学牵头研发了脉冲神经网络类脑芯片“达尔文 2”。

综合上述主要申请人的类型、布局方向和产品应用，可以预见，未来人工智能芯片市场的竞争将更加激烈。

## 四、人工智能芯片技术二级分支技术发展路线和重点专利

### （一）专用芯片重点技术发展路线和重点专利

从专用芯片的技术发展路线（图 7）来看，在 21 世纪初期，各创新主体主要致力于对芯片底层存储机制、传输机制、结构以及数据展示等方面进行研究，属于芯片研发的

基础技术，为芯片的生产制造做准备。US6502141B1 公开了一种用于多节点数据处理系统内的单调时间同步的方法，该方法将 n 个节点中的一个节点指定为节点零，初始化再同步。通过这样的方式，无需专用硬件功能，不会对系统内的互连或处理器强加运行开销。US7412588B2 公开了一种半导体集成电路芯片，允许集成电路根据第一操作功能接收和处理分组，并且适于重新配置以用于根据与所述第一操作功能不同的全新操作功能接收和处理分组。采用这样的方式，允许单芯片内的真正协议转换，节省硬件，减少带宽争用、存储器争用以提升吞吐率。CN101097585A 公开了一种基因芯片数据的可视化分析和展示方法，它能提供直观的芯片可视化方法，第一次利用自组织映射的神经网络来模拟和学习芯片数据，利用组成分平面来展示得到的单个芯片/样本的数据，将所述神经网络中的多维神经元载体的单个组成分分离出来展示数据中样本和基因之间的关系。US7707350B2 公开了一种芯片互连混合机构，能改变芯片上的互连总线使得无论芯片在什么位置都能简化到第二芯片的连接，从而降低复杂度并且使附加印刷电路板资源的消耗最小化。

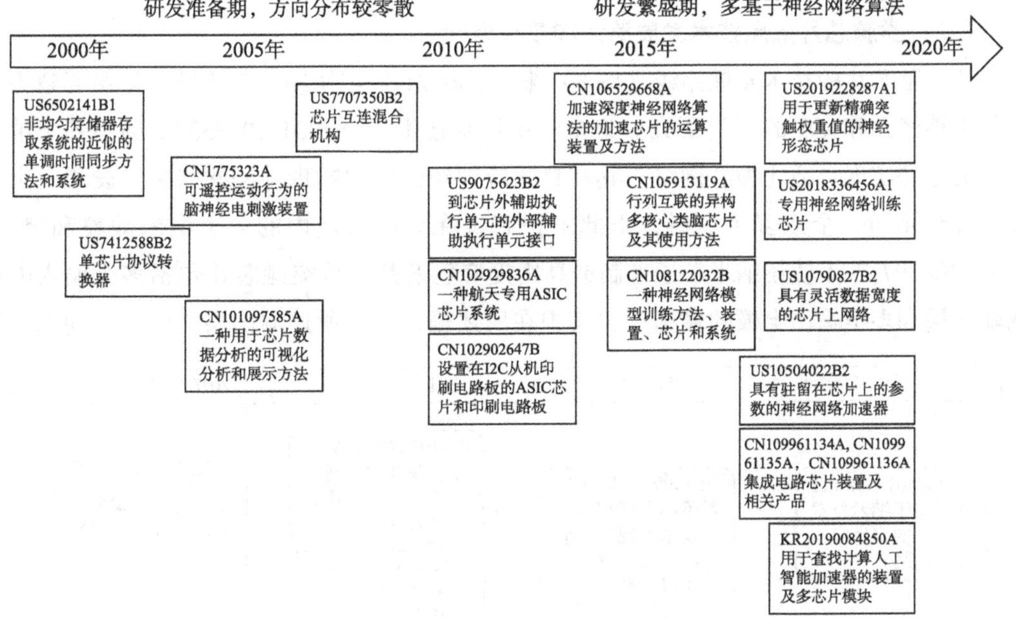


**图 7　专用芯片的技术发展路线**

2010 年之后，专用芯片的发展逐步集中到基于神经网络算法的研发上。CN106529668A 公开了一种加速深度神经网络算法的加速芯片的运算方法，使用上述加速深度神经网络算法的加速芯片的运算装置进行运算，所产生的向量化的中间值存储于向量加法处理器模块、向量函数值运算器模块和向量乘加器模块中的中间值存储区域，且所述中间值存储区域可对主存储器进行读取与写入操作。CN108122032B 公开了一种神经网络模型训练方法、装置、芯片和系统，用以缩短模型参数的训练时延，从而使计算进程与通讯进程的时间窗口重叠，缩短模型参数的训练时延。US2018336456A1 公开了一种用于训练神经网络的专用硬件芯片的方法、系统和装置，专用硬件芯片可以包括标量处理器，被配置为控制专用硬件芯片的计算操作。芯片还包括矢量处理器，被配置为具有矢量处理单元的二维阵列。芯片可以另外包括矩阵乘法单元，其耦合到矢量处理器，矩阵乘法单元被配置为将至少一个二维矩阵与另一个一维矢量或二维矩阵相乘以便获得乘法结果。US10504022B2 公开了具有驻留在芯片上的参数的神经网络加速器，其将控制信号提供到第一存储器组以使得输入激活被提供到由乘法累加运算器可访问的数据总线。KR20190084850A 公开了一种用于查找计算人工智能加速器的装置及多芯片模块，所述装置可包括存储电路裸片，所述存储电路裸片被配置成存储查找表，所述查找表将第一数据转换成第二数据。所述装置还可包括逻辑电路裸片，所述逻辑电路裸片包括组合逻辑电路，所述组合逻辑电路被配置成接收第二数据。所述装置还可包括光学通孔，所述光学通孔耦合在所述存储电路裸片与所述逻辑电路裸片之间且被配置成在所述存储电路裸片与所述逻辑电路裸片之间传输第二数据。

**（二）类脑芯片重点技术发展路线和重点专利**

从类脑芯片的技术发展路线（图 8）来看，在 21 世纪初期，各研发主体主要致力于芯片中神经元和突触的材料研究，集中采用纳米技术。US20040193558A1 利用基于纳米技术的组件实现自适应神经网络，其在自适应神经网络的物理神经网络中，设置一个或多个神经元和一个或多个突触，由此加强布置在介电溶液内的多个纳米颗粒和突触。US20040039717A1 使用纳米粒子来制造高密度突触芯片，该突触芯片包括多个输入电极的输入层和多个输出电极的输出层，其中在所述输入层和所述输出层之间形成间隙，溶

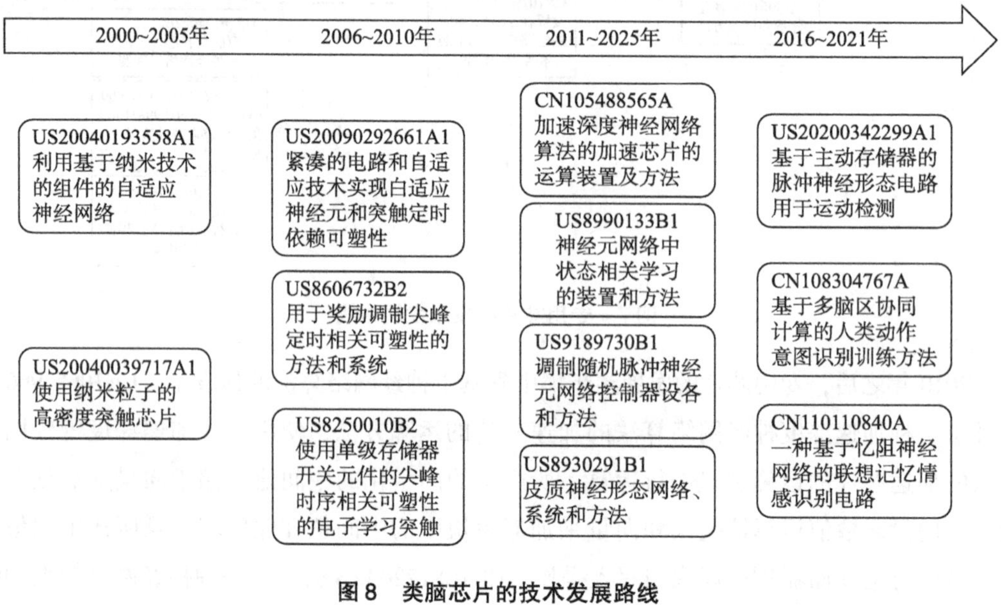

**图 8　类脑芯片的技术发展路线**

液位于所述间隙内，并从所述输入层到所述输出层横跨所述间隙施加电场以形成物理神经网络的纳米连接突触芯片。

2006～2010 年，各研发主体整体开始倾向于神经元和突触的定时依赖可塑性研究（STDP），依据时序放电的突触可塑性，应用在脉冲神经网络（SNN）中，也是生物领域中最重要的突触学习规则之一。US20090292661A1 公开了一种紧凑型突触电路和网络，采用自适应技术实现自适应神经元和突触定时依赖可塑性，通过 Hebbian 学习实现 STDP 的合成神经系统的高密度实现的新型集成电路。US8606732B2 公开了一种用于奖励调制尖峰定时相关可塑性的方法和系统，模拟修改后的资格追踪对神经元突触权重的影响，表明该方案能够提供与传统资格追踪相似的结果，并演示了用于在硬件中实现奖励调制的 STDP 的区域高效方法。US8250010B2 则使用了单级存储器开关元件的尖峰时序相关可塑性的电子学习突触，将产生的突触前脉冲应用于突触装置的突触前节点以及将产生的突触后脉冲应用于突触设备的突触后节点。

2011～2015 年，技术的发展主要集中于对网络本身的改进，包括对网络的描述、神经网络的加速和网络处理器等。CN105488565A 公开了一种加速深度神经网络算法的加速芯片的运算装置及方法，所述装置包括：向量加法处理器模块、向量函数值运算器模块、向量乘加器模块；所述三个模块中均设置有中间值存储区域，并对主存储器进行读取与写入操作。由此能够减少对主存储器的中间值读取和写入次数，降低加速器芯片的能量消耗，避免数据处理过程中的数据缺失和替换问题。US8990133B1 对神经元网络中的状态相关学习进行研究，基于连接状态项和神经元状态项，可以使用框架来描述神经元连接的可塑性更新；使用依赖于事件的连接更改组件，可以在每个神经元的基础上执行连接更新。US9189730B1 公开了调制随机脉冲神经元网络控制器设备和方法，控制器包括编码器块和控制块，编码器利用基函数内核扩展技术来将输入的任意组合编码为尖峰输出；控制器在学习的初始阶段会增加随机性，在随后的控制器操作期间，降低随机性以减少控制器的能量使用。US8930291B1 公开了皮质神经形态网络，采用布置在网络层中的多个神经形态节点，输出尖峰信号作为递归尖峰信号提供给网络层的神经形态节点，使用了 STDP 突触接收和加权兴奋尖峰信号并产生输出尖峰信号。

随着类脑芯片技术的不断发展、进步和成熟，近几年，各创新主体开始致力于相关技术的具体应用场景的研究，对检测、识别等领域的研究尤为突出。US20200342299A1 将基于主动存储器的脉冲神经形态电路用于运动检测，用于确定物体的运动方向和速度的运动感测电路包括用于感测所述物体的第一感光器、耦合到所述第一感光器的兴奋性有源忆阻器神经元电路、用于感测对象的第二感光体、耦合到第二感光体的抑制性主动忆阻器神经元电路，以及耦合到兴奋性主动忆阻器神经元电路并耦合到抑制主动忆阻器神经元电路的自激主动忆阻器输出神经元电路。CN108304767A 公开了一种基于多脑区协同计算的人类动作意图识别训练方法，所述方法克服了传统人机交互技术中需要预先编程等不够灵活的缺点，提升了使用体验。CN110110840A 公开了一种基于忆阻神经网络的联想记忆情感识别电路，所述输入单元用来模拟神经网络中的输入神经元；输出单元用来模拟神经网络中的输出神经元；该电路用于实现一种基于忆阻神经网络的联想记忆情感识别方法；利用神经网络，建立基于忆阻神经网络的联想记忆情感识别模型，用来模拟人类感知器，实现了对人类学习速度变化的模拟，更好地对人类情绪变化进行模拟，提高智能机器模拟人类思考和行为的可能性，增强了模拟神经网络的仿生能力和实用性。

## 五、结束语

人工智能芯片技术是一种新兴的芯片技术。借助大数据技术、人工智能技术的飞速发展，人工智能芯片也逐渐成为当前芯片技术发展的重要方向。国内外相比较来看，国外在芯片工艺、制造等方面的技术较为先进，人工智能芯片技术专利布局较为充分，布局的数量在下降；而国内布局起步晚追赶快，在布局力度上不弱于整体布局态势，但由于早期芯片基础技术的掣肘，后期发展会面临诸多挑战。可喜的是，国内已出现了几家表现不俗的科技企业，在未来人工智能领域占据了一定位置，正在积极应对未来可能面临的风险和挑战。

国外领先申请人均为企业，国内领先申请人则企业、高校、科研院所兼有。美国的专利布局集中在少数几家传统强势科技企业手中，如 IBM、谷歌、微软等，这些企业涉及操作系统、硬件设备、解决方案等多个方面，构成了封闭生态链，在芯片技术领域形成了垄断状态。对于其他国家的企业来说，打破这种生态链、分一杯羹的难度较高。日本企业通过将自身制造优势与芯片技术结合，巧妙避开了美国公司构筑的生态链。韩国企业通过芯片代工和研发相结合的方式发展芯片技术。德国针对自身工业设备自动化进行芯片的专业定制和优化，在全球市场占据了一席之地。国内创新主体可借鉴上述国家申请人的研发方式和布局模式，绕过已形成的专利壁垒，找准机会实现弯道超车。

各申请人根据自身的特点选择的技术路线各不相同：IBM 选择了类脑芯片；谷歌发展软硬件结合的 ASIC，推出 TPU 芯片；微软选择了 FPGA 平台；英特尔作为传统的芯片制造公司，结合自身芯片制造优势，对各种类型的芯片都做了一定改进。多种技术发展路线各有优劣，从成本、功效等方面综合考虑，FPGA 各项指标较为均衡，对于国内企业来说，尤其是对于研发资金较少的初创企业来说，选择 FPGA 作为起始路线是较为稳妥的发展路径，同时还需结合自身技术特点予以考虑，探索最适合自身发展的路线。

## 参考文献

[1] 刘洋，许菲菲，丛珊，等. 技术竞争与产业格局：人工智能专利全景分析 [M]. 北京：知识产权出版社，2020：8.

[2] 轩窗. 冲破摩尔定律，类脑芯片怎样使机器超越人脑 [EB/OL]. (2018 - 01 - 30) [2021 - 04 - 15]. https：//zhuanlan. zhihu. com/p/33446407.

[3] zhuxrgf. 解析目前六款类脑芯片，如何颠覆传统架构 [EB/OL]. (2019 - 07 - 18) [2021 - 04 - 15]. http：//www. 360doc. com/content/19/0718/16/10674139_849588871. shtml.

[4] IT 互联人生的店. 智能芯片行业前景研究报告 [EB/OL]. (2020 - 11 - 25) [2021 - 04 - 15]. https：//wenku. baidu. com/view/66edf1a57ed184254b35eefdc8d376eeafaa17f4. html.

[5] 唐杉. Google TPU 揭密 [EB/OL]. (2017 - 04 - 06) [2021 - 04 - 15]. https：//mp. weixin. qq. com/s/Kf_L4u7JRxJ8kF3Pi8M5iw.

[6] 学术头条. 类脑科学：帮助人工智能走得更远 [EB/OL]. (2021 - 05 - 21) [2021 - 04 - 15]. https：//www. 163. com/dy/article/GBJ4QJJ50519A5BF. html.

[7] 施羽暇. 人工智能芯片技术体系研究综述 [J]. 电信科学，2019 (4)：114 - 119.

# 新一代 NAND Flash 存储管理专利技术综述

朱雷[1]　张李一[2]　王丽娜[3]

**摘　要**　随着现代社会信息化程度不断提高，数据已成为构筑现代数字工业社会的基石，而用来进行数据存储的存储器也成了信息化社会的底层基础，3D NAND Flash 存储器作为新一代 NAND Flash 存储器更是在各类数字化信息系统的应用中大放异彩。本文从专利技术的角度对 3D NAND Flash 存储管理技术进行综述分析。首先，本文对 3D NAND Flash 存储器的技术背景和发展历程做了介绍，重点阐述了 3D NAND Flash 存储器作为新一代闪存的技术优势和广阔应用场景，以及对存储技术发展的重要意义。其次，通过在 CNTXT、DWPI 等专利数据库以及包括智慧芽在内的多个商业数据库中充分检索，从专利文献的视角对 3D NAND Flash 存储管理技术的发展进行了全面的数据统计以及分析，总结分析了与该技术相关的国内外专利的申请趋势、本领域的主要申请人分布以及重要技术发展方向等内容。再次，本文以专利数据为基础对该技术的发展脉络做了梳理和分析，并标引出重点专利进行针对性分析。最后，本文还对该技术领域的重点专利申请人进行了研究分析。希望通过此次对 3D NAND Flash 存储管理专利技术的分析研究，能够使读者对专利文献中所反映出的技术脉络和发展趋势有更清楚完整的了解，从专利角度了解该领域的技术垄断情况，为企业的产品研发和专利布局提供一定的参考。

**关键词**　3D NAND Flash　非易失性存储　映射

## 一、概述

### （一）研究背景

存储器包括光学存储器、半导体存储器和磁性存储器，作为信息系统不可或缺的数据载体，被广泛应用于各类电子产品和嵌入式系统。随着现代社会信息化程度的不断提高，作为半导体行业支柱产业的半导体存储器，在 2020 年全球半导体市场份额中占据了

[1][2][3] 作者单位：国家知识产权局专利局专利审查协作江苏中心。

超过 1/4 的比重，已逐步成为全球战略技术产业。[1]

半导体存储器按照断电后存储器内数据是否消失的维度，可以划分为易失性存储器和非易失性存储器。易失性存储器在断电以后存储器内的信息就会消失，主要以静态随机存取存储器（SRAM）、动态随机存取存储器（DRAM）为主，被大量应用于手机内存或电脑内存等需要高性能数据读写的场景中。非易失性存储器断电以后存储器内的数据仍然存在，主要以 Flash 存储器为主。Flash 存储器又称为闪存，主要包括与非型闪存（NAND Flash）和或非型闪存（NOR Flash）两大类。NOR Flash 主要应用于存储空间需求少的代码存储的应用场景中。NAND Flash 因其能提供较高的单元密度和大容量的存储空间并且写入和擦除的速度较快的特性得到了广泛的应用，无论是在日常使用的手机、电脑、平板、电视、汽车等消费级产品，还是在工控、医疗等领域都得到了广泛的应用。随着近年来大数据时代数据量的爆炸式增长，市场对更低单位比特成本、更高存储密度的闪存芯片的需求日益增长，传统的 2D NAND Flash 已渐渐难以满足市场需求，并且成本优势逐渐减弱。各大存储芯片厂商纷纷加码研究新一代 NAND Flash 技术，其中 3D NAND Flash 技术以其优异的性能和较低的成本脱颖而出，尤其在 16nm 制程后，传统的 2D 微缩工艺的难度和成本相较于 3D 技术已难以保持优势，在此背景下，3D NAND Flash 逐步成为市场主流。

**（二）研究对象**

1. 技术概况

3D NAND Flash 存储器的核心技术主要涉及半导体结构及制造方法、存储管理逻辑设计两个方面。目前对半导体结构及制造方法的专利分析存在大量的文献，但对存储管理方面的专利分析一直较为缺乏。

闪存的存储管理主要是通过将闪存的硬件细节进行屏蔽，为上层应用提供硬件抽象，从而实现对闪存芯片的直接管理和控制，通常包括闪存转换层（Flash Translation Layer，FTL）、闪存文件系统（Flash File System）等闪存管理方法。闪存文件系统是直接针对闪存设计的文件系统，如 JFFS2、YAFFS 等。闪存转换层则是通过中间层隐藏闪存的底层实现细节，把闪存设备模拟为传统的磁盘块设备，上层应用由此能够以类似访问磁盘的方式访问闪存设备。但随着 3D NAND Flash 时代的到来，上述存储管理实现方式的弊端已越来越大。闪存文件系统只能针对特殊厂商的设备，无法广泛应用于各类不同的闪存设备，通用性较差；而采用传统的闪存转换层方法管理 3D 闪存空间会产生性能和可靠性的问题，包括闪存块内页数和闪存页容量增大导致存储空间利用率下降、数据传输时间增加、垃圾回收开销增加等，都会影响闪存设备性能，并且 3D 闪存内部读写干扰相比 2D 闪存更加严重，导致使用过程中产生更多的比特错误，影响闪存设备可靠性。因此，在 3D NAND Flash 时代，对现有的闪存存储管理逻辑进行优化已成为各大闪存厂商迫在眉睫需要解决的技术难题。[2]

随着3D NAND Flash 技术的发展，3D NAND Flash 结构特性的变化也随之带来了不同的技术问题。结合 3D NAND Flash 结构特性，从解决 3D NAND Flash 技术突出存在的提高空间利用率与性能、提高映射效率、降低响应时间以及降低比特出错率、减少读写干扰、降低擦除次数、提高垃圾回收效率等问题的角度，可将 3D NAND Flash 存储管理技术分为映射策略优化、数据可靠性管理、擦除回收策略管理和异常管理。其中对映射策略的优化主要包括对映射算法的优化以及对存储空间分配管理的优化。

生产工艺及多层单元的3D NAND Flash 的垂直堆叠设计方式，会造成数据存储的性能变得较差。在写指令操作或读指令操作时写电压或读电压会对相邻存储单元形成相互干扰影响，导致比特出错率升高。为保证大容量数据处理的可靠性，会通过对读写操作进行优化，减少读写干扰，或在数据的读写处理上引入纠错码（ECC）纠错算法进行纠错。

由于3D NAND Flash 的每个物理块均有一定的最大擦除次数，一旦一个物理块超过了擦除次数，此物理块就有可能无法访问，因此需要引入磨损均衡机制来降低擦除次数，提高使用寿命。磨损均衡与垃圾回收是紧密相关的，垃圾回收过程往往伴随着磨损均衡操作。3D NAND Flash 需要使用垃圾回收策略对使用过程中保存无效数据的物理块进行擦除后才可以回收重新使用，高效的垃圾回收机制能使文件系统的运行效率更高，操作速度更快。在3D NAND Flash 操作期间，如果出现了意外掉电的情况，必须将地址映射表等关键数据及时迁移并恢复，以保证系统稳定运行。

2. 技术分解

通过对专利和非专利的现有技术检索，重点结合本领域专利文献特点，将 3D NAND Flash 存储管理技术进行分解，技术分解表如表 1－1 所示。

**表 1－1　3D NAND Flash 存储管理领域技术分解表**

| 一级分支 | 二级分支 | 三级分支 |
|---|---|---|
| 映射策略优化 | 映射算法优化 | 页映射 |
| | | 块映射 |
| | | 混合映射 |
| | 存储空间分配 | 数据分配管理 |
| | | 存储单元划分 |
| 数据可靠性管理 | 读写操作优化 | ECC 纠错 |
| | | 降低相邻单元干扰 |
| | | 读写命令调度 |

续表

| 一级分支 | 二级分支 | 三级分支 |
| --- | --- | --- |
| 擦除回收策略 | 磨损均衡优化 | 坏块管理 |
| | | 计数优化 |
| | | 冷热数据搬移 |
| | 垃圾回收策略 | 脏块管理 |
| | | 延迟算法优化 |
| 异常管理 | 掉电恢复 | 增设扩展块 |
| | | 数据迁移优化 |

### （三）研究方法

本文专利文献数据主要来源于专利检索与服务系统（S系统）中的中国专利文摘数据库（CNABS）、中国专利全文数据库（CNTXT）以及德温特世界专利索引数据库（DWPI）。其中对专利法律状态及引用频次等字段的检索还涉及了Incopat、智慧芽等商业专利数据库。数据检索的截止日期为2021年4月20日。

检索过程以“3D NAND Flash”为核心检索要素，进行了“3D”“三维”“nand”“Flash”“闪存”“快闪”“存储器”等关键词的扩展，并结合G06F 12、G06F 3等IPC分类号的扩展，采用分类号结合关键词的方式，通过检索策略的不断调整，对全球专利数据库进行了充分检索。获得检索数据后，对检索数据进行梳理，对检索数据逐篇进行阅读，对检索结果进行去噪，并对去噪后的数据进行标引、筛选、透视等数据处理操作。

截至2021年4月20日，在3D NAND Flash存储管理领域，全球专利申请共3119件，合并同族后共1724项。

## 二、专利申请趋势分析

### （一）全球专利申请趋势

2007年东芝在超大规模集成电路（VLSI）国际会议上首次面向业界提出3D NAND Flash技术，并推动新的Bit Cost Scalable（BiCS）技术的诞生，使得3D NAND Flash技术面向市场成为可能，3D NAND Flash技术开始逐步得到主流厂家的认可，同时期，围绕3D NAND Flash半导体结构及制造方法的专利申请开始逐步出现。2011年3D NAND Flash存储管理领域出现专利申请，如图2－1所示。3D NAND Flash存储管理专利申请自出现以来逐年高速增长，反映出该领域近年来处于技术快速发展的关键阶段。

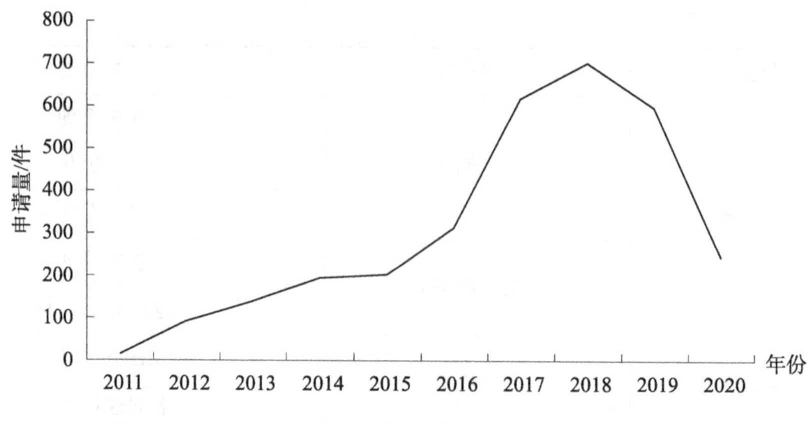


**图 2－1　3D NAND Flash 存储管理领域全球专利申请趋势**

如图 2－1 所示，2011～2013 年，3D NAND Flash 存储管理领域专利申请数量相对较少，技术成长尚处于萌芽期阶段。这一时期，市场上传统的 2D NAND Flash 仍是绝对主流，但其技术的瓶颈效应日益明显，开始引起主流厂商的重视，各大主流厂商开始逐步参与到 3D NAND Flash 的研发中来。[3]

2014～2016 年，3D NAND Flash 存储管理领域专利申请数量平稳增长，技术发展进入平稳发展阶段。这一时期专利申请的绝对数量和增长基数都已远远大于技术萌芽期的专利申请情况，反映出这一时期市场参与者的研发意愿和参与活跃度相较前一时期都有了明显的增长。这一时期的专利申请数量虽得到很大增长，但是增长率却相对较低，因为这一时期 3D NAND Flash 技术还存在多个没有取得有效技术突破的难点和技术困难，尤其是 3D NAND Flash 存储器相对 2D NAND Flash 存储器成本较大的问题仍然没有得到有效的解决。但这一时期市场上已逐步出现能够实现量产的 3D NAND Flash 产品。对未来前景有着相对明确的预期使得市场对该技术的投入意愿得到大幅度提升，为随后的技术高速发展奠定了基础。

2017 年至今，3D NAND Flash 存储管理领域专利申请数量开始飞跃式增长，技术发展进入高速发展阶段（2019～2020 年的专利申请因专利申请流程所限，大部分并未被公开，因此这两年的专利申请数据仅是部分数据）。这一时期，3D NAND Flash 技术日趋成熟，各种先进生产制造工艺不断涌现，生产成本逐步降低，相对 2D NAND Flash 存储器的优势越来越明显；同时，国际环境发生剧烈变化，存储芯片作为全球半导体市场支柱产品，逐步被越来越多的国家列入战略技术产业，为存储芯片产业创造了前所未有的良好社会环境，申请人数量出现大规模增长，专利申请数量迎来爆发式增长，各大主流厂商纷纷实现 3D NAND Flash 存储芯片的量产，并不断换代升级，使得该领域迎来了蓬勃发展的黄金阶段。

### （二）中国专利申请趋势

如图 2－2 所示，在 3D NAND Flash 存储管理领域，中国专利申请趋势基本上和全球申请趋势保持一致。

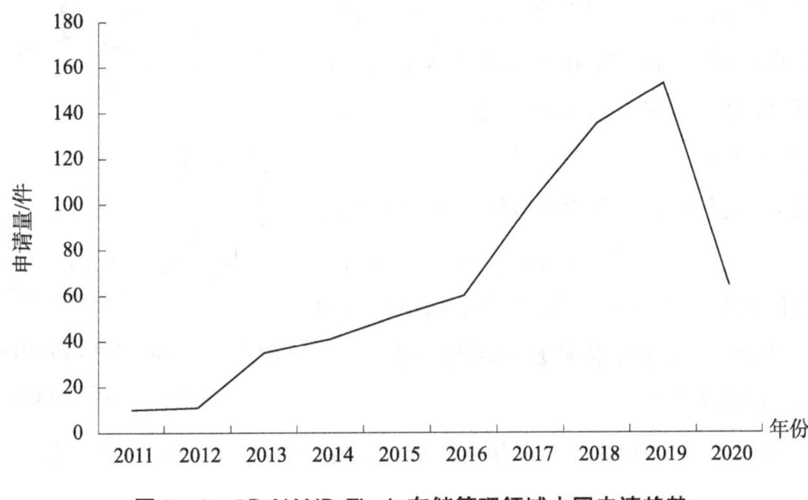


**图 2－2　3D NAND Flash 存储管理领域中国申请趋势**

2011～2013 年，在中国 3D NAND Flash 存储管理领域同样开始出现专利申请，进入技术发展的萌芽期。这一时期中国的专利申请多是美光、三星等该领域垄断巨头在中国进行的专利布局。

2014～2016 年，3D NAND Flash 存储管理技术在中国开始进入平稳发展阶段。这一时期随着中国的半导体市场发展日益壮大，该领域各主流生产厂商纷纷加大在中国的专利布局力度，同时中国申请人的专利申请数量开始逐渐增长。

2017 年至今，3D NAND Flash 存储管理技术在中国同样进入高速发展阶段，但与前两个发展阶段与全球申请趋势保持高度一致的情况不同，这一时期中国的专利申请增长速度明显高于全球申请。这一时期国际环境的剧烈变化，尤其是针对中国的科技打压愈演愈烈，使处于冲突焦点的半导体芯片技术得到了全社会的高度重视，国家陆续出台了多项产业鼓励政策。从专利申请情况来看，这种社会环境对技术发展的刺激已经收到了显著的效果。这一时期，国内申请人数量激增，大量申请人投入到该技术的研发中来，中国专利申请增速高于全球申请的推动力正是来自大量的国内申请人。就正处于技术发展关键阶段的该项技术来说，此时正是我国突破技术封锁的绝佳时机。

**（三）全球专利申请区域分布**

1. 区域分布

图 2－3 示出了 3D NAND Flash 存储管理技术在各国家和地区的申请分布情况。如图 2－3 所示，美国是该领域专利申请量最大的地区，其专利申请占了全球专利申请数量的 43%，达到了近乎一半的份额。紧随其后的是中国、韩国。中国占了全球专利申请量的 26%，韩国占了全球专利申请量的 16%，其中韩国在该领域的专利申请高度集中于两家韩国本土公司，即在存储芯片行业居于垄断地位的三星和爱思开海力士，这在一定程

度上也反映出培育优势企业对于各国家/地区在该领域产业发展的重要意义。中国在该领域的专利申请多集中在2016年以后，结合2016年后该技术处于高速发展的关键阶段这一情况，未来数年对于完成我国在该领域实现技术突破、弯道超越具有重要意义。

除上述国家之外的其他国家/地区的专利申请总和占比仅为15%，其中，欧洲占比7%，日本占比5%，且和韩国相似，日本在该领域的专利申请高度集中于东芝、索尼等几家日本本土半导体公司。

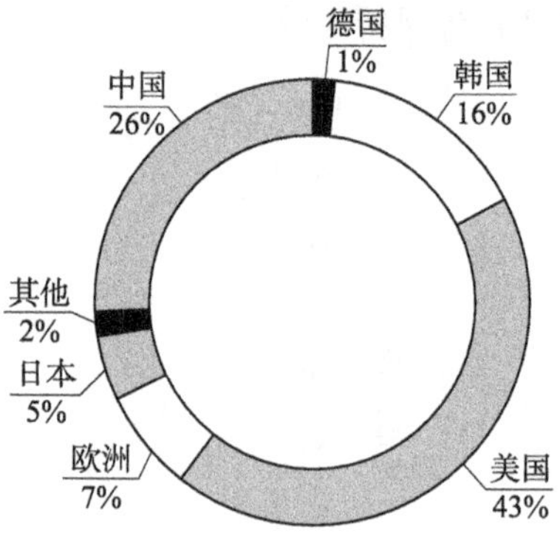

**图2－3　3D NAND Flash 存储管理领域专利申请国家/地区分布**

2. 全球专利技术流向

图2－4展现了3D NAND Flash存储管理技术在全球的专利技术流向情况。

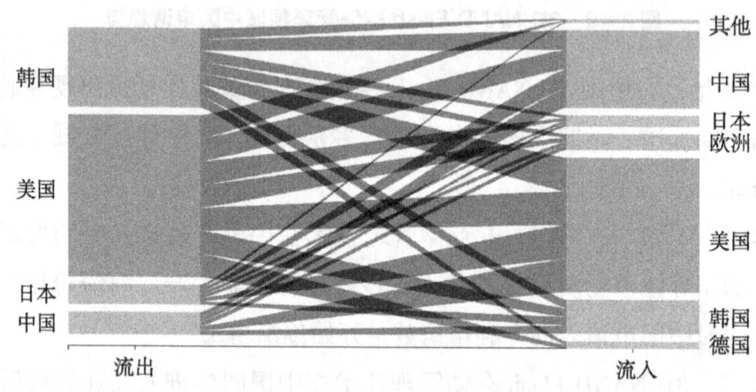


**图2－4　3D NAND Flash 存储管理领域专利技术流向情况**

如图2－4所示，美国是该领域最大的专利技术输出国，同时也是该领域最大的专利技术输入国，反映了美国在该领域不仅拥有着强大的技术积淀，同时还拥有着广阔的市场。拥有强大的技术积累和在全球芯片产业链居于垄断地位的美光、英特尔等巨头公司，使得美国有实力在全球各主要市场进行专利布局，其中中国、韩国成为美国专利技术的主要流入国。同时，美国全球领先的芯片产业链也使得美国拥有着广阔的市场，成为该领域的主要技术流入国。包括日本、韩国申请人在内的主要申请人都以美国作为重点进行了专利布局。

中国是仅次于美国的全球第二大专利技术流入国，全球主要申请人所在的美国、日本、韩国都在中国进行了大量的专利布局。这反映出中国拥有着巨大的市场空间，但是专利技术流出情况却和中国的市场地位难以相符。相比于美、韩、日等半导体技术强国，中国仅有少部分专利进行了海外布局，PCT申请占比较少。通过进一步分析发现，主导美、日、韩专利技术海外布局的，实际就是各国的主要申请人美光、英特尔、三星、爱思开海力士、东芝等垄断巨头。上述情况的出现，一方面说明了该领域目前仍呈现出有一定程度垄断的竞争格局；另一方面也表明了重点优势企业对于该领域的巨大产业影响力。这对于我国在该领域培育重点优势企业，发展本国产业具有一定的研究价值。

**（四）主要专利申请人分析**

1. 全球主要专利申请人

图2－5展示了在3D NAND Flash存储管理领域全球专利申请量排名前二十的申请人。

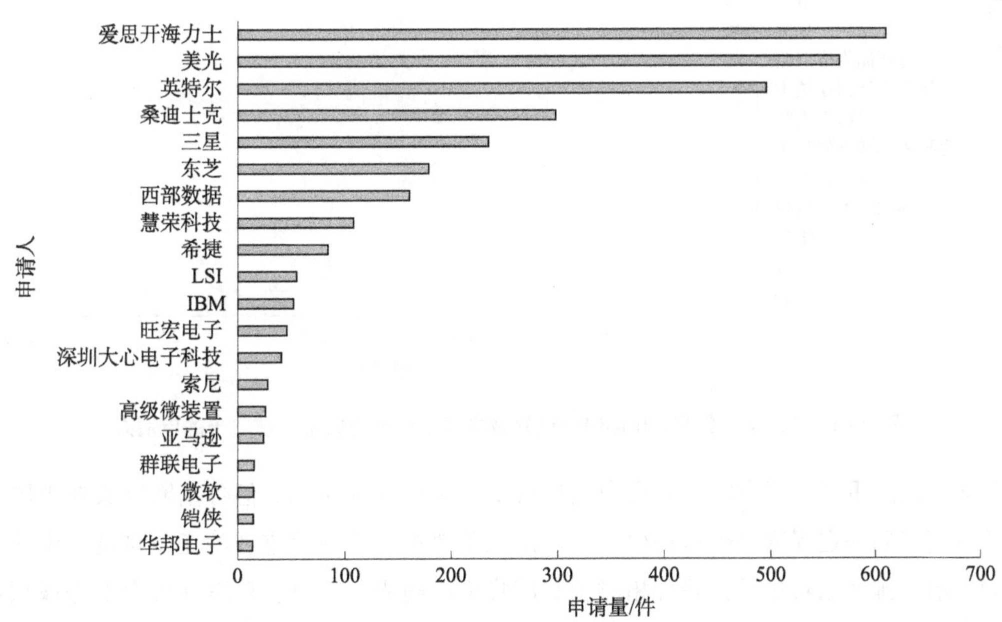


**图2－5　3D NAND Flash存储管理领域全球专利申请量排名前二十的专利申请人**

如图2－5所示，从专利申请数量上来看，该领域的全球专利申请高度集中于排名靠前的爱思开海力士、美光、英特尔、桑迪士克、三星、东芝、西部数据。上述公司的专利申请量高于其他申请人，并且和该领域的竞争格局高度吻合。在该领域拥有先发优势的公司不断地建立专利壁垒，提高后来者的竞争压力，并且，迄今为止，这个行业仍在不断地收购兼并。近年来垄断格局进一步加剧，美光和西部数据欲收购东芝负责存储业务的子公司铠侠，爱思开海力士正磋商收购英特尔的闪存业务部门，市场进一步寡头垄断化。

2. 中国主要专利申请人

图2－6展示了3D NAND Flash存储管理领域在中国专利申请量排名前二十的申请人。

如图2－6所示，在中国提出的专利申请中，专利申请量占比最大的头部申请人仍是该领域几大垄断巨头。结合上文该领域的全球专利申请国家/地区分布和专利技术流向分析可以看出，中国在该领域有着庞大的市场，是全球最重要的市场之一，该领域主要参

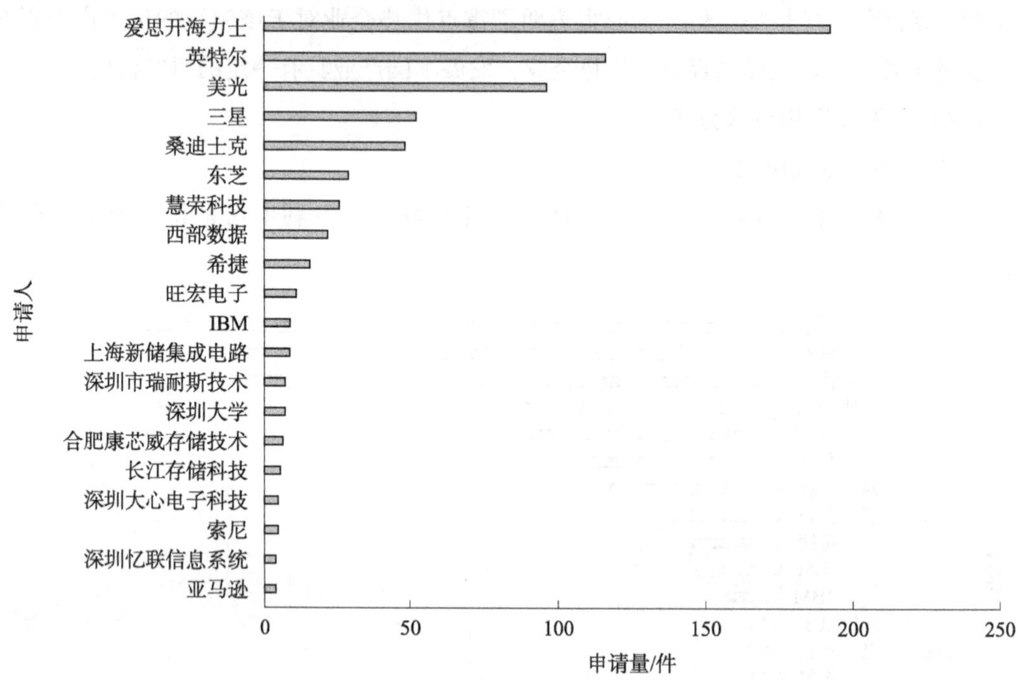


**图2-6　3D NAND Flash存储管理领域中国专利申请量排名前二十的申请人**

与者无不高度重视中国市场，并在中国进行了大量的专利布局。但各垄断巨头在中国市场的专利布局一定程度上也是在建立自己的竞争壁垒，抬高后进者的竞争难度。中国的专利申请人排名相对靠后，并且相对于高度集中的美光、三星、爱思开海力士等该领域垄断巨头，中国申请人相对分散，尚未发展出拥有较高专利竞争优势的本土公司。不过，结合专利申请趋势来看，近几年，尤其在2016年之后，从专利技术角度，我国在该领域正在奋力直追，增长速率高于全球水平，我国正在紧紧抓住当前该领域处于技术高速发展阶段的重大机遇高速追赶。

## 三、技术发展脉络分析

### （一）专利技术生命周期

图3-1从专利技术的角度展示了3D NAND Flash存储管理领域的技术成长历程，其中2019~2020年的专利申请仅有部分被公开。一门技术从诞生到成熟再到落后淘汰往往会经历一个完整的生命周期。从专利的角度，通常一个完整的专利技术生命周期可以分为：萌芽期，此时重要的基础发明诞生，技术处于研发阶段，市场前景不明确，仅少量参与者投入研发；发展期，这一时期技术有了突破性进展，往往伴随着能够量产的新产品面世，市场预期明朗，大量申请人投入研发，是技术发展的最关键时期，这一时期技术高速发展，竞争激烈，对应产品的未来市场竞争格局往往奠定于该时期；成熟期，此

时技术和市场都已趋于成熟，大量专利壁垒已经构筑，市场格局已经稳定，申请人数量和专利申请量近乎停止增长，此时再开始涉足该领域将面临较大阻力；衰退期，技术迭代近乎停滞，专利数量维持稳定，技术老化，市场发生改变，企业开始退出该领域，申请人数量和专利申请量双向降低；复苏期，技术发展到衰退阶段是否还能够重新复苏取决于能否实现突破性创新或出现重大技术变革，重新为市场注入新的活力。[4]

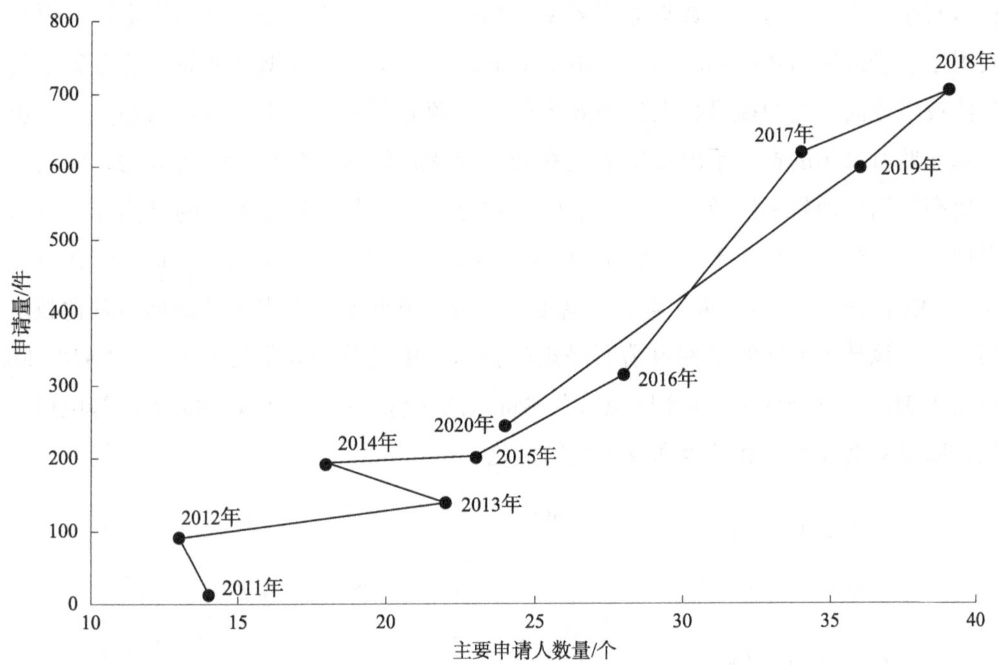


**图 3－1　3D NAND Flash 存储管理领域专利技术生命周期**

如图 3－1 所示，3D NAND Flash 存储管理领域在 2011～2013 年，无论是申请人数量，还是专利申请量都处于很低的水平。此时该领域尚存在生产工艺、成本等诸多瓶颈未被克服，未来市场预期还不明朗，市场参与者参与意愿不强，研发投入力度较低。在 2014～2015 年，技术发展一度停滞，虽然申请人数量在增长，但专利申请量并没有出现明显的增加，此时 3D NAND Flash 存储管理领域的重要瓶颈问题还没有被攻克。2016 年之后，技术迎来了快速发展阶段，这一阶段市场各大参与者纷纷推出自己的 3D NAND Flash 产品，广阔的市场空间被打开，市场参与者积极涌入，加大了研发投入力度，专利申请量和申请人数量都出现快速增长。这一时期，存储芯片领域的各大巨头虽然已积累了一定的先发优势，但是，对于 3D NAND Flash 这一新兴产品和处于高速成长阶段的技术发展趋势而言，该领域技术的发展仍远未达到成熟期，并没有形成垄断性技术壁垒，这一阶段仍然是后进者介入该领域并实现弯道超越所面临的阻力较小、可实现高投入产出比的较好时机。

## （二）专利技术功效分析

3D NAND Flash 存储管理领域的专利申请围绕着解决不同的技术问题涉及了众多技术分支。根据 3D NAND Flash 存储管理的技术发展特点，不同的技术分支所侧重解决的技术问题各不相同。

如图 3-2 所示，对于 3D NAND Flash 存储管理技术领域而言，当前该领域专利申请的技术密集区在于如何提高数据处理效率。相比于提高使用寿命、提高稳定性、提高空间利用率、降低使用功耗和降低比特出错率而言，关于提高数据处理效率的专利申请多于其他技术方向，说明提高数据处理效率仍是该领域所面临的主要技术问题。为解决这一技术问题所采用的技术手段集中表现在通过优化存储空间分配和映射算法。同时，通过对提高数据处理效率涉及的映射算法优化和存储空间分配技术手段的具体专利进行分析发现，这部分专利技术不是独属于 3D NAND Flash 存储管理领域的，而是自 2D NAND Flash 时代以来一以贯之的研究重点，这也是该技术方向的专利申请数量远超其他技术方向的原因。该技术方向的专利申请所呈现的技术方案往往也是既适用于 2D NAND Flash 又适用于 3D NAND Flash。同样呈现出上述特点的还包括对提高稳定性方面的掉电恢复的研究，以及对磨损均衡和垃圾回收策略的优化。

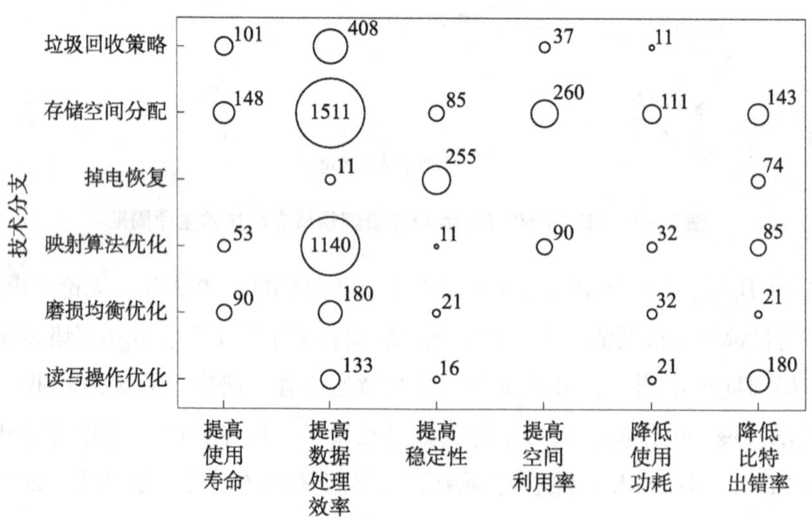


**图 3-2 3D NAND Flash 存储管理领域专利技术功效**

注：图中数字表示申请量，单位为件。

另外，由于 3D NAND Flash 固有的结构特点，其相对于 2D NAND Flash，在带来存储容量增大等诸多优势的同时也无可避免地存在一定的技术缺陷，这些技术缺陷所带来的各类技术问题也成为 3D NAND Flash 领域的研发重点。[5] 反映到专利技术上，即是重点围绕 3D NAND Flash 所带来的弊端进行专门性改进和优化的专利申请。该类专利申请集中体现在降低比特出错率上。多层单元 3D NAND Flash 的垂直堆叠设计式存储器结构非常密集，这种高密度分布结构容易导致编程过程中相邻单元受到干扰，比特出错率变高。上述技术问题是由 3D NAND Flash 的自身结构而造成的，因而该技术方向上的专利申请基本是专门针对于 3D NAND Flash 进行的技术优化，较少出现还可以同时适用于 2D NAND Flash 的技术方案。从这一角度来看，对于该领域的创新主体而言，虽然该技术方向所呈现出的专利申请数量不多，但是专门针对于 3D NAND Flash 进行的技术优化这一技术特点使得该技术方向同样是进行 3D NAND Flash 技术研究不可绕开的重点方向，应当引起足够的重视。此外，该技术方向目前的专利申请数量并不多，对于市场创新主体而言也意味着该技术方向上尚未形成密集的专利布局，加大对该技术方向上的研发投入将面对较小的专利壁垒并且有助于形成自身的专利竞争优势。

综上所述，从专利技术功效的角度来看，对于市场创新主体而言，尤其是后进的市场参与者，不仅应当重点关注提高数据处理效率方向的专利布局，同时还要结合自身研发能力和技术特点考虑在专利洼地加强研究并进行专利布局，以构建自身的专利竞争优势。专利分布较为稀疏的专利洼地当前的专利申请量较少，竞争对手的先发优势并不明显，这有利于市场创新主体构建新的专利竞争格局。另外，对于专利申请密集分布的技术方向，由于在该技术方向上目前已经进行了大量的专利布局，当市场创新主体作出研发投入决策时，应当进行充分的专利检索。一方面，该方向存在大量专利申请，常规的技术手段容易存在侵犯竞争对手专利权的风险，需要进行技术规避或寻求专利许可；另一方面，该方向积累的大量专利申请是竞争阻力，同时也是研发助力，对现有专利进行充分检索和研究，也可以有效利用现有的技术积累来推进自身的研发进展。

**（三）技术发展路线**

在闪存存储管理领域，从2D NAND Flash 发展到3D NAND Flash，存储性能和可靠性问题始终是该领域的研究重点。尤其是为追求高密度和大容量，闪存技术从2D 逐步转向3D，而当单个颗粒的大小越来越大时，用于管理的闪存页就越来越大，从514B 到 16KB 甚至32KB，而页又是基本的读写单元，因此闪存页的增大在性能和可靠性上带来的影响也愈加突出。

通过对 3D NAND Flash 存储管理技术分支的进一步分析，结合专利技术功效分析，挑选出对提高性能和可靠性最相关的三个技术分支，即映射算法优化、读写操作优化和存储空间分配，进行重点专利梳理。主要考虑专利被引用次数、专利申请同族数量、专利申请量、申请时间、法律状态、专利技术方案等信息确定重要申请人的重点专利。在此基础上，整理出 3D NAND Flash 存储管理领域的专利技术的发展路线，如图 3－3 所示。

1. 映射算法优化

映射的主要作用是建立上层的文件系统和底层的 Flash 存储器之间的对应关系，以隐

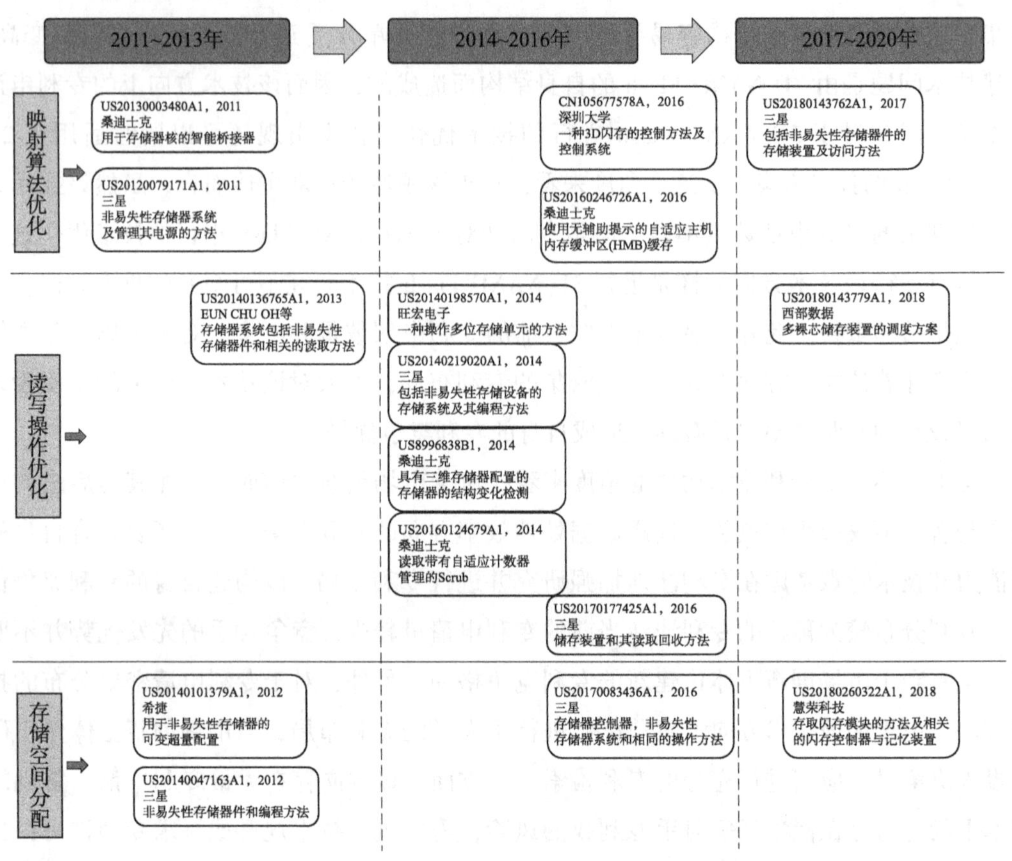


**图 3－3　3D NAND Flash 存储管理领域专利技术发展路线**

藏存储器的特性，进而使固态硬盘的 IO 读写访问像普通磁盘操作一样快速。桑迪士克在 2011 年申请、2013 年公开的公开号为 US20130003480A1 的专利中提到外围电路包括行解码器，该行解码器配置为解码地址的至少一部分并且选择 3D NAND Flash 核心的一行，该专利是首个明确涉及 3D NAND Flash 地址映射的专利。2012 年公开的公开号为 US20120079171A1 的专利提出了利用 FTL 对 3D NAND Flash 进行映射管理，FTL 接收来自文件系统的逻辑地址，并将逻辑地址转换成物理地址。然而由于 3D NAVD Flash 的高存储容量，上层操作系统会针对某一特定逻辑地址空间进行频繁数据读写操作，受到频繁读写的逻辑地址空间对应的某一物理区域的局部温度会不断升高，从而导致芯片稳定性下降，存储数据发生错误导致可靠性下降。为了解决此问题，2016 年公开的公开号为 CN105677578A 的深圳大学所申请的专利，公开了通过读/写前对物理块的温度进行侦测，确保了进行操作的物理块不会因温度过高而产生不可纠正的数据错误。另外，桑迪士克认识到 3D NAND Flash 性能的损失部分是由访问 FTL 表条目时延迟引起的，因此在其 2016 年申请并于 2016 年公开的公开号为 US20160246726A1 的专利中提出了使用无辅助提示的自适应主机内存缓冲区（HMB）缓存来提高 FTL 表条目的访问速度从而减少延迟的方法。

2. 读写操作优化

正如前面所强调的，该部分的专利申请大多数是围绕3D NAND Flash所带来的弊端进行专门性改进和优化的专利申请，在3D NAND Flash存储管理中占据十分重要的地位，因此该部分的重点专利数量相对较多。2013年申请、2014年公开的公开号为US20140136765A1的专利提出了可以通过调整读取电压以补偿由反向图案依赖性和/或编程干扰而导致的读取余量降低，从而进一步提高了3D闪存的可靠性。旺宏电子在公开号为US20140198570A1的专利申请中提出了通过使用单次脉冲序列（例如，增量脉冲编程序列）、一次通过的多级编程（例如，递增脉冲编程序列）以及针对多个目标的编程验证步骤来操作每个单元存储器多个位编程级，以对多个存储单元中的每个单元编程多个位，通过使用这些技术，实现了编程吞吐量的提高和干扰条件的减少。2014年桑迪士克发现3D存储器由于在基板上形成多层存储元件，更靠近基板的部分可具有较窄的宽度，这种渐缩会影响设备可靠性，因此，其在专利US8996838B1中提出了控制器可以检测不同层之间的变化，并基于变化的位置来确定ECC参数表，以此来优化ECC技术，从而提高数据可靠性。同样在2014年，桑迪士克还在公开号为US20160124679A1的专利申请中提出了许多使用自适应计数器管理的读取擦洗过程的补充技术，可以有效改善读取和程序的性能。相对于ECC技术，2016年申请并于2017年公开的公开号为US20170177425A1的专利公开了一种读取回收技术，即存储在存储器中的数据发生不可纠正的错误之前将存储在存储块中的数据复制到另一个存储块中的操作，该技术能够针对3D NAND Flash设备执行有效的管理和损耗均衡。数据存储设备可以被配置为从访问设备接收要在数据存储设备的存储器的多个管芯处执行的读和/或写命令，调度从接入设备接收的命令，并结合调度一个或多个管理操作，可能会导致不同的内存管芯具有“空闲”时间段和“繁忙”时间段，其中的“空闲”时间段将导致存储器利用率降低。针对该问题，西部数据在公开号为US20180143779A1的专利中提出了一种调度方案，控制器可以被配置为在与第一调度方案相对应的第一调度模式和与第二调度方案相对应的第二调度模式之间切换调度模式，可以充分利用空闲时间段从而提高利用率。

3. 存储空间分配

其主要通过数据分配管理以及合理的存储单元划分来提高3D NAND Flash的可靠性和性能，延长设备的寿命。2012年提出并于2014年公开的专利申请US20140101379A1公开了一种根据主机和系统数据写入闪存的带宽之比，按比例动态分配主机预留空间（OP）和系统预留空间之间的预留空间分配方案，能够有效提高性能和可靠性，该专利在2015年被希捷买入。另一个专利申请US20140047163A1公开了使用单个物理页面的剩余位容量来进行第二数据存储的空间分配方式，可以有效利用每一个物理页面的空间，从而提升存储的性能。解决3D NAND Flash特有问题的方案往往会同时利用多种优化技术相互配合，从而可以实现包括提高性能在内的多种技术效果。例如专利申请US20170083436A1公开了一种用于操作存储器系统的方法，通过选择要进行垃圾收集的多个源块，将来自多个源块中的两个或多个源块的选择的有效数据复制到目标块中，将改变的映射信息存储在更新缓存中，复制结果，并使用存储在更新缓存中的映射信息更新映射表，以此减少与垃圾回收相关的等待时间，并且可以延长存储系统中存储单元的有效寿命。另外，在专利申请US20180260322A1中，慧荣科技利用存储空间分配技术同时结合映射算法优化和读写操作优化技术，分配缓冲存储空间以存储当数据被写入至少一个第一超级块时产生的多个临时奇偶校验，采用了类似独立磁盘冗余阵列（RAID）的纠错机制，既不占用更多的闪存空间，又可以仅仅使用较少的缓冲存储器空间。

## 四、主要申请人重点专利技术分析

从前文对3D NAND Flash存储管理领域全球专利申请情况的分析可以看出，该领域专利申请主要集中于几家头部公司。图4-1展示了全球专利申请量排名靠前的六家公司爱思开海力士、美光、英特尔、桑迪士克、三星、东芝的专利申请量和其专利在近五年内的被引用情况。

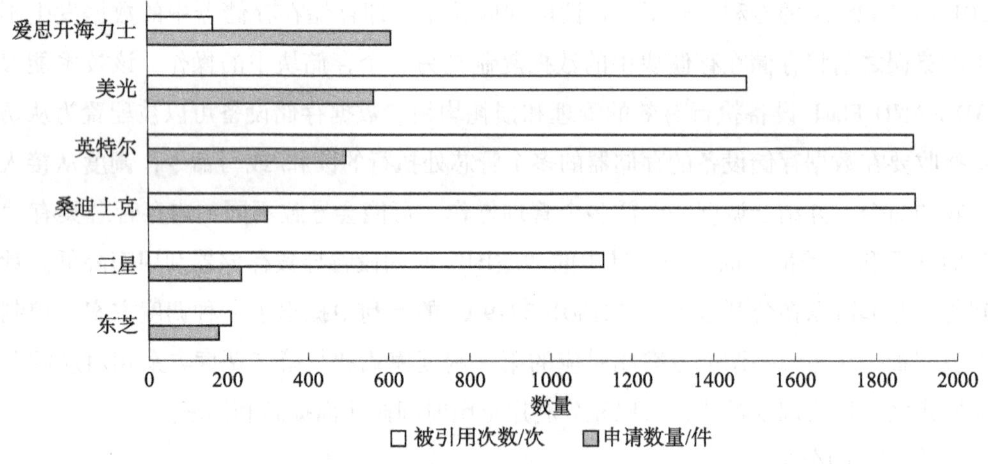


**图4-1　3D NAND Flash存储管理领域主要申请人专利技术情况**

如图4-1所示，爱思开海力士的专利申请数量较多，但相对其他几家公司，其专利技术被引用比例较低。通过对爱思开海力士专利申请的技术方案进行分析发现，爱思开海力士的专利申请较多集中在提高数据处理效率上，且该公司在3D NAND Flash存储管理领域进行专利申请的时间较晚，申请数据主要集中在2018~2019年，在2017年之前在该领域基本没有进行专利申请，这也成为除了其专利本身技术开创性相对不高之外，造成该公司的专利近五年被引用情况不佳的另一主要原因。自2017年起，该公司开始在该领域进行大量的专利申请，而2018年初，该公司推出的72层3D NAND Flash存储芯片是其在3D NAND Flash领域推出的重磅产品，也是该公司首次量产的64层以上的3D NAND Flash存储芯片。2017年也是该公司在该领域技术积累的重要一年。在2017年爱思开海力士的专利申请中，专利申请号为CN201710454858.9，标题为“存储器系统及其操作方法”的一系列同族专利提出了设置多个存储块，通过将用户数据的数据段存储在存储块中，根据数据段的存储情况生成对应数据段的映射信息和对应的第一映射表以及映射段对应的映射表，并通过对应映射表来搜索和更新映射段。上述技术方案实现了对现有的映射策略的优化，减少了延迟，提高了数据处理效率。自2017年起爱思开海力士在该领域专利申请量快速增长，2019年的申请量更是超过了百件。同样是在2019年，爱思开海力士宣布量产128层3D NAND Flash产品，并在着力TLC技术的同时开始发力存储容量更大的QLC技术。在专利申请号为KR1020190057522，标题为“存储器装置、包括存储器装置的存储器系统及其操作方法”的一系列同族专利中提出了一种适用QLC方案编程的读写优化技术，通过在通电操作中读取存储在存储器装置中的读重试表，对所选存储块执行正常读操作，根据在执行正常读操作中读取的数据中的错误比特数来确定是否要执行纠错操作，当确定不执行纠错操作时，设定新的读电压，使用所选存储块的多个编程状态当中的除包括在特定阈值电压区域中的至少一个编程状态以外的编程状态的新的读电压对所选存储块执行读重试操作，以实现降低编程错误率的目的。

美光和英特尔在3D NAND Flash领域选择了合作研发。2015年二者合作研发并发布了当时世界领先的3D NAND Flash技术，并对工艺进行了改进，不同于各大厂商在3D NAND Flash领域的主流选择电荷捕获，美光和英特尔选择了在3D NAND Flash中使用浮栅结构。在申请号为US201916685879A，标题为“操作具有动态可变属性的存储器系统和方法”的专利申请中，美光提出了一种使用浮栅结构的动态可变属性的存储器系统来实现读写性能的优化，通过定义一个称为“数据组”的特征，以允许将数据属性动态地分配给存储装置中的数据，数据组定义为一系列本地块地址的分组，存储装置可以被分为多个数据组，每个数据组可以有自己的数据属性配置，可以有指定的位数；定义一个可以通过将命令中的字节映射表从主机发送到存储装置来动态地分配数据组属性的新命令，以允许主机动态地分配存储装置的数据组的属性。2018年，美光和英特尔公司宣布双方在3D NAND Flash领域的合作将在96层3D NAND Flash研发完成后终止。此后，英特尔逐步专注于二者合作过的另一技术，即3D XPoint技术的研发。二者在3D NAND Flash的合作成果也随着美光对二者合资的存储芯片公司IMFT的收购而被纳入美光麾下，美光在该领域的技术实力得到进一步增强。

和美光和英特尔的选择一样，桑迪士克和东芝同样选择了在3D NAND Flash领域合作研发，并且早在2008年二者就签署了合作研发协议。[6] 桑迪士克和东芝在3D NAND

Flash 领域的合作同样属于强强联手，并且二者都很早就对 3D NAND Flash 技术进行了研发投入，是最早在 3D NAND Flash 领域发力的公司，其提出的 BiCS 技术对推动 3D NAND Flash 技术发展具有重要意义。自 2012 年起开始在 3D NAND Flash 存储管理领域进行专利申请以来，桑迪士克的申请量一直保持平稳增长（见图 4－1），桑迪士克还是专利技术被引用比例最高的公司。通过对桑迪士克专利申请的具体分析发现，其被高频率引用的专利较多集中在通过读写优化来降低比特出错率的技术方向，并且集中于相对早期（2013～2014 年）的专利申请中，例如，在申请号为 US20140149641A1 的专利申请中，桑迪士克提出了一种基于 3D NAND Flash 存储阵列中特定装置的位置来预测作为某些存储器单元装置的几何结构的函数，将包含几个交错的页面的所有存储元素并行读取或写入的方案来提高存储性能稳定性。上述技术方向所要解决的技术问题正是 3D NAND Flash 的自身结构特点所带来的弊端之一，是桑迪士克和东芝作为早期的技术参与者无可避免会遇到的问题。对专利被引用情况的分析也反映出桑迪士克和东芝的先见之明也确实为它们带来了市场竞争的先发优势，并起到了推动该领域技术发展的作用，为其他创新主体提供了一定的研发辅助。

三星作为 3D NAND Flash 领域的重要参与者，在 2013 年就已经开始量产 3D NAND Flash 芯片，是最早将 3D NAND Flash 进行量产的公司。三星也是最早涉足 3D NAND Flash 领域的公司之一，其开发出的 TCAT 技术和 BiCS 技术一样，对推动 3D NAND Flash 技术发展具有重要意义。三星在早期的 3D NAND Flash 市场上一路领先，但在 2015 年，随着其他各大第二代 48 层、64 层的 3D NAND Flash 产品的推出，三星的竞争优势逐渐减小，三星也于 2015 年加大了研发力度，并收购了大量专利。自 2015 年起，三星的专利申请数量开始快速增长，在申请号为 CN201510968903.3 的一系列同族专利申请中，三星提出了一种通过判断指向存储块的存储单元的两个连续写或擦除操作之间的间隔是否小于最小写或擦除操作间隔，并进行周期计数选择对应的存储单元来提高数据存储的可靠性。

## 五、总结

通过对 3D NAND Flash 存储管理专利技术的分析可以看出，该领域呈现高垄断性的竞争格局，并且各大主流厂商之间还在通过技术合作、商业并购等手段不断提高该领域的垄断性。这种垄断性源于各大主流厂商在 2D NAND Flash 领域近几十年发展形成的累积优势。通过专利技术分析发现，对于 3D NAND Flash 存储管理这一新兴技术，各大主流厂商虽然已经进行了大量的专利申请，积累了一定的先发优势，但从专利技术角度，相比于各大主流厂商在传统的 2D NAND Flash 领域的压倒性优势而言，它们在 3D NAND

Flash 领域仍尚未形成有效的技术垄断。该技术近十年才开始被逐渐重视，近五年才出现快速增长，当前正处于快速发展期，并且从工艺到逻辑设计都存在不止一条技术路线，即使目前处于领先地位的企业也可能在后续的竞争中因失去技术优势而落后，后发企业也完全可以通过抓住当前技术快速发展的机遇实现某种技术赶超从而实现弯道超越。

对于在该领域尚未形成优势竞争地位的中国申请人来说，从近几年的专利申请趋势来看，我国已经在发力赶超，而当下 3D NAND Flash 技术的崛起也正是我国在闪存存储芯片领域实现赶超的绝佳时机。同时也应当看到，三星、美光等该领域传统巨头并未放慢在该领域的研发进度。对于后进者而言，在技术积累尚不如上述公司的情况下，要实现对它们的赶超，应当在人才、管理等方面投入比它们更大的力度才能够抓住全面超越的机会。并且，上述各厂商之间的技术合作、商业并购等提高自身技术研发能力的手段同样具有借鉴意义。

## 参考文献

[1] 前瞻产业研究院. 2020 年全球存储芯片市场现状情况分析［EB/OL］.（2021－01－27）［2021－05－20］. http://www.elecfans.com/d/1482375.html.

[2] 冯雅植. 3D 闪存高效管理及读写优化方法研究［D］. 武汉：华中科技大学，2019.

[3] 半导体行业观察. 浅谈 3D NAND Flash 技术未来的走向及发展趋势［EB/OL］.（2020－07－30）［2021－05－30］. http://m.elecfans.com/article/1261235.html.

[4] 马天旗，黄文静，李杰，等. 专利分析：方法、图标解读与情报挖掘［M］. 北京：知识产权出版社，2015.

[5] 刘柳. 基于大容量 NAND 闪存文件系统关键技术研究［D］. 杭州：浙江大学，2011.

[6] LAPEDUS M. SanDisk Toshiba to devise 3D chips［EB/OL］.［2021－05－30］. http://www.eet-imes.com/sandisk－toshiba－to－devise－3d－chips1.